本书曾获2008年天津市科技进步二等奖

# 名人们喜欢的智力问题

吴振奎　吴昊　编著

◎毕达哥拉斯
◎欧几里得
◎哥伦布
◎哈密顿
◎康托尔
◎爱因斯坦

HITP
哈爾濱工業大學出版社
HARBIN INSTITUTE OF TECHNOLOGY PRESS

## 内容简介

本书介绍了百位名人、大师乃至元帅、总统、皇帝们喜欢的智力问题，这些问题或许只是些微点滴，或许仅为凤毛麟角，但对我们来讲，一定会受益匪浅，因为这正是大师们智慧的凝练，思想的升华，才能的展现.

本书为大、中学师生及智力问题爱好者提供了极好的素材.


**图书在版编目(CIP)数据**

名人们喜欢的智力问题/吴振奎，吴旻编著. —哈尔滨：哈尔滨工业大学出版社，2020.1

ISBN 978-7-5603-8175-6

Ⅰ.①名…　Ⅱ.①吴…②吴…　Ⅲ.①数学-通俗读物
Ⅳ.①O1-49

中国版本图书馆CIP数据核字(2019)第074776号

策划编辑　刘培杰　张永芹
责任编辑　张永芹　邵长玲
封面设计　孙茵艾
出版发行　哈尔滨工业大学出版社
社　　址　哈尔滨市南岗区复华四道街10号　邮编150006
传　　真　0451-86414749
网　　址　http://hitpress.hit.edu.cn
印　　刷　哈尔滨市工大节能印刷厂
开　　本　787mm×960mm　1/16　印张31　字数621千字
版　　次　2020年1月第1版　2020年1月第1次印刷
书　　号　ISBN 978-7-5603-8175-6
定　　价　78.00元


---

# 前　　言

如果说数学演习是锻炼人们头脑的体操,那么智力训练则是使你聪慧的钥匙.

古往今来,多少名流、智者,多少天骄、圣贤,多少风云人物、历史巨子都酷爱智力趣题和游戏(包括下象棋、打扑克等),其中,不仅有数学泰斗,也有作家文豪;不仅有物理巨匠,也有诗坛圣杰;不仅有化学大师,也有艺术明星;不仅有将军、元帅,也有总统、皇帝……

人们似乎感到:人越是知名,他离我们就越遥远,而这些人物离我们越远,我们就更会觉得他越高大.也许名人们的趣闻轶事、只言片语可以缩短我们与他们之间的距离,那么看看他们在思考什么、怎样思考,也许可以发掘他们智慧的火花,借以点燃自己头脑思维的火焰.本书无疑为我们提供了一个向他们学习的极好契机.

每位名人都有自己的故事传说,每位大师都有不少轶闻趣事,而每道名题背后也都蕴含着拟题者的汗水和心血.

书中介绍的百位名人和他们喜欢的智力趣题,有的来自民间传说,但经名人之手巧夺天工后,点石成金且得以更广泛地流传;有的是名人们自己编撰的,或许是经深思熟虑,或许是偶感突发;还有的则是名人们苦心研究的成果(我们做了概括与简化).这些题目看上去简洁、新颖,且解法别致、巧妙,由于它们匠心独具,内涵深邃,因而才得以传世.

尽管我们从这些小题目中看到的只是这些名人才华的点滴、智慧的些微,但我们从中受到的启迪和教诲却是巨大而丰硕的.

人皆可以为舜、尧.

凡人与名人之间也许仅有一步之遥,尽管这是艰难的一步.

历史上无数名人犹如群星灿烂,他们的成功秘诀到底在哪里?答案是:在于勤奋,在于努力,在于学习,在于思考,也在于坚持,在于积累,积微致著,累浅成深.

但愿我们能借助于这些名人们智慧的火光,去照亮更多的新星.

**作　者**

**2006 年 10 月于天津**

# 再版碎(岁)语

看完本书清样时,恰好是农历小年.听着窗外远处传来的噼噼啪啪稀疏的鞭炮声,心中不由泛起涟漪:岁月匆匆,往昔不再,旧时那么期盼的年味似乎淡漠了,是我老了?

看着这些当年的文字,心中不免伤感,如今恐怕再无精力与意志去做这些事了,然而庆幸的是,过往的努力或许曾经换得读者的眷顾、留过点滴记忆,果真如此便不枉笔者此番心血.

不善表达的人,如果有太多的感情要宣泄,文字永远是第一选择.这也许正是当年撰写此书的初衷.

吴振奎

2018年2月8日

(农历腊月二十三)

# 目　录

# 1　毕达哥拉斯

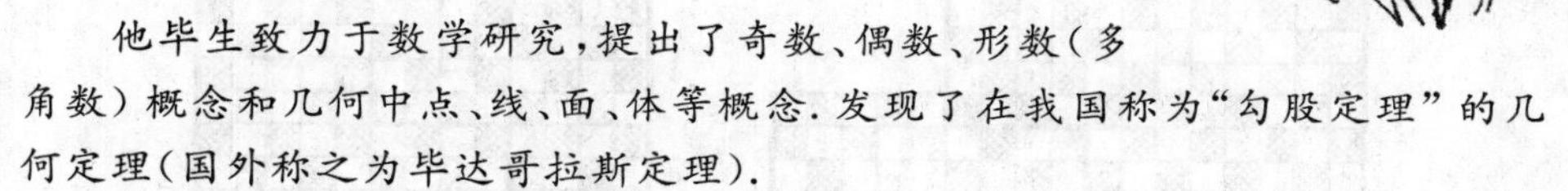

毕达哥拉斯(Pythagoras,约前 580— 约前 500) 古希腊数学家、天文学家、哲学家. 生于希腊萨莫斯岛上一个宝石雕刻匠家庭. 幼年好学,青年时期离开家乡去小亚细亚半岛,曾就学于泰勒斯门下,学习几何与哲学.

他曾在古埃及住了约20年,后回到萨莫斯岛,并创办了毕达哥拉斯学派.

他毕生致力于数学研究,提出了奇数、偶数、形数(多角数)概念和几何中点、线、面、体等概念. 发现了在我国称为"勾股定理"的几何定理(国外称之为毕达哥拉斯定理).

在天文学方面,他认为地球是宇宙中心的一个球体.

毕达哥拉斯还借助于图形与数字关系的思考,推论出"万物皆数"的世界观. 同时认为圆和球是平面和空间中最美的图形.

## 雅典凉席

毕达哥拉斯平日生活简朴,他的一张雅典凉席(草编的带有绿方格的席子)已伴随他十几个春秋了. 夏天又快到了,他的妻子将草席破损处剪去后,剩下一个方不方、正不正的残片(图 1).

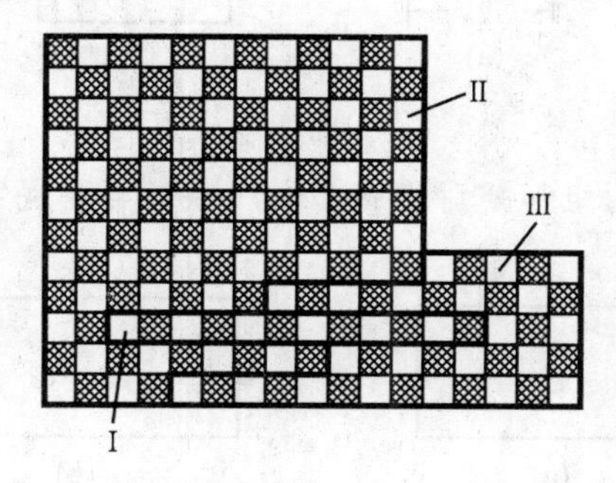


图 1

"换一张新的吧!"毕达哥拉斯的妻子嘟着嘴说道,"实在不能用了."

正在一旁演算题目的毕达哥拉斯放下手中的笔，看了看那块被妻子剪裁后的草席道："把它裁裁拼拼还能用一夏天."说完他想了一阵，便用手在席子上比画着说："这样裁成 3 块(如图 1 中粗线所示部分)，便可将它们拼成一个正方形."

**问题 1**　如何将它们拼成一个正方形?

毕达哥拉斯说完，妻子看了看又想了一阵说："你这裁法拼起来太麻烦，还有别的更好的裁法吗?"

毕达哥拉斯又想了一阵，还是把残草席裁成了 3 块(图 2(a))，用它们拼成了一个正方形凉席(图 2(b))，并且花纹也没有被打乱(方格均按绿白相间排列)，妻子看后很满意.

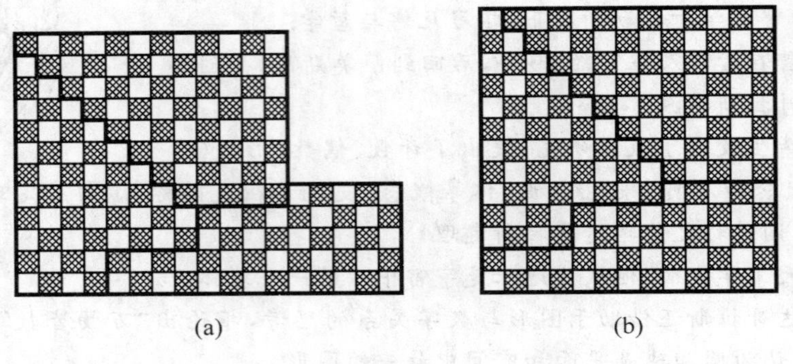

(a)　　(b)

图 2

**问题 2**　(1) 请将图 3 分别裁成 3 块并拼成一个正方形.

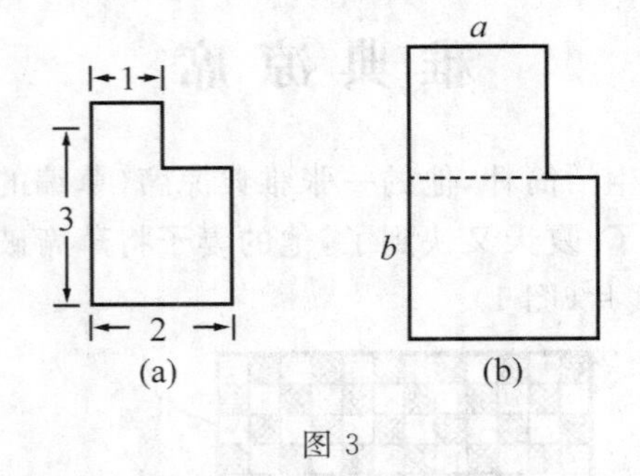


(a)　　(b)

图 3

(2) 如何将图 4 的矩形分别裁成 2 块，3 块后再拼成一个正方形?

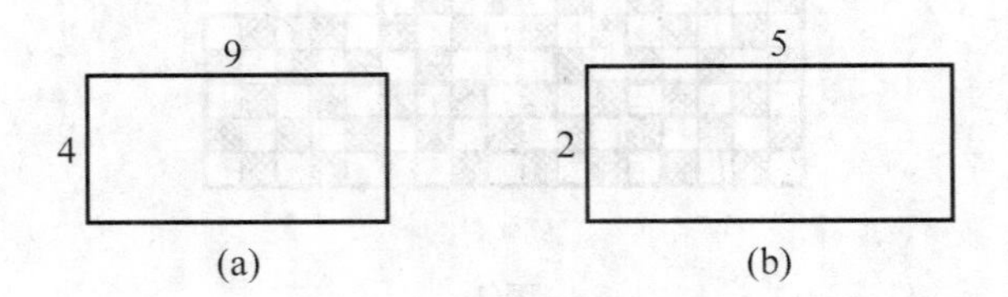


(a)　　(b)

图 4

# 巧画黄金分割点

毕达哥拉斯学派成员对五角星情有独钟，标识他们成员的徽章便是五角星形状，其中的奥妙是：

五角星中蕴藏着许多黄金分割线段(图 5(a)).

所谓黄金分割是指：将线段 $AB$ 分成两部分，其中较长部分线段长与整个线段长的比等于较短部分线段长与较长部分线段长的比. 如图 5(b)，若设 $AB=1$，且 $AX=x$，则有

$$\frac{x}{1}=\frac{1-x}{x}$$

即

$$x^2+x-1=0$$

解得

$$x=\frac{\sqrt{5}-1}{2}\text{（已舍去负根）}\approx 0.618\cdots$$

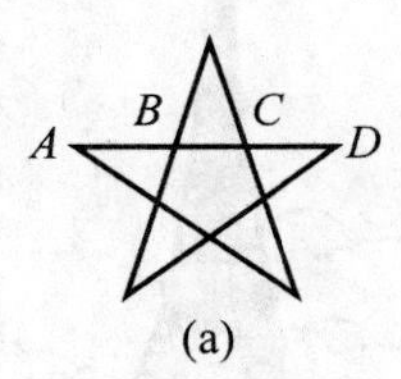


(a)

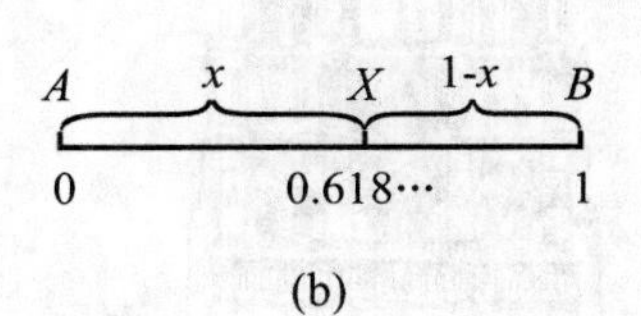


(b)

图 5

$0.618\cdots$ 又称黄金数，通常用 $\tau$ 表示. 在五角星中(图 5(a))存在不少黄金分割(如 $C$ 为 $AD$ 的黄金分割点，$B$ 为 $AC$ 的黄金分割点，等等).

黄金分割的作图并不困难，不过毕达哥拉斯完成了雅典席子的剪拼之后，居然从中悟得一个简单寻找黄金分割点的妙法. 比如要求线段 $AB$ 的黄金分割点(图 6)，只需按下列步骤即可：

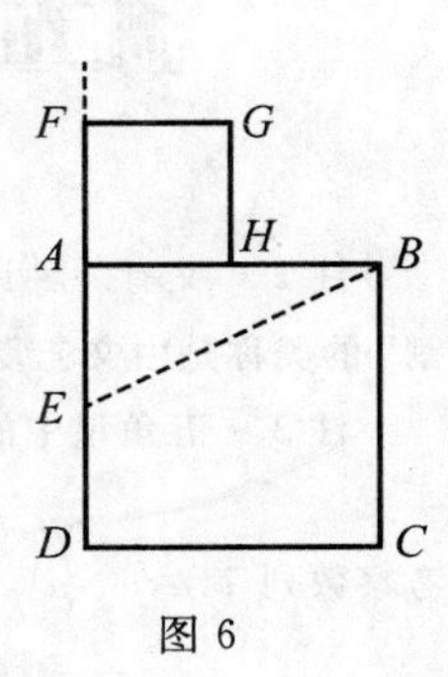


图 6

(1) 以 $AB$ 为边长作正方形 $ABCD$；

(2) 取正方形边 $AD$ 中点 $E$，在 $DA$ 延长线上截 $EF=EB$；

(3) 以 $FA$ 为边长作正方形 $AFGH$，则 $H$ 即为 $AB$ 的黄金分割点.

毕达哥拉斯的联想可谓丰富，他的创造更为新巧！

作法的理论依据你能说出吗？试试看.

**注 1**　黄金分割的现代表述为：

将给定线段分为不相等的两段，使较长段为全线段与较短段的比例中项.

这可以先用代数方法表述(建立方程表达式),然后用几何办法(尺规作图)去求具体分点.

其实,黄金数 0.618… 我们并不陌生:从人的肚脐把人体长度的分割,到舞台报幕者的最佳站位;从艺术绘画构图到世界著名建筑(如希腊巴特农神殿、印度泰姬陵、法国巴黎圣母院、巴黎埃菲尔铁塔 ……),从日常用品的长宽比例到音乐、文学创作中高潮的位置 …… 其中无不显现它的踪迹.

巴特农神殿

印度泰姬陵

巴黎圣母院

巴黎埃菲尔铁塔

**注 2** 又有一种说法是此问题出自古希腊数学家欧多克斯(Eudoxus)之手. 而"黄金分割"的美称是由文艺复兴时期欧洲学者、艺术家达·芬奇(da Vinci, L.) 所创的.

**注 3** 五角星中的奥妙不止于此. 我们知道 0.618… 的倒数 $\mu$ 满足关系式

$$\mu^2 = 1 + \mu$$

考察数列 $1, \mu, \mu^2, \mu^3, \cdots, \mu^n, \cdots$,由

$$\mu^3 = \mu \cdot \mu^2 = \mu(1+\mu) = \mu + \mu^2 = \mu + (1+\mu) = 2\mu + 1$$

$$\mu^4 = \mu \cdot \mu^3 = \mu(2\mu+1) = 2\mu^2 + \mu = 3\mu + 2$$

$$\mu^5 = \mu \cdot \mu^4 = \mu(3\mu+2) = 3\mu^2 + 2\mu = 5\mu + 3$$

$$\vdots$$

即知 $\mu^n$ 总可用 $\mu$ 表示,又由 $\mu^n = \mu^{n-1} + \mu^{n-2} (n \geqslant 2)$,故 $\mu^2, \mu^3, \mu^4, \cdots$ 也恰好构成斐波那契(L. Fibonacci) 数列(见后文). 而 $1, \mu, \mu^2, \cdots$ 也恰好在图 7 的这套五角星中体现.

与五角星对应的顶角是 $36^\circ$ 的等腰三角形称为黄金三角形(图 8).

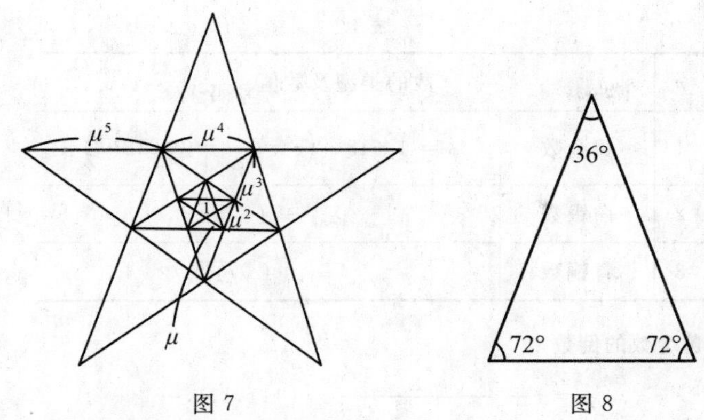


图 7　　图 8

而边长比为 1∶0.618… 的矩形称为黄金矩形.

令人惊讶的是:在正 12 面体和正 20 面体中也蕴含着黄金矩形.

对于正 12 面体而言,三个黄金矩形的顶点均在其每个面的中心处;对正 20 面体而言,三个黄金矩形的顶点恰好在多面体顶点处(图 9).

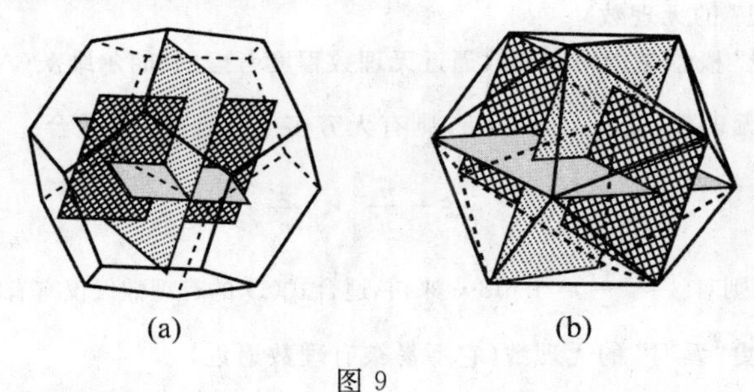


图 9

黄金矩形还和螺线有关(图 10).

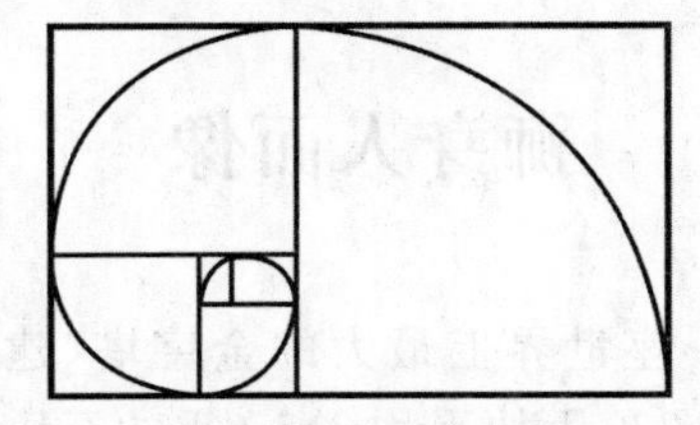

图 10　在黄金矩形中裁出正方形后其顶点生成的等角螺线

**注 4**　在"勾三股四弦五"的直角三角形中(图 11),直角边的 3 对角为 $\theta$,则

$$\tan\frac{1}{4}\left(\theta+\frac{\pi}{2}\right)=\frac{\sqrt{5}-1}{2}=0.618\cdots$$

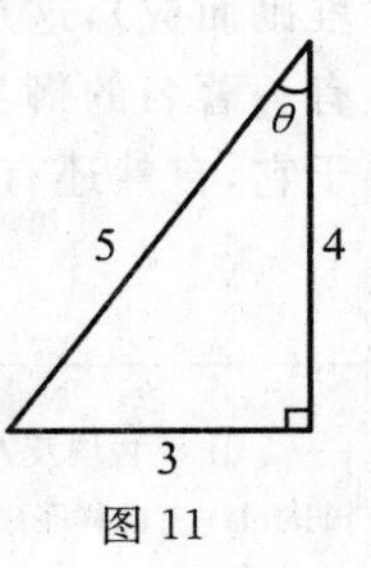


图 11

除了黄金数 0.618… 外,人们还定义了白银数、青铜数……

适合方程 $x^2-nx-1=0$ 的 $x$,当 $n$ 为不同整数 1,2,3 时,即又得到上述三种数,具体的如表 1.

**表 1**

| $n$ | 数的类型及数值 | |
|---|---|---|
| 1 | 黄金数 | $\phi = 1.618\cdots \left(\tau = \frac{1}{\phi} = 0.618\cdots\right)$ |
| 2 | 白银数 | $\sigma_{\mathrm{Ag}} = 1 + \sqrt{2}$ |
| 3 | 青铜数 | $\sigma_{\mathrm{Cu}} = (3 + \sqrt{13})/2$ |

我们知道，黄金数的倒数

$$\phi = 1 + \cfrac{1}{1 + \cfrac{1}{1 + \cfrac{1}{1 + \cdots}}} = [1;1,1,1,\cdots]$$

是最"无理"的无理数(此概念见后文)；而白银数

$$\sigma_{\mathrm{Ag}} = [2;2,2,2,\cdots]$$

是第二个最"无理"的无理数.

所谓"最无理"概念是指用有理数逼近无理数程度考虑的，胡尔维茨(A. Hurwitz)证明：

若 $\xi$ 是一个无理数，又 $0 < c \leqslant \sqrt{5}$，则有无穷多个有理数$\frac{m}{n}$，适合

$$\left|\xi - \frac{m}{n}\right| < \frac{1}{cn^2} \tag{1}$$

但若 $c > \sqrt{5}$，则对 $\phi = \frac{1}{\tau} = 1.618\cdots$ 来讲，适合式(1)的有理数仅仅有有限多个.

人们称 $\phi$ 是更"无理"的无理数(它不易被有理数逼近).

# 狮身人面像

尼罗河西岸耸立着一座世界上最大的金字塔(建于公元前2700年，由大约230万块平均2.5 t重的石块堆砌而成)，这是古埃及法老胡夫(Khufu)的坟墓. 塔前有一著名的狮身人面雕像 —— 斯芬克斯(Sphinx). 关于它，自然还有不少故事与传说①.

① 古埃及人认为：狮子代表力量，狮身人面是国王权力的象征. 斯芬克斯的面部即是按照哈佛拉(Hafula)王的样子雕刻而成的. 这座巨型雕像面朝东方，高约20 m，长约60 m，是由一整块巨石雕成.

据传说：斯芬克斯善于出智力问题，过路者答对问题便可放行，答错者即被吃掉.

毕达哥拉斯出游至金字塔前,他望着这个“怪物”陷入了沉思:它的外形竟是如此简单的几何图形,但它确实吞噬了无数人的性命(修建金字塔时动用十万名奴隶,历时30余载,许多人为之付出了血汗甚至生命).

毕达哥拉斯攥了攥拳头,几乎想用拳头把这个“怪物”(图12)碎“尸”万段.

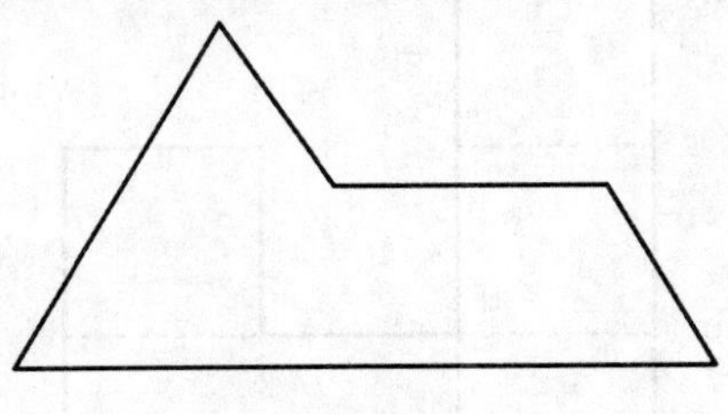

图 12

一个念头产生了:这个图形可以一分为四,并且每个小图形都与大图形相似.想到这里,毕达哥拉斯蹲在地上用木棍在砂土上画了如图13的图形.

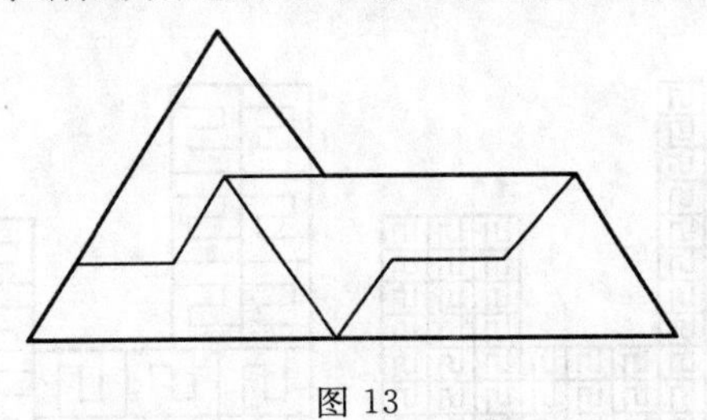

图 13

画了一阵子后,毕达哥拉斯自言自语道:“这个‘怪物’被我制服了!”毕达哥拉斯脸上露出欣慰的笑容.

毕达哥拉斯起身走向沙漠远处.

**注** 美国南加利福尼亚大学的所罗门·戈洛姆教授曾对一类能“自我复制”的图形进行研究.所谓自我复制,就是某个图形能被划分成若干个更小的全等图形,它们相互间不但面积相等,形状相同,就是和原图形也是相似的.最简单的例子就是:任何正方形都可以一分为四成为四个更小的正方形,如图14(a)所示.

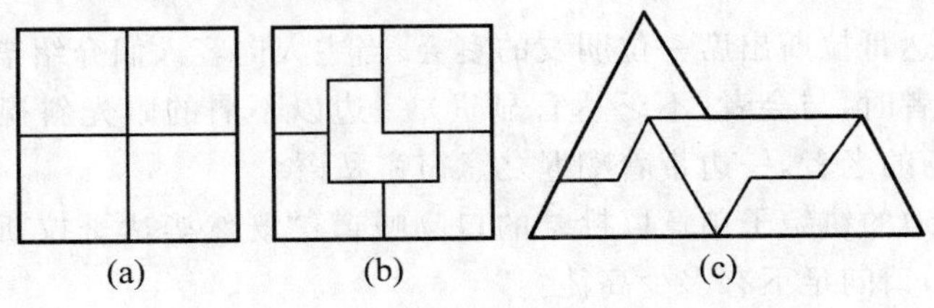

(a) (b) (c)

图 14

还有缺角正方形,即L形,以及“狮身人面像”那样的图形也都有这种性质.它们都能一分为四,并且永远这样繁衍、克隆下去(图14(b)(c)).能自我复制的图形在几何学中颇引人注目,马丁·加德纳(见后文)对此也相当关注.他同样也提出过一个图形,如图15所示,这是由 6 个正方形组成的多边形，也是一个能自我复制的图形．马丁把它分成了 144 个更小的全等且与原图相似的（图 16(a)）图形．罗伯特·雷德又把它分成了 36 个小块（图 16(b)），让大家叹为观止．

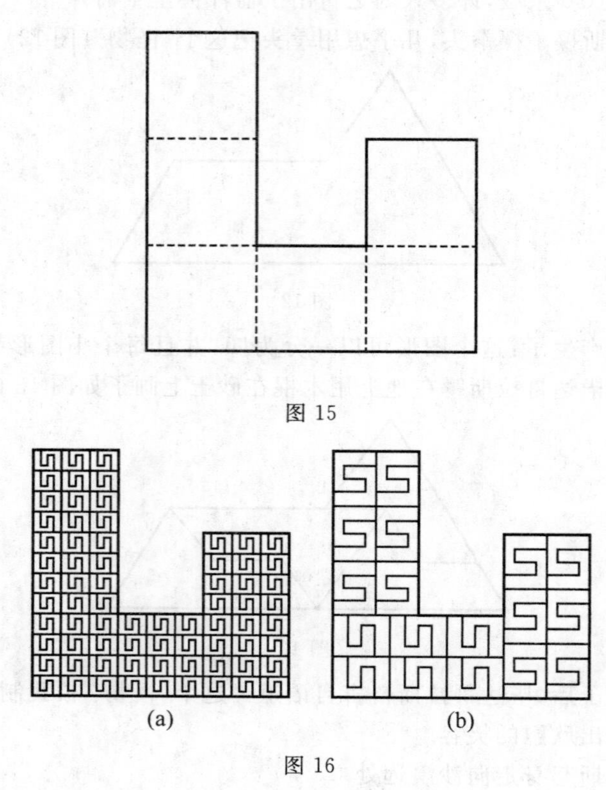

图 15

(a) (b)

图 16

# 足下高徒

一次毕达哥拉斯出席一位朋友的宴会．当主人向客人们介绍毕达哥拉斯是当地知名学者时，与会者（不乏达官显贵）一边以不屑的眼光斜视这位穿着简朴、其貌不扬的老者，一边带着嘲讽之意窃窃私语．

一位当地的纨绔子弟竟以挑衅的口吻喊道："既然毕达哥拉斯先生是本地的著名学者，请问足下有多少高徒？"

毕达哥拉斯不卑不亢，慢条斯理道："我的学生$\frac{1}{2}$在学数学，$\frac{1}{4}$学音乐，$\frac{1}{7}$学哲学．此外还有 3 名女生．"

这位公子哥顿时无言以对（看来他的数学至少不怎么样），只是尴尬地在那傻笑，心想："他果然是个穷酸书生."

可毕达哥拉斯到底有多少弟子？

我们从图 17 不难发现：若他的学生全体设为 1，则 3 名女生相当于全部学生的

$$1-\left(\frac{1}{2}+\frac{1}{4}+\frac{1}{7}\right)=1-\frac{25}{28}=\frac{3}{28}$$

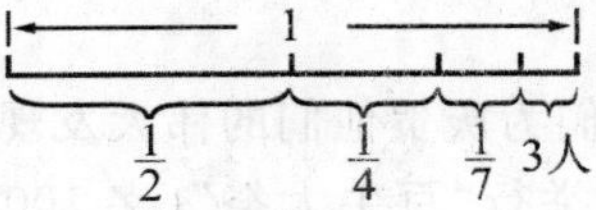

图 17

这就是说，他有 28 位学生.

## 羊　　群

毕达哥拉斯做学问之余，常去郊外牧场散步（大自然乃是宇宙间唯一一部每页都含有丰富内容的书籍）. 一天，他见到一个牧童赶着一群羊便上前问道："小伙子，你这群羊有多少只？" 牧童刚想回答，可一见是毕达哥拉斯便说："我的羊按单数 1,3,5,7,… 分成数目不同的若干群后，还剩下两只，这最多的一群恰好是 17 只."

"83 只"，毕达哥拉斯脱口而出. 牧童十分惊愕，于是向他讨教.

毕达哥拉斯蹲下来用木棍在草地上画了个图（图 18），指着图上的方格说："你看，从图上显然有

$$1+3=2^2,\ 1+3+5=3^2,\cdots,\ 1+3+5+\cdots+15+17=9^2$$

9 的平方是 81，再加上 2 不正好是 83 吗！"

"太妙了！" 牧童激动地喊了起来.

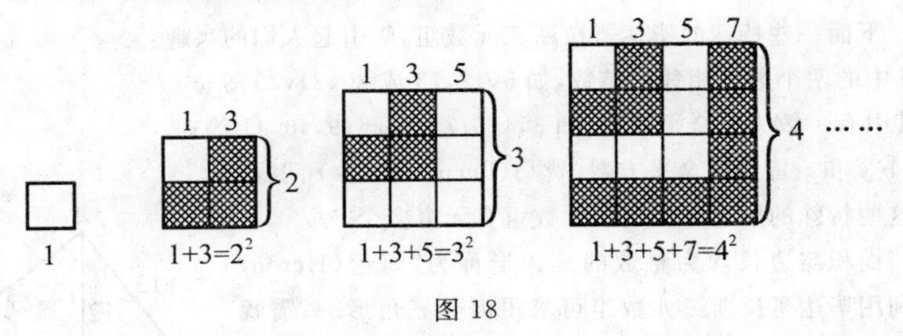


图 18

**问题 3**　一天毕达哥拉斯的一位学生问老师：我发现了一些数和的规律

$$1=1^2,1+2+1=2^2,1+2+3+2+1=3^2$$

$$1+2+3+4+3+2+1=4^2,\cdots$$

请问老师是何道理？毕达哥拉斯用石子在地上一摆，结果显而易见. 你能说出其中的奥妙吗？

## 毕达哥拉斯数组

毕达哥拉斯及其弟子们为庆贺他们的伟大发现 —— 即找到了在我国称为"勾股定理"的几何定理而举行"百牛大祭"（宰 100 头牛设宴庆祝），其气势宏大、场面隆重、气氛欢愉，当时在当地堪称无与伦比. 兴奋中的毕达哥拉斯向他的弟子们发问：

"请给出适合 $x^2+y^2=z^2$ 的整数 $x,y,z$."

"3,4,5！""5,12,13！"… 弟子们纷纷喊道. 其实毕达哥拉斯早就发现：

若 $m$ 是奇数，则 $m,\frac{1}{2}(m^2-1),\frac{1}{2}(m^2+1)$ 为适合 $x^2+y^2=z^2$ 的一组解，称为毕达哥拉斯三元数组；

又 $2n+1,2n^2+2n,2n^2+2n+1$ 也是毕达哥拉斯三元数组（注意这时 $z-y=1$）；

稍后，哲人柏拉图(Plato) 给出的一组毕达哥拉斯三元数组是：$2n,n^2-1,n^2+1$（这时 $z-y=2$）；

而一般的毕达哥拉斯三元数组形式为（丢番图(Diophantus) 给出）

$$2mn,m^2-n^2,m^2+n^2\,(m>n)$$

$m,n$ 为正整数.

**注 1** 欧几里得(Euclid) 曾给出与丢番图公式类同的一组求毕达哥拉斯数的公式：$\sqrt{mn},\frac{1}{2}(m-n),\frac{1}{2}(m+n)$，这里 $m,n$ 奇偶性相同，$mn$ 为完全平方数.

**注 2** 下面一些特殊的毕达哥拉斯三元数组，颇引起人们的兴趣：

(1) 其中的两个数是相邻的整数，如 5,12,13 或 20,21,29 等；

(2) 其中有一数为完全平方数，如 3,4,5；7,24,25；9,40,41 等；

(3) $x+y$ 和 $z$ 皆为完全平方数（费马(Fermat, P. de) 问题）.

以上这些特殊的毕达哥拉斯三元数组有无穷多个.

**注 3** 面积与边长均为整数的三角形称为"海伦(Heron) 三角形"，利用毕达哥拉斯三元数组可求得海伦三角形. 只需找出勾股数中有一个相同的两组毕达哥拉斯三元数组，比如 5,12,13 和 12,35,37 两组，按图 19 的拼法得到的 $\triangle ABC$ 即为所求.

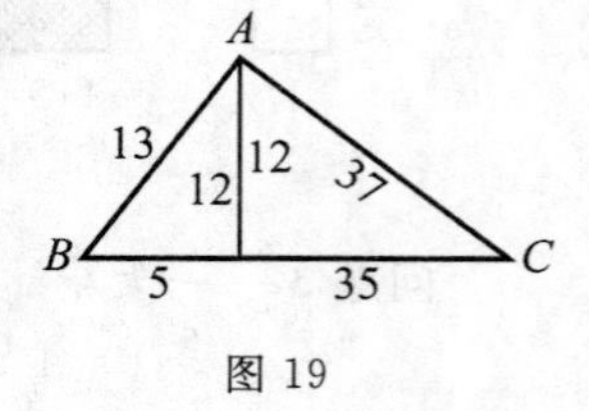


图 19

**注 4**　有人证明 $3^x+4^y=5^z$ 仅有正整数解 $x=y=z=2$. 当 $(a,b,c)=(5,12,13)$, $(7,24,25)$, $(9,40,41)$, $(11,60,61)$ 时, $a^x+b^y=c^z$ 亦仅有 $x=y=z=2$ 的整数解.

另外, 方程 $3^x+4^y=z^2$, 仅有 $x=y=2$, $z=5$ 的一组整数解, 这一点已由南开大学数学所的胡久稔证得.

**注 5**　若一个直角三角形两腰之比为有理数, 可以取为互素的整数比, 其称为本原三角形.

雷默(N. T. Reimer)曾证明: 斜边小于 $x$ 的本原直角三角形个数约为 $\frac{x}{2\pi}$, 又因长小于 $x$ 的本原直角三角形个数约为 $\frac{x\ln 2}{\pi^2}$.

**注 6**　毕达哥拉斯定理的一个证法如图 20(无字证明), 关于这个问题我们后文还将介绍.

图 20　波什伽罗(见后文)曾给出一个类似的证法

# 多　角　数

毕达哥拉斯学派的学者们喜欢"形数"(这与他们喜爱几何学不无关系), 即以石子能摆成的几何形状所用石子数而分别给出它们称谓, 如三角数、四角数、……、多角数(表 2):

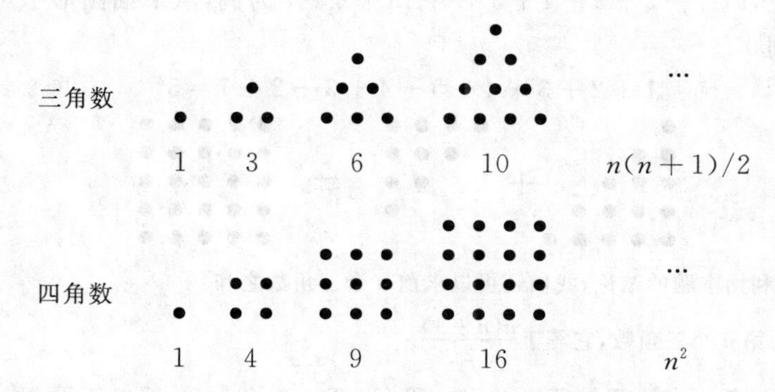


这种方法在当时是颇有意义的. 因为摆出形数再利用几何图形的性质可以给出形数的某些计算公式.

比如他们利用形数的特点证明: $1, 1+2+1, 1+2+3+2+1, 1+2+3+4+3+2+1, \cdots$ 都是完全平方数.

**表 2**

| 序号 / 类别 | 1 | 2 | 3 | 4 | 5 | … |
|---|---|---|---|---|---|---|
| 三角数 | ○ | 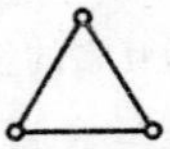 | 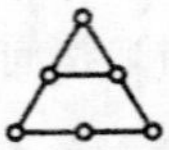 | 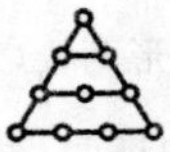 | 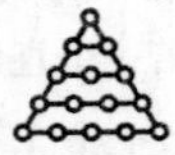 | … |
| 四角数（平方数） | ○ | 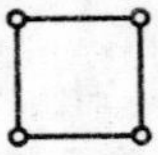 | 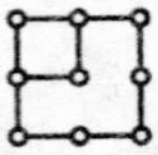 | 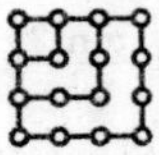 |  | … |
| 五角数 | ○ | 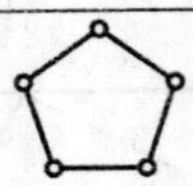 | 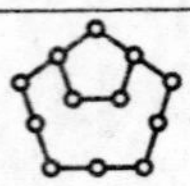 | 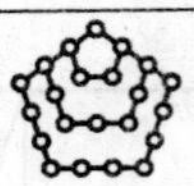 |  | … |
| 六角数 | ○ | 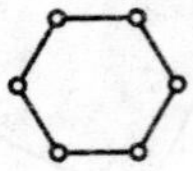 | 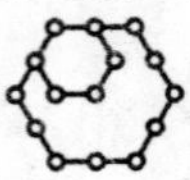 |  |  | … |
| 七角数 | ○ | 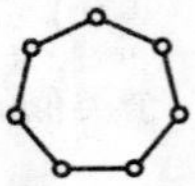 | 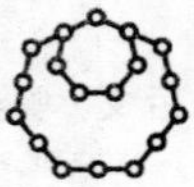 |  |  | … |
| 八角数 | ○ | 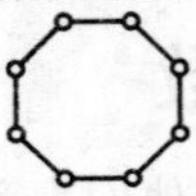 | 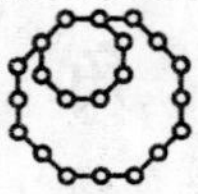 |  |  | … |
| … | … | … | … | … | … | |

事实上，以 $1+2+3+4+5+4+3+2+1$ 为例，从下面图形中可以看出其中的道理

$$1+2+3+4+5+4+3+2+1=5^2$$

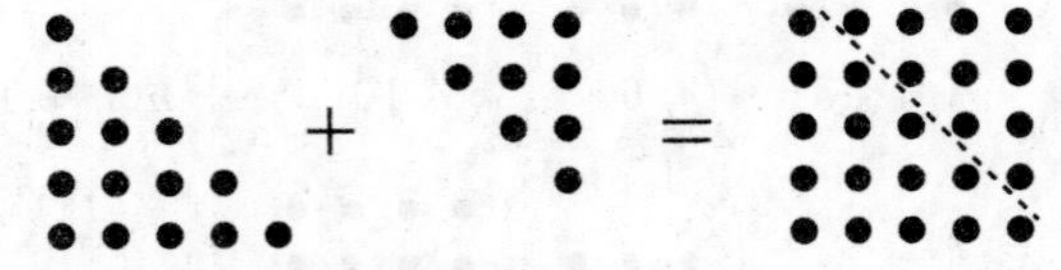

**注 1**　利用本题的结论，我们还可以求前 $n$ 个三角数之和：

记 $T_n$ 为第 $n$ 个三角数，它等于 $\frac{n(n+1)}{2}$.

由于 $T_1+T_2=2^2$，$T_2+T_3=3^2$，$\cdots$，$T_{n-2}+T_{n-1}=(n-1)^2$，$T_{n-1}+T_n=n^2$，以上诸式两边相加，有

$$T_1+2(T_2+T_3+\cdots+T_{n-1})+T_n=2^2+3^2+\cdots+(n-1)^2+n^2=\frac{n(n+1)(2n+1)}{6}-1$$

又 $T_1 = 1, T_n = \frac{n(n+1)}{2}$,故

$$T_1 + T_2 + \cdots + T_n = \frac{1}{2}\left[T_1 + T_n + \frac{n(n+1)(2n+1)}{6} - 1\right] = \frac{n(n+1)(n+2)}{6}$$

这个公式是公元6世纪印度数学家阿耶波多(Aryabhata)在一本关于天文和数学的小册子中给出的.

**注2** 由图形性质可推得:

(1) 四角数

$$S_n = 1 + 3 + 5 + \cdots + (2n-1)$$

又

$$S_n = n^2 = \frac{n(n+1)}{2} + \frac{n(n-1)}{2} = T_n + T_{n-1}$$

(2) 五角数

$$P_n = 1 + 4 + 7 + \cdots + (3n-2) = n + 3T_{n-1}$$

(3) $k$ 角数

$$Q_k = n + (k-2) \cdot \frac{n(n-1)}{2} = n + (k-2)T_{n-1} \quad (n = 1, 2, 3, \cdots)$$

**注3** 利用三角数还可以构造所谓四面体数 $V_n$(图21)(即上面 $T_1 + T_2 + \cdots + T_n$)

$$V_1 = T_1 = 1$$
$$V_2 = T_1 + T_2 = 1 + 3 = 4$$
$$V_3 = T_1 + T_2 + T_3 = 10$$
$$V_4 = T_1 + T_2 + T_3 + T_4 = 20$$
$$\vdots$$
$$V_n = T_1 + T_2 + \cdots + T_n = \frac{1}{6}n(n+1)(n+2)$$

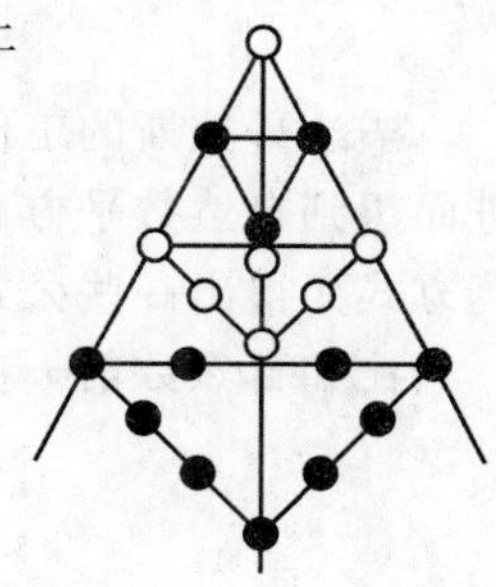

图 21

**注4** "多角数"有许多有趣的性质,比如:任何自然数都可以表示成不超过 $k$ 个 $k$ 角数之和.(费马定理)

$k = 3$ 的情形,1796年被高斯(C. F. Gauss)所证明;

$k = 4$ 的情形,被拉格朗日(J. L. Lagrange)和欧拉(L. Euler)先后证明;

对于一般 $k$ 的情形,1815年被柯西(A. L. Cauchy)证明.

**注5** 相邻两四角数和构成的数称为"金字塔数",它的通项是

$$T_n = \frac{1}{6}n(n+1)(2n+1)$$

1875年鲁卡斯(E. Lucas)猜测:除了1和4 900以外,$T_n$ 中无其他完全平方数.这个猜想直到1918年才由瓦特森(G. N. Watson)证得.

# 求　　和

利用多角数性质毕达哥拉斯已经算得

$$1+3+5+\cdots+(2n-1)$$

的和，且毕达哥拉斯已经利用图形给出了它的一个几何解释. 他画了一个方格正方形，且如图 22 涂上色，从图中可以看到：形如“┘”图形中小正方形个数恰好分别是 $1,3,5,7,\cdots,2n-1$.

而

$$1+3=2^2,\ 1+3+5=3^2,\ \cdots$$

从而

$$1+3+5+\cdots+(2n-1)=n^2$$

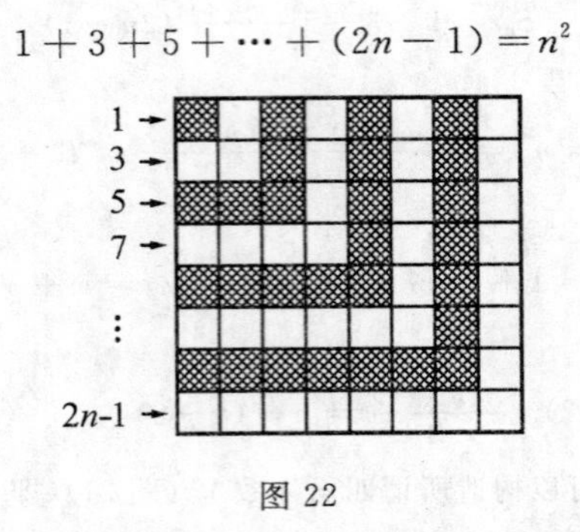


图 22

毕达哥拉斯的工作并没有到此为止，他仔细分析了图 22 所示问题的实质，进而想到自然数平方和、立方和公式的推求，他利用图 23 所示的诸数不同的计算方式而得出一些公式.

比如自然数前 $n$ 项平方和、立方和公式

$$1^2+2^2+\cdots+n^2=\frac{n(n+1)(2n+1)}{6}$$

$$1^3+2^3+\cdots+n^3=\left[\frac{n(n+1)}{2}\right]^2$$

这项工作并不困难，将它留给读者思考.（由图 23(a) 可得平方和公式；由图 23(b) 可得立方和公式.）

| | | | | | | |
|---|---|---|---|---|---|---|
| $1$ | 1 | 2 | 3 | 4 | … | $n$ |
| $1+2^2$ | 1 | 2 | 3 | 4 | … | $n$ |
| $(1+2)+3^2$ | 1 | 2 | 3 | 4 | … | $n$ |
| $(1+2+3)+4^2$ | 1 | 2 | 3 | 4 | … | $n$ |
| ⋮ | ⋮ | ⋮ | ⋮ | ⋮ | ⋮ | ⋮ |
| $(1+2+3+\cdots+n-1)+n^2$ | 1 | 2 | 3 | 4 | … | $n$ |

(a)

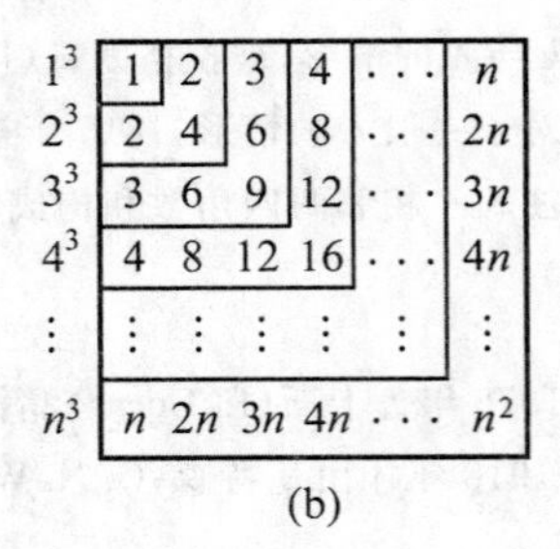


(b)

图 23

# 奇数表为平方差

毕达哥拉斯还从上面的图形中找到新发现：

除1之外任意奇数均可表为两自然数的平方差.

当然，用今天的数学符号来推算更明显.我们设给定奇数 $2k+1$，这样有下面等式

$$(k+1)^2-k^2=2k+1$$

此结论亦可以从上面一题的图形中直接得出：

相邻大小两正方形之差，恰为“┌┘”图形中小正方形个数，它是一个奇数.

**附记**　毕达哥拉斯学派带有柏拉图客观唯心主义痕迹，他们把数神秘化，且认为“数”与现实中的某些东西对应着，比如他们认为：

1代表理性，万数之源；2代表见解；3代表力量；4代表正义；5代表婚姻（因为它是阳数3和阴数2的结合）且蕴含颜色的秘密；6存在冷热原因；7包含健康的奥秘；8隐藏爱的真谛（它是力量3与婚姻5的合成）.

他们还认为：六面体中包含着地球的奥秘，四棱锥中含有火的秘密，十二面体中包含了宇宙的奥秘，球是最完美的图形，等等.

我们还想指出：毕达哥拉斯数组还有许多有趣的性质.比如，若 $a,b,c$ 为毕达哥拉斯数组，则：

(1) $a,b$ 中必有一数为3的倍数；

(2) $a,b$ 中必有一数为4的倍数；

(3) $a,b,c$ 中必有一数为5的倍数；

(4) $a+c,\frac{1}{2}(b+c),\frac{1}{2}(c-b)$ 之中有完全平方数；

(5) $a,b,c$ 为相继自然数的只有3,4,5一组.

此外，毕达哥拉斯数组问题的推广便是费马猜想，这是一个直至不久前才得以解决的难题（详见本书后文）：

不定方程 $x^n+y^n=z^n$（$n>2$，$n$ 为正整数）无（非平凡即非0）整数解.

# 一个悖论

据传毕达哥拉斯向一位学生讲授法律课，该学生答应在他打赢所接到的第一桩案子后付学费，然而该学生却一直未接案子，于是毕达哥拉斯将学生告上法庭.

毕达哥拉斯认为，无论法院如何判决，他都将稳操胜券，理由是：

如果法庭判他获胜,该学生依照判决应付他学费.

如果法庭判学生获胜,由于该学生打赢了第一场官司,依照前面约定,学生也应该向他付学费.

但该学生认为,无论法庭如何判决,获胜的总是他,理由是:

如果法庭判他获胜,他当然不必付学费;

如果法庭判他败诉,他因输掉这场官司,依约定他无须交纳学费.

问题的症结在哪里?请注意法院只是在必要时判断两人(双方)所签合同的有效性,因而无论是毕达哥拉斯还是那位学生的"第二个如果"皆不对.

# 2 孙 武

孙武(约前 545— 约前 470),世称孙子,字长卿,春秋末齐国人,军事家,科学家.

其祖先是陈国的公子完,因为内乱逃至齐国,改称田氏.公子完五世孙田书,因军功赐姓孙氏,孙武系此家族后人.后来孙武从齐到吴,受伍子胥推荐,做了吴国的将军.

著有《孙子兵法》,又失传的古算书《孙子算经》疑为孙武所著.书中"物不知数"问题于 1852 年由英国传教士烈亚力介绍在《中国算术科学摘记》中,介绍给欧洲,引起国外学者们的重视.

1876 年,德国人马蒂生(Mathison)首先指出:孙子对于该问题的解法与 19 世纪德国数学家高斯关于一次同余式的解法(载于 1801 年出版的《算术研究》中)一致,国外称之为"孙子定理"或"中国剩余定理".

## 物不知数

吴王后宫有美女百人之多.一日,吴王命孙武操练这些嫔妃.

起初,嫔妃们嘻嘻哈哈、漫不经心、乱糟糟地演练着,口令也不听.孙武见状又申明军法,岂知嫔妃们依然不听.孙武当即斩了两名充当队长的吴王宠姬,于是"妇人左右、前后、跪起皆中规矩绳墨".孙武使人报告吴王:"兵既整齐……虽赴水火犹可也."

吴王问道:"眼下还剩下多少女子?"

孙武答:"三三数之剩二,五五数之剩三,七七数之剩二."

那么这些女"兵"到底有多少?

下面我们解解看.先来考虑下面三列数:

除 3 余 2 者:2,5,8,11,14,17,20,23,…

除 5 余 3 者:3,8,13,23,28,33,38,…

除 7 余 2 者:2,9,16,23,30,37,44,…

同在三列中的最小数是23.

又由 $3 \times 5 \times 7 = 105$，知 $23 + 105$，$23 + 2 \times 105$，$23 + 3 \times 105$，… 皆满足上面的性质. 但前已知后宫嫔妃百余人.

那么 $105 + 23 = 128$ 为所求.

**注 1** 孙子原来的解法是：

除 3 余 1 且是 5 和 7 的公倍数中最小的是 70；

除 5 余 1 且是 3 和 7 的公倍数中最小的是 21；

除 7 余 1 且是 3 和 5 的公倍数中最小的是 15.

这样除 3 余 2 且为 5,7 倍数的最小数是 $2 \times 70 = 140$；除 5 余 3 且为 3,7 倍数的最小数是 $3 \times 21 = 63$；除 7 余 2 且为 3,5 倍数的最小数是 $2 \times 15 = 30$.

而 $140 + 63 + 30 = 233$ 即为除 3 余 2，除 5 余 3，除 7 余 2 的数.

又 3,5,7 的最小公倍数是 105，这样 $233 - 105 \times 2 = 23$ 为所求数中最小的一个. 此解法可推广到一般情形.

今有物不知其數三三數之賸二五五數之賸
三七七數之賸二問物幾何
荅曰二十三
術曰三三數之賸二置一百四十五五數
之賸三置六十三七七數之賸二置三十
并之得二百三十三以二百一十減之即
得凡三三數之賸一則置七十五五數之
賸一則置二十一七七數之賸一則置十
五一百六以上以一百五減之即得

宋本《孙子算经》中物不知数问题

**注 2** 此题立意新颖，解法巧妙，得以广泛流传于民间. 它又有鬼谷算、隔墙算、秦王暗点兵、韩信暗点兵等不同称谓. 它的解法有人曾编成歌谣以便于人们去记忆.

周密的《志雅堂杂钞》中有："三岁孩儿七十稀，五留廿一事尤奇，七度上元重相会，寒食清明便可知."

明代程大位《算法统宗》中载有："三人同行七十稀，五树梅花廿一枝，七子团圆正月半，除百零五便得知."

# 鸡兔同笼

吴王令孙武为将后，曾"两破强楚". 一次战斗下来，孙武下令犒劳将士. 送去鸡兔一笼，只知"上有三十五头，下有九十四足". 试问鸡兔各多少？

这是一个方程组问题，不过我们可凭借算术用假设法去解.

如 35"头"全是鸡，因鸡有 2 只脚，则应有"足"70，而实际上"足"有 94，这就多出

$$94 - 70 = 24$$

又一只兔子比一只鸡多 2 条腿，那么若知多出 24 条腿，则知有兔 12 只. 故知鸡数为 35 － 12 ＝23(只).

**注**　孙子对此问题解法为(大意)：

$$\begin{pmatrix}\text{头}\ 35\\ \text{足}\ 94\end{pmatrix}\xrightarrow[94\div 2]{\text{半其足}}\begin{pmatrix}\text{头}\ 35\\ \text{足}\ 47\end{pmatrix}\xrightarrow[47-35]{\text{以下减上}}\begin{pmatrix}35\\ 12\end{pmatrix}\xrightarrow[35-12]{\text{以上减下}}\begin{pmatrix}23\\ 12\end{pmatrix}\begin{matrix}\text{鸡数}\\ \text{兔数}\end{matrix}$$

这是因为

$$\text{半足数} = \text{鸡头数} + 2\times\text{兔头数} = \text{总头数} + \text{兔头数}$$

故

$$\text{兔头数} = \text{半足数} - \text{总头数}$$
$$\text{鸡头数} = \text{总头数} - \text{兔头数}$$

## 饭碗、汤碗、菜碗

酒足饭饱之后，火头军去河边洗碗，筐中共 65 个碗. 有人问：用餐者多少？火头军道：两人一个饭碗，三人一个汤碗，四人一个菜碗.

**问题**　请你算一算用餐者几人？

# 3　希波克拉底

希波克拉底(Hippocrates,约前 460— 前 377),古希腊医师,西方医学奠基人.

其提出"体液学说",认为人体由血液、黏液、黄胆和黑胆四种液体组成,它们的不同配合,使人们有不同的体质.他把疾病看作发展着的现象,认为医师医治的不仅是病而是病人,从而改变了当时医学中以巫术和宗教为根据的观念.

他提倡重视卫生饮食疗法,注意对症治疗和预防.这些对西医发展有巨大影响.

他亦喜欢数学,曾致力于尺规作图"三大难题"(化圆为方、三等分任意角以及倍立方体)的研究.

其数学著作失传,据认为已包括在欧几里得《几何原本》前四卷内.

## 两弯新月

一天的劳累下来,满脑子皆是病人和药.望着一轮弯月,希波克拉底不禁打开抽屉又拿出昨天没有算完的题目:两弯新月问题.

以 Rt△$ABC$ 三边长 $a$,$b$,$c$ 为直径各向形外作一半圆,它们交出两弯新月(图 1 中阴影部分).它们的面积可求吗? 和是多少?

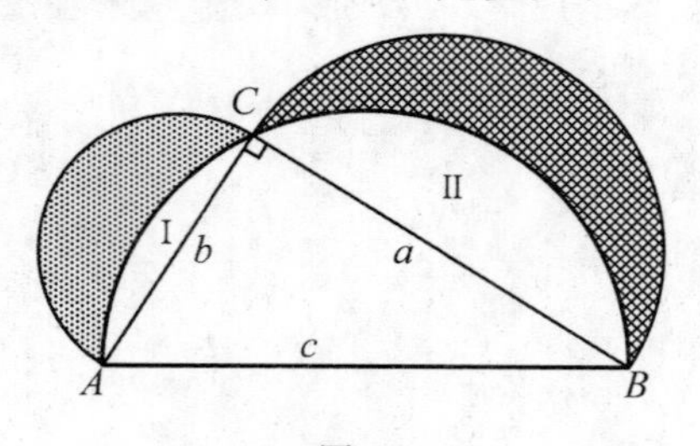


图 1

希波克拉底望着图形,他首先想到毕达哥拉斯(勾股)定理,如果 Rt△$ABC$ 三边长分别为 $a$,$b$,$c$,则有

$$c^2 = a^2 + b^2$$

两边同乘以$\frac{\pi}{8}$,则有

$$\frac{\pi a^2}{8} + \frac{\pi b^2}{8} = \frac{\pi c^2}{8}$$

这恰好证明:以 Rt△$ABC$ 两条直角边为直径的半圆面积和等于以斜边为直径的半圆面积.

当上式左边分别减去图形中 Ⅰ,Ⅱ 的面积时,恰为两弯新月(阴影部分)的面积;

而上式右边减去图形 Ⅰ,Ⅱ 的面积时,恰好剩下 Rt△$ABC$ 的面积.

看出来了吗?两弯新月的面积和,恰好为直角三角形的面积.

希波克拉底望着这一发现惊呆了:曲线图形的面积居然可与直线形面积相等!然后他的脸上露出了惬意的微笑.

**问题** 四个等圆(半径均为 $R$)彼此相切(图 2),求图中阴影部分(形似水壶)图形的面积.

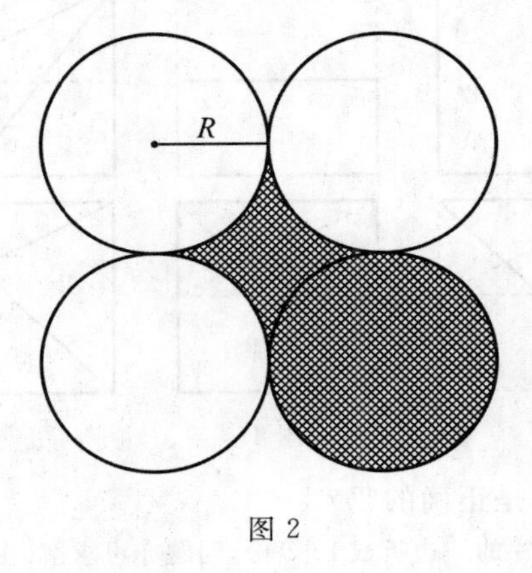


图 2

# 巧分正方形

希波克拉底的一位病人得知他擅长几何,便拿来一题讨教(与其说是讨教,不如说是"测试").

如何用最简便的方法将一个正方形分成面积比分别为 3∶4∶5 的三块?

解法并不困难,比如图 3(a) 是边长为 12 的正方形,则图 3(b)(c) 均较简便:

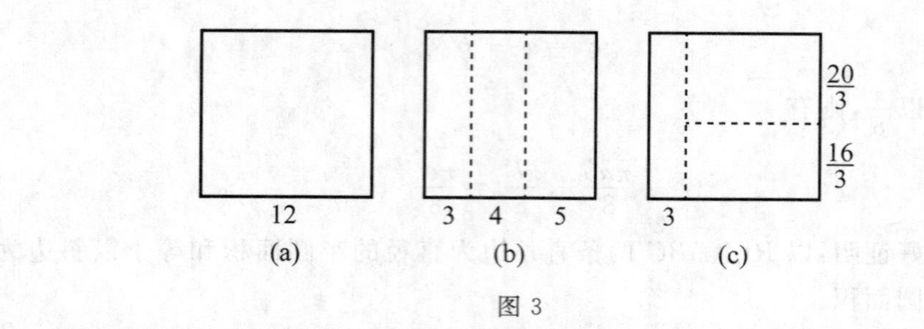


图 3

“这里要将边等分.”那位病友看了上面的做法，摇摇头发难道：“不用直尺，也不用圆规，同时所求面积比是精确的.”

对于一贯用尺规作图的希波克拉底来讲，这道题无疑是一个挑战！然而希波克拉底沉着冷静的思考，以及他娴熟几何知识的巧妙运用，很快将问题解决了.

他采用的方法是：折纸. 其步骤如下：

几次折叠将正方形纸片折出三条折痕，从而亦将正方形分成面积比为 3∶4∶5 的三部分 Ⅰ，Ⅱ，Ⅲ(图 4).

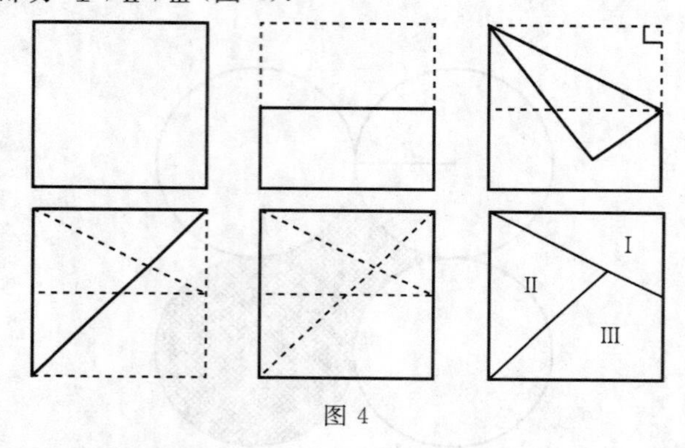


图 4

你能证明这种做法是正确的吗？

**注**　若能将正方形纸片的一边折成12等份，问题亦可求解. 由于 $12=2^2\times3$，而将纸边三等分的折叠方法(精确的)是困难的，这样将纸边折成 12 等份亦难办到.

## 化四分之一圆外新月形为方

化圆为方问题历来被人们所关注，仅用尺规作图无法完成(见后文). 希波克拉底研究此问题时，给出了化四分之一圆外新月形为方的问题解法.

如图 5，由毕达哥拉斯定理于 Rt$\triangle ACB$ 中，有 $AB^2=2\cdot AC^2$，故半圆 $ACB$ 的面积为 2 倍半圆 $AEC$ 的面积，即

$$S_{\text{半圆}ACB}=2S_{\text{半圆}AEC}$$

又

$$S_{半圆ACB}=2\cdot\left(\frac{1}{4}S_{圆D}\right)$$

故

$$S_{半圆AEC}=\frac{1}{4}S_{圆D}$$

由图减去公共部分 $AFC$，有

$$S_{新月AECF}=S_{\triangle ADC}$$

由此可得.

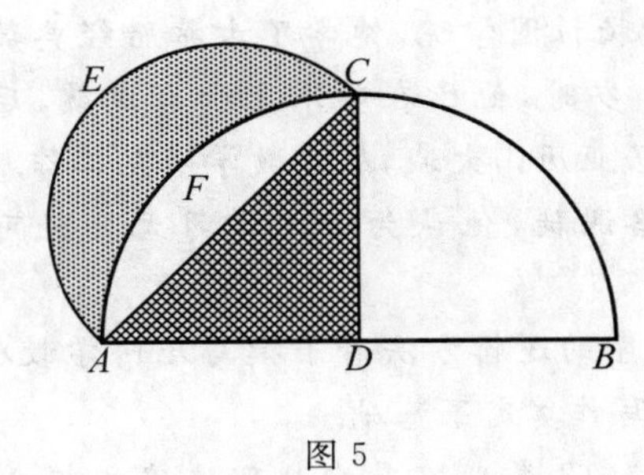


图 5

# 4 欧几里得

欧几里得(Euclid,约前 330— 前 275),古希腊数学家、光学家、天文学家,亚历山大学派前期的三大学者之一.

生于雅典,受教于柏拉图学院,饱学了古希腊经典数学和其他科学文化. 30 岁时,他已在学术上小有成就,后受托勒密国王之邀客居亚历山大城,从事数学研究工作.

他治学严谨,严格课徒,他认为数学学习无捷径可走.

在此期间,他用严密的逻辑方法着手撰写几何学教材《几何纲要》,这为他日后的《几何原本》的写作奠定了基础.

他著有《几何原本》(13 卷),它是由公理法建立起来的数学演绎体系最早的典范,为此而形成“欧几里得几何学”. 其中不少内容仍为当今人们学习几何学的材料. 虽然它一直以手抄本的形式流传了 1 800 多年,至 1482 年才首次以印刷形式发行.

THE ELEMENTS

of the most aunci-
ent Philosopher
EVCLIDE

《几何原本》英译本(1570 年)扉页

此外，他还研究了几何学的光学原理，论述了光的传播及反射原则.

1883 年至 1916 年，《欧几里得全集》(8 卷本) 在丹麦出版，1962 年全集俄译本在苏联面市.

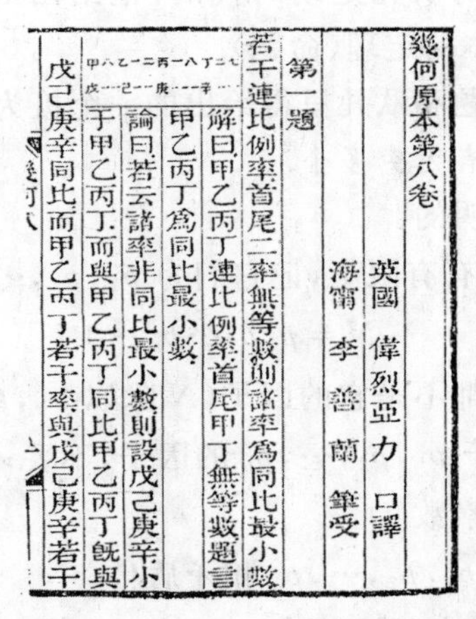

幾何原本第八卷
英國 偉烈亞力 口譯
海甯 李善蘭 筆受
第一題
若干連比例率首尾二率無等數則諸率爲同比最小數
解曰甲乙丙丁連比例率首尾甲丁無等數題言
甲乙丙丁爲同比最小數
論曰若云諸率非同比最小數則設戊己庚辛小
于甲乙丙丁而與甲乙丙丁同比甲乙丙丁既與
戊己庚辛同比而甲乙丙丁若干率與戊己庚辛若干

伟烈亚力(A. Wylie)、李善兰译《几何原本》中文版卷 Ⅷ 第 1 页

# 驴子和骡子

欧几里得不仅治学严谨，而且授课生动，他常把许多难懂的问题通俗化、形象化. 下面是他在讲授今天称为方程组问题时的一个例子：

骡子和驴子驮着谷物，骡子途中对驴子说："如果你把驮的谷物给我一包，我驮的就是你驮的两倍. 可是，如果我给你一包，咱俩就驮的一样了." 请你算一下它们各驮几包谷物？

欧几里得利用算术方法给出解答(请你考虑一下如何做). 下面用今天方程的语言来解答这个问题.

设骡子和驴子各驮谷物为 $x$ 与 $y$ 包，依题意有

$$\begin{cases} x+1=2(y-1) & (1) \\ x-1=y+1 & (2) \end{cases}$$

可解得 $x=7, y=5$，即骡子驮 7 包，驴子驮 5 包谷物.

# 素 数 个 数

素数与合数问题，历来就是数学家们研究的重要课题. 以它们为研究对象的"数论"是数学中一个既古老又年轻的数学分支，说它古老，是因为早在2 000

多年前古希腊学者们已做了开创性的工作;说它年轻,是因为它的许多课题至今仍被人们关注,且不断有新方法、新成果涌现.

欧几里得对于素数的研究是划时代的,他给出的关于素数个数的命题是"数论"中最重要、最基本的定理(命题).

我们来看看这个命题和欧几里得给出的一个极为巧妙的证法.

**命题** 证明:素数有无穷多个.

欧几里得是这样证明的:

(反证法)若素数只有有限个,记它们为 $p_1,p_2,\cdots,p_n$. 今考虑数

$$N=p_1p_2\cdots p_n+1$$

显然 $p_1,p_2,\cdots,p_n$ 都不是它的因子($N$ 除以 $p_1,p_2,\cdots,p_n$ 时余数都是 1),若 $N$ 是合数,则它有异于 $p_1,p_2,\cdots,p_n$ 的因子,不妥;若 $N$ 是素数,则这是一个比 $p_1,p_2,\cdots,p_n$ 都大的素数.

这与前设素数仅有 $p_1,p_2,\cdots,p_n$ 相矛盾!

**注** 数学大师欧拉也给出一个证法:

若素数只有有限个,记它们为 $p_1,p_2,\cdots,p_n$. 分别作几何级数

$$1+\frac{1}{p_1}+\frac{1}{p_1^2}+\cdots+\frac{1}{p_1^m}+\cdots=\frac{1}{1-\frac{1}{p_1}}$$

$$1+\frac{1}{p_2}+\frac{1}{p_2^2}+\cdots+\frac{1}{p_2^m}+\cdots=\frac{1}{1-\frac{1}{p_2}}$$

$$\vdots$$

$$1+\frac{1}{p_n}+\frac{1}{p_n^2}+\cdots+\frac{1}{p_n^m}+\cdots=\frac{1}{1-\frac{1}{p_n}}$$

将上面级数逐项相乘有

$$\prod_{k=1}^{n}\left[\frac{1}{1-\frac{1}{p_k}}\right]=\sum_{\alpha_1\alpha_2\cdots\alpha_n}\frac{1}{p_1{}^{\alpha_1}\,p_2{}^{\alpha_2}\cdots p_n{}^{\alpha_n}} \tag{1}$$

这里对所有不同的组合 $\alpha_1\alpha_2\cdots\alpha_n$ 求和($1\leqslant\alpha_1,\alpha_2,\cdots,\alpha_n\leqslant n$).

又任意正整数 $N$ 可以唯一分解为质因数 $p_1,p_2,\cdots,p_n$ 分幂的乘积,故上式(1) 右为 $\sum\limits_{N=1}^{\infty}\frac{1}{N}$,这不可能,因为式(1) 左边为有限数,式(1) 右边则是发散级数 $\sum\frac{1}{N}$(调合级数).

1878 年,库默尔(Kummer) 也给出了一个证明:

设素数只有有限个,设它们分别为 $p_1,p_2,\cdots,p_r$,令 $N=p_1p_2\cdots p_r>1$,则整数 $N-1$ 为一些素数之积,从而必有某个素因子 $p_j$,它也是 $N$ 的素因子. 因而 $p_j\mid[N-(N-1)]$,即 $p_j\mid 1$,矛盾!

当然它的证法还有许多,无论如何,欧几里得的方法都堪称最简单、最美妙的.

# 圆台与黄金数

欧几里得对于毕达哥拉斯学派的成果极为欣赏和赞许，学习、继承之余，他往往还有许多创新和发现，比如对于"黄金比"问题，他居然在几何体中也找到了它.

欧几里得曾给出了圆台的体积计算公式，然而一项意外的发现更使他兴奋不已.

如图1，上底半径为$r$、下底半径为$R$、高为$h$的圆台体积，若为半径是$R$、高为$h$的圆柱体体积的$\frac{2}{3}$，则该圆台上、下底半径之比为0.618…(原来命题并非如此叙述，这里是运用今天的数学语言给出的).

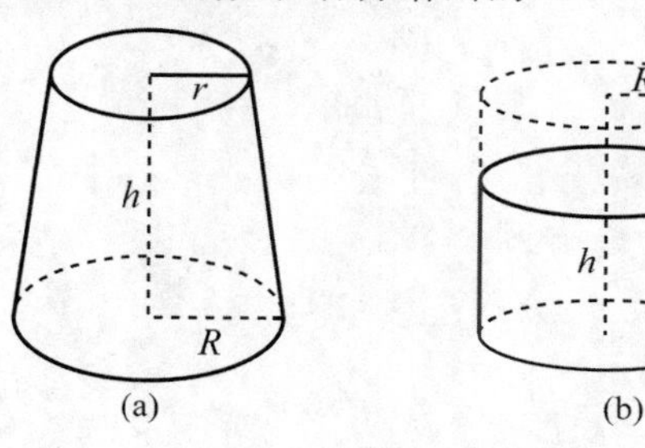


图1

我们不难给出它的证明(也用今天的数学语言)

$$V_{圆台}=\frac{1}{6}(S_{上}+4S_{中}+S_{下})h$$

这里$S_{上}$，$S_{中}$，$S_{下}$分别代表圆台上底、中截、下底面积，而中截面半径$R_0=\frac{1}{2}(r+R)$，这样有

$$V_{圆台}=\frac{1}{6}\left[\pi r^2+4\pi\left(\frac{r+R}{2}\right)^2+\pi R^2\right]h=\frac{\pi}{3}(r^2+Rr+R^2)h$$

而

$$V_{圆柱}=\pi R^2 h$$

则由题设有

$$\frac{\pi}{3}(r^2+Rr+R^2)h=\frac{2}{3}\pi R^2 h$$

即

$$R^2-Rr-r^2=0$$

所以

$$\left(\frac{r}{R}\right)^2+\frac{r}{R}-1=0$$

从而

$$\frac{r}{R}=\frac{\sqrt{5}-1}{2}=0.618\cdots$$

# 5 阿基米德

阿基米德(Archimedes,约前287— 前212),古希腊杰出的科学家.出生在西西里岛的叙拉古,他的父亲是位数学家、天文学家.

他11岁便去亚历山大城学习.他对数学、物理、天文、机械工程等均有建树.

著有《圆的度量》《球与圆柱》《抛物线求积法》《论螺线》等数学论著,此外还有《平面的平衡》《浮体》等力学著述.

"给我一个支点,我可以撬动地球!"便是他发现杠杆原理之后所发出的豪言壮语.

数学中圆周率在$\frac{223}{71}$和$\frac{22}{7}$之间是他发现的,物理学中著名的阿基米德浮力定律也出自他手.

公元前212年,他死于罗马乱军之手.阿基米德临终前仍在演习几何算题,他曾对罗马士兵大声喝道:"不许动我的圆!"此外,他还低声说明:"他们夺去了我的身体,可我将带走我的心."

温特尔发表的装饰画《阿基米德之死》

## 皇冠的秘密

叙拉古国王亥洛让工匠制作一顶皇冠(神龛内祭祀用的环状花冠),派人送去了必需数量的黄金和白银.皇冠制成后有人告发工匠贪污了黄金,且以等重的银子代替.

国王大怒，他想毁掉皇冠去检验告发者所言的真伪，然而他面对这个美丽绝伦的制作又有点不忍心下手. 突然，他想到了学者阿基米德，请他想办法既不毁坏皇冠，又可以检验皇冠是否真的被偷工减料.

受命之后的阿基米德也为此深陷苦恼之中，他常常夜不能眠，然而却一直找不到好办法，阿基米德憔悴了.

一天，他拖着疲惫不堪的身体来到希拉可夫大街上的一家浴池 —— 泡在热水中可谓绝好的休息. 即便如此他仍然不忘那道难题. 想着想着身体一沉，池水溢了出来，望着这种情景他突然似有所悟.

"我找到了！我找到了！"阿基米德竟赤身裸体地跑到希拉可夫大街上狂喊起来，他为他的发现而奔走、欢呼！

什么使他如此兴奋？他到底发现了什么？浮力定律.

正是利用这个定律，阿基米德既没有毁掉皇冠，同时又检测出了皇冠中的金、银含量.

我们看看阿基米德的解法. 经测定阿基米德发现：

黄金在水中质量减少$\frac{1}{20}$，白银减少$\frac{1}{10}$(因为水的浮力). 利用它们在水中不同的减少量，可以测定皇冠的含金量.

比如给工匠的黄金是 8 kg、白银 2 kg，而皇冠在水中质量是$\frac{37}{4}$ kg，我们算一下，如果没有偷工减料，8 kg 黄金在水中失重$\frac{8}{20}=\frac{2}{5}$(kg)，2 kg 白银在水中失重$\frac{2}{10}=\frac{1}{5}$(kg)，总计失重

$$\frac{2}{5}+\frac{1}{5}=\frac{3}{5}(\text{kg})$$

故皇冠在水中质量应为$\frac{47}{5}$ kg，如果实际上轻了，这说明白银多了. 容易算出：5 kg 黄金和 5 kg 白银总共在水中失重 3/4 kg.

**注**　利用浮力性质测量物体的质量、体积等故事，常被人们称颂. 比如：曹冲利用船在水上的浮力去称大象的质量，爱迪生(Edison) 利用量筒中水的体积变化去计算灯泡的体积等.

# 群 牛 问 题

阿基米德解决了皇冠问题后名声大振，当然也有不少别有用心者试图考验阿基米德的功底. 一天，一位挑战者拿来一道算题：

有一群白、黑、褐、花色牛，其中白色公牛等于黑色公牛的$\frac{1}{2}$ 又多$\frac{1}{3}$ 再加上

褐色公牛数;黑色公牛等于花色公牛的$\frac{1}{4}$加$\frac{1}{5}$再加上褐色公牛数;花色公牛数等于白色公牛的$\frac{1}{6}$加$\frac{1}{7}$再加褐色公牛数.白色母牛等于黑色公牛的$\frac{1}{3}$加$\frac{1}{4}$再加黑色母牛数;黑色母牛等于花色公牛的$\frac{1}{4}$加$\frac{1}{5}$再加花色母牛数;花色母牛等于褐色公牛的$\frac{1}{5}$加$\frac{1}{6}$再加褐色母牛数;褐色母牛等于白色公牛的$\frac{1}{6}$加$\frac{1}{7}$再加白色母牛数.又白色、黑色公牛可以排成一个方阵,褐色、花色公牛可以排成一个三角阵.请问各种颜色的牛各有多少头?

这个貌似不很困难的题目藏着陷阱,然而阿基米德仍是凭着毅力与智慧将它解答出来(这里改用今天的数学语言叙述):

**解** 设$X,Y,Z,T$分别表示白、黑、褐、花色公牛数;$x,y,z,t$分别表示白、黑、褐、花色母牛数.依题意有

$$X=\left(\frac{1}{2}+\frac{1}{3}\right)Y+Z \tag{1}$$

$$Y=\left(\frac{1}{4}+\frac{1}{5}\right)T+Z \tag{2}$$

$$T=\left(\frac{1}{6}+\frac{1}{7}\right)X+Z \tag{3}$$

$$x=\left(\frac{1}{3}+\frac{1}{4}\right)Y+y \tag{4}$$

$$y=\left(\frac{1}{4}+\frac{1}{5}\right)T+t \tag{5}$$

$$t=\left(\frac{1}{5}+\frac{1}{6}\right)Z+z \tag{6}$$

$$z=\left(\frac{1}{6}+\frac{1}{7}\right)X+x \tag{7}$$

$$X+Y=p^2 \tag{8}$$

$$T+Z=q(q+1)/2 \tag{9}$$

若不考虑方程(8)(9)可以得到解(这里$k$是常数)

$$X=103\ 664\ 82k, x=72\ 063\ 60k$$

$$Y=74\ 605\ 14k, y=48\ 932\ 46k$$

$$Z = 41\ 493\ 87k, z = 54\ 392\ 13k$$
$$T = 73\ 580\ 60k, t = 35\ 158\ 20k$$

若考虑全部方程，则白色公牛数

$$X = 1\ 598 \cdot 10^{206\ 541}\text{（这是一个天文数字）}$$

**注**　后半部分实际上可以化成不定方程

$$v^2 - 410\ 286\ 423\ 278\ 424u^2 = 1$$

# 巧算平方数和

阿基米德真可谓是个全才的学者，他对某些问题的考虑更是独具匠心.

下面来看看他是如何利用几何方法巧妙地给出公式

$$1^2 + 2^2 + 3^3 + \cdots + n^2$$

的计算（这个问题我们前文已有介绍）.

若取任意条直线段，每一条都比前一条直线段长一段，这一段恰好为最短的直线段长（设其为 1）；若再取同样数目的直线段，每一条均与前面最长的直线段等长，则所有最长直线段的平方和加上最长直线段的平方，再加上所有不等长直线段与最短直线段组成的矩形面积，等于 3 倍所有不等长直线段的平方和（图 1）.

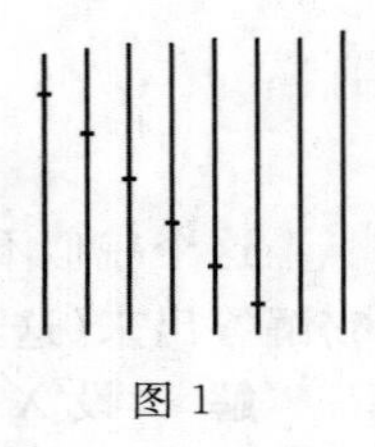

图 1

上面的话，用现代代数符号表示即为

$$n \cdot n^2 + n^2 + (1 + 2 + \cdots + n) = 3(1^2 + 2^2 + \cdots + n^2)$$

化简后有

$$1^2 + 2^2 + \cdots + n^2 = \frac{n(n+1)(2n+1)}{6}$$

**注**　推导 $1^2 + 2^2 + \cdots + n^2$ 公式的办法很多，比如由恒等式

$$m^3 - (m-1)^3 = 3m^2 - 3m + 1$$

两边分别令 $m = 1, 2, \cdots, n$ 再相加，亦可得出公式.

又如前文已经介绍，可据图 2，用两种办法计算图中全部数字和

$$(1 + 2 + \cdots + n) \cdot n$$

及考虑图中“┘”形中数的和（注意对角线上下两部分）.

| 1 | 2 | 3 | 4 | 5 | 6 | ⋯ | $n$ |
|---|---|---|---|---|---|---|---|
| 1 | 2 | 3 | 4 | 5 | 6 | ⋯ | $n$ |
| 1 | 2 | 3 | 4 | 5 | 6 | ⋯ | $n$ |
| 1 | 2 | 3 | 4 | 5 | 6 | ⋯ | $n$ |
| 1 | 2 | 3 | 4 | 5 | 6 | ⋯ | $n$ |
| 1 | 2 | 3 | 4 | 5 | 6 | ⋯ | $n$ |
| ⋮ | ⋮ | ⋮ | ⋮ | ⋮ | ⋮ | ⋮ | ⋮ |
| 1 | 2 | 3 | 4 | 5 | 6 | ⋯ | $n$ |

图 2

# 阿基米德制鞋刀

阿基米德擅长几何，他尤其喜欢“新月图形”，他自己还不时有着新的发现，请看他的“制鞋刀”问题(亦称“割皮刀”问题)：

大小不等的三圆彼此相切如图3，若两小圆公切线在大圆内的部分 $AB=t$，求图中阴影部分(它被称为阿基米德制鞋刀)面积.

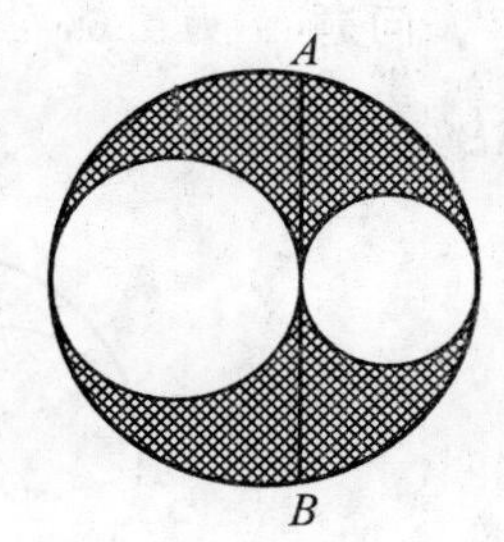

图3

乍看上去似乎题目的条件不够充分，其实不然(此题妙就妙在此处)，因为题设中蕴含了另外的条件.

设大圆半径为 $R$，两小圆半径分别为 $r_1$，$r_2$(图4). 又设阴影部分面积为 $S$，则

$$S=\pi R^2-(\pi r_1{}^2+\pi r_2{}^2) \quad (1)$$

又

$$2R=2r_1+2r_2$$

即

$$R=r_1+r_2 \quad (2)$$

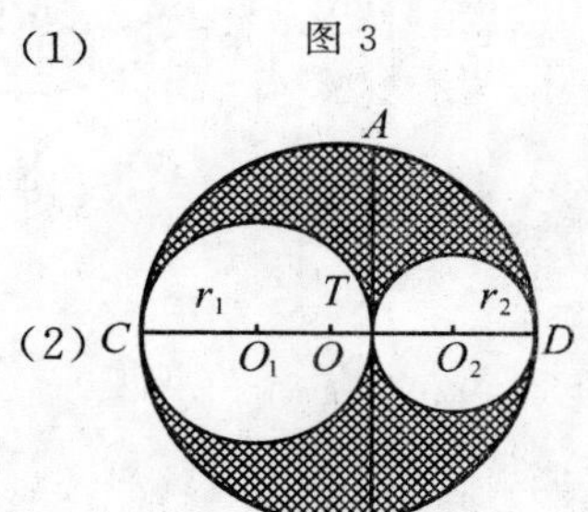

图4

由相交弦定理有

$$AT\cdot TB=CT\cdot TD$$

即

$$\left(\frac{t}{2}\right)^2=2r_1\cdot 2r_2$$

这样

$$2r_1r_2=\frac{t^2}{8}$$

故

$$(r_1+r_2)^2-2r_1r_2=r_1{}^2+r_2{}^2=R^2-\frac{t^2}{8}$$

从而

$$S=\pi(R^2-r_1{}^2-r_2{}^2)=\frac{\pi t^2}{8}$$

这里的结论显然只与 $t$ 的大小有关，而与三圆半径长短无关. 这也是“制鞋刀问题”的魅力所在.

需要强调的一点是：此处三圆彼此相切，且 $t$ 为两小圆公切线在大圆内的部分长.

**注** 直至今日，人们仍对这个所谓“阿基米德制鞋刀”问题感兴趣，1987年初有人还发现了这个图形的又一奇妙的性质：如图5，$CT$ 为两个小圆圆 $O_1$、圆 $O_2$ 的公切线，圆 $O_3$ 与它们都相切.

作圆Ⅰ、圆Ⅱ，它们与大圆及 $CT$ 相切外，还分别与圆 $O_1$、圆 $O_2$ 相切.

又圆Ⅲ过 $T$ 及圆 $O_1$、圆 $O_3$ 切点 $P$ 和圆 $O_2$、圆 $O_3$ 切点 Q.

人们发现：圆Ⅰ＝圆Ⅱ＝圆Ⅲ.

**问题** 如图6，在$\frac{1}{4}$圆内有一内接矩形 $OBCA$，已知 $OB=3$，$BD=2$，请问 $AB$ 长是多少？

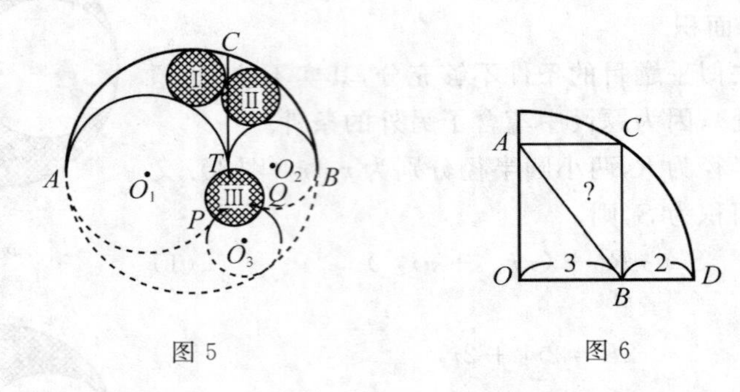


图5　　　图6

# 分成14块

阿基米德将一块正方形纸按图7的方式裁成14块，其中每一块面积与正方形面积的比皆为有理数（换言之，每个小块面积皆为整数）. 这些图形的面积值如图7所示（正方形面积为48）.

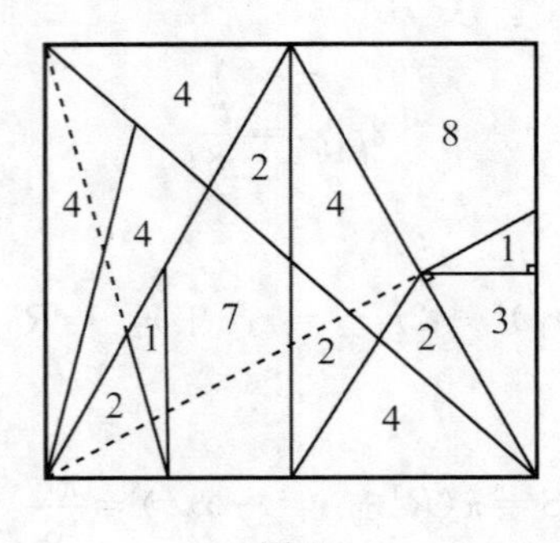


图7

后人将它改为拼图问题提出：

① 用它们拼出一个由三块面积相等，且仍组成正方形的图形；

② 用它们拼出一个由三块面积分别为三个连续整数（显然是15，16，17）且

仍组成正方形的图形；

③ 用它们拼出面积分别为 1 ～ 8 和一块面积为 12 的 9 块且仍组成正方形的图形.

对于问题 ① ～ ③ 稍细心，不难给出下面的答案，如图 8(从面积出发，在所分的块中，组合其中一些使它满足要求).

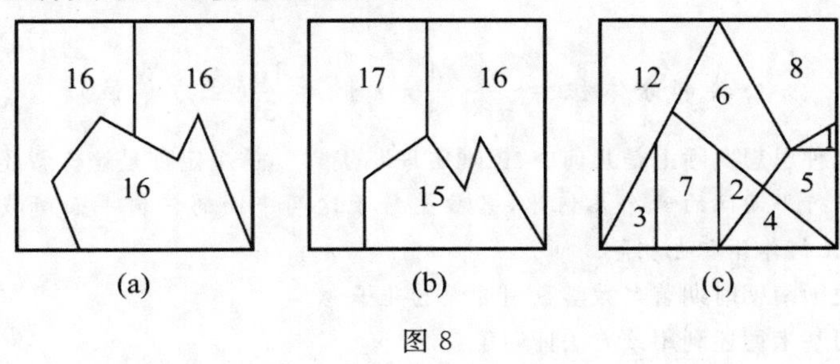


图 8

# 圆柱相贯部分的体积

相贯几何体相贯部分的体积求法是阿基米德的创举，这个仅用初等数学方法(看上去是那么自然流畅)求得的结论，蕴含着现代数学微积分的思想，因而它显得格外璀璨. 请看：

两个底面半径都是1的圆柱相贯(图9)，求它们公共部分的体积.

图 9

阿基米德的解法实在令人折服. 首先他设想在两圆柱相贯的地方放进一只半径为 1 的球，使它的球心恰好在两圆柱轴线的交点上.

再用通过两圆轴线的平面将其一分为二，截面见图 10(a)，公共部分被截出一个正方形，内有一内切圆，它是单位球被平面所截.

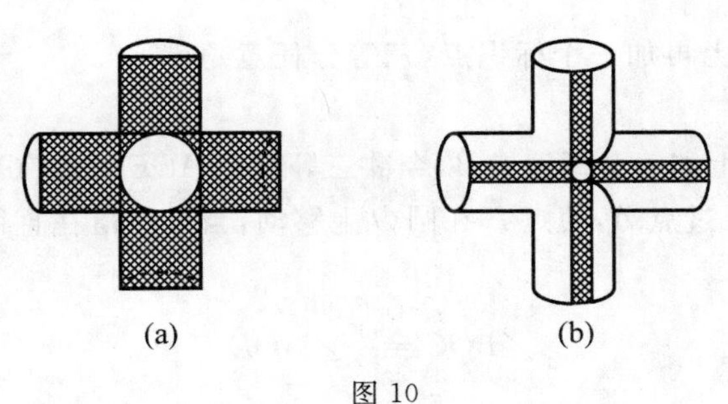


图 10

若将上述平面平行地向两边移动，则公共部分被截得的面还是一个正方形，但小了些，内也有一内切圆，是单位球被平面所截.

若把它们想象为圆片与正方形片叠起来而成的圆形，则

$$\frac{\text{公共部分体积}}{\text{单位球体积}}=\frac{\text{边长为2的正方形面积}}{\text{单位圆面积}}=\frac{4}{\pi}$$

从而

$$\text{公共部分体积}=\frac{4}{\pi}\cdot\frac{4}{3}\pi\cdot 1^3=\frac{16}{3}(\text{立方单位})$$

**注 1**　这种思想实际上是几何中“祖暅定理”的推广，这个定理是这样叙述的：

夹在两平行平面间的两个几何体，若被平行于这两平面的任何平面所截截面面积相等，则这两个几何体体积也相等.

祖暅系我国南朝时期著名数学家祖冲之的儿子.

**注 2**　阿基米德还利用该方法证明了：

球的体积和表面积分别是该球外切圆柱体体积和表面积的$\frac{2}{3}$.

据称，阿基米德的墓碑上正是刻着球内切于圆柱的图形，以表达人们对此发现的景仰之情.

# 三 等 分 角

“三等分任意角”是那个时代尺规作图三大难题之一(现已证明它是不可能的)，阿基米德对此问题亦投入了较大精力.

或许是久攻未果，或许是意识到问题的困难程度(因为其不可能)，于是他试图添加某些条件以完成此项工作.

当他完成一个几何命题“$AB$ 是圆 $O$ 任一弦，延长 $AB$ 至 $C$ 使 $BC$ 等于圆 $O$ 的半径，联结 $CO$ 并延长使其交圆于 $E$，$D$，则 $\angle AOE=3\angle BOD$”(图 11)证明之后，发现：

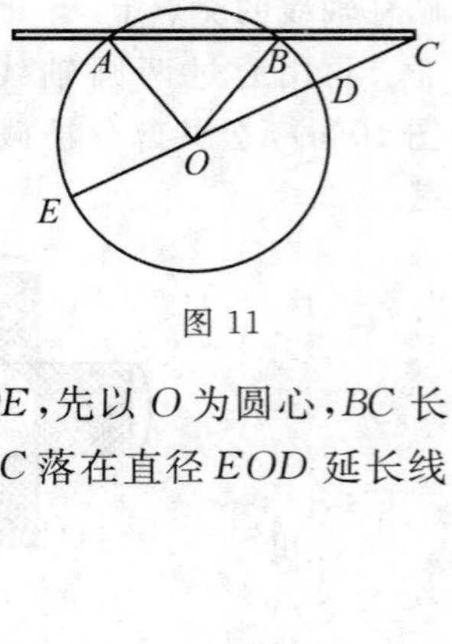

只要在直尺上再加一个标识点，三等分任意角就可完成.

图 11

在直尺 $AC$ 上加一个标识点 $B$，今欲三等分 $\angle AOE$，先以 $O$ 为圆心，$BC$ 长为半径作圆，令尺过点 $A$，使点 $B$ 在圆 $O$ 上移动，当点 $C$ 落在直径 $EOD$ 延长线上时，则

$$\angle BOC=\frac{1}{3}\angle AOE$$

原理的证明极其简单，注意到三角形外角性质便有

$$\angle AOE = \angle OAC + \angle OCA = \angle OBA + \angle OCA = \angle BOC + 2\angle OCA = 3\angle BOC$$

这里

$$\angle OAB = \angle OBA, \angle BOC = \angle BCO$$

据此原理,我们可以制作一个“三等分角器”(图 12):

图中 $\alpha$ 为要三等分之角,$\frac{\alpha}{3}$ 已从图上给出.

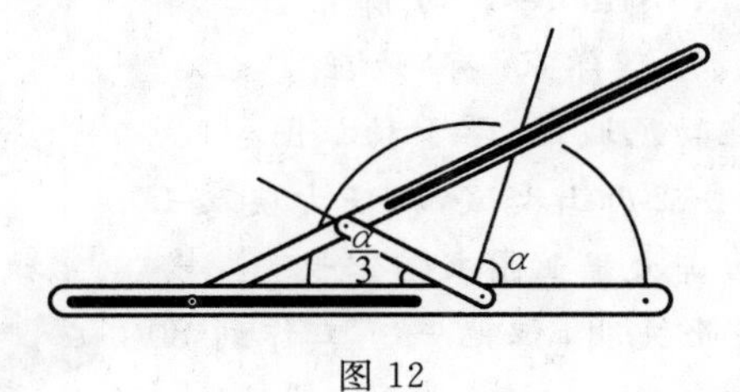


图 12

**注** 借助于某些工具可以三等分角(近似),下面便是其中一种(图 13).

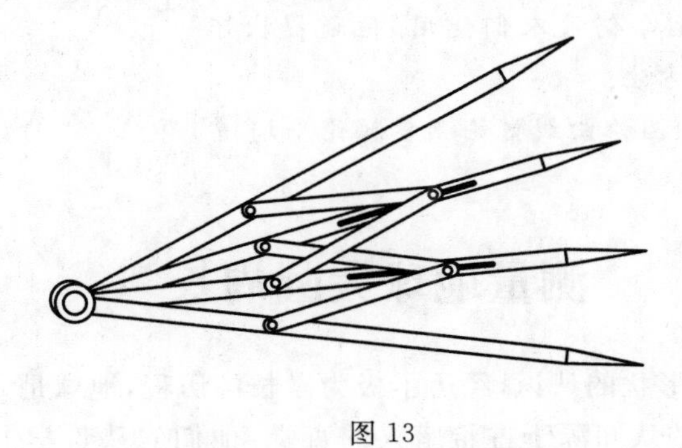

图 13

# 6 埃拉托色尼

埃拉托色尼(Eratosthenes，约前 276— 前 195)，著名数学、天文、地理学家. 有“地理学之父”美誉. 生于今利比亚施勒尼城，就学于柏拉图学院. 后应托勒密三世邀请去亚历山大城，担任古埃及王储的教师，同时任亚历山大里亚图书馆馆长.

尽管晚年因眼疾而失明，但他一直工作到 80 多岁.

他的数学理论与应用研究成果颇丰，他发明的挑选素数的筛法，至今仍被人们使用. 他还提出了测量地球子午线的方法.

著有《筛法》《论圆锥曲线》《论测量》《论平均值》等.

## 测量地球大圆周长

人们对于地球形状的认识，经历了极为漫长的历程，地球是一个球体(严格地讲是一个椭球)的认知源于古希腊人的直觉：他们先从哲学上考虑，认为球形是最完美的；后来亚里士多德从人对星空的观测所见及大海中的船只在视野中的变化而认定地球是一个球形.

然而，地球的半径是多少？它的测量在当时的科学技术水平下是较难办到的，然而埃拉托色尼给出下面一个巧妙的办法(测量地球周长或半径的方法)：

埃及的赛尼(今阿斯旺)在夏至那天正午，阳光接近直射. 那时，赛尼正北的亚历山大城太阳与垂线所成的角是 7.5°，又已知亚历山大城与赛尼相距 5 000 斯达第亚(斯达第亚为古埃及长度单位，1 斯达第亚约合 184.72 m)，埃拉托色尼依据这些数据计算出地球大圆周长和半径.

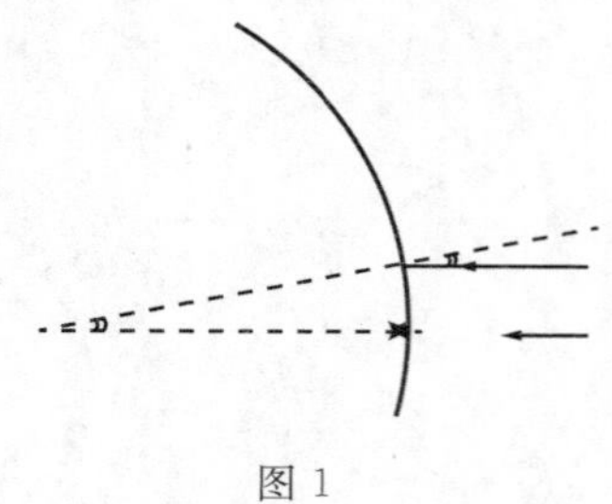

图 1

具体算法是，由图 1 及圆周与弧计算方法知地球大圆周长

$$l=\frac{5\ 000\cdot 360}{7.5}=240\ 000\text{(斯达第亚)}$$

$$l=0.184\ 72\cdot 240\ 000\approx 44\ 333\text{(km)}$$

**注 1**　地球实际上是一个椭球，其赤道半径约为 6 378 km.

**注 2**　古代我国数学书《周髀算经》中已出现了利用日出、日落观察地球子午线的方法，书中记载了商高和周公的一段对话，译成今天的文字即：从前，周公问商高道："我听说大夫精通数理，请问古代伏羲氏是怎样确定地球的度数呢？天没有阶梯可攀登，地也无法用尺来度量，请问这些数字是如何得出来的？"

商高答道："用数字的方法出于圆形和方形. 圆形出自方形，而方形则出自于矩形."

书中荣子与陈子的对话，则介绍了如何利用日影测量太阳和地球间的距离.

周公问数图

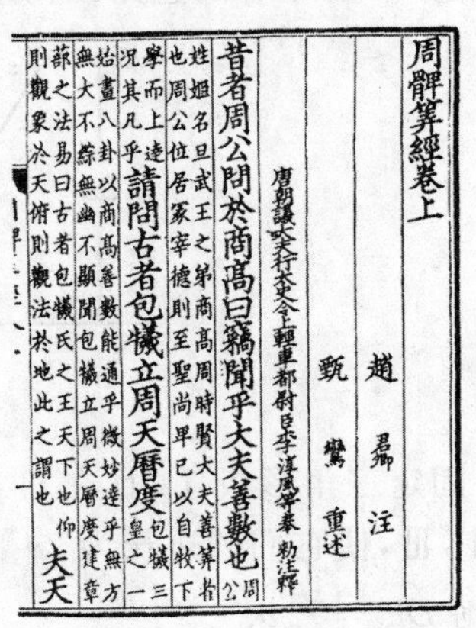

周髀算經卷上

趙 君卿 注

甄 鸞 重述

唐朝議大夫行太史令上輕車都尉臣李淳風等奉 勅注釋

昔者周公問於商高曰竊聞乎大夫善數也周公姓姬名旦武王之弟商高周時賢大夫善算者也周公位居冢宰德則至聖尚卑己以自牧下學而上達況其凡乎請問古者包犧立周天曆度包犧三皇之一始畫八卦以商高善數能通乎微妙達乎無方無大不綜無幽不顯聞包犧立周天曆度建章蔀之法易曰古者包犧氏之王天下也仰則觀象於天俯則觀法於地此之謂也夫天

《周髀算经》正文首页

# 倍立方问题

埃拉托色尼的数学著述很多，有的已失散. 在一本残稿中人们发现下面的记载：

第罗斯流行瘟疫，百姓求助巫神. 巫神告诉他们：只有将现有的祭坛（立方体形状）体积增加一倍方可免此灾难.

百姓们无法做到，他们就去请教学者柏拉图. 柏拉图说：巫神的本意不在于将祭坛体积加倍，而是借此告诫你们要重视数学，尤其是几何学.

显然，若立方体棱长为 $a$，体积加倍的立方体棱长为 $x$（图 2），则有 $x^3=2a^3$，得 $x=\sqrt[3]{2}a$. 而仅用尺（无刻度的直尺）、规（圆规）是无法做出 $\sqrt[3]{2}a$ 来的.

埃拉托色尼设计了一种办法巧妙地解决（只能视为近似地解决）了这个问题.

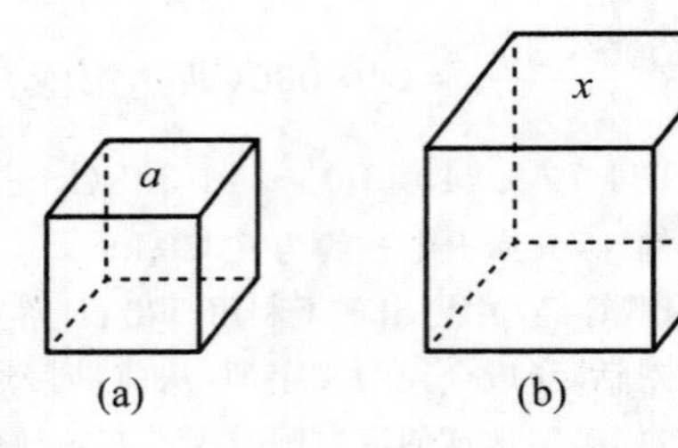


图 2

他先在纸上画了两条距离为 $2a$ 的平行线 $m,n$，然后在其上放了三块一直角边为 $2a$ 的全等的直角三角形板(如图 3，另一直角边与 $m$ 重合).

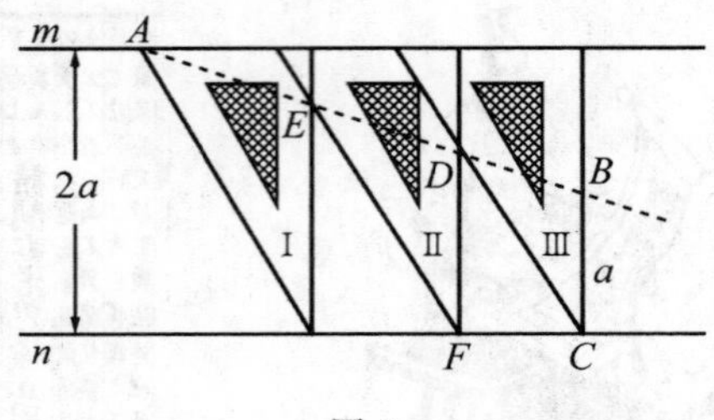


图 3

固定三角形板Ⅰ，且在Ⅲ的边长为 $2a$ 的直角边上取中点 $B$，在 $m,n$ 之间移动Ⅱ，Ⅲ，使它们的边长为 $2a$ 的直角边与另一三角形板斜边交点 $E,D$ 在 $AB$ 上，则 $DF=\sqrt[3]{2}a$.

**注 1** 哲人柏拉图也给出此问题的一个工具解法：

先作两条互相垂直的直线 $m,n$，然后分别在 $m,n$ 上截 $OA=a$ 和 $OD=2a$.

再用两把直角“L”尺如图 4 摆放，使弯尺顶点分别位于 $m,n$ 上，而弯尺直边分别过 $A,D$，当两尺另一直边重合(靠紧)时，则

$$OB=\sqrt[3]{2}a$$

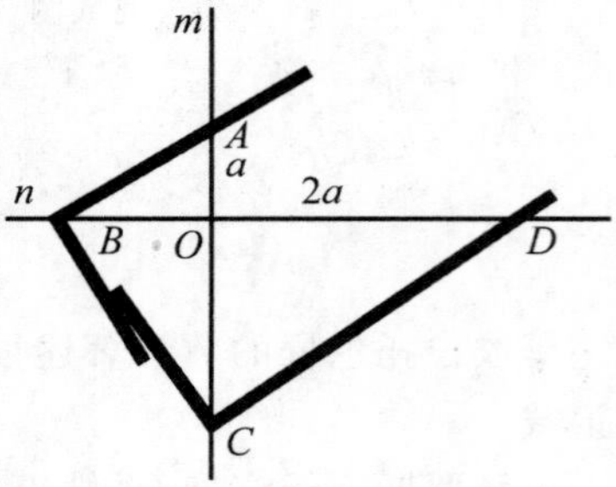

图 4

**注 2** 我们还可以利用某些特殊曲线完成该项作图，请参阅有关著述.

**注 3** 上述问题与另外两个问题：① 三等分任意角；② 化圆为方(作一正方形使其面积与已知圆相等)，合称“尺规作图三大难题”.

1837 年旺策尔(P. L. Wantzel) 证明不能用尺规完成三等分任意角和倍立方问题的作图；

1882 年林德曼(C. L. F. Lindemann) 证明了 $\pi$ 的超越性后，证得化圆为方问题仅用尺规不能作出；

1895 年克莱因(C. F. Klein) 给出仅用尺规不能完成三大作图难题的简洁证法.

**附记** 埃拉托色尼筛法

为说明埃拉托色尼筛选素数的方法，今考虑自然数 1 ～ 25

1　2　3　4　5　6　7　8　9　10　11　12　13　14

15　16　17　18　19　20　21　22　23　24　25

再实施下面（运算）步骤（图 5）：

（1）首先划去 1，它既不是素数，也非合数；

（2）划去所有 2 的倍数（即从 2 起每隔一数划去一数）；

（3）划去所有 3 的倍数（即从 3 起每隔两数划去一数）；

（4）划去所有 4 的倍数（即从 4 起每隔 3 数划去一数）；

（5）划去所有 5 的倍数（即从 5 起每隔 4 数划去一数）.

~~1~~ 2 3 ~~4~~ 5 ~~6~~ 7 ~~8~~ ~~9~~ ~~10~~ 11 ~~12~~ 13 ~~14~~

~~15~~ ~~16~~ 17 ~~18~~ 19 ~~20~~ ~~21~~ ~~22~~ 23 ~~24~~ ~~25~~

图 5

至此，对于从 1 到 25 的自然数“筛”素数工作结束.

剩下的数：2，3，5，7，11，13，17，19，23 即为素数.

对于给完 1 ～ $n$ 的自然数，只需从 1 筛到$\sqrt{n}$（若 $n$ 为完全平方数）即可.

筛选素数还有其他一些方法，比如包含排除法（见后文），以及印度人给出的一个筛法.

# 森德拉姆筛法

印度学者森德拉姆（Sundaram）给出了一个筛选素数的方法. 此方法大致步骤如下：

（1）构造下面数表：首行以 4 开头，其余项为公差 3 的递增的等差数列；第 2 行以首行第 2 个数为首项，其余项按公差 5 递增；第 3 行以首行第 3 个数开头，其余项按公差 7 递增 …… 如此下去即有

| | | | | | | | | |
|---|---|---|---|---|---|---|---|---|
| 4 | 7 | 10 | 13 | 16 | 19 | 22 | 25 | … |
| 7 | 12 | 17 | 22 | 27 | 32 | 37 | 42 | … |
| 10 | 17 | 24 | 31 | 38 | 45 | 52 | 59 | … |
| 13 | 22 | 31 | 40 | 49 | 58 | 67 | 76 | … |
| 16 | 27 | 38 | 49 | 60 | 71 | 82 | 93 | … |
| 19 | 32 | 45 | 58 | 71 | 84 | 97 | 110 | … |
| 22 | 37 | 52 | 67 | 82 | 97 | 112 | 127 | … |
| 25 | 42 | 59 | 76 | 93 | 110 | 127 | 144 | … |
| ⋮ | ⋮ | ⋮ | ⋮ | ⋮ | ⋮ | ⋮ | ⋮ | |

容易看出：这个数表中的数是关于对角线“\”对称的.

(2) 若自然数 $n$ 出现在数表中，则 $2n+1$ 肯定不是素数；若 $n$ 不出现在数表中，则 $2n+1$ 必为素数.

应该指出：埃拉托色尼筛法不会漏掉每一个素数，但森德拉姆筛法却并非如此(比如偶素数 2 被筛漏了)，它只能算得素数.

**附录** 500 以内的素数表

| | | | | | | | | | | | | | |
|---|---|---|---|---|---|---|---|---|---|---|---|---|---|
| 2 | 3 | 5 | 7 | 11 | 13 | 17 | 19 | 23 | 29 | 31 | 37 | 41 | 43 |
| 47 | 53 | 59 | 61 | 67 | 71 | 73 | 79 | 83 | 89 | 97 | 101 | 103 | 107 |
| 109 | 113 | 127 | 131 | 137 | 139 | 149 | 151 | 157 | 163 | 167 | 173 | 179 | 181 |
| 191 | 193 | 197 | 199 | 211 | 223 | 227 | 229 | 233 | 239 | 241 | 251 | 257 | 263 |
| 269 | 271 | 277 | 281 | 283 | 293 | 307 | 311 | 313 | 317 | 331 | 337 | 347 | 349 |
| 353 | 359 | 367 | 373 | 379 | 383 | 389 | 397 | 401 | 409 | 419 | 421 | 431 | 433 |
| 439 | 443 | 449 | 457 | 461 | 463 | 467 | 479 | 487 | 491 | 499 | | | |

# 7 韩 信

韩信(约前231— 前196),我国汉朝初期军事家,淮阴(今江苏)人.

韩信初属项羽,后归刘邦,任大将.楚汉战争时,为刘邦出策,击灭项羽于垓下(今安徽省灵壁南).

汉朝建立后,封为王,后因其居功自傲,不能审时度势,而遭吕后等暗算.

著有《兵法》三篇,今失.

## 立马分油

一日韩信访友归来,途经一集市,见那里人来人往热闹非凡.

突见一油摊前卖油老者与买油者高声争执.买者欲买 5 斤(当时市制);卖者言无法计量,因而告诉买者,要么买 3 斤,要么买 7 斤.

韩信好事,经打听始知:卖油老者油篓内有油10斤,但他仅有能装3斤油的葫芦和装 7 斤油的瓢.而买者执意要购油 5 斤.

探得详情后,韩信立在马上稍经思索道:"你们二人无须再争,依我法保你们都满意."他接着让卖油老汉依他所言操作:

先用葫芦连装两次油都倒入瓢中;再用葫芦装满油徐徐倒入瓢中,当瓢中油满后,葫芦中剩油 2 斤,将它倒与买者油桶内.最后再将葫芦灌满油倒与买者,这样买者将购得 5 斤油.

买卖双方皆大欢喜(双赢).

## 兵阵与队列

丞相萧何与韩信交往中,知韩信是一个不可多得的帅才,因而很想重用他,无奈高祖刘邦无重用韩信的意思.

一个月夜,韩信离开军营似另谋新主.萧何得知,星夜策马追赶.在萧何劝谏下，刘邦拜韩信为大将军.

是日，练兵场上搭起了拜将台，台上旌旗飘扬，台下一队队一列列骑兵、步兵执十八般兵器，个个英姿勃发.仪式开始，场下人声鼎沸，文武百官尽情欢呼.

当人们从欢乐气氛中清醒时才发现：受帅印者乃小将韩信，于是部下多有不服之神色.

阅兵式中，发令官令队列不断变换：

先三路纵队，结果末尾多 2 人；

后五路纵队，末尾多 3 人；

再七路纵队，末尾又余 2 人.

操练毕，发令官报告韩信，操练士兵计 2 336 人.

韩信听后，稍加思索道："所报人数差矣、非 2 336 人，实乃 2 333 人."

令官初不信，经一一数点后方知韩信所言人数丝毫不差.

众人惊讶，知韩信非无能小辈.至此，人们对他另眼相待.

在"孙子"一篇"物不知数"问题中，我们已知道 23 是除以 3 余 2，除以 5 余 3，除以 7 余 2 的最小者.

又 105 是 3，5，7 的最小倍数，当韩信得知队列人数在 2 300 人左右时算到

$$23+105\cdot 22=2\,333$$

这应是队列实际人数.

## 点　兵

韩信任大将军后率兵灭项羽于垓下.

攻城之后，韩信命部下休整.

他手下原有将士 5 万之众，一仗下来，损兵折将，万余士兵阵亡.

韩信要清点他部下人数：

先让他们 7 人一列，最后剩 3 人；

再按 143 人一列，剩 105 人；

又按 312 人一列，剩 27 人；

后按 715 人一列，剩 248 人，

问士兵尚有多少人？

此题与前面的孙子问题（物不知数）属同类，故解法可仿前得：

总兵士数为 35 283 人.

# 只切五刀

韩信 7 岁时，家中来客，父亲命人捧上糕点招待客人，糕点形为正六边形(图 1)，今打算将它均分成 8 块(形状一样).

家人比画着欲切 11 刀可均分成 8 块(图 2)，这实在有点麻烦.

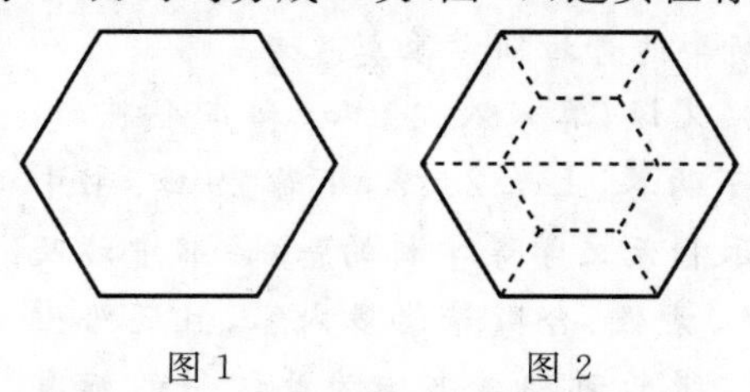

图 1　　　　图 2

韩信在一旁见状说："切 5 刀可将它均分成 8 块."

众人不信，有人甚至喊道："不许摞起来切！"

"当然！"韩信很有把握地拿起刀，果然只切了 5 刀便将糕点分成形状大小一样的 8 块，见图 3.

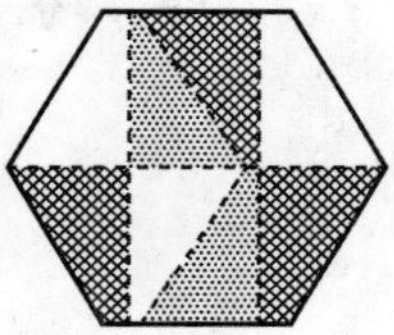

图 3

**注**　关于刀切平面问题还有下面的结论：

平面切 $n$ 刀最多可切成 $1+\frac{1}{2}n(n+1)$ 块.

推广到空间还可有结论：

空间切 $n$ 刀最多可切成 $\frac{1}{6}(n^3+5n+6)$ 部分.

这些结论可用数学归纳法证得.

**问题**　一块(圆形)蛋糕只许竖切 6 刀(但可斜切)，至多可将它分成多少块？如果只许刀直上直下切呢？

# 8 尼科马霍斯

尼科马霍斯(Nichomachus,约前1世纪),古希腊学者、数学家、声学家,新毕达哥拉斯学派奠基者.

著有《算术引论》(又译《算术入门》和《和声手册》).《算术引论》共分上、下两卷,上卷23章,下卷29章.书中认为算术是几何、音乐和天文学等学科的基础.书中涉及整数、奇偶数、多角数、素数、合数等诸多内容,且还给出了自然数立方和公式.很长时期该书均为此学科的标准读本.自此书出版后,算术成为独立于几何的新学科.

此外还著有《数的神学》(2卷),论述了数的一些"神秘"性质.

其他大部分著述皆已失传.

## 必有两数互素

一日,尼科马霍斯正在推演一个数学公式,他的弟子来向他请教一个久思不得其解、但又貌似简单的问题.

给定10个连续自然数,从中任取6个,其中必有两数互素(即这两个数之间无约数).

尼科马霍斯听后不觉大笑道:"任何两个相邻的自然数必定互素,对否?"

"然."弟子拱手答道.尼科马霍斯又接着说:

"10个连续自然数任取5个,可有使这些数彼此都不相邻的取法吗(按自然数顺序讲)?有,比如1～10中取1,3,5,7,9或2,4,6,8,10."

他停了一下又接着说道:"但若从中取6个,则你无论如何取,总会有两个数相邻,因为第6个数总可插在其中某个空内,使它与原来的5个数中的一个相邻."

尼科马霍斯话音刚落,弟子早已点头称是了.

注　素数是个古老的话题,然而至今不"改".人们喜欢某些特殊的素数,比如:

(1) 由数1～9依次序组成的有

$$23\,456\,789,1\,234\,567\,891$$

$$123\cdots9\,123\cdots9\,123\cdots91$$

(2)0 最多的素数(Harvey Dubner 发现)

$$134\ 088 \cdot 10^{15\ 006}+1$$

(3) 仅由 1 组成的

$$11,\ \underbrace{11\cdots1}_{19个},\ \underbrace{11\cdots1}_{317个},\underbrace{11\cdots1}_{1\ 031个}$$

(4) 仅由 0,1 组成的

$$\underbrace{11\cdots11}_{2\ 700个},\underbrace{00\cdots0}_{3\ 155个}$$

# 几何解释

尼科马霍斯苦战了三个昼夜,终于推得了著名的立方数和的公式,他兴奋不已,竟然赤着脚跑到老朋友那里介绍他的发现

$$1^3+2^3+3^3+4^3+5^3=(1+2+3+4+5)^2$$

(这里公式做了简化,其实这个公式对 $1\sim n$ 的情形也对).

他的朋友先是惊讶,后是赞美,接着却又茫然.因为他看不懂尼科马霍斯那长篇的推导(要知道那时尚未发明数学符号).

"没关系,你看这里……"尼科马霍斯说着从衣袋中拿出一块画着图形的草稿(图 1),并解释道:

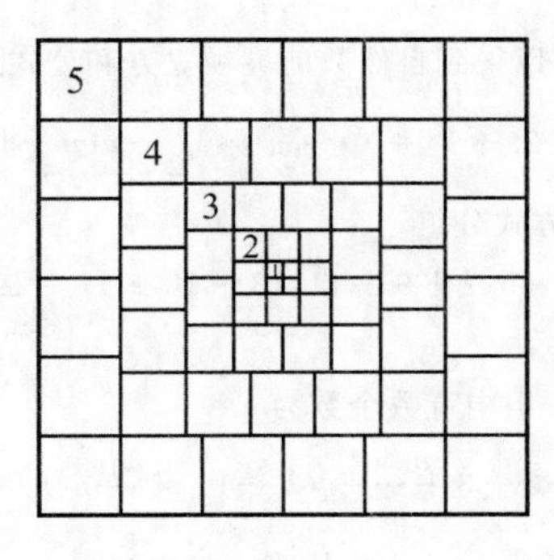


图 1

"图中外层正方形边长是 5,往里第二、三、四、五层诸小正方形边长依次是 4,3,2,1,这样大正方形边长是 $5 \cdot 6$(6 个边长是 5 的小正方形)或者是 $2 \cdot (1+2+3+4+5)$,大正方形面积是 $[2 \cdot (1+2+3+4+5)]^2$.我们再换种方式计算它的面积,即求出全部各种小正方形的面积和.它等于多少?"尼科马霍斯问道.

"自里层向外算这些小正方形面积是

$$4 \cdot 1^2+8 \cdot 2^2+12 \cdot 3^2+16 \cdot 4^2+20 \cdot 5^2$$

朋友答完，尼科马霍斯接着道："这些和可写为

$$4\cdot 1^2+4\cdot 2\cdot 2^2+4\cdot 3\cdot 3^2+4\cdot 4\cdot 4^2+4\cdot 5\cdot 5^2$$

而它恰好是 $4\cdot(1^3+2^3+3^3+4^3+5^3)$，与前面所求大正方形的面积比较，有 $1^3+2^3+3^3+4^3+5^3=(1+2+3+4+5)^2$."

朋友点头称是.说完尼科马霍斯又拿出一张草稿纸，上面画着如图 2 的图形，尼科马霍斯说：请你用它推算一下

$$1^3+2^3+3^3+4^3+5^3+6^3=(1+2+3+4+5+6)^2$$

那位朋友陷入了沉思.

我们来推推看：

一方面，大正方形边长为

$$1+2+3+4+5+6$$

它的面积是

$$(1+2+3+4+5+6)^2$$

另一方面，图中各种小方块面积和是

$$6\cdot 6^2+5\cdot 5^2+4\cdot 4^2+3\cdot 3^2+2\cdot 2^2+1\cdot 1^2=$$
$$6^3+5^3+4^3+3^3+2^3+1^3$$

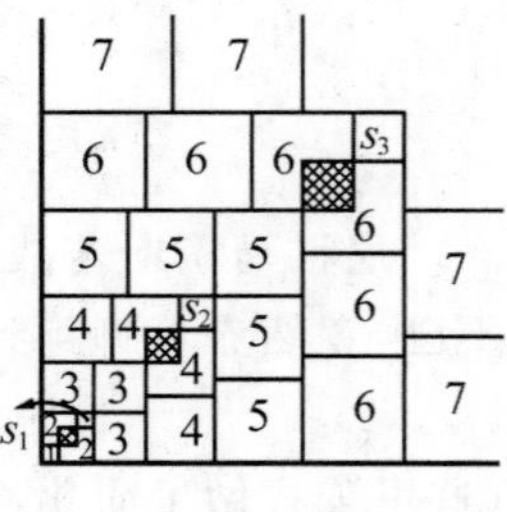

图 2

注意到这些小正方形中边长为 2,4,6 的小方块有重叠部分，即图 2 中阴影所示，但它们恰好分别与图中 $S_1$，$S_2$，$S_3$ 方块面积相当，从而可以补满这些地方.

**注 1**　由此结论，我们可以得到自然数前 $n$ 项立方和公式

$$1^3+2^3+3^3+\cdots+n^3=\left[\frac{1}{2}n(n+1)\right]^2$$

**注 2**　若奇数依照下列方式分组

$$1,3+5,7+9+11,13+15+17+19,\cdots$$

我们可以求各组数和的通项.

因上面数列包括前 $n-1$ 组中奇数个数为

$$1+2+3+\cdots+(n-1)=\frac{1}{2}n(n+1)$$

而第 $n-1$ 组最后一个数为 $n(n-1)-1$，故第 $n$ 组中第一个数和最末一个数分别为

$$[n(n-1)-1]+2 \text{ 和 } [n(n-1)-1]+2n$$

即 $n^2-n+1$ 和 $n^2+n-1$，所以第 $n$ 组数和为

$$\frac{1}{2}[(n^2-n+1)+(n^2+n-1)]n=n^3$$

由上面结论知：$1^3+2^3+\cdots+n^3$ 即为

$$1+(3+5)+(7+9+11)+\cdots+$$
$$[(n^2-n+1)+\cdots+(n^2+n+1)]$$

它总共有 $\frac{1}{2}n(n+1)$ 个奇数相加，因而其总和为

$$\frac{1}{2}[(n^2+n+1)-1]\left[\frac{1}{2}n(n+1)\right]=\left[\frac{1}{2}n(n+1)\right]^2$$

**注 3** 也有人认为，早在阿基米德年代，已给出自然数及其平方和、立方和公式

$$1+2+3+\cdots+n=\frac{1}{2}n(n+1)$$

$$1^2+2^2+3^2+\cdots+n^2=\frac{1}{6}n(n+1)(2n+1)$$

$$1^3+2^3+3^3+\cdots+n^3=\left[\frac{1}{2}n(n+1)\right]^2$$

# 9 萨·班·达依尔

萨·班·达依尔(Sissa Ben Dahir),古代印度舍罕王朝宰相,据传他发明了"国际象棋".舍罕王打算重赏这位发明家.

接下来的故事让人意想不到,请看下文.

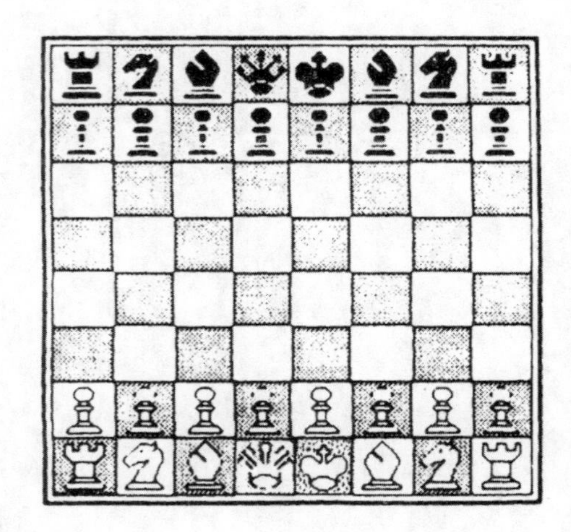

## 无法实现的奖赏

(古印度)舍罕王学会了下国际象棋后,激动万分.兴奋之余,国王心血来潮要重赏西洋棋发明人——他的宰相达依尔.

这位聪明的宰相跪在国王面前说:"陛下,我不要您的重赏,我只要您按下面的办法赏我一些麦粒:在我的棋盘上(它有64个格,如图1)第一格上赏1粒,第二格上赏2粒,第三格上赏4粒……以后每一格赏的麦粒数都是前一格的两倍."

国王起初以为所赏麦粒区区有限.但真的按达依尔的要求去做时,他才发现:这是一个十分庞大的数字.

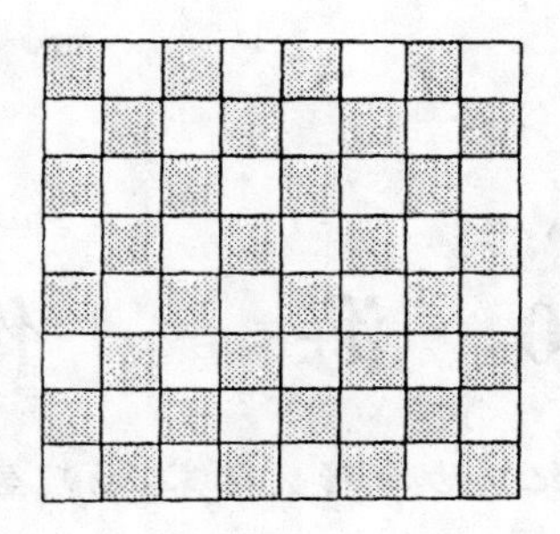

图 1

它到底有多大？我们算算看，由

$$1+2+2^2+2^3+\cdots+2^{63}=2^{64}-1$$

计算上式可得

$$2^{64}-1=18\ 446\ 744\ 073\ 709\ 551\ 615$$

这些麦子相当于当今全世界在 2 000 年内所生产的全部小麦总和.

舍罕王和达依尔

**注 1** 此题也有人认为是古印度数学家锡塔(Sita)所出.

**注 2** $2^{64}$ 这个数，我们在后文"梵塔"问题中还会见到.

**注 3** $2^n$ 是一个很大的数，比如仅有 0.01 cm 厚的纸，对折 30 次后有 $2^{30}=1\ 073\ 741\ 824$(层). 它的厚度约为 107 374 m，足足相当于 12 座"珠峰"的高度.

# 10 海　　伦

海伦(Heron,约 1 世纪),古希腊数学家,物理学家,天文学家,住在亚历山大城.

他发现了光学中的入射线及反射线最捷的定律;在几何学中,他找到了给出三角形三边 $a,b,c$,求三角形面积的公式(海伦公式)

$$S=\sqrt{p(p-a)(p-b)(p-c)}$$

其中

$$p=\frac{a+b+c}{2}$$

公式载于 1840 年发现的,他的著作《度量》一书中.

这个公式在秦九韶的《数书九章》中也有记载.

此外他还发明了杠杆、滑轮等简单机械装置.

他还发明了"照准仪"(类似现代的经纬仪),用以测量和天文观测.

著有《几何学》《度量论》《测量仪器》(又译《屈光学》)《力学》等.

## 饮马河问题

海伦对于光学的研究可谓炉火纯青,他也常将光学研究的成果用于其他学科.比如他曾将光学定律用于几何研究上,且取得了意想不到的成果.有人曾问他下面的问题:

一位将军在图 1 的 $A$ 处打算到河边饮完马再到 $B$ 处去,他在河边哪个地方饮马可使路途最短?

海伦利用光的反射原理给出了下面的解法:

自 $A$ 向河岸 $MN$ 作垂线,且截取 $AC=CA'$,联结 $A'B$ 交 $MN$ 于 $T$,则点 $T$ 即为饮马位置(图 2).

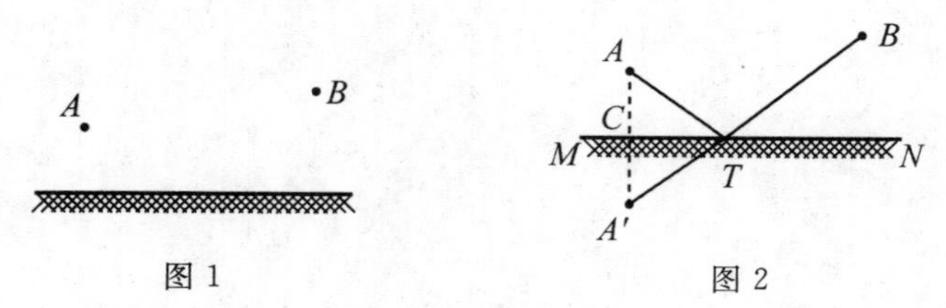


图 1　　　　图 2

# 垂足三角形

海伦似乎有一双"光学"慧眼，在他看来许多几何难题若用上了光学结论，一切都将变得那么自然、流畅. 下面是一道用纯几何方法解决起来并不轻松的题目：

在已给定的三角形内，作一个内接于它且周长最短的三角形.

题目的关键在于内接三角形的周长最短. 海伦利用光学定律巧妙地给出了下面的作法：

设 $\triangle PQR$ 是 $\triangle ABC$ 三边高的垂足所组成的三角形，称之为"垂足三角形"，则这个三角形即为所求(图 3).

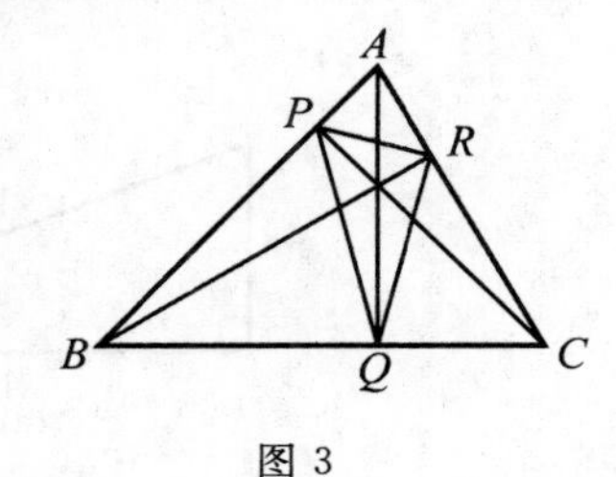

图 3

关于它的证明，稍后我们在施瓦兹(H. A. Schwarz)"巧论"问题中给出，那个方法也许是属于海伦的.

# 海伦三角形

对于直角三角形而言，满足 $m^2+n^2=l^2$ 的勾股数组(整数)构成的三角形，其周长和面积均为整数.

海伦研究了一类特殊三角形，即三边和面积均为整数的非直角三角形，后人称之为"海伦三角形".

海伦给出过一些此类三角形，比如边长为 13,14,15 者.

它的周长显然是整数，而它的面积依据海伦面积公式

$$S_{\triangle}=\sqrt{p(p-a)(p-b)(p-c)}=\sqrt{21(21-13)(21-14)(21-15)}=\sqrt{21\cdot 8\cdot 7\cdot 6}=84$$

也是整数，故它是海伦三角形.

下列数组构成的三角形也分别是海伦三角形

$$(7,15,20),(9,10,17),(39,41,50),\cdots$$

对于周长与面积相等的海伦三角形三边$(x,y,z)$可有(5,12,13),(6,8,10),(6,25,29),(7,15,20),(9,10,17).

**注 1** 以勾股数组构成的直角三角形又称"毕达哥拉斯三角形".

**注 2**　海伦三角形三边构造公式已有人给出.

**注 3**　正三角形中不存在海伦三角形. 这只需注意到边长为 $a$ 的正三角形面积

$$S_{\triangle}=\frac{1}{2}\sqrt{3}\,a^{2}$$

即可(它显然不会是整数,如果 $a$ 是整数的话).

**注 4**　海伦三角形推广到六面体情形,即各棱、各面对角线、体对角线皆为整数的六面体至今未能找到.

**问题**　直角边分别是 48,140(斜边 148)和 80,84(斜边 116)(图 4)的三角形面积均为 3 360,请你再找一个三边均为整数且与它们等积的直角三角形.

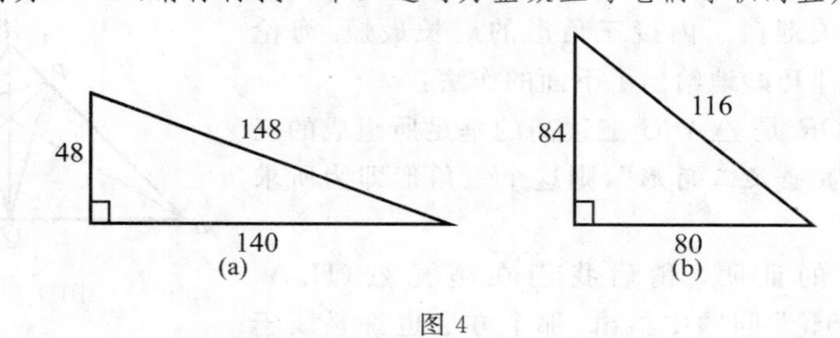


图 4

**附记**　海伦的三角形面积公式在我国宋代秦九韶的《数书九章》中也曾给出,在那里称为"三斜求积式"(图 5),用现代符号可记为

$$S=\sqrt{\frac{1}{4}\left[a^{2}b^{2}-\left(\frac{a^{2}+b^{2}+c^{2}}{2}\right)^{2}\right]}$$

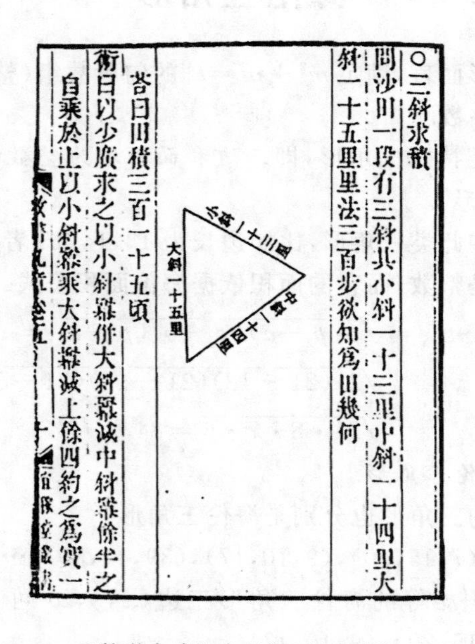
○三斜求積
問沙田一段有三斜其小斜一十三里中斜一十四里大
斜一十五里里法三百步欲知爲田幾何
小斜一十三里
中斜一十四里
大斜一十五里
荅曰田積三百一十五頃
術曰以少廣求之以小斜冪併大斜冪減中斜冪餘半之
自乘於上以小斜冪乘大斜冪減上餘四約之爲實一

《数学九章》中的"三斜求积"

可以证明它与“海伦公式”等价,这只需注意到

$$S=\sqrt{\frac{1}{4}\left(ab+\frac{a^2+b^2-c^2}{2}\right)\left(ab-\frac{a^2+b^2-c^2}{2}\right)}=$$

$$\sqrt{\frac{1}{4}\frac{(a+b)^2-c^2}{2}\cdot\frac{c^2-(a-b)^2}{2}}=$$

$$\sqrt{\frac{a+b+c}{2}\cdot\frac{a+b-c}{2}\cdot\frac{c-a+b}{2}\cdot\frac{c+a-b}{2}}=$$

$$\sqrt{p(p-a)(p-b)(p-c)}$$

这里

$$p=\frac{1}{2}(a+b+c)$$

**注 1** 简单四边形中,若 $a,b,c,d$ 为其四边形,$e,f$ 为其两对角线长,则四边形面积

$$S_{四边形}=\frac{1}{4}\sqrt{4e^2f^2-(a^2-b^2+c^2-d^2)}$$

该公式是布雷特施奈德(Bretschneide)于 1842 年发现的,它可视为海伦公式的推广.

**注 2** 若四边形为圆内接四边形(或可内接于一圆),记 $p=\frac{1}{2}(a+b+c+d)$,则有

$$S_{四边形}=\sqrt{(p-a)(p-b)(p-c)(p-d)}$$

此公式系波罗摩笈多(Brahmagupta)于公元 628 年出版的一部 20 卷的天文巨著中给出的.此外它还有更一般的形式

$$S_{四边形}=\sqrt{(p-a)(p-b)(p-c)(p-d)-abcd\cos\frac{A+C}{2}}$$

这里 $A,C$ 为边 $a,c$ 的对角角度.

**注 3** 更一般地,若 $n$ 维平行多面体 $E$ 系由 $\boldsymbol{a}_1,\boldsymbol{a}_2,\cdots,\boldsymbol{a}_n$ 构成,则

$$V_{|E|}=\sqrt{\det\langle\boldsymbol{a}_i,\boldsymbol{a}_j\rangle}$$

其中 $\det\langle\boldsymbol{a}_i,\boldsymbol{a}_j\rangle$ 系格拉姆(Gram)行列式.又知 $n$ 维黎曼(Riemann)流形子集 $E$ 的体积(图 5),若以

$$ds^2=\sum_{i,j=1}^{n}g_{ij}\,dx_i\,dx_j$$

为度量的 $n$ 维黎曼流形上子集 $E$ 的体积

$$V_{|g|}=\iint_E\cdots\int|g|\,dx_1,dx_2,\cdots,dx_n$$

其中 $|g|=\det\|g_{ij}\|$.

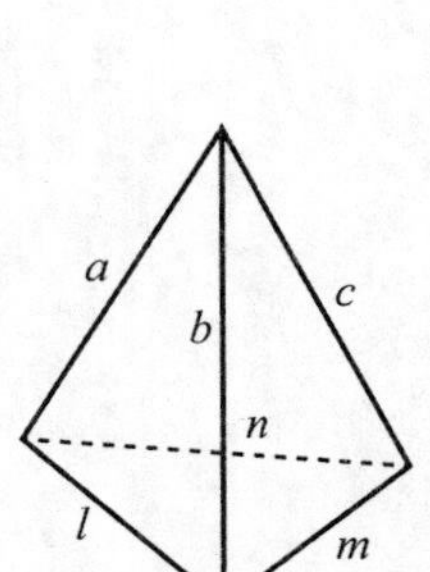


图 5

**注 4** 欧拉于 1758 年发现,若 $a,b,c,l,m,n$ 为四面体各棱长,则该四面体体积 $V$ 满足

$$V^2 = \frac{1}{288} = \begin{vmatrix} 0 & 1 & 1 & 1 & 1 \\ 1 & 0 & l^2 & m^2 & n^2 \\ 1 & l^2 & 0 & m^2 & n^2 \\ 1 & m^2 & c^2 & 0 & a^2 \\ 1 & n^2 & b^2 & a^2 & 0 \end{vmatrix}$$

又海伦公式可写成行列式形式

$$S^2 = \frac{1}{16}\begin{vmatrix} 0 & 1 & 1 & 1 \\ 1 & 0 & c^2 & b^2 \\ 1 & c^2 & 0 & a^2 \\ 1 & b^2 & a^2 & 0 \end{vmatrix}$$

**注 5** 上面结论推广到空间六面体情形未果，拉格朗日(J. L. Lagrange)于 1847 年发现：

若 $A_i(i = 1,2,3,4,5)$ 是空间 5 个点，记 $d_{ij} = \overline{A_iA_j}$，则

$$\begin{vmatrix} 0 & d_{12}^2 & d_{13}^2 & d_{14}^2 & d_{15}^2 & 1 \\ d_{21}^2 & 0 & d_{23}^2 & d_{24}^2 & d_{25}^2 & 1 \\ d_{31}^2 & d_{32}^2 & 0 & d_{34}^2 & d_{35}^2 & 1 \\ d_{41}^2 & d_{42}^2 & d_{43}^2 & 0 & d_{45}^2 & 1 \\ d_{51}^2 & d_{52}^2 & d_{53}^2 & d_{54}^2 & 0 & 1 \\ 1 & 1 & 1 & 1 & 1 & 1 \end{vmatrix} = 0$$

# 11 丢番图

丢番图(Diophantus,约3世纪),古希腊数学家,生平不详.曾客居埃及亚历山大城,任当地教会学校教师.

他是代数学创始人之一,对算术理论有较深入的研究.

著有《算术》一书(共13卷),在数学史上的影响,可与欧几里得的《几何原本》相提并论.1464年在威尼斯发现该著作的前6卷希腊文手抄本,后来又在哈德(伊朗东北部)发现了4卷阿拉伯文译本.书中特别提到求方程的整数(或有理数)解问题,称之为"丢番图问题",它是现代数论的一个重要课题,还有一部著作是《多角数》.

DIOPHANTI
ALEXANDRINI
ARITHMETICORVM
LIBRI SEX,
ET DE NVMERIS MVLTANGVLIS
LIBER VNVS.
CVM COMMENTARIIS C. G. BACHETI V. C.
D. P. de FERMAT
Accessit Doctrinae Analyticae inuentum nouum, collectum
ex varijs eiusdem D. de FERMAT Epistolis.
TOLOSÆ,
Excudebat BERNARDVS BOSC, è Regione Collegij Societatis Iesu.
M. DC. LXX.

巴歇译《丢番图算术》(1670)的封面

## 求数

丢番图在其划时代的名著《算术》一书中,提出并解答了许多关于代数方程(不定方程)的问题,如今人们把只考虑整数解的整系数不定方程称为"丢番

图方程”(丢番图所求解只要求是正有理数即可).请看他的一个例子:

求两数,使得任一数的平方加上另一数等于一个平方数.

丢番图只设了一个未知数,且仅使用一个未知数的符号,而其余条件均据题设用含未知数的一个简单式子表示出来.下记未知数为 $x$.

由于 $x^2$ 加 $2x+1$ 为完全平方数,则可设另一数为 $2x+1$,其次它还满足

$$(2x+1)^2+x=\text{完全平方数} \tag{1}$$

丢番图设上式右边为 $(2x-2)^2$,这样展开、化简后可得

$$x=\frac{3}{13}\text{ 或 }\frac{19}{13}$$

$2x-2$ 如何而来?请看丢番图解释:

先令式右边为 $(2x+a)^2=4x^2+4ax+a^2$,代入式(1) 化简后解得

$$x=\frac{a^2-1}{5-4a}$$

若 $x>0$,有 $a<-1$ 或 $1<a<\frac{5}{4}$.故令 $a=-2$ 最简.

**注**　上述问题用今天的数学符号表示为

$$\begin{cases}x^2+y=m^2\\y^2+x=n^2\end{cases}$$

这里 $x,y,m,n$ 均为正整数.

丢番图原解叙述很简单,且一些过程和理由并没给出,尽管他给出了问题的许多答案.

**问题**　有 200 和 5 这样两个数.若用一个数乘上两个数中的一个,则它为“某数”的平方;若用这个数去乘上两个数中的另一个,则它恰为“某数”.求这个数.

# 大、中、小三数

丢番图对算术的研究堪称一绝,他摒弃了古希腊学派一切数学问题皆纳入几何模式(为了逻辑的严谨),把代数从中解放出来,从而摆脱了几何的羁绊,他甚至将几何中的许多定理用代数运算法则导出.

在《算术》中,他还提出许多有趣的问题,比如:

有大、中、小三个数,其中大数比中数大小数的 $\frac{1}{3}$;中数比小数大大数的 $\frac{1}{3}$,小数比 10 大中数的 $\frac{1}{3}$,求三数.

我们用今天的代数方程符号和方法重解如下:

设三个数分别为 $x,y,z$,依题意列方程组

$$\begin{cases} x - y = \frac{1}{3}z & (1) \\ y - z = \frac{1}{3}x & (2) \\ z - 10 = \frac{1}{3}y & (3) \end{cases}$$

解得 $x = 45, y = 37\frac{1}{2}, z = 22\frac{1}{2}$.

## 别开生面的碑文

希腊语法学家梅特罗多勒斯(Metrodorus)在其所编《希腊诗文选》中(公元500年前后所编,内有46首与数学有关的诗文),收录了丢番图奇特的墓志铭,大意是:

哲人丢番图,数学造诣高.寿命长又长,六分之一童年过,十二分之一少年行,又过七分之一好时光,娶了一位新娘,五年过生个小儿郎,不幸儿子寿命短,年岁只及父亲一半长,又知他比父亲早四年死.哲人丢番图到底寿多少?

用数学语言表示,这实际上相当于方程

$$\frac{1}{6}x + \frac{1}{12}x + \frac{1}{7}x + 5 + \frac{1}{2}x + 4 = x$$

容易解得 $x = 84$(岁).

**注** 本题系《希腊诗文选》中第126首.诗的原文如下:

墓中安葬着丢番图,
多么令人惊讶,
它忠实地记录了其所经历的人生旅程.
上帝赐予他的童年占六分之一,
又过十二分之一他两颊长出了胡须,
再过七分之一,点燃了新婚的蜡烛.
五年之后喜得贵子,
可怜迟来的宁馨儿,
享年仅及其余之半便入黄泉.
悲伤只有用数学研究去弥补,
又过四年,他走完了人生的旅途.

## 巧解算术难题

丢番图对算术理论有着深入和独特的研究,其特点是将它与几何学脱离而形成一门独立的数学分支.

丢番图的观点成为后来的数学家们(包括费马、欧拉、高斯等人)研究数论的出发点.特别是以他的名字命名的丢番图方程即不定方程，至今仍是数论研究的重大课题.

他的重要著作名为《算术》(13卷)，书中除了一些理论问题外，还有许多趣题、难题，下面是其中一例：

分数$\frac{1}{16}$，$\frac{33}{16}$，$\frac{68}{16}$，$\frac{105}{16}$中任何两数之积再加1，仍是一个分数的平方.

$$\frac{1}{16}\cdot\frac{33}{16}+1=\frac{289}{256}=\left(\frac{17}{16}\right)^2$$

$$\frac{1}{16}\cdot\frac{68}{16}+1=\frac{324}{256}=\left(\frac{18}{16}\right)^2$$

$$\frac{1}{16}\cdot\frac{105}{16}+1=\frac{361}{256}=\left(\frac{19}{16}\right)^2$$

$$\frac{33}{16}\cdot\frac{68}{16}+1=\frac{2\ 500}{256}=\left(\frac{50}{16}\right)^2$$

$$\frac{33}{16}\cdot\frac{105}{16}+1=\frac{3\ 721}{256}=\left(\frac{61}{16}\right)^2$$

$$\frac{68}{16}\cdot\frac{105}{16}+1=\frac{7\ 396}{256}=\left(\frac{86}{16}\right)^2$$

17世纪法国数学家费马发现：

整数1，3，8，120也有上述性质，即其中任两数的乘积加1都是完全平方数(这道题的验证工作请读者来完成).

1969年英国人大卫波特(Dovenport)和巴凯尔(Baker)证明：

若整数1，3，8，$x$中任何两数乘积加1都是完全平方数，则$x$只能是120.

1977年Bergun G.和Haggatt发现：若$f_n$为斐波那契数列(见后文)的一般(第$n$)项，则

$$f_{2n},f_{2n+2},f_{2n+4},4f_{2n+1}4f_{2n+2}4f_{2n+3}$$

其中任两者之积加1为完全平方数.

**注** 关于勾股数组$(x,y,z)$，可有不同的表示，见表1：

**表1**

| 发现者 | 勾股数$(x,y,z)$表达式 |
|---|---|
| 毕达哥拉斯 | $\left(n,\frac{1}{2}(n^2-1),\frac{1}{2}(n^2+1)\right),n=2k+1$ |
| 柏拉图 | $\left(m,\frac{1}{4}(m^2-1),\frac{1}{4}(m^2+1)\right),m=2k$ |
| 欧几里得 | $\left(\sqrt{mn},\frac{1}{2}(m-n),\frac{1}{2}(m+n)\right)$，$m,n$同奇偶，$mn$为完全平方数 |
| 丢番图 | $(m+\sqrt{2mn},n+\sqrt{2mn},m+n+\sqrt{2mn})$，$2mn$为完全平方数 |
| 罗士琳[清代] | $(m^2-n^2,2mn,m^2+n^2)$，$m,n$为正整数 |
| ⋮ | ⋮ |

# 12 诸葛亮

诸葛亮(公元181—公元234),我国三国时期政治家、军事家、琅琊阳都(今山东沂南的南部)人.

初隐居隆中(今湖北襄阳西),留心世事,人称"卧龙".

建安十二年(公元207年),刘备"三顾茅庐"始出见,后辅佐刘备.夺荆州,取益州,建立蜀汉.刘备称帝后,任丞相.

他善计谋、精兵法、通机械(制造过"木牛流马"),成为人们心目中足智多谋的偶像.

著有《诸葛丞相集》.

## 猜箭数

孔明、鲁肃等人率20只轻舟去曹营"借箭"归来,几乎未费江东半分之力,便得十万余箭,这正是孔明通天文、识地利、看阵图、明兵势、善计谋的结果.

船归岸时,周瑜命500军兵清点搬运箭支,十万"狼牙"箭,尚有余千亏空,但尚有余箭未点.

军兵清点余下箭支(恰有千余)欲待报数,孔明上前止道:

"无庸讲出,我只需问你10个问题,你若一一答来,我便知箭数."

军兵初不信,及至孔明问完,军兵答毕,孔明报出数来,始令军兵个个称奇.

孔明问了哪些问题?又如何算得箭数呢?

原来孔明预先估出余下的箭有千余只(比如箭有1 013只).先问:"箭数比1 024大小?"答曰:"小."

然后取1 024之半512又问:"比512大小?"答曰:"大."

再在512与1 024之间取768比大小…… 重复上面问话接下去是896,960,1 008比大小,都比这些数大.

再问与1 008和1 024的中数1 016比大小后知箭数比其小.

这时知箭数限于1 008与1 016之间.取其中1 012比其大,而1 012与1 016之中数是1 014,当再次比较知箭数比1 014小时,便可断定箭数为1 013(已知它比1 012大).

**注** 这实际上是一个“二进制”问题，因为 1 024 表为二进制数是

$$10000000000_{(2)}$$

而 1 ～ 1023 表示为二进制时位数不超过 10. 对于十位二进制数，至多只需十次是 0 或 1 的判断，即可知道这个数是几. 将它还原成十进制时，答案便可得出.

# 神　　算

一日雨中，诸葛先生步入军营，见军兵们闲来无事，有的饮酒、有的睡觉，于是便招呼他们一起来玩游戏.

孔明先在地上写下 36 个数

| | | | | | |
|---|---|---|---|---|---|
| 4 513 | 2 515 | 7 510 | 3 514 | 5 512 | 6 511 |
| 6 322 | 1 327 | 8 320 | 4 324 | 7 321 | 5 323 |
| 5 286 | 8 283 | 9 282 | 7 284 | 4 287 | 6 285 |
| 1 498 | 7 492 | 3 496 | 8 491 | 2 497 | 6 493 |
| 9 641 | 3 647 | 7 643 | 5 645 | 6 644 | 1 649 |
| 6 766 | 7 765 | 8 764 | 9 763 | 4 768 | 5 767 |

写完，孔明令一小卒从上面诸数中，每列任取一个数，令众人算其和. 最先得出正确答数者有奖.

该卒取 2 515，4 324，5 286，6 493，6 644，8 764 六数，众军兵在地上乱涂起来. 不一会儿有人报答数 34 126. “错！”诸葛道.

又有人报“34 036”，“34 028”，诸葛皆说“错”. 当有人报得“34 026”时，诸葛急称“然”. 遂奖酒一杯.

不知道诸葛先生是如何神机妙算，判断正误的.

原来诸葛先生所给数表本身便有特点：

每列数的中间两位自第一列至第六列均依次为

$$51,32,28,49,64,76$$

每列数的首末两位数字和自第一列至第六列依次为

$$7,8,11,9,10,12$$

这样当每列取一数时此六个数之和的中间两位数和必为

$$51+32+28+49+64+76=300$$

又首末两数字和应为

$$7+8+11+9+10+12=57$$

若知诸数的个位数字和为 $x$，则这些数和的首位数字必为 $57-x$. 这样所求之和应为

$$(57-x)\cdot 1\,000+300\cdot 10+x$$

比如前面所给六个数的个位数字之和为

$$5+4+6+3+4+4=26$$

则所求之和是

$$(57-26)\cdot 1\,000+300\cdot 10+26=34\,026$$

换言之,只需求出所给六个数的个位数字和,便可算出这六个数的和.

**问题1** 用0和1～9十个数字任意组成两个数,然后将这两个数求和.今从和中任意擦去一个数字,你有无办法确定擦去的数字是几?

# 制胜诀窍(一)

张飞有勇无谋,诸葛亮总想设法调教他.为训练其耐性,诸葛亮为张飞设计了一种棋,棋盘是个五角星,在五条线交点处都可以放棋子(图1).但摆棋子有个规定:

沿棋盘上某一直线数三点,第一点与第三点必须是空位子时,可在第三点放一颗棋子.注意不能拐弯.当棋盘摆满九个棋子时,便算赢(胜)了.

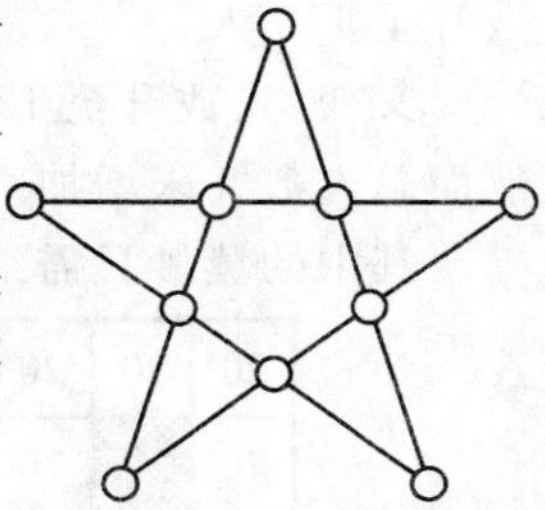

据说张飞曾下了三天三夜居然也没摆完九个棋子.请问你有无巧妙办法?

图1

其实只要记住下面的秘诀即可获胜:

把上一次的第一点,当作这一次的第三点;这一次的第一点当作下一次的第三点……

# 布　阵　(一)

诸葛亮精兵法、足智谋,他尤善布阵.

一次诸葛亮将105名军兵分成14组,每组人数恰好分别为1,2,3,4,…,13,14.他预先在操练场画出线图,然后对各组军兵口授机宜,只听他一声令下,每组军兵按既定位置站好,只见兵阵呈七星形(图2).

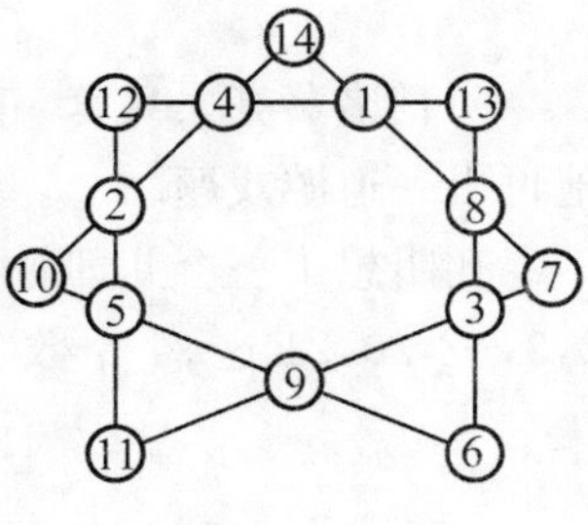

兵阵无论从何方向去看,七条线的每条线上均恰好有军兵30人.试问:奥妙到底何在?

图2

原来诸葛先生玩的是"数阵"游戏,军兵们只需按图中数字站位即可.

要知道:这在科学和军事技术并不发达的当时,这一招还是很能唬人的!

# 布　阵　（二）

诸葛亮三讨曹魏之后，将军队撤回汉中，日夜操练，准备继续北伐.

一天诸葛亮又在演练兵阵.

他从军中选出精悍军兵 360 人，先依图 3 所示布列队伍（图中数字表示队伍人数）. 此阵从四个直列看上去每列皆有 100 人.

只听他一声令下队伍开始变换，这时再看，只见每列人数升至 110 人；

又变，人数升至 120 人 …… 最后每列人数变至 170 人，然而总人数并未增加.

| 10 | 80 | 10 |
|---|---|---|
| 80 |  | 80 |
| 10 | 80 | 10 |

图 3

其中的奥妙只需细细品味图 4 即可知晓.

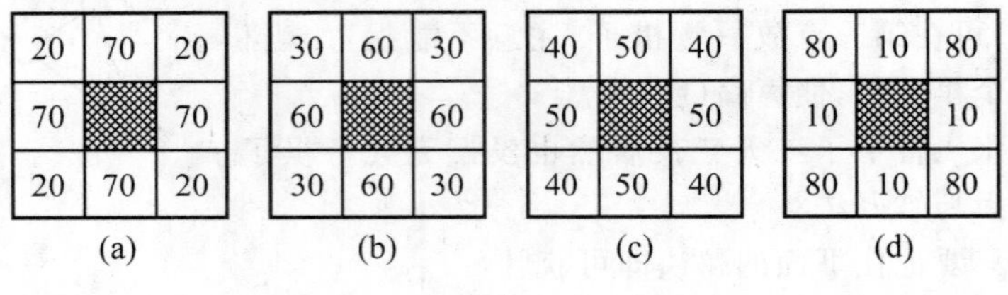

图 4

**问题 2**　上面布阵方式每列人数至少、至多各为多少人（总人数仍是 360）？

# 心 想 事 成

一日诸葛亮去兵营，正值将士们休息. 一见先生，众将士立刻围拢过来，让他再出一道游戏题.

孔明想了一会儿即令一小卒剪出 21 张大小一样的卡片，上面分别写着 1，2，3，…，20，21 这 21 个数字，把它们打乱次序然后摆成 3 列 7 行的方阵，比如：

| 10 | 11 | 2 | 3 | 15 | 7 | 16 |
|---|---|---|---|---|---|---|
| 13 | 1 | 14 | 6 | 17 | 8 | 18 |
| 12 | 4 | 5 | 21 | 9 | 20 | 19 |

随后他让一士兵心想一个数(比如 10),然后告诉诸葛先生它在第几列.接着先生把每列各卡片从左到右依次摞好,再把摞好的有士兵心想数的那列(第一列)卡片夹在其他两列摞好的卡片中间.然后再依卡片次序从上到下、从左到右,3 个一行、3 个一行地重新排成 3 列 7 行的方阵.

这样重复几次后(每次仍需告诉该数所在的列数)诸葛亮可以毫不犹豫地说出士兵所想之数,且百发百中,无一例外.

当众人请诸葛先生讲出其中奥妙时,只见他依规则将纸片重新摆布一番:

**第一次重排后**

| 13 | 6 | 18 | 2 | 7 | 4 | 9 |
|---|---|---|---|---|---|---|
| 1 | 17 | 10 | 3 | 16 | 5 | 20 |
| 14 | 8 | 11 | 15 | 12 | 21 | 19 |

**第二次重排后**

| 13 | 2 | 9 | 10 | 5 | 8 | 12 |
|---|---|---|---|---|---|---|
| 6 | 7 | 1 | 3 | 20 | 11 | 21 |
| 18 | 4 | 17 | 16 | 14 | 15 | 19 |

**第三次重排后**

| 6 | 3 | 21 | 9 | 8 | 4 | 14 |
|---|---|---|---|---|---|---|
| 7 | 20 | 13 | 10 | 12 | 17 | 15 |
| 1 | 11 | 2 | 5 | 18 | 16 | 19 |

至此,写着 10 的纸片已移至纸片阵列的中心(第 2 列第 4 行).先生指了指这纸片后,随即又按规则重摆后发现:

写着 10 的纸片仍位于阵列中心.

(接下去的重复摆放,纸片 10 的位置依然未变.)

众人恍然大悟,原来奥妙在此!

(奥妙到底何在?还需要你慢慢思索.)

# 13 张丘建

张丘建,我国南北朝时期数学家.清河(今邢台市清河县)人,生平不详.

据《宋史·礼志》载为晋人,著有《张丘建算经》三卷,书中载有92问,是《九章算术》以来我国古代较有价值的数学著述,成书大约在公元466～485年间问世.书中讨论了最大公约、最小公倍、等差数列及不定方程等问题.其中"百鸡问题"是世界著名的不定方程问题.

13世纪意大利人斐波那契的《算经》、15世纪阿拉伯人阿尔·卡西的《算术之钥》与此问题皆有类似.

他从研究测量、交换、工程等出发,探讨数学方法,对通分与等差级数甚有见解,首创数学问题的"一题多解".

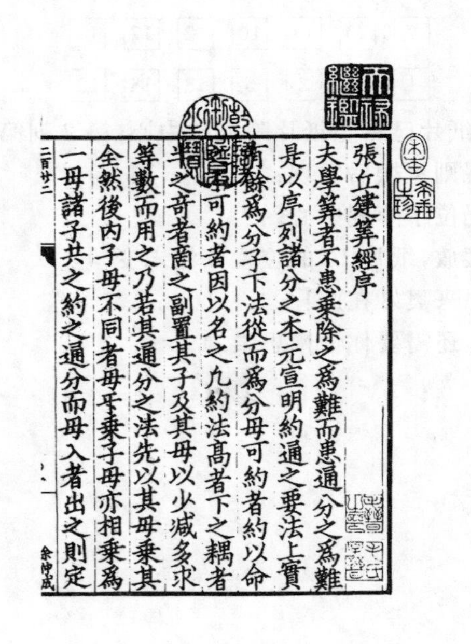

張丘建算經序

夫學算者不患乘除之爲難而患通分之爲難

是以序列諸分之本元宣明約通之要法上實

有餘爲分子下法從而爲分母可約者約以命

可約者因以名之凡約法高者下之耦者

半之奇者商之副置其子及其母以少减多求

等數而用之乃若其通分之法先以其母乘其

全然後内子母不同者母互乘子母亦相乘爲

一母諸子共之約之通分而母入者出之則定

二百廿二

余仲成

《张丘建算经》序

# 百钱买百鸡

《张丘建算经》涉及测量、纺织、商务、交换、纳税、冶炼、工程、利息计算等诸多问题，所用方法独特，书中对求最大公约数、最小公倍数、级数、方程、算术等难题的应用研究颇有建树. 书中最后一道问题便是闻名于世的“百鸡问题”：

今有鸡翁一值钱五；鸡母一值钱三；鸡雏三值钱一. 凡百钱买鸡百只，问鸡翁母雏各几何？

这是一个不定方程（丢番图方程）问题，张丘建用15个字概括了解法（见后面注1）. 为方便计算，下面用今天的数学语言（不定方程组）述之.

**解**　设鸡翁、鸡母、鸡雏各 $x, y, z$ 只，依题意可列方程组

$$\begin{cases} x + y + z = 100 & (1) \\ 5x + 3y + \frac{1}{3}z = 100 & (2) \end{cases}$$

这是一个不定方程（组），可解得答案三组

$$\begin{cases} x = 4 \\ y = 18, \\ z = 78 \end{cases} \begin{cases} x = 8 \\ y = 11, \\ z = 81 \end{cases} \begin{cases} x = 12 \\ y = 4 \\ z = 84 \end{cases}$$

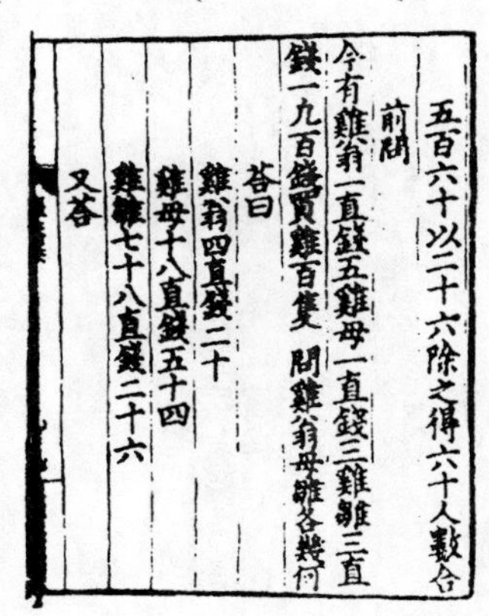
五百六十以二十六除之得六十人數合
前問
今有雞翁一直錢五雞母一直錢三雞雛三直
錢一凡百錢買雞百隻　問雞翁母雛各幾何
荅曰
雞翁四直錢二十
雞母十八直錢五十四
雞雛七十八直錢二十六
又荅

《张丘建算经》中百鸡问题

**注1**　此题为《张丘建算经》卷下38题，书中给出的解法（术文）说：“鸡翁每增四，鸡母每减七，鸡雏每益三，即得.”这实际上是说这个不定方程的解是

$$x = 4 + 4t, y = 18 - 7t, z = 78 + 3t$$

当 $t = 0, 1, 2$ 即为前面三组解.

**注2**　本题还可解如：

由式(2) $\times 3 -$ (1) 可得 $14x + 8y = 200$，即

$$7x + 4y = 100 \tag{3}$$

由(3)知：$4y$ 与 100 均为 4 的倍数，故 $7x$ 一定是 4 的倍数，即 $x$ 一定是 4 的倍数，这样可有表 1：

**表 1**

| $x$ | 4 | 8 | 12 | 16 | 20 | … |
| --- | --- | --- | --- | --- | --- | --- |
| $y$ | 18 | 11 | 4 | −3 | −10 | … |
| $z$ | 78 | 81 | 84 | 87 | 90 | … |

表中前三组恰为题中答案.

# 14　一　行

一行(公元675—公元727),唐代高僧,我国古代著名天文学家、数学家、佛学家.俗姓张名遂,魏州昌乐(今河南南乐,又一说法河北巨鹿)人,21岁时出家.

张遂自幼聪敏,刻苦好学,博览群书,人称"后生颜子".

武三思(武则天侄子)欲与他结交,但遭拒绝.张遂怕受迫害,逃往河南嵩山,出家为僧,法名一行.公元717年奉唐王之诏,回长安华严寺.

他精通天文、历法,著有《大日疏》,主持修编新历,编制《大衍历》等.在数学研究方面得到了如今叫等差数列前$n$项和的公式.

## 和尚、馒头

唐代,中国佛教鼎盛.唐太宗曾下诏,全国建立寺刹,聘请国内外名僧进行译经等工作,曾培养出大批高僧、学者.

高宗时曾在各地设官,武则天更令各州设大云寺.因而唐代高僧们对佛学义理上的阐发极有造诣.

一行出家的寺院中共有大小和尚100人.一日早课完毕,僧人共用斋饭:计馒头100个,米粥随意.同时规定大和尚每人分4个馒头,小和尚每4人分1个馒头,馒头恰好分完.请问该寺中大小和尚各几人?

将一个大和尚与四个小和尚分为一组,他们分5个馒头.

已知和尚100人,馒头100个,因而由$100\div5=20$知:大和尚20人,小和尚80人.

**注**　明代程大位所著《算法统宗》中记载了类似的问题:

一百馒头一百僧,大僧三个更无争,小僧三人分一个,几多大僧与小增?

**问题**　4只大猫和3只小猫共重15 kg,而3只大猫和4只小猫共重13 kg,问大、小猫各重多少千克(大、小猫每只重各均等)?

# 李白买酒

李白造像

一行晚年，大唐涌现出诸多著名诗人，李白便是其中一位. 他豪放、浪漫，少时，以任侠自居；议论世事，口若悬河，笔不停挥；所著诗歌，大多像神仙的作品；常在酒醉后狂性大发. 这些亦令远离世俗的一行感叹不已，他竟以李白醉酒为题编算题一则自娱：

（李白）无事街上走，提壶去买酒，遇店加一倍，见花喝一斗. 三遇店和花，喝光壶中酒. 试问壶中原有多少酒？

我们可用倒推法去解该题，如图 1.

由上知，李白壶中原有酒$\frac{7}{8}$斗.

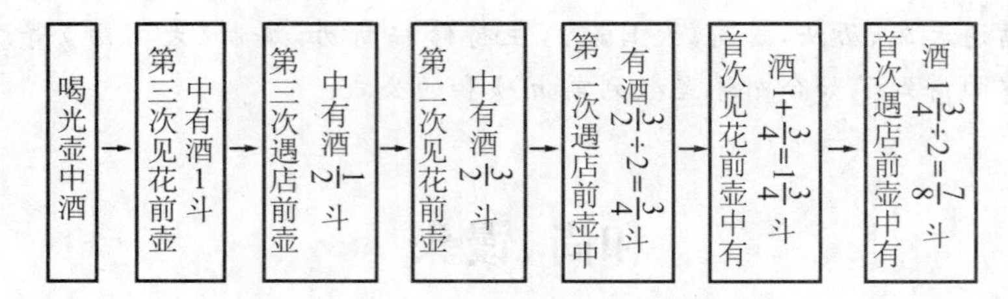


图 1

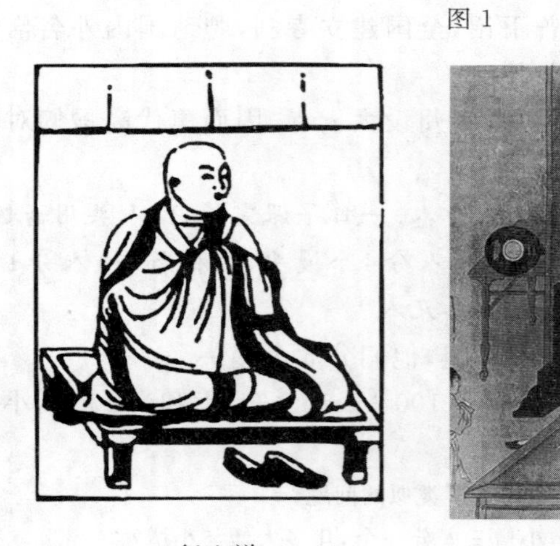

一行坐禅

一行观棋图

# 15 苏　　轼

苏轼(公元1037— 公元1101),北宋文学家、书画家.字子瞻,号东坡居士,眉山(今四川)人.

嘉祐进士,神宗时曾任祠部员外郎.知密州、徐州、湖州.因反对王安石新法,贬谪黄州.

哲宗时,任翰林学士,曾出使杭州、颍州,官至礼部尚书.后又贬谪惠州、儋州,最后北还,病故常州.

苏轼以其文学上的造诣,被后人称为"唐宋八大家"之一.

著有《东坡七集》等,此外还有字帖、画迹传世.

马远所作《西园雅集图》中苏轼、黄庭坚、秦观等人认道图

## 分　　地

苏轼任凤翔签书判官时,为官清正,判案公允,深受民众爱戴.

一日,有兄弟四人为分遗产到大堂告状.苏轼问清事情缘由,系兄弟四人承先父土地一块(图1),父亲终前曾嘱:四人所得不仅数量无别,而且还要形状与原地块相同.

四兄弟思虑良久不得其法，遂请大人明示.

苏轼听完，沉思片刻，又用毛笔画了一阵，画毕与四兄弟道："拿去吧，可依此图去分无妨."四兄弟见图果然巧妙(图 2)，叩谢完毕，欢欢喜喜地离去了.

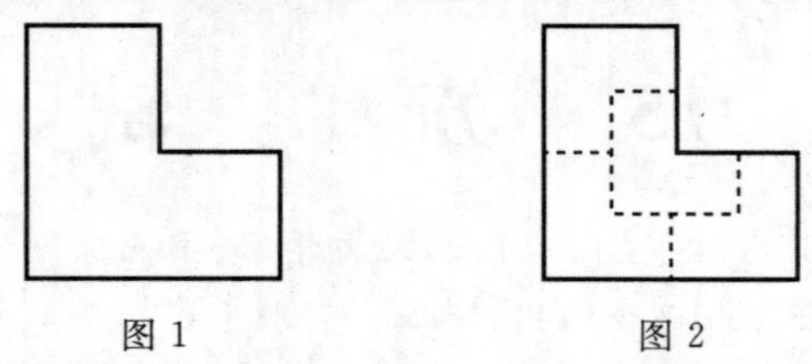

图 1　　图 2

**注 1**　关于"一分为四"的(自复制)图形，还有很多，比如下面一些梯形的一分为四的复制图形(图 3)：

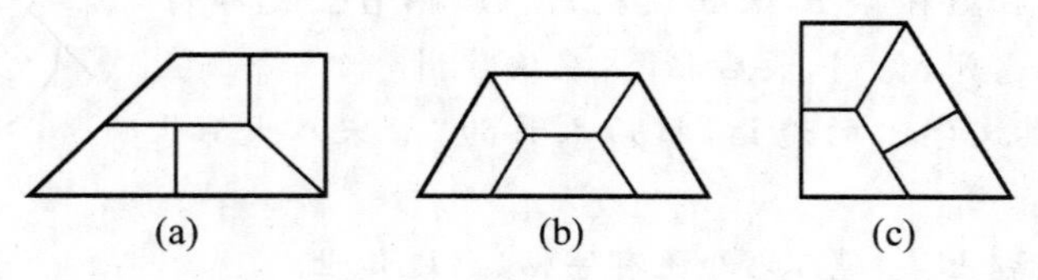

(a)　(b)　(c)

图 3

又如下面的 L 形图形也能分割成四块相同的图形(图 4)：

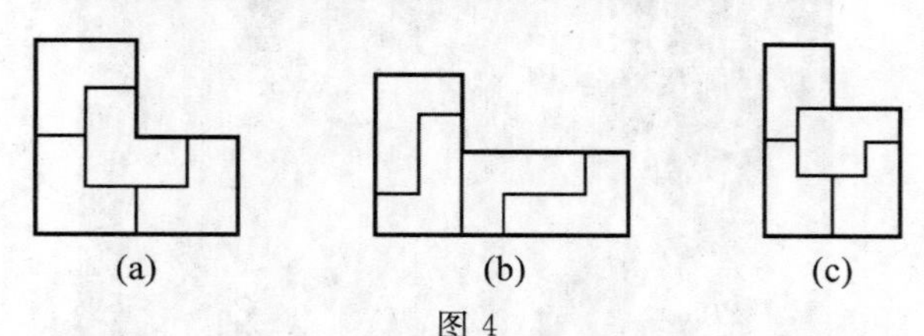

(a)　(b)　(c)

图 4

前文提到的两种图还能分割成更多块数的尺寸较小且相同的自我复制图形(图 5)：

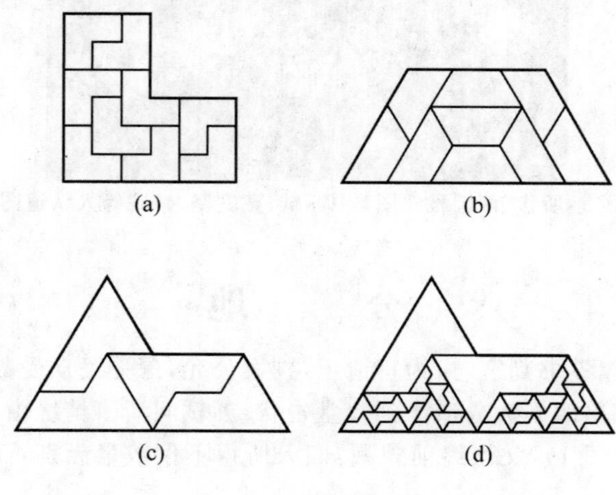

(a)　(b)

(c)　(d)

图 5

图中每个全等图形都能重复生成一个个越来越小的拼块. 反之,这一过程也可以倒过来,用小的上述图形可以拼成整个平面.

**注 2** 关于图形一分为三有许多有趣的结论(前文已述). 再如马丁·加德纳研究把正方形一分为三. 分成三个较小的正方形不可能. 如果用两条竖线则可以把正方形一分为三,如图 6 所示.

接着加德纳又考虑能否把正方形再分成三个大小不一样的矩形. 他把正方形画成 $6\times6$ 的方格,然后沿着格线就轻而易举地实现了目标,见图 7.

能不能把正方形分成大、中、小三个完全不同的相似矩形? 结论是肯定的,见图 8.

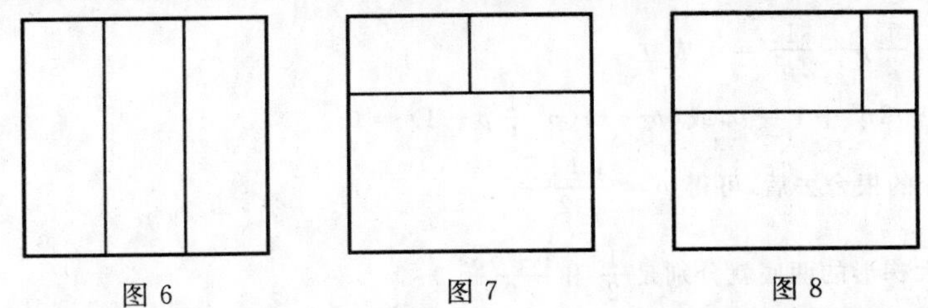

图 6　　图 7　　图 8

加德纳还证明了三个矩形的长宽比都等于 1 : 0.569 84. 加德纳先假定它们已经相似,并设最小矩形的短边为 $p(p<1)$,长边为 1. 于是长边对短边的比就是 $1:p$,这时中个矩形的短边也是 1,既然它们相似,那么它的长边就应该是$\frac{1}{p}$.

接着最大矩形的长边就是 $p+\frac{1}{p}$,设它的短边为 $x$,则

$$\frac{p+\frac{1}{p}}{x}=\frac{1}{p}\Rightarrow x=p^2+1$$

由于图形是正方形,有$(p^2+1)+1=p+\frac{1}{p}$.

化简方程可得 $p^3-p^2+2p-1=0$. 解得 $p=0.569\ 8$.

加德纳还研究了两种 L 形图形的分割,如图 9 和图 10 所示. 图中两个 L 形都是全等的,而它们和大 L 形都相似. 马丁还讨论了能否用斜线来分割图形的问题,见图 11.

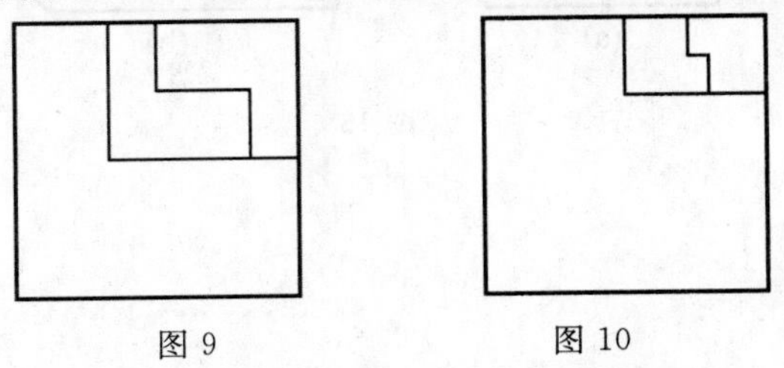

图 9　　图 10

把正方形分成三个大小不一的相似直角梯形问题,加德纳从单位正方形,即边长为 1 的正方形考虑,设最大梯形的上底为$\frac{1}{2}$,下底为$\frac{1}{2}p(p>1)$(图 12).

据相似形理论,中梯形的下底也就等于$\frac{1}{2}$,而上底等于$\frac{1}{2p}$.

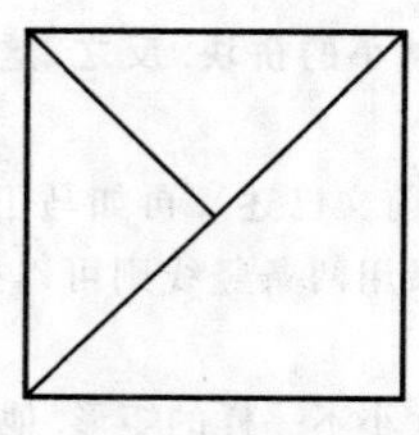

图 11

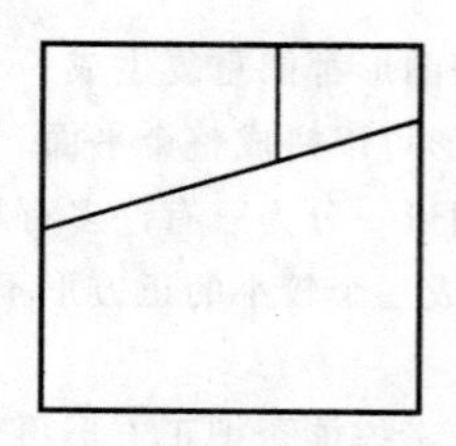

图 12

故最小梯形的下底也是$\frac{1}{2p}$,而上底则是$\frac{1}{2p^2}$.

因而有$\frac{1}{2}p+\frac{1}{2p^2}=1$成立.

即 $p^3-2p^2+1=0$,或$(p-1)(p^2-p-1)=0$.

$p=1$的根舍去后,可得 $p=\frac{1+\sqrt{5}}{2}$.

故最大梯形的两底就分别是$\frac{1}{2}$和$\frac{1+\sqrt{5}}{2}$.

最大梯形的高是1,是它上底长度的两倍. 对中梯形以及小梯形来说,它们的上底长度分别是$\frac{1}{2p}$和$\frac{1}{2p^2}$,而这两个数值的两倍就是$\frac{1}{p}$和$\frac{1}{p^2}$,我们只要证明这两个数值的和也等于1即可.

事实上,$\frac{1}{p}+\frac{1}{p^2}=\frac{p+1}{p^2}$,又 $p=\frac{1+\sqrt{5}}{2}$,而 $p+1=\frac{3+\sqrt{5}}{2}$,而 $p^2=\frac{3+\sqrt{5}}{2}$. 则$\frac{p+1}{p^2}=1$.

**问题**　将图 13 各分割成 6 块面积一样,且形状相同的图形,如何分?

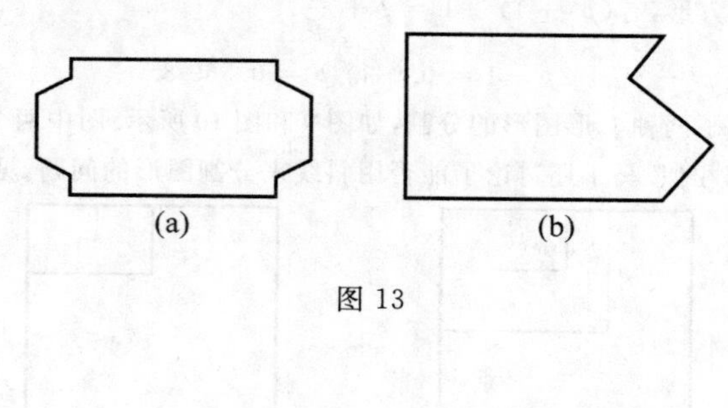

(a)　　(b)

图 13

# 16 婆什迦罗

婆什迦罗(Bhaskara,公元1114—约公元1185),印度数学、天文学家.生于印度南部的比杜尔.

婆什迦罗的父亲是正统的波罗门教徒,曾写过一本很流行的占星术著作.婆什迦罗长期在印度乌贾因天文台工作,对数学和天文学均有造诣.

著有《丽罗娃蒂》《算法本源》《天文系统极致》《探索珍奇》等著述6部,前两部是重要的数学著作,代表着当时印度数学的最高水平.书中汇编了婆罗摩笈多位数学家提出的问题,并提出自己的许多独到见解.

公元1185年卒于乌贾因.

《丽罗娃蒂》棕榈叶手抄本(约公元1400)

## 化简根式

婆什迦罗的女儿名丽罗娃蒂,婚后不久便失去了丈夫.为了安慰女儿,婆什迦罗教她算术,且以她的名字出版了自己的著作.

《丽罗娃蒂》全书分13章,涉及了数表、数运算(包括方根)、级数及某些几何问题.书中题目新颖、解法巧妙,下面是其中一个问题及其解法(已用现今数学符号表示):

**题** 化简(1) $\sqrt{10+\sqrt{24}+\sqrt{40}+\sqrt{60}}$;(2) $\sqrt{3}+\sqrt{12}$.

**解** 注意到下面的根式运算:

(1) $\sqrt{10+\sqrt{24}+\sqrt{40}+\sqrt{60}}=$

$\sqrt{2+3+5+2\sqrt{2\cdot 3}+2\sqrt{2\cdot 5}+2\sqrt{3\cdot 5}}=$

$\sqrt{(\sqrt{2}+\sqrt{3}+\sqrt{5})^2}=\sqrt{2}+\sqrt{3}+\sqrt{5}$

(2) $\sqrt{3}+\sqrt{12}=\sqrt{(3+12)+2\sqrt{3\cdot 12}}=\sqrt{27}=3\sqrt{3}$.

上面运算使用了公式$\sqrt{a}+\sqrt{b}=\sqrt{(a+b)+2\sqrt{ab}}$.

**注** (1) 这里利用了配方办法,使用此办法我们还可以证明

$$\sqrt[3]{20+14\sqrt{2}}+\sqrt[3]{20-14\sqrt{2}}=4$$

这只需注意到 $20\pm 14\sqrt{2}(2\pm\sqrt{2})^3$ 即可.

(2) 也许是舍近求远,因为 $\sqrt{12}=\sqrt{3\cdot 4}=2\sqrt{3}$,故结论自明.

# 求　　数

婆什迦罗在《天文系统极致》中提出,且巧妙地解决下面一个问题:

将某数乘 5 后从积中减去其$\frac{1}{3}$,差再除以 10,然后加上原数的$\frac{1}{2}$,$\frac{1}{3}$,$\frac{1}{4}$,最后得 68,求原数.

婆什迦罗的解法是:

设所求之数为 3,则 $3\times 5=15$. 又 $15-\frac{1}{3}\times 15=10$,$10\div 10=1$. 1 加上 3 的$\frac{1}{2}$,$\frac{1}{3}$,$\frac{1}{4}$得

$$1+\frac{3}{2}+\frac{3}{3}+\frac{3}{4}=\frac{17}{4}$$

故原数为 $3\times\left(68\div\frac{17}{4}\right)=48$.(3 倍于 68 与$\frac{17}{4}$的比即为原数)

# 竹　　高

《丽罗娃蒂》书中记载着一些利用直角三角形性质所解的问题. 比如:

一竹子高 32 尺(原书为腕尺,即用手腕长为单位的计量标准),被风折断后,竹梢距根 16 尺. 问折断后的竹高为多少?

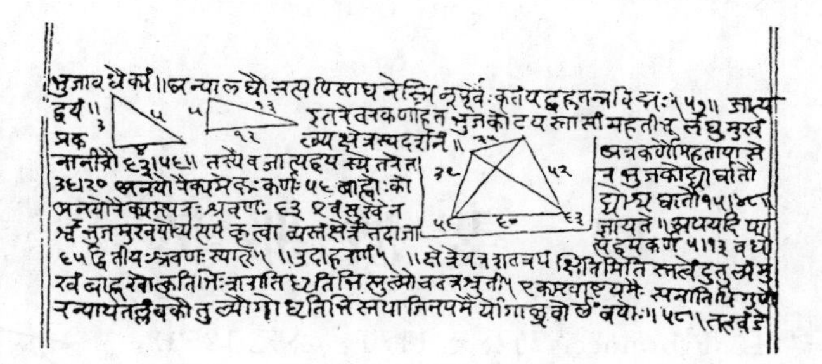

《丽罗娃蒂》书中一页

**解**　由图 1，设 $AB=32$，$AD=16$，今设 $AC=x$. 又

$$CD=32-x$$

在 Rt$\triangle ADC$ 中由毕达哥拉斯定理有

$$x^2+16^2=(32-x)^2$$

解上方程得 $x=12$(尺).

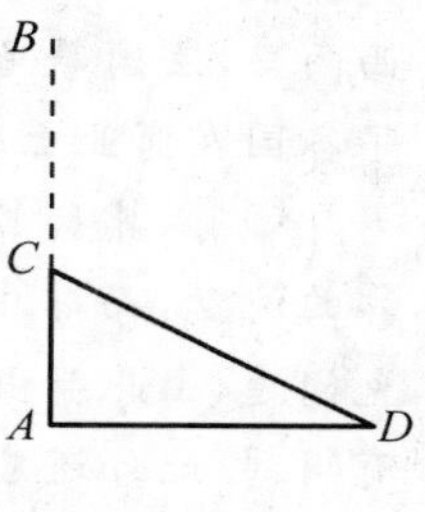


图 1

**注 1**　书中还载有"荷花问题"：

一荷花露出水面$\frac{1}{2}$尺，被风吹倒后在距原露水点 2 尺处没入水中. 问池深多少？

如图 2，设 $AC=x$，有 $AB=AD=x+\frac{1}{2}$，因而

$$\left(x+\frac{1}{2}\right)^2=x^2+4$$

解得 $x=3\frac{3}{4}$(尺).

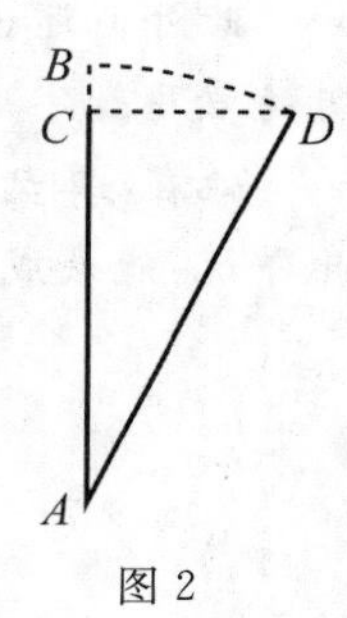


图 2

**注 2**　上面问题还曾出现在波罗摩笈多(Brahmagupta)的《不定方程讲义中》. 此外我国的算学书《九章算术》中"葭生池中央"、"折竹"问题，只是与上数据不同，似乎同出一源.

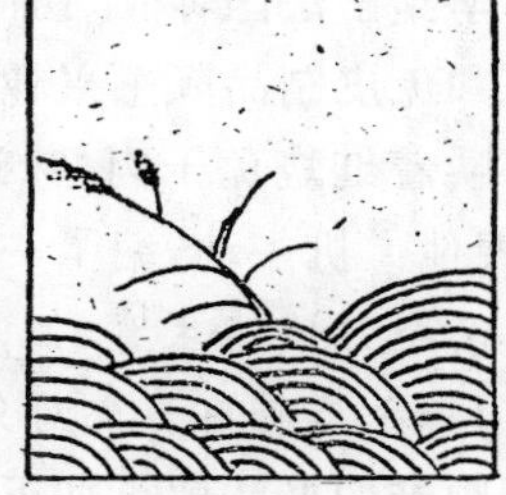

《九章解法》中"葭生池中央"问题插图

# 17　斐波那契

斐波那契(L. Fibonacci,约公元1170— 公元1250),意大利比萨人,数学家.

早年在北非受教育.成年后曾到埃及、叙利亚、希腊、西西里、法国等地游学,并拜访过各地著名学者,也熟悉了各国在商业上所用的算术体系,掌握了许多计算技巧.

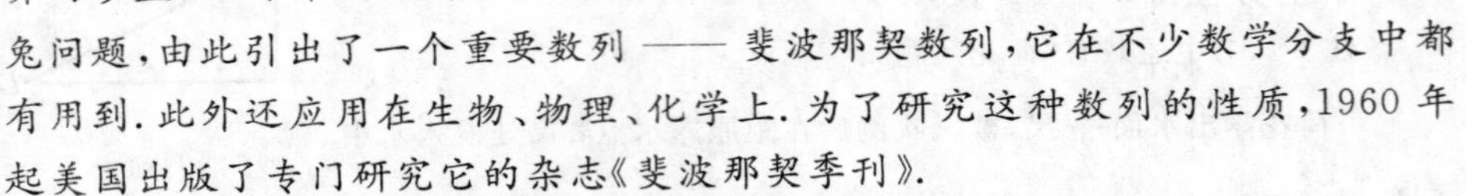

著有《算盘书》(这里的"算盘"是当时欧洲人用来计算的沙盘,而非中国的算盘),书中提出一个有名的生小兔问题,由此引出了一个重要数列 —— 斐波那契数列,它在不少数学分支中都有用到.此外还应用在生物、物理、化学上.为了研究这种数列的性质,1960年起美国出版了专门研究它的杂志《斐波那契季刊》.

此外他还出版了《几何实习》等书,书中首次引用阿拉伯数字,这对当时盛行的罗马数字来讲也是一种挑战.

他在《算盘书》中给出公式$(a^2+b^2)(c^2+d^2)=(ac\mp bd)^2+(bc\pm ad)^2$,此即说:能表成两个数平方和的数的乘积,仍可表示成两个数的平方和.

## 兔生小兔

斐波那契游学到了法国,除了访问当地的学者外,还喜欢考察商业,他对巴黎场市上的兔肉和兔皮制品颇感兴趣.

一日在餐馆嚼着红烧兔子肉,味道好极了!品鉴之余,他对兔子的养殖产生疑问.想着想着他灵机一动,编了一道算术题:

小兔出生后两个月便能生育,且不多不少,每月生一胎,每胎生一对.今有初生小兔一对,问一年后将有多少对兔子(如果所生小兔全部成活的话)?

斐波那契用顺推的办法解算如下:

第一个月:只有一对小兔.

第二个月:小兔尚未成熟,仍是一对兔子.

第三个月:这对兔子生了一对小兔,这时共有兔两对.

第四个月:原来兔子又生一对小兔,但上月出生的小兔仍未长成,这样兔子共三对,……

如此分析下去(当然很繁)可以得到表1:

**表1**

| 月　份 | 一 | 二 | 三 | 四 | 五 | 六 | 七 | 八 | 九 | 十 | 十一 | 十二 | … |
|---|---|---|---|---|---|---|---|---|---|---|---|---|---|
| 兔子(对)数 | 1 | 1 | 2 | 3 | 5 | 8 | 13 | 21 | 34 | 55 | 89 | 144 | … |

这就是说:一年后的兔子数是144对.

上面顺推的办法着实有点笨,下面我们换一种思路推推看,我们容易发现:

从第三个月起兔子可分成两类:一类是上个月的兔子,一类是当月新生的小兔,而这些小兔对数恰好等于往前数两个月时的兔子对数,因为那个月份的兔子在该月均能生小兔,这就是说:

从第三个月起每月兔子数均为前两个月(上月和上上月)的兔子对数之和.这样一、二、三……诸月兔子数依次为

$$1,1,2(=1+1),3(=1+2),5(=2+3),8(=3+5)$$
$$13(=5+8),21(=8+13),\cdots$$

如此一来,我们不仅能算得一年后的兔子数,还可算出若干年后的兔子数.

**问题1**　如果今有初生小兔3对,问半年后将有兔子多少对?

## 蜜蜂进蜂房

斐波那契一次去郊外漫步,正值春暖花开的季节,远处有一蜂农正在整理蜂箱,他信步走了过去.

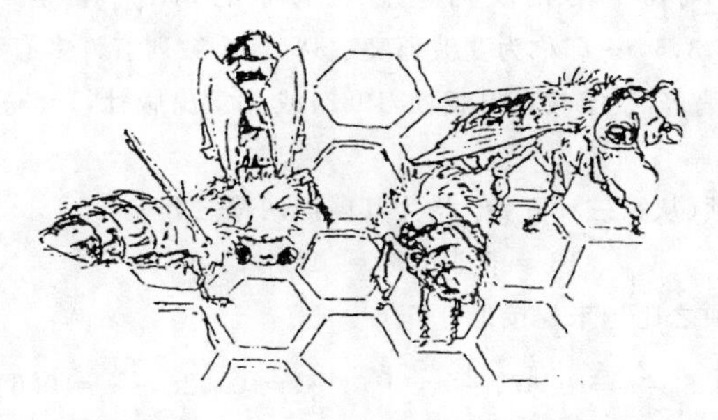

斐波那契望着一个挨一个排布着正六边形,且上面密密麻麻地叮满着蜜蜂的蜂房又发奇思:它们居然都能熟记自己的"房间".

回到家里,斐波那契在纸上画了两排蜂房(图1).

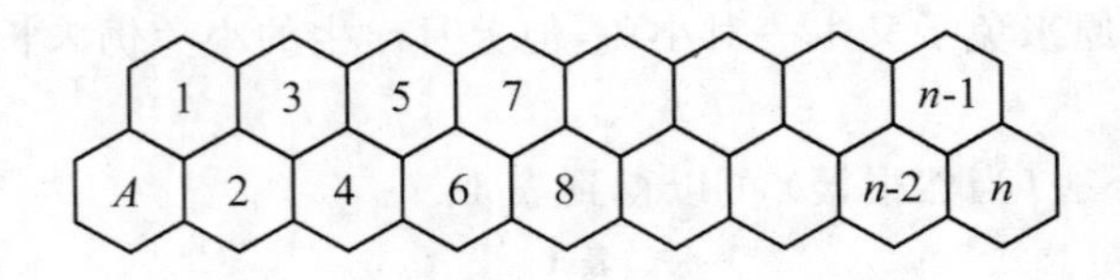


图 1

他望着望着突发奇想：

一只蜜蜂从 $A$ 要爬到它所在蜂房 $n$（只许前进不许后退的线路）共有多少走法？

斐波那契推算到：

蜜蜂从 $A$ 爬到 1 号蜂房仅有 1 条路；

爬到 2 号蜂房有 2 条路（$A\to1$ 和 $A\to1\to2$）……

爬到 $n$ 号蜂房的路线可分成两类：

① 不经过 $n-1$ 号蜂房，而从 $n-2$ 号蜂房直接爬进 $n$ 号蜂房；

② 经 $n-1$ 蜂房而爬进 $n$ 号蜂房.

仿前例推算知：

从 $A$ 到 $n-2$ 号蜂房路线有 $f_{n-2}$ 条，而从 $A$ 到 $n-1$ 号蜂房路线有 $f_{n-1}$，这样蜜蜂从 $A$ 爬到 $n$ 号蜂房的路线条数有

$$f_n=f_{n-1}+f_{n+2}\quad(n\geqslant2)$$

这恰恰与生小兔问题的结论一致. 换言之，蜜蜂从 $A$ 到 1，2，3，… 号蜂房的线路数分为

$$1,1,2,3,5,8,13,21,34,55,\cdots$$

算到这里斐波那契不仅为蜜蜂卓越的记忆能力而惊叹，也为大千世界中的奥妙所折服！

这两个看上去风马牛不相及问题的结果却是如出一辙！

**注**　数列 1，1，2，3，5，… 即称为斐波那契数列，这个数列有许多有趣的性质（详见：《斐波那契数列》，吴振奎编著，辽宁教育出版社，1982；或九章出版社，1983；或哈尔滨工业大学出版社，2018.）. 比如：

(1) 数列中每一项（从第三项开始）均为其前面两项之和

$$13=5+8,34=13+21,\cdots$$

(2) 数列相邻两项之比越来越接近 0.618…

$$\frac{1}{2}=0.5,\frac{2}{3}=0.67,\frac{3}{5}=0.6,\frac{5}{8}=0.625,\frac{8}{13}=0.615,\cdots$$

(3) 数列的通项可用公式（比内公式）

$$f_n=\frac{1}{\sqrt5}\left[\left(\frac{1+\sqrt5}{2}\right)^n-\left(\frac{1-\sqrt5}{2}\right)^n\right]$$

表示这是用无理数表示有理数的典例（意外结果）.

(4) 数列$\{f_n\}$中除 1 和 144 这两个完全平方数外,再无其他完全平方和.

这个结论是 20 世纪 60 年代美国人罗莱在《数学月刊》上提出,后由科恩(J. H. E. Cohn)和我国数学家柯召证得.

又若定义 $p_0 = p_1 = p_2 = 1, p_{n+1} = p_{n-1} + p_{n-2}(n \geqslant 2)$,则 $p_n$ 称为 Padovan 数,该数列有性质:

① $p_{n+1} = p_n + p_{n-4}$;

② 既是$\{f_n\}$中的数,又是$\{p_n\}$中的数,仅有数 3,5,21 这三个,是否还有其他这类数,不详;

③ $\{p_n\}$中完全平方数有 9,16,49(它们的平方根亦为 Padovan 数),还有其他的吗?

④ 相邻两个 Padovan 数 $p_{n+1}, p_n$ 之比$\frac{p_{n+1}}{p_n}$适合

$$p = \frac{1}{p} + \frac{1}{p^2}$$

即

$$p^3 - p - 1 = 0$$

解得,$p \approx 1.324\ 716$.

此外,爱尔特希(P. Erdös)发现:

以 $L_0 = 3\ 794\ 765\ 361\ 567\ 513$ 和 $L_1 = 20\ 615\ 674\ 205\ 555\ 510$ 开头的广义斐波那契数列(又称鲁卡斯(Lucas)数列)$\{L_n\}$ | 中无任何素数.其中 $L_{n+1} = L_n + L_{n-1}(n \geqslant 1)$.

斐波那契数列在许多方面有着广泛应用,比如它在金融分析中就有重要应用.

股票已成为人们金融投资的热点,直接关系股民损益的股指增减,显然是股民们关注的焦点.

股指变化有无规律?回答是肯定的.

1934 年美国经济学家艾略特(Elliott)在通过大量资料分析、研究后,发现了股指增减的微妙规律,并提出了颇有影响的"波浪理论".该理论认为:股指波动的一个完整过程(周期)是由波形图(股指变化的图像)上的 5(或 8)个波组成,其中 3 上 2 下(或 5 上 3 下),如图 2,无论从小波还是从大波波形上看均如此.

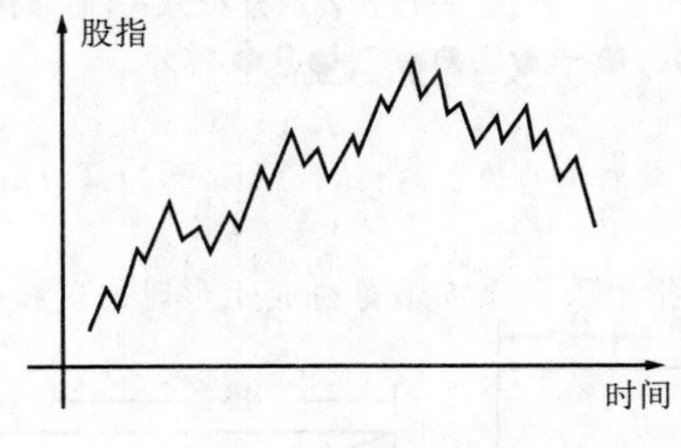


图 2

注意这里的 2,3,5,8 均系斐波那契数列中的项.

同时,每次股指的增长幅度应遵循斐波那契数列中数字规律完成.比如:如果某日股指上升 8 点,则股指下一次攀升数为 13;若股指回调,其幅度应在 5 点左右,显然,5,8,13 为斐波那契数列的相邻三项.

另外自然界中也存在许多与斐波那契数列有关的现象.

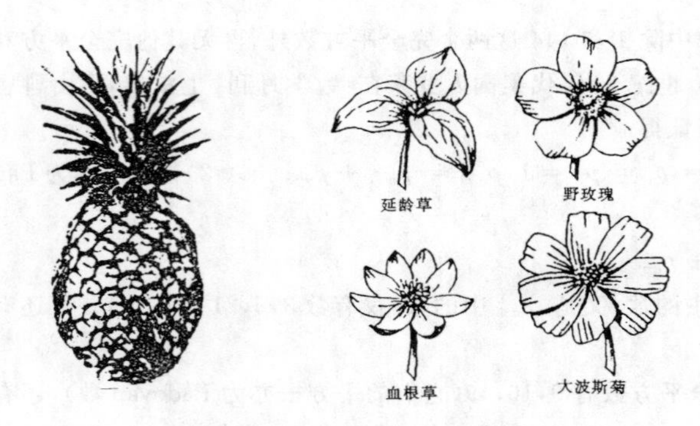


生物界中的斐波那契数列

(菠萝叶片排列,花瓣数等皆蕴含斐波那契数列)

20世纪80年代前人们普遍认为:固态物质仅存在两种形态:晶体和玻璃体结构形式.玻璃体内部粒子间排布是杂乱无序的,而晶体粒子间是以格架形式规则地排列着,而自然界不存在介于二者之间的形式的物质.

1984年末,美国科学家申切曼(Shechman)借助电子显微镜发现了介于晶体与玻璃体之间的物质——准晶体,从而打破了人们认为这种物质不存在的理念.同时,科学家还从电子显微镜拍得的高分辨率照片中发现了准晶体粒子排布的有趣画面,其中的明镜衍射斑点(亮斑)沿着某一直线有规律地分布着:

●○●●○●○●●○●●○●○●●○●○●……

规律是什么?原来它们是以暗点●和亮斑○开始,然后不断将相邻两种排布按斐波那契数列排布着:

○, ●, ●○, ○●, ●○●●○, ●○●●○●○●,
●○●●○ ●○●●○●○●, ……

此即说明它的排布循着

$$\cdots, f_{n-1}, f_n, f_{n+1}, \cdots$$

其中 $f_{n+1} = f_n + f_{n-1}$.这里 $f_{n+1} = f_n + f_{n-1}$ 表示排布方式,而非代表和的关系.

请注意:●○●●○●○● = ●○●●○ ●○● 等.

$f_{n+1}$ $\qquad f_n \quad + \quad f_{n-1}$

前文已指出:斐波那契数列中的项 $f_{2n}, f_{2n+2}, f_{2n+4}$ 和 $4f_{2n+1}f_{2n+2}f_{2n+3}$ 四数中化两数之积加1后均为完全平方数.

**问题2** 如图3请指出下面正方形剪拼成矩形时的破绽(注意它们不等积).

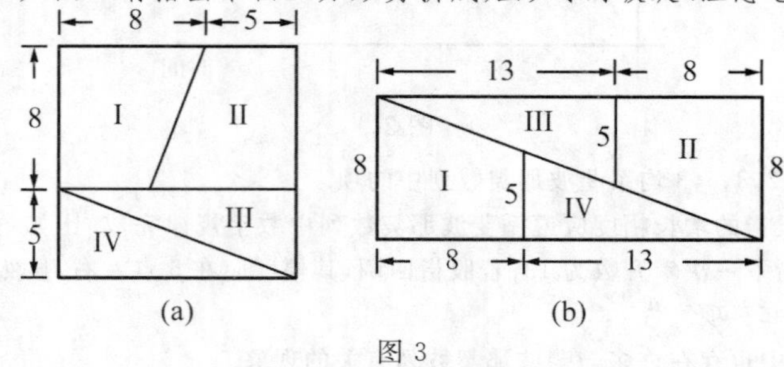


图3

## 鸽子、麻雀与雉鸠

斐波那契在《给帝国哲学家狄奥多鲁斯的一封未注明日期的信》一书中，主要讨论了形似我国“百鸡问题”的解法.信末给出一个有5个未知数的线性方程组问题，但斐波那契只是给出一个机械的公式，而没有逻辑地构造解.

下面的问题是他在该信中讨论的题目.

某人花30文钱买了30只鸟，其中麻雀3只一文，雉鸠2只一文，鸽子1只两文.问：每种鸟各几只？

我们用今天的方程语言给出其解：

设麻雀、雉鸠、鸽子分别为$x$，$y$，$z$只，依题意有

$$\begin{cases} x+y+z=30 & (1) \\ \dfrac{x}{3}+\dfrac{y}{2}+2z=30 & (2) \end{cases}$$

这是一个解不定方程问题.由上两式消去$z$可有

$$y=20-\frac{10x}{9}$$

故由$y$是正整数知$x=9$.

从而$y=10$，$z=11$.

**注** 这类问题在我国古代数学书上曾更早地出现过，比如前文已述在《张丘建算经》中的“百钱买百鸡”问题.

此外，《九章算术》中“五家共井”问题亦属此类(即不定方程题问).

前文已指出，不定方程问题最早被古希腊学者丢番图所研究，故这类问题又称“丢番图方程”.

不定方程问题在我国最早出现在《孙子算经》中，那里称为“物不知数”问题，其解法国外称此为“孙子定理”.

## 三人存取款

1225年斐波那契完成书稿《精华》写作，这是一本讨论不定方程问题的最早著作之一.书中有这样一个问题：

三人共有一笔款，每人各占$\frac{1}{2}$，$\frac{1}{3}$，$\frac{1}{6}$.然后每人从中支取若干直至取尽.当三人分别放回他们所取款项的$\frac{1}{2}$，$\frac{1}{3}$，$\frac{1}{6}$后，再将所放款项均分给三人时，每人

均得到了他们应有的份额.问:三人最少共有款几何?每人从中取款又几何?

斐波那契的解法很奇巧,这可用今天的数学语言表述为:

设原来三人共有钱 $s$,又 $x$ 表示三人放回款平均数,依题意有

$$2\left(\frac{s}{2}-x\right)+\frac{3}{2}\left(\frac{s}{3}-x\right)+\frac{6}{5}\left(\frac{s}{6}-x\right)=s$$

即 $7s=47x$,令 $s=47$,则 $x=7$.而每人从中取款分别为 33,13,和 1.

## 均为有理数

斐波那契因其卓越的才华很受弗里德里希二世欣赏,曾被邀请到皇宫参加数学讨论.皇帝的一个随从约翰向斐波那契提出了问题:

求一个有理数 $x$,使 $\sqrt{x^2\pm 5}$ 均为有理数.

斐波那契稍加思考便很快给出答案,他是这样考虑的:

注意到

$$\left(\frac{41}{12}\right)^2+5=\left(\frac{49}{12}\right)^2,\left(\frac{41}{12}\right)^2-5=\left(\frac{31}{12}\right)^2$$

故 $\sqrt{\left(\frac{41}{12}\right)^2\pm 5}$ 均为有理数,即 $x=\frac{41}{12}$.

# 18 杨 辉

杨辉，我国南宋钱塘（今浙江杭州）人，数学家、数学教育家，生卒年代不详（约公元13世纪中叶）.

关于他的生平事迹，史料记载甚少. 然而，他的数学著述甚丰，虽有散佚，但流传至今仍有多种. 据记载，他的著作有5种21卷：

《详解九章算法》12卷（1261年）《日用算法》2卷（1262年）《乘除通变本末》3卷（1274年）《田亩比类乘除捷法》2卷（1275年）《续古摘奇算法》2卷（1275年）.

在《详解九章算法》中载有二项式$(a+b)^n$展开系数的数字三角形，被称为“杨辉三角”（确切地应称为“贾宪三角”，因为这个数字三角形是贾宪率先发现的，且用它进行了一系列运算）.

1　　　　　　$(a+b)^0$ 的系数

1　1　　　　　$(a+b)^1$ 的系数

1　2　1　　　　$(a+b)^2$ 的系数

1　3　3　1　　　$(a+b)^3$ 的系数

1　4　6　4　1　　$(a+b)^4$ 的系数

1　5　10　10　5　1　　$(a+b)^5$ 的系数

1　6　15　20　15　6　1　$(a+b)^6$ 的系数

⋮　　　　　　⋮

欧洲称之为“帕斯卡三角形”，其实杨辉的发现要早他400余年.

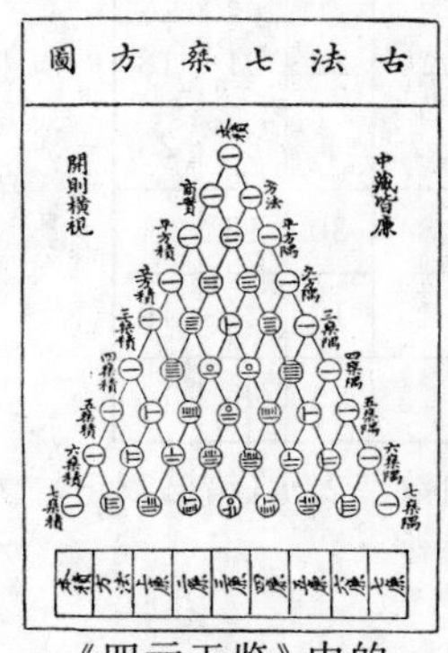


《四元玉鉴》中的“古法七乘方图”

阿皮尔着《Rechnung》内封中的数字三角形（1527）

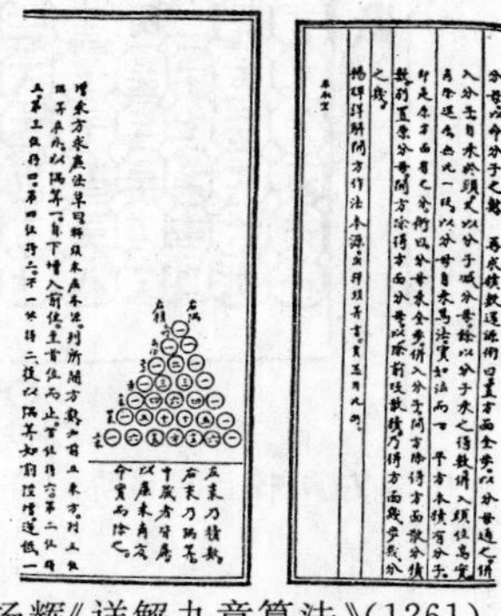

杨辉《详解九章算法》(1261)中的“开方作法本源”

# 纵 横 图

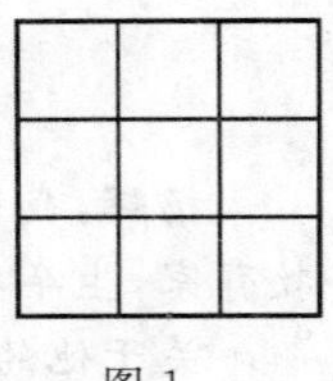

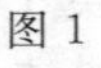

图 1

杨辉曾在《续古摘奇算法》中讨论了今被称为“幻方”的纵横图，即将 1 ～ 9 这九个数填入图 1 九宫格，使其每行、每列、每条对角线上诸数字和(称之为“幻和”)皆相等.

杨辉的解法甚为巧妙，他先将 1 ～ 9 这九个数字依次填入各行，然后用“九子斜排，上下对易，左右相理，四维挺出”概括其方法(图 2).

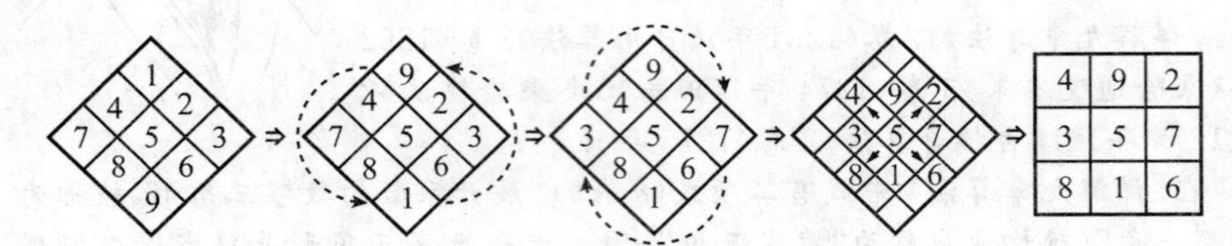

图 2

**问题 1** 在上面幻方中幻和为 15，试问：若使“幻和”为 16，表中诸数字应各为多少？

**注 1** 幻方，杨辉称之为“纵横图”. 幻方中每边小正方形格子数称为“阶”，如上面的幻方称为 3 阶幻方

中国古算书上的 6 阶幻方(图 3)，1956 年西安出土一片铁板上所刻的 6 阶幻方(图中为古阿拉伯数字)，有趣的是，该幻方中心 4 × 4 方块也是一个 4 阶幻方(图 4).

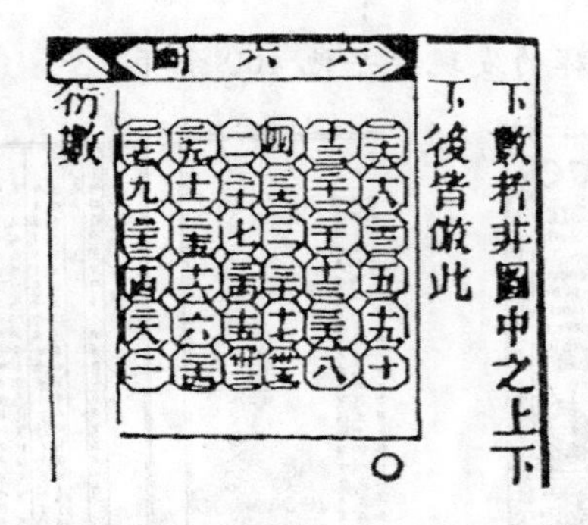


中国古算书上的 6 阶幻方(刻版有误)

| | | | | | |
|---|---|---|---|---|---|
| 27 | 29 | 2 | 4 | 13 | 36 |
| 9 | 11 | 20 | 22 | 31 | 18 |
| 32 | 25 | 7 | 3 | 21 | 23 |
| 14 | 16 | 34 | 30 | 12 | 5 |
| 28 | 6 | 15 | 17 | 26 | 19 |
| 1 | 24 | 33 | 35 | 8 | 10 |

幻方用阿拉伯数字表示(错已改正)

图 3

1956 年西安出土一片铁板上所刻的
6 阶幻方(图中为古阿拉伯数字)

| 28 | 4 | 3 | 31 | 35 | 10 |
|---|---|---|---|---|---|
| 36 | 18 | 21 | 24 | 11 | 1 |
| 7 | 23 | 12 | 17 | 22 | 30 |
| 8 | 13 | 26 | 19 | 16 | 29 |
| 5 | 20 | 15 | 14 | 25 | 32 |
| 27 | 33 | 34 | 6 | 2 | 9 |

西安铁板幻方今译
(它的中心是一个 4 阶幻方)

图 4

关于幻方,在我国出现的年代更早,大约 2000 年前的西汉时代就流传大禹治水时,黄河中跃出一匹神马,马背上驮着一幅图,人称河图;又洛水河中浮出一只神龟,龟背上有一张象征吉祥的图案称为洛书,它实际上就是一个 3 阶幻方.

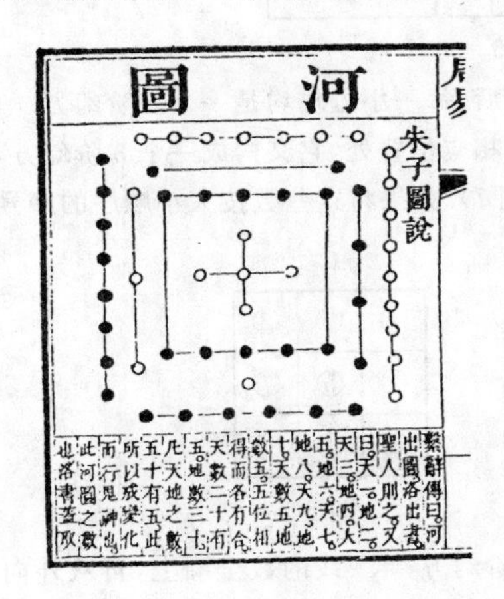


河图

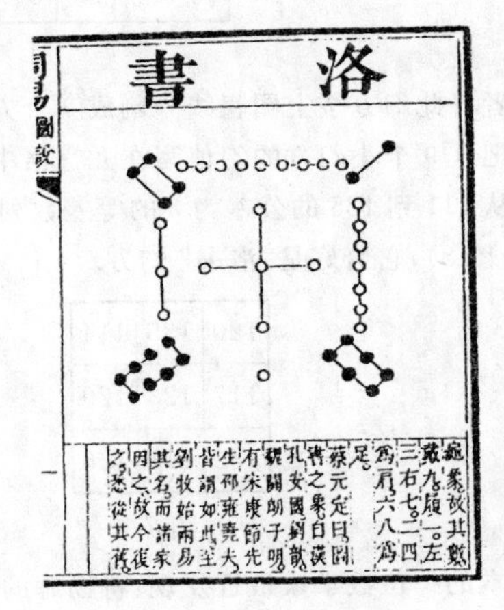


洛书

**注 2** 幻方在国外出现较晚.迪勒(A. Durer,公元 1471— 公元 1528)的著名版画"忧郁"中画有一个 4 阶幻方(图 5),有趣的是这个幻方末一行的中间两数 1 514 恰好为该画绘制的年代.

迪勒的《忧郁》

| 16 | 3 | 2 | 13 |
|---|---|---|---|
| 5 | 10 | 11 | 8 |
| 9 | 6 | 7 | 12 |
| 4 | 15 | 14 | 1 |

图 5

**注 3**　一个 16 阶的奇妙幻方见本书“富兰克林”一节.

**注 4**　杨辉在《续古摘奇算法》中还给出一个 9 阶幻方(图 6),这个幻方也有许多奇妙的性质:

这个幻方的幻值是 369,又距幻方中心 41 任何对称(中心对称)的两个位置上数和均为:$1^2+9^2=82$.

| 31 | 76 | 13 | 36 | 81 | 18 | 29 | 24 | 11 |
|---|---|---|---|---|---|---|---|---|
| 22 | 40 | 58 | 27 | 45 | 63 | 20 | 38 | 56 |
| 67 | 4 | 49 | 72 | 9 | 54 | 65 | 2 | 47 |
| 30 | 75 | 12 | 32 | 77 | 14 | 34 | 79 | 16 |
| 21 | 39 | 57 | 23 | 41 | 59 | 25 | 43 | 61 |
| 66 | 3 | 48 | 68 | 5 | 50 | 70 | 7 | 52 |
| 35 | 80 | 17 | 28 | 73 | 10 | 33 | 78 | 15 |
| 26 | 44 | 62 | 19 | 37 | 55 | 24 | 42 | 60 |
| 71 | 8 | 53 | 64 | 1 | 46 | 69 | 6 | 51 |

图 6

再者将此幻方按上图粗线分割成 9 个方块后,每一小方块均是一个 3 阶幻方.

若把这 9 个小幻方的幻值写在九宫格中的相应位置处,它又构成一个 3 阶幻方,且幻方中的数从 111 到 135 的公差为 3 的等差数列(图 7).如果将这些数按大小顺序的序号写在九宫格中(图 8),它恰好是“洛书”幻方.

| 120 | 135 | 114 |
|---|---|---|
| 117 | 123 | 129 |
| 132 | 111 | 126 |

图 7

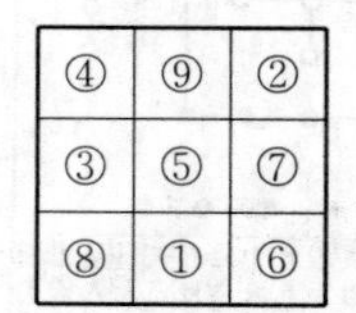

图 8

日本的一位数学家最近发现:将杨辉的 9 阶幻方“米”线的数全圈上,再从外向里用方框框上(图 9).

| ㉛ | 76 | 13 | 36 | ㊁ | 18 | 29 | 74 | ⑪ |
|---|---|---|---|---|---|---|---|---|
| 22 | ㊵ | 58 | 27 | ㊺ | 63 | 20 | ㊳ | 56 |
| 67 | 4 | ㊾ | 72 | ⑨ | 54 | ⑥⑤ | 2 | 47 |
| 30 | 75 | 12 | ㉜ | ⑦⑦ | ⑭ | 34 | 79 | 16 |
| ㉑ | ㊴ | ⑤⑦ | ㉓ | ㊶ | ⑤⑨ | ㉕ | ㊸ | ⑥① |
| 66 | 3 | 48 | ⑥⑧ | ⑤ | ㊿ | 70 | 7 | 52 |
| 35 | 80 | ⑰ | 28 | ⑦③ | 10 | ㉝ | 78 | 15 |
| 76 | ㊹ | 62 | 19 | ㊲ | 55 | 24 | ㊷ | 60 |
| ⑦① | 8 | 53 | 64 | ① | 46 | 69 | 6 | ⑤① |

图 9

则每个"回"形框内圈上的8个数再加上最中心的数41,还可以构成4个3阶幻方,即这个9阶幻方还嵌套着4个3阶幻方(见图10,自外向里分别嵌套幻方(a),(b),(c),(d)).

(a)

| 31 | 81 | 11 |
|---|---|---|
| 21 | 41 | 61 |
| 71 | 1 | 51 |

(b)

| 40 | 45 | 38 |
|---|---|---|
| 39 | 41 | 43 |
| 44 | 37 | 42 |

(c)

| 49 | 9 | 65 |
|---|---|---|
| 57 | 41 | 25 |
| 17 | 73 | 33 |

(d)

| 32 | 77 | 14 |
|---|---|---|
| 23 | 41 | 59 |
| 63 | 5 | 50 |

图 10

细心观察、推算,说不定还能发现这个幻方的其他有趣性质,试试看.

**注5** 《续古摘奇算法》中杨辉给出了一个10阶幻方 —— 百子图(图11).

| 1 | 20 | 21 | 40 | 41 | 60 | 61 | 80 | 81 | 100 |
|---|---|---|---|---|---|---|---|---|---|
| 99 | 82 | 79 | 62 | 59 | 42 | 39 | 22 | 19 | 2 |
| 3 | 18 | 23 | 38 | 43 | 58 | 63 | 78 | 83 | 98 |
| 97 | 84 | 77 | 64 | 57 | 44 | 37 | 24 | 17 | 4 |
| 5 | 16 | 25 | 36 | 45 | 56 | 65 | 76 | 85 | 96 |
| 95 | 86 | 75 | 66 | 55 | 46 | 35 | 26 | 15 | 6 |
| 14 | 7 | 34 | 27 | 54 | 47 | 74 | 67 | 94 | 87 |
| 88 | 93 | 68 | 73 | 48 | 53 | 28 | 33 | 8 | 13 |
| 12 | 9 | 32 | 29 | 52 | 49 | 72 | 69 | 92 | 89 |
| 91 | 90 | 71 | 70 | 51 | 50 | 31 | 30 | 11 | 10 |

图 11

**注6** 4阶幻方中有一类所谓"完全幻方",它除了有普通幻方的性质外还有以下特性:

(1) 除了任一横列或纵行4个数字之和都相等之外,任何一条对角线上的4数之和也都等于幻方常数34.这里,除了通常所说的主、融两条对角线之外,还包括了"藕断丝连"的对角线.

(2) 任一 $2\times2$ 小正方形,其中的4数之和也都等于34.

(3) 任一 $3\times3$ 小正方形,其角上4数之和也都等于34.

(4) 假如你将这个幻方看成象棋盘来飞"象",那么,不管象从哪一点出发飞到哪一点,这两个点上的数字之和都等于17(17是幻方常数34的一半,称为"半和").

(5) 幻方4角上的数字之和,以及幻方中任一 $2\times4$ 矩形中4角上的数字之和也等于常数34.

综上所述:若将完全幻方分为16块,不论你横裁或直裁(当然裁时不可"转弯"),裁过之后再作上下交换或左右对调,所得到的幻方,仍然保持着以上一切性质.

历史上最早见于记载的4阶幻方就是在印度发现的.它刻在卡俱拉霍(Khajuraho)的一个碑文上,其年代相当于公元11世纪,大致相当于中国的北宋时代,要比杨辉还早200多年,印度人认为这个幻方(图12)是天神的"手笔",传达了上苍的旨意,据说它是由"苦行僧"式的耆那(Gina)教(在南亚次大陆产生和流传的一种宗教)徒们创造出来的,它的确极不平凡,因为它是一个"完全幻方".

前几年,在上海浦东陆家嘴区挖掘的明朝嘉靖年间的陆深古墓中,居然发现了一块元朝时期伊斯兰教信徒所佩戴的玉挂.

玉挂的正面刻着:"万物非主,惟有真主,穆罕默德,为其使者"的阿拉伯文字,表达了教徒们对"真主"的无比虔诚与崇拜.玉挂的反面是一个4阶幻方(图13).

| 7 | 12 | 1 | 14 |
|---|---|---|---|
| 2 | 13 | 8 | 11 |
| 16 | 3 | 10 | 5 |
| 9 | 6 | 15 | 4 |

图12　印度的耆那幻方

| 8 | 11 | 14 | 1 |
|---|---|---|---|
| 13 | 2 | 7 | 12 |
| 3 | 16 | 9 | 6 |
| 10 | 5 | 4 | 15 |

图13　陆深墓中发现的幻方

日本幻方人阿部乐方发现(图14):凡是幻方中的两个格子里的数加起来等于半和17的,就用一根短线连接起来.这样一来就出现了很美丽的对称模式,称为"特征线图"(图15).

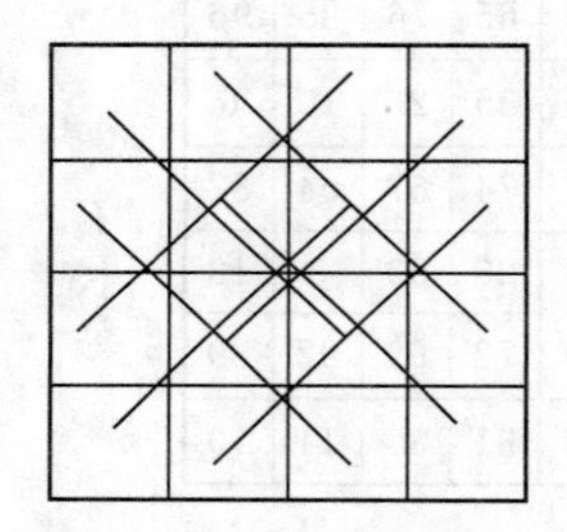

图14　完全幻方的特征线图

| 11 | 2 | 7 | 14 |
|---|---|---|---|
| 5 | 16 | 9 | 4 |
| 10 | 3 | 6 | 15 |
| 8 | 13 | 12 | 1 |

图15　阿部幻方

他又发现了第三种完全幻方,而这三种完全幻方的特征线图是一模一样的.4阶幻方总共880个,其中完全幻方有48个.

关于3,4,5阶幻方的个数见表1:

**表1**

| 幻方阶数 | 本质不同(不等价) | 允许等价(反射、旋转……) |
|---|---|---|
| 3 | 1 | 1 |
| 4 | 880 | 7040 |
| 5 | 大于57 600 | 13 000 000 |

**注7**　若将斐波那契数列中的3,5,8,13,21,34,44,89,144依次置换3阶幻方图16(a)可得斐波那契数幻阵图16(b):它的诸列之积的和与诸行之积的和相等:

$$9\,078+9\,240+9\,360=9\,256+9\,072+9\,350=27\,678$$

此外,从幻方图16(a)中数字还有所谓"平方回文"性质

$$816^2+357^2+492^2=618^2+753^2+294^2\text{(列)}$$

$$834^2+159^2+672^2=438^2+951^2+276^2\text{(行)}$$
$$825^2+174^2+639^2=258^2+471^2+936^2\text{(对角线)}$$
$$\vdots$$

| 8 | 1 | 6 |
|---|---|---|
| 3 | 5 | 7 |
| 4 | 9 | 2 |

(a)

| 89 | 3 | 34 |
|---|---|---|
| 8 | 21 | 55 |
| 13 | 144 | 5 |

(b)

图 16

**注 8** 对于幻方人们还有许多花样翻新，如图 17，有人用素数给出一个 3 阶素数幻方(广义上讲称幻方，又这里 1 被视为素数).

| 7 | 73 | 31 |
|---|---|---|
| 61 | 37 | 13 |
| 43 | 1 | 67 |

图 17 三阶素数(广义)幻方

**注 9** 能否存在一个整数方阵，使它既是加法幻方，又是乘法幻方？

研究组合数学的人，大多读过数学家德奈什(J. Dénes) 和基德韦尔(A. D. Keedwell) 合著的(英文版)《拉丁方及其应用》一书里讲到，存在同时具备定和性质与定积性质的特殊幻方，叫作"加乘幻方"(又称"双重幻方")，或和积幻方.

书中还举出两个加乘幻方的例子，一个是 8 阶的，另一个是 9 阶的. 其中的 9 阶加乘幻方的幻和 $s=848$，幻积 $p=5,804,807,833,440,400$. 这两个例子是霍纳(W. W. Horner) 分别在 1952 年和 1955 年做出的(图 18 ～ 19).

| 200 | 87 | 95 | 42 | 99 | 1 | 46 | 108 | 170 |
|---|---|---|---|---|---|---|---|---|
| 14 | 44 | 10 | 184 | 81 | 85 | 150 | 261 | 19 |
| 138 | 243 | 17 | 50 | 116 | 190 | 56 | 33 | 5 |
| 57 | 125 | 232 | 9 | 7 | 66 | 68 | 230 | 54 |
| 4 | 70 | 22 | 51 | 115 | 216 | 171 | 25 | 174 |
| 153 | 23 | 162 | 76 | 250 | 58 | 3 | 35 | 88 |
| 145 | 152 | 75 | 11 | 6 | 63 | 270 | 34 | 92 |
| 110 | 2 | 28 | 135 | 136 | 69 | 29 | 114 | 225 |
| 27 | 102 | 207 | 290 | 38 | 100 | 55 | 8 | 21 |

图 18 霍纳的方法所求的 9 阶加乘幻方

| 9 | 11 | 114 | 28 | 170 | 50 | 39 | 115 | 248 |
|---|---|---|---|---|---|---|---|---|
| 21 | 85 | 200 | 117 | 23 | 186 | 4 | 110 | 38 |
| 52 | 230 | 62 | 3 | 55 | 152 | 63 | 17 | 150 |
| 19 | 6 | 99 | 250 | 14 | 68 | 155 | 104 | 69 |
| 125 | 56 | 51 | 31 | 78 | 207 | 190 | 2 | 44 |
| 310 | 26 | 92 | 95 | 8 | 33 | 25 | 42 | 153 |
| 66 | 171 | 1 | 34 | 100 | 70 | 184 | 93 | 65 |
| 136 | 75 | 35 | 138 | 279 | 13 | 22 | 76 | 10 |
| 46 | 124 | 130 | 88 | 57 | 5 | 102 | 225 | 7 |

图 19　改进方法所求的 9 阶加乘幻方

# 五　圆　图

中秋将至，月即逢圆.

杨辉与其幼子在家中纳凉，幼子让他讲故事，杨辉遂出算题一道：

月即圆，就以圆为题.

请从 1 ～ 24 中选出 21 个数填入图 20 中圆圈处，使 5 个大圆上的 4 个小圆圈中的数和与圆心圆圈里的 5 个数相加其数值都相等(原称聚五图).

幼子静下心来一直算到黄昏，终于有了结果(见图 21，五圆诸数字和皆为 65).

**问题 2**　你能否把 1 ～ 24 这 24 个数字分别填入下面四个大圆的小圆圈中，使四个大圆上的小圆圈数字和皆相等(图 22)?

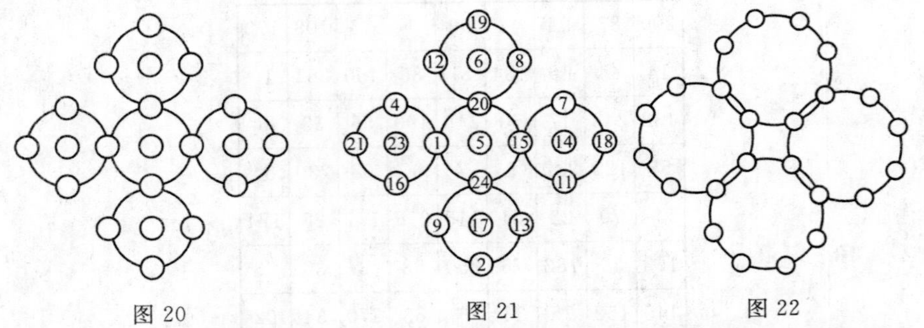


图 20　　图 21　　图 22

**注 1**　上面两个问题系杨辉将纵横图问题翻新的提法，杨辉称为“聚八图”和“聚五图”.“聚八图”中有八个数一兼二用，且各圆圈上数总和为 100，“聚五图”中有四个数一兼二用，且各圆周数字和是 65.

上面问题还有翻新的花样，比如图 23，图 24.

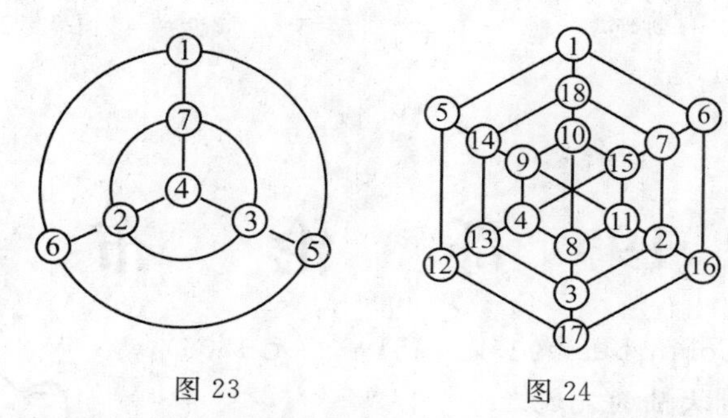


图 23　　　　图 24

图23中两圆周及大圆三条半径上诸数之和皆相等，等于12；图24三个正六边形边上各数和、大六边形三条对角线上各数和以及图中大梯形两腰上各数（共六个）和都相等，等于57.

**注2**　下面的图25幻三角形，即将1～9填入三角形中九个圆圈处，组成一个奇妙的幻三角形. 比如它的各边数字和相等，各边数字平方和也相等

$$2+9+4+5=5+6+1+8=8+3+7+2=20$$

$$2^2+9^2+4^2+5^2=5^2+6^2+1^2+8^2=8^2+3^2+7^2+2^2=126$$

再如图26中 $\triangle BGD$，$\triangle IFC$，$\triangle AEH$ 诸边上数字和、数字平方和也分别相等

$$2+9+4+3+7=5+4+9+1+6=8+1+6+7+3=25$$

$$2^2+9^2+4^2+3^2+7^2=5^2+4^2+9^2+1^2+6^2=8^2+1^2+6^2+7^2+3^2=159$$

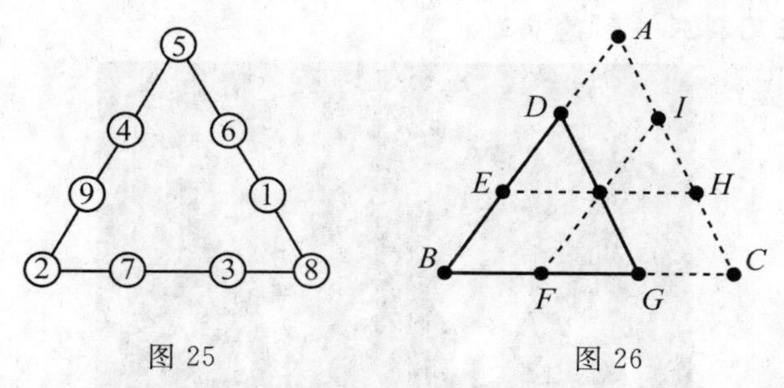


图 25　　　　图 26

又如，图27五边形 $BFHIE$，$CHDEG$，$ADFGI$ 诸边上数字和也相等

$$2+9+9+1+7=5+4+7+3+6=8+1+4+9+3=25$$

**问题3**　将1～10填入如图28诸小三角形内，使图中每个大三角形内四数之和皆相等，且等于25.

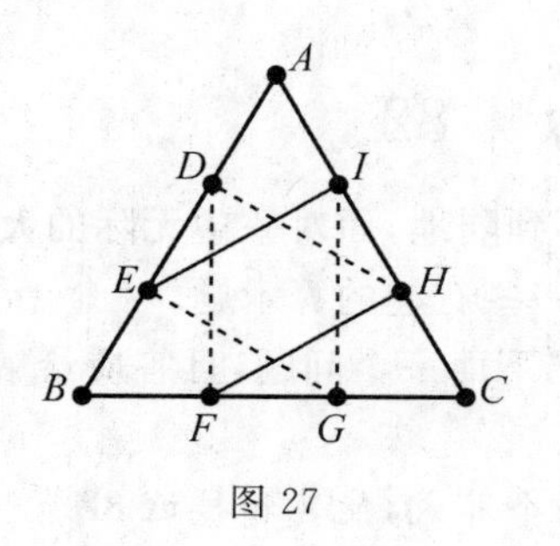


图 27

图 28

# 19 哥　伦　布

哥伦布(C. Columbus,约公元 1451— 公元 1506),意大利航海家,美洲大陆的发现者.

1451 年出生在意大利热亚那的一个手工业者家庭.14 岁时开始航海.

1472 年在那不勒斯国王战舰上服役.

1476 年移居葡萄牙.他曾率船到达印度.

1485 年获西班牙王室资助率船队远航,1492 年抵达美洲巴哈马群岛与海地等.后又于 1493 年、1498 年和 1502 年先后三次远航,到达中美各岛,且登上南美大陆.

哥伦布伟大的发现未受西班牙政府重视,不久失宠.晚年贫病交加,1506 年 5 月 20 日在瓦利亚多利德病逝.

1843 年哥伦布向葡萄牙国王呈现西航计划

## 和　为　82

哥伦布率船队远航时,常常数月见不到陆地,面对一望无际的大海,使人倍感孤寂.为打发时光,他常与船员们讨论一些有趣的算术题.

1482 年在去印度的途中,哥伦布提出下面一个问题,且答应给解答者 10 枚金币作为奖赏,题目是:

用 4,5,6,7,8,9,0 和 8 个点,组成一个算式,使其和接近 82.

小小的题目，竟难倒了船上所有的船员，当船队到达印度时，仍未有人给出答案.

船队靠岸后，哥伦布在一家酒馆犒劳水手，同时送给他们一件礼物——题目的答案

$$80.\dot{5}+.\dot{9}\dot{7}+.\dot{4}\dot{6}=80\frac{5}{9}+\frac{97}{99}+\frac{46}{99}=82$$

## 9个3和3个点的算题

水手们常围着哥伦布让他再出几道有趣的算题，以弥补未曾解答探险途中的那道难题的遗憾.

哥伦布早有准备，估计他们会不依不饶. 他随即说出两道题：

(1)9个3和3个点用四则运算符号组成一个算式，表示最接近10的数(不是等于10)；

(2)9个3和3个点用四则运算符号组成一个算式，表示10.

水手们常在喝啤酒的酒吧讨论这些"怪题"，他们不停地比画着，好在这两道都不难，答案很快找到.

(1)$3.33+3.33+3.33=9.99$.

(2)$3\cdot 3.\dot{3}33\ 33\dot{3}=3\cdot 3\frac{1}{3}=10$.

想不到"•"即可表示小数，又可表示循环节，还可以表示乘号.

1492年哥伦布的船队到达圣萨尔瓦多岛

# 20　达·芬奇

达·芬奇(L. da Vinci,公元1452—1519)[①]文艺复兴时期意大利著名的科学家、艺术家.稀世名画《最后的晚餐》和《蒙娜丽莎的微笑》的作者.

1452年,达·芬奇出生在佛罗伦萨附近的小镇上,他的父亲是一位公证员,从小他受到了良好的教育.他喜爱画画(特别是素描艺术),同时也喜爱数学原理,曾深入地研究了绘画中的透视理论,且把它与几何学知识联系起来.他还善于把数学知识用于艺术创作之中.

“黄金比”正是他给了这个应用于艺术创造中的一项几何知识的美称,以至它流传至今.

他认为“数学能解决任何争论,因为只有它能使争论者无言以对.”

此外,他还有许多超越时代的设计,他模仿鸟的翅膀,设计了一个类似飞机的飞行机械,还设计了先进的纺车,高效机床等.他的建筑设计堪称一幅幅美妙的素描.

1517年,65岁的达·芬奇为躲避宗教迫害,不得不离乡背井,侨居法国.两年后,客死他乡.

他著有《变换》等美术理论著作.《变换》一书主要研究物体在其质量不变的情况下,形状变换问题.

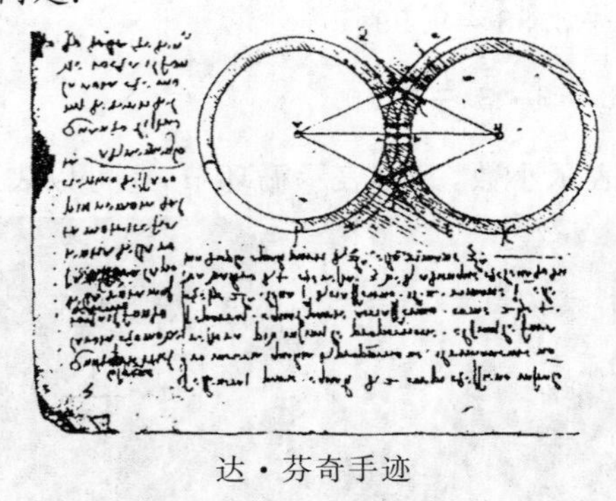

达·芬奇手迹

① Leonardo da Vinci是“来自芬奇的莱昂纳多”之意,故应译为莱昂纳多似更妥. da Vinci指“来自芬奇”之意.

# 黄　金　比

几何上把“分线段 $AB$ 成两部分(图 1),且较长部分与整个线段比等于较短部分与较长部分比”的作图问题称为“中外比问题”.这用数学语言可表述为

$$AX : AB = XB : AX$$

A　　X　　B

图 1

容易算出:其中若设 $AB=1$,则 $AX=0.618\cdots$

达·芬奇在艺术创作中发现这种比的许多奇妙性质和用途(比如人的肚脐将人体长差不多分成上述比例),他十分喜欢这种“比”,便把它冠以“黄金比”的美称,且 $X$ 为“黄金分点”,0.618… 称为“黄金数”.

达·芬奇广泛研究了人类身体的各种比例.

下页一张图是他为数学家帕西欧里(L. Paseiori) 的书《神奇的比例》所作的图解,该书出版于 1509 年.图中标明了黄金分割的应用.

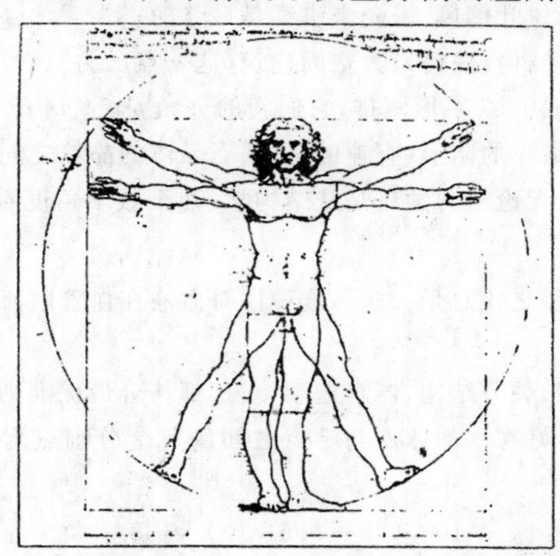

一次,达·芬奇在构思一幅美术作品时,要两次用到“黄金比”.

他在一张纸条上,找到了黄金分点 $X$(用几何方法较繁,见图 2).当他想把纸条沿该点剪开时,忽然想起还要求出 $AX$(较长部分) 的黄金分割点.

A　X　B

Y　0.618

A　X

图 2

难道还要在纸条 $AX$ 上重复一遍作图步骤吗？经过一段考虑之后，他终于得出了一种巧妙解法.

他先将长纸条沿中线对折，然后用针在 $X$ 点扎透，则纸条打开后，另一针眼 $Y$ 即为所求.

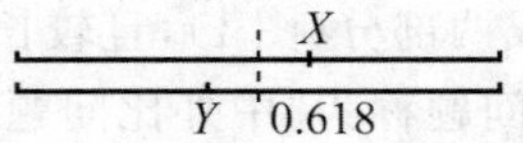

图 3

粗略算一下可知：$AY = 0.5 - (0.618 - 0.5) = 0.382$，而

$$0.382 : 0.618 \approx 0.618$$

**注**　黄金数 0.618… 在许多领域已找到了应用，比如优选法等（称之为黄金数是当之无愧的）.

其实，黄金数的奥妙不止于前述，比如生物现象中（如叶子之间夹角），人体结构中（肚脐是人体长的黄金分割点）.我们再来看看人体温度的奥秘.

人的正常体温在 37℃ 左右（其实人的各个器官温度是不同的；人在一天不同时辰体温也稍有变化）.一个困惑人们的问题是：人体体温为何恰是 37℃ 左右？

在自然界进化中，生物不断地被选择（优存劣汰），同时生物自身也得以完善.比如，人们研究发现：

树的外形对于树枝、树叶御风、采光来讲都是最佳的；

蜂房的形状是用同样材料获得最大空间建筑（这一点已为数学严格证明）；

大雁迁徙时总是排成“人”字形两排，它们间的夹角是 $54°44'8''$，依空气动力学结论，这是雁群前进时所受阻力最小的队形（有趣的是，钻石晶体的晶粒之间夹角也为此）.

人的进化更为绝妙：无论从力学还是从结构学，乃至数学角度看，人体构造几乎可称得上完美无缺.比如：

人体中粗细血管半径之比总是 $\sqrt[3]{2} : 1$，这种比对血液在血管内流动来讲，阻力最小、耗能最少、流量最大.

又如，人的骨骼框架、关节结构、器官造型 …… 都符合最优准则.

请注意：人的体温恰好在水的冰点与沸点之间的黄金分割点附近（图 4）（0.618… 有最优性）

$$100 \cdot (1 - 0.618\cdots) = 38.2$$

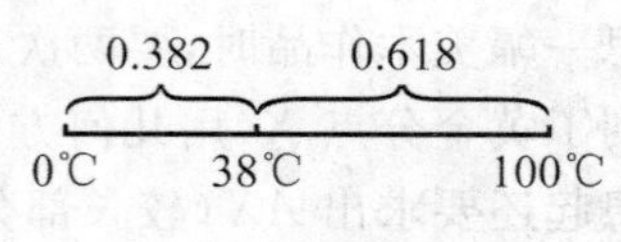


图 4

另外，人体感觉最舒适的温度（最佳室温）23℃ 左右，恰好是在水的冰点与人体体温的黄金分割点附近.

# 逃 生

一次,达·芬奇去野外写生,正当他出神之际,忽见一只野兔仓皇逃来,后面是一只狐狸在追赶. 尽管野兔逃得飞快,但它仍未逃脱狡猾狐狸的魔爪. 达·芬奇见状,心中一阵难过.

回到家里,他苦思冥想,力图为野兔设计一条逃生路线,他提出了这样一个问题:

兔子正在觅食,忽然看见它正东 100 m 的地方有一只狐狸,兔子立即向北跑去(在它正北 60 m 处有个洞),狐狸便死死"盯住"兔子扑过去. 已知兔子速度为狐狸的速度之半,问兔子能否逃脱厄运?

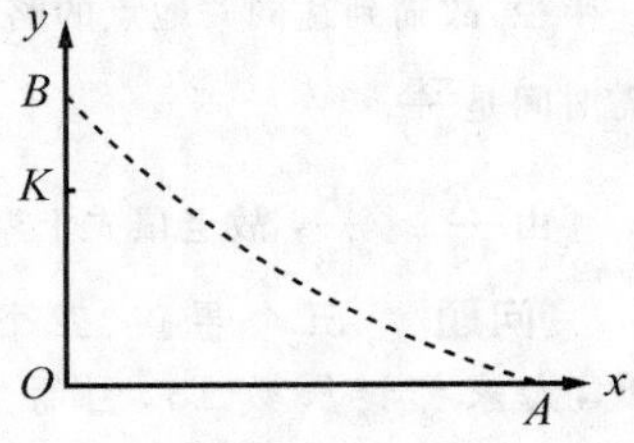

这个问题用今天的数学方法可解,如:设两动物互相看到时兔子所在位置为坐标原点,且 $OA=100$ m, $OK=60$ m.

容易得出(图 5)狐狸奔跑时所走的曲线方程为

$$y=\frac{1}{30}x^{\frac{3}{2}}-10x^{\frac{1}{2}}+\frac{200}{3} \qquad (1)$$

图 5

曲线与纵坐标交点即 $x=0$ 时的点 $y=\frac{200}{3}\approx 66.7$(m),即为狐狸追到 $Oy$ 方向时距点 $O$ 的距离,它大于 60 m,故在此之前兔子已到了洞 $K$.

**注 1** 曲线(1)的方程推导大致步骤如下:

(1) 由题设可列出微分方程:$\frac{\mathrm{d}y}{\sqrt{1+y'^2}}=\frac{c\mathrm{d}x}{x}$;

(2) 积分决定常数后有 $y'=\frac{1}{2}\left(kx^c-\frac{1}{kx^c}\right)$;

(3) 以 $y'=\frac{\mathrm{d}y}{\mathrm{d}x}$ 代入,分离变量后再积分且决定任意常数有

$$y=\frac{x^{1+c}}{2a^c(1+c)}-\frac{a^c x^{1-c}}{2(1-c)}+\frac{ac}{1-c^2}$$

(4) 以 $a=100$, $c=\frac{1}{2}$ 代入上式即有

$$y=\frac{1}{30}x^{\frac{3}{2}}-10x^{\frac{1}{2}}+\frac{200}{3}$$

**注 2** 若狐狸直奔兔子洞口,则狐狸所跑路程为

$$\sqrt{100^2+60^2}\approx 116.6(\mathrm{m})$$

而兔子速度仅为狐狸速度的一半,即当狐狸到兔子洞口时兔子只跑了

$$116.6\div 2=58.3(\mathrm{m})$$

此时兔子的厄运不可避免了.

**注 3** 下面的问题也与该题类似:

一只老鼠在圆形湖边碰上了猫,想回洞时已来不及,只好投入湖中夺路逃生. 猫在岸上

的速度是老鼠在水中速度的 4 倍. 若湖半径为 $R$,老鼠是如何逃脱猫的追踪?

如图 6,设 $K$ 为半径是$\frac{R}{4}$,且与圆湖同心的圆. 老鼠跳入水中,先游到小圆 $K$ 内,然后转圈,猫在岸上也随着老鼠转. 但老鼠在圆 $K$ 内转圈所转角度比猫在湖边转的角度大.

当老鼠游到与猫不在同一半径、但在同一直径的圆 $K$ 上的点 $*$ 处时,沿此直径游向岸边,即可逃脱猫的追踪.

K

鼠的路线

*

猫的路线

图 6

因为 $*$ 到湖岸距离为$\frac{3R}{4}$,设老鼠速度为 $v$,则猫的速度为 $4v$.

从 $*$ 到湖岸老鼠要的时间是$\frac{3R}{4v}$. 而猫的位置与 $*$ 不在同一半径,故猫到达同一地点的路程即为半个大圆周,即 $\pi R$,它所需时间是$\frac{\pi R}{4v}$.

由$\frac{\pi R}{4v} > \frac{3R}{4v}$, 故老鼠先上岸后,有时间溜掉.

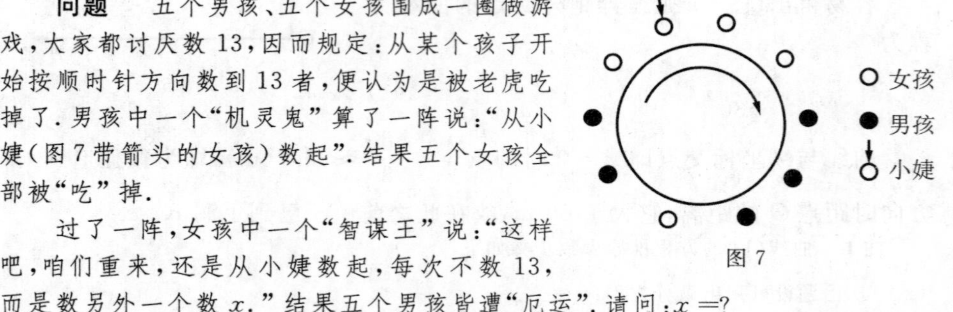


**问题** 五个男孩、五个女孩围成一圈做游戏,大家都讨厌数 13,因而规定:从某个孩子开始按顺时针方向数到 13 者,便认为是被老虎吃掉了. 男孩中一个"机灵鬼"算了一阵说:"从小婕(图 7 带箭头的女孩)数起". 结果五个女孩全部被"吃"掉.

过了一阵,女孩中一个"智谋王"说:"这样吧,咱们重来,还是从小婕数起,每次不数 13,而是数另外一个数 $x$." 结果五个男孩皆遭"厄运". 请问:$x=$?

图 7

**注 4** 达·芬奇还为我们留下一些建筑设计图稿,它们是优美与巧妙、新颖的结合.

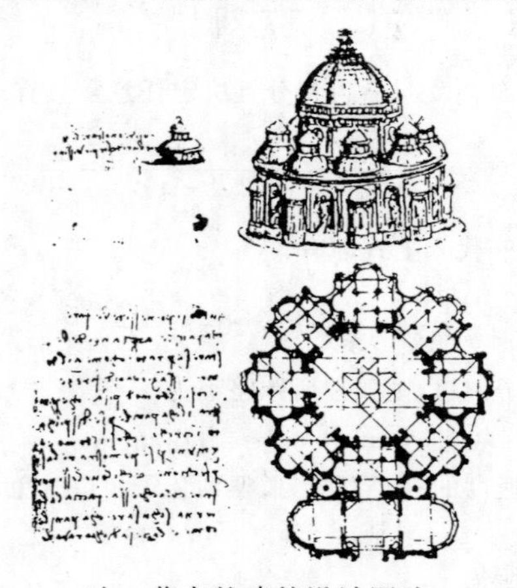

达·芬奇的建筑设计图稿

# 21　塔尔塔利亚

塔尔塔利亚(N. Tartaglia,公元1500— 公元1557),数学家.原名冯坦纳(N. Fontana),生于意大利的布里西亚.幼年时因遭战乱受伤,愈后成为口吃者,因而有绰号"塔尔塔利亚"(结巴的意思).他出身贫苦,且自幼丧父,经过长期自学,后来成为数学教师(1534年在威尼斯).

在火炮弹道研究中,提出射程最远的发射仰角是45°的结论.

他曾致力于三次方程代数解的研究,1541年求得一般三次方程求根公式,但为卡尔达诺骗得后载入其所著《大术》(又名《论代数法则》)一书,人称"卡尔达诺公式".

他一生出版了《算术书》和《整数论》两部著作,还有一部未完稿《数和度量的概念》.

## 锈规作图

塔尔塔利亚任教期间,生活仍很清苦,就连一把好的圆规也买不起.

一天,他正在备课,要用圆规作出一个正三角形.屋子又暗又潮,拿起圆规一看,早已锈得无法开合了.

他要作的正三角形边长是$a$,而锈圆规跨距是$b(a<b)$,请问,利用它和直尺能否完成上面的作图?

塔尔塔利亚给出了下面的解法:

如图1,将$AB=a$向两端延长成直线$l$,分别以$A$,$B$为圆心,用圆规画弧,截得$BE=AF=b$.

以$BE$,$AF$为底,用锈圆规各作边长为$b$的两个等边三角形$\triangle EGB$和$\triangle AHF$,又它们的边$AH$,$BG$交于$C$,则$\triangle ABC$为所求作的边长为$a$的正三角形.

**注**　1979年,美国几何学家佩多(D. Pedoe)在加拿大一本数学杂志上再次提出了此问题,同时他问道:当$a>b$时,(仅用锈规)正三角形可否作出?几年前该问题已经被我国数学家张景中、杨路等人解决.(详见《数学家的眼光》,中国少年儿童出版社.)

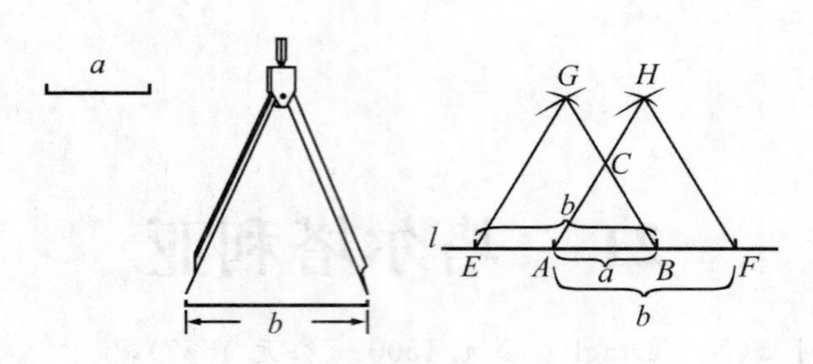


图 1

与之类似的作图问题还有所谓“单尺作图”.

1822 年,由蓬斯莱提出且由斯坦纳证得的命题:

给定一圆及圆心,仅用直尺(无刻度)可求得:① 两圆的交点;② 一直线与圆的交点.

1840 年,意大利人塞韦利(F. Severi)发现并证得:

给定圆弧及圆心,仅靠直尺可完成欧几里得几何作图.

此后又有人证得:仅用一个双边直尺(无论其边是否平行)可完成全部欧几里得几何作图.

早在 1673 年,摩尔(G. Mohr)已证得:用直尺和锈规可完成欧几里得几何作图.

## 巧分格纸

一次,塔尔塔利亚将一张 13 × 13 的坐标纸(图 2)分给 11 名学生,要求:① 沿着格子线剪裁;② 每人均分得一块正方形;③ 分得同样大小正方形的人数不超过 3 人;④ 大小不同的正方形规格应尽量多,如何分?

塔尔塔利亚与学生们经过不少次试验,最后给出了一种好的裁法(图 3 中共有 6 种不同规格的小正方形裁出).

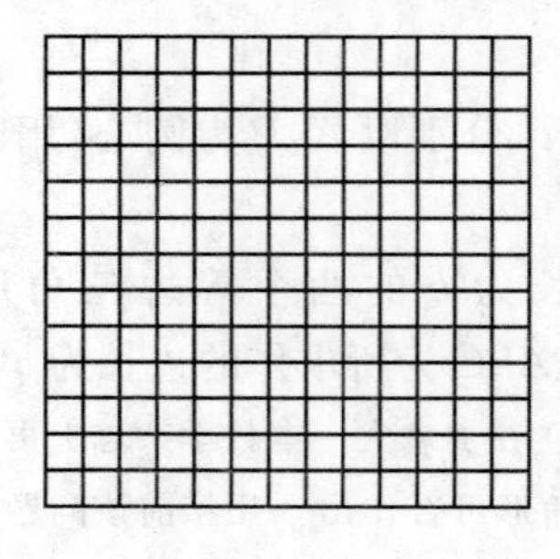

图 2

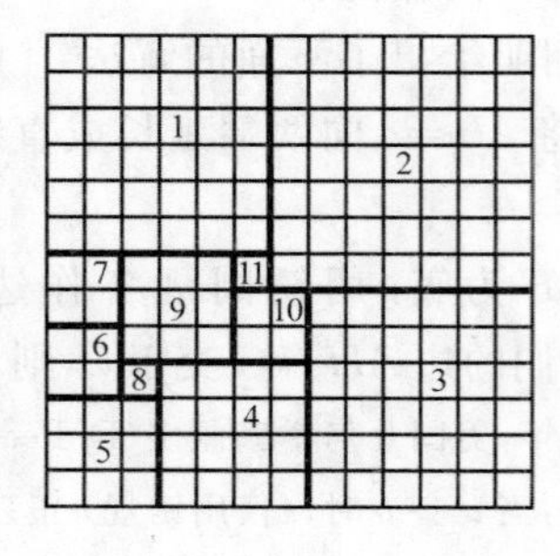


图 3

其实,这个问题与所谓的"完美正方形"问题(这个问题我们后文还将叙述)有关.

**问题 1** 学生 $A,B$ 分别分得一块 $3\times3$ 和 $4\times4$ 的方格纸.请问:若只准沿格子线剪裁,且每块最多允许裁成两块.如何裁可使他们合起来拼成一个 $5\times5$ 的大正方形?

**问题 2** 请将图 4 各裁成两块后拼成一个正方形.

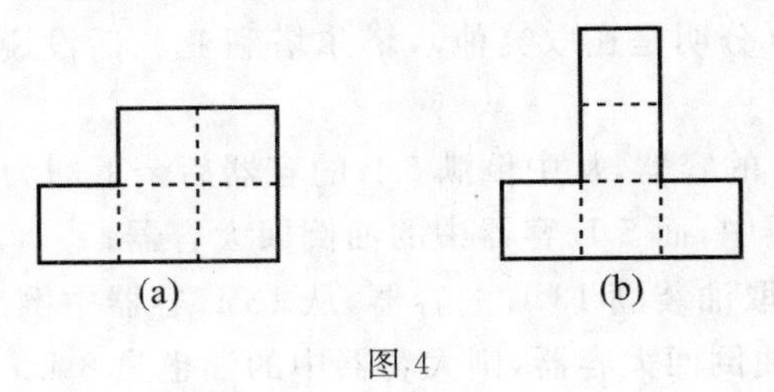


图 4

## 智逃厄运

塔尔塔利亚的《算术书》中有一些智力问题,不过在那里仍是以算术形式出现的.比如:

13 只老鼠围成一圈,其中有一只白老鼠.一只猫要吃掉其中的 12 只老鼠,它每次依某个方向数到 13 时,就吃掉这只.试问怎样能使白老鼠不被吃掉?

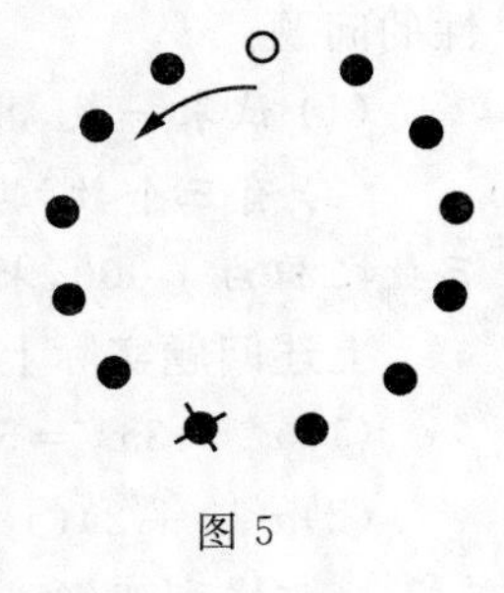

图 5

设 13 只老鼠排列如图 5,其中"○"处为白老鼠.塔尔塔利亚把它看成一个同余问题,利用算术(严格地讲是数论)方法给出它的答案(这个过程较繁).其实可以用试探法解决这个问题:

你可以从某一个黑点(做个记号)开始,依照题目要求逐次"吃掉"(划去)某些点,最后剩下的点再做个记号,看看这两个做过记号的点的位置情况(即中间相隔多少点),然后回复到问题的白点 ○ 上来,若把它作为最后剩下的点,则始点位置便可确定了.

则按图中"×"所示的老鼠开始数起(按逆时针方向)即可.

## 均分三份

塔尔塔利亚的口吃常给他带来不少麻烦.

有一次他去买油，摊主桶里还有油24 L，而他只有盛5 L，11 L和13 L的容器各一个.

塔尔塔利亚要买8 L油，摊主无法称量而拒售（摊主让他或买5 L，或买11 L，或买13 L，或买24 L）.

塔尔塔利亚听了摊主的回答，结结巴巴说：用这些容器他能分出8 L油.

摊主刁难他道："你必须将24 L油分成三个8 L，否则油不卖给你."说完又让他讲讲分油过程（分明是在取笑他），塔尔塔利亚二话没说，拿起油桶和容器操作起来：

他先装满13 L的容器，从中倒满5 L的容器后余下即为8 L，然后将这8 L油倒入11 L的容器中，而5 L容器中的油倒回大容器；

再从大容器中取油装满13 L的容器，从13 L容器中倒出5 L后剩下8 L；5 L容器中的油倒回大容器，则大容器中的油也是8 L.

**注**　这类问题在我国早有流传，请看前面韩信"立马分油"等问题.

# 三次方程求根

1530年，布里西亚有位数学教师科拉（Colla）向塔尔塔利亚提出两个挑战性的问题：

(1) 试求一数，其立方加上它平方的3倍等于5；

(2) 有三个数，其中第二个数比第一个数大2，第三个数比第二个数大2，又三数之积为1 000，求三数.

上述问题实际上等价于求解下面的方程：

(1)$x^3+3x^2=5$；

(2)$x(x+2)(x+4)=1\ 000$ 或 $x^3+6x^2+8x=1\ 000$.

塔尔塔利亚经一番努力求得(1)的解（方程根）为

$$x=\sqrt[3]{\frac{1}{2}(3+\sqrt{5})}+\sqrt[3]{\frac{1}{2}(3-\sqrt{5})}-1\approx 1.103\ 803\ 4$$

且求得方程(2)的解（方程根）为

$$x=\sqrt[3]{500+\sqrt{250\ 000-\frac{64}{27}}}+\sqrt[3]{500-\sqrt{2\ 500-\frac{64}{27}}}-2\approx 8.813\ 332\ 55$$

（由于当时虚数尚未出现，故上两方程仅解得实根，其实问题(2)亦可由变量替换 $y=x+a$ 以消去式中平方项，则方程可化为 $y^3-4y=1\ 000$ 亦可解得.）

1535年菲奥尔（A. M. Fior）听说塔尔塔利亚会解三次方程，便约他在米兰大教堂进行公开比赛. 他们各自出题30道，菲奥尔的题目均为 $x^3+mx=n$ 型，而塔尔塔利亚的题目是 $x^3+mx^2=n$ 型.

结果塔尔塔利亚仅用 2 h 解完菲奥尔的全部 30 道题，而菲奥尔直到限期 8 天后却一道题未解出. 塔尔塔利亚最终以大比分 30 : 0 大胜.

赛后塔尔塔利亚又完善了其解法，终于导出一般三次方程 $ax^3+bx^2+cx+d=0$ 的求根公式.

他是这样推导的：令 $x=y-\frac{b}{3a}$，则方程可化为 $y^3+py+q=0$ 形式.（请用 $a,b,c,d$ 表示出 $p,q$.）

令

$$\omega=\frac{-1+\sqrt{-3}}{2},\ \omega^2=\frac{-1-\sqrt{-3}}{2}$$

且记

$$P=\sqrt[3]{-\frac{q}{2}+\sqrt{\left(\frac{q}{2}\right)^2+\left(\frac{p}{3}\right)^3}}$$

$$Q=\sqrt[3]{-\frac{q}{2}-\sqrt{\left(\frac{q}{2}\right)^2+\left(\frac{p}{3}\right)^3}}$$

则

$$y_1=P+Q,\quad y_2=\omega P+\omega^2 Q,\quad y_3=\omega^2 P+\omega Q$$

由之再减去 $\frac{b}{3a}$ 可得原方程的三个根 $x_1,x_2,x_3$.

**注 1** 据说塔尔塔利亚得到上述公式后守口如瓶，然而经不住卡尔达诺(G. Cardan 见后文)的巧言蜜语. 卡尔达诺骗得塔尔塔利亚的信任，从而将解法得到，卡尔达诺发誓不向任何人公开.

然而6年后公式出现在卡尔达诺的《大术》中，而后人们一直称上述公式为“卡尔达诺公式”.

**注 2** 其实卡尔达诺公式中只给了方程的实根，而正文中的方程求根公式是 1732 年由欧拉完善的.

$D=\left(\frac{q}{2}\right)^2+\left(\frac{p}{3}\right)^3$ 称为 $y^3+py+q=0$ 的判别式：

当 $D>0$ 时，方程有一实根两虚根；当 $D<0$ 时，方程有两实根；

当 $D=0$ 时，若 $p=q=0$，方程有三个 0 根，否则有三实根.

# 22　卡尔达诺

卡尔达诺(G. Cardan,公元 1501— 公元 1576),意大利数学家、哲学家、医生.他生于意大利的帕维亚,天赋聪慧,思维敏捷,先入帕维亚大学学医,后转入巴杜亚大学,1526 年获医学博士学位.

大学毕业后在帕维亚附近的一个小镇行医济世,1533 年返回米兰.

他对数学有特殊爱好,后在米兰等地任数学教授.1562 年前后,移居罗马.

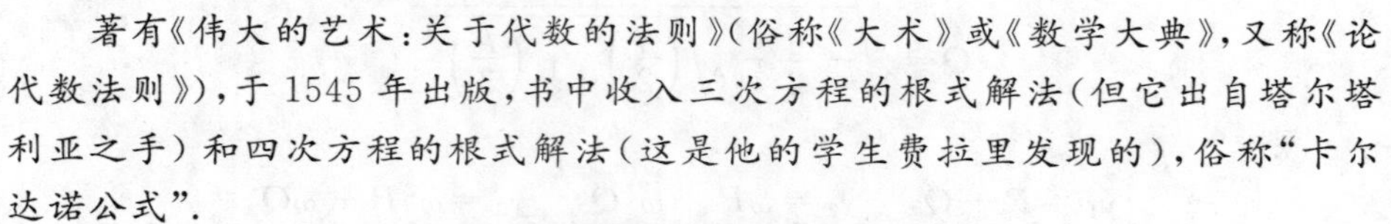

著有《伟大的艺术:关于代数的法则》(俗称《大术》或《数学大典》,又称《论代数法则》),于 1545 年出版,书中收入三次方程的根式解法(但它出自塔尔塔利亚之手)和四次方程的根式解法(这是他的学生费拉里发现的),俗称“卡尔达诺公式”.

代数的法则

此外还有《论赌博》一书传世,书中提出一些概率计算问题.

# 机 会 多 少

为了研究赌博中的一些问题，卡尔达诺常在课余光顾罗马的一些赌场(当然，他从来只是“动口不动手”).

一次，他在一种所谓“掷骰子”的游戏前停住了脚步. 这种游戏的玩法很简单：你只需花一定的钱投两颗骰子，骰子出现的点数和称为你的“战绩”，然后依据它去领取自己的“彩”—— 当然有多有寡.

于是一个问题提了出来：投一颗骰子，它出现 1 ～ 6 的机会(可能或概率)是一样的. 投两颗骰子出现点数 2 ～ 12 的可能也一样吗？

乍一想也许认为机会相同，其实不然.

卡尔达诺列了表 1，答案便一目了然.

表 1

| 点数和 | 2 | 3 | | 4 | | | 5 | | | | 6 | | | | | 7 | | | | | |
|---|---|---|---|---|---|---|---|---|---|---|---|---|---|---|---|---|---|---|---|---|---|
| 骰子 ① | 1 | 1 | 2 | 1 | 2 | 3 | 1 | 2 | 3 | 4 | 1 | 2 | 3 | 4 | 5 | 1 | 2 | 3 | 4 | 5 | 6 |
| 骰子 ② | 1 | 2 | 1 | 3 | 2 | 1 | 4 | 3 | 2 | 1 | 5 | 4 | 3 | 2 | 1 | 6 | 5 | 4 | 3 | 2 | 1 |
| 种类小计 | 1 | 2 | | 3 | | | 4 | | | | 5 | | | | | 6 | | | | | |

| 点数和 | 8 | | | | | 9 | | | | 10 | | | 11 | | 12 |
|---|---|---|---|---|---|---|---|---|---|---|---|---|---|---|---|
| 骰子 ① | 2 | 3 | 4 | 5 | 6 | 3 | 4 | 5 | 6 | 4 | 5 | 6 | 5 | 6 | 6 |
| 骰子 ② | 6 | 5 | 4 | 3 | 2 | 6 | 5 | 4 | 3 | 6 | 5 | 4 | 6 | 5 | 6 |
| 种类小计 | 5 | | | | | 4 | | | | 3 | | | 2 | | 1 |

这就是说：点数和 2 ～ 12 的出现一共有

$$1+2+3+\cdots+6+5+\cdots+2+1=36(\text{种})$$

其中点数和 7 出现的机会最多，出现点数和为 6 或 8 的次之，……，而点数和 2，12 出现得最少.

# 奖　　金

卡尔达诺在一本 1494 年意大利出版的《算术》书里看到了这样一个问题：

两人进行某种比赛，胜者可获得一笔奖金. 规定谁先获胜 6 场谁为胜者. 一次，甲获胜 5 场，同时对手乙获胜 2 场. 这时，比赛因故中断. 那么，这份奖金应如何分配呢？

书中的答案是将奖金分成 7 份，按 5∶2 分给甲乙两人.

卡尔达诺思虑良久，发觉上述分法不妥.

他认为，假如比赛进行下去：甲只需再胜一局就可获全部奖金，但接下去的比赛结果却有表 2 中几种可能（✓ 表示胜，× 表示负）.

**表 2**

| 再赛场次 | 1 | 1 | 2 | 1 | 2 | 3 | 1 | 2 | 3 | 4 | 1 | 2 | 3 | 4 |
|---|---|---|---|---|---|---|---|---|---|---|---|---|---|---|
| 甲 | ✓ | × | ✓ | × | × | ✓ | × | × | × | ✓ | × | × | × | × |
| 乙 | × | ✓ | × | ✓ | ✓ | × | ✓ | ✓ | ✓ | × | ✓ | ✓ | ✓ | ✓ |
| 结果胜者 | 甲 | 甲 | | 甲 | | | 甲 | | | | 乙 | | | |

于是卡尔达诺认为，奖金应按照比例（1＋2＋3＋4）∶1，即 10∶1 来分配.

至今人们仍无法弄清楚这种比例卡尔达诺是如何得到的. 不过后来人们发现：他的算法（也许他计算有误）也不正确.

请问：你能给出正确的分法吗？

**注**　关于这个问题最早是在 1494 年帕西奥利的一本书中首先谈及，卡尔达诺将此问题做了如下推广：

$A$，$B$ 二人博弈，各出赌金 $a$ 元，各人在每局获胜的概率皆为 0.5，规定谁先胜 $s$ 局，他将赢得全部赌金 $2a$ 元. 现当进行到 $A$ 胜 $s_1$ 局，$B$ 胜 $s_2$ 局（$s_1 < s, s_2 < s$）时博弈因故停止，请问此时赌金应如何分配？

帕西奥利（1494 年）提出：（将 $2a$ 元）按 $s_1 : s_2$ 分配两人所得.

塔塔利亚认为（1556 年），若 $s_2 < s_1$，则 $A$ 取回他的赌金 $a$ 元外，从 $B$ 的 $a$ 之中取走 $\frac{s_1 - s_2}{s}a$ 元，这其实相当于按 $(s + s_1 - s_2) : (s - s_1 + s_2)$ 分配 $2a$ 元.

法雷斯泰尼于 1603 年提出：（将 $2a$ 元）按 $(2s - 1 + s_1 - s_2) : (2s - 1 - s_1 + s_2)$ 分配两人所得.

卡尔达诺则认为（在 1539 年的一本著作中提出）：应将赌金 $2a$ 元按 $(s - s_2)(s - s_2 + 1) : (s - s_1)(s - s_1 + 1)$ 分配给 $A$，$B$.

以上诸方法皆不足够合理，问题在于它们关乎每个博弈者在当时状态下的期望值. 1654 年帕斯卡给出下面的解法：

若赌博继续下去，至多再赌 $r = r_1 + r_2 - 1$ 局便可分出输赢，其中 $r_i = s - s_i (i = 1, 2)$.

若 $A$ 获胜，则他在 $r$ 局中至少胜 $r_i$ 局，按二项分布 $A$ 取胜的概率为

$$P_A = \sum_{i=r_1}^{r} \binom{r}{i} 2^{-r}$$

若 $B$ 获胜，他取胜的概率为 $p_B = 1 - p_A$.

这样赌金应按 $p_A : p_B$ 分配给 $A$ 和 $B$ 两人.

费马对此问题也给出一种解法：

无妨设 $r_1 < r_2$，此时若 $A$ 获胜，所赌局数可能是 $r_1, r_1 + 1, r_2 + 1, \cdots, r_1 + r_1 - 1$.

这期间 $B$ 取胜的局数 $i = 0, 1, 2, \cdots, r_2 - 1$.

若 $B$ 获胜 $i$ 局，则到 $A$ 最终取胜止再赌 $r_1 + i$ 局，其中前 $r_1 + i - 1$ 局，$A$ 胜 $r_1 - 1$ 局，而

第 $r_1+i$ 局为 $A$ 胜.

此时该事件概率为

$$\binom{r_1-1}{r_1-1+i}2^{1-i-r_1}\cdot 2^{-1}=\binom{r_1-1}{r_1+1+i}2^{-(r_1+i)}$$

对 $i=0,1,2,\cdots,r_2-1$ 相加得 $A$ 获胜概率为

$$P_A=\sum_{i=0}^{r_2-1}\binom{r_1-1}{r_1-1+i}2^{-(r_1+i)}$$

这里 $\binom{m}{n}$ 即组合符号 $C_m^n$ 的另一种记法.

## 投三枚骰子

卡尔达诺在《论赌博》书中提出下面一个有趣问题：投三枚骰子，考虑下面三种状态：三枚骰子点数相同、点数有两枚相同和点数各不相同，求它们出现的可能性(概率).

设 $A,B,C$ 分别代表三种状态，显然出现 $A$ 的可能有 6 种花色(分别是三个 1，三个 2，……，三个 6)；出现 $B$ 的可能有 30 种花色(两个 1 一个 2，两个 1 一个 3，……)；出现 $C$ 的可能有 20 种花色(一个 1 一个 2 一个 3，一个 1 一个 2 一个 4，……).

对于 $A$ 每种花色仅有 1 种排列方式；对于 $B$ 每种花色各有 3 种排列方式；对于 $C$ 每种花色各有 6 种排列方式.

这样总数为 $6\times 1+30\times 3+20\times 6=216$ 种.

故出现 $A,B,C$ 状态的概率(可能性) 分别各有

$$(p_A,p_B,p_C)=\left(\frac{6}{216},\frac{90}{216},\frac{120}{216}\right)=\left(\frac{1}{36},\frac{5}{12},\frac{5}{9}\right)$$

## 几 何 求 根

卡尔达诺虽然平日总是与病人打交道(他是一名医生)，但他只要稍有闲暇便从事数学研究(一者为了消遣，再者出于喜欢). 他对于方程解法尤其感兴趣.

对于一元二次方程解法，他除了用求根公式解外，还研究了用几何方法求根. 请看他的例子和解法：

试用几何方法给出方程 $x^2+6x-91=0$ 的正根.

**解** 如图 1，他把大正方形分成两个小正方形和两个矩形，由正方形和矩

形面积关系可有

$$x^2+2\cdot 3\cdot x+9=x^2+6x+9=(x+3)^2$$

题设 $x^2+6x=91$,再由上面等式可有

$$(x+3)^2=91+9=100$$

即

$$x+3=10,\quad x=7$$

方法果然巧妙、别致、新颖.

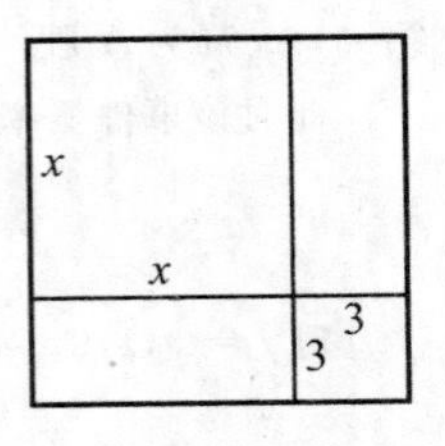

图 1

卡尔达诺

# 23 伽 利 略

伽利略(G. Galileo,公元 1564— 公元 1642),意大利著名的物理学家,天文学家,近代自然科学的创始人之一.

伽利略从小勤学好动,领悟力强,才智出众,父亲起初培养他当医生,1581 年入比萨大学,但其兴趣却在数学和物理学上.

在物理学领域,他发现了钟摆的等时性、自由落体与物体重量无关等著名定律.

此外他还发明了天文望远镜,并且利用它观察天体运行,取得大量成果.

1589 年,他受聘于母校 —— 比萨大学任数学教授.就在这时,他进行了著名的比萨斜塔落物实验.

伽利略被誉为“当年的阿基米德”(因为阿基米德是静力学的奠基人,伽利略是动力学的奠基人).

1632 年出版了杰作《关于两大世界体系的对话》,书中纵论了天文学的新旧学派,并支持哥白尼(M. Kopernik) 的观点,因而触怒了当时的罗马教廷,遭到其审判.

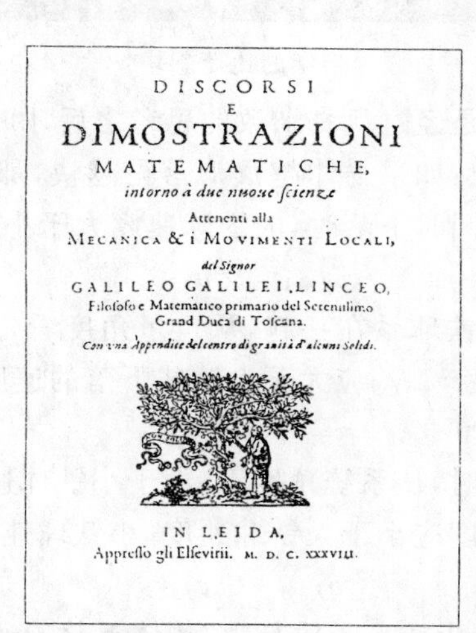

DISCORSI
E
DIMOSTRAZIONI
MATEMATICHE,
*intorno à due nuoue scienze*
Attenenti alla
MECANICA & i MOVIMENTI LOCALI,
*del Signor*
GALILEO GALILEI LINCEO,
Filosofo e Matematico primario del Serenissimo
Grand Duca di Toscana.
*Con vna Appendice del centro di grauità d'alcuni Solidi.*

IN LEIDA,
Appresso gli Elsevirii. M. D. C. XXXVIII.

1638 年荷兰出版的《关于两大世界体系的对话》一书封面

1642 年 1 月 8 日，贫病交加的伽利略在佛罗伦萨含冤去世.

300 多年后，教廷(于 1983 年) 为其平反昭雪.

## 重量与速度

1590 年夏日的一个傍晚，人们从四面八方聚集到比萨斜塔周围，观看伽利略张榜公告的自由落体实验.

它之所以吸引如此多的观众，当然事出有因. 因为长期以来，人们总认为物体下落的速度与它的重量有关(经验似乎也告诉人们这一点)：物体越重，它下落得越快(这也是古希腊学者亚里士多德的定律). 然而伽利略却要用实验来推翻这种观点.

他手握大小两个铁球，健步登上斜塔顶层，然后让两个铁球同时落下.

片刻，只听"咚" 的一声，两球同时落地. 在场的人无不为之欢呼！

当年的比萨斜塔

伽利略的这一实验是经过认真细致的思考之后才敢在众人面前亮相的. 他的推理方法很奇妙，他想：如果物体越重下落得越快，那好，今考虑重量不等的大、小两个铁球，当它们同时下落时，大铁球速度大于小铁球速度，记作

$$v_{大铁球} > v_{小铁球}$$

再用一条绳子将两铁球系在一起，从重量角度看，这时它们的重量大于大铁球重量，它下落的速度 $v_{大+小}$ 应大于大铁球下落的速度

$$v_{大+小} > v_{大铁球} \tag{1}$$

而两铁球系在一起时，从系统角度看，由于小铁球速度小于大铁球速度，这样系在一起的两铁球速度应小于大铁球速度(小铁球速度滞后)

$$v_{大+小} < v_{大铁球} \tag{2}$$

显然结论(1) 和(2) 矛盾！矛盾是由"物体下落的速度与物体重量有关" 的假设而导致的. 从而该假设不成立.

**注**　欧洲中世纪物理教科书上写着"物体下落的速度与它们的重量成正比"这是距当时1000多年前古希腊的学者亚里士多德(Aristotle)提出的定律.

伽利略的论证,使得当时亚里士多德的维护者目瞪口呆.

伽利略在比萨公开试验斜面落体

# 路径与时间

伽利略用实验的方法证明了自由落体定律,此外他还常常设计一些其他实验,这些实验出自他对定律的深刻理解与旁征博引,比如下面的问题是他想到的一个耐人寻味的难题:

一物体沿图1中$AB$,$AC$和$AD$三个方向下落(即自由落下),到达圆周时哪一个时间最短(不计摩擦力和空气阻力)?

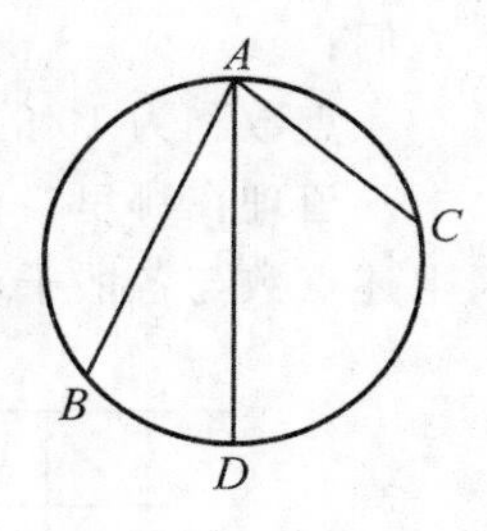


图1

伽利略先是用实验方法得出结论:同时到达.进而他又给出了下面的论证:

设物体沿$AD$,$AC$,$AB$下落时间分别为$t$,$t_1$和$t_2$.

由$AD=\frac{gt^2}{2}$($g$为重力加速度),有

$$t=\sqrt{\frac{2AD}{g}}$$

而$AC=\frac{at_1^2}{2}$,其中$a$为沿$AC$下落时的加速度,有

$$t_1=\sqrt{\frac{2AC}{a}}$$

如图2,自$C$作$AD$的垂线$CE$,由力学原理知

$$\frac{a}{g}=\frac{AE}{AC}$$

故

$$a=g\cdot\frac{AE}{AC}$$

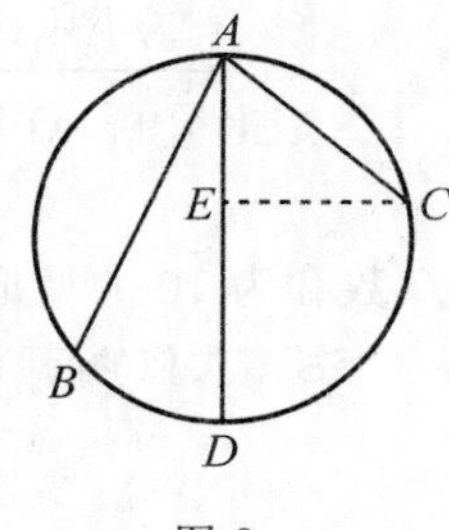


图2

又
$$\frac{AE}{AC}=\frac{AC}{AD}$$

有
$$a=g\cdot\frac{AE}{AD}$$

故
$$t_1=\sqrt{\frac{2AC}{a}}=\sqrt{\frac{2AC\cdot AD}{AC\cdot g}}=\sqrt{\frac{2AD}{g}}=t$$

类似地可证 $t_2=t$. 综上有 $t=t_1=t_2$.

# 骰子点数

有人问伽利略:同时投下三颗骰子,点数和为 9 的情形有 6 种

(1,2,6),(1,3,5),(1,4,4),(2,2,5),(2,3,4),(3,3,3)

点数和为 10 的情形也有 6 种

(1,3,6),(1,4,5),(2,2,6),(2,3,5),(2,4,4),(3,3,4)

对否?

这样投三颗骰子点数和为9与10的情形出现的机会应一样多,但实验告诉人们:

点数和为 10 的情形比点数和为 9 的情形出现得多.

道理在哪里?伽利略分析到:假如三颗骰子分别标上 ①,②,③,那么出现上述点数与各骰子对应情况如表 1:

**表 1**

| | (1,2,6) | (1,3,5) | (1,4,4) | (2,2,5) | (2,3,4) | (3,3,3) |
|---|---|---|---|---|---|---|
| 骰子 ① | 1 1 2 2 6 6 | 1 1 3 3 5 5 | 1 4 4 | 2 2 5 | 2 2 3 3 4 4 | 3 |
| 骰子 ② | 2 6 1 6 1 2 | 3 5 1 5 1 3 | 4 1 4 | 2 5 2 | 3 4 2 4 2 3 | 3 |
| 骰子 ③ | 6 2 6 1 2 1 | 5 3 5 1 3 1 | 4 4 1 | 5 2 2 | 4 3 4 2 3 2 | 3 |
| 种类小计 | 6 | 6 | 3 | 3 | 6 | 1 |

综上分析,点数和为 9 的情形共有

$$6+6+3+3+6+1=25(\text{种})$$

点数和为 10 的情形却有 27 种,你能分析出来吗?

**注** 类似的问题我们前文曾介绍过.

# 24 开 普 勒

开普勒(J. Kepler,公元1571—公元1630),德国数学家、天文学家. 幼年家贫,小学没上完便中途辍学. 1588年获马尔什勒学院学士学位,后去图比根大学学习,开始接触哥白尼日心说. 后去布拉格观象台工作. 他发现了行星运行规律(开普勒三定律),且一生致力于发展哥白尼的日心说.

1615年他出版了《啤酒桶的新立体几何》,此书提出确定曲线所围图形面积和曲面所围图形体积的设想,从而奠定了"无穷小分析"基础,这也是微积分产生的温床.

1624年,他还指导布尔卡完成了《对数表》的编制工作.

此外,他还研究了植物叶子在茎上的排列规则,发现了叶序规律.

## 黄金数与叶序

数与大自然有着不解之缘,然而一些趣数与大自然的联系就更有魅力.

开普勒在研究叶序 —— 即植物叶子在茎上排列顺序问题时,意外地发现了一个奇妙而有趣的现象.

首先,植物叶子在其茎上的排布呈螺旋状(图1),尽管每种植物的叶形会因物种而异,但它们的排列方式却呈现出许多共同的规律,这里面也会有与黄金数0.618… 有关的问题. 比如三叶轮状排布的植物,它的相邻两叶在茎垂直平面上投影的夹角是137°28′(图2).

这个事实被当今科学家们进一步研究发现:叶子的这种夹角对于植物通风、采光来讲都是最佳的(因此国外有人仿此设计、建造了仿生建筑,无疑它在通风与采光方面都有长处).

那么这个137°28′是如何得来的呢? 令人感到惊奇的是,这种角度恰好是把圆周分为1∶0.618… 时两半径的夹角.

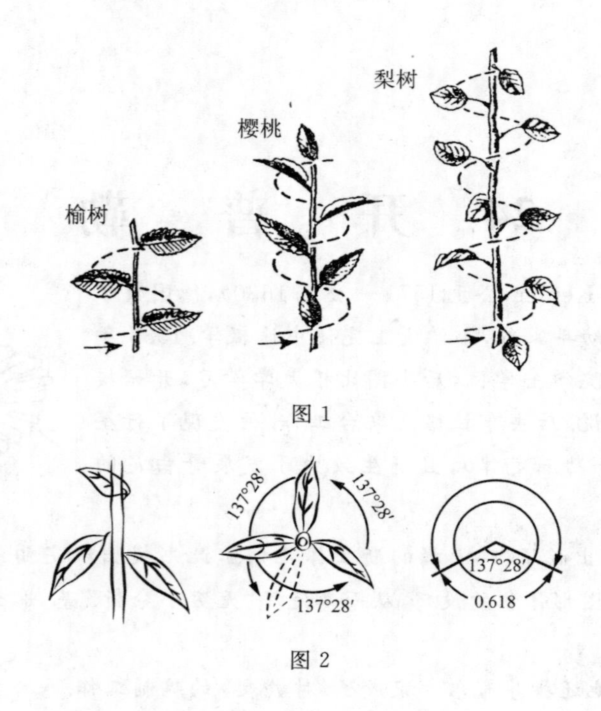


图 1

图 2

# 四线共点

开普勒研究天体运行规律时运用了大量的几何知识;反过来他又从天体运行规律中发现了一些几何命题,下面是其中一例.

**题**　设有三条平行直线 $l,m,n$,又一束射线 $SA,SB,SC$ 与 $l$ 交于 $A,B,C$,与 $m$ 交于 $E,F,H$,过 $E,F,H$ 作射线 $SP$ 的平行线,与 $n$ 交于 $L,M,N$. 求证:$LA,MB,NC,PD$($D$ 为 $SP$ 与 $l$ 的交点)共点.

**证**　设直线 $PS,NC$ 交于 $R$,则

$$\frac{DC}{PN}=\frac{DR}{PR}$$

注意到直线 $SAE,SBF,SCH,SDK$,有

$$\frac{DA}{KE}=\frac{DB}{KF}=\frac{DC}{KH}$$

又

$$EL \parallel FM \parallel HN \parallel KP$$

图 3

故

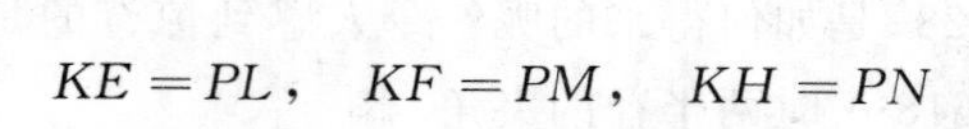

$$KE=PL,\quad KF=PM,\quad KH=PN$$

由此有

$$\frac{DA}{PL}=\frac{DB}{PM}=\frac{DC}{PN}=\frac{RD}{RP}$$

从而直线 $AL$,$BM$,$CN$,$DP$ 经过同一点 $R$.

# 凹正多面体

开普勒研究过正多面体(每个面皆为全等的正多边形的几何体),他知道:早在古希腊时期,哲人柏拉图已发现了五种正多面体(正 4,6,8,12,20 面体,后来人们发现:凸正多面体仅有上面五种),对于非凸的情形又将如何?首先,开普勒发现了下面两种各面均为全等三角形的凹正多面体(图 4).

(a) 小星状正 12 面体

(b) 大星状正 12 面体

图 4

1809 年波因索特(Bonesodt)又发现了图 5 中两种凹正多面体(每面皆为全等三角形).

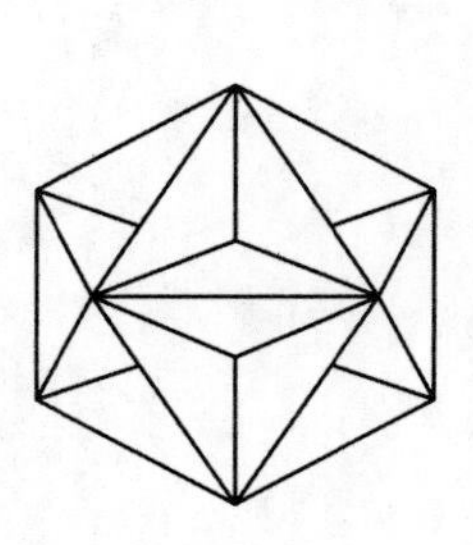

(a) 大 12 面体

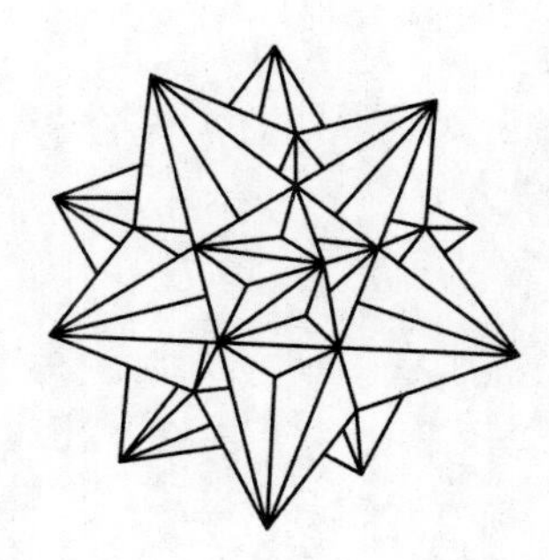

(b) 大 20 面体

图 5

**附记** 开普勒在研究天体运动时，还涉及了一些数学特别是几何问题.

1611 年他曾断言：在一个大立方体中堆放半径一样的小球，小球总体积与立方体积之比 $\rho$ 不超过 $\frac{\pi}{\sqrt{18}} \approx 0.740\ 48$（开普勒猜想）.

这是一个至今尚未解决（证明）的结论，尽管人们对它的正确性并不怀疑，尽管人们对比值 $\rho$ 不断改进，到目前为止，人们证明的最好结果是 $\rho \leqslant 0.773\ 1$，这是由数学家穆德尔（D. J. Muder）于 1993 年给出的.

# 25 梅 森

梅森(M. Mersenne,公元1588—公元1648),法国业余数学家.他是一位神父,但酷爱数学,业余时间常常研究数学.

他研究了形如$M_p=2^p-1$($p$是素数)的数,称为梅森数,且其中的素数即为梅森素数.

尽管早在2000多年前欧几里得就已证明素数有无穷多个,但到目前人们所认识到的最大素数的位数是2 300万(23 249 425)位,而它恰好是梅森素数.

单摆式时钟正是惠更斯根据梅森建议而发明的.梅森的著作有《科学的真理》等.

## 梅森素数

梅森研究了形如$M_p=2^p-1$($p$是素数)的数,直至他去世前四年(1644年),他发现:当$p=2,3,5,7,11,13,17,19$时,除了$p=11$之外,$M_p$都是素数.

由此他断言:不大于257的各素数$p$中,只有当$p=2,3,5,7,13,17,19,31,67,127,257$时$M_p$是素数.

1772年,欧拉证明了$M_{31}=2^{31}-1$是素数;

1875年,鲁卡斯(E. Lucas)证明了$M_{127}=2^{127}-1$是素数,他同时否定了$M_{67}$是素数;

1886年,有人证明了$2^{61}-1$是素数(这时有人怀疑梅森是误将61写成了67);

1911年,鲍尔斯(Bours)证明了$2^{89}-1$是素数,三年后他又证明了$2^{107}-1$是素数.

1922年,葛莱契克(Grecheck)证明了$2^{257}-1$不是素数.

之后又有人相继证明下列(表1)梅森数是合数.

**表 1　是合数的部分梅森数**

| $2^p-1$ | 证　明　者 |
| --- | --- |
| $2^{101}-1$ | 约翰逊(G. O. Johnson) |
| $2^{103}-1$ | 布里罕德(J. D. Brillhart) |
| $2^{109}-1$ | 伽巴德(Gabard) |
| $2^{113}-1$ | 莱然(N. T. Reimer) |

在电子计算机出现之前，人们仅发现12个梅森型素数，即$p$值分别为2,3,5,7,13,17,19,31,61,89,107,127.

电子计算机的出现使得寻找梅森素数的工作有了助手与可能.

1953年6月美国数学家雷然(D. H. Lehmer)利用SWAC计算机一举找到5个梅森素数，即$p=521,607,1\ 279,2\ 203,2\ 281$.

此后，到1995年人们又发现了17个梅森素数.

**表 2**

| 年　份 | 发　现　者 | $p$值 |
| --- | --- | --- |
| 1957 | H. Riesel | 3 217 |
| 1961 | A. Hurwitz | 4 253,44 23 |
| 1963 | D. B. Gillies | 9 689,9 941,11 213 |
| 1971 | B. Tuckerman | 19 937 |
| 1978 | L. C. Noll & L. Nickel | 21 701 |
| 1979 | L. C. Noll | 23 209 |
| 1979 | H. Nelson & D. Slowinski | 44 497 |
| 1982 | D. Slowinski | 86 243 |
| 1988 | W. N. Colquitt | 110 503 |
| 1983 | D.Slowinski | 132 049 |
| 1985 | D. Slowinski | 216 091 |
| 1992 | D. Slowinski & P. Gage | 756 839 |
| 1993 | D. Slowinski & P. Gage | 859 433 |
| 1995 | D. Slowinski | 1 257 787 |
| 1996 | Armengand, G. Woltman | 1 398 269 |
| 1997 | Spence, G. Woltman | 2 976 221 |
| 1998 | Clarkson, G. Woltman, S. Kurowski | 3 021 377 |
| 1999 | G. W. Hajrotwala, S. Kurowski | 6 972 593 |
| 2002 | M. Gameron, G. Woltman, S. Kurowsk | 13 466 917 |
| 2003 | J. Findley | 20 996 011 |
| 2004 | J. Findley | 24 036 583 |
| 2005 | M. Nowake | 25 964 951 |

此外，$M_{101}$，$M_{103}$，$M_{109}$，$M_{113}$ 是合数，已先后被人证明.

20 世纪 90 年代初，当电脑网络在全世界兴起之际，乔治·沃特曼(J. Wodman) 提议利用电脑网络上丰富的个人电脑资源推进梅森素数的研究，据说有志愿者 20 000 人之众.

两年中(1996 年末至 1998 年初) 他们(J. Armengand 等人) 在网上又找到三个梅森素数，即 $p=1\ 398\ 269$，$2\ 976\ 221$ 和 $3\ 021\ 377$. 其中 $p=3\ 021\ 377$ 是美国加州大学一名学生克拉克森(Clarkesen) 于 1998 年 2 月发现的(共用了 46 天课余时间)，它有 909 526 位.

到 2002 年人们认识的最大素数是 $2^{13\ 466\ 917}-1$，它有 4 053 946 位，是卡梅伦(M. Cameron) 等人于 2001 年 11 月 14 日发现的.

而后芬德利 (J. Findley) 等人于 2003 年和 2004 年又先后发现 $2^{20\ 996\ 011}-1$(6 320 430 位) 和 $2^{24\ 036\ 583}-1$(7 235 733 位).

2005 年德国人诸瓦克(M. Nowake) 又找到 $2^{25\ 964\ 951}-1$(7 816 230 位)，它也是当年人们认识的最大素数.

吉尔斯(D. B. Gillies) 曾猜想：

小于 $x$ 的梅森素数个数约为 $\frac{2\ln\ln x}{\ln 2}$ 个.

人们利用互联网在网上协作(它称 GIMPS 项目) 寻找，到 2018 年为止，人们又找到 9 个梅森素数

$$M_{30\ 402\ 457}, M_{32\ 582\ 657}, M_{37\ 156\ 667}, M_{42\ 643\ 801}, M_{43\ 112\ 609},$$
$$M_{57\ 885\ 161}, M_{74\ 207\ 281}, M_{77\ 232\ 917}, M_{82\ 589\ 933}$$

**注 1** 梅森素数与所谓"完全数" 有关. 完全数是指这样的整数：它等于它的除自身外的全部约数和. 比如 28 有约数 1，2，4，7，14 和 28，而 $28=1+2+4+7+14$，则它是一个完全数.

完全数有许多有趣的性质，因而被人们所关注. 比如完全数 6，28，496，… 有性质：

(1) $6=2^1+2^2$，$28=2^2+2^3+2^4$，$496=2^4+2^5+2^6+2^7+2^8$，…

(2) $6=1+2+3$，$28=1+2+3+\cdots+7$，$496=1+2+3+\cdots+30+31$，…

(3) $28=1^3+3^3$，$496=1^3+3^3+5^3$，…

$\vdots$

早在 2000 多年前，欧几里得在其《几何原本》中已有如下结论：

*若 $2^p-1$ 是素数，则 $2^{p-1}(2^p-1)$ 是(偶) 完全数.*

1730 年数学大师欧拉指出：

*若 $n$ 是偶完全数，则 $n$ 必可表为 $2^{p-1}(2^p-1)$ 形式.*

以上结论告诉我们：梅森素数与(偶) 完全数个数对应着. 换句话说：人们至今找到了 42 个梅森素数，人们也就找到了 42 个(偶) 完全数.

有无奇完全数的结论，人们目前尚不得知.

**注 2** 除了完全数外人们还研究了所谓"泛完全数"，即全部因子(包括自身) 之和等于该数整数倍称为泛完全数.

如 120 有因子 1，2，3，4，6，8，10，12，15，24，30，40，60，120 等因子，而它们之和为 360，注

意到 360 = 3·120,则 120 是一个“泛完全数”.这里的倍数 3 称为阶或指标.

泛完全数人们至今已找到 1 288 个(这一工作是美国科罗拉多州的 F·海尼乌斯借助电子计算机完成的).其中如表 3:

**表 3**

| 阶(指标)数 | 3 | 4 | 5 | … | 8 | … |
|---|---|---|---|---|---|---|
| 泛完全数个数 | 6 | 36 | 65 | … | 400 多 | … |

已发现最大的泛完全数是 9 阶的,它有 588 位.此外人们还证明了:

给定阶数的泛完全数只有有限多个.

**注 3**　大素数的寻找是困难的,然而大合数的因子分解似乎更棘手.

数学家们推算:分解一个 50 位以上的数,即使使用每秒 $1\times10^9$ 次的电子计算机,也大约需 $1\times10^8$ 年以上(当然这是指按部就班地进行).

1982 年,美国桑迪亚国家实验室的科学家们发明了一种新的算法,使得他们很快地在 Cry 计算机上能对一个 58 位、60 位、63 位、67 位的数字进行因子分解.

1984 年 2 月,他们用了 32 h,终于将梅森数表中的最后一个合数 $2^{251}-1$ 进行分解,这个合数除 27 271 151 之外的余因子(它有 69 位)是

132686104398972053177608575506090561429353935989033525802891469459697

它的因子有三个

178 230 287 214 063 289 511

61 676 882 198 695 257 501 367

12 070 396 178 249 893 039 969 681

这一发现使得过去认为无法破译的密码系统 RSA 的安全性受到威胁.

1986 年《美国科学新闻》报道了“两次筛选因子分解法”找到 $2^{269}+1$ 的分解式(它较 $2^{251}-1$ 位数要多).

据载,湖北襄樊的姜德骏在 1984 年 4 月已在一台 8 位计算器上算得 $2^{509}+1$ 的分解式(它有 154 位),它有三个因子

3,1019 和 548242064521695988697607891650549808914747048601259133861774674669
682860241803523748849946768355553961810265709293672344518531021303346555646900 9

这可谓大合数因子分解的位数的最高纪录了(但这一点未能核验).

下面是一个大数分解的典例:

1984 年美国桑迪亚国家实验室的戴维斯(J. A. Davis)等分解了

$$I_{71}=\underbrace{111\cdots1}_{71个1}$$

1987 年德国汉堡大学的克莱尔(W. Keller)使用筛法找到了

$$F_{23\,471}=2^{2^{23\,471}}+1$$

的一个因子.

同年美国加州理工学院的罗伯特(J. H. Robert)找到 $10^{100}+1$ 的一个因子

316 912 650 057 057 350 374 175 801 344 000 001

1990 年美国加州大学伯克利分校的莱斯特拉(H. W. Lenstra)分解了

$$F_9=2^{2^9}+1$$

同年,澳大利亚国立大学的布雷特(R. P. Brent)分解了

$$F_{10}=2^{2^{10}}+1$$

1992 年,美国里德学院的克兰达尔(R. E. Crandall)等人证明了

$$F_{22}=2^{2^{22}}+1$$

是合数.

1997 年,美国普渡大学的一个科学小组分解了 167 位的大数

$$\frac{3^{349}-1}{2}$$

它的两个因子分别有 80 位和 87 位(它们的首末两位分别是 94…59 和 17…99).

2002 年,Underbakke 和 Gallot 发现了一个 399 931 位的 $a^b+1$ 型素数 $1\,266\,062^{65\,536}+1$.

# 和 为 30

梅森喜欢一些数学游戏.一次他从杂志上看到一个正方体填数问题(图1),于是激发他造一个更新颖、更有特色的问题:

将 0～15 这 16 个数分别填入图 1 两个叠套的正方体的顶点处,使两个立方体的每个面上的 4 个数和均为 30.

我们稍动脑分析一下首先可以算出每个面的数和是多少?

因每个数均在立方体三个面交点处,换言之每个数均被计算 3 次;又总共面数为 12,这样每个面和应为

$$\frac{1}{12}\cdot 3\cdot(0+1+2+\cdots+14+15)=30$$

稍推算不难有图 2 的结果.

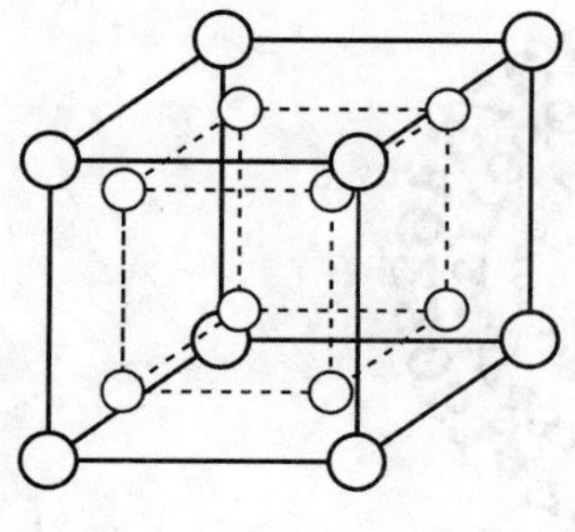

图 1

图 2

**注** 类似的问题称为"幻立方":将 $1\sim n^3$ 填入立方体被剖成的 $n^3$ 个小立方块上,使大立方体每个剖面(包括对角面)上各行、各列、各对角线上诸数和皆相等(图 3).

经研究已发现:3,4 阶幻立方不存在;5,6 阶幻立方存在与否不详;7,8 阶幻立方已有人得出.

图 4 是一个 3 阶准(近似)幻立方:图中每行、每列诸数和皆为 42.

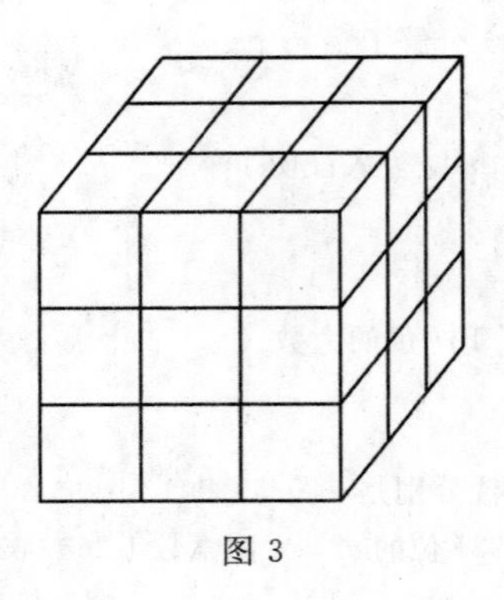

图 3

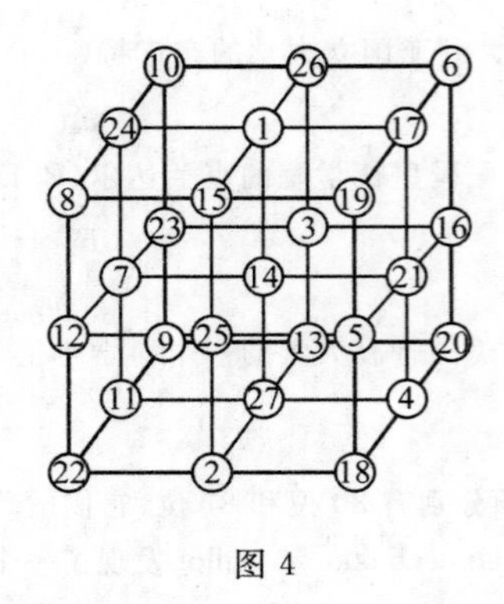


图 4

# 皆为素数

梅森常将他的许多游戏问题与素数联系到一起.

一次,他与一位来访的朋友闲聊之后,打算用游戏消磨时光.

把 1～20 这 20 个数写在一个圆周上,有无一种写法使得其中任何相邻两数和皆为素数?

整整花去一个下午的时光,两人终于给出了下面图5的填法:

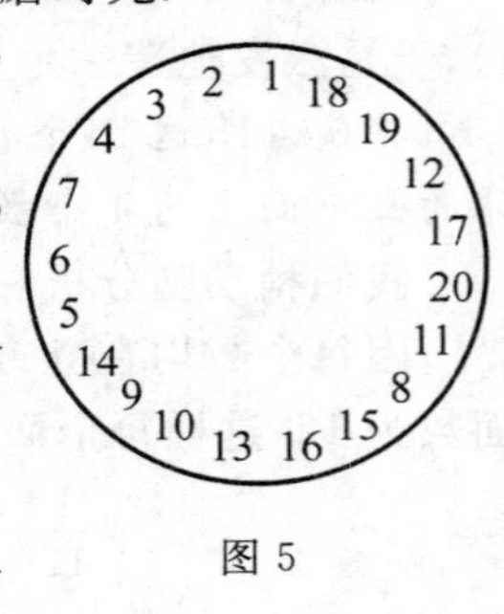


图 5

还有别的填法吗?请你找找看.更一般的情形结论又如何?

**问题** 能否将0和1～9十个数字分别写在圆周上,使任何相邻两数之差(大数减小数)均为 3 或 4 或 5?若将数换成 1～14 情况又如何?

素数分解问题研究已应用到密码研制上,这是 1994 年 4 月一个自发的国际小组破译的 128 位密码数字.

密文:The magic words are squ-eamish ossifrage. 意为"不可思议的语言是神经质的秃鹰."

128 位的密码数字

# 26 费　马

费马(P. de Fermat,公元1601—公元1665),法国业余数学家.生于法国南部的吐鲁斯附近波蒙的一个皮革商家庭.

30岁起迷恋数学,常与梅森、笛卡儿等交流读书心得.

他一生有许多著名的发现(数学发现),他的发现多是写在他读过书的空白处,这些发现多冠以他的大名,如"费马小定理""费马猜想"(又称费马大定理,即方程$x^n+y^n=z^n$无非平凡整数解,此猜想经历近400年后,才由数学家怀尔斯(A. Wiles)于1995年获证)等均是如此.对于这些批注和发现,则是在他本人去世后,人们才得知.这些内容经后人整理出版了《费马全集》(四卷)和一卷补遗.此外,费马对光学也有研究,著名的光线折射原理即出自他的发现.

## 绳子与树桩

费马后院有三棵大树,平常他家总是把绳子拴在树桩上晾晒皮革(见图1中的虚线).

一次他又拿两根绳子打算拴在树上,遗憾的是绳子一长一短,当他拴好联结$B,C$的绳子后,才发现另一根绳子连距离最短的两树$A,C$也够不上.但拴$B,C$的绳子还长出一截.

他将绳子接上头又试了试,可总长度仍不够$AC+BC$或$AC+AB$或$AB+BC$的长度.聪明的费马用了个巧妙的办法:

把长绳子两端拴在$B,C$树上,短绳一端拴在$A$树上,另一端拴在长绳中间(图2).这样一来,绳子得到了充分的利用.

而后,费马继续研究这个十分有趣的问题时发现:当$\angle ADC=\angle CDB=\angle ADB=120°$时,联结三棵树桩$A,B,C$所需绳子的总长最短.

顺便一提,两年前曾轰动国内外数学界的一项证明——最短路线问题(是由我国的堵丁柱和旅美华裔科学家黄光明合作完成的),即与此问题的结论有关.

费马上述结论还有一个力学证法：在一块木板上钻三个孔，然后将三条系在一起的绳子穿过三孔，每根绳子下面都挂一个重量相同的重物，当系统平衡后，绳结 $D$ 即是使三个张角均为 $120°$ 的位置. 由"位能最小原理"可知此时联结三孔的绳子总长最短(图 3).

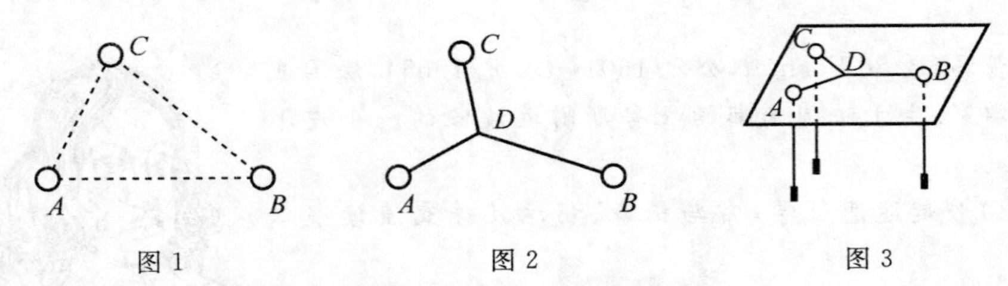


图 1　　图 2　　图 3

**问题 1**　找出联结正方形四个顶点的最短连线.

**注 1**　关于上述问题更精细的结论为：

(1) 若某一内角不小于 $120°$，则该角顶点为所求；

(2) 若三内角均小于 $120°$，以三角形三边为边分别向形外作正三角形，正三角形顶点与原来三角形顶点连线的交点即为所求(图 4(a))；则该点与原三角形三顶点连线所夹之角均为 $120°$(图 4(b)).

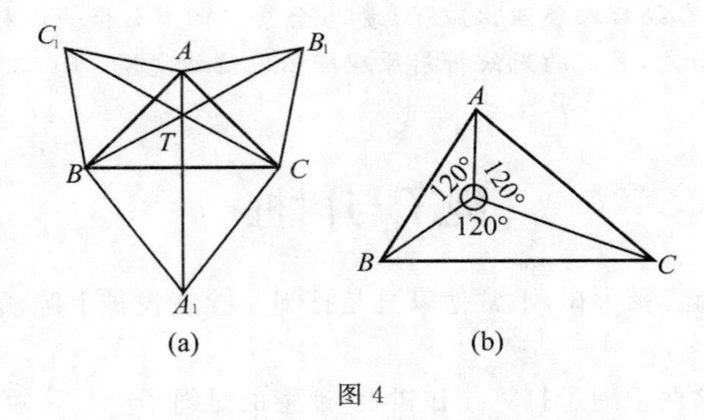


图 4

**注 2**　这个问题是费马向意大利物理学家托里拆利(E. Torricelli) 提出的.

点 $T$ 称为"正等角中心"，或称为"费马点".

这个问题还可以用力学办法去解，详见后文斯坦因豪斯"三村办学"问题.

## 三人决斗

费马遇到了下面一个问题：

$A$，$B$，$C$ 三人，为了解决他们之间无法调解的纠纷，决定用手枪进行决斗，直到只剩下一个人活着为止(这在当时的欧洲是合法的). $A$ 的枪法最差，平均射3次只有1次击中目标;$B$稍好一些,平均3射2中;$C$最好,能百发百中,为了使决斗比较公平,他们让$A$第一个开枪,然后$B$(如果他还活着),最后是$C$(如果他还活着).

问题是$A$应该首先向谁开枪?

费马再三考虑,给出下面的分析:

因为$C$百发百中,看来$A$应选择首先以$C$为目标,如果他成功,那么下一次将由$B$开枪,由于$B$是3射2中,所以$A$还可活下来再回击$B$,从而$A$有可能赢得这场决斗.

对$A$来说,上面的选择是较好的,那么还有更好的策略吗?

回答是:有.$A$可以对空开枪! 于是接着是$B$开枪,他会以$C$为目标(因为$C$是最危险的对手),如果$C$活下来,那么他将以$B$为目标(因为$B$比$A$更危险).可见,通过对空开枪的办法,$A$将使得$B$有机会消灭$C$,或者反过来$C$消灭$B$.

总之,$A$的最佳策略是"对空开枪".

# 方程 $y^2=x^3-2$ 的解

方程 $y^2=x^3+k$ 称为莫德尔方程(它最早由丢番图以几何形式提出).法国数学家巴歇提出了求方程 $y^2=x^3-2$ 的有理数解问题.

费马认为:① 应考虑求整数解;② 应求全部解.

进而他证明:

(1) 方程 $y^2=x^3-2$ 仅有(3,5)一组整数解.

(2) 方程 $y^2=x^3-4$ 仅有(2,2),(5,11)两组整数解(但未证).

而后,欧拉又证明方程 $y^2=x^3+1$ 仅有(2,3)一组整数解(证明不完整).

另外一些此类方程解的情况见表1:

**表1**

| 方　程 | 整　数　解 |
|---|---|
| $y^2=x^3+17$ | (−1,4),(−2,3),(2,5),(4,9),(8,23),(43,282),(52,375),(5 234,378 661) |
| $y^2=x^3-48$ | (4,±4),(28,±148),(37,±225) |
| $y^2=x^3-11$ | (3,±4),(15,±58) |

令人不解的是貌似相同的方程 $y^2=x^3+7$ 无整数解.

# 佩尔(Pell) 方程

1657 年 2 月，费马曾断言：方程 $x^2 - dy^2 = 1$ 有无穷多的解，其中 $d$ 是不含平方因子的自然数.

而后，他又向英国数学家发出挑战，征求这类方程的解法.

英国数学家瓦得斯(J. Wallis) 于 1657 ～ 1658 年间果然得出了这类问题的某些解法. 欧拉也对此问题进行研究，然而问题的彻底解决是大约 100 年之后的事，即由法国数学家拉格朗日(J. J. Lagrange) 给出.

1732 年欧拉错误地将上述方程称为佩尔(J. Pell) 方程，以讹传讹，后人便以佩尔命名了这类方程. 其实，方程与佩尔几乎全无关系，它称为费马方程似乎更妥.

确切地讲这类方程有着极为悠久的历史，早在公元四、五世纪，印度人在《绳法经》一书关于计算 $\sqrt{2}$ 近似值的讨论中，曾将它归结为求解方程 $x^2 - 2y^2 = 1$ 的问题，比如当他们求得 $(x, y) = (17, 12)$ 或 $(577, 408)$ 时，便得到 $\sqrt{2}$ 的两个近似值

$$\sqrt{2} \approx \frac{x}{y} = \frac{17}{12} \text{ 或 } \sqrt{2} \approx \frac{x}{y} = \frac{577}{408}$$

此外，毕达哥拉斯学派的学者也给出方程 $x^2 - 2y^2 = \pm 1$ 的解的一个递推公式，他们是用几何方程完成的(利用不断扩大边长的正方形与其对角线关系).

同样，阿基米德也得出过方程 $x^2 - 3y^2 = 1$ 的一个解(1 351,780).

对于方程 $x^2 - dy^2 = 1$，若求得其一组解 $(x_0, y_0)$，则它的全部解可由下面公式

$$x_n + y_n\sqrt{d} = \pm(x_0 + y_0\sqrt{d})^n$$

得出，其中 $n$ 为任意整数.

更具体的是

$$x_n = \frac{1}{2}[(x_0 + \sqrt{d}y_0)^n + (x_0 + \sqrt{5}y_0)^n]$$

$$y_n = \frac{1}{2\sqrt{d}}[(x_0 + \sqrt{d}y_0)^n - (x_0 - \sqrt{d}y_0)^n]$$

我们知道，$\sqrt{2}$ 可表示为连分数

$$\sqrt{2} = 1 + \cfrac{1}{2 + \cfrac{1}{2 + \cfrac{1}{2 + \cdots}}} \quad (\text{记}[1;2,2,2,\cdots])$$

欧拉发现若将它的近似值

$$1,1+\frac{1}{2}=\frac{3}{2},1+\frac{1}{2+\frac{1}{2}}=\frac{7}{5},1+\frac{1}{2+\frac{1}{2+\frac{1}{2}}}=\frac{17}{12},\cdots$$

记作$\frac{x}{y}$,则$(x,y)$皆为$x^2-2y^2=\pm1$的解.

欧拉虽然给出问题的解法,但他未能证明他的结论,如前文所述,直到1766年问题才由拉格朗日彻底解决.

## 表为平方和

1640年费在给梅森的信中断言:*每个形如$4n+1$的素数$p$皆为(可表为)两平方数之和.*

1654年,在柏斯卡(Pascal)给费马的信中又提出

$$\text{奇素数 } p\begin{cases}\text{表为 } x^2+2y^2 \Longleftrightarrow p\equiv 1,2 \pmod 8\\ p\neq 3 \text{ 表为 } x^2+3y^2 \Longleftrightarrow p\equiv 1 \pmod 3\end{cases}$$

此结论于1756年由欧拉证得.

接下来又一件事情让费马困惑不解,在他研究素数表为$x^2+5y^2$形式时发现:

若$p\equiv 3,7(\mathrm{mod})$时,$p$不能写成$x^2+5y^2$的形式,但这样的素数乘积却可以写成$x^2+5y^2$的形式,比如

$$3\times 7=1^2+5\times 2^2$$

此前的研究及结论则不然,如素数$p\equiv 3 \pmod 4$时,它不能表为$x^2+y^2$形式,且此类素数乘积亦不能表为$x^2+y^2$形式.

上述猜想欧拉未能证明,但1744年欧拉提出如下猜想:

*奇素数$p$可表示成$x^2+5y^2 \Longleftrightarrow p\equiv 1,9 \pmod{20}$,而$2p$可表示成$x^2+5y^2 \Longleftrightarrow p\equiv 3,7 \pmod{20}$.*

其中的奥秘亦是由拉格朗日于1773年揭示的,同时他对前面费马及欧拉的猜想给出严格证明,这其中涉及了二元二次型约化与合成概念.

**注** 与自然数表为平方和问题类似的还有下面问题:

1657年,费马指出:"27是唯一一个比平方数大2的立方数."换言之,此相当于方程$y^3=x^2+2$仅有一组整数解$(x,y)=(5,3)$.

1770年,欧拉给出该问题的一种不很严格的证法,直至19世纪初,问题才由高斯彻底解决,由此也引进了"高斯素数"概念及研究.

# 遗憾的失误

一个阴雨绵绵的秋日下午，店铺里生意冷落，费马早早关了门板，又在攻读丢番图的名著《算术》.

这几天，一直困惑他的是：素数表达式的寻找. 发现素数已有两千余年，可人们却未能找出一个表达素数的式子. 费马作过不少尝试，但都失败了.

这天他又想起好友梅森告诉他的 $2^p-1$ 的式子可以表示不少素数（即当今人们所称的梅森素数），他打算沿着这一思路进行更深一步的研究. 猛然他眼睛一亮，何不试试 $2^n+1$！但结果却令他失望.

再往深思，当他用 $n=0,1,2,3,4$ 代入式子 $2^{2^n}+1$ 时，他的眉宇舒展了，脸上露出一片晴朗. 他算到：

$$2^{2^0}+1=3,\ 2^{2^1}+1=5,\ 2^{2^2}+1=17,\ 2^{2^3}+1=257,\ 2^{2^4}+1=65\ 537$$

它们都是素数！

欣喜之余，费马在《算术》一书的空白处记下：

式子 $2^{2^n}+1$，当 $n=0,1,2,3,4,\cdots$ 时都给出素数.

不幸的是，一百多年（1732 年）后，欧拉发现 $n=5$ 时，这个式子表示的数不再是素数.

**问题 2**　论证 $2^{2^5}+1$ 不是素数.

**注 1**　1983 年秋，我国广西的朱声贵曾猜测：

$p>2$ 的素数，则 $Z_p=\frac{1}{3}(2^p+1)$ 是素数.

可以验算：当 $p=3,5,7,11,13,17,19,23$ 时，$Z_p$ 分别为 3,11,43,683,2 731,43 691,174 763,2 796 203，它们均为素数.

但当 $p=29$ 时，$Z_{29}=17\ 895\ 671=59\cdot 3\ 033\ 169$ 已不再是素数.

**注 2**　1988 年，有人又发现 $F_6=247\ 177\cdot 67\ 280\ 421\ 310\ 721$，即 $F_6$ 也是合数.

到目前为止，人们仅发现上面 5 个费马型素数，但找到了 50 个费马型合数（表 2）.

**表 2　关于费马型数研究进展**

| 对于 $F_n$，当 $n$ 为 | 研究进展 |
|---|---|
| 5,6,7,8,9,10,11 | 找到了 $F_n$ 的分解式 |
| 12,13,15,16,17,18,19,21,23,25,26,27,30,32,36,38,39,42,52,55,58,63,73,77,81,117,125,144,150,207,226,228,250,267,268,284,316,452,1 945 | 知道 $F_n$ 的部分因子 |
| 8,14,20,22 | 知 $F_n$ 是合数但不知其因子 |
| 24,… | 不知 $F_n$ 是否是合数 |

**注 3** 1796 年高斯发现：若 $F_n = 2^{2^n} + 1$ 是素数，则以它为边数的正 $n$ 边形可以用尺规作图. 高斯本人给出了 $F_2 = 17$ 时，即正 17 边形的尺规作图法.

1832 年，黎西罗（F. J. Richelot）给出正 257（即 $F_3$）边形尺规作图法（写满 80 页稿纸）.

20 世纪初，盖尔美斯（Germes）花了大约 17 年的时间，给出了正65537（$F_4$）边形的尺规作图法（手稿装满整整一皮箱）.

# 一个方程的解

费马非常喜欢整数方程（如前文称之为丢番图方程）研究，他曾提出下面问题：

若 $a,b,c$ 互素，$t,u,v$ 满足 $\frac{1}{t}+\frac{1}{u}+\frac{1}{z}<1$，则 $a^t+b^u=c^t$ 仅有有限多个解.

由于问题后经卡塔兰（Catalan）提出，故上方程问题又称费马 — 卡塔兰问题.

很长时间以来，人们未能找到它的解.

1995 年达尔曼（H. Darmon）和格兰维利（A. Granville）找到该方程的 10 组解，它们如表 3 所示.

**表 3**

| $(a,b,c)$ | (1,2,3) | (2,7,2) | (7,13,2) | (2,17,71) | (3,11,122) | (17,76271,21063928) |
|---|---|---|---|---|---|---|
| $(t,u,v)$ | (1,2,3) | (5,2,9) | (3,2,9) | (7,3,2) | (5,4,2) | (7,3,2) |

| $(a,b,c)$ | (1414,2213459,65) | (9262,15312282,113) | (43,96222,30042907) | (33,1549034,15613) |
|---|---|---|---|---|
| $(t,u,v)$ | (3,2,7) | (3,2,7) | (8,3,2) | (8,3,2) |

此前，彼尔（Beal）曾猜测：若 $a,b,c,x,y,z$ 均为整数，且 $x,y,z \geqslant 3$，且 $a,b,c$ 互素，则 $a^x+b^y=c^z$ 无整数解.

**附记** "费马猜想"已为怀尔斯（A. Wiles）于 1995 年彻底解决，至此困扰人们近四个世纪的难题获证.

"费马猜想"（又称费马大定理）即：对 $n \geqslant 3$ 的自然数来讲，方程

$$x^n + y^n = z^n \tag{1}$$

没有（非平凡）整数解 $x,y,z$.

这个提出已近四个世纪的问题，直至 1995 年前一直未能被人证明.

数图家怀尔斯

对于某些特殊的 $n$,人们找到了证明(表 4).

表 4

| 年份 | 证明者 | 结论 |
|---|---|---|
| 1823 年 | 勒让德<br>(A. M. Legendre) | 证明 $n=5$ 的情形 |
| 1840 年 | 拉梅、勒贝格<br>(G. Lamé, H. L. Lebesgue) | 证明 $n=7$ 的情形 |
| 1849 年 | 库默(E. E. Kummer) | 证明 $n<216$ 的素数 |
| 20 世纪 80 年代 | 电子计算机 | 证明 $n<4.1\times10^7$ 的素数 |

值得提及的还有,1983 年西德的法尔丁斯(Faltings)证明:式(1)至多有有限个整数解(这是对定理证明迈出的突破性的一步).

# 27 沃 利 斯

沃利斯(J. Wallis,公元 1616— 公元 1703),英国数学家.生于英国肯特,卒于牛津.

他早年在剑桥大学学习神学,同时自修了数学.20 岁起开始研究各种数学问题.1649 年后任牛津大学教授,英国"促进自然知识皇家学会"创立委员之一.

他最早提出负指数概念,最早引进连分式概念,且给出了表示圆周率 $\pi$ 的连积分式

$$\frac{\pi}{2}=\frac{2\cdot 2\cdot 4\cdot 4\cdot 6\cdot 6\cdot 8\cdot 8\cdot \cdots}{1\cdot 3\cdot 3\cdot 5\cdot 5\cdot 7\cdot 7\cdot 9\cdot \cdots}$$

著有《圆锥曲线论》《无穷小算术》《代数》等.

## 测量地球半径

当人类认识到地球是一个球体后,测量并计算它的半径便成了人们梦寐以求的事.

古希腊人利用太阳光对亚历山大和赛尼不同纬度的照射,巧妙地计算出地球的半径的近似值(见前文,埃拉托色尼).

沃利斯运用几何知识,通过球面(严格地讲是圆)的凸性,给出一个测量地球半径的简单方法:

**题** (一个简易测量地球半径或周长的方法)在一条笔直的运河上竖立两根木杆(图 1),其上端点 $A,B$ 间距离可测,且它们到水平面高度均为 $h$.在两杆中竖立第三根杆,其上端 $D$ 恰好在 $AB$ 直线上.若能测量出 $h,DH,DB$ 的长,则可求出地球半径 $r$.

**解** 因 $AC=r+h=BC$,则 $AD=BD$.

在 Rt$\triangle DBC$ 中

图 1

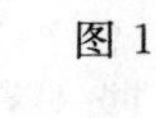

$$BD^2+DC^2=BC^2$$

即

$$DB^2 + (r + DH)^2 = (r + h)^2$$

有

$$DB^2 + DH^2 - h^2 = 2rh - 2rDH = 2r(h - DH)$$

故

$$r = \frac{DB^2 + DH^2 - h^2}{2(h - DH)}$$

若忽略 $DH^2 - h^2$(它很小),则有近似公式

$$r \approx \frac{DB^2}{2(h - DH)} = \frac{AB^2}{8(h - DH)}$$

## 只差 1 和唯一

沃利斯在剑桥大学求学期间,开始自学数学课程.一次他从一本书上看到费马的著名猜想(已用今天的数学语言叙述):

$$x^n + y^n = z^n \quad (n > 2) \text{ 无(非平凡)整数解}$$

起初他似乎不信(因为 $x^2 + y^2 = z^2$ 有无数组整数解),于是验算了不少整数,试图找到一个反例来推翻上述猜想.

遗憾的是,他花了不少时间和精力,却没能实现自己的愿望.不过他也为自己发现了下面的等式而欣喜

$$6^3 + 8^3 = 9^3 - 1 \text{ 或 } 1^3 + 6^3 + 8^3 = 9^3$$

只差 1 就符合 $x^n + y^n = z^n (n > 2)$,然而数学是来不得半点含糊的,以后的学习使他真的认识到至少 $x^3 + y^3 = z^3$ 是无整数解的(这一点当时已被人证明).

沃利斯还发现了下面的有趣结论:26 是自然数中唯一一个夹在一个完全平方数和一个完全立方数中间的自然数

$$25 = 5^2, 26, 27 = 3^3$$

当然,它的证明似乎并不太轻松.

**注 1** 我们知道 $3^2 + 4^2 = 5^2$(我国古算书《周髀算经》中已有记载).这是三个满足平方和关系的连续整数;至于此类立方和问题法国数学家柯西发现了等式

$$3^3 + 4^3 + 5^3 = 6^3$$

它是四个连续整数立方组成的等式,这否定了此前欧拉的一个猜想:

$x^n + y^n + z^n = t^n$,$n \geqslant 3$ 时,无正整数解.

而后,欧拉又猜测:

$x_1^n + x_2^n + \cdots + x_{n-1}^n = x_n^n$,$n > 3$ 时无整数解.

两个世纪以来,人们对于上述猜想毫不怀疑,但到了 1966 年美国两位科学家在计算机上找到

$$27^5 + 85^5 + 110^5 + 135^5 = 144^5$$

因而否定了欧拉的上述猜想.但 $n=4$ 的情形时反例,直到1978年才由美国哈佛大学的学者发现(见后文).

但对 $n\geqslant 6$ 的情形,目前尚无定论.

此外,对于这种连续自然数方幂等式有人证明

$$1^n+2^n+\cdots+(m-1)^n=m^n$$

除 $1+2=3$ 外,当 $m<10^{10^6}$ 时无解.

**注 2** 又一说"26是自然数中唯一一个夹在完全平方数和完全立方数中间的自然数"的结论是费马提出的(见前文).

# 28 帕 斯 卡

帕斯卡(B. Pascal,公元1623— 公元1662),法国数学家、物理学家、哲学家、散文家. 生于法国中部的克勒芒. 幼年时母亲去世,父亲是个税务官. 受父亲影响,从小他就喜欢数学. 12岁时已显示出他的数学才能.

1640年,他发现了圆锥曲线的帕斯卡定理.

1642年,发明了一种手摇计算机(它可以做加减运算). 这正是现代电子计算机的雏形.

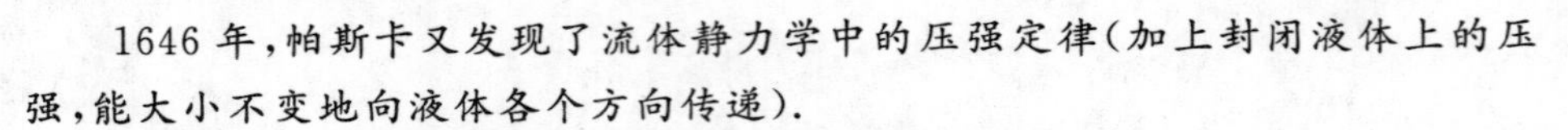

1646年,帕斯卡又发现了流体静力学中的压强定律(加上封闭液体上的压强,能大小不变地向液体各个方向传递).

1654年,他还曾与费马等数学家讨论过一些概率问题.

此外,他还发现了与二项式展开系数有关的帕斯卡三角(在我国称为杨辉三角形).

著有《圆锥曲线论》《论算术三角形》等多部著作.

另外,物理学上的压强单位,是以帕斯卡命名的,记Pa.

## 硬币分配

1653年,帕斯卡与老朋友德·梅里(De Meirey)在旅途中相遇. 为了打发旅途中的寂寞,两人便开始了一场游戏.

每人先出6枚硬币,然后找来一枚骰子. 允许每人先设定1～6中的一个数,然后轮流投骰子. 规定第一个三次出现了他所设置的点数者为赢(赢得全部12枚硬币).

然而不巧的是:车到站时胜负仍未决出. 不过帕斯卡猜的点已出现两次,梅里猜的点数仅出现一次.

那么这些硬币应如何分呢?

梅里认为:应按已猜对的点数的次数分,即帕斯卡中了两次,他得全部硬币的$\frac{2}{3}$(8枚硬币);梅里中了一次,得$\frac{1}{3}$(4枚硬币).

帕斯卡则认为：梅里的结论不能成立. 因为照目前结局分析，若再掷一次骰子，即便出现了梅里所设的点，那么 12 枚硬币也是两人平分；如果出现帕斯卡所设的点，那么 12 枚硬币全归帕斯卡. 他认为：

首先帕斯卡应得到 12 枚硬币的一半，再将其余的 6 枚硬币两人均分.

请问：他们的分法谁的更合理？

依照数学的一个分支 ——“概率论”分析表明：帕斯卡的分析是正确的. 因为接下去帕斯卡获胜的可能（概率）为$\frac{3}{4}$，而梅里获胜的机会只有$\frac{1}{4}$.

**注** 类似的问题，我们在卡尔达诺的问题中曾经介绍过.

# 帕斯卡三角形

帕斯卡利用递推的“笨”办法研究所谓二项式$(a+b)^n$的展开问题，他的做法很典型：

先算$(a+b)^2=a^2+2ab+b^2$，再算$(a+b)^3=(a+b)(a+b)^2=a^3+3a^2b+3ab^2+b^3$，…

仔细研究了这些展开式的系数他发现：这些系数恰好构成右面的三角形表；图 1 中数字是这样安排的：

每排首尾的数都是 1，中间的每个数都是它肩上两个数和. 如：15＝5＋10，10＝6＋4 等等.

帕斯卡还计算了下面的数和：

1＋2＋3＋4＋5＋6＝21（图 2 上第 2 斜线上的和）.

1＋3＋6＋10＋15＝35（图 2 上第 3 斜线上的和）.

1＋4＋10＋20＝35（图 2 上第 4 斜线上的和）.

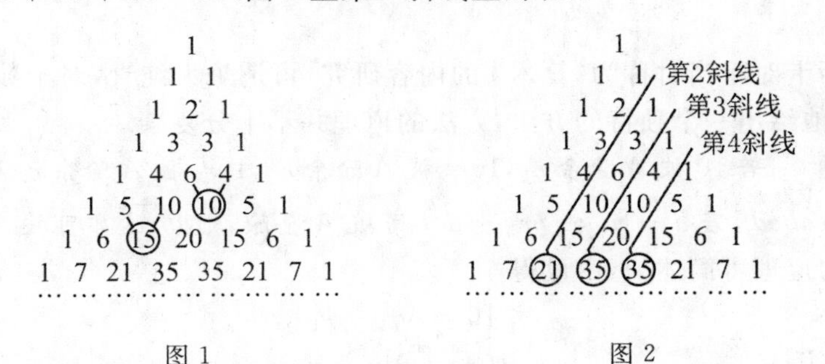


图 1　　　　图 2

怎么样？你看出了门道没有？帕斯卡发现：

图 2 中由上至下，每条斜线上诸数和恰好等于斜线上最后这个数右下角的数.

**问题** 表中每横行各数和有什么规律?

## 双六问题

帕斯卡结识了不少赌场上的高手,目的有二:一是从他们那里学到一些"经验"(这对于他后来的数学发现与研究非常有益),二是从他们那里得到一些问题便于他研究.

1654年的一天,帕斯卡的朋友棣·麦瑞向他请教下面一个问题:

投两颗骰子25次,"出现双六"(两颗骰子均出现6点)的可能与"不出现双六"的可能,哪个机会更大?

帕斯卡经过如下计算认为对前者机会大,原因是:

因为两骰子出现的点数$(m,n)$,$1\leqslant m, n\leqslant 6$,共有36种可能.这样记$A_i$为第$i$次出现双六的事件,而$\overline{A_i}$表示第$i$次不出现双六的事件,这样它们的概率

$$P(A_i)=\frac{1}{36},\quad P(\overline{A_i})=1-\frac{1}{36}=\frac{35}{36}$$

而投25次骰子出现双六的概率为

$$P\left(\bigcup_{i=1}^{25}A_i\right)=1-P\left(\overline{\bigcup_{i=1}^{25}A_i}\right)=1-\left(\frac{35}{36}\right)^{25}\doteq 0.5055>\frac{1}{2}$$

故投25次骰子,出现双六的可能大于不出现双六的可能.

**注** 若投24次骰子,则不出现双六的可能较大;而所投次数大于24次时,则出现双六的机会较大.

## 可被整除

帕斯卡对于当时称为《算术》的内容研究,可谓炉火纯青,对于数整除问题的判断,他给出一个独特的方法,方法的道理并不十分复杂.

**命题** 若10被$A$除余$r_1$,$10r_1$被$A$除余$r_2$,$10r_2$被$A$除余$r_3$等等,则对于四位数$\overline{abcd}$,若$d+cr_1+br_2+ar_3$可被$A$整除,则$\overline{abcd}$亦可被$A$整除.

它的道理可简述为:由设得

$$10=Aq_1+r_1$$
$$10r_1=Aq_2+r_2$$
$$10r_2=Aq_3+r_3$$

$$d + cr_1 + br_2 + ar_3 =$$
$$d + c(10 - Aq_1) + b(10r_1 - Aq_2) + a(10r_2 - Aq_3) =$$
$$d + 10c + 10b(10 - Aq_1) + 10a(10r_1 - Aq_2) - [A] =$$
$$d + 10c + 100b + 100a(10 - Aq_1) - [A] =$$
$$d + 10c + 100b + 1\,000a - [A]$$

这里$[A]$表示为$A$的倍数之意，显然若$d+cr_1+br_2+ar_3$可被$A$整除，则$\overline{abcd}$也可被$A$整除.

**注**　这里给出了一数可被另一数整除的判别法.

# 29 牛 顿

牛顿(I. Newton,公元 1642— 公元 1727),英国著名的物理学家、数学家和天文学家.1642 年 12 月 25 日出生在英国格兰瑟姆附近的农民家庭里.他出生前 3 个月父亲已经去世,后寄居在外祖母家中.

牛顿 14 岁时因家境困难辍学,只得回乡务农,尽管中学时他的才华已被校长看中(此时他已先后掌握了拉丁语、希腊语、西班牙语和母语英语).1661 年在他舅父支持下,在中学校长的推荐下,牛顿考入了著名的剑桥大学三一学院,毕业后因伦敦瘟疫流行而被迫回到家乡.

在家乡的一年半中,安静的环境,使牛顿能专心致志地去思考数学、物理和天文学问题,这期间奠定了他几乎所有重要成就的基础,同时开始了他的三大发现的(光谱分解、万有引力定律和微积分)研究工作.

1667 年牛顿返回剑桥大学,次年获硕士学位,1669 年晋升为数学教授。

1687 年出版了《自然哲学的数学原理》,书中确定了古典力学的三大定律(惯性、力与运动关系、作用和反作用等定律)和万有引力定理,并且将地球上的物体力学与天体力学统一归为物理的机械运动,创立了经典力学体系.

令人不解的是:牛顿的主要发现都是在他 26 岁以前完成的.

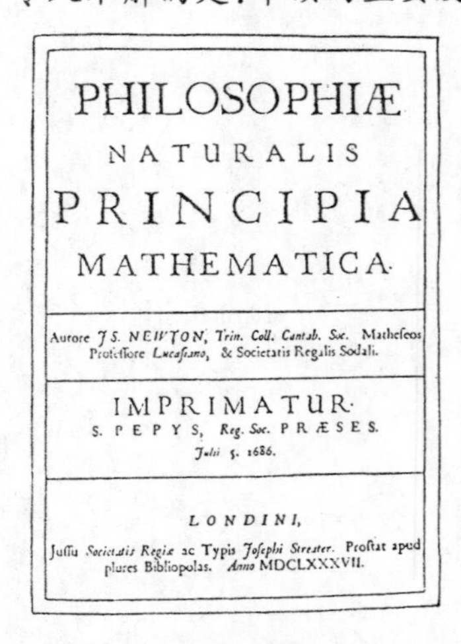

PHILOSOPHIÆ
NATURALIS
PRINCIPIA
MATHEMATICA.

Autore JS. NEWTON, Trin. Coll. Cantab. Soc. Matheseos Professore Lucasiano, & Societatis Regalis Sodali.

IMPRIMATUR.
S. PEPYS, Reg. Soc. PRÆSES.
Julii 5. 1686.

LONDINI,
Jussu Societatis Regiæ ac Typis Josephi Streater. Prostat apud plures Bibliopolas. Anno MDCLXXXVII.

《自然哲学的数学原理》(1687) 扉页

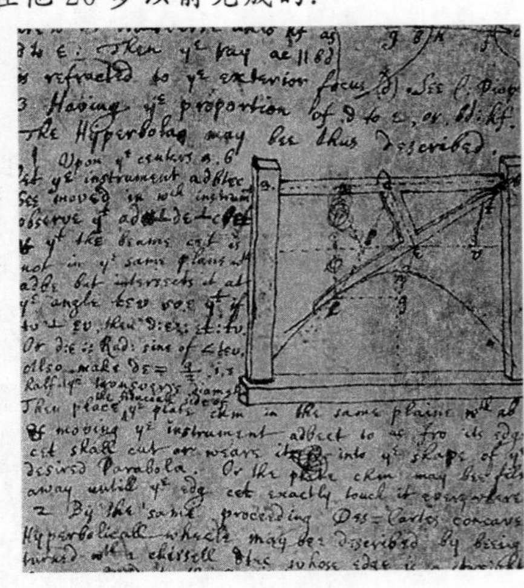

牛顿手稿

1699 年被选为巴黎科学院院士,1703 年任英国皇家学会会长直至谢世.

**附记**　其实胡克更早便发现了"万有引力定律",且给出了正确公式,第谷早在牛顿之前就发现了行星公转轨迹是椭圆.开普勒提出了行星运动的三字律.

# 纽扣问题

牛顿 14 岁时因家境贫寒而辍学,这时候他在一家农场务工.

每天干活很累,休息时工友们有的抽烟,有的睡觉,而牛顿却在考虑他感兴趣的问题:

记得小时候,他帮外祖母干活,手里拿着许多纽扣,有黑的有白的,共计 70 颗.当他把这些纽扣按下面方式摆成一排时(图 1).

图 1

他不知道按这种摆法摆下去最后一颗纽扣为何种颜色?另外,这时需要多少白纽扣?

牛顿又重新回忆起这个他多时没有解决的问题,想着想着,他突然眼睛一亮 —— 问题解决了.

依图 1 中摆放的规律纽扣可按○●○○…… 即每 4 颗纽扣分为一组.由于 $70\div4=17\cdots\cdots2$,这就是说:

最后一颗纽扣在第十八组的第 2 个,是黑纽扣.

又每组白纽扣有 3 颗,这样总共有白纽扣 $3\times17+1=52$ 颗.

# 牛与牧场

牛顿在农场什么活都干,除了播种、收割外,还要放牛.

他处处留心,就连放牛时也在思考他感兴趣的问题.

三片牧场长着同样的牧草,它们的面积分别为 $3\frac{1}{3}$ 英亩、10 英亩和 24 英亩(1 英亩约 0.405 公倾).第一片可供 12 头牛吃 4 周;第二片可供 21 头牛吃 9 周;第三片可供多少头牛吃 18 周?

假设青草每天不生长,12 头牛 4 周可吃完 $3\frac{1}{3}$ 英亩牧草.则牧草和牛的比例为:36 头牛 4 周,或 16 头牛 9 周,或 8 头牛 18 周可吃完 10 英亩牧草.

由于青草每天都在生长,这样 21 头牛 9 周只吃完 10 英亩牧草.随后的 5 周内，10 英亩草地上新长出的牧草恰好够 $21-16=5$ 头牛吃 9 周，或 $2\frac{1}{2}$ 头牛吃 18 周……

由此类推：14 周（即 18 周减去最初 4 周）内新长出的牧草可供 7 头牛吃 18 周. 这是因为

$$5(\text{周}):14(\text{周})=2\frac{1}{2}(\text{头牛}):7(\text{头牛})$$

若青草不长，10 英亩地上青草可供 8 头牛吃 18 周.

若青草生长，10 英亩地上，青草可供 $8+7=15$ 头牛吃 18 周.

按此比例，24 英亩牧草可供 36 头牛吃 18 周.

**注** 本题也可用代数方法列方程去解（注意草每天在长）.

**问题** 假设三块地青草都不生长，24 英亩牧草按题中条件可供多少头牛吃 18 周？

# 财产问题

牛顿所在乡村有一个百货商，他在一次年终结算后发现自己财产增加了一倍. 细细想来，三年的经营中，除掉每年 100 £ 用于开销外，他每年可赚到当年财产的 $\frac{1}{3}$. 他的最初财产数却对人秘而不宣.

当他把经营情况告诉前来购物的小牛顿后，牛顿默默算了一阵后说：你家最初财产是 1 480 £.

商人听后愕然不解：他是如何猜到的？

牛顿是用解方程得到的，设商人最初财产为 $x$ £.

第一年后财产

$$(x-100)+\frac{x-100}{3}=\frac{4x-400}{3}$$

第二年后财产

$$\left(\frac{4x-400}{3}-100\right)+\frac{4x-400}{9}=\frac{16x-3\,700}{9}$$

第三年后财产

$$\left(\frac{16x-3\,700}{9}-100\right)+\frac{16x-3\,700}{27}=\frac{64x-14\,800}{27}$$

这样有方程

$$\frac{64x-14800}{27}=2x$$

解得 $x=1\,480$.

# 植树问题(一)

1659 年,寄养在外婆家的牛顿被母亲召到乡下管理农庄,牛顿当时年仅 17 岁. 他对此不感兴趣,常常因读书或思考问题而耽误农活.

春天到了,农庄要栽树,牛顿看着田埂边一行行树木,一边干着活一边琢磨许多令人奇怪的问题:

9 棵树栽成 9 行,要求每行有 3 棵,如何栽?

乍看似不可能,可牛顿的巧妙处理足以让你折服.

答案可见图 1(图中黑点表示树的位置).

稍后牛顿又给出"9 棵树栽成 10 行每行有 3 棵"的方法(图 2).

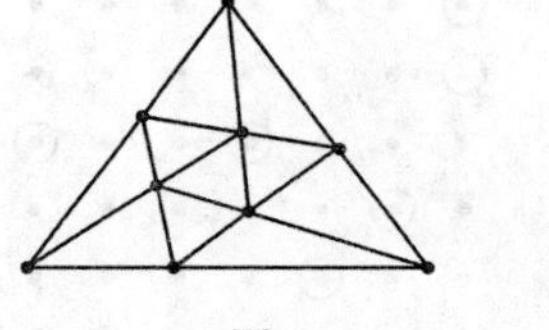

图 1

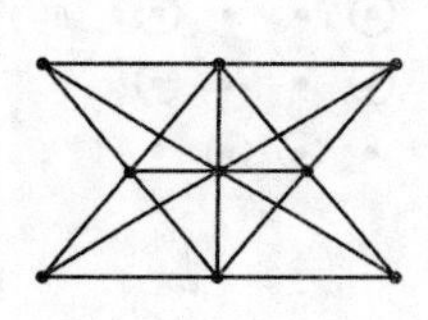

图 2

1660 年秋,在校长的竭力劝说下,牛顿母亲同意牛顿回到格兰瑟姆中学继续他的学业.

**注 1** 栽树问题还有许多,请见道奇森(C. L. Dodgson) 问题及其注.

**注 2** $p(3\leqslant p\leqslant 11)$ 棵树栽 $l$ 行,每行栽 3 棵的最大 $l$ 值见图 3.

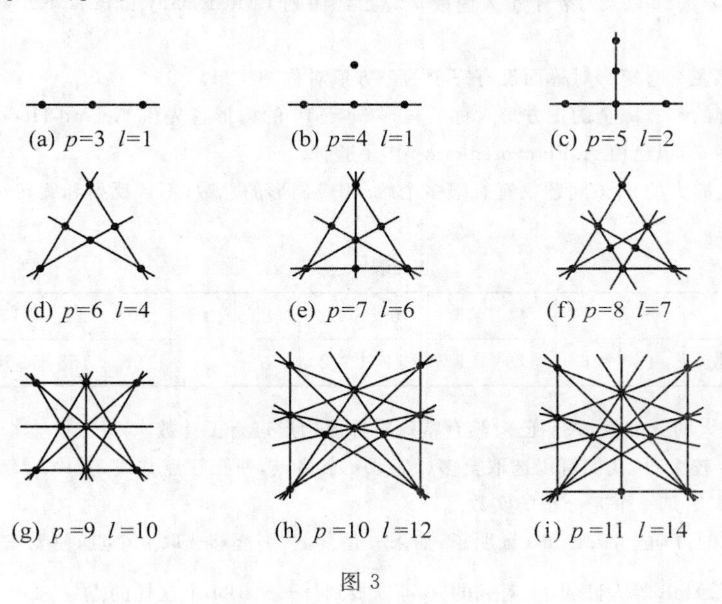

(a) $p=3$ $l=1$ (b) $p=4$ $l=1$ (c) $p=5$ $l=2$

(d) $p=6$ $l=4$ (e) $p=7$ $l=6$ (f) $p=8$ $l=7$

(g) $p=9$ $l=10$ (h) $p=10$ $l=12$ (i) $p=11$ $l=14$

图 3

**注 3** 植树问题还有许多(有的可见后文),比如:

①21 棵树栽 11 行,每行 5 棵;

②21 棵树栽 12 行,每行 5 棵;

③22 棵树栽 21 行,每行 4 棵;

如何栽? 这些问题留给你.

**注 1** 该问题的反问题是:围棋棋盘中格子点($2n\times 2n$)任三点不共线,任四点不共圆的问题.

对于 $2\times 2$,$4\times 4$,$10\times 10$ 的方格来讲,任三点不共线问题有下面的解(图 4).

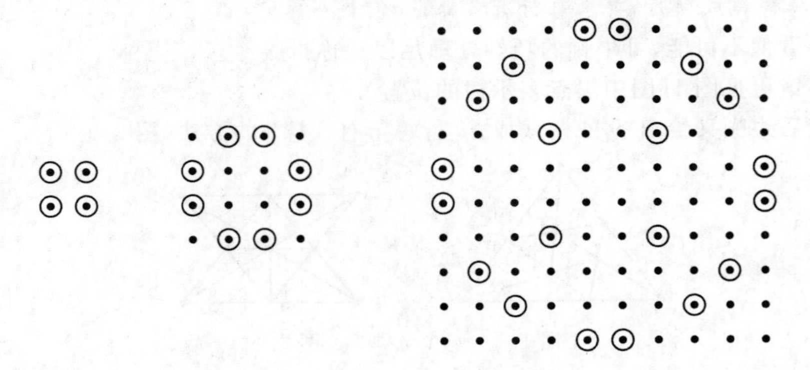

图 4 $2n$ 个格点,无三点共线,$n=2,4,10$ 的情形

更具体的结论是:

$2n$ 个格点 $(x,y)(1\leqslant x,y\leqslant n)$ 可否选取使之没有任何三点共线的格点?

对 $2\leqslant n\leqslant 32$ 以及对若干个大偶数 $n$. 这已经做到了. R. K. Guy 和 P. A. Kelly 给出四个猜想:

① 不存在具有矩形对称面没有完全的正方形对称的构形.

② 仅有的具有完全的正方形对称的构形,$n=10$ 的构形首先由 Acland-Hood 得到,对 $n\leqslant 60$,这一猜想已由 A. Flammenkamp 作了验证.

③ 对足够大的 $n$,该问题仅有有限多个解. 相应构形的总数(不计反射和旋转)如表 1 所示.

**表 1**

| $n$ | 2 | 3 | 4 | 5 | 6 | 7 | 8 | 9 | 10 | 11 | 12 | |
|---|---|---|---|---|---|---|---|---|---|---|---|---|
| 构形总数 | 1 | 1 | 4 | 5 | 11 | 22 | 57 | 51 | 156 | 158 | 566 | 499 |

对于较大的 $n$ 的值,人们已对具有特殊对称的构形进行了计数.

④ 当 $n$ 较大时,我们可以选取至多 $(c+\varepsilon)n$ 个格点,使无三点共线,其中 $3c^3=2\pi^2$,即 $c\approx 1.85$. 又 $\varepsilon$ 是一个充分小的实数.

在相反的方向上,P. Erdös 证明了:如果 $n$ 是素数,则能够选取 $n$ 个点,使无三点共线.

而 R. R. Hall 等人证明了:对大的 $n$,可以找到 $\left(\frac{3}{2}-\varepsilon\right)n$ 个这样的点.

T. Thiele 修改了 P. Erdös 的结构，从而证明了：可以找到$\left(\frac{1}{4}-\varepsilon\right)n$ 个无三点共线、无四点共圆的点.

**注 2** 类似的问题还有 $n\times n$ 方格至多能放多少枚棋子，使它们皆不在某正方形的四个顶点上.

比如 $3\times3$ 方格至多可放 6 枚；$6\times6$ 方格至多可放 21 枚；$7\times7$ 方格至多可放 27 枚；$8\times8$ 方格至多可放 33 枚；……

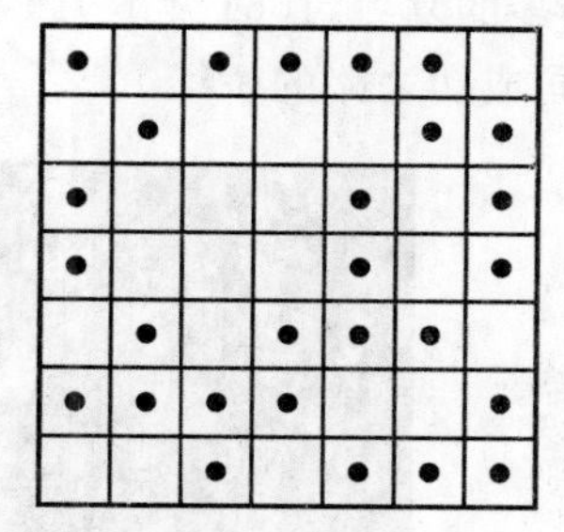

$n=3$ 的情形　　　$n=7$ 的情形

图 5

**注 3** 植树问题还有许多(有的可见后文)，如：

①21 棵树栽 11 行，每行 5 棵；

②21 棵树栽 12 行，每行 5 棵；

③22 棵树栽 21 行，每行 4 棵，如何栽？这些问题留给你.

# 等比数列

牛顿回到格兰瑟姆中学，开始为升学做准备. 他每天要做大量的数学题.

一天数学课上，老师又在黑板上写了下面一道练习：

四个数构成等比数列，其中外两项和为 13，内两项和为 4. 求此数列各项.

它让全班同学"抓耳挠腮"—— 问题看上去太复杂，然而牛顿的解法不仅令同学们羡慕，也令数学老师惊讶 —— 他的方法如此简单而巧妙！请看：

设首项为 $a$，公比为 $q$，则该四个数是：$a, aq, aq^2, aq^3$.

由设

$$a+aq^3=13, aq+aq^2=4$$

即

$$a(1+q^3)=13, a(q+q^2)=4$$

将两式两边相除，注意到 $1+q^3=(1+q)(1-q+q^2)$，则有

$$\frac{(1-q+q^2)}{q}=\frac{13}{4}$$

即

$$4q^2-17q+4=0$$

解得 $q=4$ 或 $\frac{1}{4}$. 且可求得 $a=\frac{1}{5}$ 或 $\frac{64}{5}$. 故所求的数列为

$$\frac{1}{5},\frac{4}{5},\frac{16}{5},\frac{64}{5} \quad \text{和} \quad \frac{64}{5},\frac{16}{5},\frac{4}{5},\frac{1}{5}$$

经过一年多的复习,1661 年 6 月,牛顿以优异的成绩考入剑桥大学三一学院,这是他通向成功之路的桥梁.

牛顿在做学问

# 30　莱布尼茨

莱布尼茨(G. W. Leibniz,公元 1646— 公元 1716),德国数学家、哲学家.生于德国莱比锡,父亲是大学教授.

他自幼喜欢亚里士多德和笛卡儿的数学论著.8 岁入尼古拉学校学习拉丁文、算术、逻辑学等.15 岁入莱比锡大学学习法学,20 岁时发表论文《论组合的艺术》,不到 30 岁便与牛顿各自独立地发现了微积分.

1673 年曾去英国皇家学会展示他自己制造的"计算机".

此外他还阐述了二进制记数法,这成为当今电子计算机理论的先驱.他也是第一个发现中国《易经》中八卦与二进制有密切联系的人.

1716 年 11 月 14 日于汉诺威病逝.

他著述甚丰,主要著作有《一种求极大值与极小值和切线的新方法》《神正论》《单子论》《人类理解力新论》等.

## 举出反例

在尼古拉学校里,莱布尼茨的数学成绩优秀是出了名的,然而他也有过许多失误.

莱布尼茨用因式分解的办法证明了:若 $n$ 是自然数时,$n^3-n$ 是 3 的倍数;$n^5-n$ 是 5 的倍数;$n^7-n$ 是 7 的倍数.

而后他宣称:对任何的奇数 $k$,$n^k-n$ 是 $k$ 的倍数.

其实这是一个错误的结论,反例很快被他的同学找到了:

考虑 $2^9-2=512-2=510$,但 510 不是 9 的倍数.

这件事对莱布尼茨来讲并非是件坏事,他从中他吸取了教训:

不完全归纳法所得的结论是靠不住的.

## 虚数之和可为实数

在莱布尼茨生活的年代,虚数似乎并没有被人认可,它到底是什么好像无人讲得清.莱布尼茨却发现了一个奇妙的等式

$$\sqrt{1+\sqrt{-3}}+\sqrt{1-\sqrt{-3}}=\sqrt{6}$$

式左是两个虚数之和，而式右是一个实数.

起初许多人怀疑它，直到莱布尼茨将他的解法公之于众时，才赢得人们的认可.请看他的证明：

注意到

$$\sqrt{1+\sqrt{-3}}=\sqrt{1+\mathrm{i}\sqrt{3}}=\sqrt{\frac{3}{2}-\frac{1}{2}+2\cdot\frac{\sqrt{3}}{2}\mathrm{i}}=$$

$$\sqrt{\left(\sqrt{\frac{3}{2}}+\mathrm{i}\sqrt{\frac{1}{2}}\right)^2}=\sqrt{\frac{3}{2}}+\mathrm{i}\sqrt{\frac{1}{2}}$$

类似地

$$\sqrt{1-\sqrt{-3}}=\sqrt{\frac{3}{2}}-\mathrm{i}\sqrt{\frac{1}{2}}$$

综上所述

$$\sqrt{1+\sqrt{-3}}+\sqrt{1-\sqrt{-3}}=2\sqrt{\frac{3}{2}}=\sqrt{6}$$

**注**　本例实际上是“共轭复数的和是实数”的一个典例.

# 倒数之和

1672年，莱布尼茨的好友惠更斯正同别人进行一场数学竞赛，题目是：

求三角数 $1,3,6,10,\cdots,\frac{n(n+1)}{2},\cdots$ 的倒数和.

莱布尼茨知道后觉得题目有嚼头，两天之后，他给出一个极妙的解法.请看他的计算

$$1+\underbrace{\frac{1}{3}+\frac{1}{6}}_{\frac{1}{2}}+\underbrace{\underbrace{\frac{1}{10}+\frac{1}{15}}_{\frac{1}{6}}+\underbrace{\frac{1}{21}+\frac{1}{28}}_{\frac{1}{12}}}_{\frac{1}{4}}+$$

$$\underbrace{\underbrace{\underbrace{\frac{1}{36}+\frac{1}{45}}_{\frac{1}{20}}+\underbrace{\frac{1}{55}+\frac{1}{66}}_{\frac{1}{30}}}_{\frac{1}{12}}+\underbrace{\underbrace{\frac{1}{78}+\frac{1}{91}}_{\frac{1}{42}}+\underbrace{\frac{1}{105}+\frac{1}{120}}_{\frac{1}{56}}}_{\frac{1}{24}}}_{\frac{1}{8}}+\cdots=$$

$$1+\frac{1}{2}+\frac{1}{4}+\frac{1}{8}+\cdots=2$$

**注** 联系到杨辉三角(帕斯卡三角)的许多奇妙性质,比如求和:$1+2+3+4+5=15$ 可从图1中箭头所示直接得出结论(又如:$1+4+10+20+35=70$ 等).

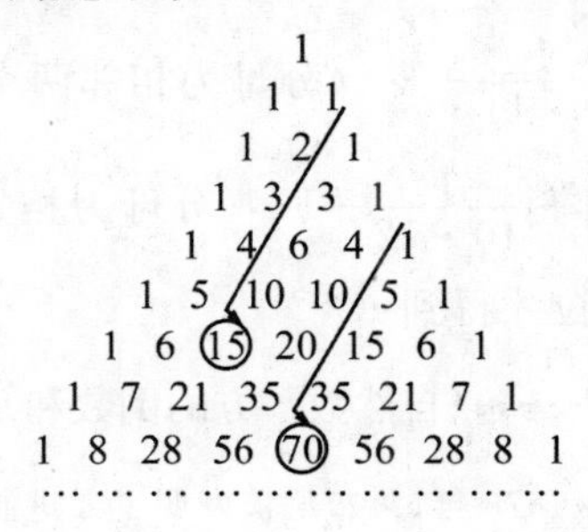


图1

上述三角稍作变换后再取倒数组成的图2三角形.

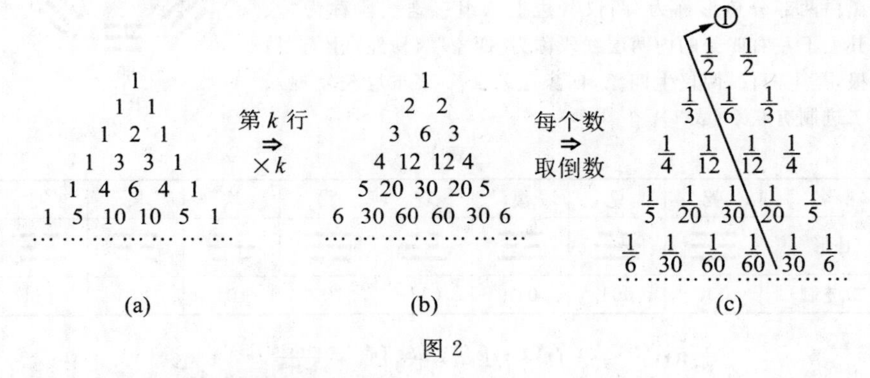


图2

对于图2(c)中诸分数有如下性质:

① 每个数为其脚下两数之和:

$$\frac{1}{2}=\frac{1}{3}+\frac{1}{6},\quad \frac{1}{12}=\frac{1}{20}+\frac{1}{30},\quad \frac{1}{5}=\frac{1}{6}+\frac{1}{30},\cdots$$

② 图中斜线 \ 上诸数和为1

$$\frac{1}{2}+\frac{1}{6}+\frac{1}{12}+\frac{1}{20}+\frac{1}{30}+\cdots=1$$

利用此图我们可以将单位分数(埃及分数)进行细分拆,比如

$$\frac{1}{2}=\frac{1}{3}+\frac{1}{6}=\frac{1}{4}+\frac{1}{12}+\frac{1}{6}=\frac{1}{5}+\frac{1}{20}+\frac{1}{12}+\frac{1}{6}=\cdots$$

# 表成级数

莱布尼茨研究过某些函数计算时(如某些超越函数),感到有些困难,但他同时发现,若将它们化为级数处理则非常有效.

1673 年,他得到了 $\sin x$,$\cos x$,$\tan^{-1}x$,… 等的级数表达式.此外他还利用

$\sum_{n=2}^{\infty}\frac{1}{(n-1)(n+1)}=\frac{3}{4}$ 结果得到 $\pi$ 及 $\ln 2$ 的级数表达式：

$$\frac{\pi}{8}=\frac{1}{1\cdot 3}+\frac{1}{5\cdot 7}+\frac{1}{9\cdot 11}+\cdots \text{（分母为相邻两奇数积）；}$$

$$\frac{1}{4}\ln 2=\frac{1}{2\cdot 4}+\frac{1}{6\cdot 8}+\frac{1}{10\cdot 12}+\cdots \text{（分母为相邻两偶数积）.}$$

直到 1735 年前后，欧拉才得到：

$$\frac{\pi^2}{6}=1+\frac{1}{2^2}+\frac{1}{3^2}+\frac{1}{4^2}+\cdots \quad \text{（自然数平方的倒数和）.}$$

**附记** 大约在 1672 年 ～ 1676 年，莱布尼茨发明了二进制记数法 —— 如今被计算机广泛运用的“逢二进一”的进制.

我国《易经》中有所谓“八卦太极图”(图 3)，其中的圆叫“太极”，黑白两部分鱼形称为“两仪”，边上八组三迭线段称为“八卦”，其上下左右四卦的内两层线段称为“四象”.《易经》上有“易有太极，是生两仪，两仪生四象，四象生八卦”. 莱布尼茨发现八卦与二进制有联系(表 1).

图 3

**表 1**

| 卦名 | 乾 | 兑 | 离 | 震 | 巽 | 坎 | 艮 | 坤 |
|---|---|---|---|---|---|---|---|---|
| 卦形 | ☰ | ☱ | ☲ | ☳ | ☴ | ☵ | ☶ | ☷ |
| 二进制 | 000 | 001 | 010 | 011 | 100 | 101 | 110 | 111 |

莱布尼茨手迹，1712 年 2 月 10 日写给沃尔夫的信片断

莱布尼茨自己认为其发明“二进制”的灵感来自中国的“太极图”.

**注** 与二进制相关联的，且在计算机科学中有着广泛应用的“布尔代数”是这样描述的：设 $B$ 是一个代数系，含特定元素 0 和 1；一元运算“$-$”；二元运算“$+$”和“$\cdot$”，对任意 $x,y,z\in B$，满足

①$x+y=y+x, x\cdot y=y\cdot x$；

②$x+(y\cdot z)=(x+y)\cdot(x+z), x(y+z)=x\cdot y+x\cdot z$；

③$x+0=x, x\cdot 1=x$；

④$x+\bar{x}=1, x\cdot\bar{x}=0$.

则 $B$ 称为一个布尔代数.

# 31　雅各布·伯努利

雅各布·伯努利(Jacob Bernoulli,公元1654—公元1705),瑞士数学家,1654年12月27日生于巴塞尔,是继牛顿、莱布尼茨之后微积分理论的奠基者.

1671年毕业于巴塞尔大学,获艺术硕士学位.但他对数学有着浓厚的兴趣.

1676年到荷兰、德国、法国等地旅行,结识莱布尼茨、惠更斯等著名科学家,回国后一直在巴塞尔大学任教,讲授实验物理和数学.

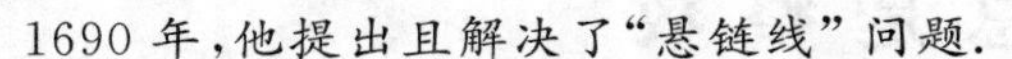

1690年,他提出且解决了"悬链线"问题.

1694年,他首次给出直角坐标和极坐标的曲率半径公式,这也是人们普遍使用极坐标的开始.此外他还研究了"伯努利双纽线"$\rho=a^2\cos 2\theta$和对数螺线$\rho=a^\theta$.

1696年他成功地解决了一类微分方程问题(伯努利方程).

他除了发展微积分理论外,还在变分学、概率论和解析几何方面均做出了重要贡献.

在他的家族中,先后出现十几位著名数学家.

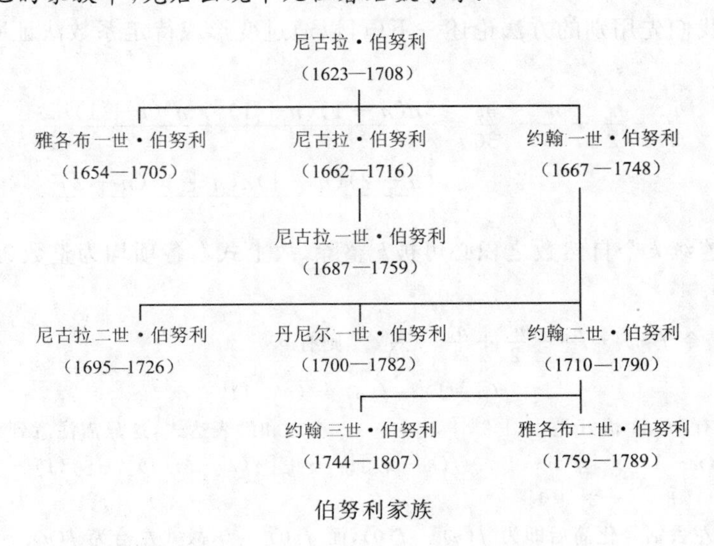


伯努利家族

主要著作有《猜度术》《关于无穷级数及其有限和的算术应用》等.

JACOBI BERNOULLI,
Profess. Basil. & utriusque Societ. Reg. Scientiar.
Gall. & Pruss. Sodal.
MATHEMATICI CELEBERRIMI,
ARS CONJECTANDI,
OPUS POSTHUMUM.
Accedit
TRACTATUS
DE SERIEBUS INFINITIS,
Et EPISTOLA Gallicè scripta
DE LUDO PILÆ
RETICULARIS.

BASILEÆ,
Impensis THURNISIORUM, Fratrum.
cIↃ IↃcc xiii.

《猜度术》扉页

## 总是整数

雅各布在巴塞尔大学专修艺术，不过这并不是今天人们所理解的艺术，它包括算术、几何、天文、数理、音乐等. 诸多课程中他对数学有着浓厚兴趣，尤其是对自然数方幂和的公式可谓运用自如. 比如他发现：

不管 $n$ 为何自然数，$\frac{n^5}{5}+\frac{n^4}{2}+\frac{n^3}{3}-\frac{n}{30}$ 总是整数.

这实际上是雅各布在求 $1^4+2^4+3^4+\cdots+n^4$ 时发现的(不过他作了技术处理，以致使式子完全是分式情形).

下面我们先用别的方法论述一下(可以通过变形或待定系数法证明)：注意到

$$\frac{n^5}{5}+\frac{n^4}{2}+\frac{n^3}{3}-\frac{n}{30}=\frac{5n(n-1)(n+1)}{6}+\frac{n^3(n+1)}{2}+\frac{(n-2)(n-1)n(n+1)(n+2)}{5}$$

由于连续 $k$ 个自然数之积必可被 $k$ 整除，故上式右各项均为整数(无论 $n$ 为何自然数).

**注** 若令 $f(n)=\frac{n^5}{5}+\frac{n^4}{2}+\frac{n^3}{3}-\frac{n}{30}$，则有

$$f(n+1)-f(n)=(n+1)^4$$

由此可有：$f(n)$ 恰好是 $1^4+2^4+3^4+\cdots+n^4$ 之和的表达式，这只需注意到

$[f(n)-f(n-1)]+[f(n-1)-f(n-2)]+\cdots+[f(2)-f(1)]+[f(1)-f(0)]=n^4+(n-1)^4+\cdots+2^4+1^4$

又上式左去括号化简后即为 $f(n)-f(0)$，而 $f(0)=0$，故式左恰为 $f(n)$.

由此,我们也可以证明 $f(n)$ 是整数.

# 伯努利数

雅各布喜欢自然数方幂求和问题,为此他首先引进一个记号

$$S_k(n)=1^k+2^k+3^k+\cdots+(n-1)^k$$

显然,这是自然数 $k$ 次方和的一般形式.

$k=1$ 时,有

$$S_1(n)=1+2+\cdots+(n-1)=\frac{n^2}{2}-\frac{n}{2}$$

$k=2$ 时,有

$$S_2(n)=1^2+2^2+\cdots+(n-1)^2=\frac{n^3}{3}-\frac{n^2}{2}+\frac{n}{6}$$

$k=3$ 时,有

$$S_3(n)=1^3+2^3+\cdots+(n-1)^2=\frac{n^4}{4}-\frac{n^3}{2}+\frac{n^2}{4}$$

$$\vdots$$

一般地

$$S_k(n)=\frac{n^{k+1}}{k+1}-\frac{n^k}{2}+C_k^1B_2\frac{n^{k-1}}{2}-C_k^3B_4\frac{n^{k-3}}{4}+\cdots$$

这里 $C_k^r=\frac{k(k-1)\cdots(k-r+1)}{r!}$ 表示组合数,而 $B_2,B_4,B_6,\cdots$ 分别为

$$B_2=\frac{1}{6},\quad B_4=\frac{1}{30},\quad B_6=\frac{1}{42},\quad B_8=\frac{1}{30},\quad B_{10}=\frac{5}{66},\quad \cdots$$

这些数人们称之为“伯努利数”(它有递推公式,它在一些领域中有着深刻的应用).

**注** J. 伯努利的侄子 D. 伯努利(Daniel Rerneull) 利用级数概念思考且定义了所谓“效用函数” 概念:

一枚均匀硬币,某人第 $k$ 次掷到正面,他可获利 $2^k$.

这时此人获利的数学期望值是 $\sum\limits_{k=1}^{\infty}\frac{2^k}{2^k}=+\infty$.

这显然有悖事实,他考虑将获利改为 $\ln 2^k$,这样算来此人获利的数学期望值是

$$\sum_{k=1}^{\infty}\frac{1}{2^k}=4\ln 2$$

似乎更合理,于是他提出用 $\ln x$ 表示“效用” 概念更合理,这是“经济学” 中一个重要概念.

# 装错信封

雅各布一次收到一位朋友的来信，可打开信封一看，信不是写给他的，再看看信封上地址姓名又丝毫无差.

过了几天那位朋友来信道歉，原来他同时写了几封信，可装信封时装错了，雅各布看后哑然失笑. 而后，一个数学问题诞生了：

*$n$ 封信装入写了不同地址、姓名的 $n$ 个信封，那么全部装错的可能有多少种？*

雅各布思虑良久，终于给出该问题的答案.

设 $a,b,c,\cdots$ 为信纸，$A,B,C,\cdots$ 为相应的信封. 若全部装错的可能有 $\varphi(n)$ 种，今考虑下面两种情形：

(1) $a$ 装入 $B$，$b$ 装入 $A$，余下显然是 $n-2$ 个信、信封装错问题，它们全部装错的可能 $\varphi(n-2)$ 种；

(2) $a$ 装入 $B$，但 $b$ 没有装入 $A$，余下情况是信 $b,c,\cdots$ 和信封 $A,C,\cdots$ 全部装错的情形，它有 $\varphi(n-1)$ 种.

因 $a$ 可与 $b,c,\cdots$ 讨论，显然有 $n-1$ 种情形，这样可有递推式

$$\varphi(n)=(n-1)[\varphi(n-1)+\varphi(n-2)]$$

故有

$$\varphi(n)-n\varphi(n-1)=-[\varphi(n-1)-(n-1)\varphi(n-2)]$$

由此可推得

$$\varphi(n)=n!\cdot\left[\frac{1}{2!}-\frac{1}{3!}+\frac{1}{4!}-\cdots+\frac{(-1)^n}{n!}\right]$$

**注 1**　此式可用形式记号去记忆，比如求

$$\varphi(4)=1\cdot 4!-4\cdot 3!+6\cdot 2!-4\cdot 1!+1\cdot 0!$$

可记作　$\varphi(4)=(\zeta-1)^4$，其中 $\zeta^k=k!$

**注 2**　又一说此问题系欧拉所拟解.

# 期望与概率

伯努利在其《猜度术》一书中也讨论了一些赌博问题，他的工具较先前的费马等人的方法有了很大进步，换言之，这些理论更接近如今的数学分支“概率论”的研究，比如下面问题：

$A$ 先掷一枚骰子，若得到 $x$ 点，则他再投 $x$ 枚骰子，以 $y$ 记这 $x$ 枚骰子点数

之和.规定:若 $y<12$,则 $A$ 输 1;若 $y>12$,则 $A$ 赢 1;若 $y=12$,则 $A$ 不赢 1.求 $A$ 赢得的数学期望(平均)值.

这里提到了数学期望即加权平均概念.答案是:$-\frac{514}{31\,014}$.

又如网球赛问题:

$A,B$ 二人打网球,每局 $A$ 胜的概率为 $p$,而 $B$ 胜的概率为 $q$($p>0,q>0,p+q=1$),规定:赛至一方领先对手不少于 2 局,且领先一方至少已胜过 4 局为胜者,求 $A$ 取胜的概率.

这里正涉及"二项分布"等概率论问题.

答案是:$\frac{r^7+5r^6+11r^5+5r^4}{r^7+5r^6+11r^5+15r^3+11r^2+5r+1}$,其中 $r=\frac{p}{q}$.

## 螺　　线

螺线,顾名思义是一种貌似螺壳的曲线.早在 2000 多年前,古希腊学者阿基米德曾经研究过它.17 世纪解析几何创立者笛卡儿率先给出螺线的解析式,比如,在极坐标下

$$\rho=a\theta \quad (\text{阿基米德螺线})$$

$$\rho=e^{a\theta} \quad (\text{对数螺线,亦称等角螺线})$$

雅各布对螺线也甚有研究,且他极为喜欢这类曲线,在他去世后的墓碑上就刻着一条对数螺线,且旁边还写道:

虽然改变了,我还和原来一样!

(又译"纵使改变,依然故我").

雅各布·伯努利墓碑上的螺线

这句幽默的话语,既体现了数学家对于变化(生死)的大度,同时也暗示了螺线的某些性质(当它旋转时,其大小有变化,但其形状却不变).

雅各布曾研究一种所谓"等角螺线"—— 螺线上每一点的极半径与该点的切线夹角相等,如图 1(它又称对数螺线).

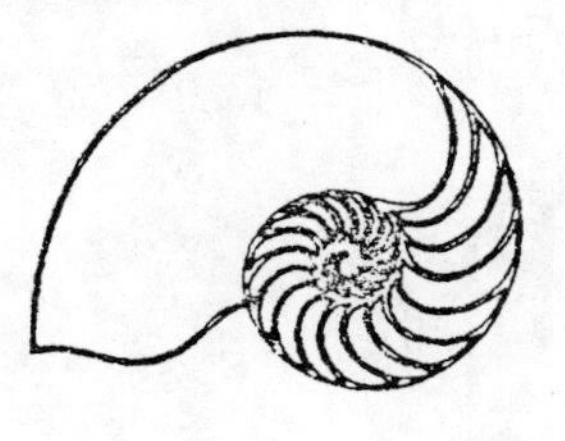
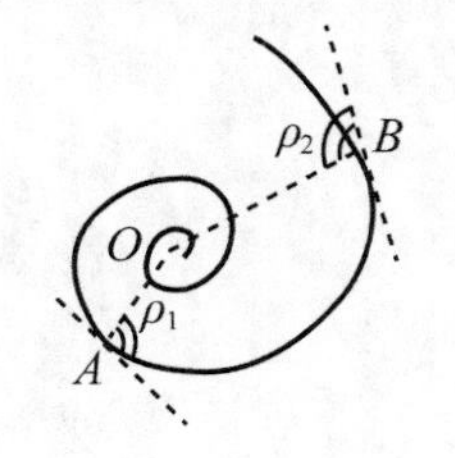

图 1

有趣的是他发现下面两种与黄金分割有关的图形可以产生等角螺线：

(1) 黄金矩形(边长比为1∶0.618… 的矩形)如图2经下列裁割后，以小正方形边长为半径的诸圆弧($\frac{1}{4}$ 圆)形成"等角螺线"的轮廓.(注意到 1∶1.618…＝0.618…∶1.)

(2) 顶角为36°的等腰三角形(又称黄金三角形)如图3经过如下裁割时，以诸腰为弦的弧亦构成"等角螺线"的轮廓.

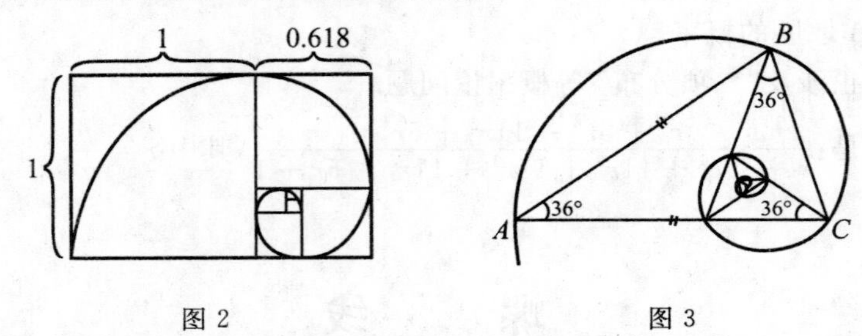


图2　　　　图3

注意到"黄金三角形"名称的来历系因在该类三角形(顶角为36°的等腰三角形)中

底长∶腰长＝0.618…

# 32 哥德巴赫

哥德巴赫(C. Goldbach,公元 1690— 公元 1764),德国数学家.生于东普鲁士的哥尼斯堡.曾在英国牛津大学学习,原学法学,由于访问欧洲各国期间结识了伯努利家族,从此对数学产生兴趣,从而转攻数学.

从 1729 年起,他时常以通信的方式与欧拉等人讨论数学问题,著名的"哥德巴赫猜想"(每个大于或等于 6 的偶数均为两个奇素数和)即是在 1742 年他与欧拉通信时提到的.

欧拉将此问题简化为:每一个大于 2 的偶数都是两个素数之和.

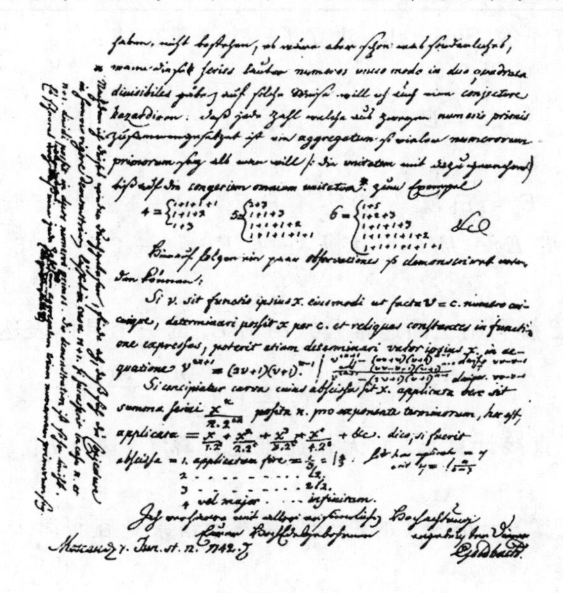

哥德巴赫猜想手搞

1725 年移居俄国,同年他被选为彼得堡科学院院士.

晚年他一直居住在莫斯科.他曾在《彼得堡科学院评论》上发表一些关于微分方程和级数的文章.

# 剖分三角形

1751 年,欧拉向哥德巴赫提出一个有趣的问题:

将平面上的一个凸 $n$ 边形用对角线剖分成三角形(图 1),共有多少种剖分方法?

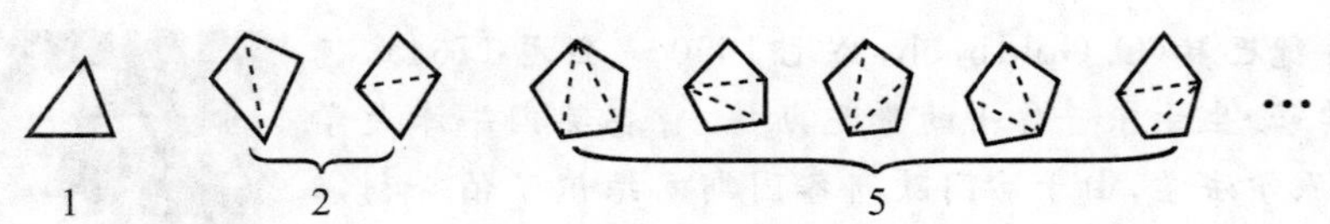


图 1

欧拉已算得如表 1 的结果($E_n$ 为方法数).

**表 1**

| $n$(多边形边数) | 3 | 4 | 5 | 6 | 7 | 8 | 9 | … |
|---|---|---|---|---|---|---|---|---|
| $E_n$(剖分方法数) | 1 | 2 | 5 | 14 | 42 | 132 | 429 | … |

1758 年辛吉涅尔(Singnell) 建立了一个递推公式:

若令 $E_2=1$,则

$$E_n=E_2E_{n-1}+E_3E_{n-2}+\cdots+E_{n-1}E_2$$

比如

$$E_5=E_2E_4+E_3E_3+E_4E_2=2+1+2=5$$

$$E_6=E_2E_5+E_3E_4+E_4E_3+E_5E_2=5+2+2+5=14$$

$$\vdots$$

不久,哥德巴赫利用上面递推公式给出 $E_n$ 的一个具体表达式

$$E_n=\frac{2\cdot 6\cdot 10\cdot\cdots\cdot(4n-10)}{(n-1)!}$$

有了它便可直接计算 $E_n$ 而无须递推地计算了,这里 $k!\ =k(k-1)(k-2)\cdots 2\cdot 1$.

**问题 1** 验算 $n=6\sim 9$ 的情形两种表示结果是否相同.

# 必为合数(一)

1743 年一个冬天的早晨,哥德巴赫望着窗外的飘雪,又开始验算他那个著名的猜想(这里给出的是简化后的形式):

每个不小于 6 的偶数均可表示为两个奇素数之和.

哥德巴赫在计算一类合数时发现:

若 $n$ 是大于 1 的自然数,则 $4n^4+1$ 是一个合数.

于是他拿出信纸匆匆将这一发现告诉了他的信友欧拉.哥德巴赫的证明并不复杂,只是使用了一个小小的技巧:加、减项配方

$$4n^4+1=4n^4+4n^2+1-4n^2=(2n^2+1)^2-4n^2=$$
$$(2n^2-2n+1)(2n^2+2n+1)$$

又 $n>1$,则 $2n^2-2n+1>1$,可知 $4n^4+1$ 是一个合数.

**问题 2** 请将 100 以内的偶数表为两素数和.

# 不成立的猜想

哥德巴赫常常将自己的某些发现(他是靠不完全归纳,或者说是从个别现象中总结的)写信给他的朋友.他在给一位朋友的信中提到了下面的猜想:

① 大于 3 的奇数可表为一个素数与一个 2 的方幂和;

② 大于 1 的奇数可表为一个素数与一个完全平方数的 2 倍和的形式.

不久那位朋友告诉他猜想 ① 是不成立的,他的反例是:

127 不能表示成他说的那种形式和.

猜想 ② 好长时间以来,人们对其未置可否.然而最近美国奥克兰大学的大学生发现(利用电子计算机的帮助):

数 5 777 和 5 993 不能表成 ② 要求的形式,从而推翻了猜想 ②.

同时他们发现:在小于 121 000 的整数中,仅存在上述两则反例.

**注 1** 数学中猜想通过间接方法被推翻的最精彩的例子之一是:

在给定 $k$ 时,$4k-1$ 型素数个数总大于 $4k+1$ 型素数个数.

新近人们证得:当素数大于 $10^{10^{10^{10^{46}}}}$ (或记为 $10\uparrow10\uparrow10\uparrow10\uparrow46$)时上述猜测不成立.这是一个大得惊人的数字,假如宇宙中所有物质都变成纸,在每个电子上写一个 0,也无法书写完这个数.

**注 2** 所谓"哥德巴赫猜想"是指(前文有述)1742 年 6 月哥德巴赫给欧拉的信中写道:

每个大于 5 的奇数是 3 个素数和.

欧拉指出,这一猜测可与下面的叙述等价:

每个大于 2 的偶数是两个素数和.

该猜想至今未获证.不过人们目前已对小于 $10^{30}$ 的数进行验证(2013 年由 Helfeott 完成).

若有 $s$ 使每个充分大的自然数可表为不超过 $s$ 个素数和,至 1976 年纪录为 $s\leqslant6$.

而后,人们从另外角度进行研究,即每个大偶数可表为 $p_1+p_2$,$p_1$ 的素因子数 $\leqslant m$,$p_2$

的素因子个数 $\leqslant n$，记$(m,n)$，至20世纪60年代前后成果如表1：

表1

| 年　份 | 证明者 | 成　果 |
| --- | --- | --- |
| 1957年 | А. И. Виногадов | (3,3) |
| 1957年 | 王　元 | (2,3) |
| 1962年 | 潘承洞 | (1,5) |
| 1965年 | Бухштаб | (1,3) |
| 1966 | 陈景润 | (1,2) |

# 33 欧 拉

欧拉(L. Euler,公元1707—公元1783),瑞士数学家、物理学家、天文学家.生于瑞士巴塞尔近郊的一个牧师家庭,13岁入巴塞尔大学学习,18岁开始发表论文.

1723年,欧拉取得巴塞尔大学硕士学位.

1727年去俄国彼得堡科学院讲学,在那里做了大量的数学研究工作.1733年被选为彼得堡科学院院士.

1735年年仅28岁的欧拉因积劳成疾,右眼失明,但他仍未放弃研究工作.1766年,他为研究彗星轨道计算而连续三昼夜未休息而导致左眼失明.这之后他又顽强地工作了17年.

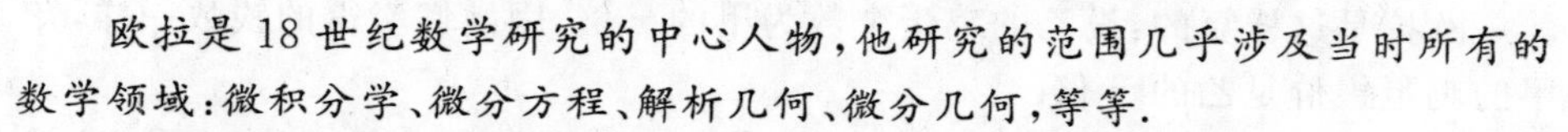

欧拉是18世纪数学研究的中心人物,他研究的范围几乎涉及当时所有的数学领域:微积分学、微分方程、解析几何、微分几何,等等.

1737年,欧拉首次使用π表示圆周率;1777年,欧拉第一个引用i表示虚数单位;而后,他又用e来表示自然对数的底,等等.数学中的不少定理、公式是以欧拉命名的.

他一生发表论文约800余篇,出版著作多部,包括《无穷小分析引论》《变分学》《月球理论》等(现已出版了他的全集70卷,计划还有4卷出版).

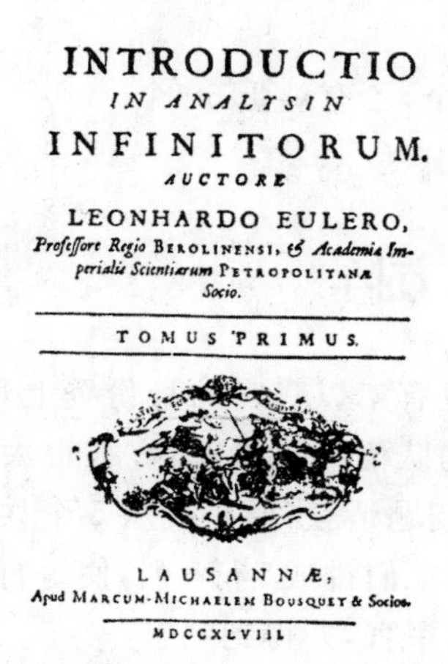

INTRODUCTIO
IN ANALYSIN
INFINITORUM.
AUCTORE
LEONHARDO EULERO,
Professore Regio Berolinensi, & Academiæ Imperialis Scientiarum Petropolitanæ Socio.
TOMUS PRIMUS.
LAUSANNÆ,
Apud Marcum-Michaelem Bousquet & Socios.
MDCCXLVIII.

欧拉名著《无穷小分析引论》扉页

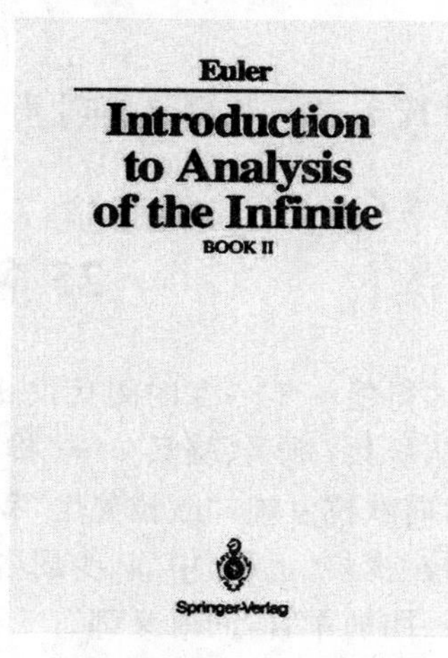

Euler
Introduction to Analysis of the Infinite
BOOK II
Springer-Verlag

新版《无穷小分析引论》

# 农妇与鸡蛋

每当紧张的研究工作之余，欧拉总喜欢去附近的农贸市场逛逛. 市场上的商贩们都认识这位大名鼎鼎的数学家.

一天，两名卖鸡蛋的农妇见到欧拉，她们想为难一下这位其貌不扬的学者. 当欧拉问及她俩今天的收获时，两人答道：她们共带来 100 个鸡蛋，虽然两人的售价不一样，鸡蛋个数也不同，可卖得的钱数相同.

农妇甲说："如果乙的鸡蛋让我卖，可比乙多卖 15 个硬币."

农妇乙说："如果甲的鸡蛋让我卖，只能卖得 $6\frac{2}{3}$ 个硬币."

"欧拉先生"，两个农妇齐声道："我们各自带来多少鸡蛋？"

欧拉挠了一下稀疏的头发，又闭目心算一阵道："你（指着甲）有 40 个鸡蛋；你（指着乙）有 60 个鸡蛋." 两农妇佩服至极.

欧拉是这样算的：设乙的鸡蛋个数为甲的 $x$ 倍，因她们卖得的钱数一样，知甲的鸡蛋售价是乙的 $x$ 倍.

如果两人手中的鸡蛋交换一下再售，这时甲卖得的钱应是乙的 $x^2$ 倍. 这就是说

$$x^2 = 15 \div 6\frac{2}{3} = \frac{4}{9}$$

得

$$x = \frac{2}{3}$$

100 按 3∶2 的比例分，知甲有鸡蛋 40 个，乙有鸡蛋 60 个.

# 25 名军官方阵

在彼得堡一年一度的阅兵仪式上，欧拉有幸以嘉宾的身份登上观礼台. 只见一队队步兵、炮兵、骑兵 …… 排着整齐的队伍经过检阅台. 彼得大帝欣喜之余，突然向欧拉发难："欧拉先生，我有一个问题请教，要是我从 5 个兵团中分别选出中校、少校、上尉、中尉、少尉各一名，将他们排成5行5列，使每行每列都既有 5 个兵团的军官，同时又都有 5 种军衔的军官，办得到吗？"

欧拉稍事思考，即给出图 1 的答案. 其中 $a,b,c,d,e$ 代表不同的官衔，不同的颜色网点代表不同的兵团.

回到住地，欧拉再次研究了这个问题，发现这类 $n\times n$ 方阵（一般称为正交拉丁方）问题（上面是 $5\times5$ 正交方阵），当 $n=4,6$ 时，按照上面要求的排列无法给出. 于是欧拉断言：

对任何自然数 $n$ 而言，$4n+2$ 阶正交拉丁方都不存在.

| | | | | |
|---|---|---|---|---|
| *a* | *b* | *c* | *d* | *e* |
| *c* | *d* | *e* | *a* | *b* |
| *e* | *a* | *b* | *c* | *d* |
| *b* | *c* | *d* | *e* | *a* |
| *d* | *e* | *a* | *b* | *c* |

图 1

| | | |
|---|---|---|
| *aA* | *bC* | *cB* |
| *bB* | *cA* | *aC* |
| *cC* | *aB* | *bA* |

图 2　3 阶正交拉丁方

1959 年，印度的玻色(R. C. Bese) 和史里克汉德(S. S. Shrikhande) 成功地造了 10 阶(即 $4n+2$，当 $n=2$ 时) 正交拉丁方，从而否定了欧拉 200 多年前的猜测(图 3).

| | | | | | | | | | |
|---|---|---|---|---|---|---|---|---|---|
| *Aa* | *Eh* | *Bi* | *Hg* | *Cj* | *Jd* | *If* | *De* | *Gb* | *Fc* |
| *Ig* | *Bb* | *Fh* | *Ci* | *Ha* | *Dj* | *Je* | *Ef* | *Ac* | *Gd* |
| *Jf* | *Ia* | *Cc* | *Gh* | *Di* | *Hb* | *Ej* | *Fg* | *Bd* | *Ae* |
| *Fj* | *Jg* | *Ib* | *Dd* | *Ah* | *Ei* | *Hc* | *Ga* | *Ce* | *Bf* |
| *Hd* | *Gj* | *Ja* | *Ic* | *Ee* | *Bh* | *Fi* | *Ab* | *Df* | *Cg* |
| *Gi* | *He* | *Aj* | *Jb* | *Id* | *Ff* | *Ch* | *Bc* | *Eg* | *Da* |
| *Dh* | *Ai* | *Hf* | *Bj* | *Jc* | *Ie* | *Gg* | *Cd* | *Fa* | *Eb* |
| *Be* | *Cf* | *Dg* | *Ea* | *Fb* | *Gc* | *Ad* | *Hh* | *Ii* | *Jj* |
| *Cb* | *Dc* | *Ed* | *Fe* | *Gf* | *Ag* | *Ba* | *Ij* | *Jh* | *Hi* |
| *Ec* | *Fd* | *Ge* | *Af* | *Bg* | *Ca* | *Db* | *Ji* | *Hj* | *Ih* |

图 3　10 阶正交拉丁方

**问题 1** 请给出 $4\times 4$ 的正交拉丁方.

**注** 欧拉研究发现:对 2 阶、6 阶军官方阵问题无解. 为叙述方便,下面对于排成 $n\times n$ 方阵的问题称为 $n$ 阶方阵,且满足题设的方阵称为 $n$ 阶正交拉丁方.

欧拉曾断言,对于自然数 $n$,不存在 $4n+2$ 阶正交拉丁方.

1900 年,塔里(G. Tarry) 证明 $n=1$ 时(即 6 阶) 上述结论成立.

1959 年,玻色和史里克汉德构造出了 10 阶(即 $n=2$ 时) 正交拉丁方,接着他们又构造了 22 阶正交拉丁方.

现在已经证明,除了 $n=0$ 和 1 外,$4n+2$ 阶正交拉丁方都存在.

## 寻找了 13 年的等式

早在古希腊,丢番图就认为:

任何整数皆可表示为不超过四个完全平方数的和.

据说 1621 年巴歇(Bachet) 验算至 325 没有发现例外. 此外,费马、笛卡儿(R. Descartes) 等皆研究这个问题,然而均未能完成它的证明.

1730 年前后,欧拉开始研究这个问题.

13 年过去了,1743 年欧拉发现了下面的等式

$$(a^2+b^2+c^2+d^2)(r^2+s^2+t^2+u^2)=$$
$$(ar+bs+ct+du)^2+(at-bu-cr+ds)^2+$$
$$(as-br+cu-dt)^2+(au+bt-cs-dr)^2$$

验证它并不困难只需将右式展开后化简即为左式.

**注** 这个等式是欧拉花了 13 年才找到的. 由于他的发现,使得古希腊学者丢番图提出的"每一个整数均可用四个完全平方数的和表示"的猜想的证明有所进展. 欧拉的等式是说,两个可表为四个整数平方和的数之积仍可表为四个整数的平方和.

1770 年,法国数学家拉格朗日(J. L. Lagrange) 借助于欧拉等式证明了丢番图猜想. 1773 年,欧拉又给出另一证法.

## 砝码问题(一)

海尔是彼得堡的一位制售天平的商人,他生产的天平精细而准确. 一次,他去拜访欧拉,并向他提出一个有趣的问题:

要是只允许砝码放在天平的一端,要能称出 1 ~ 63 g 任何整数克重的物品,至少要有多少枚砝码?

欧拉认为此问题甚有趣,于是顺手推算起来,不一会儿便有了结果. 欧拉道:"只需 6 枚砝码即可."

海尔有些疑惑，欧拉又解释道："你只需配备 $1(2^0)$，$2(2^1)$，$4(2^2)$，$8(2^3)$，$16(2^4)$，$32(2^5)$ g 的砝码各一枚，包你能完成你所要求的称量."

海尔接过欧拉的笔，一一核验，果不其然，欧拉是正确的.他再次为欧拉的聪明所折服.这个问题其实与所谓的二进制有关.

要是允许砝码放在天平两端(相当于可以加减；而砝码放在天平的一端，便只能加了)，若有 $1(3^0)$，$3(3^1)$，$9(3^2)$，$27(3^3)$，$81(3^4)$ 五枚砝码便可称出 1～121 g 之间任何整数克重的物品.不信的话可以试试看.

**问题 2**　请你验算一下文中的两类问题.

**注 1**　这个问题也有人认为是塔尔塔利亚最先提出的，它的一般的情形是：

有 $1, 2^1, 2^2, \cdots, 2^k$ g 重砝码各一枚，可以称出 $1 \sim 2^{k+1}-1$ 之间任何整数克重的物品来.

这个问题实质上是整数用二进制表示的问题.

顺便说一句：如果允许将砝码放在天平两端的盘子中，则用 $1, 3^1, 3^2, \cdots, 3^k$ g 重砝码各一枚，可以称出 $1 \sim \frac{3^{k+1}-1}{2}$ 之间任何整数克重的物品来.

法国数学家德·梅齐亚克(B. De Meziriac)曾发现：有一系列整数克重的砝码放在天平两端可称量 $1 \sim n$ g 重物品，则加进 $p = 2n+1$ g 重的砝码可称量 $1 \sim 3n+1$ g 重的物品.

**注 2**　这个问题与尺子刻度问题有些类似(但它们的解法却大相径庭)：

英国的亨利·杜德尼(H. E. Dudeney，1857—1931)发现(见后文)：13 cm 长的尺子，只需刻上如图 4 所示的 4 个刻度，便可量出 1～13 之间任何整数厘米长的物品.

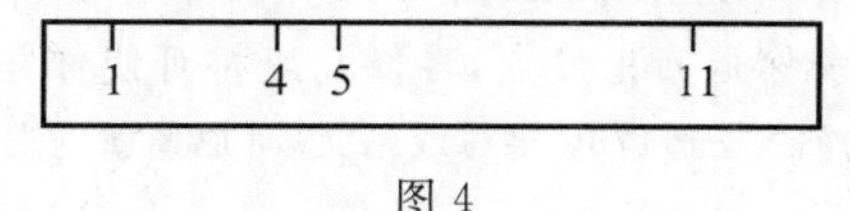


图 4

后来他又指出：22 cm 长的尺子只需刻上 6 个刻度，便可量出 1～22 之间任何整数厘米长的物品，方案有两个：

(1) 在 1，2，3，8，13，18 cm 处刻刻度；

(2) 在 1，4，5，12，14，20 cm 处刻刻度.

日本的藤村幸三郎指出：对于 23 cm 长的尺子，也只需刻上 6 个刻度：1，4，10，16，18，21，也可量出 1～23 之间任何整数厘米长的物品.

约翰·李奇(John Leach)在《伦敦数字会》杂志上发文指出：36 cm 长的尺子仅需在 1，3，6，13，20，27，31，35 cm 等处刻上刻度可实现上述度量.

# 七座桥问题

有一段时间，欧拉旅居普鲁士国哥尼斯堡，这是一座风景秀丽的小城，普勒哥尔河流过市中心.河上有两个岛，岛与岛、岛与河岸之间共有七座桥联结(图 5).当地居民都有饭后去河边散步的习惯，久而久之，有人想出一个花招：能否不重复地一次走完七座桥再回到出发点？

市民们都怀着极大的好奇心在桥上走来走去，遗憾的是竟无一人能完成规定的走法. 消息传到欧拉那里，他也试着在那里走了几回，果然都不成功.

回到住地，他再次研究了这个棘手而有趣的问题. 他想着，画着，一个美妙的念头产生了：如果把这个问题转化成图形来考虑，用点代表陆地（岸边或岛上），用线段代表桥，这时问题可用图 6 来表示. 整个问题化为：能否一笔画出这个图形？

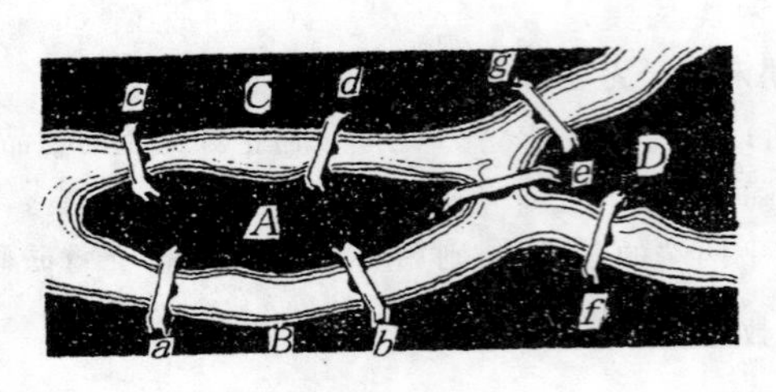


图 5

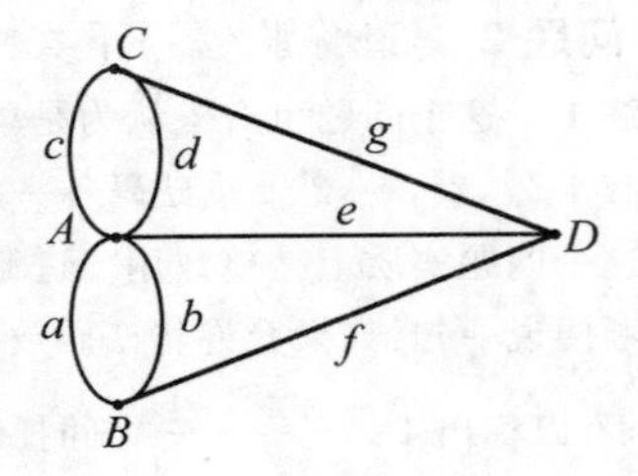


图 6

欧拉继续研究发现：它是不能一笔画出的. 这就是说：不重复地游览七座桥是不可能的.

有奇数条弧交汇的点叫“奇点”，偶数条弧交汇的点叫“偶点”. 欧拉指出：

能一笔画的图形，要么没有奇点，要么仅有两个奇点.

**问题 3**　如果不要求你走回出发点，再修几座桥可使你能不重复地游览它们？

**注**　欧拉对此问题的研究，于 1736 年写成论文《哥尼斯堡的七桥问题》. 它是“拓扑学”和“图论”的先驱论文.

# 妙　式

一个飘雪的早晨，欧拉望着远处起伏的山峦，陷入了沉思. 极目望去，天边处该是数学先祖毕达哥拉斯生活过的地方. 想到这里，欧拉激动不已：多么美妙而又神奇的毕达哥拉斯定理呀！当时为此而举行的百牛大祭场面该是多么宏大壮观！同时，他也想到了因为利用了这个定理（图 7 给出了特例）发现了无理数而招致杀身之祸的希帕索斯（Hippasus）（图 8 为希帕索斯发现的无理数$\sqrt{2}$）.

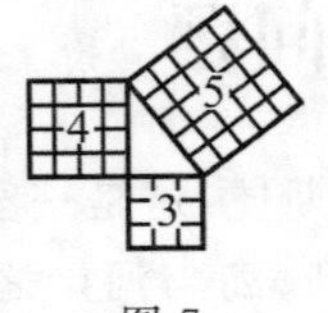


1
$\sqrt{2}$
1

图 7　　图 8

最简单的毕达哥拉斯数 3,4,5 满足

$$3^2+4^2=5^2$$

多么漂亮的等式,三个连续的自然数组合得那么巧妙.

接着,他又算到:$3^3+4^3+5^3=216$,哇!欧拉几乎惊喜地喊了起来,这不正是 $6^3$ 吗!

$$3^3+4^3+5^3=6^3$$

这又是一个美妙的等式!当欧拉打算循着这条思路走下去的时候,他发现:使五个连续自然数的四次方

$$a^4+(a+1)^4+(a+2)^4+(a+3)^4=(a+4)^4$$

等式成立的整数,寻找起来竟不那么容易了.

如果不要求五个自然数连续,例子于20世纪90年代被美国人找到见后文:

**注** 1900 年数学家伊斯特(Escort)猜想:满足

$$n^k+(n+1)^k+\cdots+(n+k-1)^k=(n+k)^k$$

的等式,仅有 $3^2+4^2=5^2$ 和 $3^3+4^3+5^3=6^3$ 两组.猜想至今未获证明.

# 买马与买牛

欧拉旅居俄国期间,有人向他请教下面一个问题:

某人用 1 770 卢布去买马和牛.一匹马 31 卢布,一头牛 21 卢布.他的钱正好能买多少匹马和多少头牛?

欧拉的解法很巧妙,请看他的解法:

设他买马的匹数和牛的头数各为 $x$ 和 $y$,依题意有

$$31x+21y=1\ 770 \tag{1}$$

由此可有 $y=84-x-\frac{2(5x-3)}{21}$,即 $5x-3$ 必为 21 的倍数,令 $21z=5x-3$,则上式变为

$$y=84-x-2z$$

于是

$$x=\frac{21z+3}{5}=4z+\frac{1}{5}(z+3)$$

则 $z+3$ 为 5 的倍数,令 $5u=z+3$,即 $z=5u-3$,这样

$$x=4(5u-3)+u=21u-12$$

$$y=84-21u+12-10u+6=102-31u$$

因 $y$ 是正整数,且 $z=5u-3$ 也是正整数,即由 $102-31u\geqslant 0$,有 $u\leqslant\frac{102}{31}\approx 3.2$,故 $u$ 只能是 1,2,3.

当 $u=1$ 时，$x=9$，$y=71$；

当 $u=2$ 时，$x=30$，$y=40$；

当 $u=3$ 时，$x=51$，$y=9$.

综上共有三组 $(x,y)$ 的解：$(9,71)$，$(30,40)$，$(51,9)$.

## 改进的猜想

1742 年前后，哥德巴赫在给欧拉的信中提出：

大于 9 的任何奇数，均可表示为三个素数的和.

欧拉回信说此猜想正确，但他也无法论证. 同时他在信中谈的结论可改为：

从 4 开始，每个偶数均为两个素数和.

由这个结论可以导出哥德巴赫猜想，这只需注意到：

因为任意大于 5 的奇数 $2k+1$ 总可以写成：

$2k+1=2(k-1)+3$，其中 $2(k-1)\geqslant 4$.

若欧拉猜想正确，即偶数 $2(k-1)$ 可分解为两个素数的和；而 3 也是素数，故奇数 $2k+1$ 可以表示三个素数之和.

其实这个结论还可以进一步改进为：

从 6 开始，每个偶数均为两奇素数和.

**注** 我国数学家陈景润在此猜想证明上取得世界领先地位，1966 年他证明了：每个充分大的偶数可表为一个素数与一个不超过两素数乘积的和（俗称"1＋2"）.

## 棋盘马步

国际象棋传到欧洲后，颇流行了一阵，欧拉对此也很感兴趣. 每当工作之余，他总要下几盘. 此外，他还喜欢独自一人研究棋路，或许起初他没想到这与数学有关. 一天他突发奇想，问道：

国际象棋中的马可否走遍所有棋盘上的格子？

思索一阵后他发觉问题太乏味，因为"马"肯定可走遍棋盘所有格（图 9），否则象棋设计便有问题了. 进而他又想：

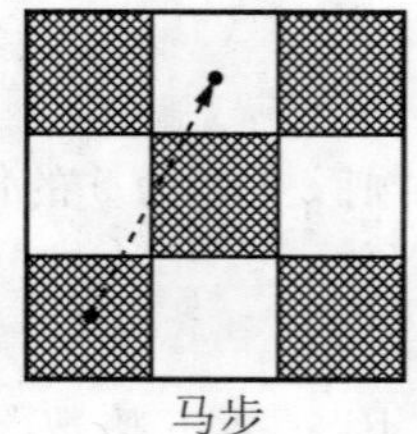

马步

图 9

马是否可以从某一格开始不重复地走完棋盘上的所有格再回到出发点（俗称马回路问题）.

欧拉轻而易举地解决了这个问题.

答案见图 10. 图中数字表示马所走的步数.

| | | | | | | | |
|---|---|---|---|---|---|---|---|
| 50 | 11 | 24 | 63 | 14 | 37 | 26 | 35 |
| 23 | 62 | 51 | 12 | 25 | 34 | 15 | 38 |
| 10 | 49 | 64 | 21 | 40 | 13 | 36 | 27 |
| 61 | 22 | 9 | 52 | 33 | 28 | 39 | 16 |
| 48 | 7 | 60 | 1 | 20 | 41 | 54 | 29 |
| 59 | 4 | 45 | 8 | 53 | 32 | 17 | 42 |
| 6 | 47 | 2 | 57 | 44 | 19 | 30 | 55 |
| 3 | 58 | 5 | 46 | 31 | 56 | 43 | 18 |

图 10

**注 1**　显然并非所有的棋盘皆有“马回路”，比如图 11 所示的 4×4 残棋盘上就无马回路. 它可以简单地说明如下：

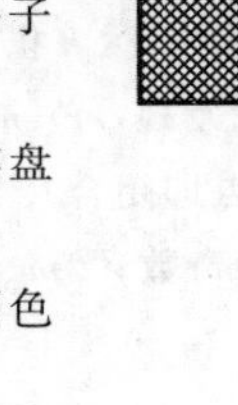


图 11

我们将 4×4 棋盘中间两列(行) 称为内方格，外面两列(行) 称为外方格.

因为马走“　”或“　”格，无论马从哪一格出发，它必然是从“左 → 右”或从“右 → 左”交替地行走，且所走棋盘格子颜色也交替地变化(“从白到黑”或“从黑到白”).

**注 2**　其实象棋设计者早已心明肚明，马必须能走遍棋盘每一格.

这样依上循环规律，所有内方格颜色同，所有外方格颜色同.

这是不可能的. 换言之，上述 4×4 残棋盘中无“马回路”.

棣莫夫里(De Moivre) 曾首先考虑棋盘马步问题，欧拄研究 6×6 棋盘(图 12)，棣莫夫里研究 8×8 棋盘问题(图 13)，1759 年欧拉用数学方法严格讨论了它.

**回路不闭合的情形**

| | | | | | |
|---|---|---|---|---|---|
| 30 | 21 | 6 | 15 | 28 | 19 |
| 7 | 16 | 29 | 20 | 5 | 14 |
| 22 | 31 | 8 | 35 | 18 | 27 |
| 9 | 36 | 17 | 26 | 13 | 4 |
| 32 | 23 | 2 | 11 | 34 | 25 |
| 1 | 10 | 33 | 24 | 3 | 12 |

图 12　欧拉的 36 格解

| | | | | | | | |
|---|---|---|---|---|---|---|---|
| 34 | 49 | 22 | 11 | 36 | 39 | 24 | 1 |
| 21 | 10 | 35 | 50 | 23 | 12 | 37 | 40 |
| 48 | 33 | 62 | 57 | 38 | 25 | 2 | 13 |
| 9 | 20 | 51 | 54 | 63 | 60 | 41 | 26 |
| 32 | 47 | 58 | 61 | 56 | 53 | 14 | 3 |
| 19 | 8 | 55 | 52 | 59 | 64 | 27 | 42 |
| 46 | 3 | 6 | 17 | 44 | 29 | 4 | 15 |
| 7 | 18 | 45 | 30 | 5 | 16 | 43 | 28 |

图 13　德 · 莫瓦弗尔解

棋盘马步问题是1700年由Brook Taylor提出.而后棣莫夫里、欧拉等人相继研究.

1971年美国人A. J. Schwenk提出:何种矩形的棋盘能实现马(步)的闭合旅行(走完棋盘所有格再回到出发点)(图14,图15)?

**闭合的情形**

| 58 | 43 | 60 | 37 | 52 | 41 | 62 | 35 |
|---|---|---|---|---|---|---|---|
| 49 | 46 | 57 | 42 | 61 | 36 | 53 | 40 |
| 44 | 59 | 48 | 51 | 38 | 55 | 34 | 63 |
| 47 | 50 | 45 | 56 | 33 | 64 | 39 | 54 |
| 22 | 7 | 32 | 1 | 24 | 13 | 18 | 15 |
| 31 | 2 | 23 | 6 | 19 | 16 | 27 | 12 |
| 8 | 21 | 4 | 29 | 10 | 25 | 14 | 17 |
| 3 | 30 | 9 | 20 | 5 | 28 | 11 | 26 |

图14　欧拉的马回路半盘解

| 50 | 45 | 62 | 41 | 60 | 39 | 54 | 35 |
|---|---|---|---|---|---|---|---|
| 63 | 42 | 51 | 48 | 53 | 36 | 57 | 38 |
| 46 | 49 | 44 | 61 | 40 | 59 | 34 | 55 |
| 43 | 64 | 47 | 52 | 33 | 56 | 37 | 58 |
| 26 | 5 | 24 | 1 | 20 | 15 | 32 | 11 |
| 23 | 2 | 27 | 8 | 29 | 12 | 17 | 14 |
| 6 | 25 | 4 | 21 | 16 | 19 | 10 | 31 |
| 3 | 22 | 7 | 28 | 9 | 30 | 13 | 18 |

图15　罗热的马回路半盘解

Louis Posa证明:$4\times n$棋盘不能实现马(步)的闭合旅行(回到出发点).

A. J. Schwenk发现:$m\times n(m\leqslant n)$的棋盘,下列情形马皆可实现遍游棋盘所有格的旅行(不一定回到出发点即闭合).

①$m$与$n$皆为奇数;②$m=1,2$或4;③$m=3$且$n=4,6$或8.

# 失败的猜想

1753年欧拉证明了$n=3,4$时,费马猜想(见前文):

"$n\geqslant 3$时$x^n+y^n=z^n$无(非平凡)整数解"成立.

接下去的情形欧拉已预感到问题的艰难.但同时他又从另一角度提出一个猜想:

$x_1^n+x_2^n+\cdots+x_{n-1}^n=x_n^n$,当$n\geqslant 3$时无非平凡整数解.

(请注意:$n=3$时上述猜想与费马猜想$n=3$时情形无异.)

200年过去了,人们对于上面的猜想笃信不疑.然而到了1960年美国科学家赛夫里德(Selfridye)和吴子乾(美籍华人)发现

$$133^5+110^5+84^5+37^5=144^5$$

(又一说是兰德尔(L. J. Lander)和帕肯(T. R. Parkin)在电子计算机帮助下找到的.)

这显然推翻了欧拉的猜想.

然而,欧拉猜想$n=4$的情形,一段时间人们仍未置可否.

1988年2月在日本东京京都大学主办的“丢番图问题”国际会议上，美国哈佛大学的埃尔克斯(N. Elkies)借助于椭圆曲线理论找到了下面的等式

$$2\ 682\ 440^4 + 15\ 365\ 639^4 + 18\ 796\ 760^4 = 20\ 615\ 673^4$$

而后，弗赖伊(R. Frye)给出另一个更小的例子

$$95\ 800^4 + 217\ 519^4 + 414\ 560^4 = 422\ 481^4$$

至于 $n \geqslant 6$ 的情形欧拉猜想能否成立，人们尚不得知.

**注**　1911年诺瑞(R. Norrie)研究这类问题时曾发现等式

$$30^4 + 120^4 + 272^4 + 315^4 = 353^4$$

它并不是欧拉猜想的反例(请与猜想对照一下).

而后布拉德诺(Simcha Bradno)和西弗里奇(Selfridge)又分别给出

$$74^5 + 234^5 + 402^5 + 474^5 + 702^5 + 1\ 077^5 = 1\ 141^5$$

$$12^7 + 35^7 + 53^7 + 58^7 + 64^7 + 83^7 + 85^7 + 90^7 = 102^7$$

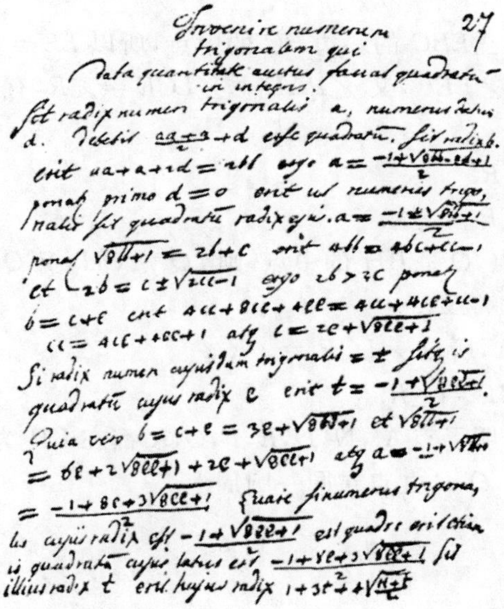

欧拉手迹

# 九点(欧拉)圆

欧拉对平面几何甚有研究，著名的九点圆定理是他的杰作之一. 请看定理：

三角形三边的中点、从各顶点向其对边所引垂线的垂足以及垂心与各顶点连线的中点，这九个点在同一圆周上.

此圆叫作所述三角形的九点圆，或称欧拉圆.

设$\triangle ABC$边$BC$,$CA$,$AB$的中点分别为$L$,$M$,$N$,从$A$,$B$,$C$向其对边$BC$,$CA$,$AB$所引垂线的垂足分别为$D$,$E$,$F$,垂心$H$和顶点$A$,$B$,$C$的连线$HA$,$HB$,$HC$的中点分别为$P$,$Q$,$R$.

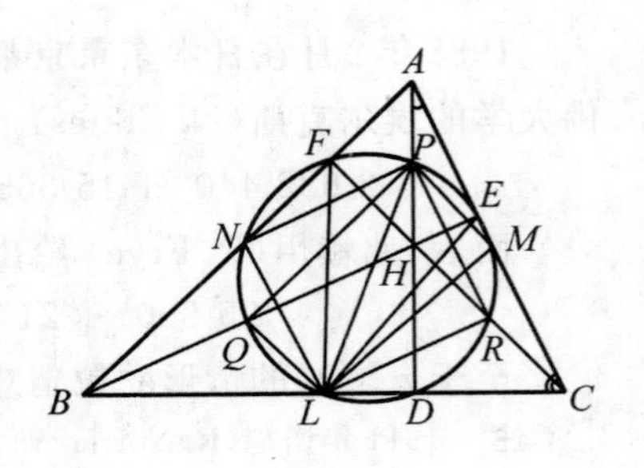

图 16

由$L$是$BC$的中点,$M$是$AC$的中点,则$BA \parallel LM$.

又由$M$是$AC$的中点,$P$是$AH$的中点,做$CH \parallel MP$,但$BA \perp CH$,所以$\angle LMP = \angle R$.

同理可证$\angle LNP = \angle R$,$\angle LDP = \angle R$.

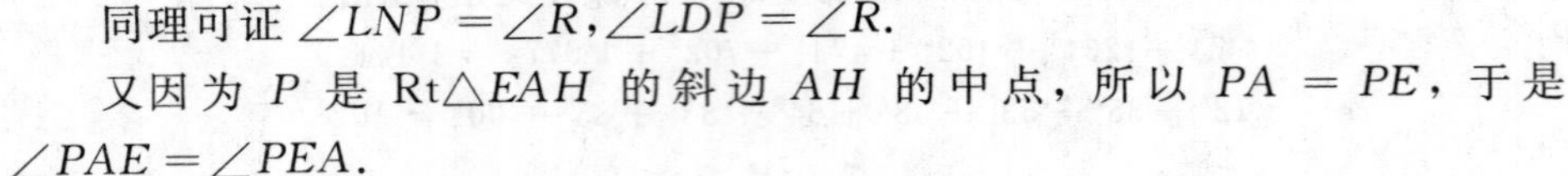

又因为$P$是$\mathrm{Rt}\triangle EAH$的斜边$AH$的中点,所以$PA = PE$,于是$\angle PAE = \angle PEA$.

又因为$L$是$\mathrm{Rt}\triangle EBC$的斜边$BC$的中点,所以$LE = LC$.

于是$\angle LCE = \angle LEC$,又$\angle PAE + \angle LCE = \angle R$,有$\angle PEA + \angle LEC = \angle R$.

即$\angle LEP = \angle R$.

同理可证$\angle LFP = \angle R$.

而$L$是$BC$扣点,$Q$是$BH$的中点,则$LQ \parallel CH$,又$Q$是$BH$的中点,$P$是$AH$的中点,有$QP \parallel BA$.

但是$CH \perp BA$,所以$\angle LQP = \angle R$.

同理可证$\angle LRP = \angle R$.

由上述各点,说明了点$M$,$N$,$D$,$E$,$F$,$Q$,$R$都在$LP$为直径的圆上,由此,$L$,$M$,$N$,$D$,$E$,$F$,$P$,$Q$,$R$九点在同一圆周上.

# 34 富兰克林

富兰克林(B. Franklin,公元1706— 公元1790),美国著名的物理学家和政治家. 生于美国波士顿的一个手工工人家庭.

他热心于公共事业,1731年在费城建立了美国第一个公共图书馆. 曾任美国宾夕法尼亚州议会议员,参加起草《独立宣言》,主张废除奴隶制.

1746～1754年,他致力于电学研究,且首先给出莱顿瓶现象的科学解释,并指出绝缘体在电学上的重要性. 同时,提出了电介质概念. 这些对电学发展起了至关重要的作用. 正、负电荷概念也是他在电学上的创举. 此外,他还揭示了雷电的奥秘,成功地发明了避雷针.

他不仅奠定了电学的理论基础,也成为实验物理学的先驱.

著有《富兰克林全集》多卷.

## 8阶幻方

富兰克林每当做物理实验疲劳之际,总是喜欢用数学题去动动脑筋,这其中他最喜欢的是幻方.

多年的研究,使他在偶数阶($n \times n$的幻方称为$n$阶幻方)幻方的制作上有了较深的造诣. 不仅如此,他还在幻方制作的花样上有所翻新. 我们看看他制作的一个极有个性的8阶幻方(图1),它除了具有普通幻方的性质外,还有以下特点:

| | | | | | | | |
|---|---|---|---|---|---|---|---|
| 52 | 61 | 4 | 13 | 20 | 29 | 36 | 45 |
| 14 | 3 | 62 | 51 | 46 | 35 | 30 | 19 |
| 53 | 60 | 5 | 12 | 21 | 28 | 37 | 44 |
| 11 | 6 | 59 | 54 | 43 | 38 | 27 | 22 |
| 55 | 58 | 7 | 10 | 23 | 26 | 39 | 42 |
| 9 | 8 | 57 | 56 | 41 | 40 | 25 | 24 |
| 50 | 63 | 2 | 15 | 18 | 31 | 34 | 47 |
| 16 | 1 | 64 | 49 | 48 | 33 | 32 | 17 |

图1

(1) 它的“幻和”(即每行、列、诸数和) 为 260;两对角线上全部数和为幻和的 2 倍:$260 \times 2 = 520$;每半行、半列数和恰好为 130.

(2) 幻方四角的四个数与幻方中心的四个数和为 260.

(3) 从 16 到 10、再从 23 到 17 所成折线“∧”上的八个数字之和也为 260;且与之平行的诸形如“∧”的折线上数字和也是 260.

20 世纪初,美国建筑师布拉顿(C. F. Bragdon) 将该幻方中的数 1 ~ 64 依次用折线联结时,发现这些折线构成对称的美丽图案(图 2).

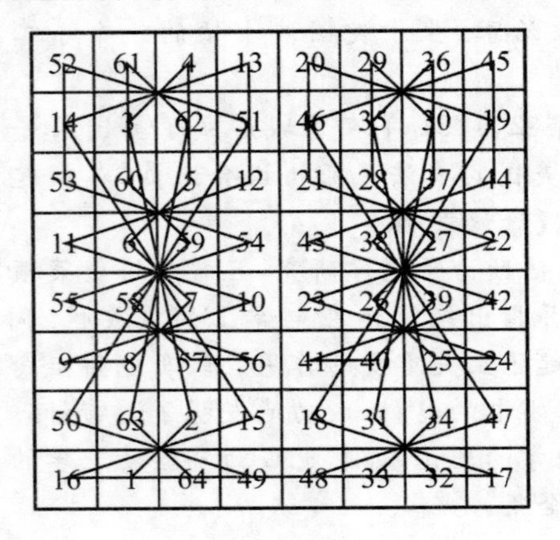


图 2

人们称之为“幻直线”(严格地讲应称之为“幻折线”)—— 请注意它只是一种对称的折线图案.

如果你再细心观察,也许还能找到它的其他特性.

**问题 1**　请你构造一个 4 阶幻方.

## 16 阶 幻 方

构造大阶数的幻方,除了耐心还要有技巧. 富兰克林所构造的大阶数的幻方往往都是别出心裁,另有一番天地. 比如下面一个 16 阶幻方(图 3),它除了具有普通幻方的性质(它的两条对角线上全部数和为“幻和” 的二倍:$2\,056 \times 2 = 4\,112$) 外,还有其他特性,比如:

其中任一个小的 $4 \times 4$ 方块内 16 个数和都是 2 056—— 它恰好是这个 16 阶幻方的“幻和”.

顺便说一句:制作某些普通的偶数阶幻方,现已有具体方法可循(见问题 1 的答案及说明). 但特殊的偶数阶幻方制作,则另需技巧.

| | | | | | | | | | | | | | | | |
|---|---|---|---|---|---|---|---|---|---|---|---|---|---|---|---|
| 200 | 217 | 232 | 249 | 8 | 25 | 40 | 57 | 72 | 89 | 104 | 121 | 136 | 153 | 168 | 185 |
| 58 | 39 | 26 | 7 | 250 | 231 | 218 | 199 | 186 | 167 | 154 | 135 | 122 | 103 | 90 | 71 |
| 198 | 219 | 230 | 251 | 6 | 27 | 38 | 59 | 70 | 91 | 102 | 123 | 134 | 155 | 166 | 187 |
| 60 | 37 | 28 | 5 | 252 | 229 | 220 | 197 | 188 | 165 | 156 | 133 | 124 | 101 | 92 | 69 |
| 201 | 216 | 233 | 248 | 9 | 24 | 41 | 56 | 73 | 88 | 105 | 120 | 137 | 152 | 169 | 184 |
| 55 | 42 | 23 | 10 | 247 | 234 | 215 | 202 | 183 | 170 | 151 | 138 | 119 | 106 | 87 | 74 |
| 203 | 214 | 235 | 246 | 11 | 22 | 43 | 54 | 75 | 86 | 107 | 118 | 139 | 150 | 171 | 182 |
| 53 | 44 | 21 | 12 | 245 | 235 | 213 | 204 | 181 | 172 | 149 | 140 | 117 | 108 | 85 | 76 |
| 205 | 212 | 237 | 244 | 13 | 20 | 45 | 52 | 77 | 84 | 109 | 116 | 141 | 143 | 173 | 180 |
| 51 | 46 | 19 | 14 | 243 | 238 | 211 | 206 | 179 | 174 | 147 | 142 | 115 | 110 | 83 | 78 |
| 207 | 210 | 239 | 242 | 15 | 18 | 47 | 50 | 79 | 82 | 111 | 114 | 143 | 146 | 175 | 178 |
| 49 | 48 | 17 | 16 | 241 | 240 | 209 | 208 | 177 | 176 | 145 | 144 | 113 | 112 | 81 | 80 |
| 196 | 221 | 228 | 253 | 4 | 29 | 36 | 61 | 68 | 93 | 100 | 125 | 132 | 157 | 164 | 189 |
| 62 | 35 | 30 | 3 | 254 | 227 | 222 | 195 | 190 | 163 | 158 | 131 | 126 | 99 | 94 | 67 |
| 194 | 223 | 226 | 255 | 2 | 31 | 34 | 63 | 66 | 95 | 98 | 127 | 130 | 159 | 162 | 191 |
| 64 | 33 | 32 | 1 | 256 | 225 | 224 | 193 | 192 | 161 | 160 | 129 | 128 | 97 | 96 | 65 |

图 3

**问题 2** 验算上述幻方中各 $4\times4$ 方块里诸数和是否是2 056.

此外,富兰克林还设计了一种圆形幻方.

**注** 某些特殊的幻方还是颇吸引人的,比如下面是两个 3 阶、4 阶素数幻方(幻方中的数全部是素数)如图 4,有趣的是这些幻方中数的末位分别全是 9 和 7:

| | | |
|---|---|---|
| 569 | 59 | 449 |
| 239 | 259 | 479 |
| 269 | 659 | 149 |

(a)

| | | | |
|---|---|---|---|
| 17 | 317 | 397 | 67 |
| 307 | 157 | 107 | 227 |
| 127 | 277 | 257 | 137 |
| 347 | 47 | 37 | 367 |

(b)

图 4

幻方大王弗里安逊构造的 9 阶幻方(图 5),也可称一绝.

这个幻方有许多独特的性质:

(1) 从整体而言,它是一个 9 阶幻方(和值为 369);

(2) 虚线方框框出的带圆圈的 25 个数字,又构成一个 5 阶幻方(和值为 205);

(3) 虚线方框里没有圆圈的数字构成一个 4 阶幻方(和值为 164);

(4) 虚线方框内数字全为奇数;方框外数字全为偶数;

(5) 幻方中奇数的末位数字与水平轴线对称;偶数的末位数字与幻方水平轴线对称.

| 42 | 58 | 68 | 64 | 1 | 8 | 44 | 34 | 50 |
|---|---|---|---|---|---|---|---|---|
| 2 | 66 | 54 | 45 | 11 | 77 | 78 | 26 | 10 |
| 12 | 6 | 79 | 53 | 21 | 69 | 63 | 46 | 20 |
| 52 | 7 | 35 | 23 | 31 | 39 | 67 | 55 | 60 |
| 73 | 65 | 57 | 49 | 41 | 33 | 25 | 17 | 9 |
| 22 | 27 | 15 | 43 | 51 | 59 | 47 | 75 | 30 |
| 62 | 36 | 19 | 13 | 61 | 29 | 3 | 76 | 70 |
| 72 | 56 | 4 | 5 | 71 | 37 | 28 | 16 | 80 |
| 32 | 48 | 38 | 74 | 81 | 18 | 14 | 24 | 40 |

图 5

# 遗产增值

富兰克林在他的遗嘱中对自己的遗产作了如下安排：

“……1 000＄ 赠给波士顿居民，把它放在银行中按 5% 年利率存入(每年自动转存). 过了 100 年后，请取用其中100 000＄ 建造一所公共建筑物，其余款项继续存入银行. 在第二个 100 年后，请将其中 1 061 000＄ 交给波士顿居民支配，而其余款项由马萨诸塞州的公众管理 ……”

乍一看，1 000＄ 存款百年后增值到 100 000＄ 有剩余，动用 100 000＄ 后，其余存款又一百年后竟然增至 1 000 000＄ 以上，这可能吗？细细算来，确无夸张.

按年息 5% 计算(注意转存后的复利)，1 000＄ 百年后增值为

$$1\,000\times(1+5\%)^{100}=1\,000\times1.05^{100}$$

它大约为 131 800＄，除下 100 000＄ 余下 31 800＄ 继续存入银行. 又过一百年后本息(年利率仍为 5%)为

$$31\,800\times1.05^{100}\approx4\,181\,740$$

此时已增至 4 180 000＄(显然，此时支付 1 000 000＄ 并无困难)，如此看来，富兰克林的遗嘱中数据是可信的，他当然经过一番计算.

# 35 布 丰

布丰(G. L. L. Buffon,公元 1707— 公元 1788),法国博物学家、作家,生物化思想的先驱者.1707 年 9 月 7 日生于蒙巴尔.

中学时酷爱数学和物理,后研究宇宙和物种的起源,主张物种可变,提倡生物转变论.

1733 年成为法国巴黎科学院院士.1739 年任巴黎皇家植物园园长.1771 年受法国国王路易十四的封爵.1788 年 4 月 6 日逝世.

他提出的"投针计算圆周率"的方法,对概率统计的发展起了很大作用.这也导致蒙特卡罗计算方法的诞生.

著有《自然史》(36 卷).

## 投针计算圆周率

说起圆周率大家都不陌生,在小学数学课上就已经介绍:它是圆的周长与直径的比值.这个比值是个常数,但却又无法用精确的数值去表示 —— 因为它是一个无限不循环小数(无理数,或确切地讲是超越数),它的计算十分复杂.

1760 年,布丰发现可用某些试验方法计算 $\pi$ 值,比如投针方法(1777 年发表).方法是这样的:

取一张大纸,再找一根针(用细铁丝剪裁),量一下针长比如是 $l$,然后在纸上画出一系列间隔为 $2l$ 的平行线(图 1).

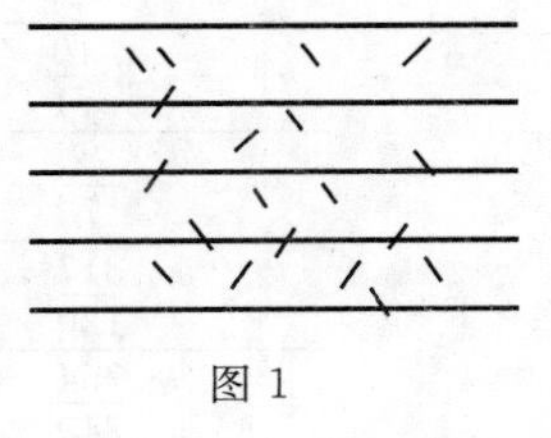

图 1

把纸铺平后,随意向纸上抛针,针落下后将出现两种可能:与平行线中的某一条相交,或不与任何平行线相交.

记下你投针的总次数 $m$ 与针和平行线相交的次数 $n$,这样比值 $\frac{m}{n}$ 即是 $\pi$ 的近似值.

表 1 便是一些人依照布丰给出的方法，用投针试验算得 π 值的具体结果：

**表 1**

| 年　份 | 试验者 | 投针次数 | π 的近似值 |
|---|---|---|---|
| 1853 | Wolf | 5 000 | 3.159 6 |
| 1855 | Smith | 3 204 | 3.155 3 |
| 1894 | Fox | 1 120 | 3.141 9 |
| 1901 | Lazzarini | 3 408 | 3.141 592 9 |

显然，并非试验的次数越多(次数不足够大时)结果越好.

顺便讲一句：美国犹他州奥格登的韦伯大学教授巴杰(L. Bage)曾撰文对 Lazzarini 的结果表示质疑.

此方法现已发展成计算数学中的一种重要方法——蒙特卡罗法。

3.141592653589793238462643
383279502884197169399375
105820974944592307816406
286208998628034825342117
067982148086513282306647
093844609550582231725359
4081284811174502841027 …

**注 1**　关于圆周率 π 的估值可有下面小史，见表 2：

**表 2**

| π 的估值 | 出　处 |
|---|---|
| 3(周三径一) | 《周髀算经》 |
| 3 | 《圣经》列王记上篇 |
| $\frac{256}{81}$ | 古埃及莱茵德纸草记载 |
| $3\frac{10}{71}$ | 阿基米德 |
| $\frac{22}{7}$ | 祖冲之(约率)、海伦 |
| $\frac{317}{120}$ | 托勒密(Ptolemy) |
| $\frac{754}{240}$ | 婆什伽罗(Bhaskara) |
| $\frac{3\ 927}{1\ 250}$ | 婆什伽罗 |
| $\sqrt{10}$ | 婆罗摩笈多(Brahmagupta) |
| $\frac{355}{113}$ | 祖冲之(密率) |

此外 $\pi$ 的某些级数表示如

$$\frac{\pi}{2}=\frac{2}{1}\cdot\frac{2}{3}\cdot\frac{4}{3}\cdot\frac{4}{5}\cdot\frac{6}{5}\cdot\frac{6}{7}\cdot\frac{8}{7}\cdots$$

$$\frac{\pi}{4}=1-\frac{1}{3}+\frac{1}{5}-\frac{1}{7}+\frac{1}{9}-\frac{1}{11}+\cdots$$

$$\frac{\pi^2}{6}=1+\frac{1}{2^2}+\frac{1}{3^2}+\frac{1}{4^2}+\frac{1}{5^2}+\frac{1}{6^2}+\cdots$$

$$\frac{\pi^4}{90}=1+\frac{1}{2^4}+\frac{1}{3^4}+\frac{1}{4^4}+\frac{1}{5^4}+\frac{1}{6^4}+\cdots$$

**注 2** 电子计算机的出现和发展，值得 $\pi$ 的计算方便了许多，至 2019 年年初，$\pi$ 的值已算至小数点后 31.4 万亿位，部分资料见表 3：

**表 3**

| 年　份 | 计算者 | 花费时间 | 算得结果 |
| --- | --- | --- | --- |
| 2009 年 | ［日］筑波大学 | 73 天 | $2\,576.98\times10^9$ |
| 2009 年 | Belled | 131 天 | $2\,700\times10^9$ |
| 2010 年 | Kondo 与 Yell | — | $5\times10^{13}$ |
| 2011 年 | Kondo | 365 天 | $10\times10^{13}$ |
| 2016 年 | ［瑞士］P. Trueb | 105 天 | $22.4\times10^{13}$ |
| 2019 年 | ［美］E. H. Lwao | 121 天 | $31.4\times10^{13}$ |

**注 3** 对于 $\pi$ 中数字的研究 1995 年普劳夫(H. Plouffe) 给出了计算 $\pi$ 的第 $n$ 位数字的公式(用二进制)，后波尔温(P. Borwein)、贝利(D. H. Bailey) 等人给十六进制的计算 $\pi$ 的第 $n$ 位数字的公式(BBP 公式)

$$\pi=\sum_{k=0}^{\infty}\left[\frac{1}{16^k}\left(\frac{4}{8k+1}-\frac{2}{8k+4}-\frac{1}{8k+5}-\frac{1}{8k+6}\right)\right]$$

# 36 罗蒙诺索夫

罗蒙诺索夫(M. B. Ломоносов,1711—1765),俄国学者、诗人,俄国唯物主义哲学和自然科学的奠基人. 生于俄国北部库尔岛的一个渔民家庭.

1730 年去莫斯科求学,因成绩优异,被保送入彼得堡科学院,后留学德国.

1741 年回国后一直在科学院工作,1744 年发表论文《关于热与冷本质的思考》;次年因其在冶金学方面的研究成果,而被聘为化学教授与科学院院士. 1755 年创办莫斯科大学.

他建立原子 — 分子物质结构理论,验证了物质在化学反应时"物质守恒定律";在物理学中提出分子热运动学说.

著有《论固体和液体》《论化学的效用》等. 此外,他还创作了一些诗作和剧作,还著有《俄语语法》等.

莫斯科大学

## 生 卒 年 份

罗蒙诺索夫去世后,有人为他的生平撰写趣题一道:

罗蒙诺索夫生活在 18 世纪. 他出生年份的四个数字之和等于 10,且个位与十位数字相同;他去世的年份四个数字之和为 19,且这个年份的十位数字被个位数字除后,商为 1 且余 1. 求他的生卒年份.

他的出生年份应为 17××或 16××，又由题设知为$\overline{16xx}$ 或$\overline{17yy}$. 所以

$$1+6+x+x=10 \text{ 或 } 1+7+y+y=10$$

前者无整数解，后者有解 $y=1$，从而知罗蒙诺索夫生于 1711 年.

类似地我们可以求得他卒于 1765 年.

## 体积分数

据说罗蒙诺索夫很喜欢下面一道问题：

有体积分数 10% 的红、蓝两色溶液各 100 ml，今从红色溶液器皿中取 10 ml 倒入蓝色溶液里（它们无化学反应），搅匀后，再从混合溶液中取出 10 ml 倒回. 问此时两个器皿中，原盛红色溶液里的蓝溶液体积分数与原盛蓝色溶液的红溶液体积分数是否相同？

乍一想，似乎不一样，但罗蒙诺索夫仔细计算后发现：它们的体积分数竟然相同. 具体计算如：

红色溶液倒入蓝色溶液后，蓝色溶液中含红色溶液体积分数为$\frac{1}{110}$（混合溶液含红色溶液体积分数）.

再从混合溶液中取出 10 ml 倒入红色溶液后，100 ml 新混合溶液含蓝色溶液体积分数为

$$\frac{10\times10}{110}\div110=\frac{1}{110}$$

故两种混合液含对方溶液体积分数皆为$\frac{1}{110}$.

# 37 傅里叶

傅里叶(J. B. J. Fourier,1768—1830),法国著名数学家、物理学家.1768年3月21日生于法国奥塞尔的一个平民家庭.

9岁时双亲故世,由教会送他入镇上军校就读,在校期间他已表现出卓越的数学才能.

1785年,他回到家乡学校任教.

1795年,巴黎综合工艺学校成立,傅里叶被聘为该校助教,而后曾随拿破仑远征埃及.

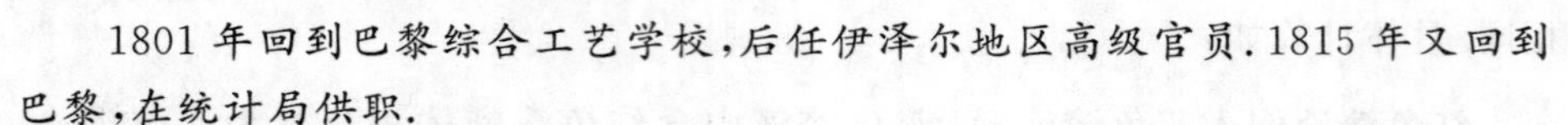

1801年回到巴黎综合工艺学校,后任伊泽尔地区高级官员.1815年又回到巴黎,在统计局供职.

1817年,转巴黎科学院,1822年,当选为科学院终身秘书,1827年,任法兰西学院院士.此外,他还是英国皇家学会外籍会员,彼得堡科学院名誉院士.

傅里叶主要成就是对热传导问题的研究,以及为此研究而引入的数学方法(傅里叶级数即用三角函数级数表示函数等),这些都为数学、物理学的发展奠定了坚实基础.

$$F(\omega)=\mathscr{F}[f(t)]=\int_{-\infty}^{\infty}f(t)\mathrm{e}^{-\mathrm{i}\omega t}\mathrm{d}t$$

傅里叶变换公式

其主要著作有《热的解析理论》《方程测定分析》等.其中前一文建立在牛顿热传导理论的速率和温差成正比的基础上,由此他被誉为“温室效应”的发现者.

## 17线问题

傅里叶从镇上军校毕业后,回到家乡学校任教,课余之际,他常思考一些数学、物理问题,他也十分欣赏自己的发现,更欣赏自己总结的规律.

一次,他写信给他的老师、朋友波纳(F. de Beaune).信中提出了下面一个问题:

在平面上作 17 条直线，使它们交点总数为 101 个，这办得到吗？

这个题目果然使波纳颇费了一番脑筋，当然傅里叶花费的时间似乎更多.看看他的分析：

平面上 $n$ 条直线两两都相交，最多可有

$$1+2+3+\cdots+(n-1)=\frac{1}{2}[n(n-1)]$$

个交点，这只需注意到下面的递推关系如图 1.

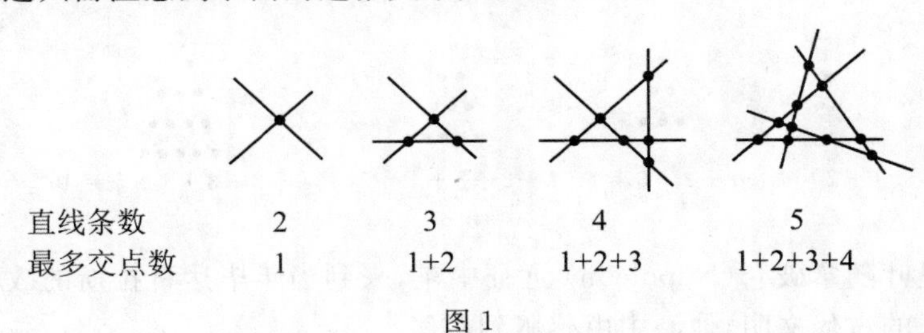


图 1

当 $n=17$ 时，交点最多有 136 个.而题目要求交点数为 101 个，这样直线中必须有 35 对（两两）平行.当每组平行线最多只允许两条时，问题无解；若允许两条以上直线平行，则问题有解.

由于每组平行直线的条数（注意：不是平行线的"对"数）不同，可有下面一些解答：

相应每种情况组内平行直线条数分别是（图 2）

(1,2,3,3,8)，(2,3,5,7)，(1,5,5,6)，(1,1,1,2,4,8)

还有别的答案吗？请你找找看.

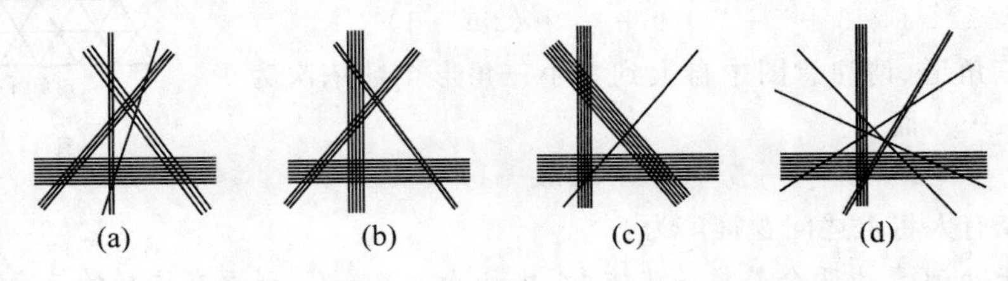


图 2

顺便讲一句：这里的最大交点数（记为 $m$）136 与指定交点数（记为 $n$）101 相差 35，请注意：$35=1+6+28$.

而 1,3,6,10,15,21,28,36,… 这类数称为三角数，这些数均可表示成 $\frac{k(k+1)}{2}$ 形式.35 恰恰是三个三角数之和.

换言之，这类问题中，上述数差 $m-n$ 必须可以表示成若干个三角数和时才有解.

# $m^2$ 个全等三角形

前文我们介绍了可表示成$\frac{n(n+1)}{2}$,即$1+2+3+\cdots+n$形式的数叫作三角数,它当属古希腊学者毕达哥拉斯的功劳.请见图3,其中奥妙不难发现:

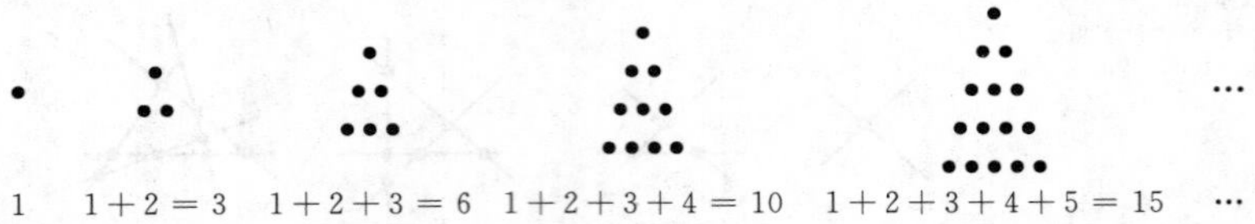

$1$　　$1+2=3$　　$1+2+3=6$　　$1+2+3+4=10$　　$1+2+3+4+5=15$　　$\cdots$

图3

傅里叶随拿破仑(Napoléon)远征中东,来到当年毕达哥拉斯的故乡.看到那些悠久的古代文明,他心中由感慨到敬佩.

入夜,一轮明月挂在空中,傅里叶望着月光下的原野,不由引发一阵思乡情怀.此时,对他来讲,最好的解脱是思考问题.他望着远处的金字塔沉思着、考虑着…… 灵机一动,问题来了:

一个三角形,能否剖分成$m^2$个全等的小三角形(它们均与所给大三角形相似,用当今时髦的词来讲,它们均系大三角形的"缩小版")?

傅里叶给出了肯定的回答.他的解法并不复杂,首先将所给三角形三条边都分成$m$等份,然后在等分点处分别连线(图4),这样,可将三角形分成

$$1+3+5+7+9+\cdots+(2m-1)$$

个小三角形(请注意图中自上到下小三角形个数依次为1,3,5,7,…),而

$$1+3+5+7+\cdots+(2m-1)=m^2$$

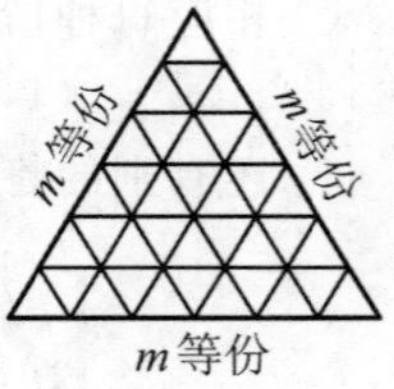

$m$等份　$m$等份　$m$等份

图4

今有人将上述问题推广为:

若$m$可表为两个整数的平方和,比如$m=k^2+l^2$,则存在这样的三角形,它可被剖分成$m$个全等的小三角形.

问题简解如下:

这种三角形是以$k,l$为边长的直角三角形,比如Rt$\triangle ABC$(图5).

作$CD\perp AB$,则$\triangle ABC$被分成两个与它相似的Rt$\triangle ACD$和Rt$\triangle CBD$.

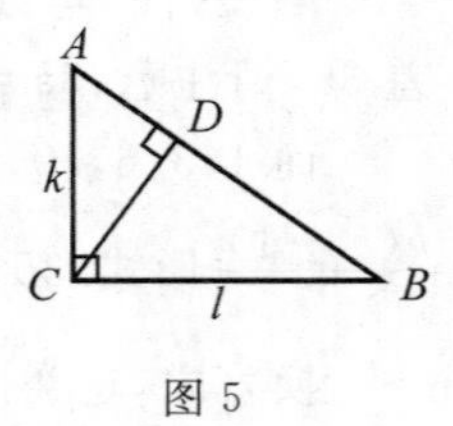


图5

依前述结论:$\triangle ACD$可剖分成$k^2$个与其相似且彼此

全等的小直角三角形.

同理$\triangle CBD$可剖分成$l^2$个与其相似且彼此全等的小直角三角形.

这样,$\triangle ABC$就被剖分成$m=k^2+l^2$个小直角三角形,且它们彼此全等.

**问题1** 有无这样的三角形,它可被剖分成1 989个彼此全等的小三角形?

## 12个全等的小三角形

从中东回到法国,傅里叶当过一段行政官员,这对他来讲并非是其喜欢的差使.这期间,他并未放弃他的热力学研究.工作之余,也找些数学问题做做,以解无聊.

一次,他从一本杂志上看到下面一个问题:

能否将一个三角形剖分成12个全等的小三角形?

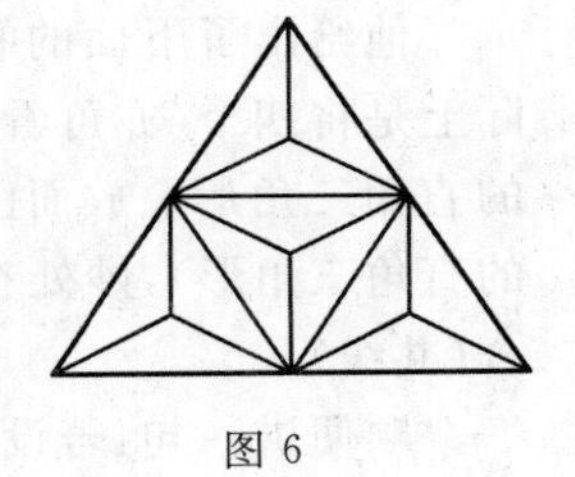
图6

这正是他几年前曾考虑过的同类问题.在草稿纸上画了几张图后,发现问题并非如他开始所想象的那么复杂,他把一个正三角形轻而易举地剖分成了12个全等的小三角形(见图6).

然而,对于一般三角形而言,这个问题的解他却一直未能找到.

## 剖成5个全等小三角形

傅里叶研究"一般三角形剖分成12个全等的小三角形"问题是久攻不下,然而,他却在一次演算中意外发现了下面的事实:

直角边长之比为1:2的直角三角形,可以剖分成5个全等的小直角三角形,且它们均与原来直角三角形相似.

他的解法很简单,只需如图7所示的剖分即可.

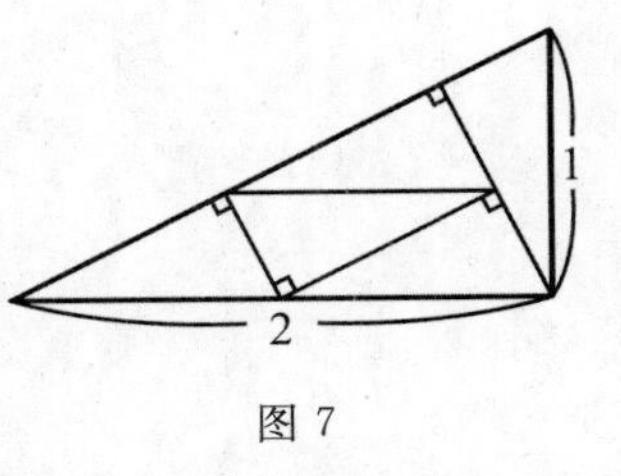

图7

**问题2** 上述剖分中,每个小直角三角形的三边长各是多少(设原直角三角形两边长分别为1和2)?

傅里叶所提供的问题及解法,其实恰恰是我们前面问题中提到的:若$m$可表示成两个整数的平方和形式,则存在这种三角形,它可被剖分成$m$个全等小三角形.

只需注意到 $5=1+4=1^2+2^2$ 即可.

**问题3** 把一个三角形能剖分成的全等小三角形的个数(不能是1)最少是几？这种三角形形状如何？又剖分成 4,8,16,… 个全等小三角形的三角形存在吗？

**问题4** 把一个等边三角形剖成五个等腰三角形.

# 全是整数

傅里叶研究直角三角形剖分时却又思考着前面曾提到的直线相交问题,两者的结合产生的问题竟是如此新颖而别致(这个成果耗去他大约三周时间).

平面上四条直线两两相交,所得线段长能否全部是彼此不同的自然数？

他给出了下面的答案.从图8中我们不难发现:这实际上是将四个(亦可看成两个)边长均为整数且彼此相似的直角三角形叠放而已(图8中有四个边长比均为3∶4∶5的直角三角形),妙处在于某些三角形叠放后的边恰好重合(共线).

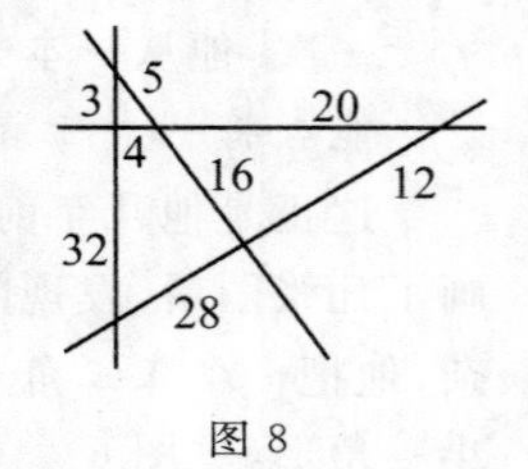

图8

顺便讲一句:若设 $AB=x$,则 $A,B,C,D$ 四点共圆,故有

$$AB^2+AD^2=BC^2+DC^2$$

即

$$x^2+(8x)^2=(4x)^2+(7x)^2$$

换言之,四个三角形相似比为1∶4∶7∶8.

讨论一下可知:$x$ 只能为4,而不能为3(此前由上知 $x$ 只能是3或4).

# 38 拿　破　仑

拿破仑(Napoléon,1769—1821),法国军事家和政治家,法兰西第一帝国和百日王朝皇帝.出生在科西嘉岛一个破落的贵族家庭.

巴黎军事学校毕业后,任炮兵少尉;法国革命时期,任革命军少将.

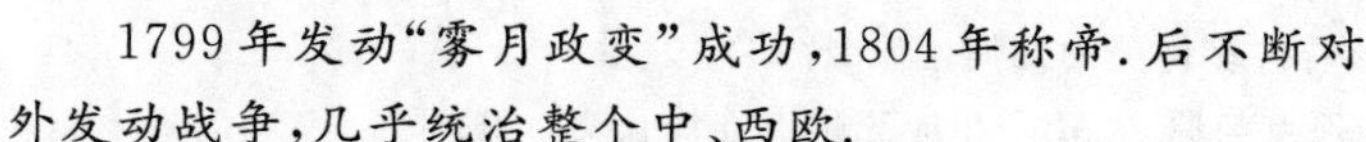

1799年发动"雾月政变"成功,1804年称帝.后不断对外发动战争,几乎统治整个中、西欧.

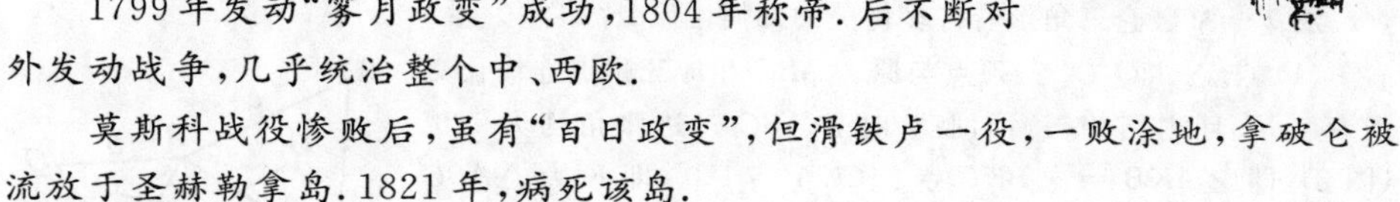

莫斯科战役惨败后,虽有"百日政变",但滑铁卢一役,一败涂地,拿破仑被流放于圣赫勒拿岛.1821年,病死该岛.

## 拿破仑三角形

滑铁卢战役后,拿破仑被流放到遥远的南大西洋上的圣赫勒拿岛.无聊而寂寞的流放生活,使得拿破仑一边靠撰写回忆录(1823年以《圣赫勒拿回忆录》为名出版)打发时光,一边读些他从法国带来的书籍.他对几何学尤其偏好,据称他还发现并证明了一些几何命题,比如下面的拿破仑三角形命题:

若在任意三角形的三边向形外各作等边三角形,则它们的中心构成一个等边三角形(人称拿破仑三角形).

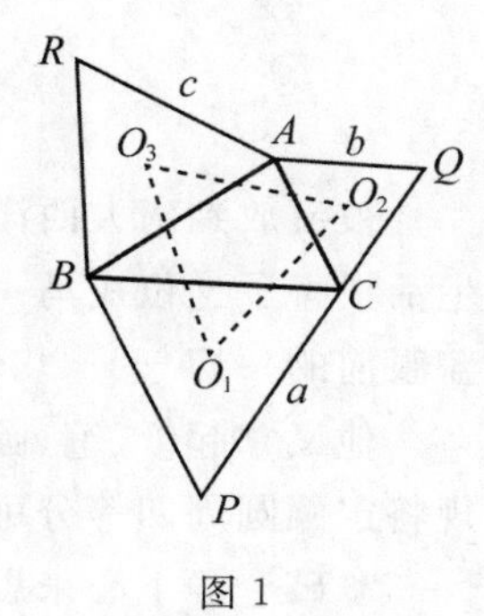


图1

结论很明快、新颖.他的证明也独具匠心.由已知条件知(图1)$\triangle ACQ$ 和 $\triangle ABR$ 外接圆半径分别为

$$AO_2=\frac{b}{\sqrt{3}},AO_3=\frac{c}{\sqrt{3}}$$

在 $\triangle AO_2O_3$ 中由余弦定理有

$$O_2O_3{}^2=\frac{1}{3}b^2+\frac{1}{3}c^2-\frac{2}{3}bc\cos(A+60°)=$$

$$\frac{1}{6}(a^2+b^2+c^2)+\frac{2\sqrt{3}}{3}S_{\triangle ABC}$$

这里先将 $\cos(A+60°)$ 展开,再注意到

$$\cos A = \frac{b^2 + c^2 - a^2}{2bc}$$

$$S_{\triangle ABC} = \frac{bc\sin A}{2}$$

类似地

$$O_1O_2{}^2 = O_1O_3{}^2 = \frac{1}{6}(a^2 + b^2 + c^2) + \frac{2\sqrt{3}}{3}S_{\triangle ABC}$$

从而

$$O_1O_2 = O_2O_3 = O_3O_1$$

**注 1** 在拿破仑成为法国皇帝前，他曾设法和大数学家拉格朗日、拉普拉斯(P. S. M. de Laplace)进行接触，讨论问题，直到后者严肃地告诫他："将军，我们从你那里得到的只是几何中的戒律." 拉普拉斯后来成为拿破仑的首席军事工程师.

**注 2** 拿破仑三角形有许多优美的几何性质. 比如：

(1) 自 $\triangle O_1O_2O_3$ 三顶点与原 $\triangle ABC$ 相应三顶点连线长交于一点 $K$，且它们相等，同时 $K$ 对 $\triangle ABC$ 三边张角均为 $120°$（图 2）（即 $\angle AKB = \angle BKC = \angle CKA = 120°$，即 $K$ 为 $\triangle ABC$ 的费马点）.

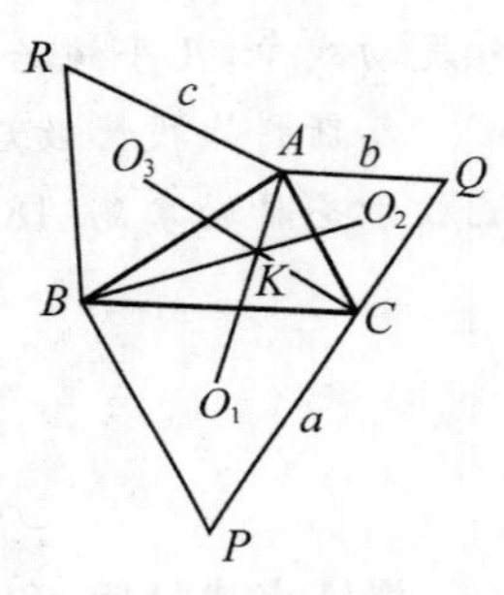

图 2

(2) 若在 $\triangle ABC$ 三边向形内作正三角形（以该边为长），上述性质亦然成立.

它们分别被称为内、外拿破仑三角形.

(3) 内、外拿破仑三角形有相同的中心.

(4) 内、外拿破仑三角形面积之差等于原 $\triangle ABC$ 面积.

**注 3** 其实这个命题还有更强的结论：

若向 $\triangle ABC$ 形外作三个相似三角形：$\triangle BCP \backsim \triangle RAB \backsim \triangle AQC$（注意字母顺序即相似三角形形状），则三个三角形外心构成的三角形与上述三个三角形相似.

# 圆规四等分圆周

被流放到南大西洋上的小岛，使得拿破仑几乎与世隔绝. 单调、缺少活动的生活损害了这位戎马一生的军人的身体健康，胃痛常使他不得不用其他方式掩盖眼前的一切 —— 几何训练也许是最好的方式.

他又拿起纸、笔、圆规. 他知道：只用圆规可以将一个圆六等分. 如果只用圆规将定圆圆周四等分可以吗?

拿破仑静下心来思考着.

几个小时过去了，他仍未有丝毫进展.

第二天天一亮，他便匆匆起床，伏在桌案上继续着他的思考．整整一个上午，他终于成功了，他找到了问题的做法：

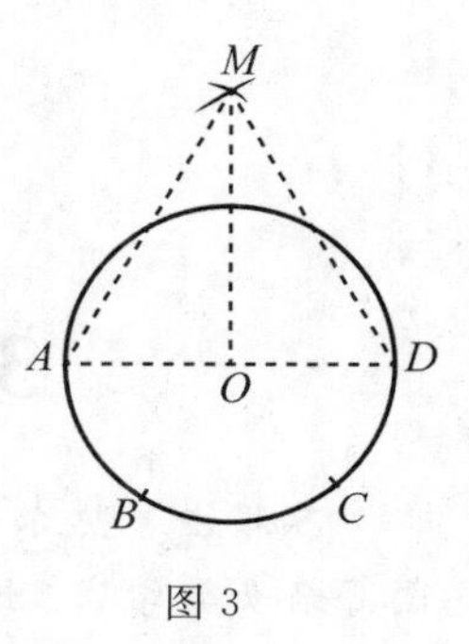

图 3

**作法**　如图 3，以定圆圆 $O$ 的半径 $r$ 为长在圆周上连续截取三点 $A,B,C$，则

$$AC=\sqrt{3}\,r$$

以 $A,D$ 为圆心，$AC$ 为半径作两弧相交于 $M$，则 $OM$ 即为圆 $O$ 内接四边形边长，注意到

$$OM=\sqrt{AM^2-AO^2}=\sqrt{3r^2-r^2}=\sqrt{2}\,r$$

## 均分成两块

在拿破仑流放地圣赫勒拿岛上，闲来无事的拿破仑常与志愿陪同的前宫廷大臣拉斯·卡萨斯（帮他撰写回忆录的人）讨论、演习一些智力问题．

一天他给卡萨斯出了一道智力题：将图 4 分成大小、形状相同的两块．该图形是当年他随军远征时见过的一块形状奇异的地块，他曾誓言：谁能将它分成形状相同的两块（将分成的图形之一翻转后与另一图形重合也可），地就赏给谁．然而当时无人能做到．

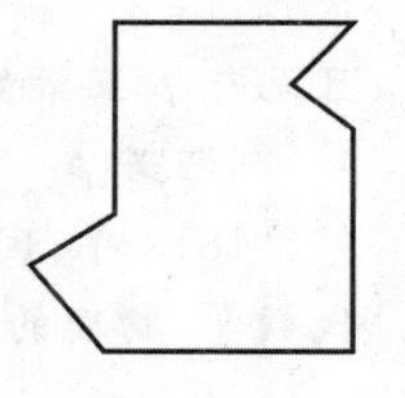
图 4

如今时过境迁，只留下片断回忆．

卡萨斯考虑了好几个晚上，仍未能解得此题．

当拿破仑将答案告诉他后，他看到题目解法竟然如此简单而后悔不迭．

**问题**　到底如何分？

流放中的拿破仑

# 39　苏菲娅·热尔曼

苏菲娅·热尔曼(Sophie Germain,1776—1831),法国著名女数学家.出生在法国巴黎,因读数学史而发觉其中奥秘进而进入数学王国大门.

她通过自学(当时法国理工大学不招收女生)微积分而精通数学.她还与拉格朗日、高斯等大师通信研讨数学问题.当高斯得知她是一位女性后称她"有高贵的勇气,非凡的才能和过人的智慧."

她对分圆问题甚有研究,同时还证明了费马猜想的特殊情形:即若 $p$ 为奇素数,则

$$x^p + y^p = z^p, p < 100$$

且无与 $p$ 互素的非平凡整数解.

(即若 $p < 100$,且 $p \nmid xyz$,则 $x^p + y^p = z^p$ 无非平凡整数解).

1813 年,因论文《关于弹性板震动研究报告》获法国科学院金质奖,成为近代数学、物理的奠基人之一.

## 必为合数(二)

热尔曼从数学史上知道,当年哥德巴赫给欧拉的信中提出:若 $n$ 是大于1的自然数,则 $4n^2+1$ 是合数.她知道这是哥德巴赫研究他的猜想时发现的.

不久,她居然也发现了一个类似的命题(它在因式分解中甚有用):

若 $n > 1$ 是自然数,则 $n^4 + 4$ 是合数.

她也是用加、减项再配方办法完成的.过程是:

由

$$n^4 + 4 = (n^4 + 4n^2 + 4) - 4n^2 = (n^2 + 2)^2 - (2n)^2 =$$
$$(n^2 + 2n + 2)(n^2 - 2n + 2)$$

故对任何 $n > 1$ 的自然数,$n^2 \pm 2n + 2 > 1$,即 $n^4 + 4$ 是合数.

# 等　积

热尔曼不仅喜爱数学，她对物理同样喜欢. 正因为她扎实的数学基础，才使得她在弹性力学方面取得重要成果.

在立体几何学习中，她常常考虑一些别人不曾考虑的且与代数或数论有关的“怪”题，比如：

对长方体而言，三度（长、宽、高）和一定且均为整数的图形中，有无等积（体积相等）者？

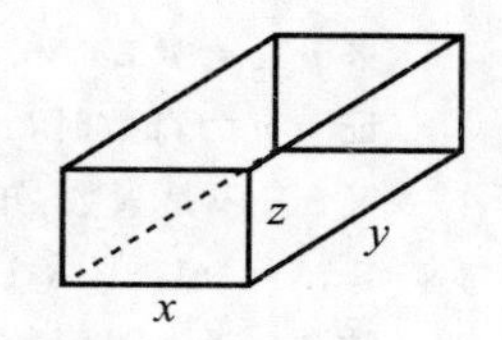

图 1

如图 1，设长方体长、宽、高分别为 $x, y, z$，问题即是：

若 $x_1 + y_1 + z_1 = x_2 + y_2 + z_2 = \cdots$ 为定值，且 $x_i, y_i, z_i (i = 1, 2, 3, \cdots)$ 均为整数，有无使 $x_1 y_1 z_1 = x_2 y_2 z_2 = \cdots$ 成立者（这显然是一个不定方程组问题）？

热尔曼找到了这样的数组，且发现有无穷多组.

而后，人们将问题进一步拓展为：使结论成立的数组组数可否为 2，3，4，5，…？

经研究发现：使结论成立的数组组数不大于4的有无穷多组，其中对4组的情形：

数组诸数和最小者为 118，它们分别是(14,50,54)，(15,40,63)，(18,30,70)，(21,25,72)，每组数积均为 37 800；

数组诸数积最小者为 25 200，它们分别是(6,56,75)，(7,40,90)，(9,28,100)，(12,20,105)，每组数和均为 137.

使结论成立的数组数为 5 者，仅下面一组：

(6,480,495)，(11,160,810)，(12,144,825)，(20,81,880)，(33,48,900).

它们每组数和均为 981，每组数积均为 1 425 600.

使结论成立的数组数大于 5 者，至今人们尚未发现. 若有兴趣你无妨找找看.

**注 1**　此问题又称 Mauldon 问题，系由 Mauldon 最早提出的.

**注 2**　热尔曼关于费马猜想证明了结论：

若 $x, y, z$ 两两互素，又 $n$ 是素数，且 $2n+1$ 亦为素数时（$n$ 称为苏菲娅素数或热尔曼素数），且当 $n$ 不整除 $xyz$ 时，方程

$$x^n + y^n = z^n$$

无整数解.

此问题的特例形式很多，有的曾作为国际奥林匹克赛题，比如：

对于方程 $x^n + y^n = z^n$，当 $n \geqslant z$ 时，方程无正整数解.

**证** 用反证法. 若有正整数 $x,y,z,n$ 且 $n \geqslant z$ 使方程成立,则有

$$x < z, y < z$$

由

$$z^n - y^n = (z-y)(z^{n-1} + yz^{n-2} + \cdots + y^{n-1}) \geqslant 1 \cdot n \cdot x^{n-1} > x^n \quad (1)$$

这是因为正整数 $y < z$,知 $z - y \geqslant 1$,又 $x < z \leqslant n$, 知 $nx^{n-1} > x^n$.

式(1) 表明 $z^n - y^n > x^n$ 与前设矛盾!

此外,类似地问题提法较多,比如:

*若 $n$ 是奇数, $x^n + y^n = z^n$, 当 $x + y$ 为素数时,方程无非 0 整数解.*

**证** $n$ 为奇数时, $x^n + y^n$ 可被 $x + y$ 整除.

又 $x + y$ 是素数,知 $z^n$ 可被 $x + y$ 整除,且 $z$ 亦可被 $x + y$ 整除. 即 $z \geqslant x + y$, 从而 $(x + y)^n \leqslant z^n = x^n + y^n$, 这显然矛盾.

**注 3** 若 $p$ 是素数且 $2p - 1$ 亦是素数,则称 $p$ 为苏菲娅·热尔曼素数,它有许多特殊且有趣的性质.

1995 年 10 月杜布奈尔(H. Dubner) 发现了至当时最大的苏菲娅素数

$$p = 10^{5\,072} - 1$$

1998 年人们又发现

$$p = 923\,051 \times 2^{16\,998} + 1 \quad (5\,122 \text{ 位})$$

而 $2p + 1 = 92\,305 \times 2^{16\,999} + 3$.

此前的纪录是

$$p = 2\,687\,145 \times 3\,003 \times 10^{5\,072} - 1$$

# 40 高　斯

高斯(C. F. Gauss,1777—1855),德国著名的数学家、物理学家和天文学家,出身于德国布伦瑞克的一个农民家庭.幼年时就显示出他的数学才华,11 岁时发现了二项式展开系数关系.

1795 年,就读于哥廷根大学.自从发现正 17 边形尺规作图法以后,他便决定以数学为其终身事业.

1799 年,高斯以证明"一元 $n$ 次多项式(方程)至少有一个根"(代数学基本定理)的成就荣获博士学位.

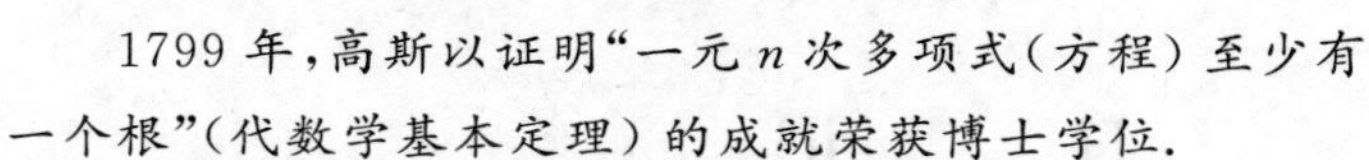

1840 年,被选为英国皇家学会会员.一生中,他在数学上有许多重要的成就,除上面代数基本定理的证明外,还发现了复数的几何表示法(用平面上的点表示,后人称该平面为高斯平面)、微分几何的曲面理论(高斯曲面)、曲面积分中的高斯公式等.他在天文学研究中也有许多重大发现,例如他给出了行星运行轨道新的计算方法等.他还发现了一些小行星.在物理学方面,他对电磁学研究也有杰出的贡献.

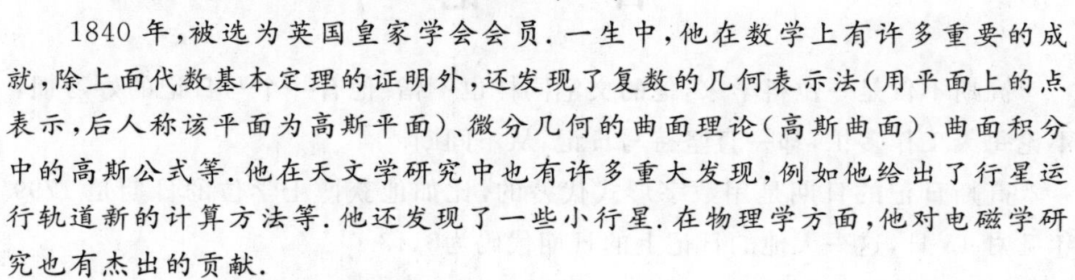

1855 年 2 月 23 日在哥廷根天文台住所逝世.之后,汉诺威王命令为高斯做一枚纪念章,上面刻着:"献给数学王子,汉诺威王乔治",从此高斯有了数学王子之称誉.

他一生发表论文 155 余篇和著作多部,如《数论》《分析》《数学物理学》《天文学》等均为其代表作.

## 求　和

高斯的小学时代是在他的家乡布伦瑞克度过的.那里交通不便,文化落后.

在他就读的那所小学里,担任德文和数学课的是一位年逾花甲的老先生.他常因班上学生顽皮自己又无可奈何而大发脾气.

一个炎热的下午,老师终因学生们的不安静而想出了一个"高招"—— 让他们算题.于是他在黑板上写下了:

计算 $1+2+3+4+\cdots+99+100=?$

他以为计算这道题足够这些淘气的孩子消磨一阵时光了.没想到,他把算题写完不久,小高斯便举起手来答道:

"这个和是5 050!"

这一举动令数学老师大为惊讶.高斯的算法是

$$\begin{array}{r} 1+2+3+\cdots+99+100 \\ +\quad 100+99+98+\cdots+2+1 \\ \hline 101+101+101+\cdots+101+101 \end{array}$$

"真是太妙了!"老师为小高斯的数学天赋而欣喜万分.

**问题1** 请问,1～100这100个数中,全部"数字"和是多少?又,若从1到某个数的全部"数字(包括0)"的个数是1 998个,问这个数是几?

## 日 记

高斯不仅是一位科学家,他的文笔同样也不错.他有一个写日记的好习惯,不论每天工作多忙,却一直坚持写日记,从不间断.

高斯日记的日期是用数字形式代替的,比如他获博士学位的日期是1799年7月16日,这一天他的日记上的日期代码为8113.

人们查阅高斯的日记时发现:他找到"数论"中一个重要定理的日子是5 343.请问:你能知道这一天是何年何月吗?

首先,由于8 113－5 343＝2 770,这样从1799年7月16日向前追溯2 770天,即为5 343代表的年月日.

2 770天大约为七年的光景,从1798年向上追溯至1792年的七年中,平年有5个,闰年有2个,总计天数为

$$365\times5+366\times2=2\ 557(\text{天})$$

此外,1799年1月1日到7月16日的诸月天数是:1,3,5月为31天;4,6月为30天;2月(非闰月)为28天;7月为16天,这样总计有197天.而2 770－2 557－197＝16(天).

从而知5 343这一天为1791年的最后一天(12月31日),再追溯16天即1791年12月15日.

**问题2** 1800年这一年有多少天?该年的某个月份的第一天能是星期天吗?

# 八后问题

高斯在工作之余，喜欢独自一人玩国际象棋，玩法多数是他自己设计的(这些常与他研究的数学问题有关).

1850 年，高斯又给自己提出了一个象棋问题：

在国际象棋棋盘(8×8)上放 8 个"皇后"，使其不能相互攻击(即任意两后不能位于棋盘的同一行、同一列或同一斜线上)，有多少种放法？

高斯大约花去一个月的业余时光，给出了这个问题的 76 种解(图 1 为其中两种).

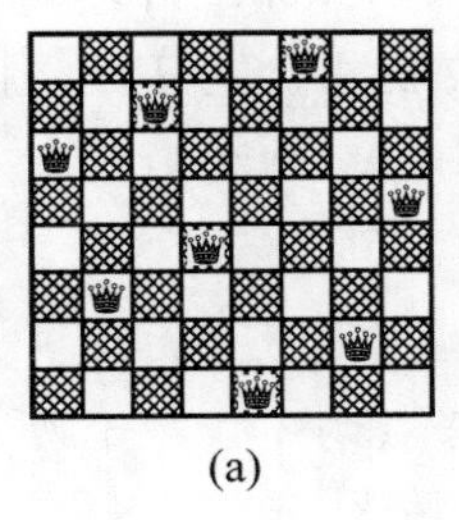

(a)

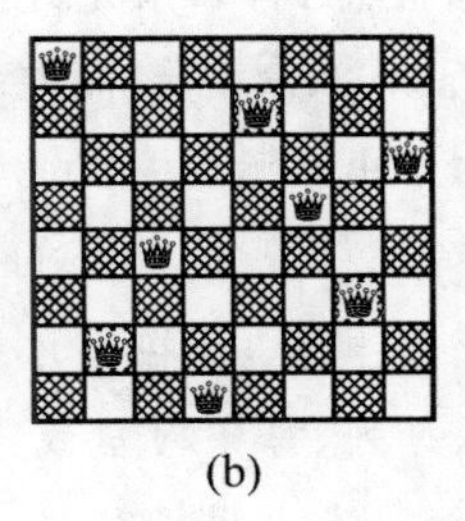

(b)

图 1

后来人们发现，这种解共有 92 种(它们均是不能通过旋转、反射而相互得到的). 有人利用电子计算机给出了全部解的排布.

**注 1**　关于棋盘 $n$ 个王后问题是这样叙述的：

在 $n\times n$ 棋盘上最少可以放置多少个王后，使得每个方格或者被一个王后占据，或者受到王后的攻击？此称 $n$ 后问题. 在 8×8 的棋盘上最多可放 5 个王后(见图 2).

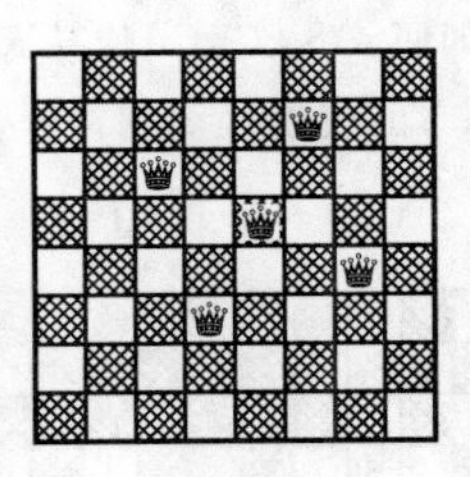

图 2

在 $n\times n$ 的棋盘上，Kraitchik 对互相免受攻击的王后个数给出了表 1：

**表 1**

| $n$ | 5 | 6 | 7 | 8 | 9 | 10 | 11 | 12 | 13 | 14 | 15 | 16 | 17 |
|---|---|---|---|---|---|---|---|---|---|---|---|---|---|
| 王后个数 | 3 | 4 | 5 | 5 | 5 | 5 | 5 | 6 | 7 | 8 | 9 | 9 | 9 |

对 $n=5,6,11$，相应的王后位置画在图 3 中.

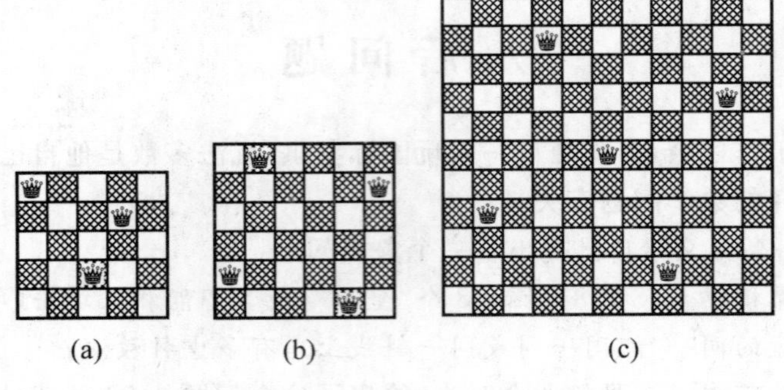

(a) (b) (c)

图 3 覆盖 $n\times n$ 棋盘的王后($n=5,6,11$)

Victor Meally 注意到，如果允许王后的相互保护，在 $6\times 6$ 的棋盘上只有 3 个王后就够了(在 a6，c2，e4)上，而在 $7\times 7$ 的棋盘上只要 4 个王后就够了.

**问题 3** 请你给出八后问题的另外两种解(即它们不是上面的解通过旋转、反射变换后得到的).

**问题 4** $6\times 6$ 的棋盘，已在对角线两端格子放了两枚棋子，若使棋盘每行、每列、每条对角线上棋子数均不能多于两枚，请问至多还能放置多少棋子?

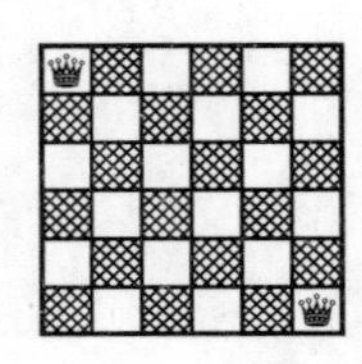

图 4

**注 2** 有人称，"八后问题"是诺克(F. Nauck)于 1850 年首先提出的. 1874 年京特(Dr. S. Günther)给出一个行列式解法，同年格莱舍(Dr. J. W. L. Glaisher)将方法改进.

**注 3** 有人还将此问题做了推广，即将"后"改为"车". 比如：

① 在 $8\times 8$ 国际象棋棋盘上放两枚"车"彼此不相攻击，共有多少种放法?

② 在 $8\times 12$ 国际象棋棋盘上如何放 8 枚"车"使其彼此不相攻击?

对于问题 ①，若棋盘为 $m\times n$，车的枚数为 $k$，则符合要求的放法共有 $C_m^k C_n^k k!$ 种.

对于问题 ②，图 5 为答案之一.

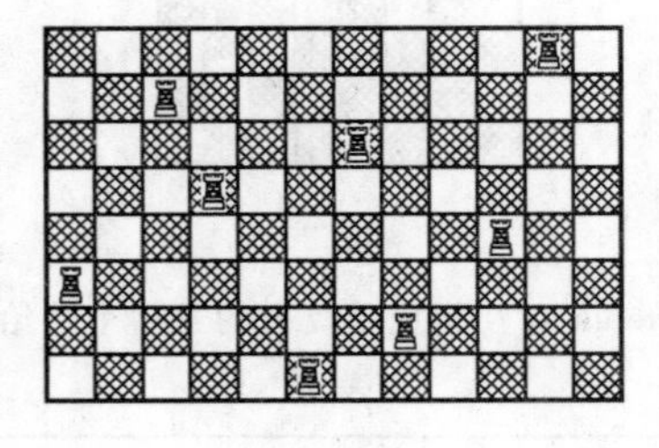

图 5

## 整　除

高斯对数论甚有研究，他常常以其犀利的眼光提出许多真知灼见. 下面是他曾提出的一个命题(这个命题在许多问题的证明上都有用)：

若正整数 $a,b$ 均小于素数 $p$，则 $a,b$ 不能被 $p$ 整除.

高斯的证明既简单又明快. 证明是这样的：

由于 $p$ 为素数，若 $a,b$ 能被 $p$ 整除，则或者 $a$ 能被 $p$ 整除，或者 $b$ 能被 $p$ 整除.

但由于 $a<p$，且 $b<p$，这是不可能的. 从而 $a,b$ 不能被 $p$ 整除.

这里高斯采用了反证法.

**问题5**　数字1,2,3,…,8,9每个只许用一次，最多能组成多少素数？完全由素数数字组成的完全平方数存在吗？

## 算出来的行星

高斯不仅擅长数学研究，他还喜欢天文观测，并且常常把数学里的结论运用到那里.

一次，他观察一张水、金、地、火、木、土诸星与太阳距离的数表(设地、日距离为 10，依波蒂(P. Petit) 定律可有这样一串数字)

$$4,\ 7,\ 10,\ 16,\ 52,\ 100$$

以上各数分别减去 4 后即为

$$0,\ 3,\ 6,\ 12,\ 48,\ 96$$

高斯仔细观察后发现：上面一列数，除第一、第五个数外，其余各数均为其前一个数的 2 倍.

高斯认为，依数列完整的观点，在 12 和 48 之间还应有一个数 24. 换言之，除上述诸星外，太阳系还应有一颗行星(宇宙万物也是合乎数学规律的).

高斯在天文观测

1781 年，人们发现了“天王星”，而后人们又发现它与太阳的距离为 192，这与按照上面“波蒂定律”计算的结果 100 后面的下一个数 196 甚为接近.

1801 年，意大利天文学家皮亚齐(Piyacci) 在与太阳距离为 28 的地方果然找到了一颗小行星——“谷神星”(注意 $28-4=24$ 的事实).

从此，人们用高斯提出的新行星运行轨道的计算方法去观察天体运行.

**问题 6** 数列 2,5,8,…(每项比前一项大 3) 的第 1996 项平方的个位数字是几?

# 算术——几何平均值数列

数学中有不少平均:算术平均、几何平均、调和平均 …… 设 $a,b$ 为两正数，则:

算术平均:$A=\frac{1}{2}(a+b)$,

几何平均:$G=\sqrt{ab}$,

调和平均:$H=\frac{1}{2}\left(\frac{1}{a}+\frac{1}{b}\right)$,

加权平均:$pa+qb(0\leqslant p,q\leqslant 1$ 且 $p+q=1)$.

幂平均:$\left[\frac{1}{2}ar+br\right]^{\frac{1}{r}},r>0,\cdots$

1791 年(年仅 14 岁)，高斯发现算术、几何平均值数列一个奇妙的性质:

设 $a_{n+1}=\frac{1}{2}(a_n+b_n),b_{n+1}=\sqrt{a_nb_n},n=0,1,2,\cdots$，其中 $a_0=a,b_0=b$ 非负.

则

$$\lim_{n\to\infty}a_n=\lim_{n\to\infty}b_n$$

因其极限值仅依赖于 $a,b$，则上式极限值可记为 $M(a,b)$.

高斯发现:$M(\sqrt{2},1)=\frac{\pi}{2}$.

此外高斯还将它与所谓椭圆积分(这类积分一般无法用初等函数有限形式给出，俗称“函数积不出”)

$$A=\int_0^{\frac{\pi}{2}}\frac{\mathrm{d}\theta}{\sqrt{a^2\cos^2\theta+b^2\sin^2\theta}}$$

有关问题联系起来(此积分系由研究单摆运动时导出的)，具体地说

$$M(a,b)=\frac{\pi}{2}\left[\int_0^{\frac{\pi}{2}}\frac{\mathrm{d}\theta}{\sqrt{a2\cos^2\theta+b2\sin^2\theta}}\right]$$

换言之，积分 $A$ 可用数列 $a_n$，$b_n$ 去逼近（或近似）.

# 正十七边形

1796 年，高斯就读哥廷根大学期间常在图书馆翻阅数学史资料.

一次他看到费马关于素数的猜测式：$F_n=2^{2^n}+1$ 中，$n=0$ 时，$F_0=3$；$n=1$ 时，$F_n=5$；$n=2$ 时，$F_n=17$，…

在中学几何课上他学过正三角形、正五边形尺规作图方法，于是他想：正十七边形也能否用尺规作出？

苍天不负苦心人，经过月余的劳动，高斯终于找到了它的作图方法：

见图 6，$AB\perp CD$，$O$ 为圆心.

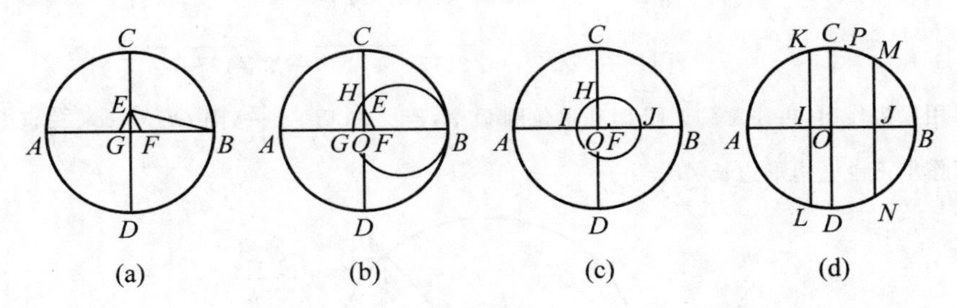


图 6

取 $OE=\frac{1}{4}OC$，作 $\angle OEF=\frac{1}{4}\angle OEB$，并作 $\angle FEG=45^\circ$（见图 6(a)）.

以 $GB$ 为直径作圆交 $DC$ 于 $H$（见图 6(b)）.

以 $F$ 为圆心，$FH$ 为半径作圆交 $AB$ 于 $I$，$J$（见图 6(c)）.

过 $I$，$J$ 作 $AB$ 的垂线交圆 $O$ 于 $K$，$L$，$M$，$N$，平分弧 $\overparen{KM}$，得中点 $P$，则 $MP$ 即为圆 $O$ 内接的正十七边形的边长.

由于该项发现，高斯从此放弃了学习文学的打算而走上了数学研究之路.

不久高斯便证得：若 $F_n=2^{2^n}+1$ 是素数，则正 $F_n$ 边形可用尺规作出（严格地讲是：正 $n$ 边形可用尺规作图 $\Longleftrightarrow n\geqslant 3$ 且其奇数因为均为费马素数）.

正十七边形作图除了高斯的方法外，还有 Serret，Von Standt，Schubert，I. Lowry 方法等.

当 $F_1$，$F_2$ 作图完成后，1832 年德国人黎西罗(Richelot) 完成了正 $F_3=257$ 边形作图，而后盖尔美斯利用 17 年时间完成 $F_4=65\ 537$ 边形作图（图 7）.

为了纪念高斯，人们在他的出生地不伦瑞克建造了一个以正十七边形为底座的纪念碑，以让人缅怀他为数学发展所作出的贡献.

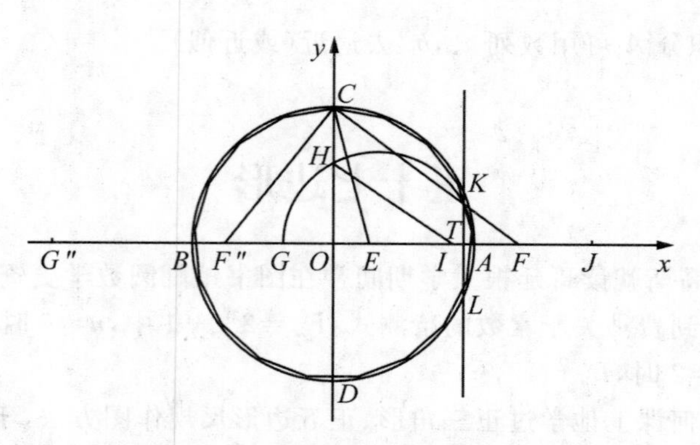


图 7　在平面直角坐标系上作圆内接正十七边形

**注**　高斯的正十七边作法依据是他算得

$$\cos\frac{2\pi}{17}=\frac{1}{16}\Big\{-1+\sqrt{17}+\sqrt{2(17-\sqrt{17})}+2\Big[17+3\sqrt{17}-\sqrt{2(17-\sqrt{17})}-2\sqrt{17+\sqrt{17}}\Big]\Big\}^{\frac{1}{2}}$$

它可用尺规作出，再注意到如图 8，在单位圆 $O$ 中，若 $\angle AOB=\frac{2\pi}{17}$，则 $OD=\cos\frac{2\pi}{17}$，$OD$ 给出可作出正十七边形边长 $AB$.

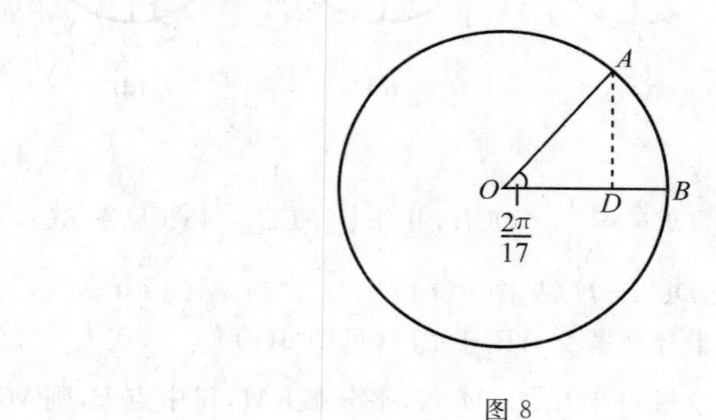


图 8

# 41 泊　　松

泊松(S. D. Poisson,1781—1840),法国数学家、力学家和物理学家.生于法国卢瓦雷省.

1798年进巴黎综合工艺学校,毕业后留校,任副教授、教授.1812年被选为法国科学院院士,1826年被选为彼得堡科学院名誉院士.

他在数学上主要从事定积分、概率论、变分学、级数等的研究.晚年从事概率论研究,做出了重要贡献,建立了描述随机现象的概率分布(泊松分布,即由 $a_k=\frac{e^{-\alpha}}{k!}\alpha^k$ 给出的分布概率称为有参数$\alpha$的泊松分布,其中$k$为非负整数),证明了“大数定律”.此外对力学、电磁学研究也有贡献.

他一生发表论文300多篇,主要著作有《力学教程》等.

## 干了几天

泊松出生在法国一个普通家庭中,父亲是他的启蒙老师.中学期间,老师就发现他擅长数学.

一天数学课上老师出了下面的问题:

某工厂规定,工人每劳动一天得48法郎,不劳动时,每天退给工厂12法郎.某人在进厂30天后分文未获,试问这30天中他劳动了几天?

正当不少人一筹莫展时,泊松却给出了一个相当漂亮的解法.

设该工人工作 $x$ 天,依题意可有

$$48x-12(30-x)=0$$

由方程解得 $x=6$(天),即30天中他只劳动了6天.

## 分　　酒

泊松本人并不善饮酒,然而他却对“分酒问题”颇感兴趣,这类问题很多,提法不一，难易程度相差甚远. 最令他感兴趣的问题是下面的一道分酒难题：

某人有12品脱酒(品脱是欧洲的一种计量单位)，计划送人一半，但手中仅有8品脱和5品脱的容器，请问如何分?

泊松给出了两种分法(过程见表1、表2).

表1　第一种方法

| 步 骤 | 一 | 二 | 三 | 四 | 五 | 六 | 七 | 八 |
|---|---|---|---|---|---|---|---|---|
| 12品脱 | 12 | 4 | 4 | 9 | 9 | 1 | 1 | 6 |
| 8品脱 | 0 | 8 | 3 | 3 | 0 | 8 | 6 | 6 |
| 5品脱 | 0 | 0 | 5 | 0 | 3 | 3 | 5 | 0 |

表2　第二种方法

| 步 骤 | 一 | 二 | 三 | 四 | 五 | 六 | 七 | 八 | 九 | 十 | 十一 | 十二 |
|---|---|---|---|---|---|---|---|---|---|---|---|---|
| 12品脱 | 12 | 7 | 0 | 0 | 8 | 8 | 3 | 3 | 11 | 11 | 6 | 6 |
| 8品脱 | 0 | 0 | 7 | 8 | 0 | 4 | 4 | 8 | 0 | 1 | 1 | 6 |
| 5品脱 | 0 | 5 | 5 | 4 | 4 | 0 | 5 | 1 | 1 | 0 | 5 | 0 |

**注1**　这个问题与韩信“立马分油”问题类似(见前面内容).

**注2**　利用泊松分布求概率：

某事件在给定区间平均发生 $\lambda$ 次，在给定区间发生 $r$ 次的概率

$$P(x=\lambda)=\frac{e^{-\lambda}\lambda^{r}}{r!}$$

# 42 麦比乌斯

麦比乌斯(A. F. Mobius,1790—1868),德国数学家、天文学家.

1790 年生于德国舒尔福特,早年在莱比锡大学求学,1815 年任该校教授,其间因发表《关于行星掩星的计算》一文而获赞誉.而后转至哥廷根大学,成为大数学家高斯的得意门生和助手.1844 年任莱比锡天文台台长.1868 年 9 月 26 日在莱比锡病逝.

他以其制造的单侧曲面 —— 麦比乌斯带而闻名于世.

1840 年,他最早提出了地图着色问题(四色定理).

1863 年出版了《初等关系的理论》一书,书中蕴含了深刻的数学新思想(拓扑思想).

此外他的《重心计算》一书对射影几何这门学科的产生和发展有着重要的影响.他还出版了《论文集》(4 卷).

## 单侧曲面

莱比锡大学的两名学生在课间休息时玩着猜硬币的游戏 —— 扔一枚硬币,猜是正面朝上还是反面朝上,输(猜错)者被刮一下鼻子.

不一会儿,两人的鼻子都被对方刮红了.

麦比乌斯看后笑着说:“为了猜中正面还是反面,连鼻子都不要了?请看这个东西吧.”

说完他用纸裁了个细长条,又把纸条拧了 180°,用糨糊把纸条($AA'$,$BB'$)粘上(图 1).

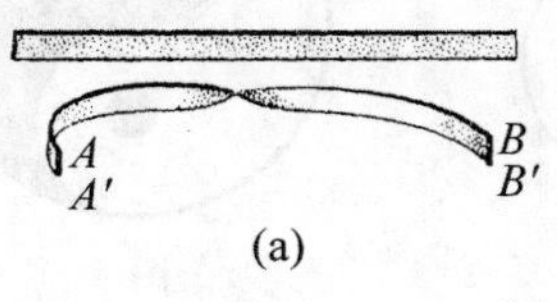


(a)

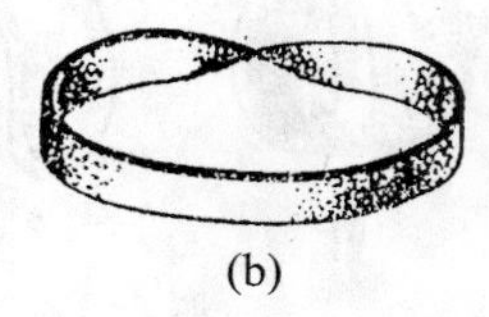

(b)

图 1

"请问两位高徒,这个图形哪儿是正面?哪儿是反面?"

两位学生从教授手中接过纸带,找了半天也没找出正、反面 —— 原来这个曲面只有一个面.

换句话说:你用铅笔从纸带某一点出发,沿纸带前进,尽管笔尖不离开纸带,可它最后竟然可回到出发点(这也使人联想起数学中的无穷大号"∞"来,多么形象、多么深刻、多么恰如其分).

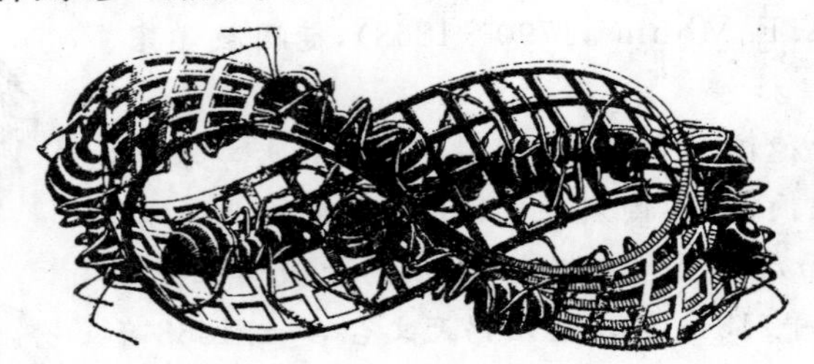

埃舍尔(M. Escher)的麦比乌斯带画作

**问题 1** 请你用纸条做一个麦比乌斯带,然后沿它的中线和它的三等分线(图 2 中虚线)剪裁,结果将会怎样?

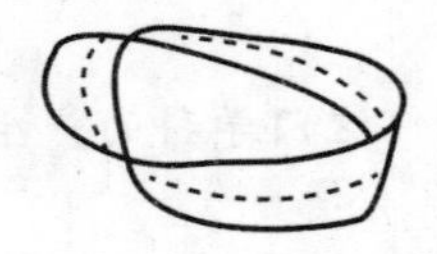

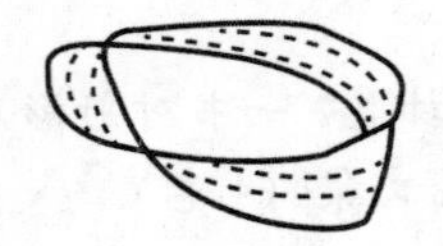

图 2

**注** 这条扭转后粘起来的纸带称为麦比乌斯带,这条纸带有许多有趣的性质. 比如,沿它的中心线(图中虚线)剪开后,仍是一条封闭纸带(但它却有两个侧面);若沿它的离边沿$\frac{1}{3}$宽的线剪开,则会得到两个套起来的纸圈.

麦比乌斯带推广到空间,即为所谓克莱茵瓶(图 3),它是仅有一个面的几何体.

有人还发现:麦比乌斯带在平面上的投影恰好同我国《周易》上的太极图(图 4).

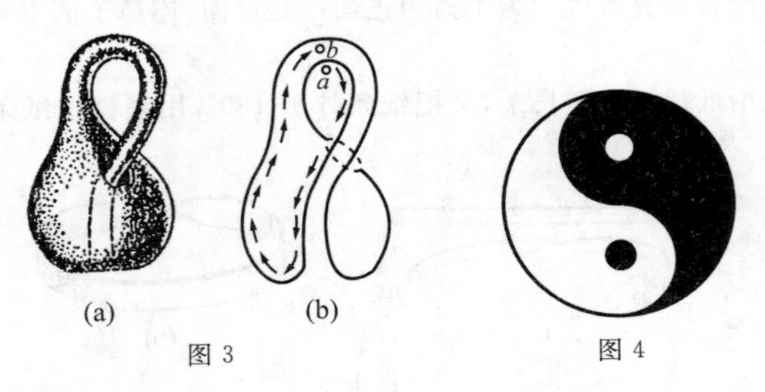


(a) (b)

图 3 图 4

# 在岸上还是在水中

麦比乌斯与几位朋友去一个靠近湖泊的小村庄度周末.

他们在湖边架起了帐篷,一边垂钓,一边就地野炊 —— 喝着鲜美的鱼汤,望着湖上的景色,真是让人心旷神怡.

趁着兴致,麦比乌斯想起了他的研究 —— 涂色解题,于是用干树枝在地面上画了张图(图 5),然后指着图上的曲线道:

“这些都是湖岸线.若知 $A$ 在岸上,请问 $P$ 是在湖中还是在岸上?”

几位朋友看了半天,比画了好一阵子,还是不得要领.最后还是麦比乌斯给出了答案.

他说:“既然 $A$ 在岸上,又知道图中所有曲线均为湖岸,这样我们若用阴影表示水面,这张图可这样涂色.”说完他又用干树枝在图中画了许多斜线(图 6).如此一来,图中的湖面及湖岸就一清二楚了.

显然点 $P$ 在湖岸上.

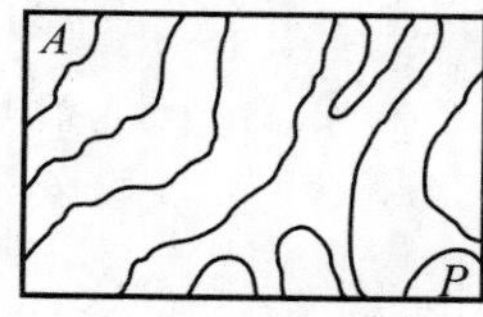


图 5

图 6

**问题 2** 请问,某人从图上某一点 $B$ 走到 $P$ 时,下水脱鞋、上岸穿鞋的次数和是奇数,请问,点 $B$ 在岸上还是在水中?

**注** 解答问题之后你会发现:上文中的问题还有另一解法:

联结 $A,P$,然后数数连线与图中曲线交点的奇偶性,亦可判断出点 $P$ 在水中还是岸上.此解法在前面章节中曾有介绍.

**附注** 麦比乌斯在几何和解析几何研究上均有见树.他在平面几何中提出了著名的两相交圆交角定理(图 7):

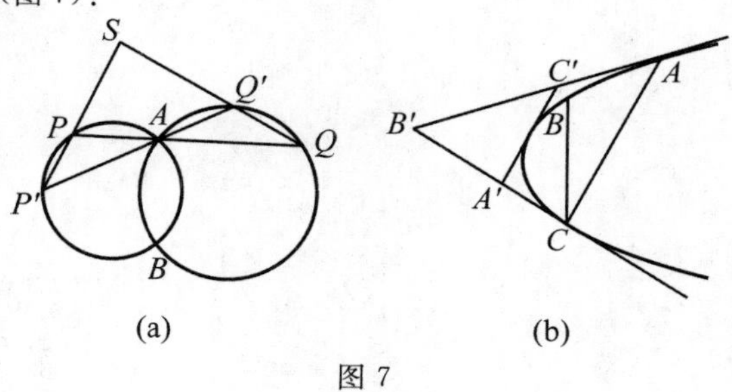


图 7

过两圆交点 $A$ 分别作两直线 $PQ$ 和 $P'Q'$，分别交两圆于 $P, P'$ 和 $Q$，点 $Q'$，则 $PP'$ 与 $QQ'$ 交角为定值.

此外，他还发现内接于抛物线的三角形面积定理：

分别过抛物线内接 $\triangle ABC$ 的顶点作抛物线切线，设三切线交点分别为 $A', B', C'$，则 $S_{\triangle A'B'C'} = \frac{1}{2} S_{\triangle ABC}$，这里 $S$ 表示面积.

# 43　罗巴切夫斯基

罗巴切夫斯基(Н. И. Лобачевский,1792—1856),俄国数学家.

他出生在一个公务员家庭.8岁时丧父,在母亲的大力支持下,1807年读完中学后考入喀山大学.

1811年,大学毕业后留校任教,同年获硕士学位.30岁任教授,此后曾任该校数学物理系主任及校长等职.

罗巴切夫斯基一生的重要贡献是创立了"非欧几里得几何"("黎曼几何"亦为其中之一,它们简称"非欧几何",罗巴切夫斯基非欧几何与此同时发现者还有匈牙利的数学家波尔约),这是他在试图证明"欧几里得第五公设"(过直线外一点只可作一条直线与已知直线平行)屡遭失败后而创立的新几何体系.他在概率论、三角级数、几何学研究上皆有贡献.

主要著作有《代数学和有限运算》《虚几何》(又译《泛几何学》)《几何学的新定理及完整的平行线理论》等.

## 工程问题

一位承包商向有"神童"之称的少年罗巴切夫斯基请教一个问题:

某项工程若甲、乙两人单独去做,甲比乙多用4天时间可完成;若甲先做两天后,再和乙一同去做,则工程共用7天可完成.问:甲、乙两人单独做此工程各需多少天可完工?

这是一道工程题目,按算术或代数中的方程去解并不很困难,但那要考虑分数(式).罗巴契夫斯基的解法堪称巧妙,他避开了分数而直接分析,获解.他的解法为:

设甲、乙两人每人完成该项工作的一半.依题意:甲、乙两人单独完成这项工作,甲比乙多用4天,所以当各人单独完成一半工作,甲比乙多用两天时间.

另外,已知甲先做两天,然后与乙合做,7天完成该项工作,这就是说:甲、乙共同完成全部工作时(每人做一半),相差恰好是2天.那么很明显,甲在7天中正好完成工作的一半，乙在 5 天中也完成工作的一半.

这样，甲单独完成全部工作要 $7 \cdot 2 = 14$（天），乙单独完成全部工作需 $5 \cdot 2 = 10$（天）.

## 素数角度的直角三角形

罗巴切夫斯基在做完老师留的几何作业之后（计算直角三角形锐角角度的问题），信手拿过一本几天来一直研读的《数论》书来. 他已知道了不少关于素数的奇妙而耐人寻味的知识，于是他想：

*有无锐角角度均为素数的直角三角形？若有有多少个？*

罗巴切夫斯基首先将 90 以内的素数全部列出来

2，3，5，7，11，13，17，19，23，29，31，37，41，43，47，
53，59，61，67，71，73，79，83，89

稍加验算（从中找出两数之和为 90 者）他发现这样的直角三角形共有 8 个，它们的锐角分别为

$(7°, 83°)$，$(11°, 79°)$，$(17°, 73°)$，$(19°, 71°)$
$(23°, 67°)$，$(29°, 61°)$，$(31°, 59°)$，$(37°, 53°)$

你能从中发现点什么规律吗？

**问题 1** *三个角度数均为素数的不等边三角形存在吗？这样的等腰三角形存在吗？*

## 三 等 分 角

在中学读书的罗巴切夫斯基喜欢几何，他知道：利用直尺和圆规是不能三等分一个任意角的，但是对于某些特殊角来讲，利用直尺和圆规三等分是可能的，比如直角便可以.

*能够用直尺和圆规三等分的角还有哪些？*

罗巴切夫斯基为此确实下了一番功夫，他也得到了一系列结论，请看其中的一个：

*如果 $n$ 不是 3 的倍数，那么角 $\frac{180°}{n}$ 可以用圆规和直尺三等分.*

他的算法很巧妙：由于 $n$ 不是 3 的倍数，则 $n$ 可以写成 $3k+1$ 或 $3k-1$ 的形式（$k=0, 1, 2, \cdots$）. 注意到：

当 $n=3k+1$(此时 $n-3k=1$) 时

$$\frac{1}{3}\cdot\frac{180^\circ}{n}=\frac{180^\circ}{3n}\cdot(n-3k)=60^\circ-k\cdot\frac{180^\circ}{n}$$

当 $n=3k-1$(此时 $n-3k=-1$,即 $3k-n=1$) 时

$$\frac{1}{3}\cdot\frac{180^\circ}{n}=\frac{180^\circ}{3n}\cdot(3k-n)=k\,\frac{180^\circ}{n}-60^\circ$$

这样一来三等分角问题是可以用尺规完成的.

**问题 2** 如果有一张矩形的纸(图 1),请问你能否用它叠出一个 30° 的角来?

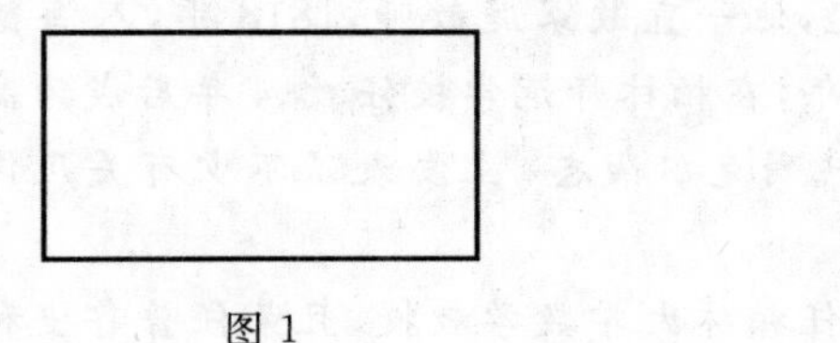

图 1

# 44 斯 坦 纳

斯坦纳(J. Steiner,1796—1863),瑞士数学家.现代综合几何创建人之一.1796年3月18日生.

1811年起,他一直做家庭教师,1818年,入海德堡大学学习.1825年,在柏林师范学校任教,4年后成为高级教师.其间,他在《列克尔杂志》上发表了不少有关几何发现的文章.

1834年,任柏林大学数学教授,且荣任普鲁士科学院院士.1853年后,任意大利科学院通讯院士、法兰西科学院通讯院士等.

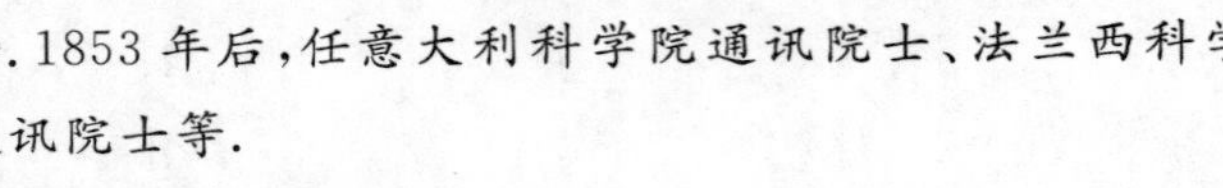

1863年在伯尔尼逝世.

他在几何学的综合方法上具有超凡能力,被认为是"自阿波罗尼亚斯(Apollonius,希腊数学家,他建立了完美的圆锥曲线论)以来的最伟大的几何学家."

他提出"封闭曲线所围图形以圆面积最大,面积相等者中圆周长最小"(等周定理),且将其推广至空间情形.此外几何中他提出"尺规作图"问题以及"确定三角内一点到三顶点距离和最短"等问题.

他以在组合分析中提出"斯坦纳三元系问题"而出名.

## 直线过点

下面是斯坦纳研究欧几里得几何时发现的一个著名定理:

若自$\triangle ABC$外接圆上任一点$P$向三边作垂线,则其垂足共线,且称之为西摩松线.又若$H$是$\triangle ABC$的垂心,西摩松森线过$PH$的中点(斯坦纳定理).

**证** 如图1,自$P$向$\triangle ABC$三边$BC$,$CA$,$AB$所引垂线,垂足分别为$D$,$E$,$F$.且$PD$延长线交三角形外接圆于$Q$,在$PQ$上取$R$使$PD=DR$.则$P$,$R$关于$BC$对称.

又设$AH$延长线与$BC$的交点为$S$,与外接圆交点为$T$.

因为

$$\angle BHT = \angle ACB, \angle ACB = \angle ATB$$

所以 $\angle BHT = \angle ATB$，则 $\triangle BHT$ 是等腰三角形，从而 $H, T$ 关于 $BC$ 对称.

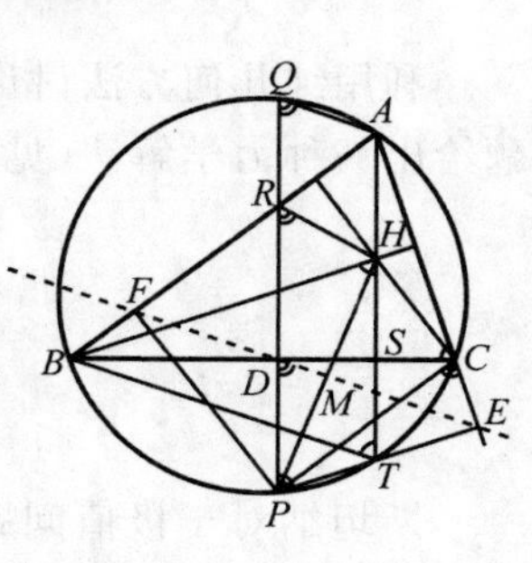


图 1

因 $R, P$ 和 $H, T$ 均关于 $BC$ 对称，故 $\angle HRP = \angle TPR$.

又 $QP \parallel AT$，故 $\angle TPR = \angle AQP$.

由 $A, Q, P, C$ 共圆，故 $\angle AQP = \angle PCE$.

又 $P, D, C, E$ 共圆，故 $\angle PCE = \angle PDE$.

综上所述，$\angle HRP = \angle PDE$，从而 $RH \parallel DE$.

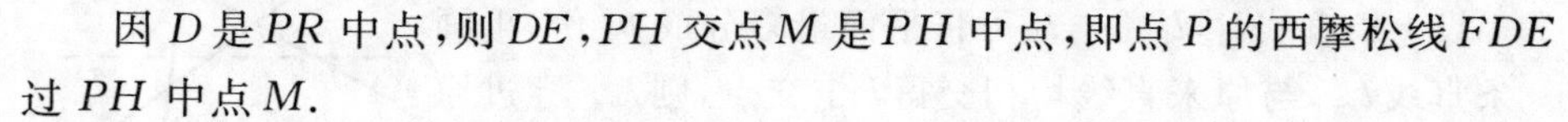

因 $D$ 是 $PR$ 中点，则 $DE, PH$ 交点 $M$ 是 $PH$ 中点，即点 $P$ 的西摩松线 $FDE$ 过 $PH$ 中点 $M$.

**注 1** “斯坦纳三元系问题”是他在研究四次曲线的二重切线时遇到的区组设计问题（即对有限集合，构造满足某些要求的子集族. 如后面叙述的西尔维斯特(J. J. Sylvester)“女生问题”即属此问题）的猜想(1853 年).

1859 年，基斯(M. Keiss) 证明了这一猜想.

对于该问题的一些推广的情形，引起后来数学家们的关注.

**注 2** 西摩松(Simson, Robert, 1687—1768) 英国数学家. 曾校订过《几何原本》.

# 斯坦纳点

斯坦纳曾研究过“三角形内一点到三顶点距离和”问题，他发现前人已有结论：

当该点与（无 120° 或大于 120° 内角的）三角形三顶点连线夹角均为 120° 时，这个点 $P$ 到三角形三顶点距离和最小（图 2).

又若三角形有不小于 120° 的内角时，该顶点即为所求（图 3).

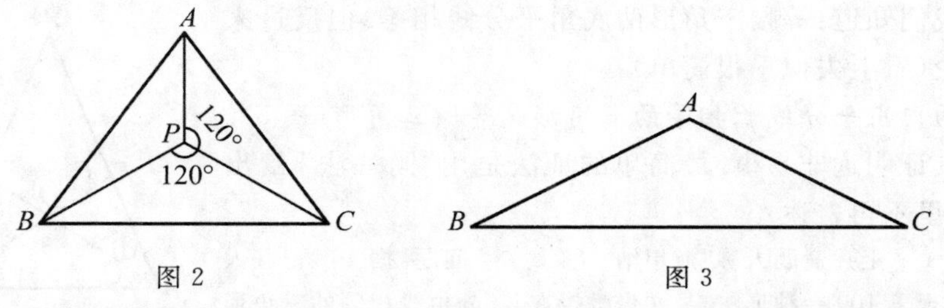


图 2　　　　图 3

进而，斯坦纳提出：如何求一点使它到平面上 $n$ 个已知点距离和最小？

人们称此为斯坦纳问题，且有上述性质的点称为斯坦纳点.

利用纯几何方法讨论此问题是比较困难的，波兰数学家施坦因豪斯对此问题给出一种力学解法(见本书后文).

## 直线分平面

斯坦纳对于极值问题很感兴趣，特别是几何中的极值问题. 下面的题目出自他手：

$n$ 条直线最多可将平面分成多少份(图 4)?

他的解法极巧，是用递推完成的.

设 $k$ 条直线 $l_1, l_2, \cdots, l_k$ 可将平面最多分成 $f_k$ 份，再画一条直线 $l_{k+1}$ 与原来直线均相交得 $k$ 个交点，则 $l_{k+1}$ 穿过原来 $f_k$ 份区域中的 $k+1$ 个，且将它们一分为二，这样有

$$f_{k+1} = f_k + k + 1$$

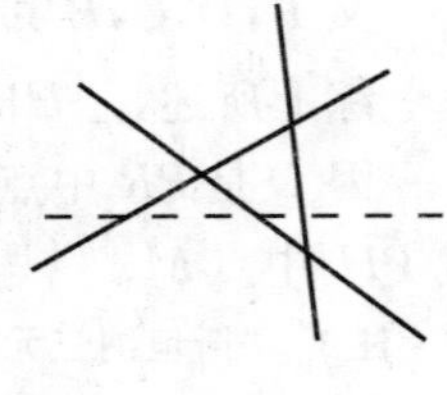

图 4

令 $k = 0, 1, 2, \cdots, n-1$，然后相加(化简)有

$$f_n = 1 + (1 + 2 + 3 + \cdots + n) = 1 + \frac{n(n+1)}{2} = \frac{n^2 + n + 2}{2}$$

**注 1** 仿以上办法我们可以得到：$n$ 张平面可将三维空间最多分割成 $F_n = \frac{n^3 + 5n + 6}{6}$ 部分(前文曾有叙述).

**注 2** 斯坦纳在几何极值研究上最重要的发现是等周定理：

平面上周长相等的封闭曲线图形中圆面积最大，其逆亦真.

## 貌似简单的几何命题

斯坦纳对许多几何问题有着真知灼见，他在《纯粹与应用数学》杂志上发表了许多关于几何发现的文章.

我们知道：等腰三角形两底角平分线相等. 但反过来的结论(看上去似乎很简单)：

两内角平分线长相等的三角形是等腰三角形(图 5).

其证明远非易事. 最简单的证法是用“同一法”给出的(这里不再赘述).

**注 1** 上述命题人称“斯坦纳－莱姆斯”问题，据文献记载人们已发现了 100 余种证法. 吴文俊教授在其《分角线相等的三角形(初等几何机器证明问题)》一书中用该问题作为例子.

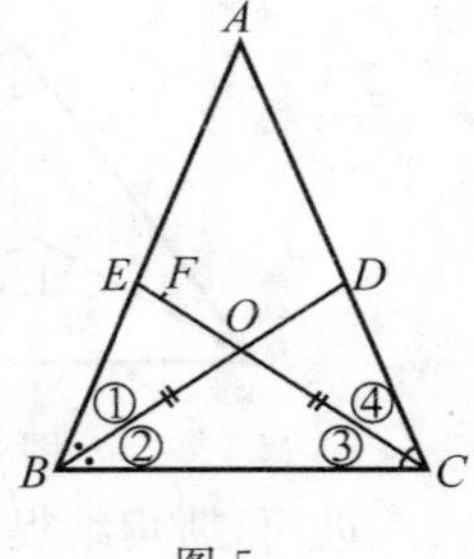


图 5

**注 2** 此命题马峰给出了一个简证,他先证明一个引理.

**引理** 若 $a,b,c,d\in\mathbf{R}$,又 $a+b=c+d$,且 $a<d<c<a$,则 $ab<cd$. 这只需半 $c-d<a-b$ 两边平方即可.

接着他用反证法,设 $AB<AC$,则 $\angle C<\angle B$,有 $\angle 3<\angle 1$,从而 $OB<OC$,进而 $OE<OD$.

这样,$OC\cdot OE<OB\cdot OD$.

由于 $\angle 4<\angle 1$,过 $B$ 作 $BF$,使 $\angle OBF=\angle 4$,交 $CE$ 于 $F$.

则 $B,C,D,F$ 四点共圆,由相交弦定理知 $OC\cdot OF=OB\cdot OD$,从而 $OH<OE$,这与上面结论相抵,故前设 $AB<AC$ 不成立.

**注 3** 斯坦纳还研究(尺规)几何作图问题,他在其《用直尺和一定圆进行的几何作图》中给出:

所有直尺和圆规的作图(画圆弧除外)均可用直线和一个定圆(及圆心)来完成.

他是将上述作图分成 8 个基本问题处理的. 又上述结论据称在 1822 年已由庞加莱(J. H. Poincaré)完成,故它又被称为"斯坦纳-庞加莱"定理.

# $\sqrt[x]{x}$ 的最大值

我们在数学中学过不少不等式,下面的不等式大家并不陌生:

$e^t\geqslant 1+t$,当且仅当 $t=0$ 时等式成立,这里 e 是欧拉常数 2.718 28…

斯坦纳利用上面的不等式求出函数 $\sqrt[x]{x}$ 的极大值(利用不等式求函数极最值是常用的方法之一). 我们来看他的具体解法:

由上不等式令 $t=\frac{x-\mathrm{e}}{e}$,有 $\mathrm{e}^{\frac{x-\mathrm{e}}{\mathrm{e}}}\geqslant 1+\frac{x-\mathrm{e}}{\mathrm{e}}$(这时 $t=\frac{x-\mathrm{e}}{\mathrm{e}}$ 的选取是关键),且等式当且仅当 $x=\mathrm{e}$ 时真.

这样 $\mathrm{e}^{\frac{x}{\mathrm{e}}}\cdot\mathrm{e}^{-1}\geqslant\frac{x}{\mathrm{e}}$ 或 $\mathrm{e}^{\frac{x}{\mathrm{e}}}\geqslant x$.

故 $\sqrt[x]{x}\leqslant\sqrt[\mathrm{e}]{\mathrm{e}}$,换言之 $\sqrt[\mathrm{e}]{\mathrm{e}}$ 是 $\sqrt[x]{x}$ 的最大值.

# 45 斯 图 姆

斯图姆(C. F. Sturm,1803—1855),法国数学家. 1803年9月29日生于瑞士,而一生大部分时间是在法国度过的.

他在数学的许多领域都做出了开创性、奠基性的工作. 因其出色的成就,曾获得1834年法国科学大奖. 1836年当选为法国巴黎科学院院士.

1840年起,任巴黎综合工艺学校教授.

1855年12月18日病逝,终年52岁.

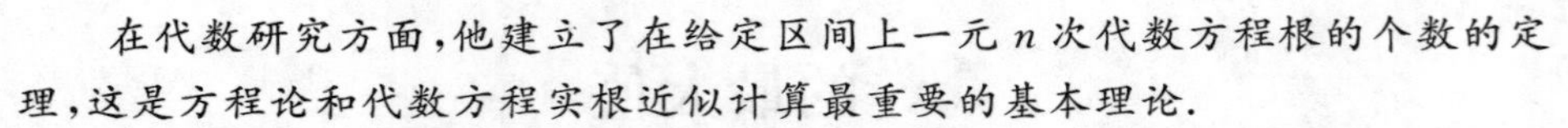

在代数研究方面,他建立了在给定区间上一元 $n$ 次代数方程根的个数的定理,这是方程论和代数方程实根近似计算最重要的基本理论.

此外,他在微分方程(比如微分方程的振动理论)、光学等方面研究均做出了重大贡献.

其主要著作有《论数学方程》《分析教程》《力学教程》等.

## 两车何时相遇

斯图姆身居巴黎,但他常常要去他的出生地 —— 风景宜人的瑞士度假.

一次,他乘坐的马车从巴黎出发. 第一天,马车只走了10 km,以后每天马车都加快速度,即每天比第一天递增 $\frac{1}{4}$ km. 三天之后,在他前方40 km处的妻子、孩子也开始了向瑞士进发的旅程,她们的马车更慢,每天只走7 km,好在以后每天比第一天递增 $\frac{2}{3}$ km.

请问:斯图姆乘坐的马车出发几天后可与妻子乘坐的马车相遇? 如果他们相遇后仍保留原来规定的行走速度(即按上面规则变化)前进,他们还会相遇吗?

我们来分析一下. 若设斯图姆的马车出发后 $x$ 天可与妻子的马车相遇,这时他们的马车所走的路程分别为

$$10, 10+\frac{1}{4}, 10+2\cdot\frac{1}{4}, \cdots, 10+(x-1)\cdot\frac{1}{4}$$

直到相遇,他的马车共走了

$$\left(20+\frac{x-1}{4}\right)\frac{x}{2}=\frac{(79+x)x}{8}$$

同样,他妻子的马车在此期间(注意晚走 3 天)走了

$$\left[14+\frac{2}{3}(x-4)\right]\cdot\frac{x-3}{2}=\frac{(17+x)(x-3)}{3}$$

注意到他妻子的马车在他前面 40 km 处,这样,可有等式

$$\frac{(79+x)x}{8}=\frac{(17+x)(x-3)}{3}+40$$

即

$$5x^2-125x+552=0$$

解得

$$x_1=5.72,\quad x_2=19.27$$

这就是说,斯图姆出发 5 天和 19 天后,都可与他妻子的马车相遇.

**注** 两辆马车两次相遇的事实是显然的:

第一次相遇:因第二辆车在第一辆车前面 40 km,但第一辆车初速度快,故它能追上第二辆车;

第二次相遇:第一次相遇后,因第一辆车速度仍大于第二辆车,故它先跑在前面;但第二辆车加速度大,所以它也能追上第一辆车.

# 会船问题

1838 年秋天,斯图姆去参加一次国际学术会议,会议开得极为成功.

闭幕那天,东道主为了庆祝会议的圆满成功,特举行了盛大宴会款待与会者.

酒宴之后,斯图姆的一位来自美国哈佛的朋友向他请教了如下问题:

每天中午有一条轮船从哈佛开往纽约，且每天同一时刻也有一艘轮船从纽约开往哈佛. 轮船在途中均要航行七天七夜. 试问：一条从哈佛开出的轮船在到达纽约前（途中）能遇上几艘从纽约开来的轮船？

斯图姆想了一下，信手将一个废烟盒撕开，用笔在它背面画了一张图，同时，他向朋友解释道：

“呶！这是一张运行图（图 1），图中的每条线段分别表示每条船的运行情况.”说到这里，他又用笔将其中一条线段加粗，随即道：

“该粗线即表示从哈佛驶出的轮船在海上的航行，它与其他线段的交点即为与对方开来轮船相遇的情形.”

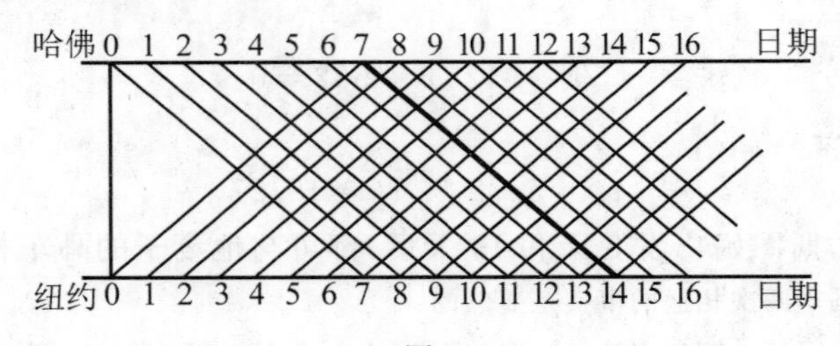


图 1

那位朋友睁大了眼睛，且数了一下交点的个数说：

“13 个交点. 这就是说该轮船途中可与对面开来的 13 艘轮船会船.”

“妙！方法太妙了！”在旁观阵的几位代表同声喝彩道.

斯图姆脸上露出了得意的微笑.

**注**　此运行图曾一度在解某些运输问题（比如会车、航班安排等）中大显神通.

# 46 阿 贝 尔

阿贝尔(N. H. Abel,1802—1829),挪威数学家.1802年8月5日生于今奥斯陆附近的芬多村的一个牧师家庭.幼年受到良好的家庭教育.

1817年,阿贝尔入中学学习,因受数学老师的影响,激发了热爱数学的热情与愿望.

1821年,考入利斯蒂安尼亚大学,且潜心研究代数方程求根公式问题.1824年,论文《一般五次以上的代数方程不可能有根公式表达式的解》发表,已初显其数学才华.

大学毕业后去巴黎和柏林留学,1826年移居巴黎,1827年回到挪威,两年后即1829年4月6日,于弗罗兰德病逝,年仅27岁.

阿贝尔在代数方程求根、椭圆函数(落体轨道与时间关系)积分方程等领域皆有研究,特别是他在方程研究中引入的交换群概念,如今被誉称为阿贝尔群且仍为当今数学研究的一大课题.

数学中以阿贝尔命名的数学名词多达20余个.

## 极值问题

阿贝尔在中学时就极为注意抽象的代数与形象的几何之间的联系,这也为他后来从事极为抽象的数学研究(群论)打下了坚实的基础.

数学老师在代数课上讲了公式

$$(a+b)(c+d)=ac+bc+ad+bd$$

且用图1形象地将它表示出来(这里涉及了矩形面积).

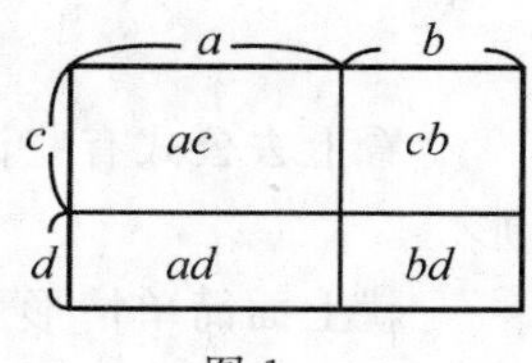

图1

稍后,老师又从上面公式导出

$$(x+y)^2=x^2+2xy+y^2$$

同样,老师又给出一个漂亮的图解(图2).这一切深深地印在阿贝尔的脑海里.

到了高年级,阿贝尔在几何课上遇到下面一道问题:

周长一定的矩形中，正方形面积最大.

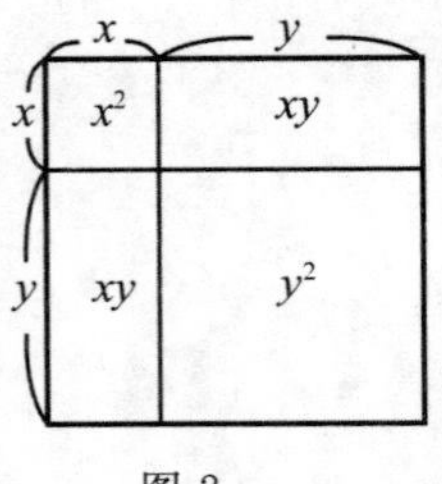

图 2

直接用纯几何方法证明它似乎并不轻松. 阿贝尔想起了当年代数课的一幕，他即刻想到了数、形结合的方法也许可为问题证明带来生机. 思虑良久，他终于给出了上面结论的一个漂亮而简单的证法.

首先，他想到了代数公式 $(a+b)(a-b)=a^2-b^2$.

而后他想到：一方面，边长分别是 $a+b$ 和 $a-b$ 的矩形，其周长 $=4a$，它是一个定值(若设矩形周长为 $l$，则 $a$ 可视为 $\frac{l}{4}$).

另一方面，这个矩形的面积 $S=(a+b)(a-b)=a^2-b^2$. 显然 $b$ 越小，$S$ 越大，当 $b=0$ 时 $S$ 最大，而这时的矩形恰恰变成了正方形.

**问题 1**　给出 $(a+b)(a-b)=a^2-b^2$ 的一个几何解释(如图 3).

**问题 2**　从图 4 中你可以得到什么代数公式?

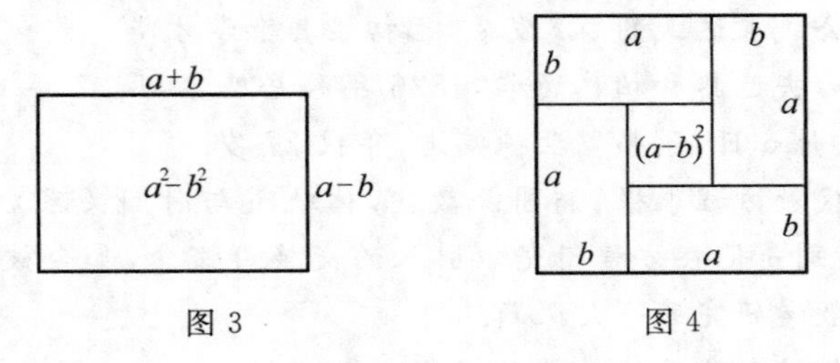

图 3　　图 4

# 阿贝尔公式

在高等数学中，有一个重要的公式，它是阿贝尔在学习微积分时发现的，这个公式在高等数学中(特别是积分中)甚有用途，人称“阿贝尔公式”.

这个公式的简单情形比如($n=4$ 时)

$$a_1b_1+a_2b_2+a_3b_3+a_4b_4=$$
$$a_1(b_1-b_2)+(a_1+a_2)(b_2-b_3)+$$
$$(a_1+a_2+a_3)(b_3-b_4)+(a_1+a_2+a_3+a_4)b_4$$

看上去公式有些让人捉摸不透. 当然，该公式可依上面规律推广到 $n$ 的情形.

就上面简单情形而言，证明它也不十分轻松. 你若从式右开始，逐项展开，然后合并化简将十分烦琐，且公式的本身你也很难记住. 而阿贝尔正是利用了数形结合技巧，对于他的公式给出下面方便而直观的几何解释(同时，这也方便了我们记忆这个公式)：

首先,他利用矩形边长及面积关系给出了图 5(请注意四个小矩形面积分别是 $a_1b_1$,$a_2b_2$,$a_3b_3$ 和 $a_4b_4$),然后他将这几个矩形按另一种方式去观察(重新剖分),见图 6,请注意图中横剖的四个小矩形的边长及面积表示.

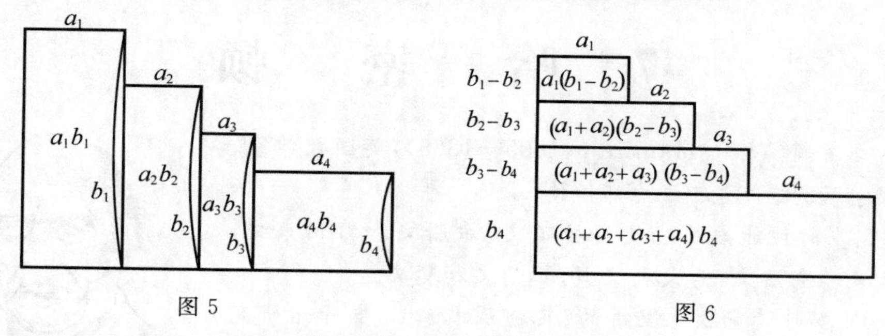


图 5　　　　图 6

由于这两个折线多边形面积相等,从而可有公式

$$a_1b_1 + a_2b_2 + a_3b_3 + a_4b_4 =$$
$$a_1(b_1 - b_2) + (a_1 + a_2)(b_2 - b_3) +$$
$$(a_1 + a_2 + a_3)(b_3 - b_4) + (a_1 + a_2 + a_3 + a_4)b_4$$

这显然是一个极为巧妙的证明. 当然有一点须指出:这里假设 $b_1 \geqslant b_2 \geqslant b_3 \geqslant b_4$,倘若不满足此假设(见图 7),我们照样可用上述方法给出它的诠释或证明,不同的是,这里将会遇到面积的"+"和"—". 如有兴趣,你可证一证.

图 7

这里重要的不在图形证法,而是它给出一种思想. 正如数学家埃尔米特(C. Hermite) 说的那样:

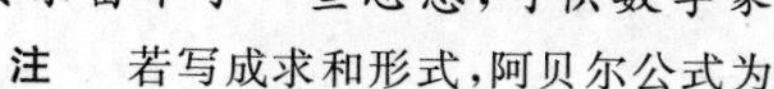
阿贝尔留下了一些思想,可供数学家们工作 150 年.

**注**　若写成求和形式,阿贝尔公式为

$$\sum_{i=1}^{n} a_i b_i = a_n B_n - \sum_{i=1}^{n-1} (a_{i+1} - a_i) B_i$$

其中

$$B_k = \sum_{i=1}^{k} b_i (B_1 = b_1, B_2 = b_1 + b_2, B_3 = b_1 + b_2 + b_3, \cdots)$$

如果写出分部积分公式

$$\int_a^b f(x)g(x)\mathrm{d}x = f(b)G(b) - \int_a^b G(x)\mathrm{d}f(x)$$

其中 $G(x) = \int_a^b g(t)\mathrm{d}t$,则你会发现这些公式之间的相似之处.

**问题 3**　请你给出 $\frac{1}{2} + \frac{1}{4} + \frac{1}{8} + \frac{1}{16} + \cdots = 1$ 的几何解释.

# 47 哈 密 顿

哈密顿(W. R. Hamilton,1805—1865),英国数学家、物理学家.生于爱尔兰的都柏林.

5 岁时便能熟练地使用拉丁文、希腊文和希伯来文,后来又学会法文、意大利文、阿拉伯文和梵文.

12 岁时读完欧几里得的《几何原本》,13 岁开始研究牛顿的著作.16 岁时发现了拉普拉斯所著《天体力学》一书中的一个错误.

1823 年入剑桥大学三一学院读书.22 岁出任邓克天文台台长.由于他对分析力学发展做出了重大贡献,而成为英国皇家学会会员,法国科学院院士等.

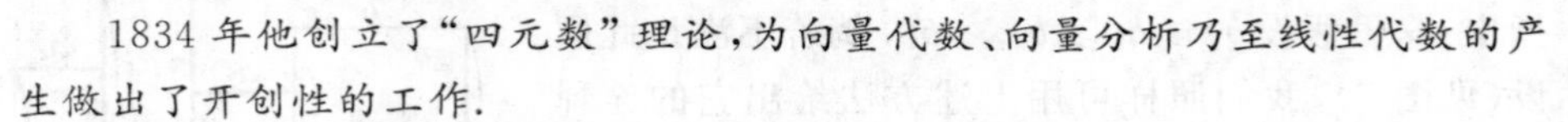

1834 年他创立了"四元数"理论,为向量代数、向量分析乃至线性代数的产生做出了开创性的工作.

主要著作有《动力学的一般方法》《四元数讲义》等.

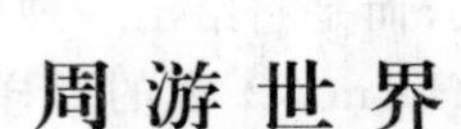

## 周游世界

哈密顿身为爵士,可并无贵族老爷的架子.

他除了喜欢散步,去咖啡馆,还常常光顾集贸市场.

一个周日的早晨,露天市场人山人海,人们在忙于采购各种物品.可是有一堆人却聚精会神地看着黑木板上悬赏的那道周游世界的智力题,题目出自哈密顿之手.内容是这样的:

一位旅行家打算作一次环游世界的旅行,他选择了 20 个城市作为游览点.这 20 个城市恰好均匀地分布在地球上,而每个城市均有三条航线或道路与其他毗邻城市联结(城市分布及航路见图 1).问如何安排一条旅游路线,使这位旅行家可以不重复地游览完每一个城市后再回到出发点?

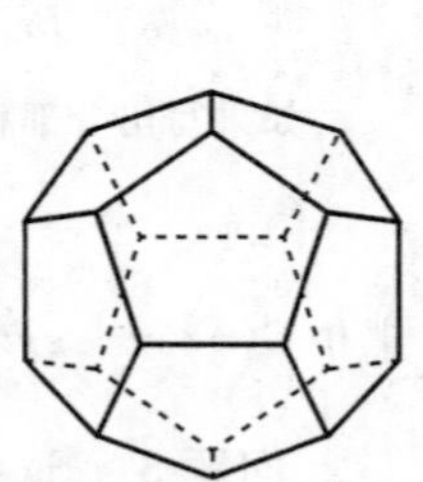

图 1

这道貌似简单的问题,竟难倒了众多的观看者(关键是太抽象).最终题目解答还是由哈密顿本人给出.他的方法巧妙无比,宗旨是将空间问题转化为平面图形来处理.

他首先将上面正12面体想象成用橡皮绳制成的,这样可以把它沿某个面摊开再铺平(在一个平面内),这样上面的立体图形转化成了平面图形,我们只需在平面图形上找出这条旅游路线(当然要比在空间图形上找容易得多),再还原到空间图中即可.

图2中粗线所示即为所求的旅游路线.

**问题1** 如图3立方体中,顶点代表城市,棱代表航线或道路.请问:你能否不重复地浏览8个城市后又回到出发点?

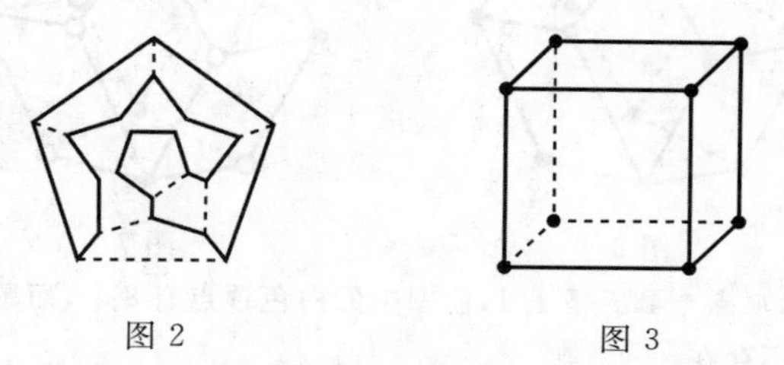

图2 图3

**注1** 人们将上述问题中的通路称为"哈密顿路";若要求回到出发点,则称为"哈密顿回路".

涉及这类通路或回路的问题很多,解法各异.比如:

图4长方体框架有12个顶点,一只蚂蚁可否从点$A$出发无重复地爬遍所有顶点(只是爬遍顶点)后到点$G$?

这是一个求特定要求的哈密顿路的问题,看上去似乎很简单,试算之后你会发现:其实这种哈密顿路不存在.请看解释:

图5将框架12个顶点相间地涂上黑白两色(相邻两点异色),若存在这样的路,则从点$A$出发的路线经历的各顶点颜色应为

$$\underset{(1)}{白} \to \underset{(2)}{黑} \to \underset{(3)}{白} \to \underset{(4)}{黑} \to \underset{(5)}{白} \to \cdots$$

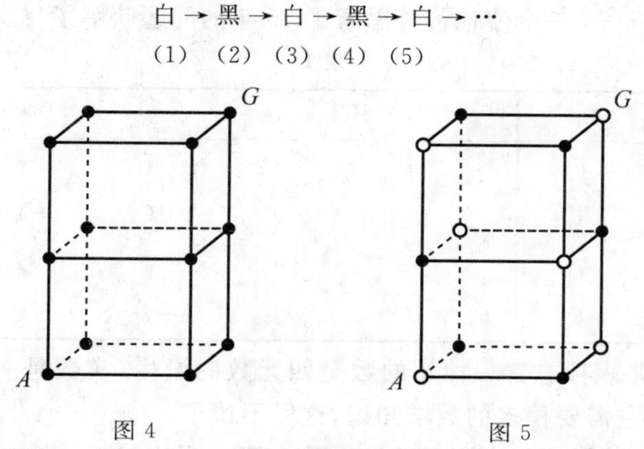


图4 图5

这就是说:双数步经临的点为黑点,单数步经临的点为白点,因而到达点$G$时应为第12步,它的颜色应为黑色,然而上述涂色中它却为白色.这即是说:这样的路不存在.

我们可用同样的办法(涂色)证明:图6的12面体中(它有14个顶点),不存在从某一顶

点出发经历所有顶点的哈密顿路.

**注 2**　关于哈密顿图在的充要条件至今未果.奥尔给出一个充分条件:

若 $G$ 是简单图,顶点数 $n \geqslant 3$,记 $\deg u$ 表示与顶 $u$ 相关的边数,且对每一对不相邻的顶点 $u,v$ 有 $\deg u + \deg v \geqslant n$,则 $G$ 是哈密顿图.

我们仍然相间地将 12 面体的 14 个顶如图 7 所示涂上色.无论从哪一顶点出发,通路经历的顶点颜色必将是黑、白(或白、黑)相间地出现.

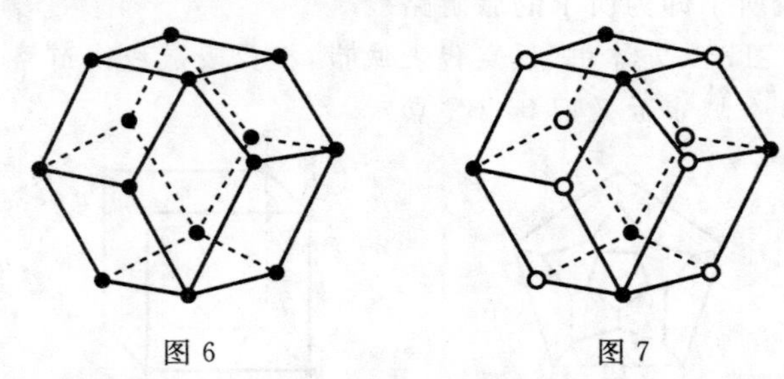

图 6　　　　图 7

若通路存在两色顶点个数至多差 1,但图中的白色顶点有 8 个,而黑色顶点仅有 6 个,换言之:这种哈密顿路不存在.

# 四　元　数

寻找四元数(复数概念的推广)的愿望在哈密顿心头已积存许久,然而终未能如愿.

1843 年秋,哈密顿携夫人去都柏林街头散步,当他们走过皇家运河的一座小桥时,哈密顿突然停下来,他让夫人拿出笔和纸,然后急速地在上面记下了如表 1 的一张表 —— 一个使他苦苦思索了 15 年的问题获解了!

**表 1**

| | $e$ | $i$ | $j$ | $k$ |
|---|---|---|---|---|
| $e$ | $e$ | $i$ | $j$ | $k$ |
| $i$ | $i$ | $-e$ | $k$ | $-j$ |
| $j$ | $j$ | $-k$ | $-e$ | $i$ |
| $k$ | $k$ | $j$ | $-i$ | $-e$ |

孰知,这张表标志着一种新的数是四元数的诞生(实数是一元数,复数为二元数),解释它需要稍多的数学知识,这里不谈了.

我们只想告诉您:表中记录的结果是由第一列 $e,i,j,k$ 诸数与表头第一行 $e,i,j,k$ 诸数乘积(与顺序有关).比如

$$k \cdot i = j, i \cdot k = -j, j \cdot k = i, k \cdot j = -i, \cdots$$

其实四元数列可表为 $1,i,j,k$,其中

$$i^2=j^2=k^2=-1,ij=-ji=k,jk=-kj=i,ki=-ik=j$$

此时,代数运算中的交换律已不再适用,它也可视为对传统数学的一次革命.

**问题 2** 依四元数乘法约定,请问:式子 $[e\cdot(i\cdot j)]\cdot k=(e\cdot i)\cdot(j\cdot k)=e\cdot[i\cdot(j\cdot k)]$ 成立吗?

**注** 欧拉公式在四元数上推广

$$\mathrm{e}^q=\mathrm{e}^{a+bi+cj+dk}=?$$

这里要用到稍多数学知识.结果是

$$\mathrm{e}^q=\mathrm{e}^{a[\cos|\boldsymbol{v}|+(bi+cj+dk)\frac{\sin|\bar{\boldsymbol{v}}|}{|\boldsymbol{v}|}]}$$

这里 $q^2=-|\bar{\boldsymbol{v}}|$, $|\bar{\boldsymbol{v}}|=bi+cj+dk$.

# 48 德 摩 根

德摩根(A. de Morgan,1806—1871),英国人,1806年6月27日生于印度马都拉.毕业于英国剑桥大学.1828年任伦敦大学数学教授,直至1866年.1871年3月18日在伦敦逝世.期间他还曾任伦敦数学会第一任会长.

他对数学史和哲学十分精通,他也是现代符号逻辑和数理逻辑的奠基人.

在数理逻辑学方面,他与布尔进行了数学符号化的系列工作,并开创了关系逻辑学的研究.在符号逻辑学领域,他以其发现的"德摩根法则"而闻名于世.

他还是第一个断定"四色猜想"(平面或球面上的地图仅用四种颜色可将所有相邻区域区分开)成立的人,他本人也给出过该猜想的一个证明——尽管离真正解决此问题相距甚远.

他的代表作有《形式逻辑》《算术原理》《三角学和双重代数》等,其中引人入胜的《一束悖论》至今仍很受欢迎.

## 会三国语言者

德摩根执教于伦敦大学期间,他开设的数理逻辑课枯燥而乏味,学生们都对此大伤脑筋——它太抽象了.

一次他刚讲完集合运算性质,为了放松一下学生们的"紧张"气氛,便信手在黑板上写了一道题:

某班有学生15人,其中会英语者有10人,会法语者有7人,会德语者有4人.又,同时掌握英、法两种语言的人数为4人,同时掌握英、德两种语言者为2人,同时掌握法、德两种语言者为2人.请问:同时会三种语言的有几人?

看着学子们的茫然表情,德摩根淡然一笑,随即在黑板上画了一张图(图1),他指着这张图道:"我用这三个圆表示会三种语言的人数."

说完他又将人数填入圆内,并解释说:

"两圆相交部分代表掌握两种语言的人数."稍事停顿他接着道:

"显然,三圆公共部分表示同时会三种语言的人数."

"如果我们将这些人数分别用 $A,B,C,AB,BC,AC$ 和 $ABC$ 表示(图 2)."说着,德摩根又在黑板上写道:

$$A+B+C-(AB+AC+BC)+ABC=15(\text{全班人数})$$

这样,$ABC$(会三种外语人数)$=15-(A+B+C)+(AB+AC+BC)=15-(10+7+4)+(2+2+4)=2$(人).

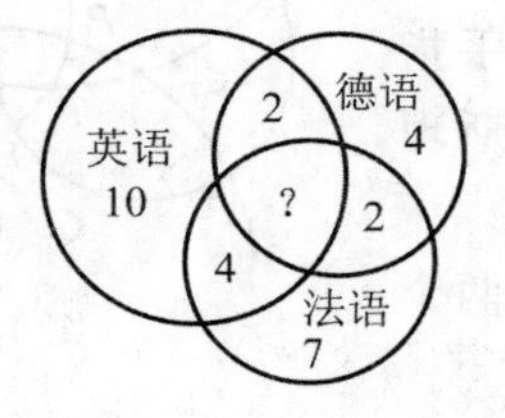


图 1

图 2

先生刚一停笔,便赢得了全体同学的一片热烈掌声.

**注** 1920 年,挪威数学家利用上面的事实(它称为"包含－排除原理")给出一个筛选素数的方法.一个通俗的例子是:将 11 ～ 30 按 2,3,5 的倍数填入图 3,能够算出其间共有 14 个合数(对与上面问题中的点数极为相似),从而可以知道其间的素数有 6 个(它们是 11,13,17,19,23,29).

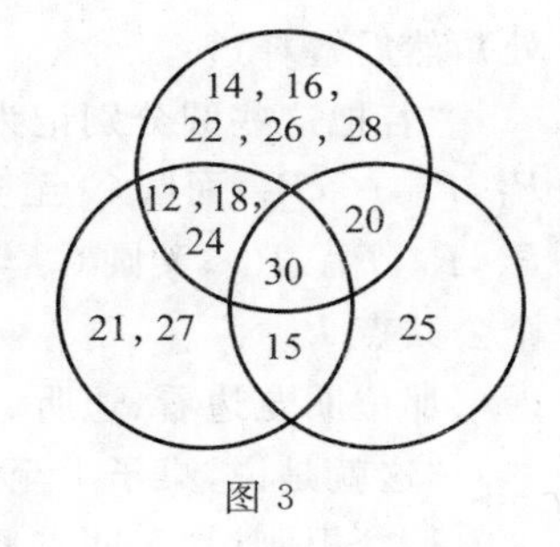


图 3

# 至少多少个点

德摩根常去学校附近的咖啡馆打发时光(是积极的休息)—— 那里有他许多朋友.

一天他又去了那里,一边喝咖啡,一边思考着问题.一位朋友见状走了过来,问了声好后道:

"您又在'胡思乱想'了,对吧?"

德摩根信手从盘子中抓了一把花生米撒到桌子上,又信手拿过两只玻璃杯(大小不一)对那位朋友道:

"如果我用这两个大小不同的杯子去扣这些花生米,其中第一个杯子边沿可扣住 2 粒.然后把这只杯子拿开,又用第二个杯子边沿可扣住 1 粒花生米,之后又把杯子拿开.请问:这时桌子上至少要有几粒花生米?"

"2 粒."朋友答道.

"很好!"德摩根赞扬道.随即又说:"现在我有 7 个不同的玻璃杯,如果第一个杯子边沿扣在 7 粒花生米上(然后将杯子拿开),第二个杯子边沿可扣在 6

粒花生米上(然后再将杯子拿开),以此类推,直到最后1个杯子边沿只能扣住1粒.”

说到这里,德摩根用几个杯子比画了一下(显然是在演示),然后问他的朋友:

“桌子上花生米至少要有几粒?”

那位朋友瞪着大眼睛摇了摇头.

德摩根端起咖啡润了一下喉咙,然后用手指蘸着咖啡在桌子上画了五个圆(图 4),慢条斯理地道:

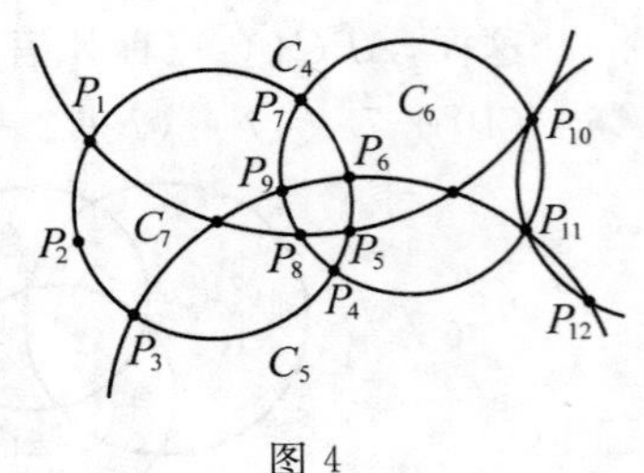

图 4

“请注意先生,任两个不重合的圆至多有两个公共点.”

那位朋友点了点头. 德摩根用一些花生米分别放在这些圆上(图 4 黑点处),然后解释道:

“若把这些圆分别记为 $C_7$,$C_6$,…,$C_1$,那么,设圆 $C_7$ 经过的七个点分别为 $P_1$,$P_2$,…,$P_7$;而圆 $C_6$ 至多经过 $C_7$ 的两个点,因而,它还有其他四个点,可记为 $P_8$,$P_9$,$P_{10}$,$P_{11}$;又圆 $C_5$ 与圆 $C_7$,$C_6$ 至多有四个公共点,这样,它上面还应有一个公共点 $P_{12}$.”

那位朋友边看、边听、边思索,随即点了点头.

“这就是说,桌子上至少应有 12 粒花生米.”

德摩根刚说完,朋友便问道:

“圆 $C_4$,$C_3$,$C_2$,$C_1$ 呢?”

“噢!”德摩根笑道:“你瞧,圆 $C_4$ 正好过上面已指出的四个点;至于圆 $C_3$ 过其中的三个点;圆 $C_2$ 过其中的两个点;圆 $C_1$(过其中的一个点) 的问题已不在话下了.”

“为什么?”那位朋友问道.

“请您注意,过平面上不共线的三个点总可以找到(确定) 一个圆. 而过其中两个点、一个点的圆则多不胜数了.”

那位朋友会意地笑了:“好!”

**注** 由此不难想到另一个问题(问题出自埃尔德什,1933年)平面上5个点,其中任意3点不共线,则其中必存在 4 点,它们构成凸四边形四个顶点.

考虑 5 个点组成的最大图形.

前两个图形已获解,第三种图形只需考虑三角形内两点连线两则,必有一侧存在两个点,此四点即为凸四边形四顶点. 则此时问题已获解.

而后他又将问题推广:

任给自然数 $n$,平面上必存在 $m$ 个点(其中行意三点皆不共线),则这 $m$ 个点中必有构成凸 $n$ 边形的 $n$ 个点存在.

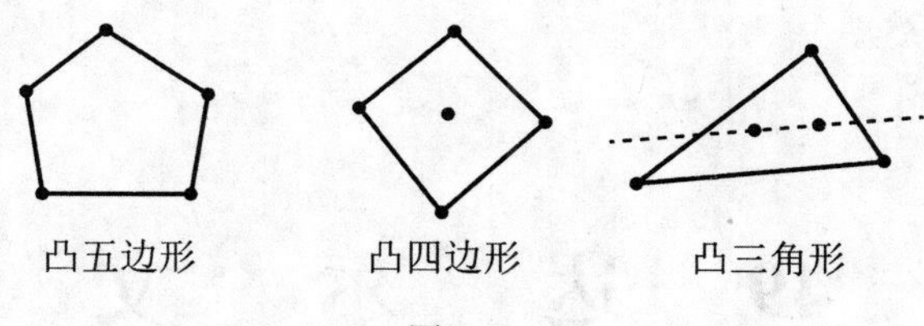

图 5

若这种 $m$ 最小的记为 $f(n)$，现已证得 $f(3)=3, f(4)=4, f(5)=9$.

2006 年人们借助电子计算机又证得 $f(6)=17$.

但对一般的 $f(n)$ 至今未有确切的表达式.

# 年　龄

德摩根的生活处处离不开数学. 就连有人打听他的年龄时，他都以数学语言回答：

到了 $x^2$ 年我的年龄恰好是 $x$ 岁(记住他生活在 19 世纪初).

当年他到底多大岁数?

注意 $x^2-x=x(x-1)$，又 $x\leqslant 42$ 时，$x(x-1)\leqslant 1722$.

而 $x\geqslant 44$ 时，$x(x-1)\geqslant 1\,892$.

前者 1 722 过小(当时是 19 世纪)，而后者 1892 过大，故 $x=43$. 而 $x^2=1849$.

德摩根出生于 1806 年，1849 年他恰好 43 岁.

# 49 达 尔 文

达尔文(C. R. Darwin,1809—1882),英国生物学家,生物进化论的创始人.

1809 年 2 月 12 日生于英国希鲁兹伯里镇的一位医生世家. 1817 年进小学起便对博物学,尤其对采集生物标本有强烈嗜好.

1825 年在爱丁堡大学学医,1828 年改读剑桥神学院,然而他却致力于动植物学研究.

1830 年起,达尔文开始钻研地质学. 1831～1836 年,他进行了环球旅行,这期间,他采集到大量动植物标本和化石.

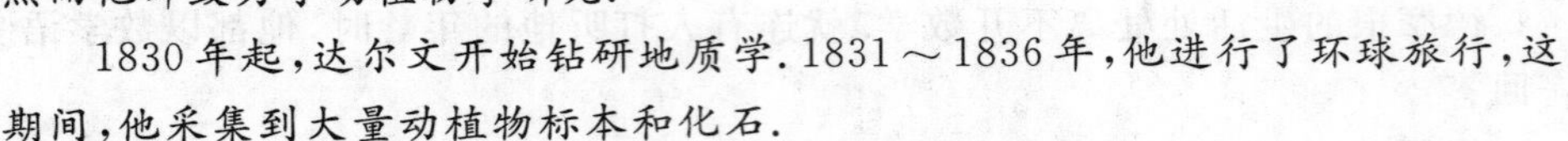

1838 年起开始《物种起源》这部巨著的写作准备工作. 1842 年,写出了该书的提纲,经 20 余年努力,至 1859 年该书出版,轰动英国.

而后,达尔文又先后出版了《动植物在家养下的变异》《人类起源和性的选择》《植物的运动能力》等著述.

1882 年 4 月 19 日达尔文病逝.

## 鱼类的形变

解析几何课上,达尔文学了坐标系的仿射变换,比如在普通直角坐标系下的正方形,在仿射(斜)坐标系下变为平行四边形;而普通直角坐标系下的圆经仿射(压缩)变换($y$ 轴压缩)变为椭圆(见图 1).

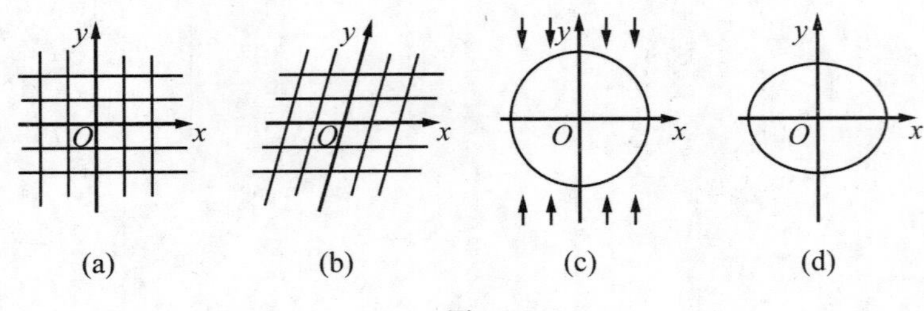


图 1

达尔文对于这些只是觉得“好玩”,但并无兴趣. 因为他的脑子里装的全是动物、植物、化石、标本…… 想着想着，一个奇怪的念头产生了：他想到了两种鱼（图 2），它们的外形不同，然而它们能否表现为在不同坐标系下的变换所为（即在某坐标系下的一条鱼可通过坐标系变换而成为另一鱼）？

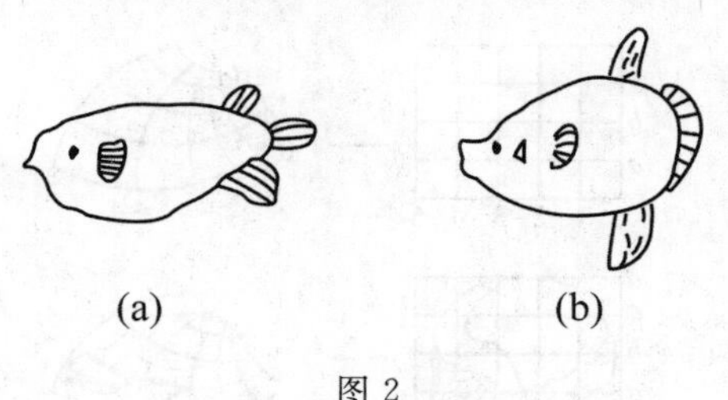


图 2

一下课，他便跑到讲台前向老教授汤姆逊先生请教.

教授考虑良久之后，急速地在纸上画了个草图（图 3）. 而后指着图 3（b）道："把坐标系加以变形，垂直坐标线变为同心圆，又把水平坐标线变为一族类似双曲线的曲线簇. 整体而论，在变到新的网格以后，原来的外形变成了看来相同的另一种鱼的外形了." 达尔文茅塞顿开，大呼："妙！妙！妙！"

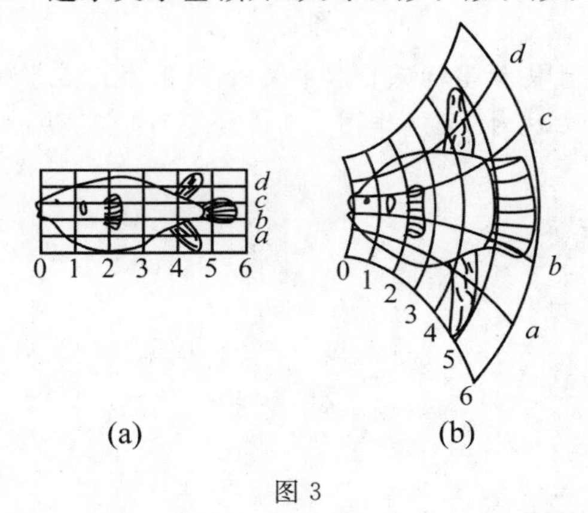


图 3

从此他改变了对数学的看法 —— 它很有用，很重要.

# 动物的头骨

达尔文自从学会坐标变换后，他对动植物认识的某些观点发生了深刻的变化，他观察了许多动物的头骨，看上去它们胖瘦高矮无相似之处，但仔细观察又会发现它们在布局上、结构上又有惊人的相似之处！无论是人、猿、马、牛，甚至蛇. 这里面的奥妙在哪儿？

达尔文想起汤姆逊教授的讲授，他看着、画着，终于他有了"灵感"：原来这些动物的头骨是在不同坐标系下的“表现”而已，说得具体点：若我们在某一坐标系下（比如直角坐标系）画出人的头骨，那么通过仿射变换，在其他坐标系下这个头骨就形变为别的动物的头骨了（图 4）.

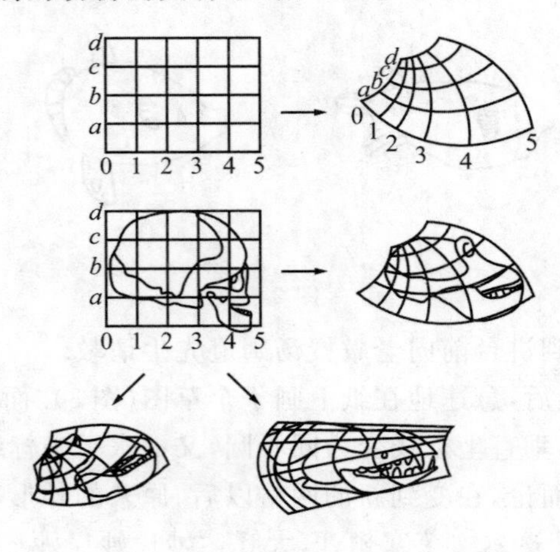


图 4

**问题** 你能通过某种坐标系变换将一个圆化为正方形吗？（即化圆为方，只需近似地表达即可. 这对“尺规作图”来讲是不可能实现的.）

# 50 伽 罗 瓦

伽罗瓦(E. Galois,1811—1832),法国青年数学家.生于巴黎近郊布拉林镇.

12岁去巴黎格兰中学读书,15岁考入数学预修班.这期间他读了大量的数学著作,且在老师指导下,学习了方程论、数论等方面的一些新著,发表了第一篇数学论文.

1828年起专门研究方程论,次年将研究成果呈交巴黎科学院.直到1831年,他第三次将有关论文交法国科学院,结果仍是不了了之.

1832年5月31日,他因卷入为爱情的决斗而中弹身亡,时年不满21岁.死前,他沉痛地说:"请原谅我不是为国牺牲……我是为一些微不足道的事而死的."(他死后,关于他的死因存在较大争议,有人甚至认为他死于政治阴谋的谋杀)

伽罗瓦死于因爱情引发的决斗

1846年,他的手稿在刘维尔(J. Liouville)主办的《纯粹数学与应用数学》杂志上发表.文中他指出每个代数方程必有反映其特征的置换群存在,从而解决了多年不能解决的用根式解代数方程的可能性的判断问题,创立了"伽罗瓦理论",并为群论的建立、发展和应用奠定了基础.

利用他的理论,人们解决了几何作图三大难题中的"倍立方"和"化圆为方"问题不可解.

# 对角线长

在巴黎格兰中学，几何老师一次因病缺课，代课老师在黑板上留下了三道几何题，其中之一是：

若 $a,b,c,d$ 为圆内接四边形的四条边长，试求它的两条对角线长(图 1).

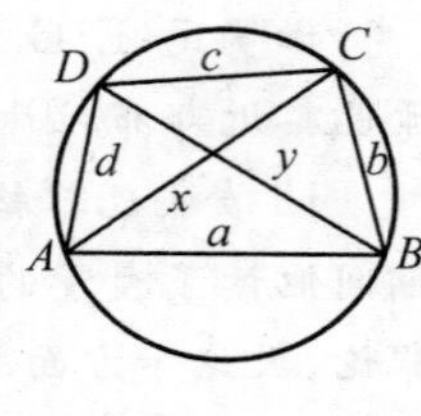

图 1

题目出完刚刚一刻钟光景，伽罗瓦便将它们全部解决，这一举动令代课老师半信半疑，当他仔细检查伽罗瓦的解答过程后，不禁为他的精彩解答也为他出色的数学才华而赞叹不已！伽罗瓦的解答我们暂且略出，下面给出一个用今天数学语言给出的解法(它用到了三角函数知识).

设 $\angle ABC=\beta$，则 $\angle ADC=180^\circ-\beta$.

在 $\triangle ABC$ 和 $\triangle ADC$ 中用余弦定理

$$x^2=a^2+b^2-2ab\cos\beta \tag{1}$$

$$x^2=c^2+d^2-2cd\cos(180^\circ-\beta)=c^2+d^2+2cd\cos\beta \tag{2}$$

由式(1)，(2) 有

$$a^2+b^2-2ab\cos\beta=c^2+d^2+2cd\cos\beta$$

从而

$$2\cos\beta=\frac{a^2+b^2-c^2-d^2}{ab+cd}$$

代入式(1) 求得

$$x=\sqrt{\frac{ab(b^2+c^2)+cd(a^2+b^2)}{ab+cd}}$$

同理可求

$$y=\sqrt{\frac{bc(a^2+d^2)+ad(b^2+c^2)}{ab+cd}}$$

# 二　元　群

“群论”在 18 世纪末已具雏形，特别是 1830 年前后的几年里由于阿贝尔和伽罗瓦做了大量关于代数方程可解性(公式法) 的工作，使之大大前进了，它的出现对数学的发展起到了至关重要的作用. 在数学上“群” 是这样定义的：

集合 $G$ 上的二元运算 $\otimes$ 满足：

(1) 结合律. 对任意 $r,s,t\in G$,均有

$$r\otimes(s\otimes t)=(r\otimes s)\otimes t$$

(2) 有单位元. 每个元素 $r\in G$,均有唯一的 $I$ 使

$$r\otimes I=I\otimes r=r$$

(3) 有逆元. 任意元素 $r\in G$,均有唯一的元素 $r^{-1}$ 使

$$r\otimes r^{-1}=r^{-1}\otimes r=I$$

早在1771年拉格朗日已提出且证明了群的一个重要定理(有限群的阶是其任意子群阶的倍数),但到1815年柯西论及群论问题时,仍是以"置换"表示群中元素的运算的,伽罗瓦是第一个指出可不用置换来定义群的人.

1854年凯莱给出了群的完整定义.

由群的定义和性质,人们也许会问:

*存在运算为普通乘法而仅有两个元素的群吗?*

答案是肯定的. 如 $G=\{1,-1\}$, $\otimes$ 为普通乘法运算,今验证其满足:

(1) 结合律:显然.

(2) 有单位元:单位元为1.

(3) 有逆元:因 $(1)(1)=1$ 及 $(-1)(-1)=1$,则 $(1)^{-1}=1$, $(-1)^{-1}=-1$.

从而知 $G=\{1,-1\}$ 关于普通乘法运算成群.

顺便一提:仅有元素1,运算为普通乘法运算的集合亦可构成一个群.

# 51 西尔维斯特

西尔维斯特(J. J. Sylvester,1814—1897),英国数学家.生于伦敦,1831年,就读于英国剑桥大学圣约翰学院.

青年时代因智力超群,曾获得剑桥大学数学荣誉会考的一等第二名.

毕业后留校,1838 ～ 1840年任伦敦大学自然哲学教授.

曾任法庭书记官和律师,后来到美国,担任霍普金斯大学数学教授,并一手开创了美国的纯数学研究,同时创办了《美国数学杂志》.这期间,他还率先提出近代代数学中重要的"矩阵"概念(1850年),且于1872年当选为彼得堡科学院院士.

1884年,西尔维斯特返回英国,担任牛津大学的终身教授,直到1897年逝世.此外他还是英国伦敦皇家学会会员、外交学会会员等.

他一生先后有几百篇(部)著述发表和出版,代表作有《论判别式》《椭圆函数专论》等.1904年 ～ 1912年间,剑桥大学曾为他出版了四卷《数学论文集》.

## 植树问题(二)

1821年,约翰·杰克逊在一本名为《冬天傍晚的推理娱乐》的书中写道:

要栽9棵树,横竖满10行.

每列须3棵,有何千金方?

这是一道关于植树的智力问题,它的答案乍一想似乎不可能,但你若再动动脑筋便会发现下面的结果(图1).请注意:这里允许某些树同在几列上(图中的黑点代表树).

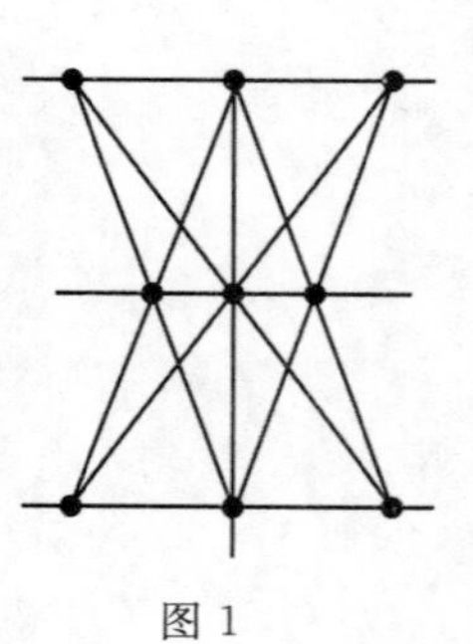

图1

西尔维斯特是在一次旅途中见到这个问题的.他没有满足于问题的解决,而是在考虑这个问题的延伸:

3棵树、4棵树、5棵树……如果每列栽3棵,最多可栽多少行?

远处是一望无垠的大海,耳边只有海浪拍打船体的声响，他陷入了沉思…… 对于某些特殊的情形，他一一给出了解答(且配以图示)，见图 2(前文曾有介绍).

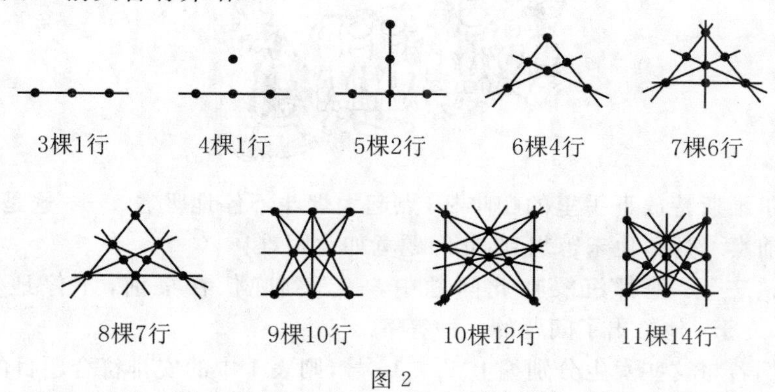


图 2

旅行一结束，西尔维斯特便把这个他久思未解的问题在一个数学杂志上刊载出来.

植树问题的提法还有其他形式，这些我们会在以后的文章中述及. 其实下面的问题与植树问题无异.

**问题** 在 4×4 的棋盘方格中放置 10 枚棋子，使棋盘每行、每列、每条对角线上棋子数皆为偶数(图 3).

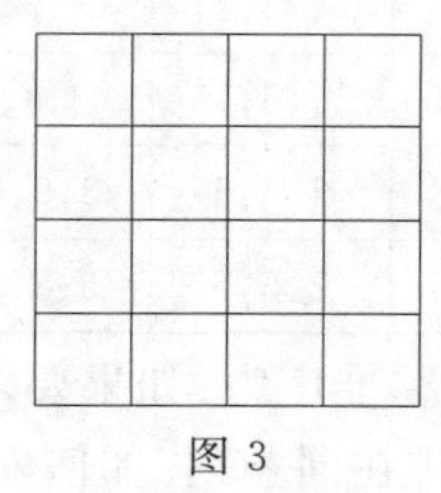

图 3

# 女生问题

1850 年前后，西尔维斯特去乡下度假.

一天早饭后，他照例翻翻杂志，一来休息，二来希望从中捞取"猎物". 突然他的眼睛一亮，把目光集中在杂志上 —— 这是英格兰教会的柯克曼先生提出的一个有趣的问题：

一位女教师带着 15 名女生散步，她们(女生) 每次总是 3 人一列排成 5 列. 请问，如果每天女生的位置都有变动，能否有一种排法使得任两名女生均能在七天中的某天排在同一列?

西尔维斯特放下手里的咖啡杯,点起大烟斗不停地吸着 —— 这是他考虑问题的前奏.然而,他未曾想到:此问题竟如此困难!

整整三天,他都沉浸在此问题中,一天到晚伏在桌前,不停地算、写、画……终于,他给出了问题的一种答案.

我们若将这些女生分别编上 1 ～ 15 号,则表 1 中的安排符合题目的要求.

**表 1**

| | 队 | 列 | 安 | 排 | |
|---|---|---|---|---|---|
| **星期日** | 1,2,3 | 4,8,12 | 5,10,15 | 6,11,13 | 7,9,14 |
| **星期一** | 1,4,5 | 2,8,10 | 3,13,14 | 6,9,15 | 7,11,12 |
| **星期二** | 1,6,7 | 2,9,11 | 3,12,15 | 4,10,14 | 5,8,13 |
| **星期三** | 1,8,9 | 2,12,14 | 3,5,6 | 4,11,15 | 7,10,13 |
| **星期四** | 1,10,11 | 2,13,15 | 3,4,7 | 5,9,12 | 6,8,14 |
| **星期五** | 1,12,13 | 2,4,6 | 3,9,10 | 5,11,14 | 7,8,15 |
| **星期六** | 1,14,15 | 2,5,7 | 3,8,11 | 4,9,13 | 6,10,12 |

此后,西尔维斯又将此问题推广为:如果要求安排 13 周(连续),在此期间内,每 3 名学生都恰好有一天排在同一列.如何安排?

**注 1**　该问题实际上是 1850 年英格兰教会的柯克曼(T. P. Kirkman)提出的,曾在许多国家流行.

1850 年,西尔维斯特和凯莱(A. Cayle)将此问题推广:要求排出连续 13 周的队列安排,而使每 3 名学生在 13 周内都恰好有一天排在同一行.

直到 1974 年,此问题才由丹尼斯顿借助电子计算机给出一个答案.

**注 2**　问题中的学生数可推广为 $3k$,天数可作相应改变(但仍要求是 7 的倍数).

**注 3**　与该问题有关的问题有所谓组合分析中的"斯坦纳三元系"问题,我国学者陆家羲曾对此工作有过贡献.

# 一条直线

这个貌不惊人的题目,使西尔维斯特十分困惑,临终前他仍未能给出证明.

平面上有 $n$ 个已知点，它们不全在一条直线上. 试证：总可以找到一条直线，使它只通过这 $n$ 个点中的两个点.

他逝世50年后的1947年，这道题目被一位名不见经传的"无名小卒"证明了. 1980年的《美国科学新闻》曾披露了此事. 下面来看问题的解答.

**证** 过 $n$ 个点中的每两个点均作直线，因 $n$ 有限，故直线条数有限.

然后考虑其中的每一个点，到不过该点的直线距离（这些距离的总数也有限）. 考虑全部的点和直线，其中距离最小者的点记作 $P$，对应的直线记作 $l$. 则 $l$ 即为所求直线.

若不然，即 $l$ 上有 $n$ 个点中的三个或三个以上.

设 $PA$ 为 $P$ 到 $l$ 的距离（图4）. 则在 $l$ 上点 $A$ 的某一侧必至少有所给 $n$ 个点中的两个点，设为 $M$，$N$，今设 $M$ 更靠近 $A$（$M$ 也可以是 $A$）.

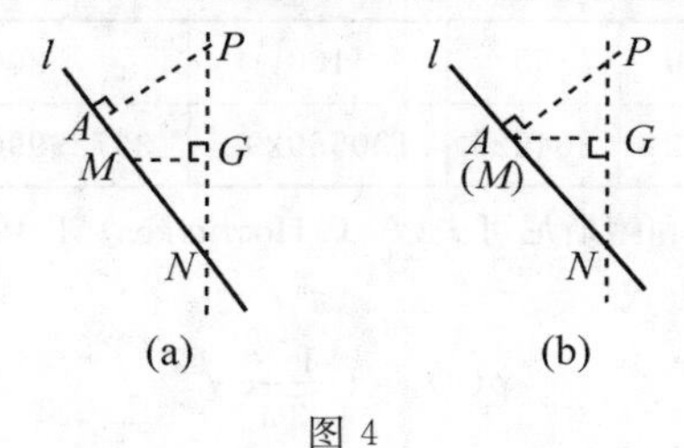


图 4

联结 $PN$，且作 $MG \perp PN$，显然有 $MG < PA$. 这与 $PA$ 是所有距离中最小一个矛盾！

故 $l$ 不能通过 $n$ 个点中的三个或三个以上.

**注** 这个证明是所谓"构造性"的证明，即证明过程中指出了存在的具体直线.

## 整数的分拆(一)

整数的分拆（把整数拆成不同的自然数和）是数论中一个重要课题，由于它过于抽象而常使人难以捉摸.

西尔维斯特研究这类问题时也遇到同样的麻烦，为此他创立了按顺序排列在矩形格点的结点表示数的分拆方式，比如9可分拆成 $5+3+1$，则它可用图5中行的点数表示，而它的所谓共轭分拆 $3+2+2+1+1$ 恰好是图中各列的点数，这一表示提供了分拆理论中许多定理的证明方法或简化了证明过程.

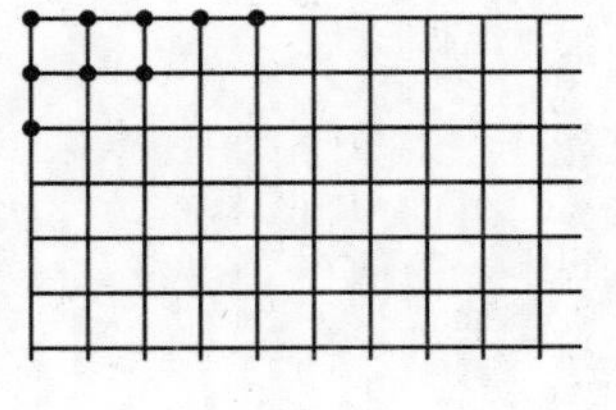

图 5

**注 1**　关于整数的分拆还有许多课题待研究，这些结论如 1637 年法国数学家费马猜测：

每个自然数皆可表示(分拆)为 $k$ 个 $k$ 角数之和.

$n=3$ 时，为高斯证明(1796 年)；

$n=4$ 时，为拉格朗日(1770 年)和欧拉(1773 的)分别证明；

一般情形由法国数学家柯西证得(1815 年).

此外，华林(E. Waring)在《代数沉思录》中提出：

每个自然数可用 9 个立方数和、19 个 4 次方数和 …… 表示.

该问题称"华林问题"，是数论中至今尚未完全解决的问题.

**注 2**　关于整数 $n$ 分拆个数问题，若把分拆个数(不计顺序、允许重复)$y$ 记为 $p(n)$，则有表 2：

**表 2**

| $n$ | 5 | 10 | 50 | 100 | 200 | … |
|---|---|---|---|---|---|---|
| $p(n)$ | 7 | 42 | 204226 | 190569292 | 3972999029588 | … |

纽曼(D. J. Newman)和鲍斯尼可夫(А. Г. Постников)于 1951 年证明了由拉马努金曾给出一个十分精确的近似方式

$$p(n)\sim\frac{1}{4\sqrt{3}\,n}e^{\pi\sqrt{\frac{2n}{3}}}$$

关于这个近似公式详见本书"拉马努金"一节内容.

# 52　莱蒙托夫

莱蒙托夫（М. Ю. Лермонтов，1814—1841），俄国著名诗人，出生在一个贵族家庭．幼年丧母．

1828年入莫斯科大学附属中学学习，后升入大学文学系就读．

他在学生时代便开始了文学创作活动（13岁便开始写诗歌）．

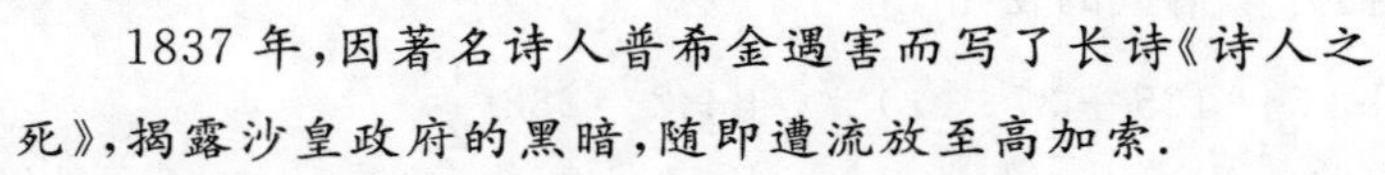

1837年，因著名诗人普希金遇害而写了长诗《诗人之死》，揭露沙皇政府的黑暗，随即遭流放至高加索．

1840年再度被流放，次年10月15日死于决斗，年仅27岁．

他一生创作诗篇400余首，此外还有长诗、小说、剧本等多部．代表作有《祖国》《少年修士》《恶魔》《当代英雄》等．

## 速　算

1841年初，俄国著名的邓金斯团队驻防在阿那波．军官们常因无事可做而聚在一起闲聊．

有一次话题谈到一位能心算复杂数学问题的主教时，一位上了年纪的军官问莱蒙托夫对此事的看法．

“这没有什么了不起．”诗人回答道，“如果你们有兴趣，我也可以给你们当众表演．”

随即是一片喝彩声．莱蒙托夫当众指着一位年轻的军官道：

“你随便想一个数，但不用告诉我．”军官点了点头，诗人接着说：

“请在这个数上加25，再加125，减去37，再减去你当初想的数．”说到这里，诗人看了看那位军官，军官示意运算已完成．

“请把结果乘以5，再除以2，请问答案是否是$282\frac{1}{2}$？”

军官大吃一惊道：“太神了！太神了！”他激动得几乎跳了起来．

请问：你知道其中的秘密吗？

我们将算式一列出你便会了解奥妙之所在.设军官想的数为 $x$,莱蒙托夫的运算译成代数语言如表 1:

表 1

| 日常语言 | 代数语言 |
|---|---|
| 任想一个数 | $x$ |
| 把它加上 25 | $x+25$ |
| 再加上 125 | $x+25+125$ |
| 减去 37 | $x+25+125-37$ |
| 再减去所想的数 | $x+25+125-37-x$ |
| 再乘以 5 | $5(x+25+125-37-x)$ |
| 除以 2 | $5(x+25+125-37-x)\div 2$ |

表中最后一行便揭开了猜数的秘密

$$[(x+25+125-37-x)\times 5]\div 2=282\frac{1}{2}$$

换言之,不管 $x$ 是多少,上述运算结果均为 $282\frac{1}{2}$,结果与原来所想的数无关.

**问题 1** 你随便想好一个四位数,把它的各位数字相加,再将所得和数的各位数字相加;然后,再将得数的各位数字相加;且将这一得数乘以 9 后,再将得数的各位数字相加;将最后这个数乘以 5 除以 3,结果必为 15.为什么?

**注** 此题又称"莱蒙托夫游戏"曾在俄国流传.

# 猜 数

在一片掌声中诗人又做了另一项即兴表演:猜数.

他让一个军官先想好一个数,然后让军官做了下面的运算:

“请将这个数加上2,再乘以3,减去5,再减去你所想的数,然后将该数乘以2,再减去1.请问:得数是几?”

“45,先生.”

军官刚说完,莱蒙托夫即刻道:

“你想的数是11,对吗?少尉.”

军官真是惊讶万分!

这里的奥秘是:设军官所想的数为 $x$,则依照莱蒙托夫的运算步骤,用算式表示为

$$x \Rightarrow x+2 \Rightarrow 3x+6 \Rightarrow 3x+1 \Rightarrow 2x+1 \Rightarrow 4x+2 \Rightarrow 4x+1$$

(注意:最后结果是 $4x+1$)

你只需将答数减1再除以4,即得军官所想的数 $x$.

**问题2** 无论你想好怎样的3个三位数,你只需把我给你的3个数 $x,y,z$ 分别与它们相乘后再相加,然后只要告诉我这个和,我便可知道你所想的3个数.请问这可能吗?

**附记** 有人曾根据莱蒙托夫的生平年份编了如下一道题目:

俄国诗人莱蒙托夫生于19世纪,死于19世纪,并且:

(1) 他诞生与去世的年份,都是由四个相同的数字组成;

(2) 他诞生年份的四个数字之和为14;

(3) 他去世年份中十位数比个位数大4倍.

试求出他的生卒年份来.

# 53 米　勒

米勒(Mill,1814—1875),法国著名画家,巴比松画派的代表人物.

他出身于农民家庭,曾随画家德罗什学画,后因不满其浮华风格,加之无力负担学费而辍学,从此自学.

1849 年起定居里昂郊外的巴比松村,一边务农,一边从事绘画创作.

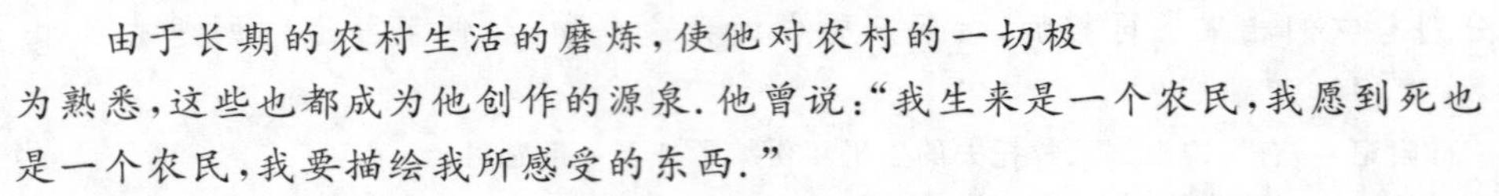

由于长期的农村生活的磨炼,使他对农村的一切极为熟悉,这些也都成为他创作的源泉.他曾说:“我生来是一个农民,我愿到死也是一个农民,我要描绘我所感受的东西.”

代表作有《拾麦穗者》《播种者》《晚钟》《牧羊女》等,这些作品生动地描绘了当时法国农村的生活,歌颂了农民的淳朴善良,揭露了剥削制度的残酷.

他的画风质朴、凝重,笔调抒情.直到晚年,其作品才受世人重视.

米勒作品《牧羊女》

# 纯金项链

一次,米勒从家乡农村来到里昂参加一个美术讨论活动,由于行前匆忙,没能带够支付开销的钞票,值钱的东西是他身上仅有的一条金项链.

当他来到一家旅店打算住下时,才发现口袋空空.于是他从脖子上解下项链交给旅店老板,老板用手掂了掂,又数了数(共 23 环),便说:“你每天须支付一环作为食宿费,须每天结账.”米勒无法,只好点了点头.

老板刚要用剪刀剪开项链的一环时,米勒忙道:“您不必每天剪掉一环,我有个办法可使您只需剪下其中的两环,便可按您的要求支付我 23 天费用.”

旅店老板听后觉得荒唐可笑,便说:“你若能真的做到,这 23 天的食宿费我全免了.”

“当真?”米勒问道.

“君子无戏言.”旅店老板没经仔细思考便脱口回答,他显然是想借此显示他的“老板”风度.当然,他更自信米勒所言根本不可能实现.

说完,米勒从老板手里取回项链,然后指着上面第 7 和第 11 环道:“可切开这两环,这样项链被分成有 6,1,3,1,12 环的五段.”(见图 1)

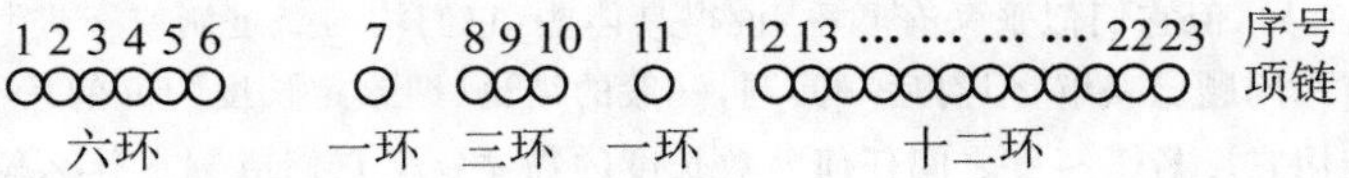

| 123456 | 7 | 8910 | 11 | 1213 ⋯ ⋯ ⋯ ⋯ 2223 | 序号 |
|---|---|---|---|---|---|
| ○○○○○○ | ○ | ○○○ | ○ | ○○○○○○○○○○○○ | 项链 |
| 六环 | 一环 | 三环 | 一环 | 十二环 | |

图 1

“我可以这样支付食宿费.”说着他在纸上画了张表(表 1).

表 1

| 第 $k$ 天 | 一 | 二 | 三 | 四 | 五 | 六 | ⋯ |
|---|---|---|---|---|---|---|---|
| 付款的方式 | +1 | +1 | +3-(1+1) | +1 | +1 | +6-(3+1+1) | ⋯ |

这里“+”表示米勒付给老板的环数,而“-”表示老板找回的环数.(余下的情形请读者自行填完.)

老板听完米勒的讲述,一边点头,一边又后悔莫及.

当然,该问题还有别的剪裁法,但关键是要使剪出项链环数分别是 1,1,3,6,12 环的五段.

**注 1** 项链也可以在第 4,11 环处剪开.

**注 2** 这个问题的结论还可以推广:

若允许剪断 $n$ 环,按例中付款方式最多可付天数(即项链最大环数)为

$$n+2^0(n+1)+2^1(n+1)+\cdots+2^{n-1}(n+1)+2^n(n+1)=$$

$$n+(n+1)(1+2+\cdots+2^{n-1}+2^n)=$$
$$n+(n+1)(2^{n+1}-1)=$$
$$(n+1)2^{n+1}-1$$

其中 $2^0(n+1),2^1(n+1),\cdots,2^{n-1}(n+1),2^n(n+1)$ 为切开 $n$ 环后各段项链长(注意它还有 $n$ 个一环).

比如允许切断 3 环,最多可付 63 天房费,这 63 环项链应断成 1,1,1 和 4,8,16,32 环.

又若允许切断 4 环,最多可付 159 天房费,这条 159 环项链应断成 1,1,1,1 和 5,10,20,40,80 环即可.

当然,对于剪断 $n$ 环的被剪环的序号应为

$$2^0(n+1)+(0+1)$$
$$2^0(n+1)+2^1(n+1)+(1+1)$$
$$2^0(n+1)+2^1(n+1)+2^2(n+2)+(2+1)$$
$$\vdots$$
$$2^0(n+1)+2^1(n+1)+2^2(n+1)+\cdots+2^{n-1}(n+1)+[(n-1)+1]$$

换句话说:在一条有 $2^{n+1}(n+1)-1$ 环的项链上,所有序号为

$$(n+1)\sum_{i=0}^{k}2^i+(k-1)=2^{k+1}(n+1)+k-n$$

(这里 $k=0,1,2,3,\cdots,n$) 的链环均需剪开.

再有,对于 23 个环的项链来说,至少要剪开 2 环才能实现按题目要求的付账方式.

**附记** “项链问题”“砝码问题”“尺子最少刻度问题”(见前面欧拉一节中“天平与砝码”问题) 虽各有异,但它们似乎又有联系,说得具体些,它们均与二进制或三进制有关.

对于前两问题已获解;但对后一问题,一般的结论(即给定长度为 $n$ 的尺子,最少要刻几个刻度才能用它度量 $1\sim n$ 之间任何整数长度的物体? 又它们应刻在什么位置?) 至今未能找到.

倘有兴趣,读者不妨研究一下.

# 最佳视(角)点

米勒不仅喜欢绘画,也善于对与欣赏美术作品有关的数学问题的思考,比如他曾考虑过画作或雕像最佳视(角)问题:

一雕像或画作高 $a$ 米,底座高 $b$ 米,观者高 $h$ 米,请问他在何处观看雕像成画作效果最佳(视角最大)?

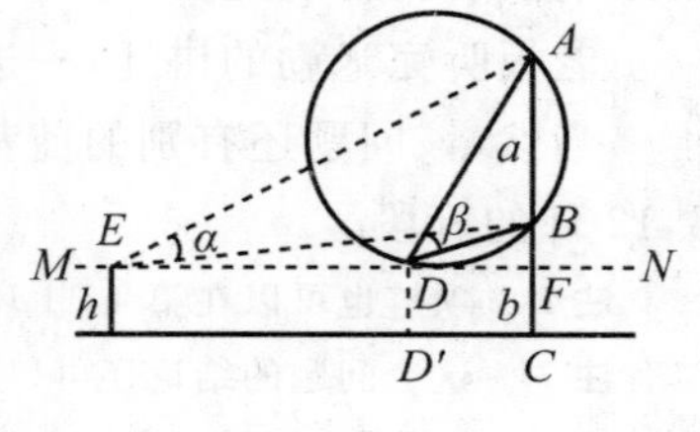

图 2

若观看者的水平视线与雕像或画作有效点(即 $h>b$),则离作品越近,视角越大.

若观看者的水平视线与雕像或画作无交点,即 $h<b$,如图 2:

设 $AB$ 为雕像高(画长)$a$,且 $BC$ 为底座高 $b$,$\alpha$,$\beta$ 为不同视角,作与地面平行距离为 $h$ 的平行线 $MN$.

过点 $A$,$B$ 作圆且要与 $MN$ 相切,切为 $D$.

则 $DD'$ 为人观看雕像或画作的最佳位置,其中 $D'$ 为过 $D$ 作地面垂线的垂足.

它的证明并不困难,当然注意到 $FD^2 = FA \cdot FB$,则点 $D$ 位置不难求得.

# 木质项链

米勒有个女儿,她聪明、伶俐,深受米勒的喜爱.但米勒因为经济拮据,故很少花钱为女儿买些饰物,可他有一双灵巧的手,可以自己为女儿制作.

圣诞节前,他要送给女儿一件礼物——用20个黑木球和10个白木球做成的项链.起初他按两黑一白方式(两个黑球一个白球)将它们串起来,看上去虽然整齐但过于呆板.于是他将木球解下又随意地串了起来.这样一来,项链虽然看上去有些零乱,但却显得自然大方.

出于好奇,米勒数了数相邻两黑、白色球出现的次数(注意,这里不是指"个数",比如 ○○○ 中有两次白球相邻,即 ○○○ 和 ○○○),数后他惊奇地发现:*相邻黑球次数与相邻白球次数(注意,仍指次数)之差恰好为黑球与白球个数之差10.*

米勒又将串好的项链打开,再随意串上后发现:上述结论依然成立,即相邻黑球次数与相邻白球次数之差恰好为黑、白球数之差.

米勒考虑很久,终于给出一个巧妙的解释:

(1) 首先他发现:交换已串好项链上的任何相邻两球,黑球相邻数与白球相邻数之差不变.

对于两球颜色相同的情形显然.对两球颜色不同时这种交换有下面四种可能(图3).

图 3

情形1中两球交换后被换球左边黑球相邻次数减少1次,而右边黑球相邻数增加1次,但白球相邻数无变化,因而总的黑球相邻数与白球相邻数之差不变.

其他情形类似(请读者自行分析).

(2) 其次，经过若干次黑白球互换，总可以把全部黑球，全部白球集中起来，成为图 4 的情形. 而这时黑球相邻次数与白球相邻次数之差(这时两色球相邻次数分别为球的个数减 1) 正好是 10.

**问题** 3 个红球、2 个蓝球、1 个白球放在图 5 八面体中 6 个顶点上，共有多少种不同放法？

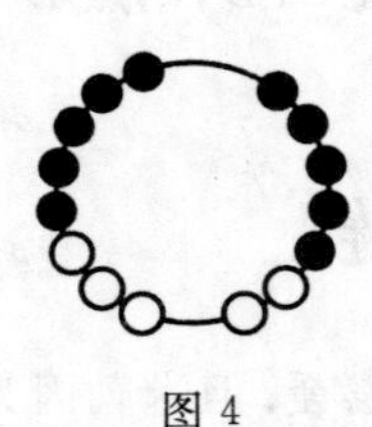

图 4

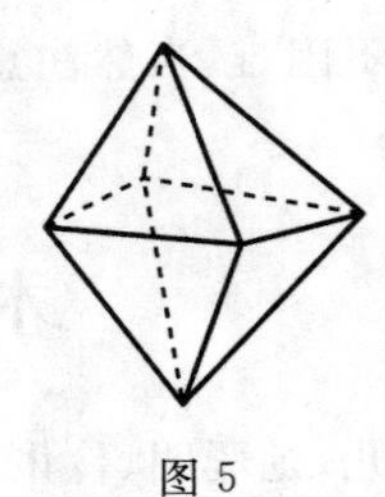

图 5

# 54 卡塔兰

卡塔兰(E. C. Catalan,1814—1894),19世纪比利时数学家. 1814年5月30日生于布鲁日.

卡塔兰毕业于巴黎综合工艺学校,1856年任列日大学分析学教授,且被选为布鲁塞尔科学院院士.

他在微分几何、分析(多重积分变量代换)、函数论、数论等诸多领域皆有成果. 发表各类文章200余篇.

他在《数论》中以提出"卡塔兰猜想"而闻名.

在组合数学计数问题中有一重要的数列——卡塔兰数,它的前几项为:

$$1,2,5,14,42,132,429,1\,430,4\,862,\cdots$$

它满足递推关系,记数列为$\{k_n\}$,有$k_0=1,k_1=1,k_n=k_0k_{n-1}+k_1k_{n-2}+\cdots+k_{n-1}k_0$,其中$n\geqslant 2$.

它的通项公式见后文.

1894年2月14日逝世.

## 一个猜想

1842年,卡塔兰研究自然数方幂差时发现:

乘方相差1的有:$3^2-2^3=9-8$;

乘方相差2的有:$3^3-5^2=27-25$;

乘方相差3的有:$2^7-5^3=128-125$;

乘方相差4的有:$5^3-11^2=125-121$和$2^3-2^2=8-4$.

由于他再没有发现别的相差1的两整数方幂,于是卡塔兰猜想:

自然数方幂相差1的只有一对:$3^2$与$2^3$.

**注** 这个貌似简单的问题,最近才由荷兰的数学家蒂德曼(K. Tijdeman)利用英国数学家贝克(A. Baker)的理论证明:除有限几个例外,只有两个整数的方幂相差1.

它的数学表述为:

方程$x^u-y^t=1$,当$x,y,u,t$皆为大于1的自然数时,仅有$x=3,y=2,u=2,t=3$唯一一组解.

# 用 1 和“+”“×”号表示整数的分拆

整数 $n$ 可仅用 1 和运算符号“+”“×”表示，其中 1 的个数 $F(n)$ 与 $n$ 有关. 请问 $F(n)$ 的最小值 $f(n)$ 如何表示？这是卡塔兰考虑的又一个数论问题.

容易验算：$f(64)=12$，$f(65)=13$，因为

$$64=(1+1+1+1)\times(1+1+1+1)\times(1+1+1+1)$$

$$65=(1+1+1+1)\times(1+1+1+1)\times(1+1+1+1)+1$$

或

$$[(1+1+1+1)\times(1+1+1)+1]\times(1+1+1+1+1)$$

又 $f(80)=13$，$f(81)=12$.（请你验算一下）

这个问题时至今日已有下述结果：

(1) 当 $n=3^k$ 时，$f(n)=3k$，且 $3\log_3 n\leqslant f(n)\leqslant 5\log_3 n$；

(2) 猜测：$f(n)\sim 3\log_3 n\ (n\to+\infty$ 时)；

(3) $f(n)$ 与 3 拆数有关：12 拆成 4 个 3 时，13 拆成 3 个 3 与 1 个 4 时；14 拆成 4 个 3 与 1 个 2 时，所拆之数乘积最大.

一般地，对 $3k$，$3k+1$，$3k+2$ 型整数而言，当它们分别拆成 $k$ 个 3，$k-1$ 个 3 和 1 个 4，$k$ 个 3 和 1 个 2 时其乘积最大.

其实这种拆法的依据与欧拉常数 e=2.718 28… 的某些性质有关（详见“斯坦纳”一节的问题）.

(4) Daniel Rawsthorne 证明了：当 $n\leqslant 3^{10}$ 且 $n$ 可表为 $2^a3^b$ 形式时，$f(n)=2a+3b$，而 $n>3^{10}$ 情况至今未获知.

(5) 若 $p$ 为素数，① $f(p)=1+f(p-1)$，② $f(2p)=\min\{2+f(p),1+p(2p-1)\}$ 是否总成立？这里 $\min\{a,b\}$ 表示 $a$，$b$ 中较小者.

**附记**　卡塔兰在初等数学领域也有不少著名发现，比如平面几何中“卡塔兰截线”，是著名的几何作图问题：

过圆外一点作圆的截线，使之被圆周等分为两份（此截线称为卡塔兰截线）.

**注**　其实卡塔兰数在我国清代已有人发现，当时数学家明安图（1692—1763）在《割圆密率捷法》一书中已有介绍.》

此数列的生成公式为

$$k_n=\frac{1}{n+1}\binom{2n}{n}=\frac{(2n)!}{n!\ (n+1)!}$$

或

$$k_n=\binom{2n}{n}-\binom{2n}{n+1}$$

当 $n$ 较大时通项近似为 $k_n \sim \frac{4^n}{n^{\frac{3}{2}}\sqrt{\pi}}$.

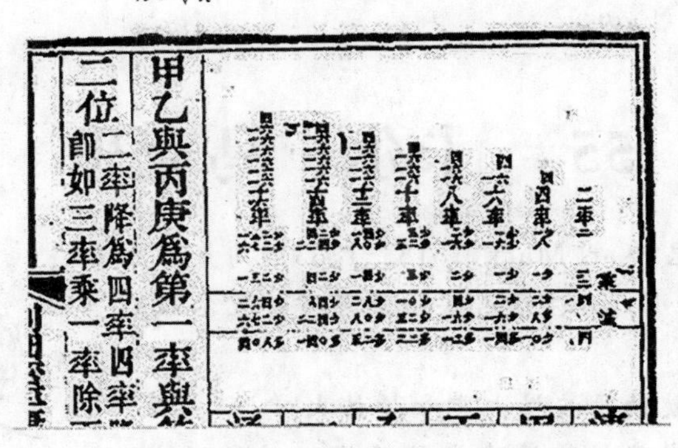

甲乙與丙庚爲第一率與

二位二率降爲四率四率

郎如三率乘一率除

《割圆密率捷法》中关于卡塔兰数记述

卡特兰数有许多有趣的性质和应用.比如将卡特兰数错开写

$$
\begin{array}{cccccccc}
1 & 1 & 2 & 5 & 14 & 42 & 132 & \cdots \\
1 & 2 & 5 & 14 & 42 & 132 & 429 & \cdots \\
2 & 5 & 14 & 42 & 132 & 429 & 1\,430 & \cdots \\
5 & 14 & 42 & 132 & 429 & 1\,430 & 4\,862 & \cdots
\end{array}
$$

这时前 4 列组成一个 $4 \times 4$ 行列式值为 1

$$
\begin{vmatrix}
1 & 1 & 2 & 5 \\
1 & 2 & 5 & 14 \\
2 & 5 & 14 & 42 \\
5 & 14 & 42 & 132
\end{vmatrix} = 1
$$

向右错动的相邻 4 列组成的 $4 \times 4$ 行列式值也是 1.

卡塔兰数 $k_n$ 是 $n+1$ 边形剖分成三角形的种类数.对五边形而言,其不同的剖分成三角形的种类为 $k_4 = 5$.

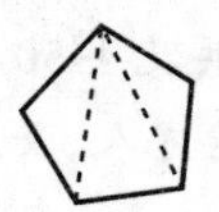 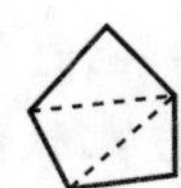  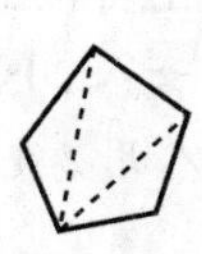 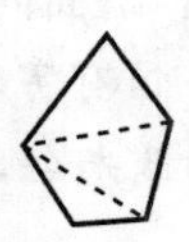

图 1　五边形剖分成三角形

# 55　卡尔·马克思

卡尔·马克思(Karl Marx,1818—1883),马克思主义创始人.1818年5月5日生于普鲁士莱茵省特里尔城的一个律师家庭.

青年时代曾就读于波恩大学和柏林大学,研究法学、历史和哲学.23岁获哲学博士学位后投入政治活动,任《莱茵报》主编.

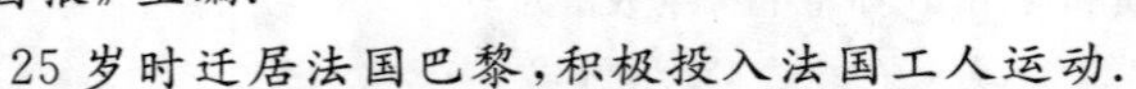

25岁时迁居法国巴黎,积极投入法国工人运动.

1844年结识恩格斯,后共同创立共产主义者同盟,于

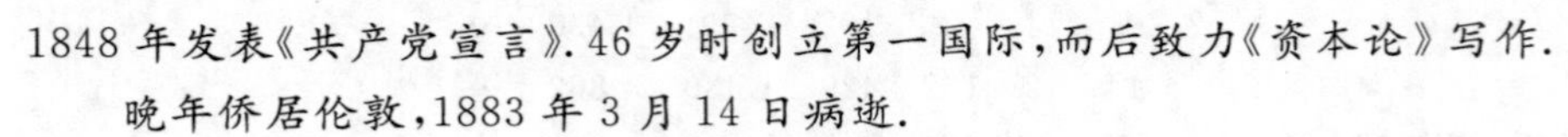

1848年发表《共产党宣言》.46岁时创立第一国际,而后致力《资本论》写作.

晚年侨居伦敦,1883年3月14日病逝.

## 男人、女人和孩子

被称誉为"发现了人类历史发展规律"(恩格斯语)的科学巨匠马克思,博学多才.在其所著《数学手稿》中不仅提出他对微积分的独到见解,书中还涉及一些数学趣题,下面问题出自该书:

在一家餐馆有男人、女人、小孩共30人用餐,他们一共花去50先令.已知每个男人餐费为3先令,女人用2先令,孩子花1先令.试问:男人、女人、小孩各几人?

这是一个不定方程问题.设男人、女人、小孩分别有 $x,y,z$ 人,这样有方程

$$\begin{cases} x+y+z=30 & (1) \\ 3x+2y+z=50 & (2) \end{cases}$$

通过枚举法(注意 $x,y,z$ 均为不大于30的非负整数)可有表1的结果.

**表1**

| $x$ | 10 | 9 | 8 | 7 | 6 | 5 | 4 | 3 | 2 | 1 | 0 |
|---|---|---|---|---|---|---|---|---|---|---|---|
| $y$ | 0 | 2 | 4 | 6 | 8 | 10 | 12 | 14 | 16 | 18 | 20 |
| $z$ | 20 | 19 | 18 | 17 | 16 | 15 | 14 | 13 | 12 | 11 | 10 |

当然,解此方程的过程可如下:

(2)-(1) 得

$$2x+y=20 \tag{3}$$

由(3) 可得

$$20-x=\frac{y+20}{2}$$

令其为 $t$,则有

$$\begin{cases}x=20-t\\y=-20+2t\end{cases},t=0,\pm 1,\pm 2,\pm 3,\cdots$$

由 $x\geqslant 0,y\geqslant 0$ 有 $t\leqslant 20$ 且 $t\geqslant 10$,即 $10\leqslant t\leqslant 20$.

又由(1) 知

$$z=30-x-y=30-t$$

将 $t=10,11,\cdots,19,20$ 分别代入

$$x=20-t,y=-20+2t,z=30-t$$

亦可得上表所示诸解.

**注** 本题与前文张丘建问题类似.

# 56　列夫·托尔斯泰

列夫·托尔斯泰(Лев. Н. Толстой,1828—1910),俄国文学家.生于莫斯科远郊的一个贵族家庭,幼年时父母双亡,由姑母抚养成人.

1844年考入喀山大学东方系,后转学法律.在学期间就常在报刊上发表文章,后因对学校教育不满而中途退学.

1851年在高加索从军,并开始文学创作生涯.1856年退役.此后曾两度去法国、瑞士、意大利、德国等国家旅行.这些一方面扩大了他的生活视野,也为其后的文学创作积累了丰厚的素材.

晚年,他对于人生、社会的各种观点发生了变化,开始逐步同贵族家庭决裂,并同情广大农民,这种思想冲突常使他陷入极端苦闷之中,曾几度打算离家出走,去过平民生活.

1910年,82岁的托尔斯泰终于毅然弃家出走,不幸病逝途中.临终前他说道:"不用再管我了,世界上比我更困难的人多得是."

代表作有《战争与和平》《安娜·卡列尼娜》《复活》等.

## 草地问题

托尔斯泰的庄园里有大小两片草地.每年秋天,农民们都要将草收割贮存起来,冬季当作牲畜的饲料.大片的草地面积恰好为小片草地面积的2倍.

每至割草季节,托尔斯泰常去那里关照,一边看农民们干活,一边与农民们聊天.

这一年有一群割草人去草地割草.上午他们都在大片地里干活,午后这组人平均分成了两组,一组继续留在原地割草,到傍晚收工时(上、下午工作时间相同)恰好收割完;另一组人到小片草地干活,收工时仅剩下一小块没有割完,这一小块草地恰好够一个人收割一天.

工头彼尔去托尔斯泰那里结账时,讲了上述情况,话音刚落,托尔斯泰便说:"让我算算共有多少人割草."

托尔斯泰的解法很巧妙.首先他用两个矩形表示大小两片草地(面积相差一倍,见图1);接着他又用图2表示工作量.

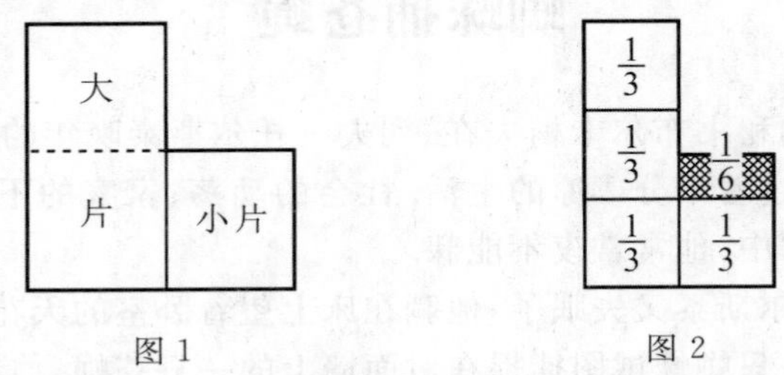


图1　　图2

因为大片草地要全组人割半天,再加上半组人割半天,这样,半组割草人半天可割大片草地的$\frac{1}{3}$;

因而,小片草地半组人半天割后剩下的草地面积为大片草地面积的

$$\frac{1}{2}-\frac{1}{3}=\frac{1}{6}$$

而这块地只需一人割一天.换言之,大片草地的$\frac{1}{6}$恰为一人一天的工作量.

当天这组割草人共割了大片草地$1+\frac{1}{3}=\frac{4}{3}$倍面积的草,这样这组人共有

$$\frac{4}{3}\div\frac{1}{6}=8(\text{人})$$

**问题**　在上述问题中,若小片草地当天剩下的一块,要由2人再割一天半才能割完,请问这组割草人共有多少?

**注**　此题源自托尔斯泰的秘书布尔卡柯夫(В. Булькаков)的《列夫·托尔斯泰晚年的生活》一书.

# 平分遗产

托尔斯泰农庄有一户人家共兄弟五人,老人病重,临死前叮嘱兄弟五人平

分他仅有的遗产：三间房子.

由于房子无法拆分，便决定分给老大、老二和老三. 为了补偿，三个哥哥每人付 800 卢布分给老四、老五，老人算了算觉得这样五人所得完全相同.

有人问托尔斯泰：每所房子价值多少？

托尔斯泰不负众望，果然轻易地算出了房价，他的算法是：

三个哥哥给两个弟弟 $800\times3=2\,400$ 卢布，每个弟弟分得 1 200 卢布，此即每人平均分得的遗产数.

因而每间房子价值 $1\,200+800=2\,000$(卢布).

## 蜘蛛捕苍蝇

据托尔斯泰的秘书布尔卡柯夫在《列夫·托尔斯泰晚年的生活》一书中披露，托尔斯泰晚年过着十分凄凉的生活. 社会的动荡、家庭的不幸、农民的贫苦使他陷入极度苦闷中，他常常夜不能寐.

一天深夜，托尔斯泰又失眠了，他躺在床上望着卧室的天花板发呆. 突然他瞥见墙的一端有一只蜘蛛试图捕捉在对面墙上的一只苍蝇. 他看了一会儿便从床上下地，量了一下房间尺寸，一道算题竟产生了：

他的卧室长、宽、高分别为 7,6,4 俄尺见图 3(1 俄尺约为 0.71 m)，在相对的两面较大的墙壁上，分别有一只苍蝇和一只蜘蛛. 苍蝇距地板 1 俄尺半，蜘蛛距天花板 1 俄尺半，它们离与它们较近的墙角分别为 2 和 1 俄尺. 问蜘蛛沿怎样的路线前进，才能经过最短的距离追捕住苍蝇？

想了一个晚上，他竟巧妙地给出问题的一种解.

将房子的墙壁、天花板、地板展开成平面(图 4).

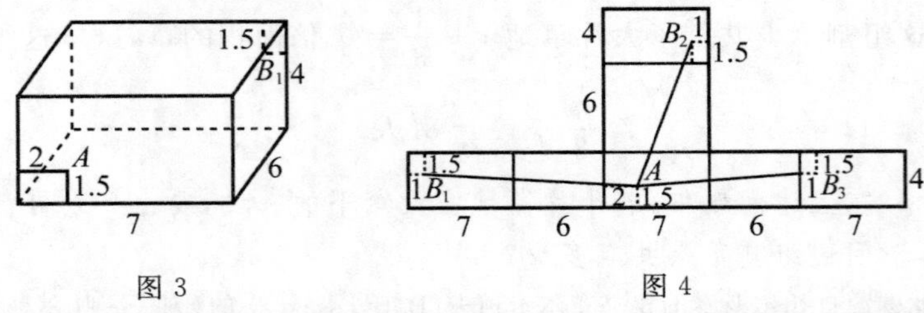


图 3　　　　图 4

联结苍蝇和蜘蛛所在的 $A,B$ 两点，共有四种方法，显然经过天花板和地板的两条路线的距离相等，故只需计算三条路线长短. 由毕达哥拉斯定理有

$$AB_1=\sqrt{(7+6+2-1)^2+1^2}=\sqrt{197}\approx14.04$$

$$AB_2=\sqrt{(4+6)^2+4^2}=\sqrt{116}\approx10.77$$

$$AB_3=\sqrt{(6+1+5)^2+1^2}=\sqrt{145}\approx12.04$$

故其中最短的路线长为 10.77 俄尺.

## 巴霍姆买地

托尔斯泰的短篇小说《人需要很多土地吗？》中有这样一道算题：

巴霍姆花 1 000 卢布买到一块地，地的大小由他一天所能走完的回路来圈定，问巴霍姆怎样走才能获得最多的土地？

这个问题实际上是几何上的等周问题，即：

周长给定的封闭图形，何种图形面积最大？

答案是：圆.

**注** 若限定图形形状是多边形，且边数给定，则当图形是正多边形时，图形面积最大.

## 木桶注水

这是托尔斯泰甚为喜欢的题目，且给出了他自己的解法. 题目是这样的：

木桶上方有两个进水管 $A$，$B$，单独打开 $A$，24 min 可注满木桶；单独打开 $B$，15 min 可注满木桶，木桶底下有一出水口，打开时 2 h 可使水流完. 请问若两水管同时打开，且底下出水口一直打长，多长时间水可注满？

托尔斯泰的解法是：

打开两注水管时，一分钟 $A$ 可注满木桶的 $\frac{1}{24}$，$B$ 可注满木桶的 $\frac{1}{15}$；而下面出水口一分钟可流失木桶水的 $\frac{1}{120}$. 由

$$\frac{1}{24}+\frac{1}{15}-\frac{1}{120}=\frac{1}{10}$$

这就是说注水管、出水孔同时打开，一分钟可注满水桶的 $\frac{1}{10}$.

这样，10 分钟便可注满木桶.

**附记** 有人依据托尔斯泰的生平编了下面一道趣题：

俄国文豪列夫·托尔斯泰享年 82 岁. 他在 19 世纪中度过的年份比在 20 世纪中度过的年份多 62 年. 请问托尔斯泰生卒年份是多少？

这个题目可用算术或代数（方程）方法求解.

# 57 加菲尔德

加菲尔德(A. Carfield,1831—1881),美国第 20 任总统,生于美国俄亥俄州.

1856 年毕业于威廉斯学院,后回家乡中学任教,曾担任中学校长.

1859 年入选俄亥俄州议会议员.

美国南北战争期间,加菲尔德从戎,因战绩显赫,军衔由步兵少校升至少将.

1862～1880 年为美国众议院议员,1880 年入美国参议院,同年当选美国总统.

4 个月后,因外出在车站遭歹徒枪击,3 个月后去世.

## 拼　方　(一)

加菲尔德在俄亥俄州中学任教期间,对几何学极有兴趣,他的拿手好戏是"拼方",即无论何种图形(直线图形)经他的有限剪裁后,总可以拼成一个正方块.

图 1

一天一位员工拿来一块木板 —— 是他做家具时剩下的(图 1),他请教加菲尔德:

如何裁最少的块数(但不浪费一点材料),再把它们拼成一个正方形桌面.

加菲尔德用尺量了量后,先在纸上画了个样子,然后用铅笔试着剪裁,不一会儿答案便出来了,只需裁成四块:

先按图 2(a) 所示将两个三角形裁下补入 V 形缺口,使木板变成矩形(图 2(b)),再将矩形裁成齿状的两块,然后可按图 2(c) 拼成一个正方形.

**问题 1**　请将图 3 木板裁成三块后拼成一个正方形.

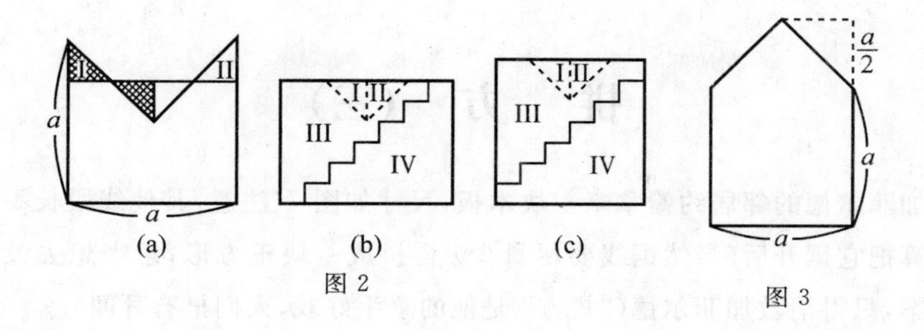

(a) (b) (c)

图 2

图 3

# 拼　方　(二)

詹姆斯太太做衣服时剩下一块布料(图 4),想再裁一件衣服,可材料不够.若弃之,又可惜.

思来想去,詹姆斯太太决定把它裁剪拼成一块方桌布.

现在的问题是:如何剪裁可使剪裁块数最少又不浪费一点布料?

詹姆斯太太比画半天也无像样的方案拿出,无奈只得求助于她的丈夫 —— 加菲尔德先生.

加菲尔德先将布料量了一阵后,又算了一阵,便给出了如下的裁剪方案:

先按图 5(a) 中尺寸剪成三块,然后按图 5(b) 拼成正方形即可.

加菲尔德的剪裁依据何在?原来他首先计算了太太的布料面积

$$1^2+4^2+8^2=81=9^2$$

这样他只需设法将布料裁剪后拼成一块 $9\times9$ 的方块即可.余下的问题是如何可使裁成的块数最少,这便需动些脑筋了.

**问题 2**　请将图 6 裁成三块后拼成一个正方形.

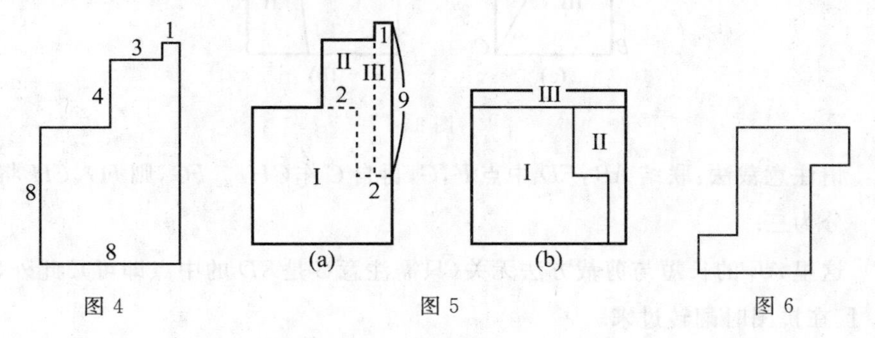

(a) (b)

图 4　图 5　图 6

# 拼　方　(三)

加菲尔德的邻居约翰拿来一块木板,尺寸如图7(注意:其他线段长不知).他打算把它锯开后(当然锯线要尽量少)再拼成一块正方形,思来想去没有好的方案,只得请教加菲尔德("拼方"是他的拿手好戏,人们早有耳闻).

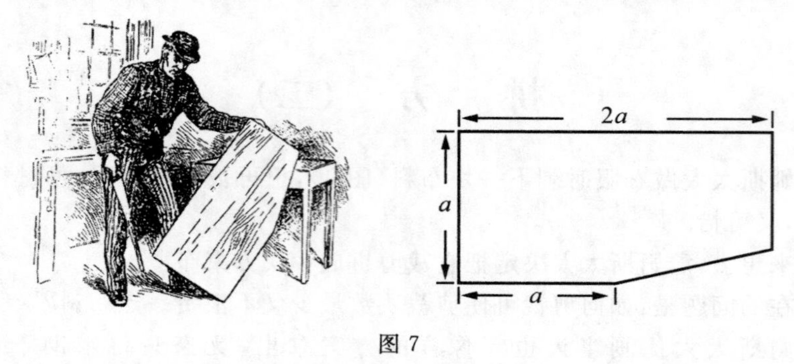


图7

这一次可与前面的问题大不相同.

加菲尔德花了两天工夫才把答案找出来——仍是把木板先锯成三块,然后再拼接(图8(a),(b)).

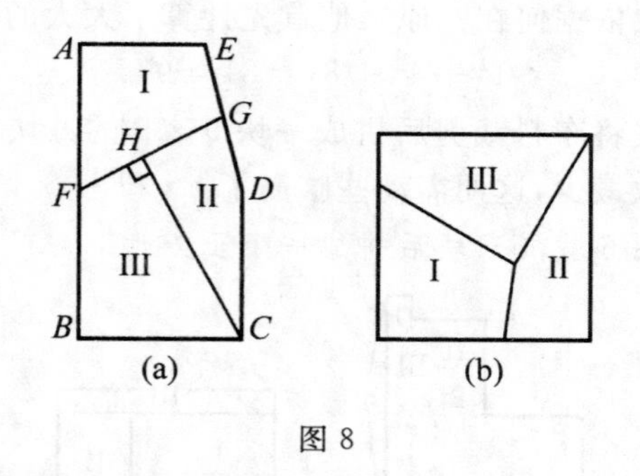


图8

请注意裁法:联结$AB$,$ED$中点$F$,$G$,再自$C$作$CH \perp FG$,则$FG$,$CH$将木板一分为三.

这里$AE$的长短与剪裁方法无关(只需注意$G$是$ED$的中点即可).此外,注意Ⅰ在拼图时翻转过来.

**问题3**　将三个同样的三角形拼成一个大三角形(每个小三角形分成2份).

# 巧证毕达哥拉斯定理

加菲尔德任俄亥俄州议会议员时，每次开会之余，他便提议大家一块做做“思想体操”—— 解智力题.

一次议会休息时，议员琼斯(Jones)和加菲尔德谈起毕达哥拉斯定理，并且介绍了毕达哥拉斯本人对定理的一种巧妙证法 —— 剪拼法(图 9、图 10).

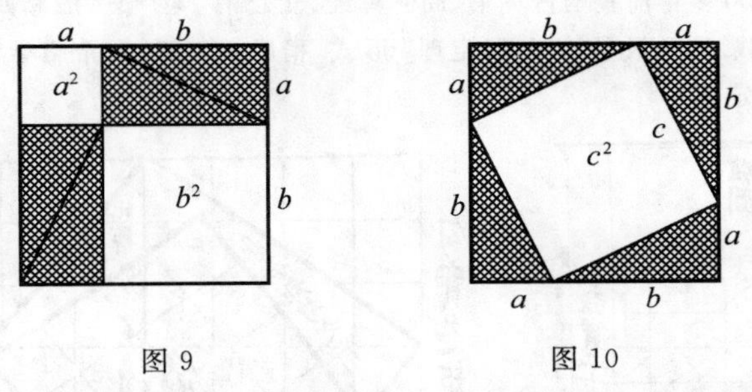


图 9　　图 10

(您看出来了吗？图 9、图 10 均为边长是 $a+b$ 的正方形，它们各除去四个同样的直角边长分别为 $a$,$b$ 的直角三角形后，剩下的图形面积分别为 $a^2+b^2$ 和 $c^2$，则 $a^2+b^2=c^2$).

思虑良久，加菲尔德居然也给出一种证法：

尺寸如图 11 的直角梯形，它的面积显然是

$$S=\frac{1}{2}\times(\text{上底}+\text{下底})\times\text{高}=$$

$$\frac{1}{2}(a+b)(a+b)=$$

$$\frac{1}{2}(a^2+b^2+2ab)=$$

$$\frac{1}{2}(a^2+b^2)+ab$$

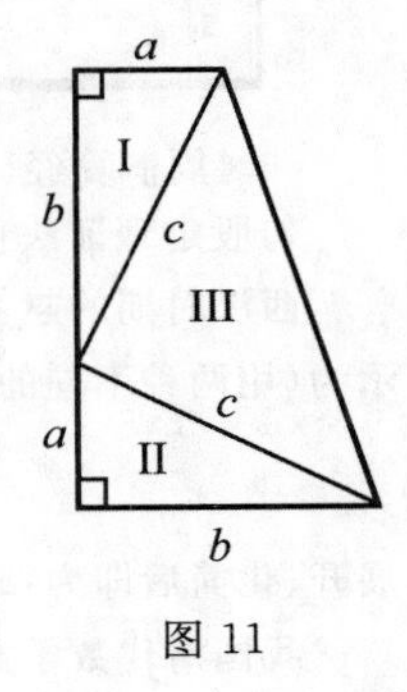


图 11

但同时它的面积又是图中三个直角三角形面积之和

$$S=S_{\text{I}}+S_{\text{II}}+S_{\text{III}}=\frac{1}{2}ab+\frac{1}{2}ab+\frac{1}{2}c^2=\frac{1}{2}c^2+ab$$

这样

$$c^2=a^2+b^2$$

如果你仔细观察，不难发现：加菲尔德的证明汲取了毕达哥拉斯证明的精华 —— 他所用的图形是毕达哥拉斯证法图形中的一部分而已.

**问题 4**　图 12 即为赵爽在注解《周髀算经》时证明勾股定理时所用的图形，请你据此给出勾股定理的一种证法（提示：用两种不同方法计算大正方形面积）.

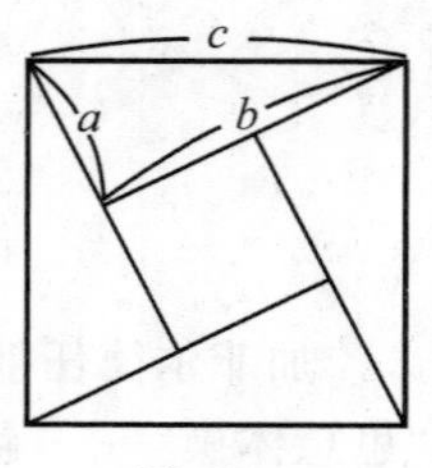

图 12

**注 1**　此证明载于 1876 年 4 月 1 日美国波士顿出版的《新英格兰教育日志》上，编者还注明：这是俄亥俄州的共和党议员詹姆斯·阿·加菲尔德提供的，据称这是他在议会和其他一些议员做“思想体操”时想出的.

数学被称为锻炼思想的体操.

**注 2**　早在 2000 多年前我国古算书《周髀算经》上已有“勾广三，股修四，径隅五”即“勾三股四弦五”的记载. 这是最早的“勾股定理”形式. 稍后 500 年，古希腊学者毕达哥拉斯也发现并证明了这个定理.

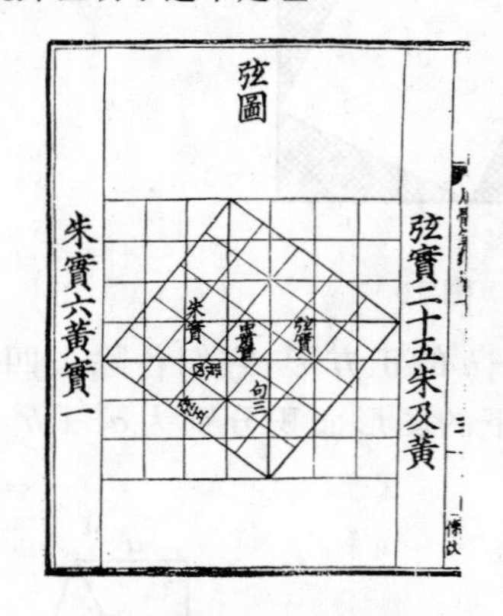

《周髀算经》上的“弦图”

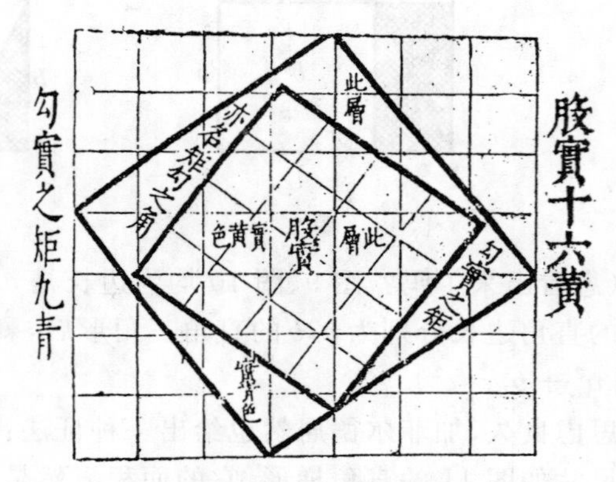

我国古算书上的勾股图

勾股定理证法很多，据统计已有 400 余种.

西汉时期的赵爽在《周髀算经注》中给出一个十分简洁的证明，用今天的数学符号可表示为（用两种不同的办法计算正方形面积）

$$4\cdot\left(\frac{1}{2}ab\right)+(b-a)^2=c^2$$

展开、化简后即为：$a^2+b^2=c^2$.

我国清代数学家李锐也曾利用图 13，给出勾股定理一个十分清晰而简练的证明.

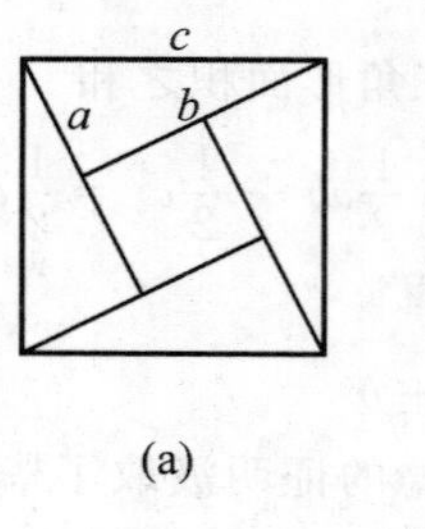

(a)

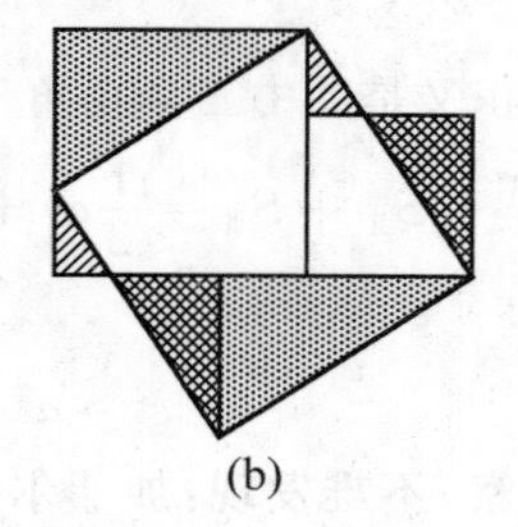
(b)

图 13

# 58 道　奇　森

道奇森(C. L. Dodgson,1832—1898),英国数学家、逻辑学家,牛津大学数学教授.

1850 年考入牛津大学基督教学院,他的数学和古典文学成绩优异,曾在数学考试中名列第一,后留校任讲师、教授,直到 1881 年退休.

他在《符号逻辑》一书中首先使用推理,还发明了一个简单逻辑推理装置.

数学推理中的三段论式是由道奇森发明的.

他还是一位童话作家,曾以笔名 L·卡洛尔发表了许多在世界上都很流行的儿童作品,比如《艾丽丝漫游仙境》《艾丽丝镜中游记》等(艾丽丝是作者女儿的名字).

## 植树问题(三)

道奇森对植树问题甚有研究,他在《艾丽丝漫游仙境》中提出了下面的问题:

10 棵树栽成 5 行,怎样栽可使每行有 4 棵树?

如前文所见,这并非普通意义上的植树问题,这里计算行、列上的树的数目时,显然会令某些节点上的树重复计算,即它可在不同的行,也可在不同的列.

此题解法据说有 300 余种,比如图 1 诸栽法(图中黑点表示树的位置).

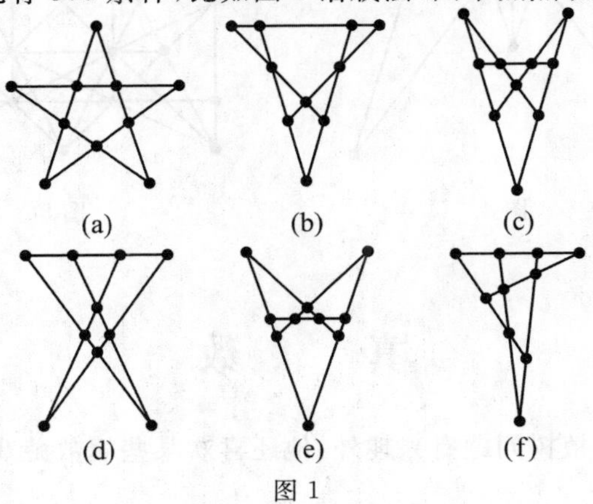


图 1

**注 1** 20 世纪的业余数学家萨姆·劳埃德研究了下面的问题:有 20 棵树,每行要求栽 4 棵,最多可栽多少行?

他的解答是:18 行(图 2).

新近有人利用电子计算机给出可栽 20 行的最佳方案(见图 3).

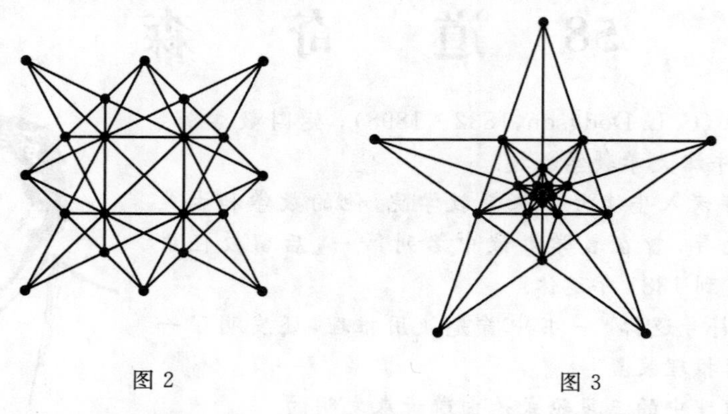

图 2　　　　图 3

**问题 1** 请给出 19 棵树栽 10 列,每列栽 5 棵的方法.

**注 2** 有人给出 21 棵栽 12 行,每行 5 棵的栽法,如图 4.

**注 3** 又 22 棵树栽 21 行每行 4 棵,如何栽? 见图 5.

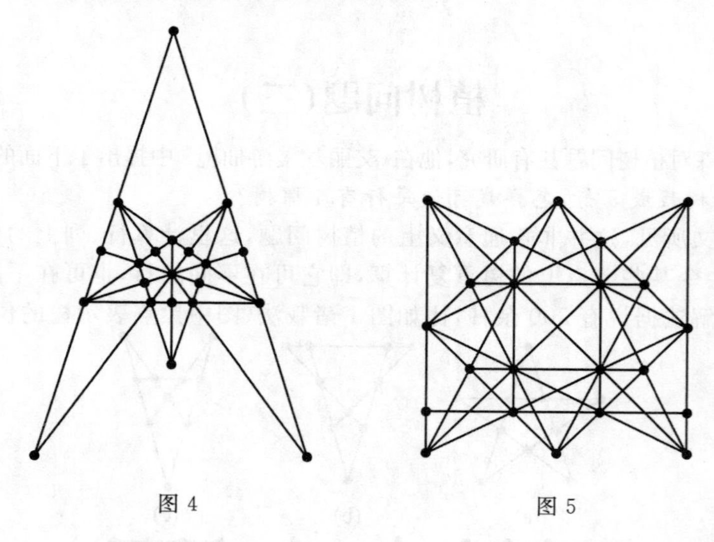

图 4　　　　图 5

# 填　　数

道奇森除了对植树问题有兴趣外,他还喜欢某些填数游戏. 比如:

在8边形的8个顶点上分别填上1～8中的一个数，使其中任何相邻三顶点所填数之和不小于12，如何填？有无和不小于13的填法？

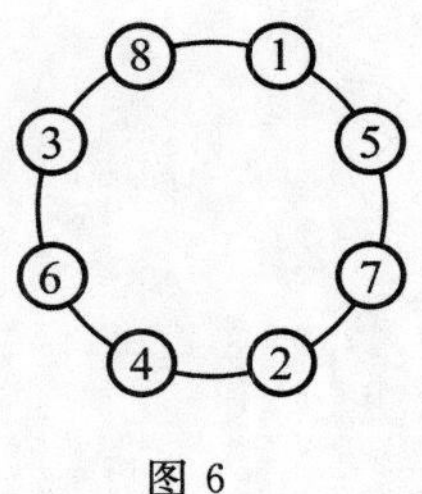

图6

和不小于12的情况稍稍推算不难有如图6的填法.

但和不小于13的填法不存在.我们来分析一下看看：

这里关键是数1的填法.图7分别标记1与8,7,6相邻的填法的开始情形，但接下去却无法继续.

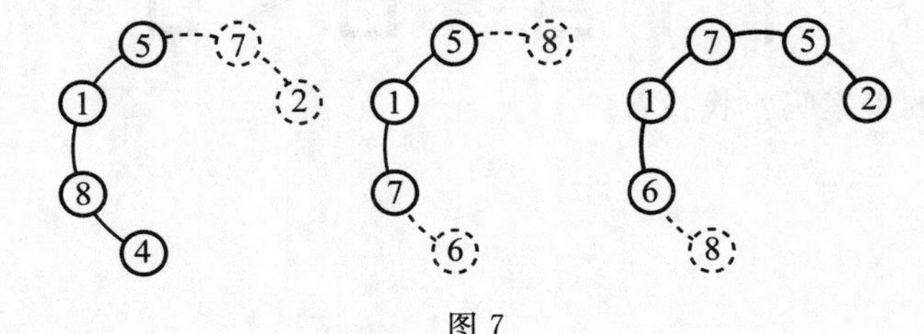

图7

数1与其余数相邻的情形可仿上讨论.

**注** 对于和大于13的情形可由

$$3(a_1+a_2+\cdots+a_7+a_8)\geqslant 14\times 8$$

即$3\times 36\geqslant 112$产生矛盾说明不妥，这里$a_1,a_2,\cdots,a_8$代表1～8数字，左式是说每数用3次的全部数字和(注意到$a_1+a_2+\cdots+a_7+a_8=36$)，右式指8个和(注意每个和至少是14).

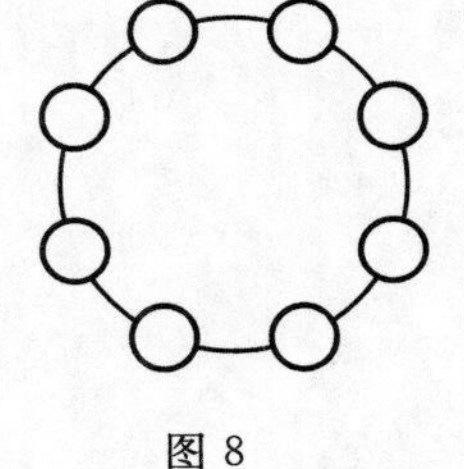
图8

**问题2** 请将1～17填入图8诸圆圈和其连线上，使得：相邻两圆圈数字和恰好等于联结它们的线段上的数.

# 答案多多

道奇森对火柴游戏十分在行.一次他给朋友出了一道问题，问题是这样的：用火柴摆成下面的算式：

1+9−8=5

其实它不成立.请移动其中两根使之成立.

朋友思考了一阵居然给出四种解答，这一点居然让道奇森也未曾想到.请看：

$$1+9-2=8$$

$$7+5-6=6$$

$$1+9-2=8$$

$$1+9-8<5$$

还有别的答案吗？找找看.

# 59 蒙　特

蒙特(Moether),19世纪法国著名的心算“神童”,生于法国图尔城附近的一个农民家庭.

在他读小学时便以心算而闻名.当时的法国科学院院长、几何学家庞加莱向他提出两个问题:

①$756^2=?$

②52年中有多少分钟?

蒙特立刻给出正确答案.

1840年12月4日,在数学家庞加莱的建议下,由柯西、刘维尔等著名数学家组成了专家委员会对他进行才能考核,当时共出了12道题目,蒙特一一答出,令专家们一致称赞.

## 平　方　差

专家组对蒙特考核的题目共12道,下面是其中的一道题.

若 $x^2-y^2=133$,求整数 $x,y$.

蒙特是用心算给出了结果,我们下面用代数方法来解解看.

由设 $x^2-y^2=133$,两边因式(数)分解

$$(x-y)(x+y)=1\cdot 133=19\cdot 7$$

故

$$\begin{cases}x+y=133\\x-y=1\end{cases}\text{或}\begin{cases}x+y=19\\x-y=7\end{cases}$$

解得

$$\begin{cases}x=67\\y=66\end{cases}\text{或}\begin{cases}x=13\\y=6\end{cases}$$

这实则是一道不定方程问题.由上我们可有:

133是可用两种形式表示成完全平方数之差的整数.

## 求整数解

专家组的另一道题目为：

若 $x^3+84=37x$，求整数 $x$.

这是一道三次方程求解问题，蒙特的心算凭借记忆与聪慧与技巧，下面我们稍稍分析看，因式右为 $37x$，故 $x^3$ 不会很大，从而 $x$ 也不会很大.

因 $3^3=27$，又 $27+84=37\cdot 3$，知 $x=3$.

又 $4^3=64$，且 $64+84=37\cdot 4$，知 $x=4$.

综上 $x=3$ 或 4.

## 拟平方幻方

蒙特曾一度迷恋着幻方，由于他的“神算”功能，使他常去考虑一些奇特的幻方问题，比如“平方数幻方”，即幻方中的所有数皆为完全平方数，且幻和亦为完全平方数(果然技高一筹).

| $127^2$ | $46^2$ | $58^2$ |
|---|---|---|
| $2^2$ | $113^2$ | $94^2$ |
| $74^2$ | $82^2$ | $97^2$ |

图 1

他苦苦思索了一月有余(尽管他有速算的技巧)，一天灵感突至，他在前几天考虑的问题基础上，终于发现了图1的(完全)平方数准(拟)幻方：这里准或拟是指差不多、差一点之意.

验算不难发现，该幻方行、列及对角线“/”上诸数和(即幻和)皆为 $147^2$(亦为完全平方数)，唯一的一点小遗憾是：它的另一条对角线“\”上诸数和 $27^2+113^2+97^2=38\ 307$ 不是 $147^2$(也非完全平方数).

完全满足幻方要求的且全部由完全平方数组成的、幻和亦为完全平方数的这类幻方，至今未能找到.

**注1** $n\geqslant 8$ 时，存在这样的 $n$ 阶幻方，当幻方中每个数用其平方替换时，仍是一个幻方，人称“二重幻方”(已发现200多个)；若幻方中每个数用它们的平方、立方代入后仍都是幻方，它被称作“三重幻方”(人们找到了一个32阶和一个64阶的三重幻方).

**注2** 幻方问题也可以推广到3维(空间幻方见图2)，比如：拟幻立方，其要求 ① 面对角线上数字和可以与幻和不等；但体对角线上数字和等于幻和.

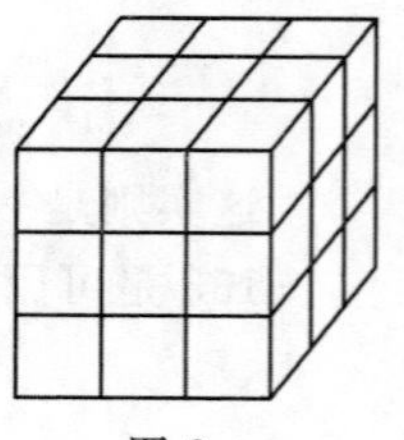

图 2

它的三层数字分别见图 3(a)(b)(c).

| 10 | 26 | 6 |
|---|---|---|
| 24 | 1 | 17 |
| 8 | 15 | 19 |

(a)

| 23 | 3 | 16 |
|---|---|---|
| 7 | 14 | 21 |
| 12 | 25 | 5 |

(b)

| 9 | 13 | 20 |
|---|---|---|
| 11 | 27 | 4 |
| 22 | 2 | 18 |

(c)

图 3

# 马　车

图尔城有一个马车运输队，一次蒙特好奇地观看工人们装车.

“蒙特”，一位认识这位神童的工人说，“这里有总重 1 000 磅(1 磅=0.453 6 kg) 货物分成若干箱，每个箱子里货物不超过 100 磅. 用载重 300 磅的马车，至少要几辆？”

蒙特用心算思考了一会儿，立即说：

“至少要 5 辆马车才行.”

那位工人怔怔地似乎没有弄明白，他本以为 4 辆马车足矣. 蒙特只好解释说：

“比如有 13 个箱子，每只箱子装货都是 $\frac{1\,000}{13}$ 磅，这样每辆马车至多能装 3 个箱子，4 辆马车显然不够.”

“那么 5 辆马车呢？”工人问道.

“当然足够了，您想要是有 5 辆马车装这些货，每辆马车至少可装 200 磅的货物，若不足的话，还可以再装上一只箱子(因为箱内的货物不超过 100 磅).”

# 巧求原数

在一个立方体的八个顶点处分别标上一些数，又称赋值，知图 4(a). 然后，在另一个立方体的各个顶点处分别记下前一立方体与之相邻顶点赋值的算术平均数，即每个顶点处标上图 4(a) 中与对应顶点相邻的三顶点赋值的算术平均，如

$$10=\frac{3+15+12}{3},\quad 16=\frac{9+21+18}{3},\quad \cdots$$

这种计算与标记并不难办. 如此一来，可有图 4(b).

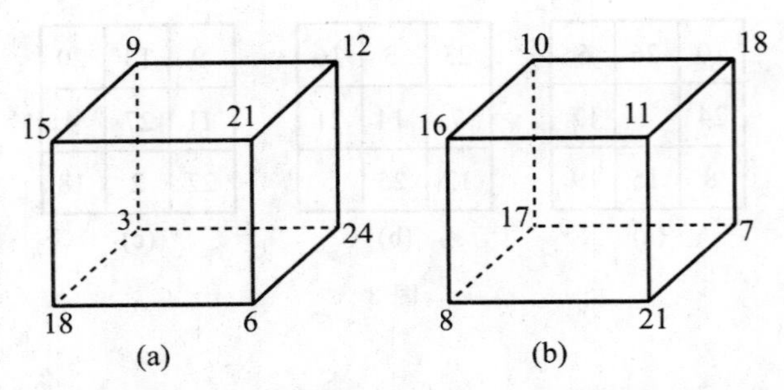


(b) 的顶点标数为(a) 中对应顶点的三个相邻顶点赋值的算术平均

图 4　赋值立方体

有人向蒙特提出了它的反问题：如果知道图 4(b) 的立方体各顶点处的赋值(它们分别标上图 4(a) 中对应顶点相邻的三顶点标数的算术平均)，如何还原求得原问题标号？

乍一想问题似乎并不轻松，然而当蒙特经过一番合理假设，小心推算后，你会发现结论竟是如此简单而有规律. 下面推推看.

如图 5(a) 立方体八个顶点处分别标以 $\bar{a},\bar{b},\cdots,\bar{h}$，其中

$$\bar{a}=\frac{b+d+e}{3},\bar{b}=\frac{a+c+f}{3},\bar{c}=\frac{b+d+g}{3},\bar{d}=\frac{a+c+h}{3}$$

$$\bar{e}=\frac{a+f+h}{3},\bar{f}=\frac{b+e+g}{3},\bar{g}=\frac{a+f+h}{3},\bar{h}=\frac{b+e+g}{3}$$

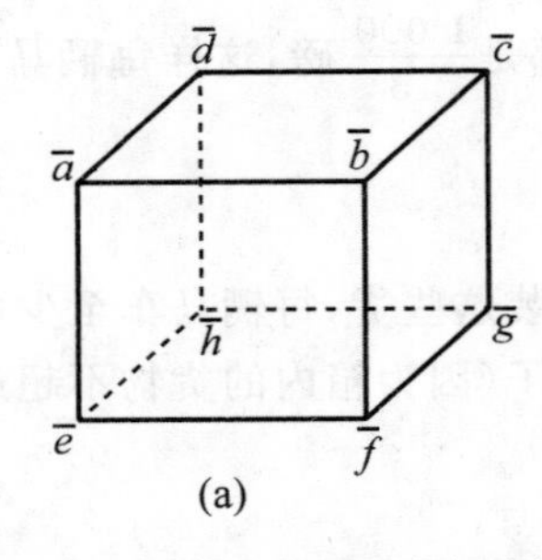


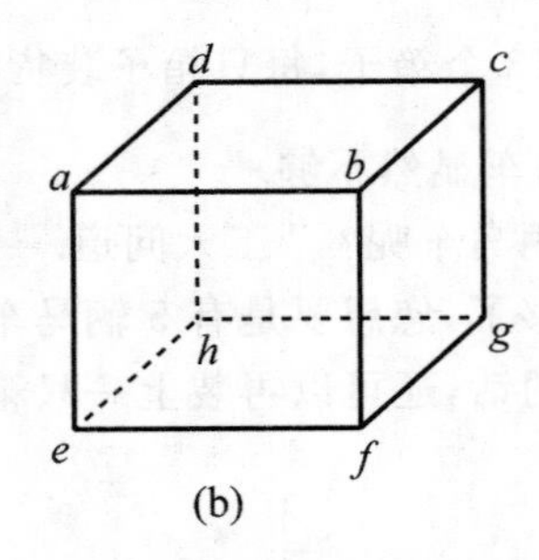


(a) 的顶点字母为(b) 对应顶点的三个相邻顶点字母的算术平均

图 5　赋字母的立方体

这时问题可以转化为，如何根据 $\bar{a},\bar{b},\bar{c},\cdots,\bar{h}$，求得 $a,b,c,\cdots,h$？

为此，可将上面八个式子看作由 8 个 8 元($a,b,\cdots,h$)，一次方程组成的方程组，解之，应能求出 $a,b,\cdots,h$ 来.

略加推算，可有下面诸结果

$$a=(\bar{b}+\bar{e}+\bar{d})-2\bar{g},b=(\bar{a}+\bar{c}+\bar{f})-2\bar{h},\cdots$$

看看上两式的具体含义，也许可发现一些规律.

仔细观察不难发现:图 5(a) 中每个顶点相邻的三顶标数和减去与该顶点相对的顶点标数的 2 倍,即为原来立体体(图 5(b)) 各顶点的标数.

有了这个规律,反过来求 $a,b,c,\cdots,h$,也就不那么困难了.

# 60 诺 贝 尔

诺贝尔(A. B. Nobel,1833—1896),瑞典化学家.诺贝尔奖的创设人.

1833 年 10 月 23 日诺贝尔出生于瑞典斯德哥尔摩的一个建筑师兼机械师家庭.

1842 年他随家人移居俄国,1850 ~ 1852 年间曾去英、法、意、美等国游历,1863 年由俄国返回瑞典.

此后,诺贝尔潜心于炸药的研制,先后发明了硝化甘油炸药和雷管,之后又制成无烟炸药.

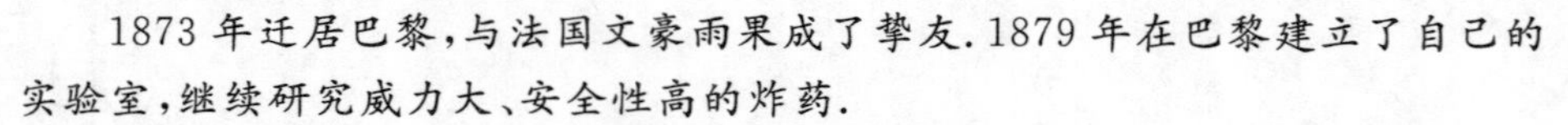

1873 年迁居巴黎,与法国文豪雨果成了挚友.1879 年在巴黎建立了自己的实验室,继续研究威力大、安全性高的炸药.

此外他还曾对生物、电化学、医学、机械等诸方面做过研究,一生拥有 255 项专利.

1896 年 12 月 10 日诺贝尔因病去世.死后将其遗产的一部分作为基金,以其投资所得奖励在物理学、化学、生理学或医学、文学、和平事业中有卓越贡献者.1968 年后增设经济学奖.

诺贝尔奖章

自 1901 年起每年 12 月 10 日作为诺贝尔奖项颁发日.

# 砝码问题(二)

诺贝尔奖中没有设立数学奖,这当然不是诺贝尔本人对数学的轻蔑.恰恰相反,诺贝尔本人十分喜欢数学智力问题.

诺贝尔邻居家有位聪明的小男孩名叫皮埃尔,他常常到诺贝尔家玩耍(后来他成为一位数学家).

一天诺贝尔问他:用5 g,7 g重的砝码若干,能称量出1 g,3 g,6 g重的物品吗?

皮埃尔考虑了一会儿很快地给出问题的解答如图1.

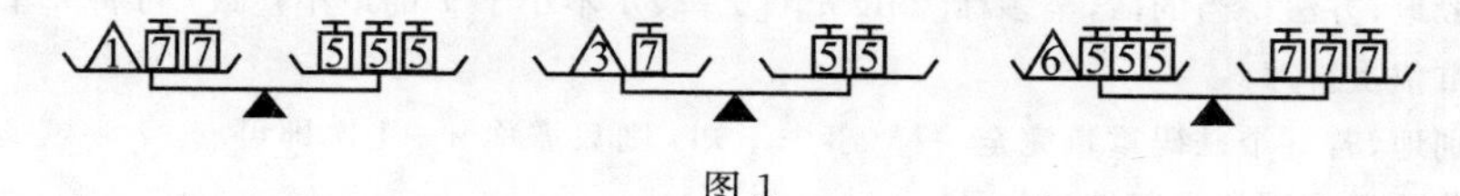


图1

诺贝尔见状满意地点点头,又问:

"是否任意两种整数克重的砝码(数量不限),均可称量出重量是1 g的物体?"

皮埃尔想了半天,终于摇了摇头.

"比如砝码重量是2 g和4 g,无论有多少这两种砝码也称不出重量为1 g的物品."皮埃尔道(这跟奇偶数性质有关,偶数加、减结果不会出现奇数).

"那么,什么样的两种砝码(重为大于1的整数)才可以称出重量是1 g的物品?"诺贝尔又问道.

皮埃尔决定回去考虑.

诺贝尔当然知道:对于自然数$p,q$而言,若记$(p,q)$为它们的最大公约数,由欧几里得辗转相除法知:必存在整数$m,n$使

$$(p,q)=mp+nq$$

显然,若$(p,q)=1$即它们互素时,上面称重问题得以解决.

下面我们对3个砝码的问题作些分析.

今有一架天平和3个砝码,试问要称几次可以将这些砝码按其轻重依次排好序.

至少称2次,至多称3次即可.

比如砝码为$A,B,C$,称重情况如表1:

表 1

| 第 1 次称 | 第 2 次称 | 第 3 次称 |
| --- | --- | --- |
| $A<B$ | $A<C$ | $B,C$ 再称一次 |
| | $A=C$ | 无需再称($A=C<B$) |
| | $A>C$ | 无需再称($C<A<B$) |
| $A=B$ | $A,C$ 或 $B,C$ 再称一次 | $A=B<C$ 或 $A=B>C$ |
| $A>B$ | $A<C$ | 无需再称($C>A>B$) |
| | $A=C$ | 无需再称($A>B=C$) |
| | $A>C$ | $B,C$ 再称一次 |

**注 1**　对于砝码问题还有下面结论：

一台天平和 5 个砝码，方法得当的话至多称 7 次可将其按轻重依次排序.

一般地，方法得当的话，至多称$\lceil 2n\lg h\rceil$($\lceil x\rceil$ 表示不小于 $x$ 的最小整数) 可将 $n$ 个砝码按其轻重依次排序.

特别地，若 $n$ 个砝码重量完全一样(事先不知) 则只需称 $n-1$ 次即可.

这些可考虑用数学归纳法去证.

**注 2**　可以证明：对重量不小于 $pq-2$ 整数克重物来讲，只需将砝码放置天平一端便可完成称量.

# 称　球

诺贝尔还研究过下面称球问题(他是化学家，总要和天平打交道)：

有 4 个外形一样的球，它们分别重 101 g，102 g，103 g 和 104 g. 今有一架带指针的天平，试称两次即确定每个球的重量.

关键在球重的尾数 1，2，3，4.

① 先将球两两称重，依据两球重量尾数可判断出其中的哪两个球.

② 然后从中取下一球，放入第一次来称的球，便可判断出放入球和刚才天平上剩下的球的质量.

令 4 个球分别为 $A,B,C,D$，设它们重量尾数依次为 1，2，3，4，两两称重时有表 2 数据：

表 2　第一次称量时两个砝码的重量尾数

| $A+B$ | $A+C$ | $A+D$ | $B+C$ | $B+D$ | $C+D$ |
| --- | --- | --- | --- | --- | --- |
| 3 | 4 | 5 | 5 | 6 | 7 |

对于出现 3，4，6，7 时，只需按上述步骤 ② 再称一次即可.

又 $A+D$ 与 $B+C$ 尾数皆为 5，但在下一次称量(去一补一) 时，便可区分，如表 3,表 4.

**表 3　若第一次称 $A$ 和 $D$ 出现尾数 5"去一补一"**

| $A+B$ | $A+C$ | $D+B$ | $D+C$ |
| --- | --- | --- | --- |
| 3 | 4 | 6 | 7 |

**表 4　若第一次称 $B$ 和出现尾数 5"去一补一"**

| $B+A$ | $B+D$ | $C+A$ | $C+D$ |
| --- | --- | --- | --- |
| 3 | 6 | 4 | 7 |

余下来的讨论请你去完成.

# 61 门捷列夫

门捷列夫(Д. И. Менделеев,1834—1907),俄国著名化学家,化学元素周期律的发现者.

1834 年 2 月 8 日他出生于俄国西伯利亚的托博尔斯克的中学教师家庭.童年时父亲去世,他在其母亲抚育下成长.

门捷列夫中学期间喜欢数学和历史,1852 年进彼得堡中央师范学院自然科学系,1857 年获硕士学位后,去彼得堡大学任教.

1859 年赴法国留学,1865 年获博士学位.回国后一直在彼得堡大学任教,直到 1890 年.在此期间他发现了元素周期律.

门捷列夫于 1907 年 2 月 2 日病逝.

其代表作有《有机化学》《化学原理》等.

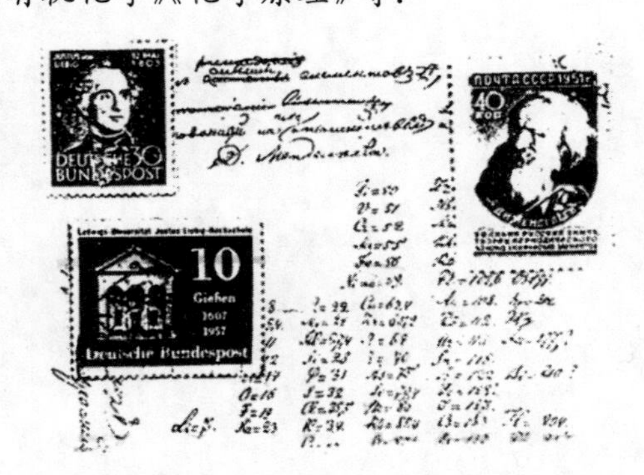


名信片上门捷列夫起草的最早的元素周期律表(1869)

## 找找规律

寻找、发现科学规律是门捷列夫发现元素周期表的重要方法,在一些通常问题的思考中,他总是不放过这一点.

有一次,他的一位同事给他带来一个“礼物”,一道寻找规律的问题.

图 1(a)(它不是幻方) 中"？"是几？

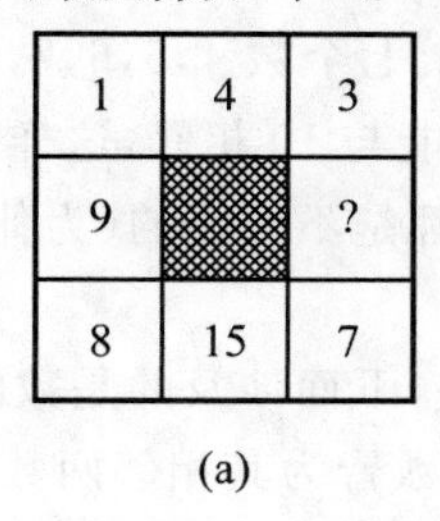


(a)

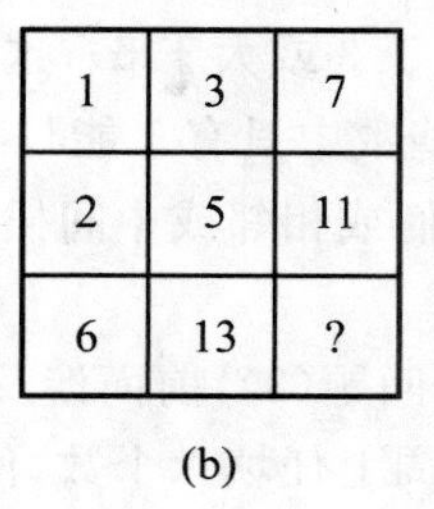


(b)

图 1

这种问题对门捷列夫来讲是小菜一碟，他先观察了图 1(1) 说道"？ $=10$".

道理是：图 1(a) 每行、列方格中三个数，中间一个是其余两个数之和：$4=1+3$，$9=1+8$，$15=8+7$，因而图中的？ $=7+3=10$.

对于图 1(b) 的？ $=27$. 注意每行中的数后一个是前一个的 2 倍加 1

$$3=1\times 2+1, 7=3\times 2+1$$

$$5=2\times 2+1, 11=5\times 2+1$$

$$13=6\times 2+1, ?=13\times 2+1=27$$

# 圆圈排数

下面是门捷列夫喜欢的排数问题，这类问题也甚有规律，处理它们也同时需要技巧(除了敏锐的洞察力之外). 请看问题：

(1) 将 1 ～ 11 这 11 个数排在一个圆圈周围，使其中任何相邻两数之差(大数减小数) 或为 4 或为 7.

这个问题不是很难，稍稍动动脑筋推算便可有下面的答案(图 2).

将此问题稍稍推广，便可有：

(2) 将 1 ～ 14 这 14 个自然数分别填在一个大圆圈上，使其任意相邻两数之差分别为 3 或 4 或 5.

它的答案见图 3，有趣的是：将 1 ～ 13 这 13 个数字按照上面要求摆放到圆圈上的摆法却不存在，不信你试试看.

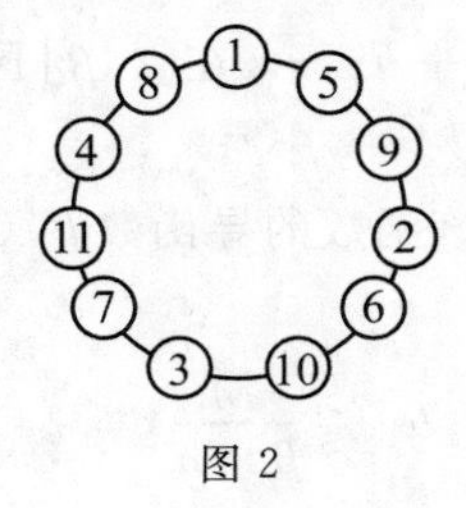


图 2

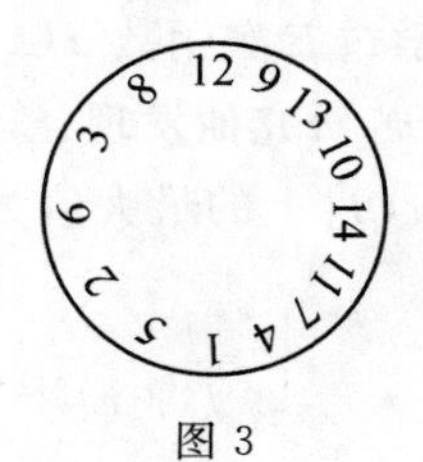


图 3

它的道理简述如下：首先数字 1，2，3，11，12，13 中任何两个不能相邻(若相邻它们之差将小于 3 或大于 5)；这就是说其余七个数 4，5，6，7，8，9，10 应插在它们中间. 而这些数中只有 1 能与 4 相邻，13 能与 10 相邻，这样 10 和 4 便要在 1 与 13 之间，它们或相邻或中间插入 7，但这都是不可能的(为什么？请你分析一下).

接下来请看问题(3)，前面涉及数的和、差，下面涉及的是数的乘积.

(3) 在一圆周上任填六个数，使其任意一数皆为其相邻两数之积.

当然，正规地解此问题要用到不定方程组概念，这个我们在将来的学习中会学到. 不过，经过稍为细致的分析，我们可以得到下面的答案(图 4)，这些请你去验算一下.

圆圈填数的问题既有趣、又有难度，这对锻炼我们的思维会大有益处.

**注**　我们知道素数，它是只能被 1 和它自身整除的自然数(请注意：1 即非素数也非合数). 图 5 是 1 ～ 20 这 20 个数填在圆周上，使相邻两数和皆为素数的一种填法.

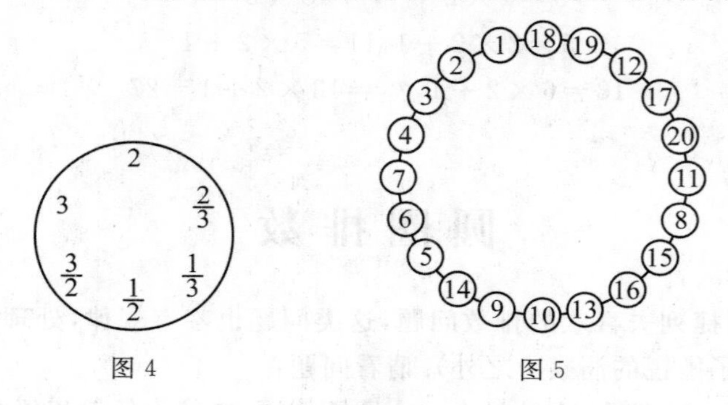


图 4　　　　图 5

# 最大值公式

门捷列夫在上中学时就喜欢数学，到了大学之后，他虽然学了化学，但对数学仍怀着浓厚的感情.

在高等数学课上学完了导数之后，门捷列夫开始对中学课程中的内容进行反思.

在中学时他学过二次函数 $f(x)=ax^2+bx+c$ 在 $[\alpha,\beta]$ 区间上的最大、最小值问题. 经过苦苦研究他发现：

若 $f(x)$ 在 $[\alpha,\beta]$ 上的最大值为 $M$，则该函数的导函数 $f'(x)=2ax+b$ 在 $[\alpha,\beta]$ 满足

$$|f'(x)|=|2ax+b|\leqslant\frac{M}{\beta-\alpha}$$

而后,他将此发现写信给了数学家马尔科夫(A. A. Марков),马尔科夫将此结论作了推广总结,成为马尔科夫定理:

(1) 一元 $n$ 次多项式 $p_n(x)$ 满足 $|p_n(x)|\leqslant 1$,则在 $-1\leqslant x\leqslant 1$ 时,$|p_n'(x)|\leqslant n^2$;

(2) 若 $\max\limits_{x\in[\alpha,\beta]}|p_n(x)|=M$,则

$$|p_n'(x)|\leqslant\frac{2Mn^2}{\beta-\alpha}\tag{1}$$

三年后,马尔科夫的弟弟将上面结论推广为

$$|p_n^{(k)}(x)|\leqslant\frac{2^{2k}\cdot k!\ nM}{(\beta-\alpha)^k(n+k)}C_{n+k}^{n-k}\tag{2}$$

这里 $M=\max\limits_{x\in[\alpha,\beta]}|p_n(x)|$,且 $p_n^{(k)}(x)$ 为 $p_n(x)$ 的 $k$ 阶导函数.

**注** 上述结论已为最佳,即无法改进.

对于式(1)来讲,若 $T_n(x)=\cos(n\arccos x)$,令 $p_n(x)=T_n(x)$,当 $\alpha=-1$,$\beta=1$ 时有 $T_n'(x)=n^2$,$M=1$,其中 $T_n(x)$ 称为第 $n$ 个切比雪夫多项式.

对于式(2),当 $\alpha=-1$,$\beta=1$,$p_n(x)=T_n(x)+\text{const}$(常数)时,结论仍真.

# 62　拉钦斯基

拉钦斯基(С. А. Лачцнский,1836—1902),俄国数学教育家.

大学毕业后曾获自然科学博士学位,后担任莫斯科大学教授.

受进步思想影响,他极力推崇普及大众教育,于是辞去大学教授职务,在自己的庄园创办了一所学校,担当起一名普通的乡村老师的工作,精心培养农民的孩子.

这期间,他对于非标准化习题的解法及心算甚有研究,出版了大量的此类书籍,如《1 001道心算题》《算术游戏》《几何游戏》等.他的思想和做法,在当时俄国有极大的影响.

## 心　算

在拉钦斯基的庄园学校里,孩子们对于数学课程产生了极大兴趣 —— 特别是他们的老师常常给他们留下许多有趣而又算法巧妙的问题.

一天放学后,许多同学并没有立即离开教室,他们深深地被黑板上的一道心算题所吸引,题目是

$$\frac{10^2+11^2+12^2+13^2+14^2}{365}=?$$

只见孩子们有的抓耳挠腮,有的低头不语 …… 他们个个都在思考着.

突然一个孩子大声喊道:“我找到答案了! 我找到答案了!”只见他脸上露出得意的笑容.孩子们哄地围了过去,只见他写道:因为

$$10^2+11^2+12^2=13^2+14^2=365$$

所以

$$\frac{10^2+11^2+12^2+13^2+14^2}{365}=2$$

孩子们都为这位率先解答者自豪,也为他们老师精心拟造的算题而钦佩不已.

**注1**　本题取自俄国画家别列斯基(В. Береский)的名画《口算》中,它是拉钦斯基留在

教室黑板上的一道心算题.

油画《口算》的临摹图

**注 2** 解法中的式子还可推广为

$$\sum_{k=0}^{n}(2n^2+n+k)^2=\sum_{k=1}^{n}(2n^2+2n+k)^2$$

它亦可看做是毕达哥拉斯定理的推广.

比如我们可有

$$21^2+22^2+23^2+24^2=25^2+26^2+27^2$$

$$55^2+56^2+57^2+58^2+59^2+60^2=61^2+62^2+63^2+64^2$$

$$\vdots$$

**注 3** 有人认为:等式 $365=10^2+11^2+12^2=13^2+14^2$ 的事实,揭示了一年中天数的奇妙的性质.

# 简　算

拉钦斯基在乡下任教期间,常常在数学课上出一些极富挑战的简算题,这对当时的俄国来说是极难能可贵的.下面是出自他手的一道题目

$84\times 84=$? 有无简便算法?

当学生们经过一番思考而一筹莫展时,拉钦斯基给出了自己的算法

$$84\times 84=(7\times 12)\times(7\times 12)=(7\times 7)\times(12\times 12)=$$

$$49\times 144=50\times 144-144=7\ 056$$

**注** 此题出自拉钦斯基的《乡村学校札记》.

# 立 方 和

一次数学课上,拉钦斯基讲完正课内容,看看还有些时间,便即兴在黑板上写了下面一串算式

$$1=1^3$$
$$3+5=2^3$$
$$7+9+11=3^3$$
$$13+15+17+19=4^3$$
$$21+23+25+27+29=5^3$$
$$\vdots$$

“谁能看出这些算式里面有些什么规律?”拉钦斯基写完算式便向他的学生发问.

不一会儿,一个满脸长着雀斑的小伙子举手道:“式左的数恰好是奇数 1,3,5,7,9,…”

“很好!”拉钦斯基说完又让第二位举手者叙述:

“第一个式子左边是 1 项,第二个式子左边是 2 项,第三个式子左边有 3 项 …… 而且式右恰好对应着 $1^3,2^3,3^3,\cdots$”

“非常棒!”拉钦斯基称赞道:“规律正是如此.请问,谁能说出它的道理?”

教室里鸦雀无声.

“第 $k$ 个等式的起止项谁能说说?”拉钦斯基又问道.

好一阵后那个满脸雀斑的男孩又举起了手说:“它从第$\{1+2+3+\cdots+[(k-1)+1]\}$个奇数起,到$\{1+2+3+\cdots+[(k-1)+k]\}$个奇数止.”

“很好!”拉钦斯基鼓励道,接着他又补充说:“$1+2+3+\cdots+[(k-1)+1]=\frac{1}{2}[k(k-1)]+1$,但是 $1+2+3+\cdots+k=\frac{1}{2}k(k+1)$.这样第 $k$ 个等式的左边为 ……”说着他在黑板上写道

$$[k(k-1)+1]+[k(k-1)+3]+[k(k-1)+5]+\cdots+[k(k+1)-1]=$$
$$(k^2-k+1)+(k^2-k+3)+(k^2-k+5)+\cdots+[k^2-k+(2k-1)]=$$
$$k[(k^2-k)]+[1+3+5+\cdots+(2k-1)]=k^3-k^2+k^2=k^3$$

“注意上式有 $k$ 项,且 $1+3+5+\cdots+(2k-1)=k^2$ 即可.”拉钦斯基说完稍事停顿后又接着道:

“利用上面一串等式,我们还可以推导出 $1^3+2^3+3^3+\cdots+k^3$ 的公式,这

个留给大家去考虑.你只需计算一下左边诸项之和即可."

**问题**　请利用题中算式给出 $1^3+2^3+3^3+\cdots+n^3$ 的公式.

**注**　此问题我们前面曾有过介绍.亦可参见前面的解法.或许你会从 $1+3+5+\cdots+27+29=1^3+2^3+3^3+4^3+5^3$ 悟出点道理,推广一下即可.

# 猜　数

拉钦斯基在一次课上说:我心里想好三个一位数,比如 $a,b,c$,你们也想好三个数 $x,y,z$.我将 $ax+by+cz$ 算出来告诉你们,你们能否猜出我心中的数来?

下边沉寂些许,突然一位学生说道:"能!老师,我的三个数是 $x=100,y=10,z=1$,这样 $a\cdot 100+b\cdot 10+c\cdot 1=\overline{abc}$,你告诉我这个三位数,我便可以知道你心里所想的数了.

拉钦斯基称赞道:"很好!"

试问如果 $a,b,c$ 是两位数,三位数,……,$x,y,z$ 又当如何取?你知道的.

# 63 若 尔 当

若尔当(M. E. C. Jordan,1838—1922),法国数学家. 1838 年 1 月 5 日生于法国里昂.

若尔当 17 岁时考入巴黎综合工艺学校,1861 年其博士论文发表.

1873 年起同时在巴黎综合工艺学校与法兰西学院任教.

1881 年,当选法兰西科学院院士,1895 年又被聘为彼得堡科学院院士. 1885 年起一直担任法国《纯粹与应用数学》杂志主编. 1922 年病逝于巴黎.

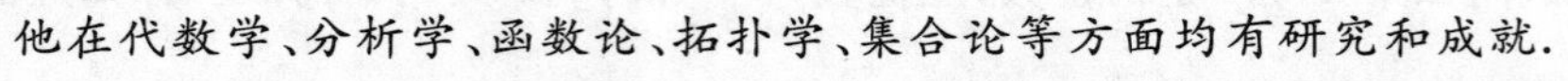

他在代数学、分析学、函数论、拓扑学、集合论等方面均有研究和成就.

他一生发表论文 120 余篇. 代表作有《置换和代数方程专论》《分析教程》等.

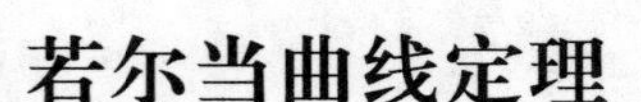

## 若尔当曲线定理

若尔当对于拓扑学研究来讲是属于开创性的,他曾提出一个著名的定理:

封闭曲线将平面分成内外两部分(两个区域).

这个看似简单的命题,证明起来却远非那么轻松. 该命题实际上告诉我们:封闭曲线 $\Gamma$ 内、外的点 $P,Q$ 连线必与曲线 $\Gamma$ 相交(图 1).

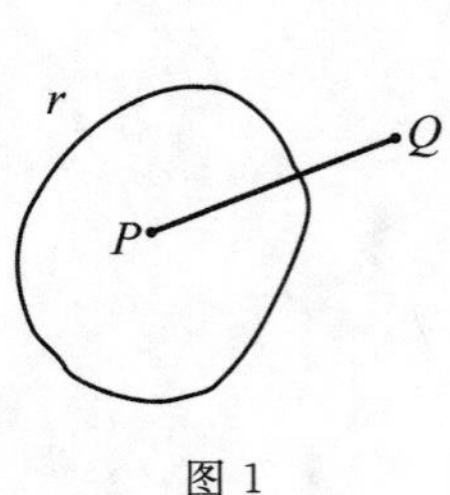


图 1

这个定理另一叙述方式为:每个平面简单多边形都把平面分成两个区域,其中有且仅有一个区域完全包含着某一直线,该区域上的点称为多边形的外点,另一区域的点称为多边形的内点.

该定理在处理许多问题中均有用途.

# 内部还是外部

若尔当为了展示其定理的奥妙,他曾向他的朋友出了下面一道问题:

一条封闭曲线$C$把平面分成内外两部分(图2).平面上有一点$A$,请问它在曲线$C$所分区域的外部还是内部?

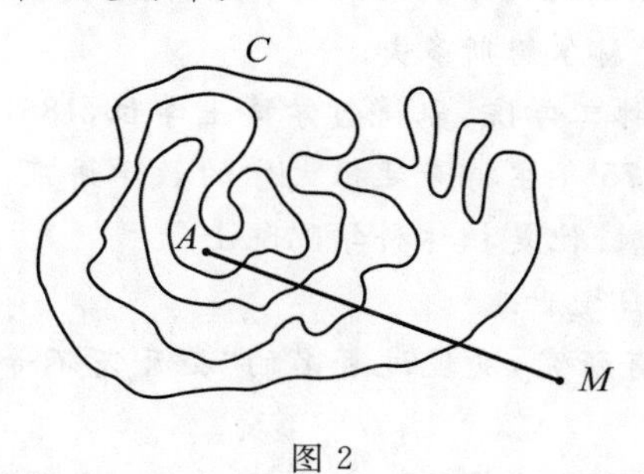


图 2

当然细心去查验,结论也许可以找到.然而这有时并不方便,请看若尔当的解法:

他先在远离曲线$C$的平面上找一点$M$,它在$C$的外部.

然后连$AM$,看一看它与曲线有多少个交点(其实只需看一下交点数的奇偶性即可),若交点数是奇数,说明$A$与$M$在$C$划分的不同的区域;若交点数是偶数,说明$A$与$M$在$C$划分的相同区域.

因图中交点数是4即偶数,说明$A$在曲线$C$所划分区域的外部.

顺便讲一句:本题亦可用涂色的方法解答(见前文,以曲线为界相间地在曲线划分的区域上涂上色).

# 64 施 瓦 茨

施瓦茨(H. A. Schwarz,1843—1921),德国数学家.1843年1月25日生于赫尔姆斯多夫.

1864年毕业于柏林工学院,取得哲学博士学位,1867年为哈雷大学教授.1875年主持哥廷根大学的数学讲座,1892年去柏林大学任教.他是柏林科学院院士.

1921年11月30日逝世.

他对数学分析甚有研究,发现过著名的"施瓦茨不等式":

若 $a_k \geqslant 0, b_k \geqslant 0$ $(k=1,2,3,\cdots)$ 则有

$$\left|\sum_{k=1}^{\infty} a_k b_k\right| \leqslant \sqrt{\left(\sum_{k=1}^{\infty} a_k{}^2\right)\left(\sum_{k=1}^{\infty} b_k{}^2\right)}$$

此外,他在分析学、微分方程、几何学等领域均有建树.

## 巧 证

1884年前后,施瓦茨对三维空间的等周问题(面积给定的封闭曲面所围空间体积最大问题)给出了严密的解法.这一年,他解决了锐角三角形周长最短的内接三角形问题——该三角形的三顶点为已知三角形三条高的垂足.请看他的巧妙解法:

在锐角三角形内作一个周长最短的内接三角形.

施瓦茨利用反射变换巧妙地解得此题:

先将 $\triangle ABC$ 多次反射变换后可以证明:以 $\triangle ABC$ 三条高的垂足为顶点的 $\triangle PQR$ 即为所求(图1).

经连续五次反射后,$\triangle PQR$ 的诸边恰好位于同一直线 $PQ_6$ 上($\triangle PQR$ 每边的"像"出现两次),而两点间距离以联结它们的线段为最短.

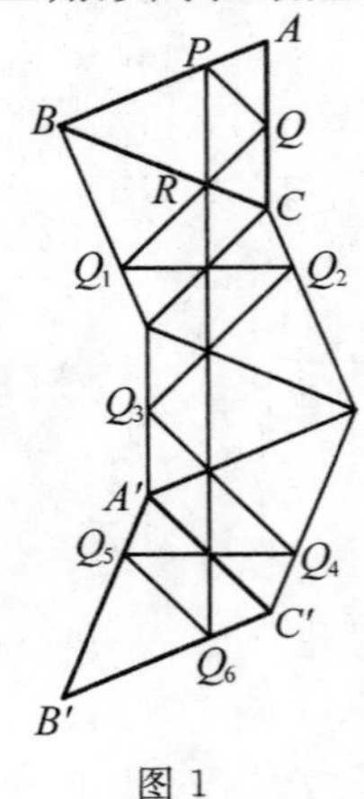

图1

**注** 该问题我们曾在海伦一节作过介绍.

**附记** 立方和公式的推广:我们知道关于自然数立方和公式

$$1^3+2^3+3^3+\cdots+n^3=(1+2+\cdots+n)^2$$

施瓦茨(又一说是法国的刘维尔)将这个结论做了如下推广:

选定自然数$N$,确定$N$的各个因子$n_1,n_2,\cdots,n_r$,再求这些因子的约数的个数(数1和该数本身亦视为该数的约数),设它们是$k_1,k_2,\cdots k_r$,则

$$k_1^3+k_2^3+\cdots+k_r^3=(k_1+k_2+\cdots+k_r)^2$$

比如$N=6$有因子1,2,3,6,这些因子的约数分别为1,2,2,4个,则$1^3+2^3+2^3+4^3=(1+2+2+4)^2$.

结论的证明或许并不轻松,不过你可以找一些数验算验算,结果还是会令你欣喜不已的.

# 虫子爬橡皮绳

1867年前后,施瓦茨在讲授无穷级数和时提出下面一个问题:

一条虫子以每秒1 cm的速度在一根1 m长的橡皮绳上从一端向另一端爬行.若橡皮绳每秒伸长1 m,试问这条虫子能否爬到橡皮绳的另一端?

乍一看,虫子无论如何也爬不到另一端,其实不然.

请注意:橡皮绳每秒钟伸长1 m,这种伸长是均匀的,因而虫子爬过的那一段也随之伸长.并且,绳子只有在下一秒开始时才开始伸长1 m.

第一秒末绳子长1 m,虫子爬1 cm即它爬了绳子长的$\frac{1}{100}$;

第二秒末,绳子长2 m,虫子又爬了1 cm,在这一秒内虫子爬了绳长的$\frac{1}{200}$;

(请注意:绳子伸长时,第一秒钟虫子爬过的1 cm也随之伸长到2 cm,换句话说,虫子已爬过的部分长,在绳子伸长前后所占的百分比是不变的.)

第三秒末,绳子长3 m,虫子又爬了1 cm,在这一秒内虫子爬了绳子长的$\frac{1}{300}$;

(而已爬过的部分占绳子总长的百分比不变)

……

第$k$ s末,绳子长$k$ m,虫子在这一秒内爬了绳长的$\frac{1}{k\cdot 100}$.

这样一来,虫子到第$k$ s时已爬了

$$s_k=\frac{1}{100}+\frac{1}{200}+\frac{1}{300}+\cdots+\frac{1}{k\cdot 100}=\frac{1}{100}\left(1+\frac{1}{2}+\frac{1}{3}+\cdots+\frac{1}{k}\right)$$

当$s_k\geqslant 1$时,说明虫子已经爬到绳子的另一端,而这只需

$$1+\frac{1}{2}+\frac{1}{3}+\cdots+\frac{1}{k}\geqslant 100$$

即可.

经计算最小的 $k$ 值约在 $2^{143}\sim 2^{144}$ 之间,单位是秒.

顺便提出,直接计算 $\sum_{n=1}^{k} n=1+\frac{1}{2}+\frac{1}{3}+\cdots+\frac{1}{k}$ 是困难的,但在高等数学中有欧拉公式

$$\lim_{n\to\infty}(\ln n-\sum_{k=1}^{n}\frac{1}{k})=c$$

这里 $c$ 是欧拉常数,约为 0.577 2…

这样当 $n$ 充分大时,$\ln n\approx\sum_{k=1}^{n}\frac{1}{k}$.

从而由 $\ln n\approx 100$ 可有 $n\approx e^{100}$,这里 $e\approx 2.171\ 83\cdots$

换算一下,$n$ 约为 $2^{143}\sim 2^{144}$ 之间.

**注** 注意到所谓调和级数

$$1+\frac{1}{2}+\frac{1}{3}+\frac{1}{4}+\frac{1}{5}+\cdots \tag{1}$$

是发散的. 它有一个巧妙的证法. **(反证法)**.

若不然,设级数(1) 收敛,记和为 $S$.

由于

$$\frac{1}{2}+\frac{1}{4}+\frac{1}{6}+\cdots=\frac{1}{2}\left(1+\frac{1}{2}+\frac{1}{3}+\cdots\right)=\frac{1}{2}S$$

即偶数项为和$\frac{1}{2}S$,则奇数项和亦为$\frac{1}{2}S$.

但由于$1>\frac{1}{2}$, $\frac{1}{3}>\frac{1}{4}$, $\frac{1}{5}>\frac{1}{6}$, …,知级数奇数项和大于偶数项和,这与它们的和均为$\frac{1}{2}S$矛盾!

从而前设级收敛不真,故级数(1) 是发散的.

# 65 康 托 尔

康托尔(G. Cantor,1845—1918),德国数学家,集合论(现代数学的一个分支)的创始人.

生于俄国的彼得堡,后随父亲迁入德国法兰克福.15岁进威斯巴登大学预科学习,18岁入柏林大学,22岁获博士学位.

1869年,康托尔取得哈雷大学任教资格,不久便升为副教授,1879年升为正教授.

1874年,他发表"论所有实代数数集合的一个性质",此文是"现代集合论"诞生的标志.在他关于集合论的另一篇文章(1895年发表)中,留下两个悬而未决的问题:一是连续统假设,一是超穷基数的可比较性.

"集合论"也出现过悖论,因而它也成了数学史上第三次危机的导火索.尽管如此,集合论的诞生,迎得英国哲学家罗素(Russell)的称赞,称其为"可能是这个时代所能夸耀的最巨大的工作."

集合论的诞生从根本上改造了数学结构,促进了许多新的数学分支的建立和发展,也成为实变函数、代数拓扑、群论、泛函分析等的理论基础.同时也给逻辑学和哲学带来深远影响.

由于受到保守势力的迫害,他从1884年起便患精神抑郁症.1918年1月6日,他病逝于精神病院.

其代表作有《关于超穷混合理论的论证》(2卷)等.

## "个数"一样

每当课余时间,康托尔常去学校附近的一个酒吧喝杯啤酒,与朋友聊聊天.

一天,他的邻居——在商店做出纳的小伙子也到酒吧喝酒,康托尔突然兴致大发,问小伙子道:

"你想过没有,偶数和自然数,哪种数的'个数'多?"

"那还用问,自然数个数多呗!"小伙子满有信心地回答道.

康托尔摇了摇头说:"不!不!它们一样多."

"什么?"青年瞪大了眼睛,只听康托尔解释道:

"一个篮子中有一堆苹果,另一个篮子中有一堆梨.我们不知道它们的个数，但知道一个苹果对应一个梨，一个梨对应一个苹果（这叫一一对应）. 请问：梨与苹果的个数哪个多？”

“当然一样多.”青年答道.

于是康托尔用手蘸着酒杯里的残酒在桌子上写道

$$\begin{array}{ccccccccc} 1 & 2 & 3 & 4 & 5 & 6 & 7 & 8 & \cdots \\ \updownarrow & \updownarrow & \updownarrow & \updownarrow & \updownarrow & \updownarrow & \updownarrow & \updownarrow & \\ 2 & 4 & 6 & 8 & 10 & 12 & 14 & 16 & \cdots \end{array}$$

写完又解释说：“这里‘ $\updownarrow$ ’表示一一对应，你看，自然数不是与偶数间建立起了这种对应关系了吗？那么，它们的‘个数’当然一样多.”

青年恍然大悟道：“有道理！”

**注 1**　若集合 $N$ 与 $D$ 中元素可以一一对应（即一对一），从而这两个集合 $N$ 与 $D$ 元素“个数”一样多.

利用对应关系我们可证明：大小两个圆，长度不同两线段上点的“个数”一样多：

我们利用图 1 中 $OM'$ 可将两圆、两线段上的点分别一一对应起来.

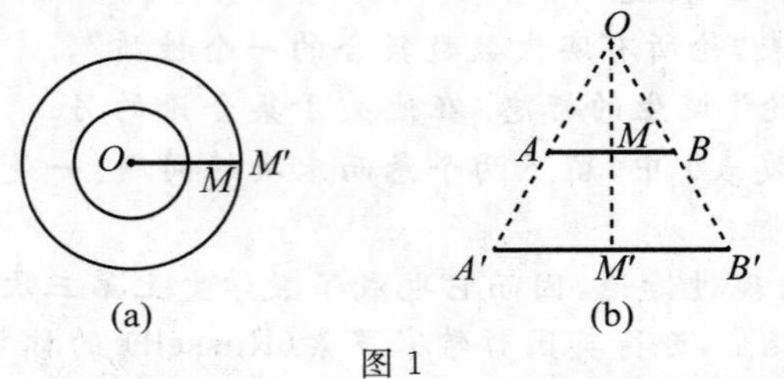


图 1

**注 2**　关于集合 $\{n\}$ 与 $\{n^2\}$ 的一一对应问题，意大利科学家伽利略据说也曾考虑过，且为之陷入苦恼.

**注 3**　注意到下面的对应关系可以证明自然数与有理数个数一样多（图 2 表示对应序号的路线）：

$$\begin{array}{cccccccc} 1 & 2 & 3 & 4 & 5 & 6 & 7 & \cdots \\ \frac{1}{2} & \frac{2}{2} & \frac{3}{2} & \frac{4}{2} & \frac{5}{2} & \frac{6}{2} & \frac{7}{2} & \cdots \\ \frac{1}{3} & \frac{2}{3} & \frac{3}{3} & \frac{4}{3} & \frac{5}{3} & \frac{6}{3} & \frac{7}{3} & \cdots \\ \frac{1}{4} & \frac{2}{4} & \frac{3}{4} & \frac{4}{4} & \frac{5}{4} & \frac{6}{4} & \frac{7}{4} & \cdots \\ & & & \vdots & & & & \end{array}$$

图 2

这里仅列举了正有理数，负有理数可仿此加入对应关系即可．或无将有理数与正有理数一一对应起来，进而再与正整数对应．

**注 4** 无穷线与有穷线（弧）段亦可一一对应，若 $O$ 为半圆中心，则图 3 给出了这种半圆弧 $S$ 与无穷直 $l$ 的一一对应关系．

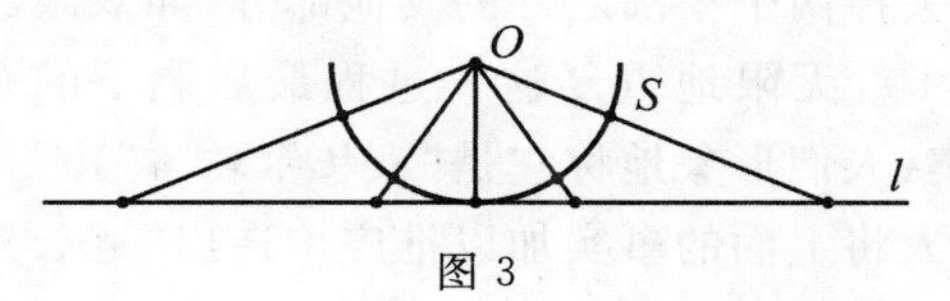


图 3

# 连线过定点

康托尔在初等几何研究中发现了下面的命题：

一个圆周上有 $n$ 个点，从其中任意 $n-2$ 个点的重心向余下两点的连线所引的垂线均过一点．

**注** 本题证明稍烦琐，这里从略．有兴趣的读者可见矢野健太郎著、陈永明译的《几何的有名定理》一书（上海科学技术出版社，1986 年）．

此问题又称“康托尔定理”（该定理有许多特例情形）．

# “长度”是 0

康托尔的思维确是超人，他常思考一些在某些人看来无法想象的事实．

一天，他在数学课余时间向学生们展示了他的杰作 —— 康托尔集，即将一条线段挖去其中间的 $\frac{1}{3}$，然后在剩下的两段上实施同样的操作，即分别挖去它们中间的 $\frac{1}{3}$…，如此继续下去便得到一些点不点、线不线的东西（注意无论操作多少次，最终总会剩下一些东西，比如线段的 $\frac{1}{3}$，$\frac{2}{3}$ 原封不动；线段的 $\frac{1}{9}$，$\frac{2}{9}$ 和 $\frac{7}{9}$，$\frac{8}{9}$ 也未动 …… 即挖去线段的端点均被保留了下来，如图 4）．

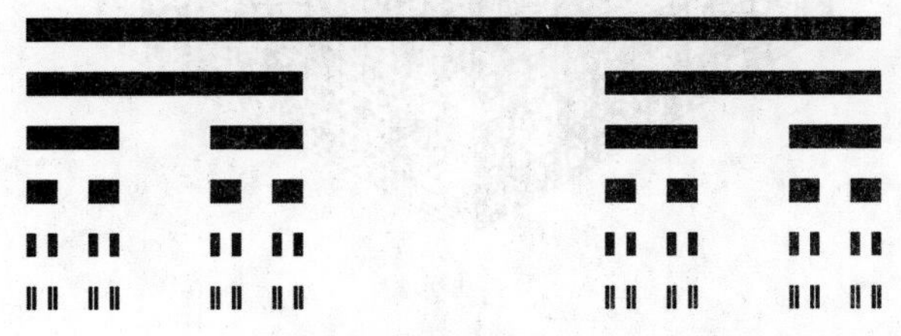

图 4

"请问,从某种意义上讲,剩下的东西的'长度'是0,你能理解吗?"当康托尔讲完这个事实后又举了一个更难令人捉摸的例子,它在某种意义(拓扑等价)上与康托尔集是等价的:

一个圆盘,每次去掉两个小圆之外的其他部分(如双眼纽扣只留下扣眼,见图5),无限地重复这一过程最后剩下的东西也是一个康托尔集(人们形象地称它是"*康托尔乾酪*").

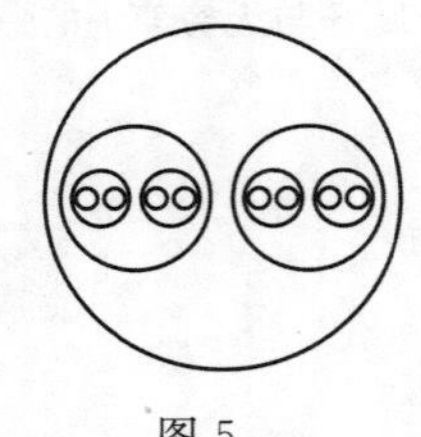

图5

顺便讲一句:有人将上面的事实加以推广构造出"*边长无穷大而面积为0*"的谢尔平斯基(W. Sierpinski)地毯和"*体积为0,表面积无穷大*"的门格(Menger)海绵:

将一个正方形挖去其中心的$\frac{1}{9}$小正方形,然后将剩下的八个小正方形再分别挖去它们中心的$\frac{1}{9}$……,如此下去,最后便得到谢尔平斯基地毯(图6).

图6

将一个立方体每次先在相邻的三个面中心处挖去一个长方柱(底面表面积为原正方体表面积的$\frac{1}{9}$,见图7),然后在每个剩余的小立方块中重复上述步骤……如此下去即得到所谓门格海绵(如上所说,它的表面积无穷大但它的体积为0).这些我们都是可以用数学方法严格证明的.

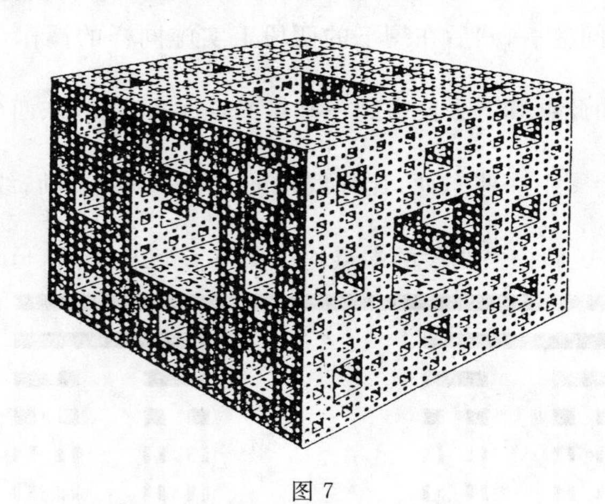

图7

**注**　集合论与几何学发展,人们找到了它们的对应关系见表1:

表 1

| 几何学 | 发展与对应 | 集合论 |
| --- | --- | --- |
| 泰利斯,毕达哥拉斯 | 创立定理的直觉基础 | 康托尔 |
| 其诺 | 发现悖论 | 罗素 |
| 欧几里得 | 标准理论的公理化基础 | 策墨略 |
| 笛卡儿,希尔伯特 | 标准理论相对一致 | 哥德尔 |
| 高斯,黎曼 | 发现一些非标准理论 | |

# 筛　　法

康托尔为了展示其"集合论"的魅力,常常举出某些例子加以说明.为了说明集合运算中的容斥原理,他举了下面一个例子(图 8).

某班级有学生 50 人,其中 40 人爱唱歌,30 人爱舞蹈,35 人爱运动.请问三种爱好兼备的学生至少有多少?

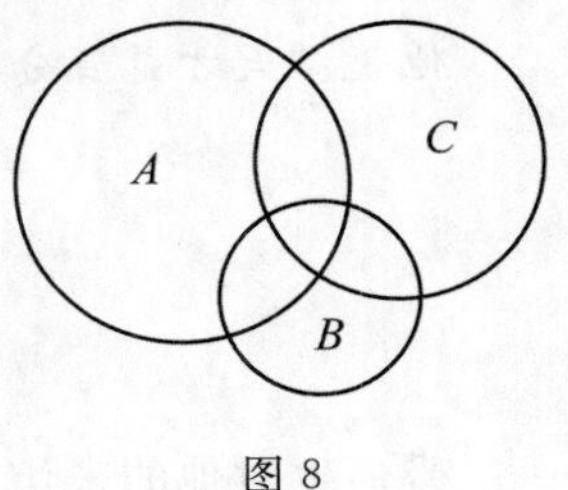

图 8

康托尔分别用 $A,B,C$ 表示爱唱歌、爱舞蹈、爱运动的学生群体,这样 $A\cup B,B\cup C,C\cup A$ 分别表示爱唱歌或舞蹈、爱舞蹈或运动、爱运动或唱歌的学生群体.若记 $D$ 为三种活动均爱好的学生群体,则 $|A\cup B|\leqslant 50$

$$|B\cup C|\leqslant 50,\ |C\cup A|\leqslant 50,\text{且 } |A\cup B\cup C|=50$$

这样

$$\begin{aligned}|D|=&|A|+|B|+|C|-|A\cup B|-|B\cup C|-\\&|C\cup A|+|A\cup B\cup C|\geqslant\\&40+30+35-50-50-50+50=5\end{aligned}$$

**注**　类似的例子我们在德摩根一节已有介绍.另外,上述方法有时称为"筛法",它是筛选素数时常用的方法之一.详见德摩根一节的注记.

# 66 爱 迪 生

爱迪生(T. A. Edison,1847—1931),美国杰出的科学家、大发明家.出生在美国米兰城一个贫苦的农民家庭.

他8岁上学,3个月后退学,以后再没有受过正规的教育.他在其母亲的教育下,学习上进步很快.他幼年时当过报童、报务员等,即便如此,他也未忘记学习和钻研发明.

在他一生中,大约有1 000多种发明,比如:电灯、电话、电报、电车、电池、电影、留声机、炸药,等等.

1883年发现“爱迪生效应”,即热电子发射现象.

他说:“天才是百分之一的灵感,百分之九十九的汗水.”

## 门上机关

爱迪生对他的来访者说:“我家的门设计得非常合理,它与一个打水的装置连接着.每开一次门可往水槽中加20 L水.”

后来爱迪生改进了装置,使每次开门可往水槽中加25 L水,这样水槽加满时至少可开12次门.

请问:爱迪生的水槽容积有多大?

这个问题我们可用代数方程解答如下:

设原来开$x$次门可将水槽注满,依题意有

$$20x=25(x-12)$$

解得

$$x=60$$

故水槽容积为

$$20\cdot 60=1\ 200(\mathrm{L})$$

当然,我们也可以用算术方法解答该问题.

# 巧量体积

爱迪生让他的助手、一位刚刚大学毕业的学生去算算灯泡的体积，大学生弄得满头大汗却连公式也写不出. 爱迪生见状便说："何须那么费事." 只见爱迪生很容易地算出了灯泡的体积. 他是如何计算的?

他找了一个大量筒，里面放了一些水，记下量筒刻度，再将灯泡放进水里，只见液面升高，记下这时的刻度.

两次刻度之差即为灯泡体积.

**注** 其实，阿基米德早就用过这种办法检测皇冠的含金量；我国三国时期曹操的儿子曹冲也利用浮力的原理，用船来称大象的重量，因而"曹冲称象"的故事在我国传为美谈.

# 分成三部分

爱迪生工作之余喜欢火柴游戏. 一次他正在用火柴摆弄图形，邻居一个小孩子来请教他问题，解答问题后爱迪生给那个孩子出了道火柴游戏题目：他先用 18 根火柴摆成了一个大"M"形(见图 1).

然后指着图形，又拿来 16 根火柴对那个孩子说：

"请你再用这 16 根火柴将上面图形分成三个形状、大小完全相同的图形."

孩子想了半天(他把问题也许考虑得太复杂) 也无头绪，当爱迪生把火柴摆到图形上之后(见图 2)，那个孩子竟为解答如此简单而不敢相信自己的眼睛.

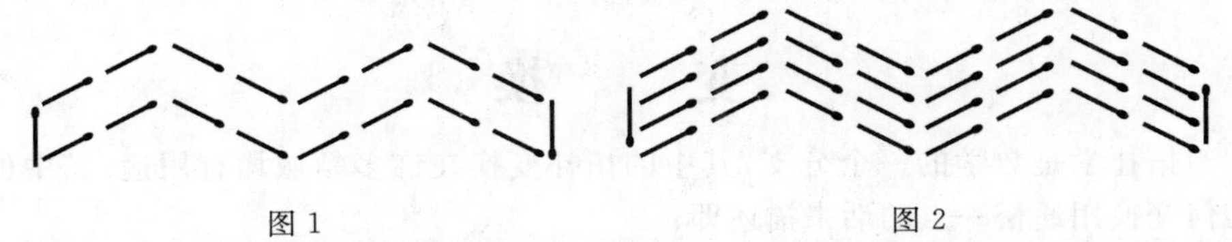

图 1　　　　　　　　图 2

**问题**　三根火柴摆出图 3 中 A 字图形，请在上面再放 2 根火柴，使图中出现 10 个三角形.

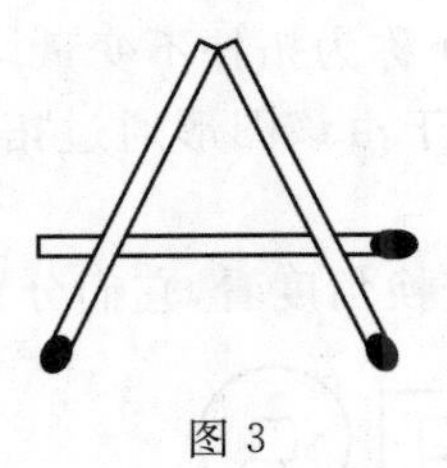

图 3

# 67 庞加莱

庞加莱(J. H. Poincaré,1854—1912),法国数学家.

1854 年 4 月 29 日出生于法国南锡市的一个医生家庭.其母亲是一位有修养、有才华的家庭主妇,因而庞加莱从小受到了良好的家庭教育.

中学时他已显露出杰出的数学才华,曾在数学竞赛中获金奖.1872 年进特殊数学班学习,而后来又以优异的成绩考入法国巴黎综合工艺学校.

1878 年获巴黎大学数学博士学位,且于 1879 年起先后任卡恩大学、巴黎大学教授.

1908 年被选为法国科学院院士,1912 年 7 月 17 日在巴黎逝世.

在数学上,他创立了微分方程定性理论(这成为如今刚刚兴起的混沌学的开山之作),还是组合拓扑学的奠基人.此外,在非欧几何、代数几何等领域也有建树.

一生发表论文近 500 篇,出版著作几十部.并先后于 1881 年获法国科学院科学大奖,1889 年获瑞典国际数学奖,1905 年获匈牙利波尔约奖等.

## 变 换

拓扑学是数学的一个分支,其中的拓扑变换在许多领域均有用途.其中的几何变换用通俗一点的话来描述即:

将其中的几何图形看成是橡皮做的(有弹性可伸缩),只要不划破、切断橡皮,将橡皮拉伸、弯曲或翻转使它变形 —— 这便是拓扑变换.变换中图形的不变因素(如点、边、面的数目等)称为拓扑不变量.

一个几何图形的性质,对于由该图形通过拓扑变换而成的图形性质不变,该性质称为图形的拓扑性质.

下面的两组图形从拓扑变换角度看,它们分别是“等价”的(图 1、图 2).

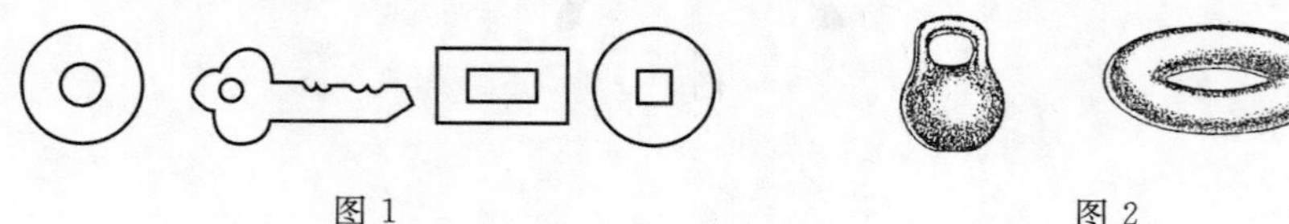

图 1　　　　图 2

庞加莱的丰富想象能力和高度抽象思维，使他能看穿常人难以想象的“事实”，比如他认为图 3(a) 可通过拓扑变换而变成图形 3(b)，这可能吗？

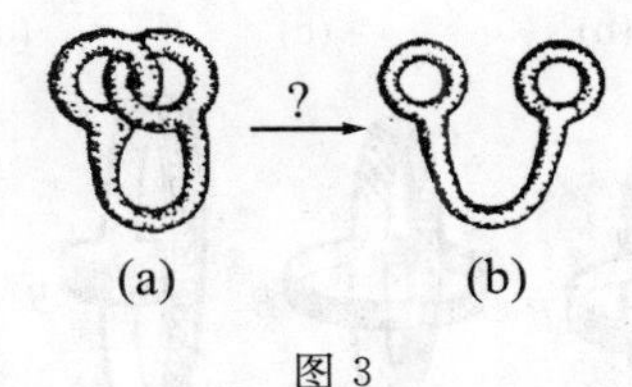


图 3

庞加莱魔术师般的手法使我们大开眼界，请看他是如何完成这种变换的，见图 4.

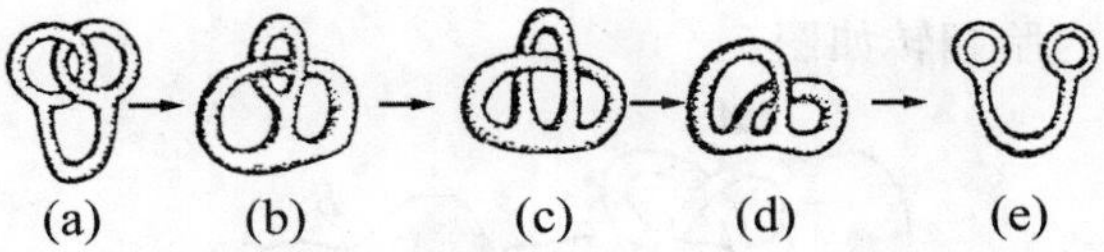

(a) (b) (c) (d) (e)

图 4

下面是另一种拓扑变换，也让人大开眼界，见图 5.

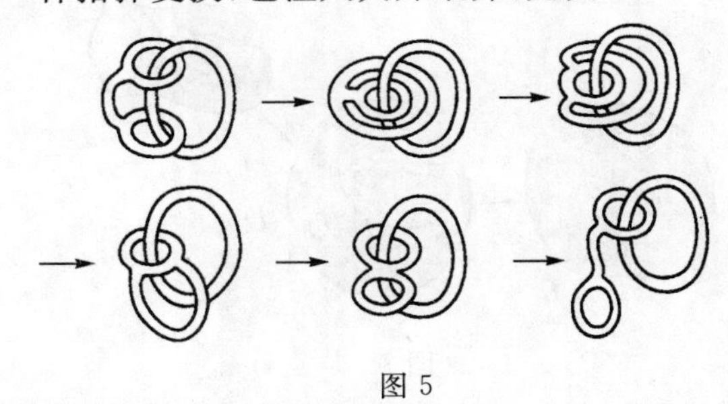

图 5

如果你仍然想象不出的话，你不妨用橡皮泥捏个模型变变看.

## 翻　　转

一天，庞加莱路过一车胎修理部，出于好奇，他驻足观看师傅在那里补车胎：钢锉净、涂胶、粘贴、充气 …… 他看得格外入神.

一个奇妙的念头突然产生：车胎上有一个小洞，能否在不撕坏车胎的前提下，通过小洞将车胎翻过来(里面翻到外面)？如果做得到，那将如何操作？

庞加莱回到家里冥思苦想，终于给出了答案. 图 6 展示了车胎翻转的过程 —— 如前所述，这里的变换都是拓扑变换，车胎被拉伸、收缩，但它没有被划伤或撕破.

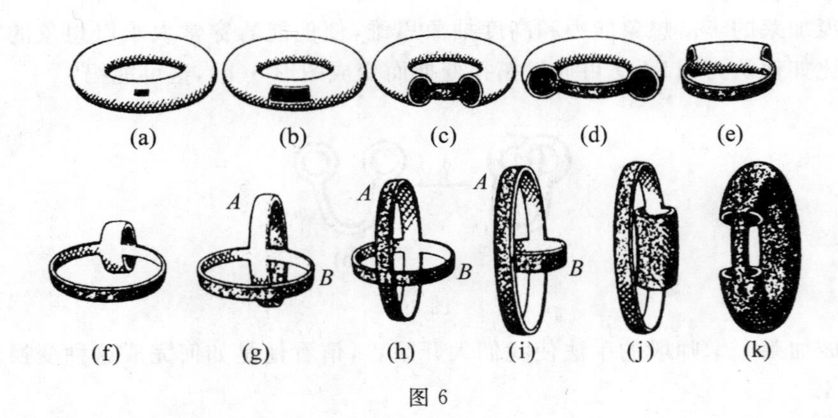


图 6

另一种有洞内胎翻转如图 7.

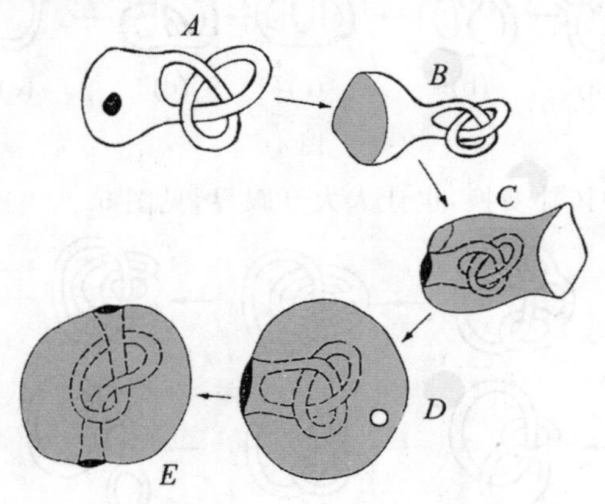


图 7

**问题**　下面的橡皮薄膜(有两个洞),能否先进行拉伸、弯曲变换,再黏合而形成一个茶杯盖(图 8)?

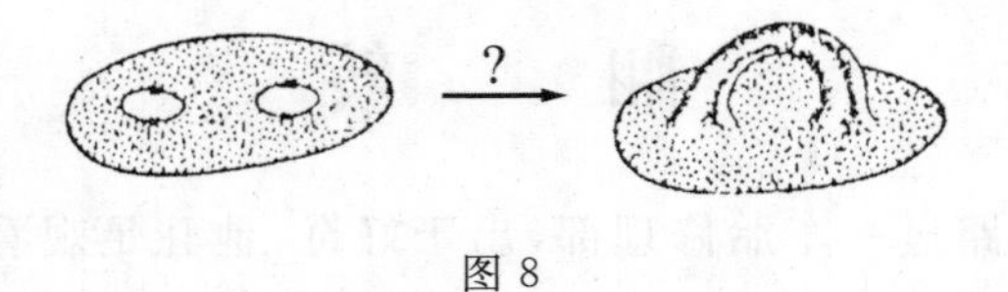


图 8

**附记**　庞加莱猜想

1904 年庞加莱提出"任何一个单连通的、封闭的三维流形一定同胚于一个三维球面",这便是著名的庞加莱猜想.

大约 100 年后,2003 年此猜想被俄罗斯数学家佩雷尔曼(G. Y. Perelman) 证明.

此前猜想取得了局部成果.

1961 年,斯梅尔解决了 4 维以上的情形.

1982 年,弗里德曼(美) 和唐纳森(英) 解决了 4 维情形.

庞加莱和佩雷尔曼

# 68　亨利·杜德尼

亨利·杜德尼(Henry E. Dudeney,1857—1930),英国著名的趣味数学作家,是在世界上获得声誉的自学成才者,在西方被誉为“近代趣味数学的开山鼻祖”.

他编撰了许多智力问题,其中“将正三角形分成四块再拼成一个正方形”的智力难题曾蜚声世界.

他一生有不少作品问世,其代表作有《520个难题》《坎特伯雷难题集》《数学的娱乐》等.

杜德尼的著作

## 重拼幻方

“幻方”这个无论在东方民族(图1,图2),还是西方民族皆奉为“神灵”(图3)的宠物(见前文),也使杜德尼先生着迷.

| 4 | 9 | 2 |
|---|---|---|
| 3 | 5 | 7 |
| 8 | 1 | 6 |

图 1　中国《洛书》幻方

| 7 | 12 | 1 | 14 |
|---|---|---|---|
| 2 | 13 | 8 | 11 |
| 16 | 3 | 10 | 5 |
| 9 | 6 | 15 | 4 |

图 2　印度 11 世纪碑文幻方

| 16 | 3 | 2 | 13 |
|---|---|---|---|
| 5 | 10 | 11 | 8 |
| 9 | 6 | 7 | 12 |
| 4 | **15** | **14** | 1 |

图 3　德国画家丢勒名著《忧郁》上的幻方，下边 1514 为其创作年代

丢勒的《忧郁》的素描版

一般 4 阶幻方和为 34. 杜德尼也自制了一个 4 阶准幻方表(它仅有一条对角线上的数字和为 34)，这个准幻方有别于一般幻方的奥妙之处在于：当它沿方格直线以某种方式(如图 4 所示方式)将它裁成四块形状不一的图形后，再重新组合时乃是一个 4 阶幻方，且它的行、列、对角线上诸数之和(幻和)仍为 34.

| 1 | 15 | 5 | 12 |
|---|---|---|---|
| 8 | 10 | 4 | 9 |
| 11 | 6 | 16 | 2 |
| 14 | 3 | 13 | 7 |

| 1 | 15 | 5 | 12 |
|---|---|---|---|
| 8 | 10 | 4 | 9 |
| 11 | 6 | 16 | 2 |
| 14 | 3 | 13 | 7 |

裁　开

| 1 | 11 | 6 | 16 |
|---|---|---|---|
| 8 | 14 | 3 | 9 |
| 15 | 5 | 12 | 2 |
| 10 | 4 | 13 | 7 |

重　组

图 4

## 植树问题(四)

植树问题历来为人们所关注,大科学家牛顿就曾对此问题极感兴趣.他曾研究过9棵树每行栽3棵栽9行,10行的两种方案,如图5(图中黑点表示树的位置,下同).

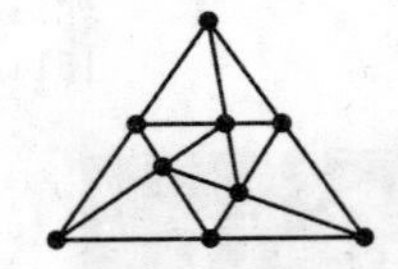

(1)9行(每行3棵)

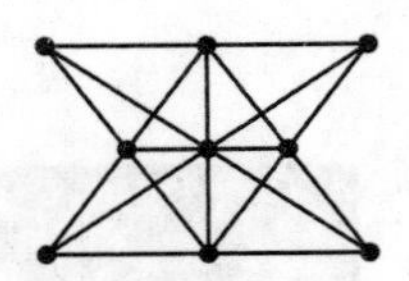

(2)10行(每行3棵)

图5

英国数学家道奇森研究了10棵树每行栽4棵可栽5行的方案(见图6(a),(b)).

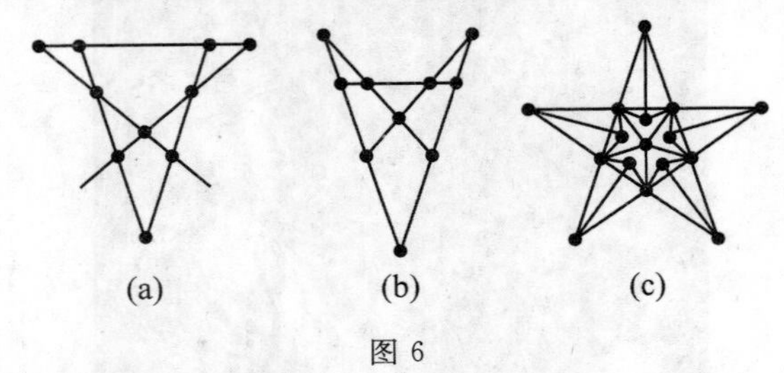

(a) (b) (c)

图6

杜德尼也提出并解答了"16棵树每行栽4棵最多可栽多少行"的问题,答案是15行(见图6(c)).

**问题1** 20棵树每行栽4棵,最多可栽多少行?

## 化"△"为"□"

一次,杜德尼在一份报纸上刊出一则征解启事:

将一个正三角形最少裁成几块,然后可将它们拼成一个正方形(图 7)?

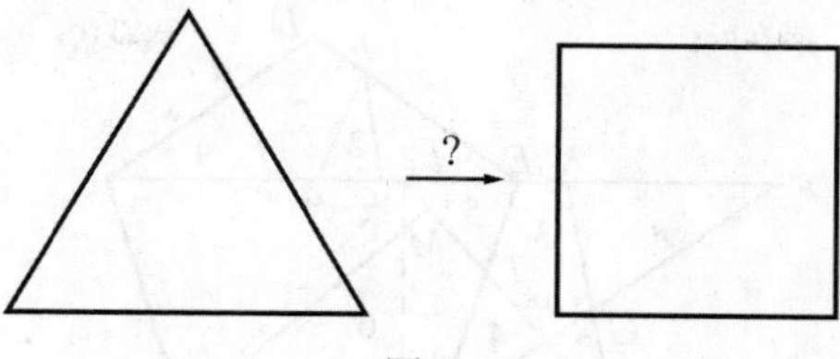


图 7

杜德尼先后收到几百份解答,然而没有一份令杜德尼满意,因为来稿中竟无一人能“破”或“平”他创下的纪录:最少裁成 4 块.答案如图 8.

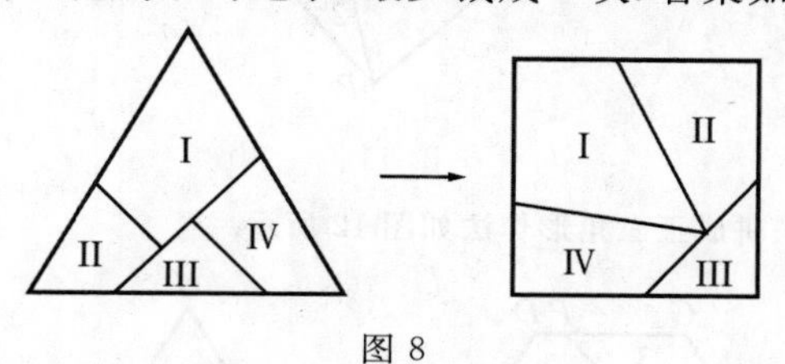


图 8

当然,具体精确作法(用尺规)还需稍费些工夫(如果你有兴趣不妨研究研究).

**注 1** 下面是化△为□的具体做法,由杜德尼给出(图 9).

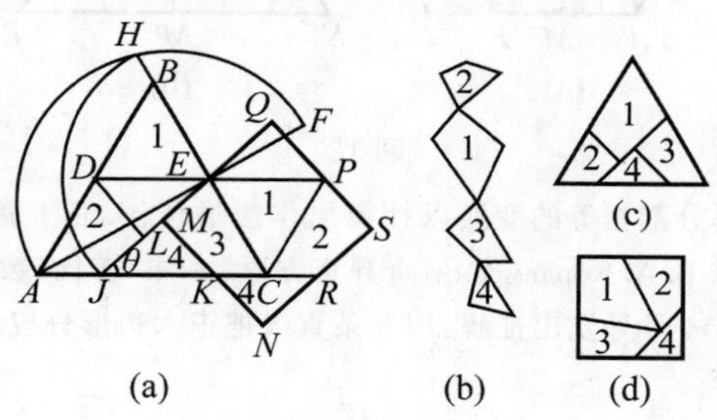


图 9

1956 年美国《数学教师》杂志也给出一种作法(图 10).

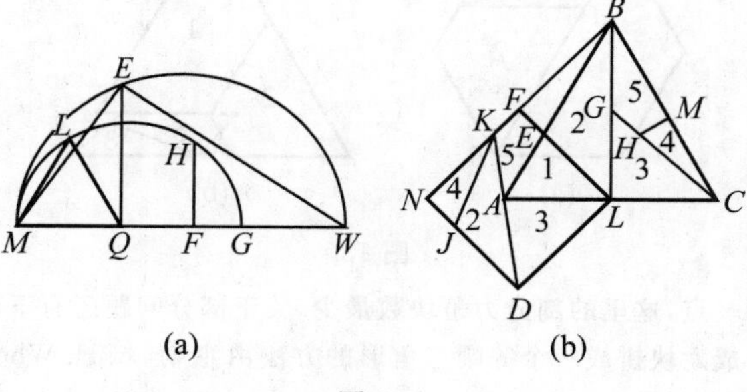


图 10

此外,正五边形裁成七块拼成一个正方形的方法可从图 11 中受到启示.

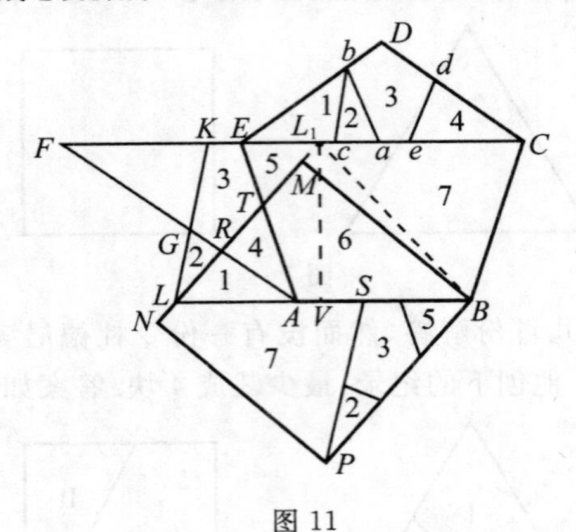


图 11

正六边形裁成六块拼成正三角形作法如图 12 所示.

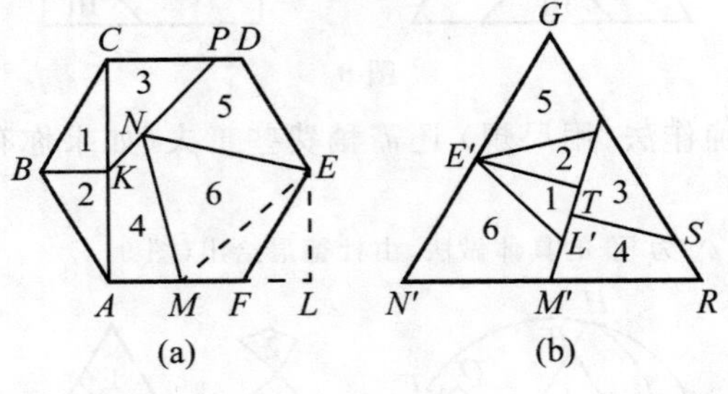


图 12

正三角形与正方形分割相等的变换以杜德尼作法最佳例.正五边形、正六边形到正方的剖分最早发表在苏联 Б. А. Кордемский《奇异正方形》一书,美国《数学教师》五年后刊出. 1954 年我国《数学通报》4 月号发出征解:用五条直线把正六边形分成六块,使得分出的各块能够拼成一个正三角形.

下面是其中一种作法(图 13).

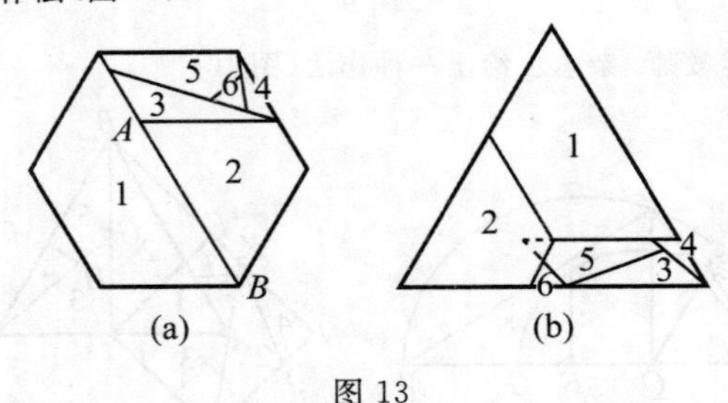


图 13

当然还要强调一点,这里的剖分力争块数最少.关于部分问题还有下面一些结果.

正五边形部分成六块拼成一个等腰三角形的方法由惠勒(A. H. Wheeler).给出特拉费里(J. Travers)曾把一个正八边形剖五块后拼成一个正方形(见图 14).

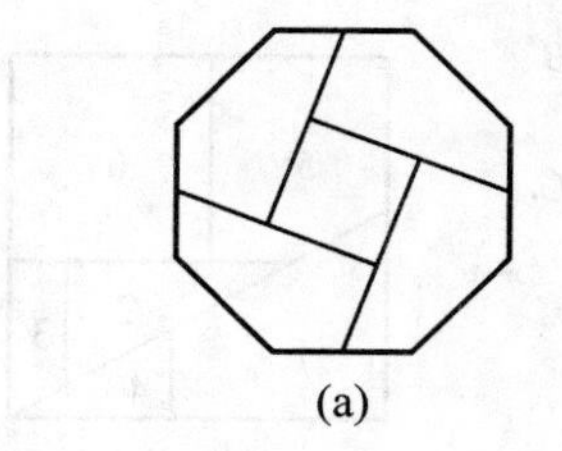
(a)

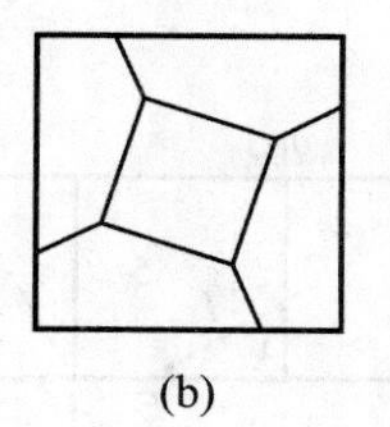
(b)

图 14

正六边形剖分成五块拼成正方形的方法见图 15.

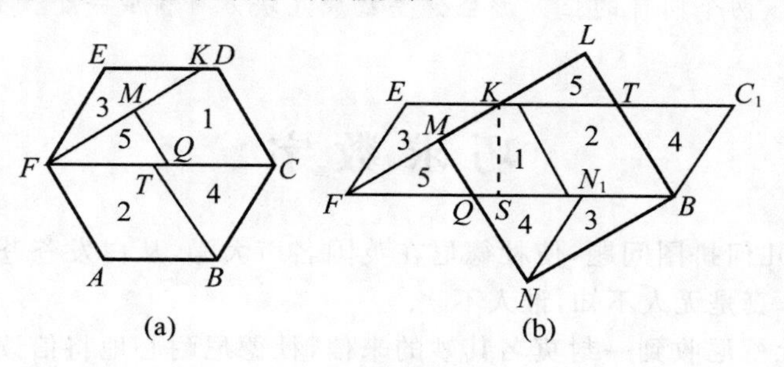


图 15

**问题 2** 如果一个矩形裁成若干块后可以拼成一个正方形. 你能依据该途径将三角形裁成若干块，然后将它们拼成一个正方形吗？

**注 2** 德国数学家大卫·希尔伯特(D. Hilbert)证明：多边形可剖成有限块拼成另一等积的多边形.

# 三个小正方形拼成一个大正方形

杜德尼化"△"为"□"的问题解答赢得了很大的荣誉，报社很希望杜德尼再出一道同样精彩的问题以吸引读者(为此该报发行量猛增).

果然，在一个周末版上又刊出了杜德尼先生的问题：

三个同样大小的正方形，至少要裁成几块可把它们拼成一个大正方形？

这一次编辑部收到了更多的读者来信，有的还寄来了他们用硬纸板剪成的模型.

时经一个月整，遗憾的是同样未能有人打破杜德尼本人创造的裁 6 块的纪录. 答案如图 16.

先将 3 个小正方形并排摆放，然后作 $AB=AD$，交 $CG$ 延长线于 $B$；再作 $DE=GF=BC$，得点 $E,F$.

连 $HE$，过 $F$ 作 $FI \parallel HD$，交 $HE$ 于 $I$.

这样，就把 3 个小正方形分成 6 块，用它们就可能拼成一个大正方形了.

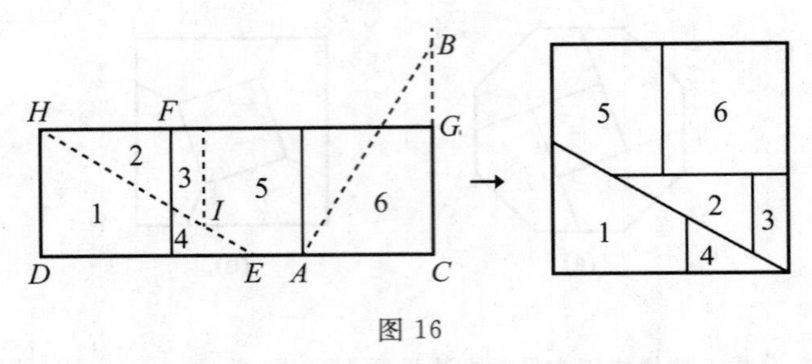


图 16

**问题 3** 两个同样的正方形至少要裁成几块方可拼成一个大正方形?

# 巧求数字

上面的几何拼图问题,使杜德尼在英国名声大噪,从白发苍苍的老人到十几岁的娃娃,真是无人不知,谁人不晓.

一天,杜德尼收到一封莫名其妙的来信,杜德尼耐心地将信读完才知道来信者被一数学难题搞得神魂颠倒.题目是:

求一个六位数,当它用 2,3,4,5,6 乘后,仍是一个六位数,但它们的全部数字却一样,只不过是它们的组成顺序不同而已.

杜德尼经过几天的冥思苦索,突然灵机一动,何不用循环小数来试试.经试除他发现

$$\frac{1}{7}=0.\dot{1}42\ 85\dot{7}$$

由于$\frac{2}{7}$,$\frac{3}{7}$,$\frac{4}{7}$,$\frac{5}{7}$,$\frac{6}{7}$也是循环小数,且它们的循环节也都是由 1,4,2,8,5,7 组成(把它们写在一个圆圈里面,规律自现),由此杜德尼找到了这个六位数:142 857.请看

$$142\ 857\times 2=285\ 714$$
$$142\ 857\times 3=428\ 571$$
$$142\ 857\times 4=571\ 428$$
$$142\ 857\times 5=714\ 285$$
$$142\ 857\times 6=857\ 142$$

如果将分数的分子写到上面圆周的外边该分数循环节开头的数字旁(图 17),我们能看出:这些数也恰好是$\frac{1}{7}$做除法时,每次的商(圈里的数字)和余数(圈外的数字).

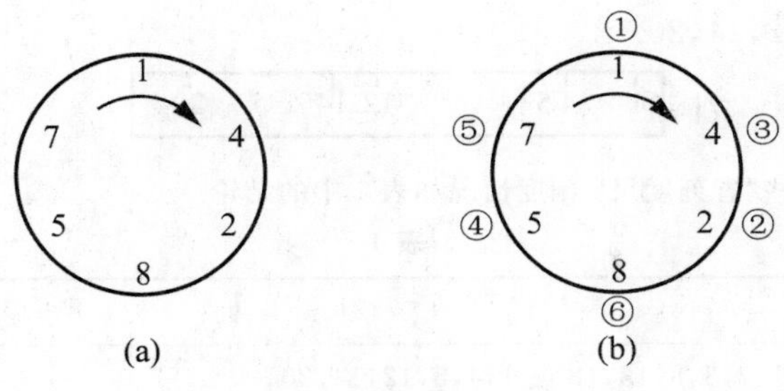


图 17

更为有趣的是：位于大圆同一直径上的圈里两数字之和是 9，圈外两数字之和是 7.

其实，由 $\frac{1}{17}=0.\dot{0}58823529411764\dot{7}$（图 18）其循环节的 16 位数也有此性质，即当它分别乘以 2，3，4，…，15，16 时，仍是一个 16 位数，且组成它们的数字相同.

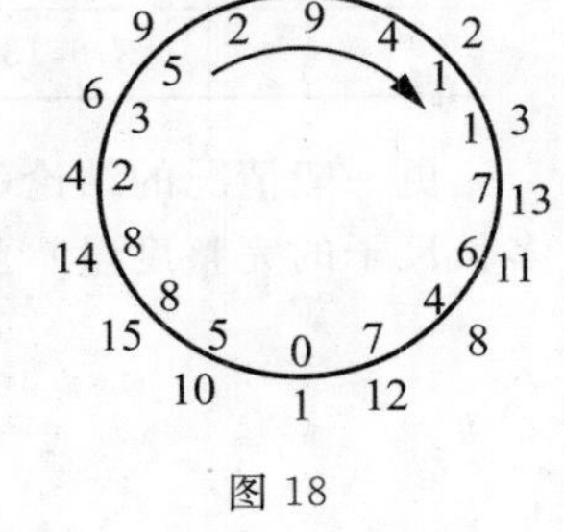


图 18

**注** 这个结论可推广：若 $p$ 是素数，且 $\frac{1}{p}$ 的循环节有 $p-1$ 位，则 $\frac{1}{p}$ 的循环节也有上面性质.

比如 $\frac{1}{17}$ 的循环节，也有此性质. 圆圈外面的数字若为 $\frac{x}{17}$ 的分子，则 $x$ 所对圆圈里面的数字，即为该分数循环节的开始数字，然后只需按顺时针方向沿圆圈读一周即为该循环小数全部循环节.

# 省刻度尺

杜德尼的游戏常与"节省"两字有缘，这类问题如今称之为"最优化"（即中学数学课上的极值、最值问题）.

一次报纸副刊智力栏目上刊登杜德尼这样一个问题：

一根 22 cm 长的尺子，要求能够度量出 1 ～ 22 之间任何整数厘米长的物品，至少要几个刻度？

问题吸引了不少好奇者，答案也源源不断地寄往编辑部，然而完全正确者寥寥无几. 之后杜德尼公布了自己的答案：

至少要 6 个刻度，且有两种方案，即刻度数分别为：

(1)1，2，3，8，13，18；

1 2 3 8 13 18

(2)1,4,5,12,14,20.

1 4 5 12 14 20

**注** 对于一些"省刻度尺"刻度情况如表1中的结论.

**表1**

| 尺 长 | 刻 度 |
|---|---|
| 22 | 1,2,3,8,13,18 或 1,4,5,12,14,20 |
| 23 | 1,4,10,16,18,21 |
| 36 | 1,3,6,13,20,27,31,35 |
| 40 | 1,2,3,4,10,17,24,29,35 |
| 50 | 1,3,6,13,20,27,34,41,45,49 或 1,2,3,23,28,32,36,40,44,47 |

更一般情况的结论($m$ cm长的尺子至少要多少刻度;$k$个刻度至多可完成多长尺子的完整度量),至今仍未能获得.

## 最少几步

杜德尼对古老的中国传统文化极为崇拜,他也很喜欢中国的民间游戏.

下面是他根据中国民间游戏改编的一道智力问题:

在如图19(a)的棋盘上(共有25个格),随意放上分别写有1,2,3,…,23,24的24张纸片.请问:若纸片可按国际象棋的"马"步走,即走"  ",至少要走多少步可将纸片在棋盘中摆放的数字变成一顺(如图19(c))?

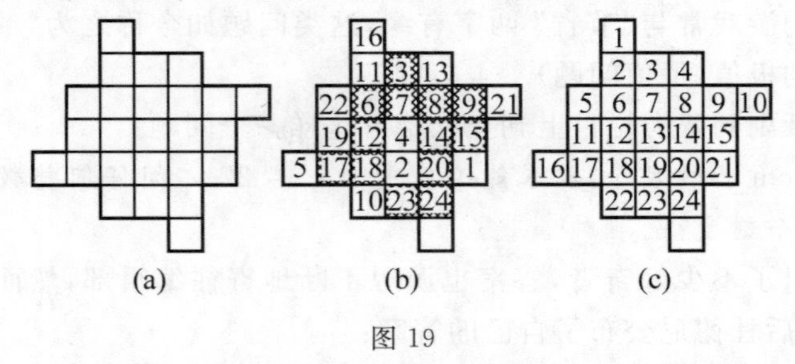

(a) (b) (c)

图19

答案是30步.首先将棋盘中已摆放正确的纸片涂上色(图19(b)中带阴影者),这样可先从需要换位的纸片开始走动.下记$a\to b\to c\to\cdots$系表示标号为$a$的纸片走至标号为$b$的纸片处,而标号为$b$的纸片走到标号为$c$的纸片处.这样最少步数的走法是从纸片2开始依如下次序走动

2 → 6 → 13 → 4 → 1 → 21 → 4 → 1 → 10 → 2 → 21 →

10 → 2 → 5 → 22 → 16 → 1 → 13 → 6 → 19 → 11 →

2 → 5 → 22 → 16 → 5 → 13 → 4 → 10 → 21

你能否给出别的走法？请试试看.

## 画　谜

在图 20 中有一个隐蔽的五角星，请你找出来.

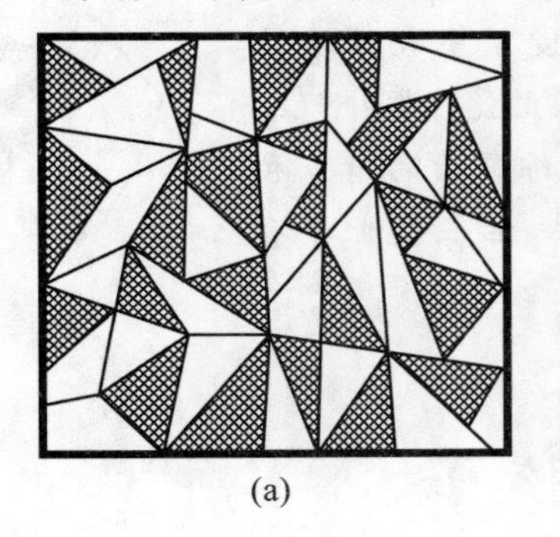

(a)

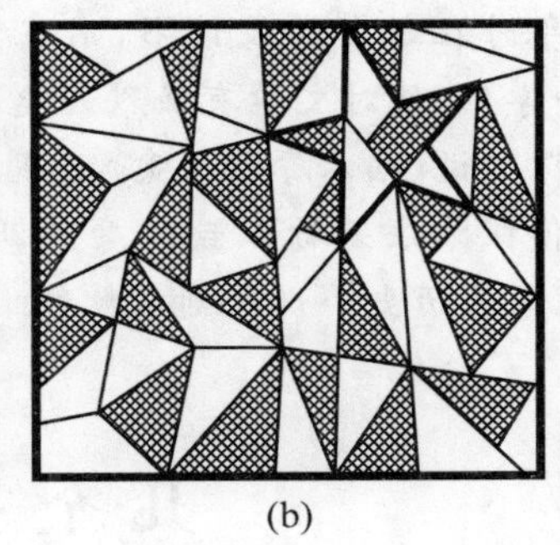

(b)

图 20

请注意右上角部分，在那里有一个稍倾斜的五角星（三个白三角块，两个黑三角块）. 从无序中找出秩序，从混沌中找出规律正是人类祈求的.

**附记**　“坎特伯雷”取自英国作家 G · 乔叟（G. Chaucer, 1340—1400）的古典名著《坎特伯雷故事集》，该名著的内容类似于我国的《今古奇观》.

原书没有写完，杜德尼以此为基础补充了许多新故事，其中穿插许多有趣的数学问题，从简单的到复杂的均有. 作者的意图是要编一本智力世界的今古奇观.

# 69　柯南道尔

柯南道尔(Conan Doyle,1859—1930),英国侦探小说家、剧作家.

1859年5月22日出生,父亲是公务员(建工部门).柯南道尔青少年时在教会学校读书,后在爱丁堡大学攻读医学、获博士学位.他对文学有强烈兴趣,尤爱侦探小说.

所著侦探小说《福尔摩斯探案》以错综复杂的情节和曲折离奇的侦探方法著称以致网靡欧洲,且在全世界有广泛影响;还写有历史小说和剧本数种.

## 几个孩子

客人:“请告诉我,您有几个孩子?”

主人:“这些孩子不全是我的,那是四户人家的孩子.我的孩子最多,弟弟的其次,妹妹的再其次,叔叔的孩子最少.但他们不能按每行九人凑成两队.可真巧,这四户人家的孩子数相乘,恰好是我家门牌号.而它您是知道的.”

福尔摩斯依据这些便很快地算出了各家的孩子数.

请问:华生的门牌号是多少?而这四家每家有孩子几个?

福尔摩斯点燃了烟斗,一边在屋里来回踱步,一边思考着华生的问题.

“门牌号是120,四家的孩子数分别是2,3,4,5.”当福尔摩斯脱口说出这些数字时,华生又一次为他的聪明睿智而佩服得五体投地.

福尔摩斯到底如何分析的呢?请看:

(1) 从“他们不能按每行9人凑成两队”知四家孩子总数不足18;

(2) 叔叔家孩子只能是1或2,否则,若叔叔家孩子数多于2个,则至少是3;

那么,妹妹家至少有孩子4个;弟弟家至少有5个;华生家最少有6个.这样总数为

$$3+4+5+6=18(\text{个})$$

这与前面(1)的结论相悖.

(3) 四家孩子数的情形很多,比如

(2,3,4,5)， (2,3,4,6)， (2,3,4,7)，…

(1,3,6,7)， (1,4,6,7)， (1,5,6,7)，…

而孩子数相乘积有三种情形是相同的，如表1：

**表1**

| 四家孩子数 | 总　和 | 乘　积 |
| --- | --- | --- |
| (2,3,4,5) | 14 | 120 |
| (1,3,5,8) | 17 | 120 |
| (1,4,5,6) | 16 | 120 |

后两种情形，叔叔家的孩子数都是1，那样福尔摩斯是不能得到唯一解的；这就是说答案是第一种.

本题若列方程(不定方程)则为

$$\begin{cases} w < z < y < x \\ x + y + z + w < 18 \\ xyzw = n \end{cases}$$

这 $x,y,z,w$ 分别为"我"、弟弟、妹妹、叔叔的孩子数，$n$ 是门牌号.

## 摆放次序

福尔摩斯探案中对案情分析处处用到逻辑推理.其实柯南道尔本人也十分喜欢这类问题，否则怎会在他笔下出现一个栩栩如生的福尔摩斯？

一天，柯南道尔的挚友造访，闲聊之后柯南道尔向那位朋友提出一个问题：8个大小一样的正方形纸片依次放到桌面上后，形成图1的形状.如果最后放的一块正方形标号为8，请指出这些正方形自下而上的排放次序.

那位朋友思虑良久亦不得法.柯南道尔信手抄起笔在纸上画出图2的形状(他把这些正方形纸片先错开后，再依次标注号码)，在与图1对照后，那位朋友终于点头称道，真不愧为侦探专家，要知道这里面蕴含着分析与推理、判断.

**问题**　今有8张同样的正方形纸依次摆放成图3的形状，请给出摆放次序.

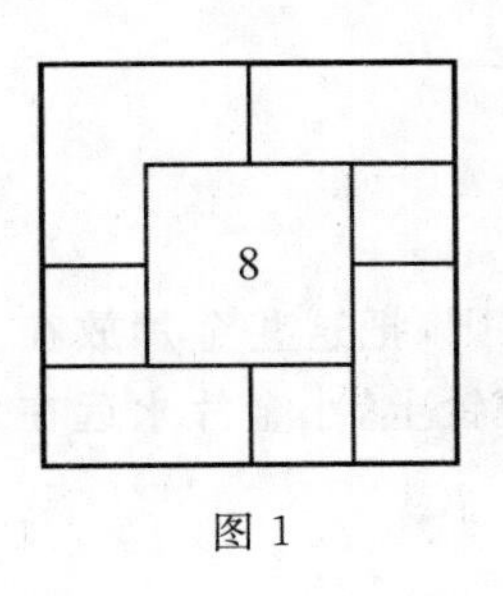

图1

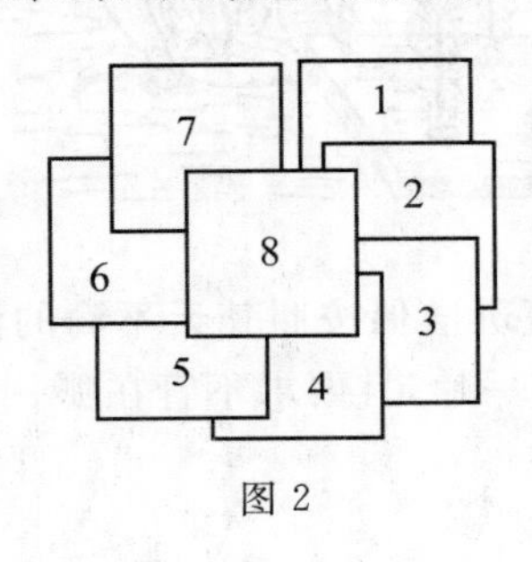

图2

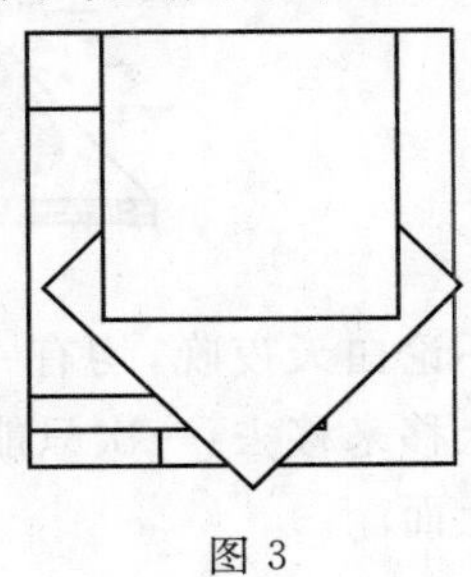
图3

# 70 鲍 尔

鲍尔(Boole,1860—1908),美国历史学家.生于纽约州.

1883年毕业于耶鲁大学,先攻读文学,后转读经济学和历史.1895年起任耶鲁大学教授.

著有《历史评论文集》,此外还出版了许多文学著作.

## 梵 塔

鲍尔研究印度历史(包括宗教史)时发现那里流传着这样一个故事:

在世界中心贝拿勒斯(位于印度北部的一个佛教圣地)的圣庙里,安放着一块黄铜板,板上插着三根宝石针,每根针高约一腕尺(约合 0.5 m),像韭菜叶那样粗细.

梵天(印度教的主神)在创造世界的时候,在其中的一根针上,从下到上放了由大到小的 64 片金片,这就是所谓"梵塔".

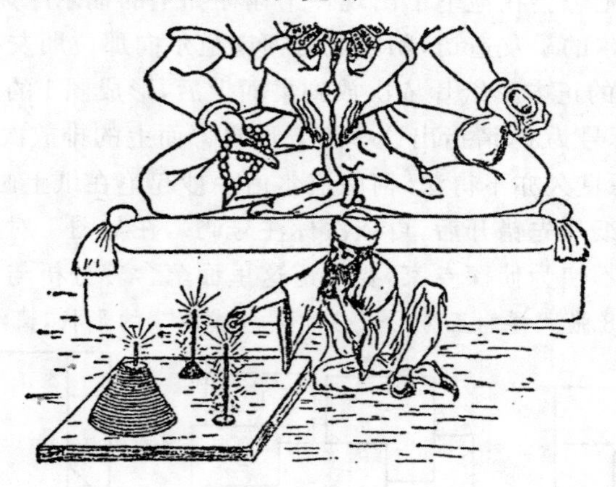

不论白天夜晚,均有一值班僧侣按照梵天不渝的法则,把这些金片放在三根针上移来移去:一次只能移一片,且要求不管在哪一根针上,小金片永远在大金片上面.

当所有 64 片都从梵天创造世界时所放的那根针上移到另外一根针上时，世界就将在一声霹雳中毁灭，梵塔、庙宇和众生都将同归于尽. 这将是在哪一天？

其实这个神秘的、带着浓厚宗教色彩的问题里，蕴含着深刻的数学道理和背景，它实际上向人们揭示了一种产生大数的奥秘.

假定按法则移动完 $n$ 片金片需要 $S_n$ 次，若要移动 $n$ 片金片，可先按法则移动 $n-1$ 片金片到一根宝石针上（需移 $S_{n-1}$ 次），然后再把第 $n$ 片移动另一根宝石针上（需移 1 次），最后将另外 $n-1$ 片金片也移到这根宝石针上（又需移 $S_{n-1}$ 次），见图 1.

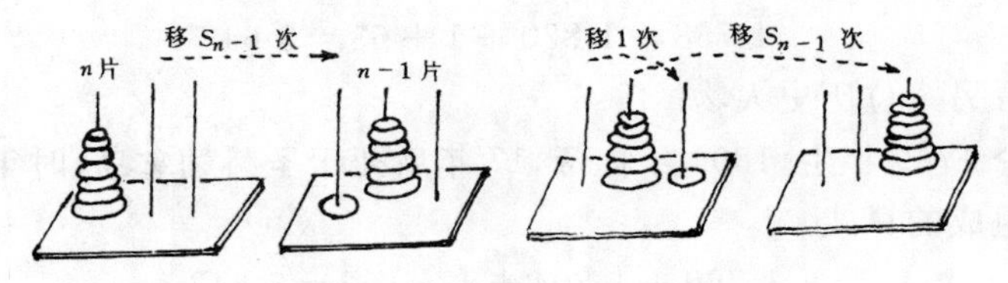


图 1

由此可有递推公式：$S_n=2S_{n-1}+1$，这样有

$$S_1=1=2^1-1$$
$$S_2=2S_1+1=2(2^1-1)+1=2^2-1$$
$$S_3=2S_2+1=2(2^2-1)+1=2^3-1$$
$$S_4=2S_3+1=2(2^3-1)+1=2^4-1$$
$$\vdots$$
$$S_{64}=2^{64}-1$$

这就是说金片共要移动

$$2^{64}-1=18\ 446\ 744\ 073\ 709\ 551\ 615(\text{次})$$

倘若一秒移一次，昼夜不停，而一年有 365.242 2 天，合 31 556 926 秒，移完金片要 5 845 亿多年.

据现代科学推算，地球"寿命"不多于 200 亿年，那么不等僧侣们完成任务，地球早就"寿终正寝"了.

**注 1**　此传说出于古代印度，鲍尔将它载入史书中.

**注 2**　此问题新近又有人研究发现：只要遵照下面两条规则，"梵塔"可以很容易地从一根针上移到另一根针上：

(1) 始终按照顺时针（或逆时针）方向，如图 2（即 $A-B-C-A-B-\cdots$）；

(2) 若本次移动是将较小金片移到下根针的较大金片上，则移动施行，否则不施行而转入下一步.

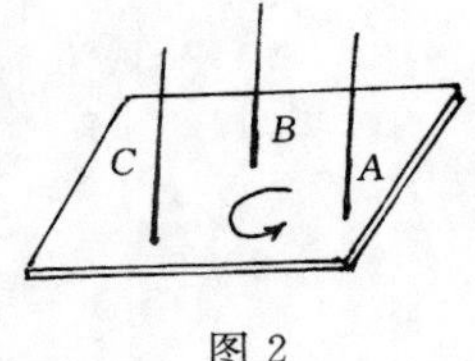


图 2

# 神秘的 3 642

鲍尔不仅研究历史，还善于从中捕捉数学素材. 他发现与下面一些人物有关的数字现象：

门罗(J. Monron，1758—1831)，门罗主义(美洲是美洲人的美洲)创始人. 1758 年生，1820 年当选美国总统，1 年后他过了 63 岁生日. 根据这些数据我们可有等式

$$1\,758+1\,820+1+63=3\,642$$

再来看另一位历史人物.

拿破仑 1769 年生，1804 年称帝，17 年后死于圣赫勒拿岛，时年 52 岁. 请看这些数据组成的算式

$$1\,769+1\,804+17+52=3\,642$$

也是 3642！奇怪，难道这里面真的有什么奥秘？还是鬼斧神工使然？

其实只要你仔细观察，不难发现其中的奥妙.

请注意两人的数字资料都是在 1821 年结算的，门罗 1758 年生，到 1821 年恰好 63 岁；而拿破仑 1769 年生，1804 年后 17 年恰好也是 1821 年.

每人计算了两个 1821 年(为什么？请留心算式)恰好是 3 642！

这便是它们数字资料和皆为 3 642 的道理.

如果再来看一组数字：

加菲尔德 1831 年出生，1880 年当选美国(第 20 任)总统，1 年后遭歹徒枪击身亡，年仅 50 岁. 请看

$$1\,831+1\,880+1+50=3\,762$$

这个数字又是如何产生的？原来它是以 1 881($3\,762\div2=1\,881$)年为基准点，1831 年出生的加菲尔德 50 岁时恰好 1881 年，而 1880 年的 1 年后也就是 1881 年. 这样两个 1881 便是 3762 了.

再找几个同龄人，题目便不难"拟造"了.

# 71 怀 特 海

怀特海(A. N. Whitehead, 1861—1947),英国数理逻辑学家、哲学家.1861年2月15日出生于肯特郡兰姆斯格特,1884年毕业于剑桥大学三一学院,1905年获博士学位.后又获哈佛大学、耶鲁大学等校博士学位.曾执教于剑桥大学、伦敦大学和美国哈佛大学.英国皇家学会会员科学院院士,过程哲学的创始人.1947年12月30日逝世.

他与其学生罗素建立了数学的逻辑主义学派,认为不必添加数学公理,数学可以从逻辑推导出来.他们合著的《数学原理》(三卷),被认为是20世纪初在基础数学方面的经典论著;其他主要著作还有《科学与近代世界》《过程与实在》《教育的目的》等.

## 五猴分桃(一)

怀特海喜欢诸如中国的"物不知数"一类的同余问题,他还不断地将问题翻新,比如下面的问题便是其中之一:

今有桃若干,将它们均分成五堆时恰好多一个,取其中一堆又一个;将余下四堆再均分成五份,又恰好多一个,取其中一份又一个;再将余下的均分成五堆时,又刚好多一个,取其中一堆又一个,…… 如此下去,到第五次分时仍是五份多一个.问桃子最初有几个?

怀特海给出一个巧妙解法,方法中考虑了"$-4$"这个特殊数,将它均分成五份时(每份$-1$)恰好余$+1$;取其中一份($-1$)又一个(实际上没取,因$-1+1=0$)后,仍为$-4$.

又桃子五次连续等分,若$-4$是解,则$5^5-4=3\ 121$也是解,且它为最小的正整数解.

**注** 解题过程中的"$-4$"是一个重要的数,它对解本题起关键作用.

显然,本题解不唯一.同时这个问题也可用方程(迭代)去解.

如果题目改为:有桃子若干,每次取其中一半再放回一个,取五次后还剩桃子2个,问最初有桃子多少？

这需注意“2”这个数，取它的一半再放回1个（实际上没取），仍剩下2个. 显然，依题目规定取多少次后仍剩2个，故最初的桃子数为2.

# 倒　　推

怀特海常在数学课上训练学生们的思维. 一天课程讲完后，他看了看表还有几分钟时间. 于是他给同学们出了道问题：

有$A,B,C$三人手中各有硬币若干枚. 开始，$A$（他手中硬币最多）按照$B,C$两人手中硬币数将自己手中的硬币分别给了他们；之后$B$又按照$A,C$两人手中现有硬币数将自己手中的硬币分别给了他们；最后$C$又按$A,B$两人手中现有硬币数分别给了他们. 这样一来，三人手中硬币数恰好相等且都是8枚.

请问他们原来手中硬币各几枚？

这个问题利用倒推（逆序）法解很有效，具体解法见表1.

表1

| | $A$硬币数 | $B$硬币数 | $C$硬币数 |
|---|---|---|---|
| 最后调整后 | 8 | 8 | 8 |
| 中间调整后 | 4 | 4 | 16 |
| 开始调整后 | 2 | 14 | 8 |
| 最初开始时 | 13 | 7 | 4 |

《数学原理》以牛顿三大定律和万有引力定律为基础，分别讨论了物体在理想状态下和阻力状态下的运动，且将它们用于宇宙天体研究

# 72 罗　素

罗素(B. A. W. Russell,1872—1970),英国现代数理学家、哲学家,数学中逻辑主义学派代表人物.1872年5月18日生于英格兰的一个贵族家庭.11岁时已学习了欧几里得的几何学.1895年毕业于剑桥大学.

1905年被选为英国皇家学会会员,1914年任美国哈佛大学教授.

对于现代数学的基础学科集合论,他曾提出著名的悖论(1903年),客观上导致了集合论的发展.

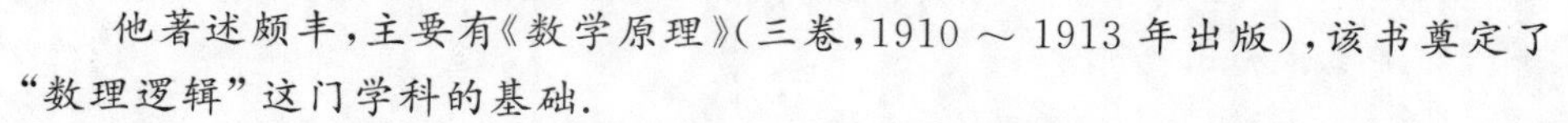

他著述颇丰,主要有《数学原理》(三卷,1910～1913年出版),该书奠定了"数理逻辑"这门学科的基础.

此外还著有《哲学问题》《心的分析》《物的分析》《哲学大纲》《西方哲学史》《教育与美好生活》等.

1950年获诺贝尔文学奖,同年被授予英国"功勋奖章".

《数学原理》英文版

# 说谎者悖论

康托尔创立的集合论、布尔等人创立的数理逻辑学对罗素来讲都颇具吸引力，1900 年 7 月的巴黎国际哲学会议后，他开始了这方面的研究.

1903 年，罗素发现了集合论中悖论，以下几个均出自罗素之手(当然他的原例是由集合论的语言表述的).

古希腊克利特岛上的 $X$ 说："克利特岛上的人全都说谎." 请你阐明这句话的矛盾之处.

这句话不能真，因为如果这句话真，则因 $X$ 也在该岛，故他也说谎，从而这句话假.

又这句话也不能不真. 因为如果这句话假，则 $X$ 不说谎，可他的话却在说明他说谎.

# 中国诉讼师悖论

一位诉讼师收徒弟，规定学成后打赢一场官司交银一两，打输则不交银两.

后来弟子学成后打赢官司却一直不交银. 老师告到县里(与其弟子打官司)，在堂上弟子的话竟使老师气昏了过去. 他是怎样说的呢?

弟子说：如果这场官司我打赢了，我当然不必交银(依法判定)；如果官司打输了，因为我与师傅有言在先，也不需交钱，反正我都不用交钱.

# 理发师悖论

这是一个引起数学界不安的例子，1903 年罗素提出一个著名悖论，他将之形象化后即为：

某村有一理发师，他只给且必须给不是自己剃头的人理发. 请问理发师的头应由谁来理?

这也是一个悖论问题，请看分析：

若理发师的头由别人理，这就意味着他的头不是自己理，按规定这应由理发师来理(他须给不是自己理发的人理发)，矛盾!

若理发师的头由他自己理，也就是他的头由理发师理，可按规定他不应该给自己理(他只给不是自己剃头的人理发),又矛盾!

**注** 罗素正是依据此悖论,提出了"集合论"中一个十分有名的悖论:

因集合的元素也可以是集合,则我们把集合分成两类:

第一类:$N = \{A \mid A \overline{\in} A\}$;

第二类:$J = \{A \mid A \in A\}$.

即集合 $N$ 是所有不把自己当作元素的那些集合的集合;集合 $J$ 是所有把自己当作元素的那些集合的集合.

请问:若把集合 $N$ 视为一个元素,$N$ 属于 $N$ 还是属于 $J$?

若 $N \in N$,由分类法 $N$ 应归入集合 $J$,即 $N \in J$,矛盾.

若 $N \in J$,由 $J$ 的组成原则,$N \in N$,又矛盾.

这一点可有下面的几何解释:若线段 $AB$ 长小于 $CD$ 长,可能有下面两种对应关系阐述两线中点的个数多寡.

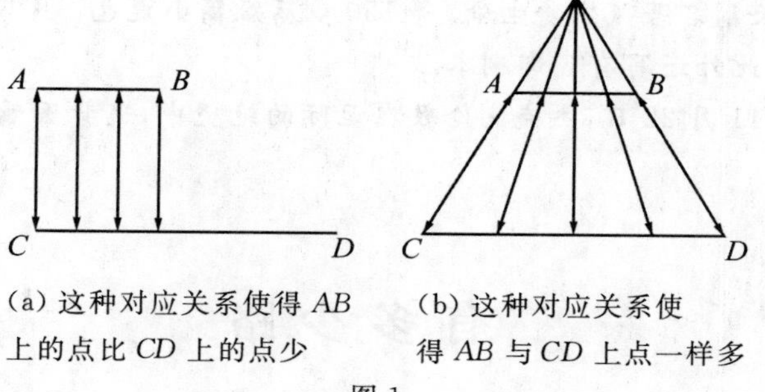


(a) 这种对应关系使得 $AB$ 上的点比 $CD$ 上的点少

(b) 这种对应关系使得 $AB$ 与 $CD$ 上点一样多

图 1

罗素悖论导致"数学基础的新危机",即所谓"第三次危机"(前两次是:由于不可度线段的存在,导致无理数产生;由于微积分的发现,导致极限和实数理论的建立)—— 这在客观上要求人们寻求新的数学概念与方法.

# 73　杰克·伦敦

杰克·伦敦(Jack London,1876—1916),美国现实主义作家.出生在一个破产的农民家庭,青年时到处流浪,做过报童、水手等,由于很早接触社会,因而接受了进步思想.

著有《深渊的人们》《海狼》《月谷》《三颗心》《马丁·伊登》等19部长篇名著,《热爱生命》等150多篇短篇小说也是传世之作,此外还写有3部剧本.

1916年11月22日,杰克·伦敦在无际的绝望中,违背医嘱,服用过量吗啡身亡.

## 有多少路

杰克·伦敦的一部中篇小说中记录了下面的一道算题:

某人乘5只狗的雪橇从斯卡格维依赶到自己营地去.途中第一昼夜,他全速行驶,之后便有2只狗跑掉了.剩下的路程只好用3只狗去拉雪橇,速度只有原来的$\frac{3}{5}$.由此缘故,他比预定时间晚了2昼夜到达.他叹了口气说:"逃跑的两只狗若能再拖雪橇走50 km,那我只比预定时间晚一天到达."问从斯卡格维依到营地有多少路?

小说没有给出问题的答案,这或许是作者留给读者的思考题.稍稍分析不难发现:这个问题可用纯算术方法(避免方程)去分析、解答.

**解**　由设知:再全速行驶50 km,可比现在提早一天到达营地;若全速行驶100 km,便可准时到达.

这样,途中第一天末离营地还有100 km.

他若全速前进,两天所赶路程是

$$100 \div \frac{3}{5} = 100 \times \frac{5}{3} = 166\frac{2}{3}(\text{km})$$

$166\frac{2}{3} - 100 = 66\frac{2}{3}$ 是他节省的两天路程,这样可知他的预定速度是

$$66\frac{2}{3}\div 2=33\frac{1}{3}(\mathrm{km/d})$$

于是,从斯卡格维依到营地距离有

$$100+33\frac{1}{3}=133\frac{1}{3}(\mathrm{km})$$

# 爬　梯　子

杰克·伦敦家里修房.一个工人在一部梯子(共有9蹬)爬上爬下地忙活.

收工了,工人们一边洗刷,一边喝着杰克准备的饮料.过了一会杰克问工人们道:

“你们在梯子上上上下下,如果一步只能攀一蹬,今若要求每蹬都攀两次,且中途下到地面一次,最后爬到梯顶,最少要攀(上、下)多少蹬?”

“三个来回,27蹬!”一位青年工人抢答道.

杰克摇了摇头说:“还可以再少.”

几个工人见状都不再言语,只是低头默默思索.不一会有人说须23蹬,有人说24蹬,然而离这个答案还差很远.

最后杰克爬上木梯一蹬又下来后,用木棍在地下写到

1,0,1,2,3,2,3,4,5,4,5,6,7,6,7,8,9,8,9

工人们看看这一堆数字,当他们知道这些数字分别代表梯子的蹬序后,良久,他们个个点头称道.

依照上面顺序,的确只需上、下19蹬即可.

# 报童问题

杰克·伦敦的报童生涯使得他对卖报问题有了想法. 如果卖一份报纸可获利 $a$ 美分，而卖不出去则损失 $b$ 美分. 那么他每天从报社批发报纸份数 $n$ 是多少时，可使他获利最丰?

当然，如果他知道每天卖 $k$ 份报纸的可能性(概率)是 $p_k$，则可建立下面的数学模型，若每天实际卖 $x$ 份报纸，则收益函数

$$f(x)=\begin{cases}an, & 若\ x\geqslant n\\ ax-(n-x)b, & 若\ x<n\end{cases}$$

其期望收益

$$E[f(x)]=\sum_{k=0}^{\infty}p_kf(x_k)=\sum_{k=0}^{n-1}[ak-(n-k)b]p_k+\sum_{k=n}^{\infty}akp_k$$

依照上式，若已知下列数据 $a=3,b=1,p_x=\dfrac{1}{2\ 000},k=2\ 001\sim 4\ 000.$

则可算得 $E[f(x)]=82.50.$

# 74 哈 代

哈代(G. H. Hardy,1877—1947),英国著名数学家. 1877年2月7日生于英国一位教师家庭,自幼受父母熏陶学习数学,1896年考入剑桥大学三一学院,两年后于该院毕业.后从事数学研究工作,1901年获史密斯数学奖.

1906年～1931年,先后在剑桥大学、牛津大学任教.这期间,他曾赴美国普林斯顿研究院做访问学者,回国后续任于剑桥大学,直至1942年退休止.

1947年12月1日在伦敦病逝.

哈代终身未婚,他将全部心血都奉献给了数学研究和教育事业.

他与人合作共发表论文一百余篇,涉及数学的许多领域.此外,他还对生物群体遗传研究有贡献.

主要著作有《不等式》《纯粹数学教程》《傅里叶级数》等.

## 火柴游戏

哈代有一个嗜好 —— 吸烟斗.在那个打火机并未流行的年代,哈代衣兜里时常装着大把火柴 —— 除了点燃烟斗,火柴还肩负着另一使命:游戏.

哈代常在工作之余用火柴摆出一些算式,拟造某些趣题,这对于他既是一种自娱,也是一种享受(当然也提供了休息).

让我们一道来看看出自他之手的火柴趣题:

下面是用火柴摆成的两道算题,它们显然不成立:

$$14+7-4=11$$
$$14-1+1=3$$

请你在每个算式中只移动一根火柴而使之成立,如何移?

稍稍动动脑筋之后,你不难有下面的答案(按箭头所示移动即可):

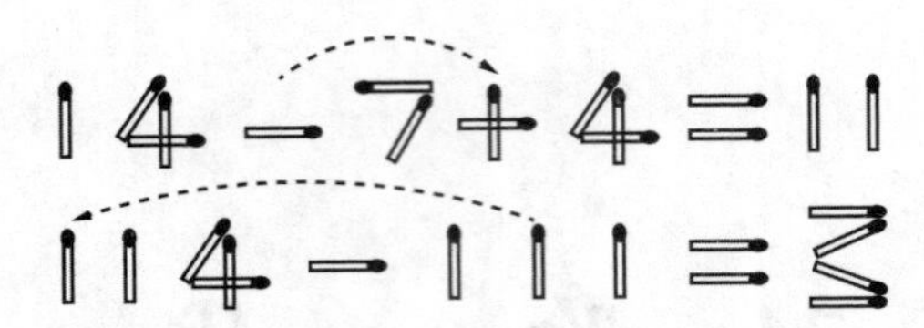


**问题 1**　8根火柴可摆成一个菱形和两个全等的小三角形，如图1.请用7根火柴完成上述图形.

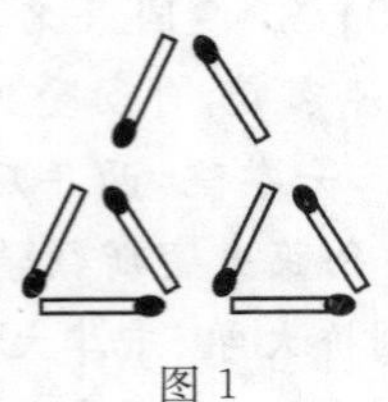

图 1

## 组　　数

哈代桌上堆满了空火柴盒(他当然不是在集火花)，火柴盒上常密密麻麻地记下一串串算式，这或许正是他要搜集的智慧的“火花”.

一天，同事的孩子约翰来到哈代的办公室，望着一堆火柴盒在发愣：他留这些东西干什么？

哈代见状笑了笑，随即从中取出9个火柴盒，且在它们上面分别用粗铅笔写下1,2,3,…,8,9，写完，他在桌上摆了一个数阵(图2).

| | | |
|---|---|---|
| 2 | 7 | 3 |
| 5 | 4 | 6 |
| 8 | 1 | 9 |

图 2

约翰摇了摇头，不知何意.哈代道：“你瞧，我用这9个数字摆成了3个三位数273,546,819，它们之间有联系吗？”

约翰看了一会儿，恍然大悟

$$546=273\cdot 2,\quad 819=273\cdot 3$$

哈代满意地点着头.“你能否也用这九个数字再摆成3个三位数，使其中一个是另一个的2倍，第3个是另一个的3倍？”哈代问约翰.

“是另外新的摆法？”约翰问道，此时他才对哈代的收集火柴盒的妙用有所领悟(其实，更重要的是那上面记着哈代的瞬时发现).

“是的，肯定有，而且还不止一种.”哈代道.

**问题 2**　你能给出其他一些摆法吗？

# 素数平方

哈代对素数也是情有独钟(不少数学家皆如此),而且还有不少小发现.比如,他看到(注意:5,7,11,… 皆为素数)

$$5^2=25=12\cdot 2+1$$

$$7^2=49=12\cdot 4+1$$

$$11^2=121=12\cdot 10+1$$

$$13^2=169=12\cdot 14+1$$

$$\vdots$$

他归纳且猜测:

对于大于 3 的素数 $p$ 来讲,$p^2$ 必为 12 的倍数加 1.

哈代给出了如下的证明:

由设 $p>3$ 且为素数,则 $p$ 可表示为【3】+1 或【3】+2 形式之一(这里【$a$】表示 $a$ 的倍数之意).只需证 $p^2-1$ 为 12 的倍数即可.

由于 $p^2-1=(p-1)(p+1)$,首先 $p$ 是大于3的素数,则它必为奇数,这样 $p-1$,$p+1$ 皆为偶数.换言之,它们皆有 2 的因子,故 $(p-1)(p+1)$ 有 4 的因子.

若 $p=$【3】+1,则 $p-1$ 为 3 的倍数;

若 $p=$【3】+2,则 $p+1$ 为 3 的倍数.

这样 $(p-1)(p+1)$ 中既有 4 的因子,又有 3 的因子,因而有 12 的因子.

**问题 3** 若素数 $p>3$,且 $2p+1$ 也是素数,试证 $4p+1$ 必为合数.

# $153=1^3+5^3+3^3$

哈代喜欢数字游戏.他在其《数学家的辩解》一书中指出

$$153=1^3+5^3+3^3$$

除 153 外,还有 3 个三位数有此性质,它们是:370,371 和 407.

推而广之,人们又发现

$$1\ 634=1^4+6^4+3^4+4^4$$

(8 208, 9 474 亦然)

$$54\ 748=5^5+4^5+7^5+4^5+8^5$$

(92 727, 93 084 亦然)

$$548\,834 = 5^6 + 4^6 + 8^6 + 8^6 + 3^6 + 4^6$$

$$1\,741\,725 = 1^7 + 7^7 + 4^7 + 1^7 + 7^7 + 2^7 + 5^7$$

(4 210 818、9 800 817、9 926 315 亦然)

⋮

如今，具有上述性质的数类又称 Randle 数. 可以证明，这类数的数位不会超过 60(因而它的个数是有限的).

**注** 哈代认为这个足以令人心醉且让爱好思考问题的人喜欢的趣题. 能引起数学家们的关注是理所应当的.

# 75 苏 迪

苏迪(Sudi,1877—1956),英国化学家.因研究同位素的成果,获1921年诺贝尔化学奖.

1936年起,他在英国《自然》杂志上发表一些文章,有些是智力问题或与智力问题有关.

## 四圆相切

1936年年末在英国的《自然》杂志上,作为迎接新年的礼物,苏迪以"精确的接吻"为题发表了一道结论形式极美的问题:

大小不等的四个圆两两相切(如图1):

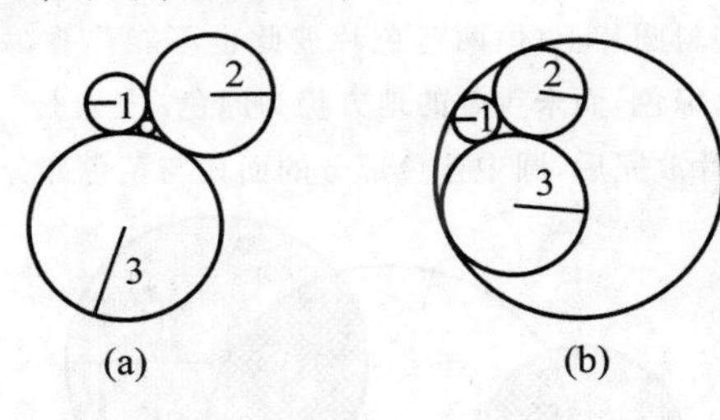


图1

若图中三个圆半径已知(它们分别为1,2,3),求图1(a)中最小圆、图1(b)中最大圆半径.

其实我们若知道四圆两两相切,它们的半径 $R_1,R_2,R_3,R_4$ 满足关系式

$$\frac{1}{2}\left(\frac{1}{R_1}+\frac{1}{R_2}+\frac{1}{R_3}+\frac{1}{R_4}\right)^2=\left(\frac{1}{R_1}\right)^2+\left(\frac{1}{R_2}\right)^2+\left(\frac{1}{R_3}\right)^2+\left(\frac{1}{R_4}\right)^2$$

再将 $R_1=1,R_2=2,R_3=3$ 代入上式中,可解得 $R_4=\frac{6}{23}$ 和 $R_4'=6$.

当然,上面等式的证明并不是一件轻松的事.

**注1** 其实这个问题的原始资料来自古希腊数学家阿波罗尼斯(Apollonius,约前262—前190),据说他从欧几里得的《几何原本》中获得灵感提出:

给出三个定圆，试作一圆与该三圆皆相切.

问题有 8 种答案(图 2).

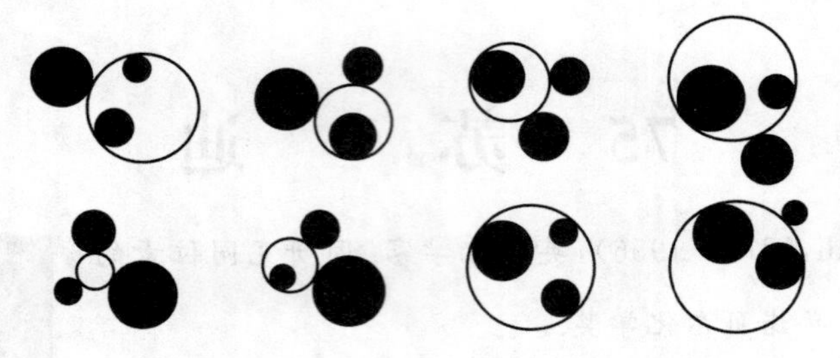

图 2

另外，苏迪的结论早在几百年前已为法国数学家笛卡儿发现，然而苏迪未能知晓，他的文章是以诗歌形式在《自然》杂志上发表的，后来考克斯特(S. M. Coxeter) 将此结论推广到空间球相切的情形.

又$\dfrac{1}{R}$常称为半径$R$的圆的曲率半径或曲率.

**注 2**　下面一则关于四圆面积关系的题目也很有味道. 请看：

有两个黄色透明薄塑料圆片，半径分别是 13 和 1，另外有两个半径各为 11 和 7 的蓝色透明薄塑料圆片. 我们知道：黄色透明塑料片与蓝色透明塑料片重叠后颜色变绿.

今把两黄塑料圆片随意放在桌子上(但它们彼此不能重叠)，然后，我们再将另外两个蓝色塑料圆片随意放在黄塑料圆片上(但两蓝色片彼此也不能重叠，如图 3). 如前所述，两种塑料圆片重叠的地方变为绿色，而未重叠的地方仍为原色.

如果要问：四塑料圆片放完后，圆中蓝色部分的面积与黄色部分的面积谁大？大多少？

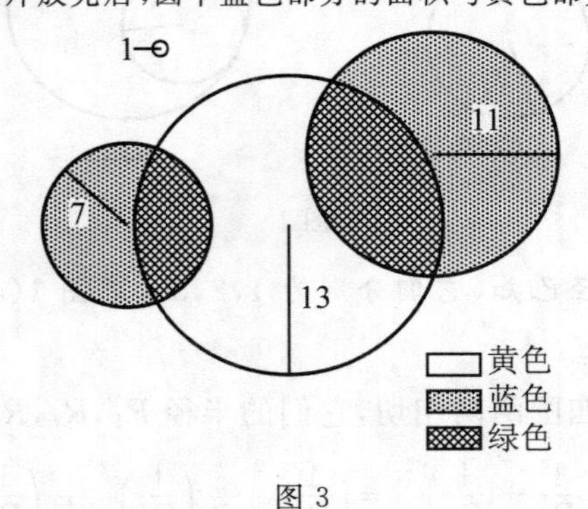


图 3

考虑圆的面积公式是：圆周率 × 半径$^2$(即$\pi r^2$)，圆周率(即$\pi$)是个常数.

再来看看：$13^2=169, 11^2=121, 7^2=49, 1^2=1$.

$169+1=170$，而$121+49=170$，这样，$169+1=121+49$. 当然也就有$13^2+1^2=11^2+7^2$，这是说：

两黄色塑料圆片与两蓝色塑料圆片面积和相等.

可这与上面的问题有何联系？为了方便，我们先把图中各部分分别用 $A,B,C,D,E,F$ 来表示(见图4)，并用 $S_A,S_B,\cdots$ 分别表示图形 $A,B,\cdots$ 的面积.

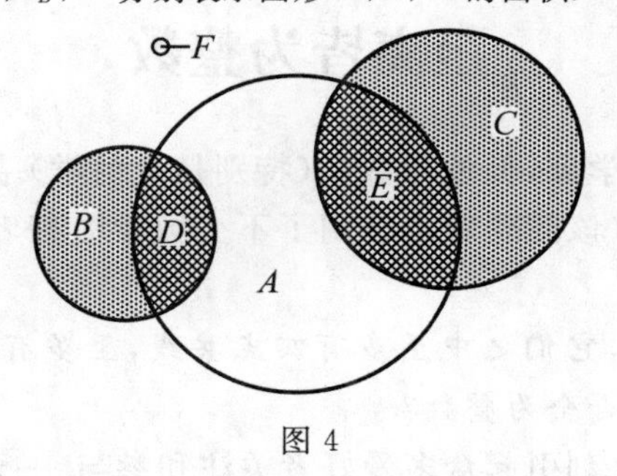


图 4

显然

$$S_{13}=S_A+S_D+S_E,S_1=S_F,S_{11}+S_7=S_B+S_D+S_E+S_C$$

因为已算得

$$13^2+1^2=11^2+7^2$$

这样，由 $S_{13}+S_1=S_{11}+S_7$，有

$$S_A+S_D+S_E+S_F=S_B+S_D+S_E+S_C$$

两边消掉 $S_E,S_D$，得 $S_A+S_F=S_B+S_C$，即图中黄色部分面积与蓝色部分面积相等. 换言之，这种等式关系与塑料片放置无关(当然须按要求).

**问题**　如果四个塑料圆片如图5方式摆放，请问，图中黄色部分(空白处)面积与蓝色部分(带斜线处)面积还一样大吗？为什么？

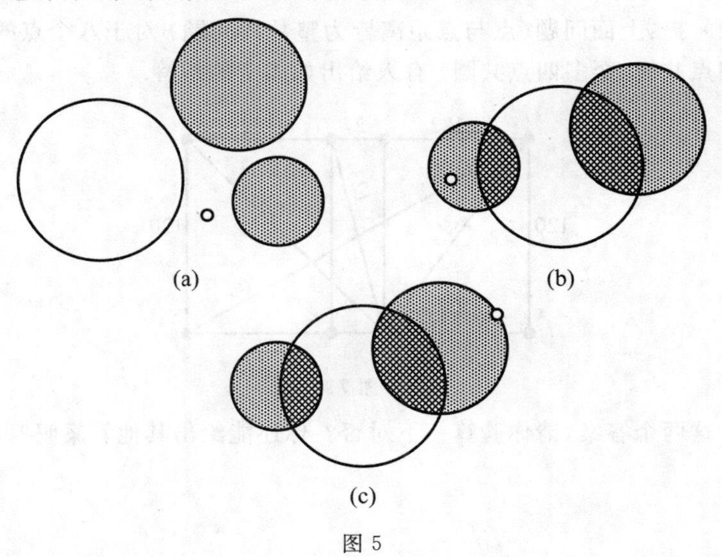


图 5

# 距离皆为整数

苏迪身为一位化学家，但他对数学（特别是几何学）甚感兴趣，一道四圆相切问题使他名声大振（该问题着实难倒了不少数学爱好者）．次年5月，杂志上又刊出他的怪题：

**平面上有七个点，它们之中至多有四点共线，至多有四点共圆．请问：这些点两两之间的距离能否全为整数？**

问题一经刊出，立刻引起众多爱好者关注和参与．一开始，他们也许小看了问题的难度 —— 直到年末，编辑部才收到一位读者寄来的正确解答（寻找过程是艰辛的，图6中数字表示该两点距离），验算工作留给读者．

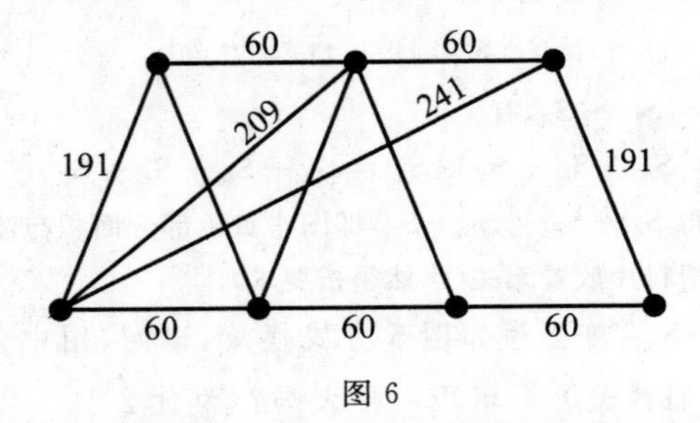


图 6

顺便一提：上面问题（点与点距离皆为整数的问题）对于八个点的情形（其中至多四点共线、至多四点共圆）有人给出如图7的解答．

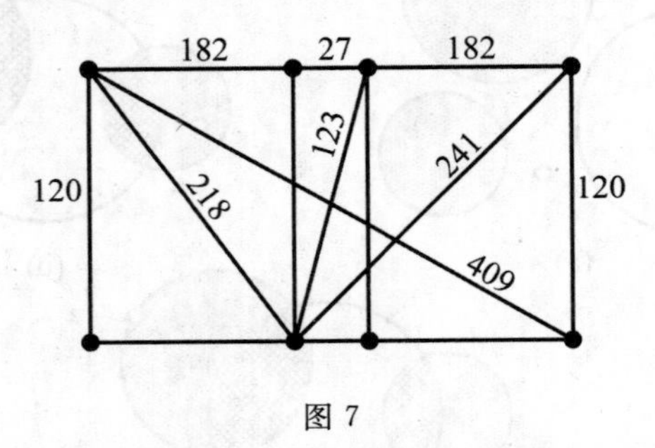


图 7

对于这两个答案，请你验算一下对否？你还能给出其他答案吗？

# 76 戴　恩

戴恩(M. Dehn,1878—1952),德国数学家,1878 年11月13日生于德国汉堡,毕业于哥廷根大学.1900年获博士学位.

他曾先后在明斯特、基尔、法兰克福等大学任教,且从事数学研究工作.

1939 年起,先后在丹麦、挪威居住,曾是挪威科学院院士.1940 年移居美国.

1952 年 6 月 27 日病逝.

主要研究方向为几何、群论和拓扑等.此外,对数学史亦有研究.

他因成功地解决了"希尔伯特第 3 问题"而名闻数坛.

著有《论多角形变换》等著作.

## 拼　正　方

戴恩在中学时就对几何感兴趣,特别是一些图形的剖分(剪裁)、拼接问题.

一次,几何老师讲完正方形的性质,看看还余下近 20 min,便信手拈来一道几何题以打发剩下的时光.

他在黑板上先画了一个矩形(图 1),然后写道:

如何最简单地将矩形分成形状相同的两部分,再将它拼成一个正方形?

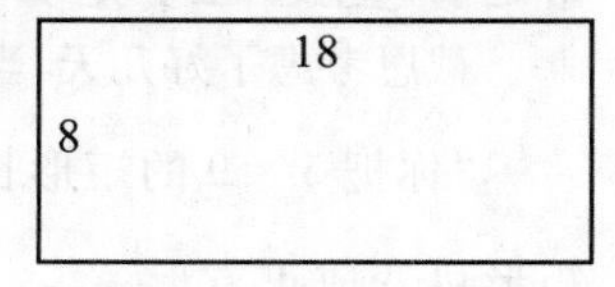


图 1

老师原以为它足以耗去 20 min 时间,没想到刚过 5 min,戴恩已将他的答案呈现到老师面前(图 2,这种方法我们也许并不陌生,在前面的问题中我们已遇到过).

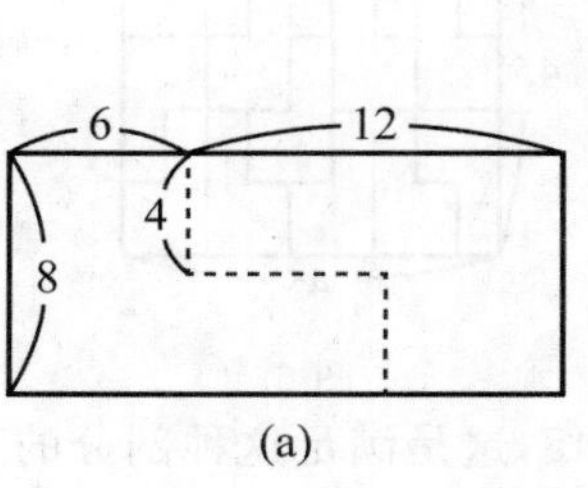


(a)　　(b)

图 2

其实，原来矩形面积为 $18\times8=144$，由此可知所拼成的正方形边长为 12. 有了这些数据，余下的工作只是如何巧妙地去剖分.

**问题 1**　能否将题设矩形剖分成三个小矩形（形状可不一）后，再拼成一个正方形？

## 15 个全等图形

杂志上一道矩形剖分的问题使戴恩又着了迷，题目是这样的：

请将一个 $5\times9$ 的矩形（图 3）剖分成 15 个全等的六边形.

戴恩望着图形发呆，"15 个 ……"他一边自言自语，一边在草稿纸上算到：$9\times5\div15=3$，原来，每个剖成的图形面积皆为 3，而面积为 3 的 △，□，▭，⬠，… 中只有 $1\times3$ 的矩形较简单，可题目要求的不是矩形.

思虑良久，他突然想到方格 —— 那是画函数图像用的坐标纸，只感到眼睛一亮：□ 正是面积为 3 的六边形. 接着他巧妙地将矩形剖分成 15 个 □ 形（图 4）.

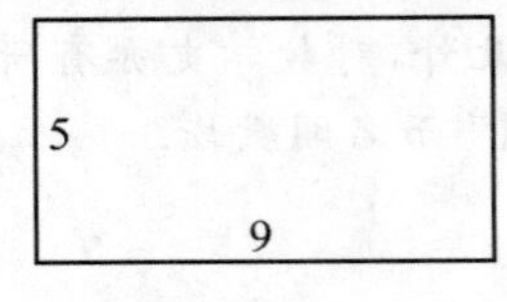


图 3

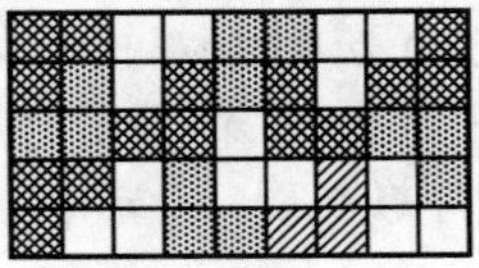

图 4

问题解答后，戴恩又在往深处想：

如果矩形换成正方形，它也能剖分成 15 个全等的图形吗？如果可能，正方形边长（整数）至少是多少？

戴恩考虑了好几天，当他请教了几何老师后，老师的简单指点使他茅塞顿开：

"你把 $5\times9$ 的矩形长边按照 $\frac{5}{9}$ 比例缩减，或将矩形短边按 $\frac{9}{5}$ 比例延扩，则矩形可变成正方形."

戴恩将原来面积为 3 的 □ 先依比例转化成图 5 尺寸，然后再按前面矩形剖分方式进行剖分（当然也可反过来用 15 个 □ 图形进行拼装），可得图 6.

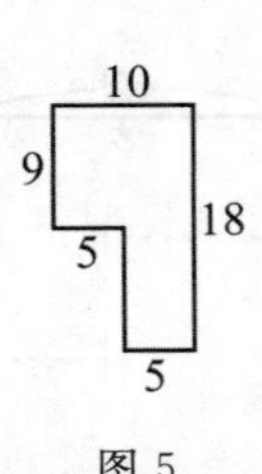


图 5

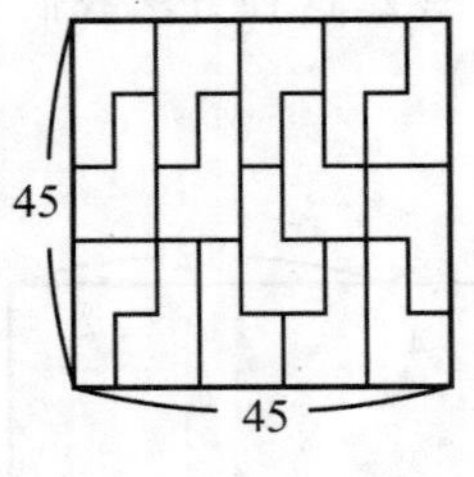


图 6

显然，图中正方形边长应为 $45\times45$，这是满足这种剖分的正方形整数边长最小者.

# 一分为三

戴恩在高中几何课上又遇到了新的难题，然而此时他已掌握了相似形和三角函数等知识，尽管如此，问题仍然极具挑战性，请看题目：

**把一个正方形至多分割成四块，而使它拼成一个边长比为1∶3的矩形(实际上也相当于分成了三个同样大小的小正方形).**

戴恩简单计算了一下，如图7，若大正方形边长为3，设矩形边长为$x$，这样可有：

$$3^2=x\cdot 3x\Rightarrow x=\sqrt{3}\text{（舍去负值）}$$

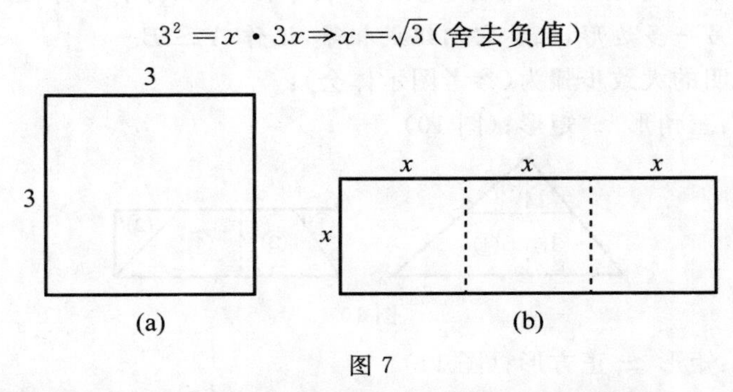


图7

戴恩经过艰苦的计算，终于给出了下面的裁、拼方法如图8.

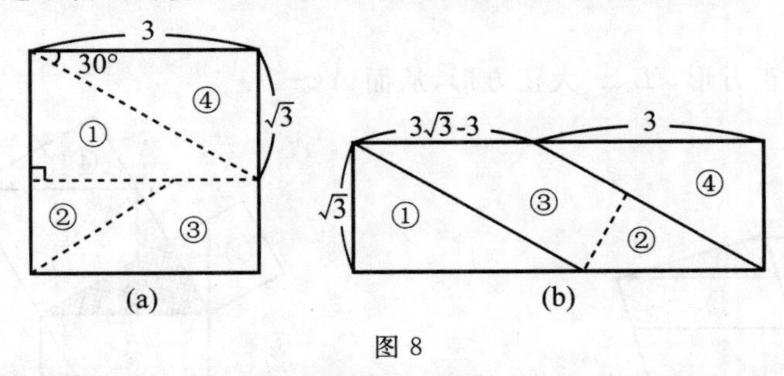


图8

另一种裁拼方法更简洁，只需将正方形裁成三块即可(图9).

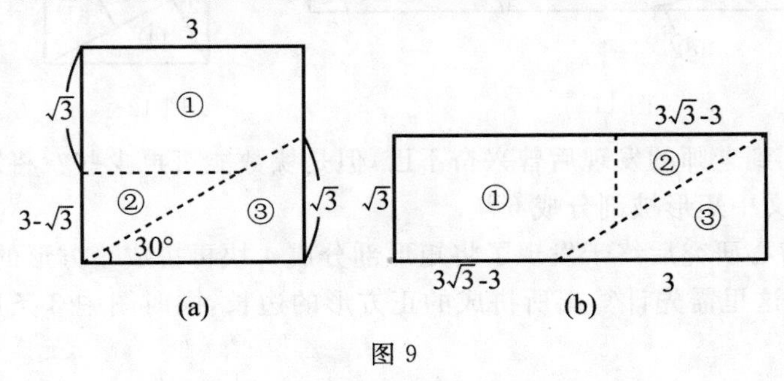


图9

**问题 2** 请你回忆一下:我们曾介绍过,如何将三个同样大小的小正方形总计剖分成 6 份,而使它们拼成一个大正方形?

# 矩形剖、拼成正方形

戴恩在大学期间,他的老师盖尔文(Gerwien)与匈牙利数学家鲍耶(J. Bolyai)几乎同时发现了下面一个定理:

*任意两个多边形 $A$,$B$,只要它们面积相等,那么必可将其中之一分割成有限块而组成另一多边形,且称它们组成相等,记作 $A \simeq B$.*

他们证明的大致步骤为(参考图示体会):

1. 先证:三角形 $\simeq$ 矩形;(图 10)

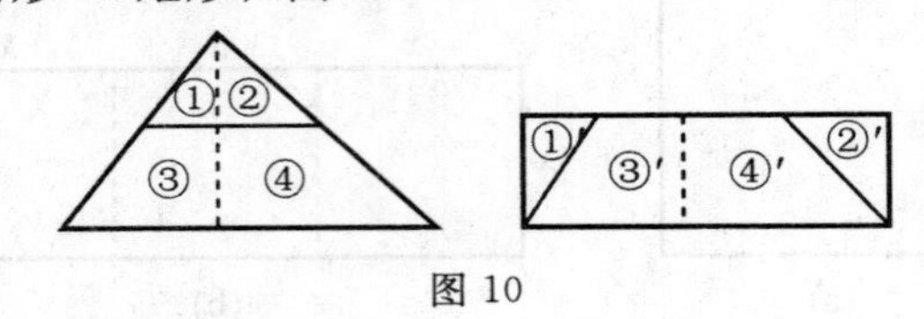


图 10

2. 再证:矩形 $\simeq$ 正方形;(图 11)

3. 由于$n$边形可剖分成$n-2$个三角形,又两个正方形 $\simeq$ 大正方形(图 12),这样可证:

$A \simeq$ 大正方形,$B \simeq$ 大正方形,从而 $A \simeq B$.

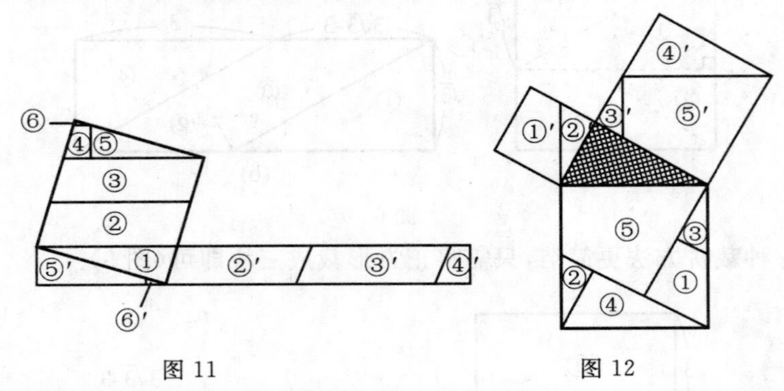


图 11　　图 12

戴恩见到老师的发现后曾兴奋不已,但是块数能否再少些?将矩形化为正方形时,原文中矩形被剖分成 6 块.

戴恩潜心研究后终于发现了将矩形剖分成 4 块再拼成正方形的方法(请见图 13,注意这里需先计算出所拼成的正方形的边长,同时图中 3 条虚线互相平行).

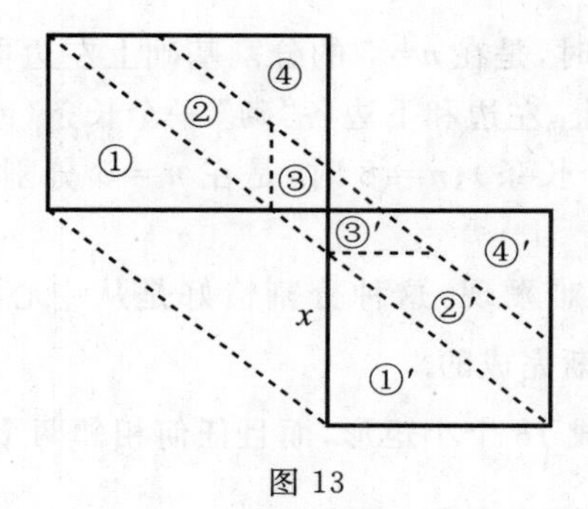


图 13

1900 年世界数学家大会上，希尔伯特提出著名的 23 个问题(划时代的)，其中的第 3 个问题即涉及戴恩的老师盖尔文的发现. 该问题是将此结论推广到三维空间：

两个体积相等的多面体，可否将其中一个剖分成有限多块后拼成另一多面体？

次年，戴恩否定地解决了这个问题而使他名扬数学界.

# 反　拼　图

以前我们遇到的多是拼图问题，戴恩曾研究了“反拼图”问题，它是这样的：

一个矩形，把它裁成 $n=5,6,7,8$ 个小矩形，使得其中任何相邻两个小矩形都无法拼成一个大矩形.

这显然是个“不能”拼图问题，我们称之为“反拼图”问题. 戴恩给了我们下面的解法：对于将矩形分成 5 个矩形的问题见图 14(注意图中相邻小矩形长宽尺寸都不一).

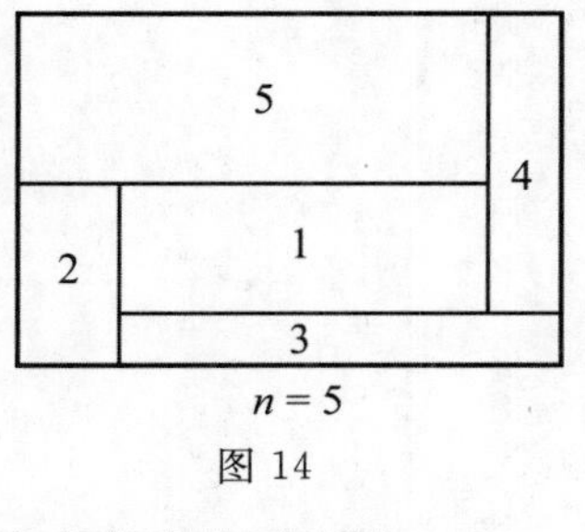


$n=5$

图 14

解决了 $n=5$ 的问题，$n=6,7,8$ 时，无须再从头做起，只需在 $n=5$ 分割的基础上，在矩形边上再“砌”一个长条即可，请看 $n=6,7,8$ 的分割情形(图 15).

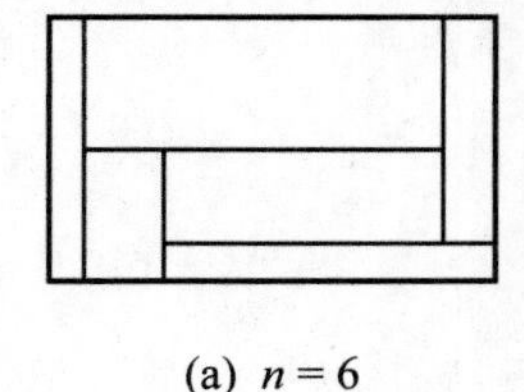

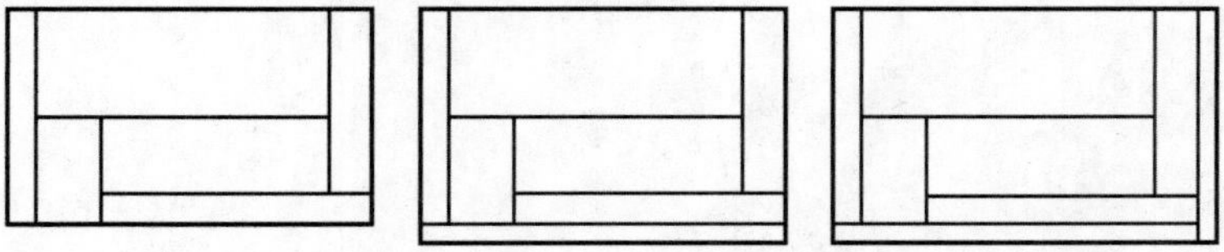

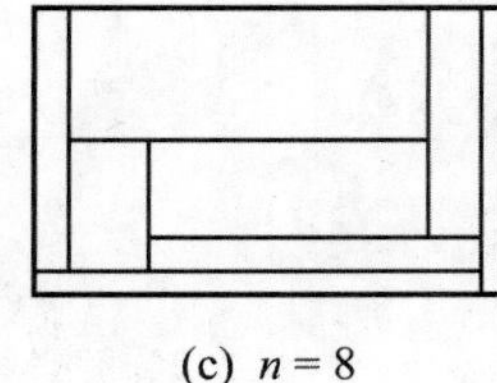

(a) $n=6$　(b) $n=7$　(c) $n=8$

图 15

说得具体些：$n=6$ 时，是在 $n=5$ 的分割基础上左边再“砌”一个长条；$n=7$ 时，是在前一分割基础上，左边和下边各“砌”一个长条(或看成在 $n=6$ 分割基础上在下边又“砌”一个长条)；$n=8$ 时，是在 $n=5$ 分割基础上左、右、下边各“砌”一个长条.

如果你再细心点不难发现：这种分割恰好是从中心向外顺时针螺旋方向“”的反向即逐渐完成的.

图 16 是将矩形分成 18 个小矩形，而且任何相邻两个矩形都不能拼成一个大矩形.

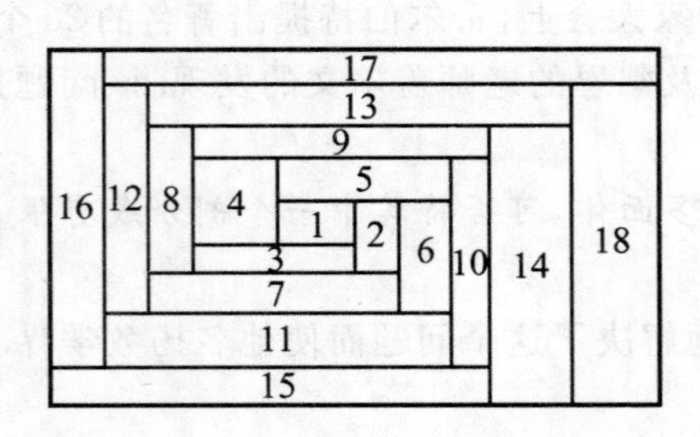


图 16

**问题 3** 请将矩形分割成 10 个小矩形，而使其中任何两个相邻的小矩形都不能拼成一个大矩形.

# 77 爱因斯坦

爱因斯坦(A. Einstein,1879—1955),著名物理学家.生于德国南部乌尔姆城一个小工厂主家庭.

1896 年,入瑞士苏黎世工业专科学校学习,1900 年毕业.

1905 年,获该大学哲学博士学位.

1905 年,发表《论动体的电动力学》论文,建立“狭义相对论”;1915 年建立起“广义相对论”.

1921 年,他因理论物理学方面的贡献,特别是他提出光子假设,成功解释了光电效应而获诺贝尔物理学奖.

二次世界大战前夕,因受纳粹政权迫害,迁居美国.1955 年病逝于美国普林斯顿.

爱因斯坦著名的质能守恒公式

## 巧记数字

爱因斯坦记忆惊人,其实他的许多记忆是靠技巧而不是死记硬背.比如一个朋友告诉爱因斯坦:他的电话号码是 24361,爱因斯坦听后说它非常好记.他是如何记忆的?

原来他是先分析了这个数的特点

$$24=2\cdot 12,361=19^2$$

爱因斯坦的记法是:两打(一打是 12)和 19 的平方.

# 妙算乘积

一次，爱因斯坦生病在床，一位朋友去看他，为了解闷那位朋友信口出了一道算题：$2\,976\cdot 2\,924=?$

爱因斯坦立即答道："8 701 824."他是如何解答的？

原来爱因斯坦发现：2 976 与 2 924 两数，前两位均为 29，后两位之和 $76+24=100$. 而这样的算式有速算法

$$30\cdot 29=870$$

$$76\cdot 24=(50+26)\cdot(50-26)=50^2-26^2=1\,824$$

则

$$2\,976\times 2\,924=8\,701\,824$$

其实上述结论我们不难从下面几何事实中得到解释，如图 1.

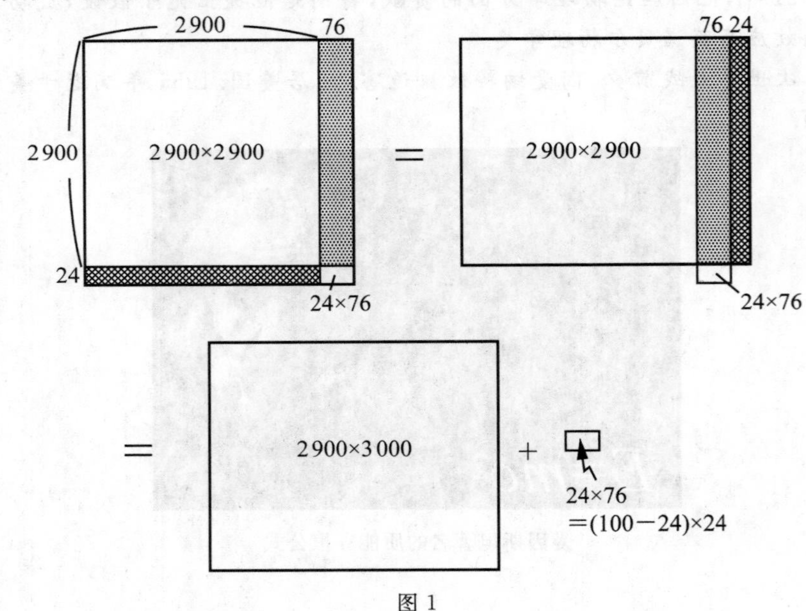


图 1

# 楼梯阶数

爱因斯坦给他的朋友出了一道算题：

一个长楼梯，若每次跨 2 阶，最后剩 1 阶；每次跨 3 阶，最后剩 2 阶；每次跨 4 阶，最后剩 3 阶；每次跨 5 阶，最后剩 4 阶；每次跨 6 阶，最后剩 5 阶；每次跨 7 阶，

恰好到梯顶. 问楼梯有多少阶?

这个问题我们并不陌生,它与前面我们在"孙子"一节中介绍过的"点兵"问题类同. 我们不难有下面的解法:

因 2,3,4,5,6 的最小公倍数是 60,故只需在数列$\{k \cdot 60-1\}$中找可被 7 整除的数即可,即从

$$59, 119, 179, 239, \cdots$$

找可被 7 整除的数即可. 显然 119 是其中最小的一个.

# 填数问题

《法兰克福报》开辟了"智力问题"专栏,邀请社会名流为他们提供稿件. 爱因斯坦亦在邀请之列.

经过一番琢磨与推敲,爱因斯坦为他们提供了下面两道填数趣题:

(1) 将 1 ~ 9 填入图 2(a) 中 9 个圆圈里,使图中 7 个三角形顶点处数字之和都相等.

(2) 将 1 ~ 12 填入图 2(b) 中 12 个圆圈里,使图中每条直线上数字之和都相等.

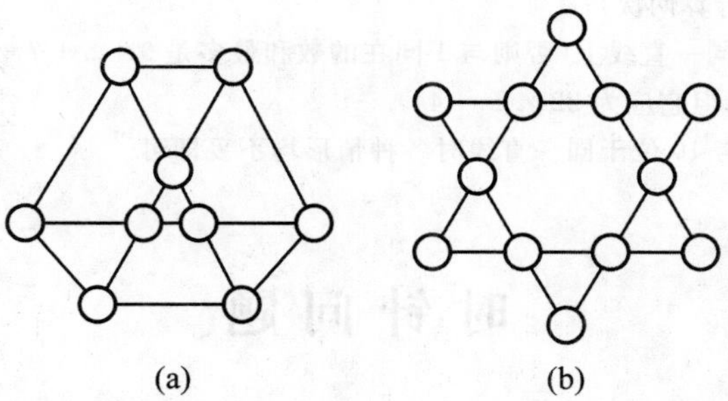


图 2

它们的解答并不困难,只要稍稍耐心推算不难得到(答案不唯一,如图 3(a)从上至下,从左至右可分别填入数字 7,3,5,2,4,6,8,9,1 或 1,9,5,6,2,8,4,7,6 等).

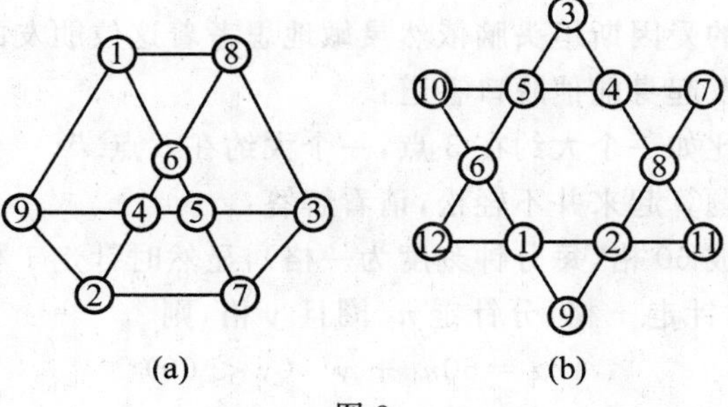


图 3

**注 1**　问题(1) 其实与三阶幻方(如图 4(a)) 有联系，图中间每个正 △ 恰与幻方对角线上的三数字对应.

**注 2**　上面问题(2) 又俗称"幻大卫"，它的答案不唯一. 比如还可有图 4(a) 答案.

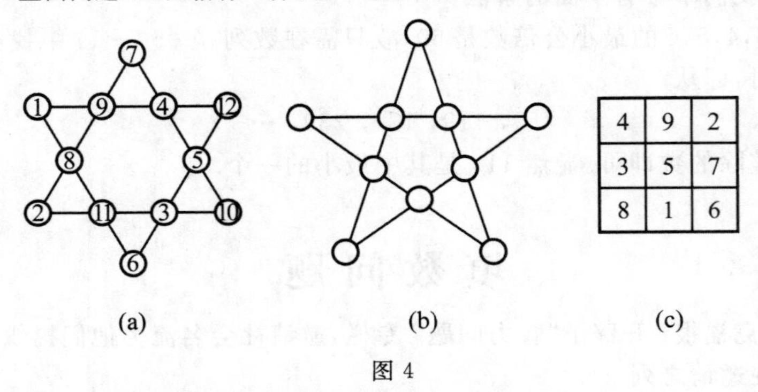


图 4

如果问题稍稍变化，结论会是另一番情景.

将 1 ～ 10 这 10 个数字填入图 4(b) 的 10 个圆圈中，使每条线上数字和皆相等的填法不存在.

原因是：① 若填法存在，则每条线上数和应为 $\frac{1+2+\cdots+9+10}{10}$ 的 4 倍即 22(每数皆在两条直线上故须计算两次)；

②1 与 10 应在同一直线上(否则与 1 同在的数和最多是 $9+8+7+6+5+4=39$，这样 $39+1+1=41$，但它应为 $22\times 2=44$).

接下来讨论 1 与 10 位于同一直线时各种情形均不妥即可.

# 时针问题

由于劳累爱因斯坦又生病了，一位朋友去看他，当那位朋友即将告辞时，顺便问了爱因斯坦一下时间后，为他出了一道时针问题：

如果将钟的时针、分针看倒了，一般不能准确地指示某一时刻，但有时也有例外，比如时针与分针重合时. 除此之外，还有哪些时刻如此？

卧在病榻上的爱因斯坦头脑依然灵敏地思考着这位朋友的问题(当然是边谈边思考)，在朋友起身前他脱口答道：

"它有多解，比如一个大约在 3 点，一个大约在 6 点."

其实这道问题算起来并不轻松，请看解答：

若将钟面分成 60 格(每分钟刻度为一格)，显然时针走 1 格，分针走 12 格. 从 0 时开始，设时针走 $x$ 格，分针走 $n_1$ 圈且 $y$ 格，则

$$12x=60n_1+y\quad (y<60) \tag{1}$$

又分针绕行 $n_2$ 圈后到了时针的位置时，则有

$$12y = 60n_2 + x \quad (n_1 < n_2) \tag{2}$$

解上两式有

$$x = \frac{720}{143}n_1 + \frac{60}{143}n_2 \tag{3}$$

因 $n_1$,$n_2$ 是正整数,又 $n = 12$ 时,时针回到 0 点,故

$$0 \leqslant n_1 < n_2 < 12 \tag{4}$$

故 $n_1$,$n_2$ 可取值(见表 1).

**表 1**

| $n_2$ 取值 | $n_1$ 取值 |
|---|---|
| 0 | |
| 1 | 0, |
| 2 | 0, 1 |
| 3 | 0, 1, 2 |
| ⋮ | ⋮ |
| 10 | 0, 1, 2, 3, …, 8, 9 |
| 11 | 0, 1, 2, 3, …, 8, 9, 10 |

将一对 $n_1$,$n_2$ 代入(3) 可求得 $x$,由之可求相应的时、分针可颠倒看的时刻.

比如:$n_1 = 3$,$n_2 = 6$ 时,时针在

$$x = \frac{720}{143} \cdot 3 + \frac{60}{143} \cdot 6(\text{格})$$

即 $x \approx 17.622\ 377$(格).

而 $17.622\ 377 \div 5 = 3$ 余 $2.622\ 377$(注意后面是余数)

又 $2.622377 \cdot 12 = 31.468$(分)$= 31$(分)28(秒).

即所求时刻为 3 点 31 分 28 秒.

同样可求出颠倒后的时间是 6 点 17 分 37 秒.

# 拼凸多边形

爱因斯坦的一位朋友家在装修,装修工正在用不同颜色的小等边三角形砖块拼砌花纹和图案.爱因斯坦对于这些能工巧匠们的作品称赞有加,同时他还设计了一道趣题:

用不同块数的边长分别是整数的等边三角形所能拼砌的凸多边形最大面积各是多少?

这里的凸多边形边数不限,但小等边三角形的个数有限.

问题虽然不是很困难，然而结论并非如想象的那样简单.

大约几个星期的光景，爱因斯坦只得到下面的一些结论：

**表 2**

| 小正三角形块数 $n$ | 1 | 2 | 3 | 4 | 5 | 6 | 7 | 8 | 9 | 10 | 11 | … |
|---|---|---|---|---|---|---|---|---|---|---|---|---|
| 所拼凸多边形的最大面积 | 1 | 2 | 3 | 7 | 11 | 20 | 36 | 71 | 146 | 260 | 496 | … |

这里假设边长是1的正三角形面积为 $S$，表2中最大面积是 $S$ 的倍数. 具体拼法可见图5(图中数字代表该正三角形的边长).

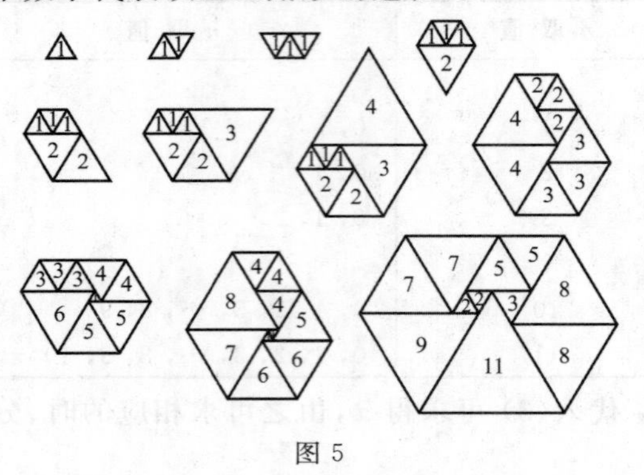

图 5

## 帽子颜色(一)

圣诞节晚会上，扮成圣诞老人的爱因斯坦给孩子们出了一道逻辑推理题目，题目是这样的：

有五顶帽子，两顶红的、三顶黑的. 拿其中三顶给三个人戴上(颜色不让他们看到)，然后让他们根据所看到的另外两人头上帽子的颜色来判断自己头上帽子的颜色. 有两人看到另一人头上戴的是红色帽子，过了一会儿，这两人中有一人猜出了自己头上帽子的颜色，他是如何猜出的?

孩子们思来想去不知其中奥妙，不得已最后还得请爱因斯坦作答. 爱因斯坦道：

因红帽子仅两顶，已知有两人看到另一人头戴红帽子.

其中之一推测：若自己也戴了红帽子，则三人中未戴红帽子的人便可立即猜出自己头上所戴帽子的颜色. 但看到别的戴红帽子的两人谁也没有立即猜出自己头上帽子的颜色，故他们两人头上戴的都不是红色帽子.

**注**　这个题与后面华罗庚“帽子颜色(二)”问题类似.

# 巧证几何定理

在几何上梅涅劳斯(Menelaus)定理是一个重要又颇有用处的定理.定理是这样叙述的:

如图6设直线 $l$ 分别与 $\triangle ABC$ 的边(或边的延长线)相交于 $D,E,F$.求证

$$\frac{BD}{DC}\cdot\frac{CE}{EA}\cdot\frac{AF}{FB}=1$$

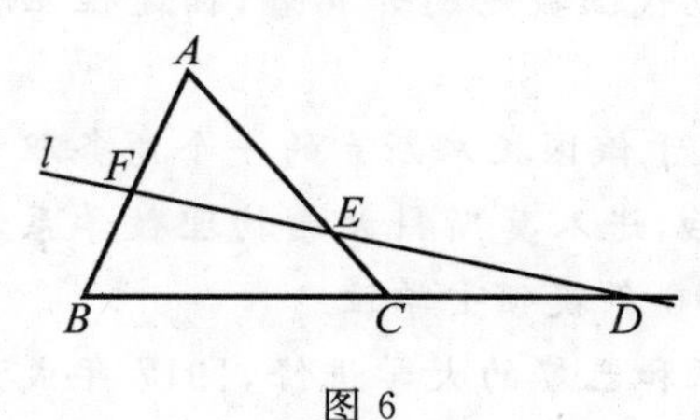


图6

原来有一个证明过 $A$ 作 $l$ 的平行线交 $BD$ 于 $X$,然后再利用比例关系导出上式.

大科学家爱因斯坦认为这样的证明是"丑陋"的,因为没有过其他两个顶点 $B,C$ 作平行线破坏了 $A,B,C$ 的平等地位,即数学上的对称性.

爱因斯坦认为下面的证明才是优雅的:由三角形面积公式有

$$\frac{S_{\triangle AEF}}{S_{\triangle BFD}}=\frac{AF\cdot EF}{FB\cdot DF}$$

同理

$$\frac{S_{\triangle BFD}}{S_{\triangle CDE}}=\frac{BD\cdot DF}{DC\cdot DE},\frac{S_{\triangle CDE}}{S_{\triangle AEF}}=\frac{DE\cdot CE}{EA\cdot EF}$$

将上三式两边分别相乘便得到定理结论.

这一证明的优点是利用了式子的对称性.其实还可有更简单的证明.

分别自 $A,B,C$ 向 $l$ 作垂线,设垂线的长为 $p,q,r$(图7).

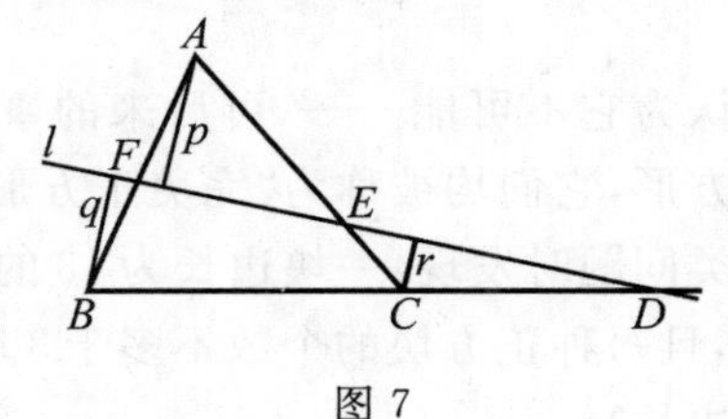


图7

则上三式两边分别相乘即得定理结论.

$$\frac{BD}{DC}=\frac{q}{r},\frac{CE}{EA}=\frac{r}{p},\frac{AF}{FB}=\frac{p}{q}$$

# 78 鲁 金

鲁金(Н. Лузин,1883—1950),苏联数学家,莫斯科数学学派的中心人物,现代函数论的开拓者,描述性函数论创始人.

1883年12月9日生于俄国托木斯克的一个商务职员家庭,1901年中学毕业后,进入莫斯科大学物理数学系学习,毕业后留校任教.1916年获硕士学位.

之前,他曾去哥廷根和巴黎的大学进修,1917年成为莫斯科大学教授,时年34岁.

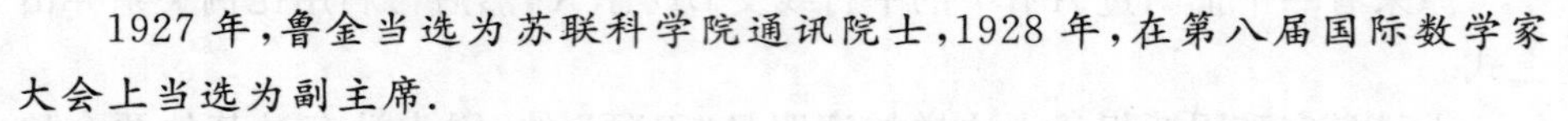

1927年,鲁金当选为苏联科学院通讯院士,1928年,在第八届国际数学家大会上当选为副主席.

他的研究方向为"函数论".此外,他对数学史很感兴趣,写过纪念欧拉、牛顿等人的文章,他同时也是位数学教育家.

其代表作有《积分与三角级数》《解析集合论及应用讲义》等.

1950年2月28日病逝.

## 不太完美

1938年,英国剑桥大学的四位学子提出一个有趣的问题:

能否用规格(大小)完全不同的正方块拼成一个大正方形(无空隙、无重叠)?

鲁金经过一番研究认为它不可能 —— 可后来的事实否定了鲁金的推测,人们构造出许多这种正方形,它们均被称为"完美正方形".

可是鲁金在研究这类问题时发现:一块边长为13的正方形最少可以裁出6种规格不同的小正方块,且每种正方块的个数不多于3块(如图1共裁成11块,图中数字代表该正方块边长).

鲁金同时发现:长宽为19×18的矩形按上述要求裁法最少可裁出5种规格的小正方形共7块(见图2).

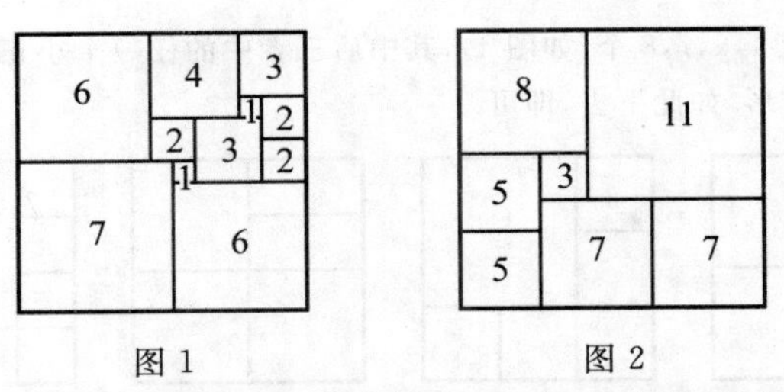

图 1　　　　图 2

当然,它是否是这种裁法(允许相同规格小方块个数不多于 3)所裁块数及种类最少的?问题留给你去考虑.

## $5^2+12^2=13^2$

5,12,13 是一组勾股数,因为它满足:$5^2+12^2=13^2$.

鲁金面对这组勾股数,脑中闪过一个问题:

既然上式表明两个边长分别为 5 和 12 的正方形面积和等于一个边长为 13 的正方形面积,那么,能否将边长为 12 的正方形裁成若干规格不一的小方块(允许重复),用它们和边长为 5 的正方形一道拼成一个边长为 13 的大正方形呢?又,这种拼法中边长为 12 的正方形至少要裁成几块?

鲁金经过推算发现下面的裁法,它们都是将边长 12 的正方形裁成若干块,具体裁拼方法见图 3.

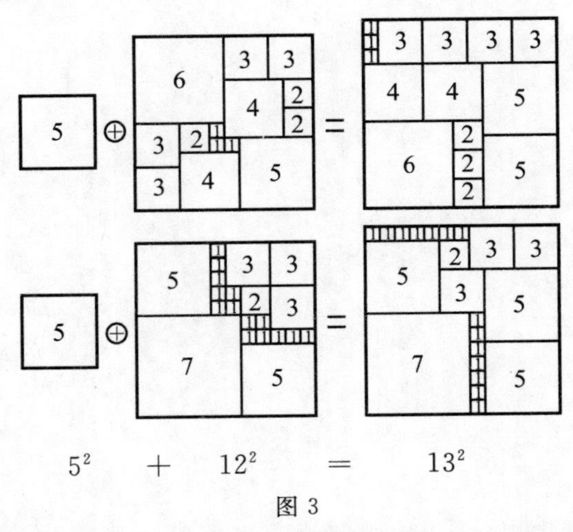

图 3

当然,这也是可以算作是对毕达哥拉斯定理的一个验证(特例).

**注**　问题要求若稍放松,比如允许小正方块大小有重复,则可证明:对任意 $n\geqslant 6$,正方形皆可剖分成 $n$ 个小正方形.

先将正方形分成 4,6,7,8 个(如图 4),其中后三者中的任一个小正方块再一分为四,可得 9,10,11 个小正方形.如此下去,即可.

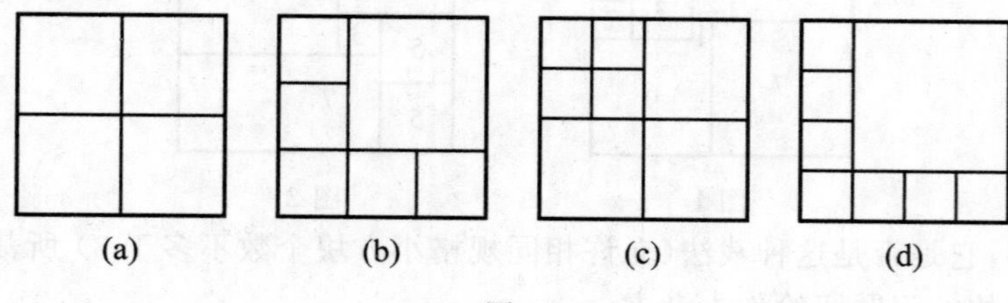


图 4

**问题**　由 $3^2+4^2=5^2$,请问,将两块边长分别为 3 和 4 的正方形之一裁成规格不同的小正方块,再用它们拼成一个 $5\times5$ 的正方形时,各最少要裁几块?

# 79 拉马努金

拉马努金(S. Ramanujan,1887—1920),印度著名数学家.1887年生于印度南方坦焦尔区的埃罗德一个贫苦人家.

他从小便有惊人的记忆才能,他能背出圆周率 $\pi$ 及 $\sqrt{2}$ 等数的许多位.因家境贫苦,无力攻读大学,只是利用业余时间研究数学.

他出色的工作成就引起英国大数学家哈代的注意,1914年被推荐到英国剑桥大学三一学院学习,三年多时间发表论文21篇,注释17篇.

1920年因病去世,年仅33岁.

拉马努金的思维开阔,不拘于严谨的逻辑当中,据说他的许多公式是借直觉推演出的.人们从他留下的一本数学笔记中发现4 000余条数学公式,其中的一些在20世纪50年代才被证出,一些至今仍未获证.

数学家李特伍德(J. E. Littlewood)说过:"每个正整数都是他(拉马努金)的私人朋友",足见他对数字的敏感.

## 车号联想

在英国,拉马努金因气候不适患病住院,他的导师、著名数学家哈代去看望他,当哈代讲他乘坐的汽车牌号是1729时,拉马努金立刻说道:"这是一个有趣的数,即它是能用两种不同方法表示成两个整数立方和的最小整数."

娴熟的计算技巧,深刻的记忆能力,丰富的想象与直觉推断是拉马努金全具备的.请问这两种表示方法有着怎样的形式? 其实不难验算

$$1\,729=1^3+12^3=9^3+10^3$$

**问题** 请找出可用两种方式表成两整数平方和的最小整数.

**注 1** 整数可表为四个完全平方数和,九个完全立方数和……

然而这种双表示(即表成两种形式)问题,其难度颇大.

早在18世纪,数学大师欧拉已开始注意这类问题且发现了

$$635\ 318\ 657 = 59^4 + 158^4 = 133^4 + 134^4$$

即该数可用两种方法表示成两个四次方幂和.

然而用两种方式表示成五次方幂和的问题至今未果.

另外,人们还研究了自然数能否表示成 $n$ 种不同的两立方和问题,人们已有表1中的发现.

**表1　自然数表成 $n$ 种不同的两立方和情况表**

| $n$ | 限定正立方和 | 允许负立方和 |
|---|---|---|
| 2 | $1\ 729 = 1^3 + 12^3 = 9^3 + 10^3$ | $91 = 6^3 + (-5)^3 = 3^3 + 4^3$ |
| 3 | $87\ 539\ 319 = 436^3 + 167^3 = 423^3 + 228^3 = 414^3 + 255^3$<br>(每对立方数互素的例子)<br>$15\ 170\ 835\ 645 = 517^3 + 2\ 468^3 = 709^3 + 2456^3 = 1\ 733^3 + 2\ 152^3$ | $4\ 104 = 16^3 + 2^3 = 15^3 + 9^3 = (-12)^3 + 18^3$ |
| 4 | $6\ 963\ 472\ 309\ 248 = 2\ 421^3 + 19\ 803^3 = 5\ 436^3 + 18\ 948^3 = 10\ 200^3 + 18\ 072^3 = 13\ 322^3 + 15\ 530^3$ | $42\ 549\ 416 = 348^3 + 74^3 = 282^3 + 272^3 = (-2\ 662)^3 + 2\ 664^3 = (-475)^3 + 531^3$<br>(每对立方数互素的例子)<br>$16\ 776\ 487 = 220^3 + 183^3 = 225^3 + 58^3 = 256^3 + (-9)^3 = 292^3 + (-201)^3$ |
| 5 | 例子不详 | $1\ 148\ 834\ 232 = 1\ 044^3 + 222^3 = 920^3 + 718^3 = 846^3 + 816^3 = (-7\ 986)^3 + 7\ 992^3 = (-1\ 425)^3 + 1\ 593^3$<br>(无立方因子的例子)<br>$6\ 017\ 193 = 166^3 + 113^3 = 180^3 + 57^3 = 185^3 + (-68)^3 = 209^3 + (-146)^3 = 246^3 + (-207)^3$ |
| 6 | 例子不详 | $1\ 412\ 774\ 811 = 963^3 + 804^3 = 1\ 134^3 + (-357)^3 = 1\ 155^3 + (-504)^3 = 1\ 246^3 + (-805)^3 = 2\ 115^3 + (-2\ 004)^3 = 4\ 746^3 + (-4\ 725)^3$ |
| 7 | 例子不详 | $11\ 302\ 198\ 488 = 1\ 926^3 + 1\ 608^3 = 1\ 939^3 + 1\ 589^3 = 2\ 268^3 + (-714)^3 = 2\ 310^3 + (-1\ 008)^3 = 2\ 492^3 + (-1\ 610)^3 = 4\ 230^3 + (-4\ 008)^3 = 9\ 492^3 + (-9\ 450)^3$ |
| $\geqslant 8$ | 例子不详 | 例子不详 |

关于这类问题的一般解,已由美国布朗大学的西尔弗曼(Hilfmann)利用代数几何中的椭圆曲线理论彻底解决.

**注 2** 自然数表示成不同四次方和的问题，人们已找到如下几式，其中第一个式子是欧拉早年间发现的，李奇(Leech)证明它是最小的此类例子

$$59^4+158^4=133^4+134^4, 7^4+239^4=157^4+227^4$$
$$76^4+1\ 203^4=653^4+1\ 176^4, 27^4+2\ 379^4=577^4+729^4$$
$$193^4+292^4=256^4+257^4$$

表成不同六次方和的式子人们发现式子

$$25^6+62^6+138^6=82^6+92^6+135^6$$

# 整数的分拆(二)

把整数拆成不同的整数和问题常称整数分拆问题，在此问题研究上，拉马努金可谓贡献颇大.

1918 年他与哈代发现了整数 $n$ 的不同分拆种类数 $P(n)$ 的渐近表达式($P(n)$ 是 $n$ 的函数)

$$P(n)\sim\frac{\sqrt{3}\,\mathrm{e}^{c\sqrt{n}}}{12}$$

其中 $c=\sqrt{\dfrac{2}{3}}\pi$.

此外，拉马努金利用椭圆函数理论证明了下面分拆数与某些小素数及其幂次的同余式

$$P(5n+4)\equiv 0(\bmod 5), P(7n+5)\equiv 0(\bmod 7)$$
$$P(11n+6)\equiv 0(\bmod 11), P(25n+24)\equiv 0(\bmod 25)$$
$$\vdots$$

**注 1** 关于分拆数估计的公式证明见本书“西尔维斯特”一节内容.

**注 2** 拉马努金十分喜欢渐近式研究，关于素数个数的估计他还引进高级合数、周数概念，且指出了它们与概率中正态曲线间的关系.

**注 3** 有些貌似简单问题的估计，有时是很困难的. 比如：

有限个不超过 $m$ 的整数，经过 $+,-,\times,\div$ 的 $n$ 次运算后的值 $f$，则 $f$ 或为 0 或

$$f\geqslant(\sqrt{2m})^{-2^n}=\frac{1}{(\sqrt{2m})^{2^n}}$$

它的证明恐怕没那么轻松.

# π的计算公式

在印度那段时光，拉马努金的计算多是在石板上用石笔去完成的(因为他家境贫寒无力购买更多的纸和笔)，遇上得意处才将它们记在笔记本上(多省略了过程)，孰知，这竟是一条条的数学公式(足足有 4 000 多个)，有的极有价值.

人们后来发现:1914 年拉马努金给出了下面的一个怪式

$$\frac{1}{\pi}=\frac{\sqrt{8}}{9\ 801}\sum_{k=0}^{\infty}\frac{(4k)!\ (1\ 103+26\ 390k)}{(k!)^4 396^{4k}}$$

这里 $k!=k(k-1)(k-2)\cdots 1$, 且 $0!=1$.

当数学家将它编成程序在计算机上运行时,发现它比通常的计算 $\pi$ 的公式计算速度快得很多,因而很快将 $\pi$ 的值算到小数点后 1700 万位.

而后的 $\pi$ 的计算纪录(见前文)多是利用上述公式给出的.

**注 1** 关于 $\pi$ 的计算公式(级数表达式)历来就有数学家给出过,比如:

1592 年法国数学家韦达(F. Vieta)给出

$$\pi=2\left(\sqrt{\frac{1}{2}}\cdot\sqrt{\frac{1}{2}+\frac{1}{2}\sqrt{\frac{1}{2}}}\cdot\sqrt{\frac{1}{2}+\frac{1}{2}\sqrt{\frac{1}{2}+\frac{1}{2}\sqrt{\frac{1}{2}}}}\cdots\right)^{-1}$$

1655 年英国数学家瓦里士(J. Wallis)给出

$$\pi=4\left(\frac{2\cdot 4\cdot 4\cdot 6\cdot 6\cdot 8\cdot 8\cdot 10\cdot 10\cdot 12\cdot 12\cdots}{3\cdot 3\cdot 5\cdot 5\cdot 7\cdot 7\cdot 9\cdot 9\cdot 11\cdot 11\cdot 13\cdot 13\cdots}\right)$$

德国数学家莱布尼茨于 1700 年前后给出

$$\pi=4\left(1-\frac{1}{3}+\frac{1}{5}-\frac{1}{7}+\frac{1}{9}-\frac{1}{11}+\frac{1}{13}-\frac{1}{15}+\frac{1}{17}-\cdots\right)$$

当然这些均可作为计算 $\pi$ 的公式,只是计算的快慢(在相同精度下)不同罢了.

**注 2** 拉马努金还发现了下面一些有趣的等式

$$2\ 143\approx 22\pi^4$$

$$\sqrt{1+2\sqrt{1+3\sqrt{1+4\sqrt{1+\cdots}}}}=$$

$$3\sqrt{2+\frac{1+\sqrt{5}}{2}}-\frac{1+\sqrt{5}}{2}=\cfrac{e^{-2\pi/5}}{1+\cfrac{e^{-2\pi}}{1+\cfrac{e^{-4\pi}}{1+\cfrac{e^{-6\pi}}{1+\ddots}}}}=$$

$$\sqrt[5]{e^{2\pi}}\left(\sqrt{\frac{5+\sqrt{5}}{2}}-\frac{\sqrt{5}+1}{2}\right)$$

下面请看该等式推导

$$3=\sqrt{1+2\cdot 4}=\sqrt{1+2\sqrt{1+3\cdot 5}}=\sqrt{1+2\sqrt{1+3\sqrt{1+4\cdot 6}}}=$$
$$\sqrt{1+2\sqrt{1+3\sqrt{1+4\sqrt{1+5\cdot 7}}}}=\cdots$$

此外他还发现了下面一些运算等式

$$5^3=125,\quad 1+2+5=8=2^3$$
$$8^3=512,\quad 5+1+2=8=2^3$$
$$37^3=50\ 653,\quad 50+6+5+3=64=4^3$$
$$38^3=54\ 872,\quad 5+4+8+7+2=125=5^3$$
$$70^3=343\ 000,\quad 34+30+00=64=4^3$$
$$71^3=357\ 911,\quad 35+79+11=125=5^3$$
$$\vdots$$

# 80 施坦因豪斯

施坦因豪斯(H. D. Steinhaus,1887—1972),波兰数学家.生于波兰的一个知识分子家庭.

1906年进入利沃夫大学学习哲学与数学,后在德国哥廷根大学学习,受教于希尔伯特等人.1911年获博士学位.

1920年起在利沃夫大学任教授,1945年当选为波兰科学院院士.

他与巴拿赫等人发表了许多关于"泛函分析"(现代数学的一个分支)的论文(发现了一致有界原理),成为该学科奠基人之一.

他的名著《数学是什么》《数学万花筒》等曾被译成多种文字,此外还有《100个问题》《又100个问题》等重要著述.

## 三村办学

施坦因豪斯的名著《数学万花筒》中,将"斯坦纳问题"(见前文)作了如下推广,这里称"三村办学"问题.不仅如此,施坦因豪斯还从力学原理出发给出该问题的一个极为巧妙的解法,请看问题及他的妙解.

$A,B,C$三村各有学生50,70,90人,今打算合办一所学校,学校办在哪儿可使全体学生上、下学所费总时数最少?

**解** 先在木板上画出三村位置,再在该三点处各钻一孔,然后用三条系在一起的绳子分别穿过孔,绳子另一端下面各拴一个90,70,50单位重的物体(图1).

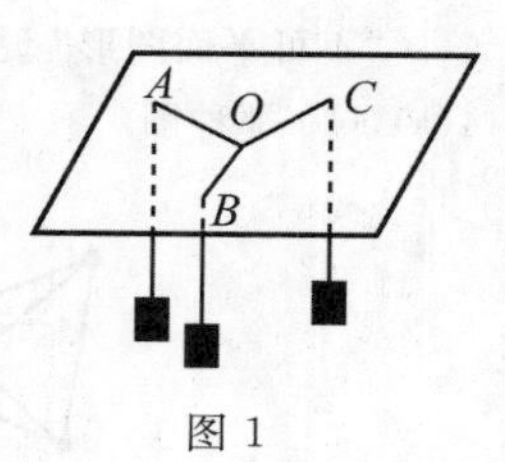

图1

待系统平衡后,绳结$O$的位置即为三村办学的地方.

**注** 本题亦可用几何办法去解,这里所用的方法是物理"力学法"或"模拟法",用此方法还可以解"多村办学"问题(方法同上).

# 铺设线路

在《数学万花筒》中还有下面一道有着极其深刻的数学背景的问题：

有甲、乙、丙三工厂，都想从水、电、煤气厂接来水、电、气，他们打算铺设地下线路，但不允许这些线路相交，如何修？

书中仅仅告诉你这是办不到的，它的道理我们可以简单证明如下（这里仅叙述一下证明大意）：

试考虑 $A$，$C$ 两厂与水、电、气三厂的连线（图 2(b)）. 这些曲线可把平面分成三个部分.

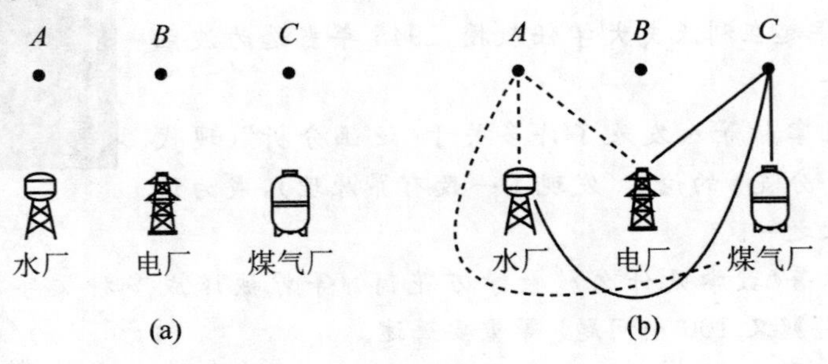


图 2

$B$ 不能在这些曲线上，且 $B$ 不论在三部分的哪一部分，水、电、气三厂至少有一个不与 $B$ 在同一部分.

自封闭曲线所围区域外一点 $A$ 与区域内一点 $B$ 连线（图 3），必与区域边界相交（若尔当定理，见前文）.

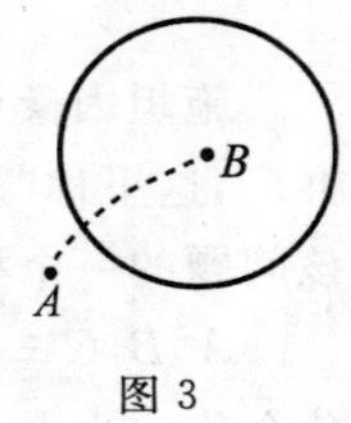


图 3

故题设要求的线路无法实施.

**注** 这个例子实际上是 1930 年由波兰数学家库拉道夫斯基 (K. Kuratowski) 给出的，它和另一个“不可平面图形”（不可能在同一平面的图形）都是“图论”这门学科中的精彩例子（反例）.

“不可平面图形”说得具体些，就是：一个图能嵌入平面的充要条件是它不包含如图 4(a)，(b) 那种图.

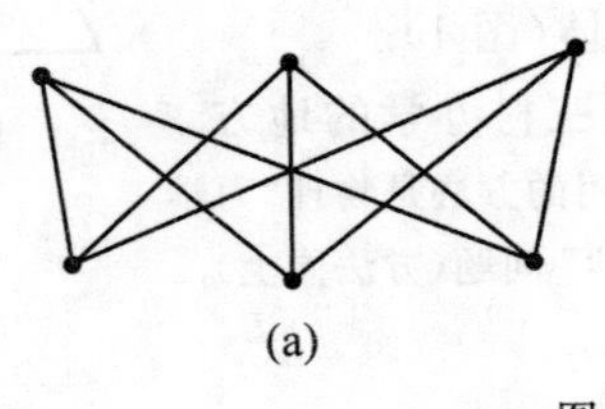

(a)

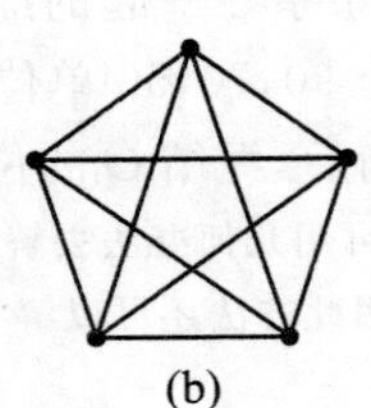

(b)

图 4

**问题**　一院内住甲、乙、丙三户人家(图5),他们分别从$A,B,C$门出入(各走各门),如何修路可使他们愿望实现且道路彼此不交叉?

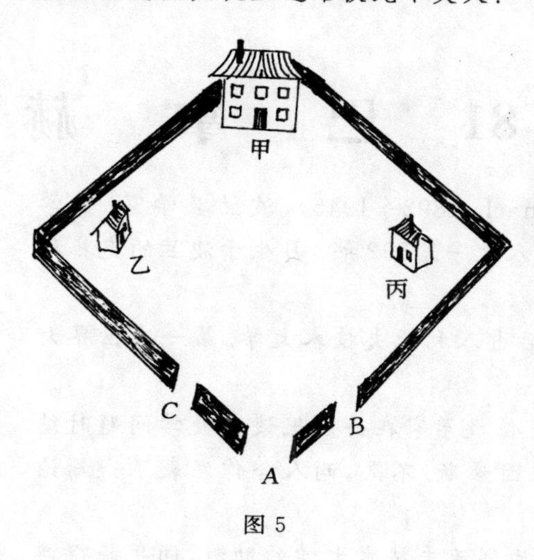


图5

# 81 巴 拿 赫

巴拿赫(S. Banach,1892—1945),波兰数学家.数学中现代分析的奠基人之一.1892年3月生于波兰的克拉科夫.

幼年时家贫,后进入利沃夫技术大学.第一次世界大战时辍学.

1916年他与一位数学家在公园里谈论数学问题时结识了数学大师施坦因豪斯.不久,两人合作发表了一篇论文.

1920年,他成为利沃夫技术大学的助教,同年获得博士学位.

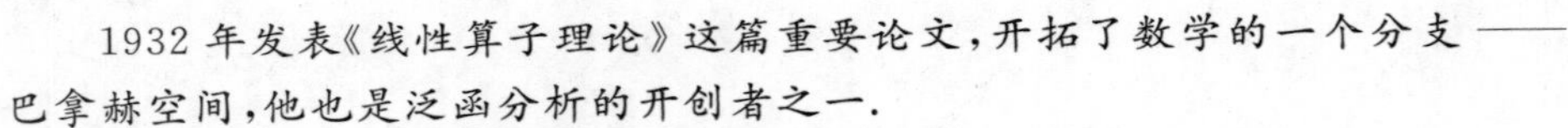

1932年发表《线性算子理论》这篇重要论文,开拓了数学的一个分支——巴拿赫空间,他也是泛函分析的开创者之一.

1945年病故于苏联乌克兰的利沃夫.

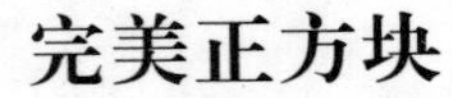

## 完美正方块

巴拿赫不仅是位数学家,也是一位教育家,他培养青年的方式多样而独特,比如咖啡馆(利沃夫的苏格兰咖啡馆)聚会,在那里他同青年同行们讨论各种数学问题.

谈到得意处,便将问题记录在咖啡馆专为他们准备的笔记本上,这些问题后经莫尔丁(R. D. Mauldin)整理出版,题为《苏格兰咖啡馆数学问题集》.

该书第59题是这样的:

能否把一个正方形分解成有限多个各不相同的正方形?

此又称“完美正方形”问题.换一种提法是:

用规格(尺寸)完全不同的小正方形去填满大正方形问题.

1926年,苏联数学家鲁金对“完美正方形”的存在,提出了怀疑(见前文),这也引起当时正在英国剑桥大学读书的四位学生(他们现在均已成为世界上知名的组合分析和图论的专家)的兴趣.

1939 年,德国人施帕拉格(R. Sprague) 终于造出了一个由 55 个大小不同的正方形组成的大正方形(为了方便记,我们称它是 55 阶的).

次年,四位学子给出了一个 25 阶的完美正方块(图 1). 直到 1978 年前,最好的纪录(当然是指由最少块数的小正方形组成的完美正方块) 是 24 阶(图 2)(现在世界上已构造出 2000 多个 24 阶以上的完美正方块).

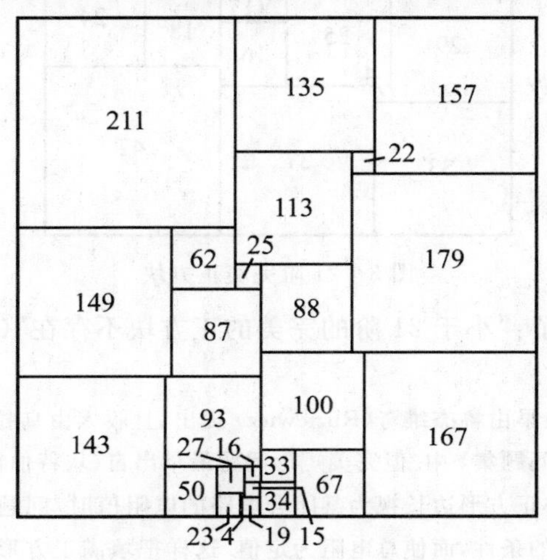


图 1　25 阶完美正方块

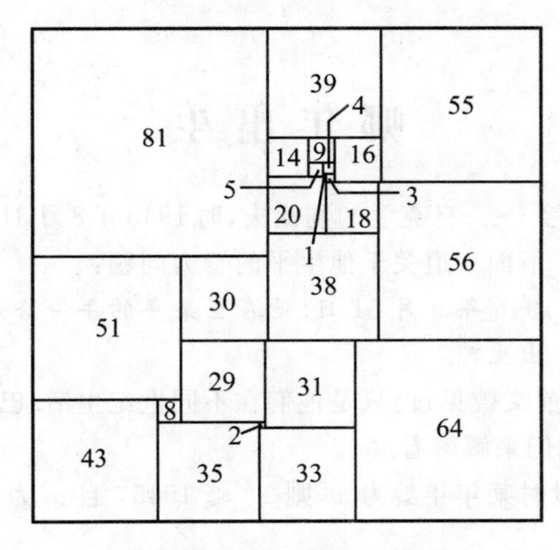


图 2　24 阶完美正方块

电子计算机的发展,也给这一研究带来生机. 1978 年,荷兰特温特技术大学的杜依维斯廷(Duijvestijin) 用大型计算机算出一个 21 阶的完美正方块(见图 3,图中的数字表示该正方形的边长),这是迄今为止阶级最低的完美正方块,也是唯一的.

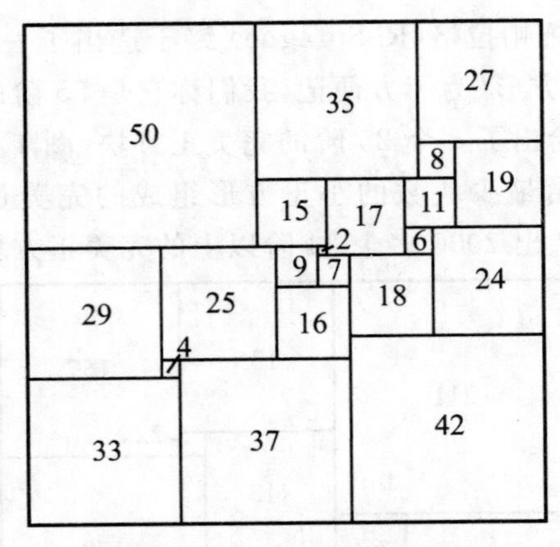

图 3　21 阶完美正方块

同时他还证明了:"小于 21 阶的完美的正方块不存在"(据说苏联数学家鲁金也证明了此结论).

**注 1**　这个问题最早由鲁杰维奇(Ruziewicz)提出,且收入由乌拉姆(S. M. Ulam)作序的《苏格兰咖啡馆数学问题集》中.但完美矩形问题最早出自《坎特伯雷问题集》.

**注 2**　当把这些小正方形边长视为某闭合电路的电阻值时,问题可化为要设计一种电路,使它满足某些特定的条件,而使总电阻为定值.这样把填满正方形问题便转换为电路电阻的计算,而它正是要靠基希霍夫定律完成.

# 哪年出生

巴拿赫病故他乡——乌克兰的利沃夫,时1945年8月31日.人们为了纪念这位数学家,特编了下面一道关于他生平的智力问题:

巴拿赫病故于 1945 年 8 月 31 日.他在世某年的年份恰好是他在该年年龄的平方,请问他哪年出生?

这类问题我们前文曾见过,只是他们在不同世纪生活.巴拿赫生活在 19 世纪末,20 世纪初.我们来解解看.

**解**　设他在世时某年年龄为 $x$,则 $x^2 \leqslant 1945$,且 $x$ 为自然数.

其出生年份

$$x^2 - x = x(x-1)$$

他在世年龄

$$1945 - x(x-1)$$

由 $\sqrt{1945} \approx 44.1$,则 $x$ 应为 44 或略小于此的数.

而 $x = 44$ 时,由 $x(x-1) = 44 \cdot 43 = 1\,892$,算得其在世年龄为 $1\,945 -$

1 892 =53.

又 $x=43$ 时，$x(x-1)=43\cdot 42=1\ 806$，算得其在世年龄为 1 945 − 1 806 =139.

若 $x$ 再取小，其在世年龄愈大，显然不妥.

故 $x=44$，即他生于 1892 年，终年 53 岁.

**附记**

1924 年他与塔斯基提出“分球悖论”，意思是在“选择公理”成立的前提下，一个实心球可剖分若干块，再通过旋转平移可重新组合成两个与原来一样大小的实心球. 请注意这是在集合论中进行的.

# 82 维 纳

维纳(N. Wener, 1894—1964),美国数学家,控制论专家.1894年11月26日生于美国密苏里州的哥伦比亚市.

维纳是一位早慧儿童,3岁半开始读书,7岁时已对物理、生物等有许多了解.9岁入中学,12岁进美国塔夫茨学院数学系就读.1909年毕业后考入哈佛大学攻读生物学博士学位,18岁时获得该校哲学博士,其间他曾先后去英国剑桥大学、德国哥廷根大学学习逻辑和数学.

1919年维纳在麻省理工学院数学系任教,直到其退休.

30年代开始,维纳关注模拟计算机的研究与开发.

1948年,他的《控制论》出版,同时宣告该学科诞生.

他曾任美国科学院院士(1933年)、数学会副会长(1934年),且于1963年获美国国家科学奖章.

1964年3月18日在瑞典斯德哥尔摩讲学时,因心脏病突发去世.

## 获博士学位时的年龄

1913年,维纳获哈佛大学哲学博士学位.人们面对这位满脸稚气、笨手笨脚的孩子,心中充满迷惑与崇敬.过分的早熟曾使他在年龄、行为及心理上都与同班同学相差甚远.

学位授予仪式后有人问维纳贵庚几何?他羞涩地答道:

"我年龄的立方是四位数,四次方是六位数,两者合起来,数字中包含了0,1～9的全部数字."

请问维纳当时年龄到底有多大?

设他的年龄是$x$,由于$x^3$是四位数,$x^4$是六位数,

又$22^3=10\ 648$,它是五位数,故知$x<22$.

再 $17^4=83\ 521$,它也是五位数,故知 $x>17$.

这样 $x$ 只能是 18,19,20 或 21.

经验算知:$18^3=5\ 832$,$18^4=104\ 976$ 合题设,知维纳当时年龄为 18 岁.

**问题1** 某退休老者年龄平方是四位数,立方是六位数,且两数包含0,1~9 全部数字.请问该老者年龄多大?

## $5 \overset{?}{=} 20$

维纳在学习分析时,对泛函的半连续性这一抽象性质开始亦摸不着头脑,然而当他再次深入学习时,终于构造出一个简单又深刻的例子.

作腰为 10,底为 5 的等腰三角形 $ABC$(图 1(a)),它的两腰和为 20,取腰的中点 $D,E$,底的中点 $F$,连 $EF$,$DF$ 得锯齿形折线 $AEFDB$(其长为 20).

重复上述步骤继续在小等腰三角形内作更小的等腰三角形,可得折线 $APQRFSUVB$(图 1(b)),其长(易算出)也为 20.

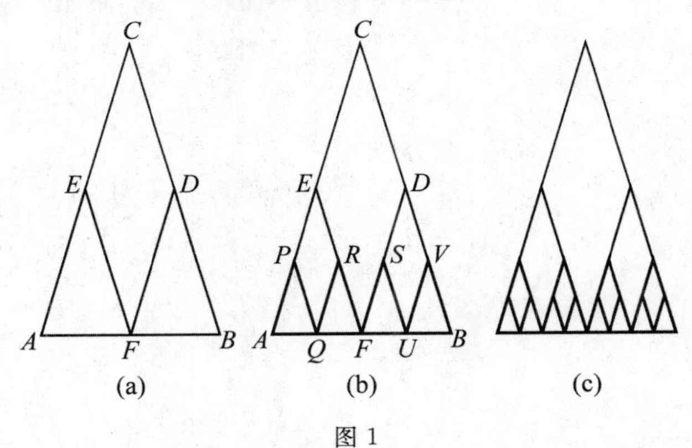


图 1

步骤不断重复下去(图 1(c)):一方面新产生的折线总长始终是 20,另一方面这条折线越来越与底边 $AB$ 无限地接近.而底边长为 5,这样可有

$$5=20$$

问题出在哪儿?原来尽管锯齿形折线可无限地接近原三角形的底边,但其长度并不一定接近于底边的长(无论锯齿多么细,用放大镜观看,它仍呈锯齿状,换言之,它永远不会成为直线).

粗略地讲:所画锯齿折线可与原三角形底边任意接近,但其长度有一个下界即底边长 5,但它没有上界.

**问题2** 如图2，半径为$R$的半圆周长为$\pi R$. 作以$R$为直径的两小半圆，它们长之和还是$\pi R$. 半径不断加细，取半径作半圆，这些小半圆周长之和始终是$\pi R$.

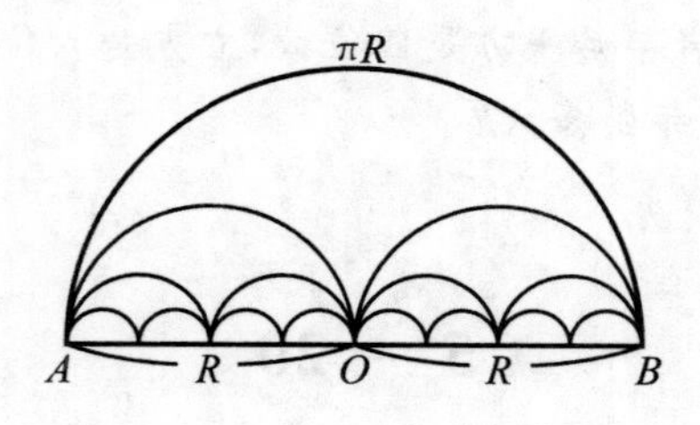


图2

另一方面，这些小半圆周随着半径的缩减，越来越接近大圆直径$AB$，而它的长为$2R$.

如此有$\pi R=2R$，从而$\pi=2$.

请问：错在哪里？

# 83 茅 以 升

茅以升(1896—1989),我国土木工程学家、桥梁专家.江苏镇江人.

1916 年毕业于西南交通大学,1917 年在美国旧金山康乃尔大学读书,获硕士学位,后就读于匹兹堡的卡耐基理工学院桥梁系,获博士学位.

1920 年回国,曾任河海工科大学、天津北洋大学校长.1933 年,在建造浙江钱塘江大桥工程中任总负责人.

新中国成立后,曾任中国交通大学校长、中国科学技术协会副主席、中国科学院技术学部学部委员、中国土木工程学会理事长、国际桥梁及结构工程协会高级会员等职.1982 年,他被美国国家科学院授予外籍院士称号.

晚年撰写了《中国桥梁史》等.1989 年 11 月 12 日在北京病逝.

## 默记圆周率

茅以升学习有两个法宝:理解和记忆.他能背出圆周率 $\pi$ 的小数点后 100 位:

$\pi$=3.1415926535897932384626433832795028841971693993751058209749445923078164062862089986280348253421170679 ···

**注 1** 研究 $\pi$ 的小数点后的数字规律,人们发现了许多迷人的性质,比如:

3.141 59 若不计小数,它是一个素数 314 159,其逆序数 951 413 也是素数(称之为逆素数).

又如 314 159 分为三个数 31,41,59 它们都是素数.同时 $31+41+59=131$,$31^3+41^3+59^3=304\ 091$ 也都是素数.

我们前文已介绍过若将 $\pi$ 的前 32 位数字写出

容易看出数中有两个26,以第二个26为中心,有三对数79,32,38对称地出现在它两侧.

如用两竖线隔出79～79这十八位数,第一个26前后的五位数字的和50,恰好为第二竖线后的数,第二个26前后两位数的和89,又恰为第一竖线前的数.同时,32又恰好是79,32,38这三个数的各位数字和.

**注2** 国内外皆有许多巧记圆周率数值的方法,在英国人们用

Yes I have a number

中的每个单词的字母数去记“3.1416”;而在我国南方有人用山巅一寺一壶酒,尔乐苦煞吾,把酒吃,酒杀尔,杀不死,乐亦乐的谐音去记“3.14159265358979323846 26”.

**注3** 我国古代数学家祖冲之(429—500)曾以$\frac{22}{7}$和$\frac{355}{113}$这两个分数表示圆周率.

1610年荷兰鲁道夫(van C. Ludolph)将$\pi$的值算至小数点后35位;

1706年英国人梅钦(J. Machin)将$\pi$的值算至小数点后100位;

1877年英国人尚克斯(W. Shanks)将位数推进到707位(但1945年人们利用电子计算机检验,发现只有前527位正确);

电子计算机出现后,使$\pi$的计算位数纪录不断被刷新,表1给出部分圆周计算的资料.

**表1**

| 年　代 | 机上时间 | 算得$\pi$的位数 |
| --- | --- | --- |
| 1949 | 70小时 | 2 035 |
| 1955 | 30小时 | 10 017 |
| 1973 | — | 100万 |
| 1978 | 7.2小时 | 200万 |
| 1980 | 2.9小时 | 400万 |
| 1984 | — | 1 000万 |
| 1987,1 | — | 1.335 5亿 |

**续表1**

| 年　代 | 机上时间 | 算得π的位数 |
| --- | --- | --- |
| 1988,3 | 5小时57分 | 2.013 26亿 |
| 1989 | — | 4.8亿 |
| 1989,7 | — | 5.368亿 |
| 1989,9 | — | 10.1亿 |
| 1996,6 | 29～37小时 | 515.396亿 |
| 1999,9 | 37小时 | 2 061.584 3亿 |
| 2002,12 | 60小时 | 12 411亿 |
| 2009 | 73天 | 25 000亿 |
| 2009 | 131天 | 27 000亿 |
| 2010 | — | 50 000亿 |
| 2011 | 365天 | 100 000亿 |
| 2016 | 105天 | 224 000亿 |
| 2049 | 121天 | 314 000亿 |

至2019年,人们已将π算至小数点后31 415 926 535 897(约31万亿)位.这对普通的涉及圆的计算问题已无意义,但它彰显的是计算机软硬件功能.

**注4**　埃伯斯塔克(H. Eberstart)曾背诵了π的11 000位.

关于背诵记忆还有很多,如克莱因(W. Klein)记住了100×100的乘法表及1000以内的自然数平方,还有10 000以内全部1 229个素数.

# 84 苏 步 青

苏步青(1902—2003),我国当代著名数学家,中国微分几何学派创始人.

1902 年生于浙江温州平阳.1920 年入日本东京高等工业学校电机系,1924 年转入东北帝国大学数学系,专攻微分几何,1931 年获博士学位.同年回国在浙江大学数学系任副教授,1933 年升为教授.1948 年当选中央研究院院士.

新中国成立后曾任数学所筹备处主任,而后在复旦大学数学系任教授.后为中国数学学会副理事长,中科院物理学数学部委员(现称为院士).1978 年后任复旦大学校长.

著有《射影曲线概论》《射影曲面论》《计算几何》等 20 余部专著和教材,发表学术论文 160 多篇(仅 1927 ~ 1949 年间已发表论文 103 篇).

创办杂志《数学年刊》且任主编.

2003 年 3 月 17 日在上海逝世.

## 小狗跑路

苏步青赴日留学期间,一次在电车上有人知道他是来自中国的留学生,就出了下面一道算题考考他:

甲、乙两人同时从两地出发,相向而行,距离是 100 里(1 km=2 里).甲每小时走 6 里,乙每小时走 4 里,甲带着一只狗,狗每小时跑 10 里.这只狗同甲一起出发,当它碰到乙后便转回头跑向甲;碰到甲时又掉过头跑向乙 …… 如此下去,直到两人碰头为止.问这只狗一共跑了多少里?

车子还没到站,苏步青已将结果告诉了那位自以为是的家伙.

乍一看问题有点棘手,没想到苏步青竟从另一角度用极为简便的方法算出了结果,他的算法是:

**解**　甲乙两人相遇需时间

$$100 \div (6+4) = 10(\text{h})$$

这期间狗一直在跑,所以它跑了 10 h,因而狗一共跑了

$$10 \times 10 = 100(\text{里})$$

# 地图染色

苏步青教授不仅是位数学家,也是一位教育家,他善于将数学中的某些有趣的问题通俗化,比如下面的问题便是对"四色定理"的简单处理:

下面两图至少要用几种颜色去染可使任何两相邻区域染上不同的颜色?

**解** 动手算算试试,你会发现图 1(a) 只需三种颜色,图 1(b) 需要四种颜色可使任两相邻区域染上不同颜色.

涂色方法很多,比如可见图 1(c),(d).

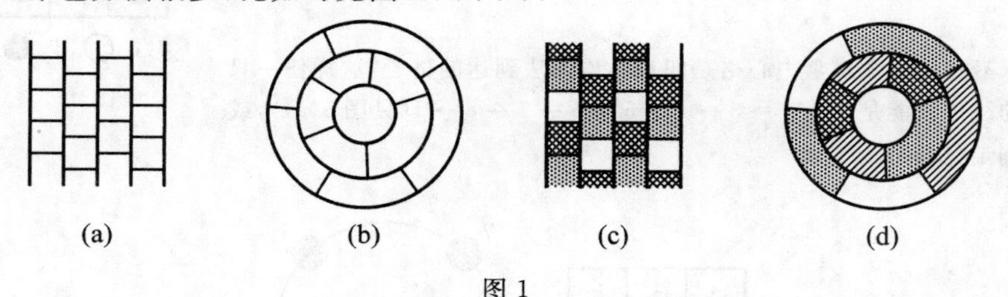


图 1

**注** 平面或球面任何地图仅需涂四种颜色即可将任何相邻两区域区别开(四色定理),关于它详见后文阿佩尔(K. Appell)中的"四色地图".

# "周游世界问题"新解

苏步青教授曾对哈密顿"周游世界"问题(见前文)给出一个巧妙解法. 他曾将问题改为:

一个老太婆去 20 座庙烧香(如图 2(a),图中 ● 表示庙,线表示通道),每座庙都要去,且只去一次,如何可功德完满(即朝拜每座庙)后回到家里?

她身上带了一串念珠(五黑五白),苏步青先生让她将念珠按黑黑白白对称地穿好(如图 2(b) 三黑三白、一黑一白、一黑一白),接着苏步青让她每到一座庙搬过一个珠子,且只需记住:白珠表示她按右旋方向去下一座庙,黑珠表示按左旋方向去下一座庙,具体地讲,每当到一个结点时点总有左右旋问题,她可按念珠黑白去选择(图 3).

这样搬完两遍念珠后,也恰好游完 20 座庙后回到了家里.

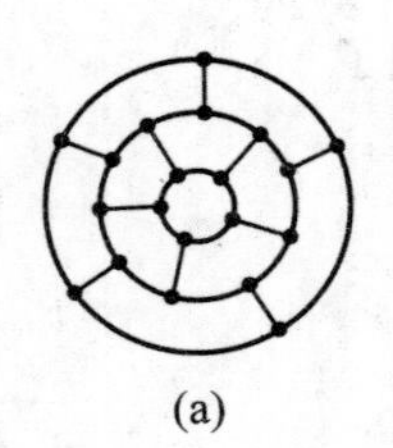

(a)

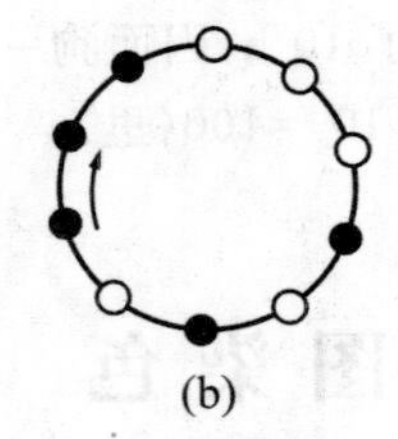

(b)

图 2

图 3

**注**　苏教授的解法新颖而简单，然而它却蕴含极其深刻的数学背景．比如下面的问题也是通过上面的方法解决的．

在 3×3 棋盘上有两只红马、一只白马、一只黑马(图 4)，它们在残棋盘跳来跳去，在互不侵犯(彼此不被吃掉，即两只马不在同一格)原则上，无论如何走步，白马与黑马不能交换位置．

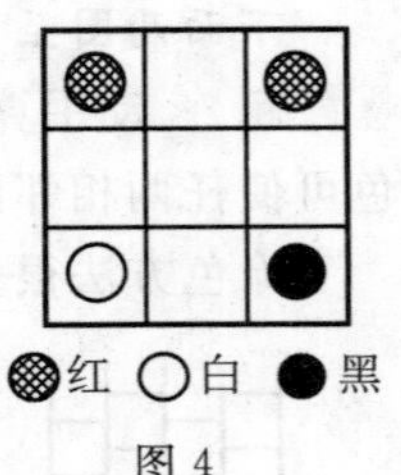


图 4

这个不可能问题的证明并不容易．下面采取念珠的方法来证明它．

显然，3×3 棋盘中心格是四只马均无法到达的格子，这样任一只马的跳位只能是 1→2→3→4→5→6→7→8→1(见图 5(a))，或者倒走(反序)．

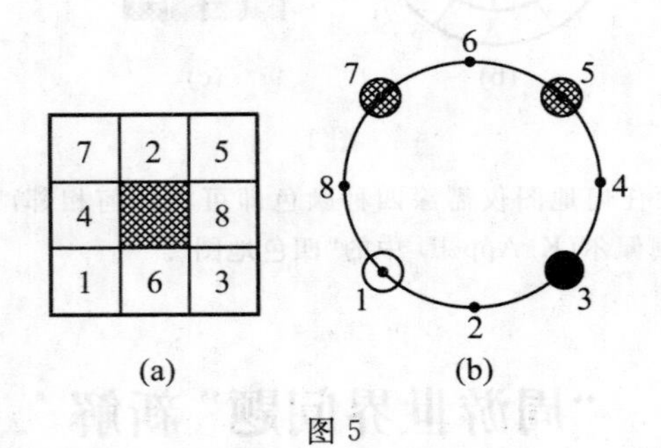


图 5

从而可将残棋盘上马步与圆周上 8 个点对应(如图 5(b))，这样每只马只能按圆周上标号顺时针或逆时针方向移动到相邻位置，它们不能跃过某点，也不能与另一马位置重合．黑白马的换位，必须使它们同时占据点 2 的位置才能办到，但这是不允许的．因而上述问题的要求无法办到．

# 85 冯·诺伊曼

冯·诺伊曼(J. von Neumann,1903—1957),美籍匈牙利数学家,现代计算机、博亦论(对策论)、核武器领域等科学全才之一.后被人称为"计算机之父"、"博亦论之父"等.1903年12月生于匈牙利布达佩斯.父亲是位银行家.

童年时记忆力惊人,6岁时能心算多位数除法,8岁时初步掌握微积分.20世纪40年代他曾与手摇计算机比赛计算2的方幂的运算.1926年毕业于布达佩斯大学,而后曾在柏林大学、汉堡大学任教.

1930年去美国,并在那里定居.同年任普林斯顿高级研究院客座教授,1931年被聘为终身教授.

1937年当选为美国科学院院士.后任美原子能委员会委员.

1951～1953年间任美国数学会主席,1957年因病去世.

他在数学的许多领域均有成就,还在电子计算机研究(他对世界上第一台电子计算机的设计提出过建议)、自动机理论(后来发展为人工智能)、对策论方面有所贡献.

一生发表论文150余篇,出版《经典力学的算子方法》《博弈论与经济行为》《连续几何》等著作.

已编辑成《冯·诺伊曼全集》出版.

## 制胜诀窍(二)

上小学期间,冯·诺伊曼常和同学们玩"15点"游戏,且每次他总是获胜,这里面当然有奥妙.我们先来看看游戏的玩法:

取9张同花色的扑克牌,它们上面的点数分别是1,2,3,…,8,9.牌摊好放在那里(点数朝上),两人轮流从中取1张牌,取后不准放回.这样谁手中的牌中有三张牌的点数和为15谁就获胜.

冯·诺伊曼的取胜秘诀在哪里?

你也许想不到,他玩游戏时首先想到了"幻方".幻方的性质使他发觉了游戏的取胜策略:

只需在他所取牌中,设法拿到三阶幻方(图1,注意幻和恰好为15)中同行同列或两条对角线上3个数所对应点数的纸牌即可.

| | | |
|---|---|---|
| 4 | 9 | 2 |
| 3 | 5 | 7 |
| 8 | 1 | 6 |

图1

要是有25张牌上面分别写着1～25,两人轮流从中取牌,规定谁手中的牌中有五张牌和为65谁为胜.

它显然对应着一个5阶幻方了(图2,它的幻和为65).不过记住这些数并不是件轻松事.你不妨试试看.

| | | | | |
|---|---|---|---|---|
| 1 | 15 | 24 | 8 | 17 |
| 23 | 7 | 16 | 5 | 14 |
| 20 | 4 | 13 | 22 | 6 |
| 12 | 21 | 10 | 19 | 3 |
| 9 | 18 | 2 | 11 | 25 |

图2

# 囚徒问题

青年时代的冯·诺伊曼曾对博弈论(对策论)甚感兴趣,这是一门研究带有争斗策略问题的学科.同时他还把目光集中到经济活动的分析应用上,1928年发表了"二人零和对策"(矩阵对策)的主要结论,奠定了该学科的基础.1994年他与莫尔根斯坦(O. Morgenstern)合著《对策论与经济行为》出版,开拓了博弈经济学研究的方向.为了说明经济活动中的争斗现象,他遇到了一个难题:囚徒问题.

今有囚徒$A$,$B$两人,因共同作案而被警方抓获,面临的是审判.他们两人均可以做出坦白或不坦白的选择,对于这两种选择将得到的审判结果是:若两人均坦白,他们各自被判刑5年;两人均不坦白,他们分别被判刑1年;其中一人坦白另一人不坦白,则坦白者可获释,而不坦白者将被判刑10年(详情见表1,

表中数字分别表示 $A$,$B$ 被判刑年数).

表 1

| | | $B$ | |
|---|---|---|---|
| | | 坦　白 | 不坦白 |
| $A$ | 坦　白 | (5, 5) | (0, 10) |
| | 不坦白 | (10, 0) | (1, 1) |

请问:两个囚徒作何选择方为上策?

我们来分析一下.对于囚徒 $A$ 来讲,他面临囚徒 $B$ 坦白与不坦白两种情况:

若囚徒 $B$ 坦白,他也坦白,将被判5年;若他选择不坦白,他将被判10年.两者比较,他选择坦白是明智的.

若囚徒 $B$ 不坦白,他选择坦白,他将被释放;若他选择不坦白,将与 $B$ 一同被判刑1年.在这种情况下,选择坦白仍是他的上策.

综上分析,无论囚徒 $B$ 坦白与否,囚徒 $A$ 均应选择坦白为上策.

同样的分析知:囚徒 $B$ 也应选择坦白为明智.

换言之,两人均坦白是他们的上策.这时对两个囚徒来讲,选择(坦白,坦白)是一个均衡点(Nash 均衡点).

上面的例子对于某些经济活动(如买卖股票、打开市场、开发产品……)来讲是相似的.人们可以依照上面分析的方法做出相应的选择.

**注**　此问题系1950年由纳什(Nash)首先提出的,这也是他创立对策问题均衡理论中的著名例子.

**问题**　甲、乙两人参与某种经济活动,当他们分别选择策略 $A$ 或 $B$ 时,收入情况如表2:

表 2

| | | 乙 | |
|---|---|---|---|
| | | $A$ | $B$ |
| 甲 | $A$ | (5, 1) | (4, 4) |
| | $B$ | (9, −1) | (0, 0) |

其中 $(a,b)$ 分别表示甲、乙两人选择相应的策略时的收入情况.请给出两人的最佳策略.

请注意这里的数据是收益,处理时要当心(有别于例子).当然也可将数据统统乘以"—"号后问题化为支出的情形.

# 高个子、矮个子

冯·诺伊曼曾研究过“二人零和对策问题”(所谓零和是指二人输赢之和为0). 提出过著名的“极大－极小”原则. 他本人曾将该原则形象化:

今有 $m\times n$ 个人排成一个 $m\times n$ 的长方队(图3), 首先从每列中挑出最矮者, 再从这些最矮者中选出最高者记作甲; 然后从每列中挑选该列中个子最高者, 再从这些高个子中选出最矮者记作乙. 试问甲与乙谁高?

$$\begin{matrix} a_{11} & a_{12} & \cdots & a_{1n} \\ a_{21} & a_{22} & \cdots & a_{2n} \\ \vdots & \vdots & \vdots & \vdots \\ a_{m1} & a_{m2} & \cdots & a_{mn} \end{matrix}$$

图 3

我们用 $a_{ij}$ 表示队列中第 $i$ 行第 $j$ 列的人, 由设:

甲 $=\max\limits_{i}(\min\limits_{j} a_{ij})$, 这里 max 表示求极大, min 表示求极小之意.

乙 $=\min\limits_{j}(\max\limits_{i} a_{ij})$, 且设 甲 $=a_{i_0 j_0}$, 这样

$$\max_{i} a_{ij} \geqslant a_{i_0 j} \geqslant \min_{j} a_{i_0 j}=a_{i_0 j_0}$$

对所有 $j$ 成立, 从而

$$\min_{j}(\max_{i} a_{ij}) \geqslant a_{i_0 j_0}=\max_{i}(\min_{j} a_{ij})$$

即乙的个子不低于甲.

这也正是“瘦死的骆驼比马大”的道理所在.

# 炸　　桥

第一次世界大战爆发(1914年), 冯·诺伊曼被送到大学预科学习, 然而战争的阴云笼罩着整个欧洲大陆, 冯·诺伊曼痛恨给人民带来灾难的战争贩子, 他也常与小朋友们一道玩一些克敌制胜的游戏. 他曾拟造过这样一道题目:

敌人欲从河岸 $B$ 进攻对岸 $A$, 河上有桥13座(图4), 为阻止敌人进攻决定将桥炸毁. 试问至少炸掉几座桥可将敌人拦阻于河岸 $B$ 方?

稍稍分析不难发现: 尽管河上有桥13座, 但只需炸掉5, 9, 10号桥, 便可使河两岸交通中断.

**注**　这个问题其实与“运筹学”里图的问题中网络最大流(最小割)问题有关.

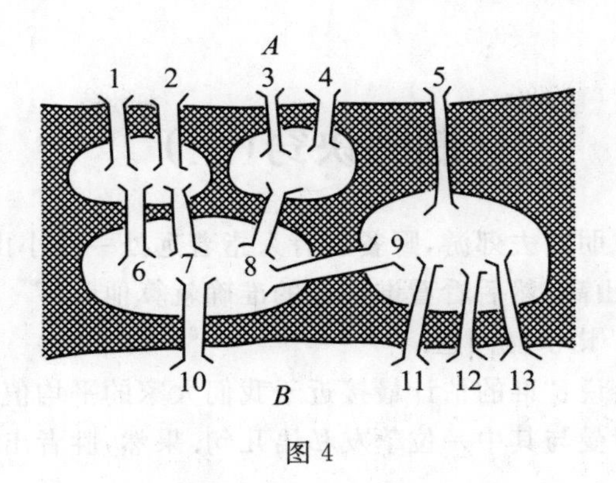


图 4

# 蜜蜂问题

在一次鸡尾酒会上，一位客人善意地向冯·诺伊曼提出下面的问题：

两列火车 $A$，$B$ 相距 100 km 相向开出，它们时速均为 50 km. 一只时速 100 km 的蜜蜂从火车 $A$ 飞向火车 $B$，当它们相遇后，蜜蜂立即折返；再与 $A$ 相遇时再折返 …… 如此下去当两列火车相遇时，蜜蜂共飞了多少千米？

冯·诺伊曼舍近求远(或称另辟蹊径)使用无穷级数求和解决了这个问题. 他的解答是：

蜜蜂开始从 $A$ 出发首次与 $B$ 相遇用时 $\frac{100}{100+50}=\frac{2}{3}$ h，行程 $100\cdot\frac{2}{3}$，此时两车相距 $100\cdot\left(1-\frac{2}{3}\right)=\frac{100}{3}$ km，即原来距离的 $\frac{1}{3}$.

蜜蜂再由 $B$ 折返 $A$ 时，只飞行原来距离的 $\frac{1}{3}$.

而且每次蜜蜂折返时，都只飞了其在上一次飞行距离的 $\frac{1}{3}$. 依此分析，蜜蜂在两车相遇时共飞行

$$100\cdot\frac{2}{3}+\frac{1}{3}\cdot 100\cdot\frac{2}{3}+\frac{1}{3^2}\cdot 100\cdot\frac{2}{3}+\cdots=$$

$$100\cdot\frac{2}{3}\left(1+\frac{1}{3}+\frac{1}{3^2}+\frac{1}{3^3}+\cdots\right)=$$

$$\frac{200}{3}\cdot\frac{1}{1-\frac{1}{3}}=100(\text{km})$$

**注**　这个问题同前文"苏步青"一节的问题类同，那里的解法似乎更简明.

## 制胜诀窍(三)

诺伊曼与9位朋友去郊游,野餐后有人指着远处一座小山道:

"大家估一估山高,然后看看谁估计的准确就算他胜."

"何谓准确?"诺伊曼问道.

那人想了一会说:"谁的估计最接近于我们大家的平均值谁就是胜者."

只见冯·诺伊曼与其中一位挚友私语几句.果然,胜者出自他们两人中间.其中的奥妙在哪里?

原来他们两人先估计了其余8个人的估数 $a_i(1\leqslant i\leqslant 8)$ 中最大值设为 $a$,而为使10人估数平均值

$$m=\frac{1}{10}(a_1+a_2+\cdots+a_9+a_{10})$$

满足在他二人估数(设为 $a_9$、$a_{10}$ 且 $a_9<a_{10}$)之间,则有

$$a<a_9\leqslant m\leqslant a_{10}$$

这只需令 $a_9\geqslant a$, $a_{10}\geqslant 9a_9$ 即可.因为

$$m=\frac{1}{10}(a_1+a_2+\cdots+a_9+a_{10})>\frac{1}{10}(a_9+a_{10})\geqslant a_9\geqslant a$$

且 $9a_{10}\geqslant 9a\geqslant a_1+a_2+\cdots+a_8+a_9$,即 $10a_{10}\geqslant a_1+a_2+\cdots+a_9+a_{10}$,从而 $a_{10}\geqslant m$.

**附注** 对于这个故事,我们不禁联想起另一个故事.

**弱者面对强者**

(美)保罗·霍夫曼

《美国数学月刊》登载了一个有趣的数学问题.

三名男子参加一个以气球为目标的投镖游戏.每个人都用飞镖攻击另外两个人的气球,气球被戳破的要出局,最后幸存的是胜者.

三名选手水平不一,在固定标靶的测试中,老大10投8中,命中率为80%.第二和第三的命中率分别为60%和40%,现在,三人一起角逐,谁最有可能获胜?

答案看似简单,投得准的会取胜.而实际上,一开场,每个人都希望先把另外两个对手中的强者灭掉,自己才安全,下面的比赛也轻松.于是,老大专攻老二,第二、第三就攻老大,结果水平最高的老大最易出局,水平最差的老三最安全!

老大自然不会那么蠢,他会刺激老二说:"我们合伙把老三那小子灭了,这样,你我胜率都高嘛!"

但是,老二会想:"老大,你想得美!若我们灭了老三,然后对打,我还不是处在劣势."

于是,老大和老二的合作有了裂痕.

耶鲁大学数学研究所的经济学教授马丁·苏比克,讨论过另一种策略:"老大会对老二保持一种威慑:'我不攻击你,你也别攻击我,否则,我将不顾一切地回击你!'这样一来,就会造成新的局面.老二岂肯善罢甘休,也会以同样的方式威胁老三,那么,三人的胜率又是……"

若两个男人比赛,问题再简单不过;若多出一人,问题就复杂了许多倍.

摒弃复杂的数学和社会问题,还原为一些简单的生活道理:面对一个强者,弱者只能接受失败;面对一群强者,弱者反而有了更多的周旋空间.

# 秘求平均

一次诺伊曼同几个小伙子,设有 $n$ 个,且记为 $A_1, A_2, \cdots, A_n$,他们手中各抓了 $a_1, a_2, \cdots, a_n$ 块糖果.请问:能否在每个人都秘而不宣的情况下,求出这 $n$ 个小伙子手中糖果块数的算术平均值?

这个问题乍看上去很难,其实不然.

先让 $A_1$ 将自己手中糖果数 $a_1$ 再加上一个 $x$(随便给出的)且将 $a_1 + x$ 的值告诉 $A_2$,而 $A_2$ 再将该数加上自己手中糖果数 $a_2$ 后告诉 $A_3$,…… 如此下去,最后 $A_n$ 将 $x + a_1 + a_2 + \cdots + a_{n-1}$ 加上自己手中糖果数 $a_n$ 告诉 $A_1$.这样,$A_1$ 可将 $x + a_1 + a_2 + \cdots + a_n$ 减去 $x$ 后再除以 $n$ 可求得 $n$ 人手中糖果数的算术平均值

$$\bar{a} = \frac{1}{n}\left(x + \sum_{i=1}^{n} a_i - x\right) = \frac{1}{n}\sum_{i=1}^{n} a_i$$

此方法可在每个人手中糖果数秘而不宣的情况下,巧妙地求出了他们手中糖果块数的算术平均值.

其实,此问题还可以推广至即便有人结盟作弊(如当 $A_1$ 将 $x$ 告诉 $A_3$ 后,$A_3$ 便可知 $A_2$ 手中糖果数 $a_2$)情况下,在仍然无法得知某人手中糖果块数的前提下求得其算术平均值的方法,其窍门如下.

让每位小伙 $A_i$ 都将自己手中的糖果数 $a_i$ 拆成 $n$ 个数即 $a_i = \sum_{j=1}^{n} a_{ij}$ $(1 \leqslant i \leqslant n)$,然后让他将拆成的 $n$ 个数分别记在 $n$ 张纸上,且把其中写着 $a_{ij}$ 的第 $j$ 张纸片全给 $A_j$ $(1 \leqslant j \leqslant n)$,然后让每个人都将自己手中的纸片上数求和

$$S_j = \sum_{i=1}^{n} a_{ij} \quad (1 \leqslant j \leqslant n)$$

接下去每人将所求之和公开,这样便可求得它们的和 $S=\sum_{j=1}^{n}S_j$,注意到

$$S=\sum_{j=1}^{n}S_j=\sum_{j=1}^{n}(\sum_{i=1}^{n}a_{ij})=\sum_{i=1}^{n}(\sum_{i=1}^{n}a_{ij})=\sum_{i=1}^{n}a_i$$

此即说所求 $S$ 为 $n$ 个人手中全部糖果数和,这样

$$\bar{a}=\frac{1}{n}\sum_{i=1}^{n}a_i=\frac{1}{n}S$$

即可由 $S$ 求得这 $n$ 个人手中糖果数的算术平均值.

这是一个即便有人结盟仍无法获知他人手中糖果块数的绝妙方法.

# 86 塔　　特

塔特(W. T. Tutte,1917—　),加拿大数学家,当代组合几何的奠基人,现代图论发展的巨匠.1917 年 5 月 14 日生于英国.

他在中学时就开始涉猎图论及组合问题的书籍.1935 年考入剑桥大学三一学院,1938 年获学士学位.后获化学硕士学位.

1940 年发表了"完美正方形"的数学论文,第二次世界大战结束后(1945 年)塔特又回到三一学院攻读数学博士学位,1948 年获得博士学位.

后赴加拿大多伦多大学任教.1958 年当选加拿大皇家学会会员.1962 年转滑铁卢大学任教.

此外他在"图论"中提出"每一个 3－正则 3－连通的图都是哈密顿图"猜想,后被人给出反例加以否定.

1975 年获加拿大皇家学会的 Tory 奖,1982 年获加拿大国务委员会 Killam 奖,1987 年被选为英国皇家学会会员.

## 令人喜欢的难题

在大学期间,塔特虽学习化学,然而他却是剑桥大学数学会的成员.在那里他结识了三位数学系学生:布鲁克(L. Brooks),史密斯(C. Smith)和斯通(A. Stone)(他们如今均成为知名的组合数学专家).他们共同感兴趣的是亨利·杜德尼所著《坎特伯雷难题集》中的那道正方形分割问题:

一个 $60\times60$ 的正方形被剖分成边长分别是 4,8,10,11,20,21,28,31,32,48 等十个大小不等的正方形后,仅剩下一块 $1\times41$ 的矩形(见图 1,图中数字表示该正方形边长).

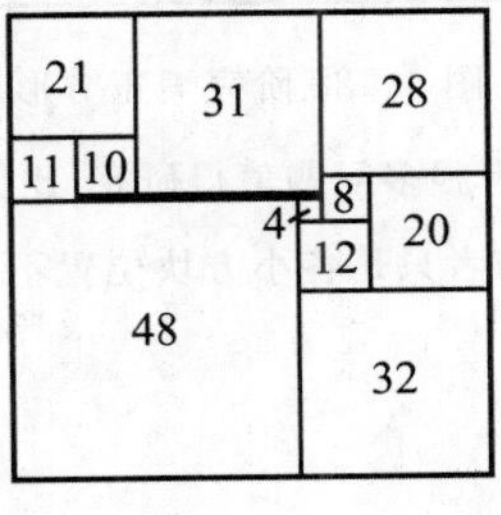

图 1

是否存在无剩余的完美分割？开始，苏联学者鲁金认为不可能.

波兰数学家莫伦(Z. Moron) 指出 33 × 32 的矩形存在这种分割(人们称之为完美矩形，见图 2)，塔特等人对鲁金的猜测产生动摇.

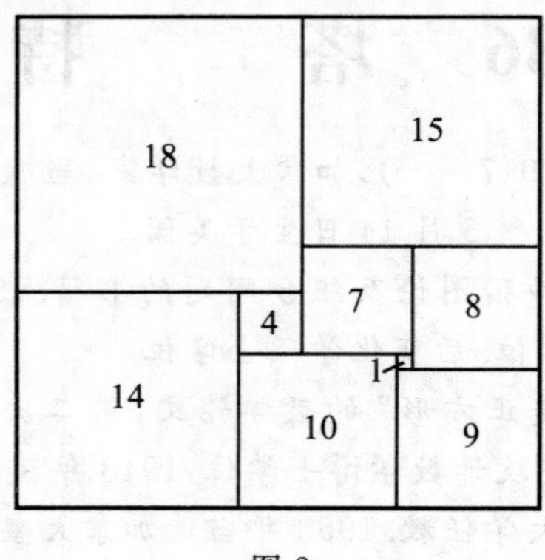


图 2

1939 年施帕拉格给出第一块完美正方形. 它的边长4 205，被剖分成 55 块(下称阶) 规格各异的小正方形.

1940 年，塔特等四人给出一个边长更小(1 015)、阶数更少(图 3) 的完美正方形.

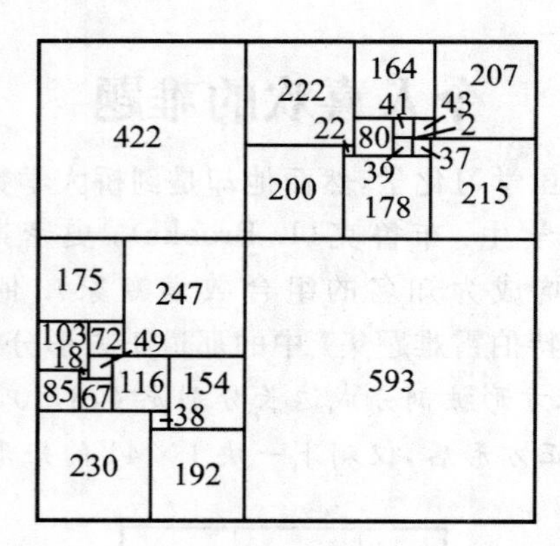


图 3　28 阶完美正方形

**注**　其实完美图形剖分还有很多问题值得研究，比如同一种图形的不同剖分问题. 下面是两种完全矩形的不同剖分，前者只是各小方块位置不同，后者则是完全不同的剖分(方块)，如图 4，图 5.

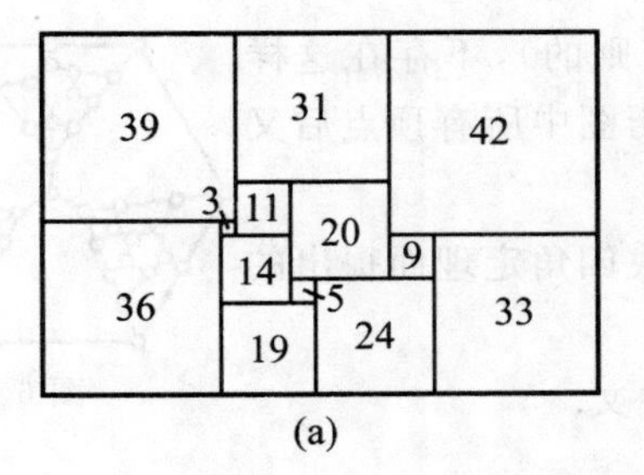


(a)

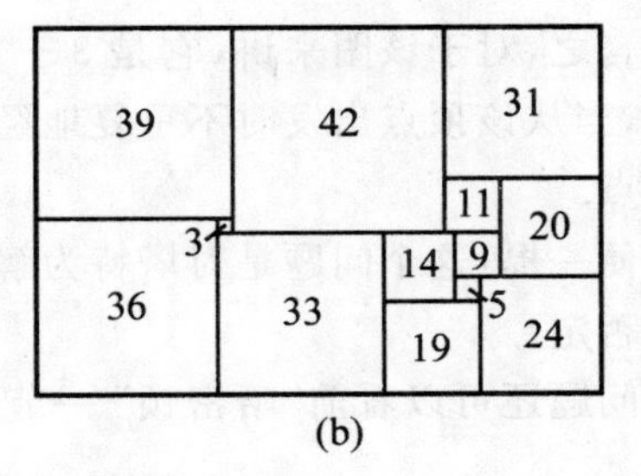


(b)

图 4　13 阶完美矩形(本质上仅此两种)

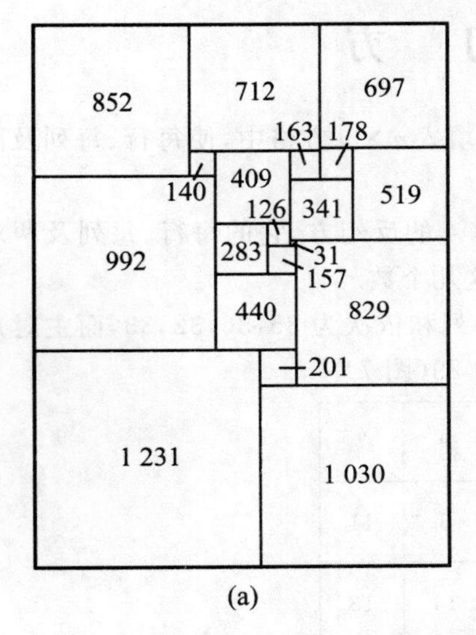


(a)

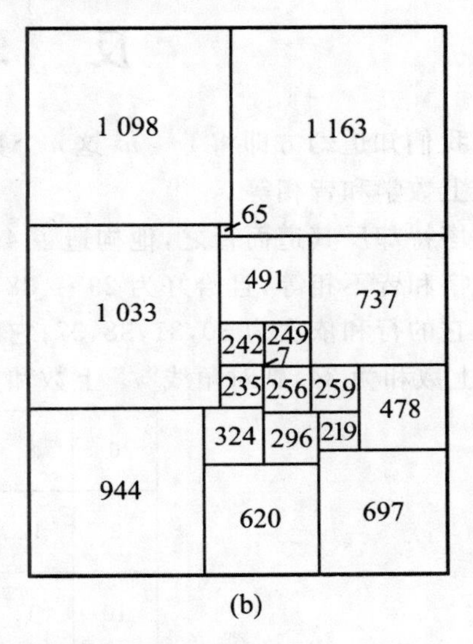


(b)

图 5　2 261 × 3 075 的矩形的两种完全不同的剖分

# 反　例　(一)

1945 年,第二次世界大战结束后,塔特又回到剑桥大学攻读数学博士学位.

在此期间,他对“图论”问题兴趣更浓,理解更深了.

在研究平面地图着色的“四色定理”时,他遇到下列猜想(Tait 猜想):

每个顶点都有三条线联结的图(即所谓 3 — 正则图)都有哈密顿圈(见前面“哈密顿”一节内容).

不久这个猜想被人们用代数方法否定了,但人们一时却构造不出具体的图形来说明.

塔特经苦苦思索,自己给出了具体的图形(图 6).

换言之,对于该图来讲(它是 3 — 正则的),不存在这样的顶点,当从该顶点出发时不重复地经历图中所有顶点后又回到该点.

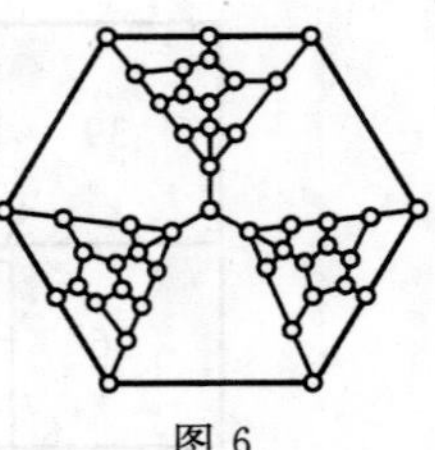
图 6

顺便一提:这个问题是对塔特为解决四角定理而提出的猜想的否定.

该问题还可以看前“哈密顿”一节注文.

# 反 幻 方

我们知道幻方即将 $1 \sim n^2$ 这 $n$ 个数填入 $n \times n$ 方格中,使每行、每列及两对角线上数学和皆相等.

塔特却反其道而行之,他构造了 $4 \times 4$ 的反幻方,它的每行、每列及两对角线数字和皆不相等,且恰好为 $29 \sim 38$ 这几个数.

它的行和依次为 30,31,38,37;它的列和依次为 35,36,32,33,而主对角线“\”上数和为 34,副对角线“/”上数和为 29(图 7).

| | | | |
|---|---|---|---|
| 6 | 8 | 9 | 7 |
| 3 | 12 | 5 | 11 |
| 10 | 1 | 14 | 13 |
| 16 | 15 | 4 | 2 |

图 7

**注** 对于反幻方(又称异形幻方),人们也做了研究,比如人们从 45 369 个 3 阶 $3 \times 3$ 数阵中,找到 3120 个反幻方,如图 8.

| | | |
|---|---|---|
| 1 | 2 | 3 |
| 4 | 5 | 9 |
| 6 | 8 | 7 |

(a)

| | | |
|---|---|---|
| 9 | 8 | 7 |
| 2 | 1 | 6 |
| 3 | 4 | 5 |

(b)

| | | |
|---|---|---|
| 6 | 5 | 4 |
| 7 | 2 | 3 |
| 8 | 1 | 9 |

(c)

图 8 3 阶反幻方

图 9 是一个 5 阶反幻方.

| | | | | | 行和 |
|---|---|---|---|---|---|
| | 21 | 18 | 6 | 17 | 4 | 66 |
| | 7 | 3 | 13 | 16 | 24 | 63 |
| | 5 | 20 | 23 | 11 | 1 | 60 |
| | 15 | 8 | 19 | 2 | 25 | 69 |
| | 14 | 12 | 9 | 22 | 10 | 67 |
| 列和 | 62 | 61 | 70 | 68 | 64 | |

主对角线数和为 59,副对角线数和为 65

图 9　5 阶反幻方

# 87 高莫瑞

高莫瑞(R. E. Gomory),当代应用数学家,美国国际商业机器公司(IBM)的研究人员.

20 世纪 60 年代,在运筹学"线性整数规划"问题研究上,提出"割平面法"(又称高莫瑞法)而闻名.

线性整数规划是运筹学中一类重要问题,但它已不是线性规划,从而需要另寻他途.除割平面法外,还有分支定界法等可解此类问题.

## 涂色解题

高莫瑞喜欢智力问题,这对于他的研究工作甚有帮助.他提出的一些问题的解法,多有着深刻的数学背景.比如他曾对于下面问题感兴趣:

图 1(a) 是由 14 个小方格组成的残棋盘,你能否把它剪成七块 $1\times2$ 的小矩形(设小方格边长为 1)?

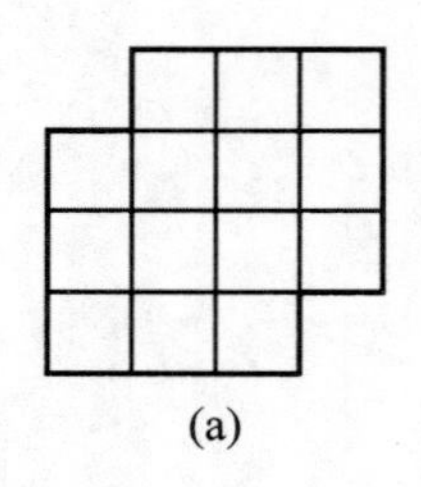
(a)

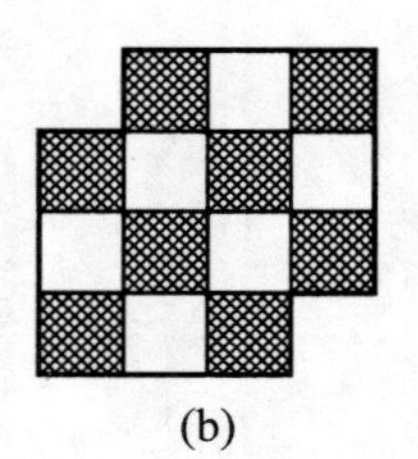
(b)

图 1

乍一看你也许以为:这还不简单!可是你动手一剪便发现:这是根本办不到的.可道理在哪里?我们先将棋盘如图 1(b) 那样相间地涂上黑颜色.

试想:你若能剪下 7 个小矩形,它们每个都应该是由一个白格和一个黑格组成.可你数一数图中的黑白格便会发现:白格 6 个,而黑格却有 8 个,它们数目不相等,所以裁成七个 $1\times2$ 的矩形,根本不可能.

问题还可以推广一下:在一个 $2n\times2n$ 的国际象棋盘上,剪去两个对角的方格,那么它一定不能剪出个 $2n^2-1$ 个 $1\times2$ 的小矩形来.

看完上面的分析,高莫瑞想:问题的毛病出在残棋盘上黑白格数目不等上

(剪去的两个小格是同色).问题若转换一下:

在一个 $2n\times2n$ 格的国际象棋盘上,任意挖出一个白格和一个黑格,能否剪成 $2n^2-1$ 个 $1\times2$ 的小矩形?

回答是肯定的.它的证明十几年前由高莫瑞得到.证明的大意是:

如图2,在 $2n\times2n$ 的棋盘上挖去黑白各一格,然后在棋盘上放两个多齿叉(如图一把向上的三齿叉,一把向下的四齿叉,对于一般情形亦可仿此摆放),这样棋盘便产生了"迷宫"效果,即我们可以从其中某个方格开始,沿"迷宫"走完所有方格后,再回到起点.注意,按图中循环次序,这些小方格的颜色交替变换,显然位于任何一个黑方格和一个白方格之间的方格数,恰为偶数.

图2

这样在挖去的这两格之间,总可以剪出整数个 $1\times2$ 的矩形来.唯一可能出毛病的是拐弯处,但只要调整一下剪裁方向(横或竖)就可以了,最终可剪出 $2n^2-1$ 个小矩形来.

当然问题还可以化为黑白念珠来考虑:将相等数量的黑白念珠相间地穿在一条细绳上,然后将绳子两端系在一起.如果从这串念珠上任取一颗白色、一颗黑色念球后,将绳子在两者之处剪成两串,再将其中一串倒置与另一串连接上,这样定能从这些余下的念珠串的某处开始,然后黑—白—黑—白,……地可依次将全部念珠数完.

**问题** 将图3中 $4\times4$ 数表中的相邻两数(同列或同行均可)同时加减同一个数,如果反复实施上述步骤(运算),能否最终将表中所有的数全部变为0?

| 1 | 2 | 3 | 4 |
|---|---|---|---|
| 12 | 13 | 14 | 5 |
| 11 | 16 | 15 | 6 |
| 10 | 9 | 8 | 7 |

图3

# 货郎担问题

这是"运筹学"中至今未能有效解决的问题,货郎担问题它又称推销员问题:

某推销员去预定的 $n$ 个城市(交通网络给定,两两城市间皆有道路相连,且距离给定)推销货物后,又回到出发点,求他的最短推销线路.

随着推销点 $n$ 的增加，用数学方法计算将很困难，即使借助电子计算机也无能为力.

因为对 $n$ 个城市来讲可供选择的路线有 $n!$ 条，而

$$n! \approx \sqrt{2n\pi}\left(\frac{n}{e}\right)^n\left(1+\frac{1}{12n}\right) \quad \text{（斯特林公式）}$$

它随 $n$ 的增大而迅速变大，以至使得计算出现维数障碍.

下面是这类问题的变形与简化：

一个推销商打算从 $F$ 城去 $D$ 城推销货物，沿途城市间的道路或航线及两两城市间距离见图 4. 如何选取线路，可使他的行程最短？

高莫瑞为我们提供好办法：将细铁丝按图 5 中尺寸比例截取 12 段，然后按图中顺序绑好. 两手分别捏住 $F$ 和 $D$ 两点向外拉伸，拉到其中的几条线段变成一条直线段为止，该直线段即为所求的路线，如图 4 中 $F-E-A-D$ 即为所求.

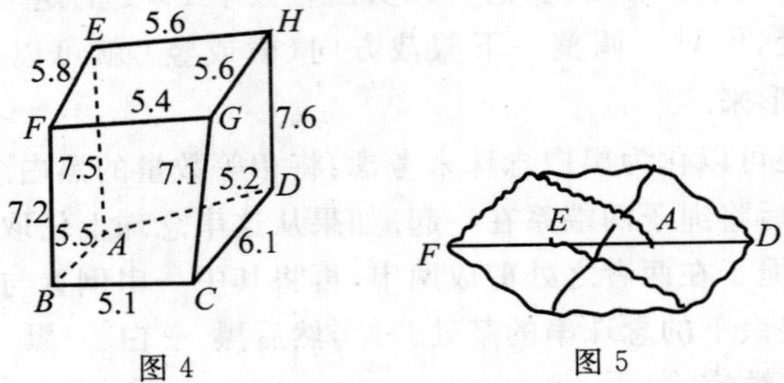

图 4　　　　图 5

注　这个方法与前面的“三村办学”问题的解法相似，同属“模拟法”或“物理法”.

# 派　活

一次，高莫瑞遇到下列一个问题：

有甲、乙、丙、丁四人去做 $A,B,C,D$ 四项工作，每人做各项工作时间请见表 1：

表 1

| | $A$ | $B$ | $C$ | $D$ |
|---|---|---|---|---|
| 甲 | 2 | 10 | 9 | 2 |
| 乙 | 15 | 4 | 14 | 8 |
| 丙 | 13 | 14 | 16 | 11 |
| 丁 | 4 | 15 | 13 | 9 |

今考虑四人每人做一项工作，且每项工作仅由一人完成. 如何安排可使总的花费时间最少？

高莫瑞将表 1 中数作了如下处理(这里写成矩阵形式):

$$\begin{pmatrix} 2 & 10 & 9 & 2 \\ 15 & 4 & 14 & 8 \\ 13 & 14 & 16 & 11 \\ 4 & 15 & 13 & 9 \end{pmatrix} \xrightarrow[\text{该行最小数}]{\text{每行各减去}} \begin{pmatrix} 0 & 8 & 7 & 0 \\ 11 & 0 & 10 & 4 \\ 2 & 3 & 5 & 0 \\ 0 & 11 & 9 & 5 \end{pmatrix} \xrightarrow[\text{该列最小数}]{\text{每列各减去}} \begin{pmatrix} 0 & 8 & 2 & 0 \\ 11 & 0 & 5 & 4 \\ 2 & 3 & 0 & 0 \\ 0 & 11 & 4 & 5 \end{pmatrix}$$

这样每列、每行皆出现 0,余下只需从中找出位于不同列、不同行的 0 元便可完成总工时最少的工作指派(图中打括号的 0 即是该项工作由某人去做,当然总工时的计算仍需回到开始时的矩阵或数据中去完成):

$$\begin{pmatrix} 0 & 8 & 2 & (0) \\ 11 & (0) & 5 & 4 \\ 2 & 3 & (0) & 0 \\ (0) & 11 & 4 & 5 \end{pmatrix}$$

相应的工作指派如表 2:

**表 2**

| | *A* | *B* | *C* | *D* |
|---|---|---|---|---|
| 甲 | | | | ✓ |
| 乙 | | ✓ | | |
| 丙 | | | ✓ | |
| 丁 | ✓ | | | |

表 2 打"✓"处为此人做该项工作,即:甲做 *D*,乙做 *B*,丙做 *C*,丁做 *A*.

要是位于不同行、不同列的 0 不够时应该如何做?有兴趣的读者不妨考虑一下,也可从"运筹学"教材中找到.

顺便讲一句:这种指派干活的方法,"运筹学"上通常称为"匈牙利方法".它是 1955 年库恩(W. W. Kuhn)基于匈牙利人寇尼格(D. König)的两个定理而给出的,不过他是用"图论"的语言来描述的,显然"矩阵"语言要简便的多.

# 88 赵 访 熊

赵访熊(1908—1996),我国当代数学家.江苏武进(今属常州市)人.中国著名的计算数学家和数学教育家.

1928 年清华大学毕业后去美留学.1930 年获哈佛大学算学研究所硕士学位,1933 年回国.

1935 年任清华大学教授,他是早期清华大学算学系创办人,对"图算"研究成果颇丰.

1953 年提出解联立方程组的迭代法——斜量法.

1956～1958 年曾赴苏联进修.回国后为清华大学教授.

著有《高等微积分》等.

## 三角七巧板

"七巧板"在我国民间颇流行.赵访熊教授设计了"三角七巧板"(图 1),请你说明它的原理及使用方法.

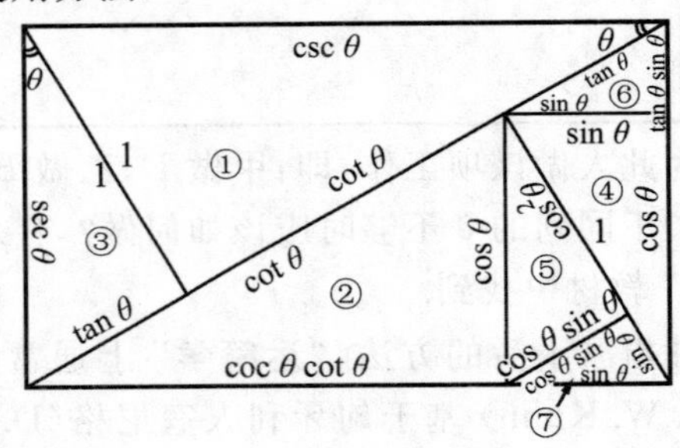


图 1

其实,"三角七巧板"设计原理是据直角三角形性质及三角函数性质.

利用"七巧板"所拼图形性质,可以反推出某些三角函数公式.比如:

(1) 利用④,⑤,⑦拼出图 2(a),然后用两种不同办法计算梯形的腰及两底的差,可有公式

$$\sin 2\theta = 2\sin\theta\cos\theta, \cos 2\theta = \cos^2\theta - \sin^2\theta$$

等.

(2) 利用①,④拼出图 2(b),然后利用相似三角形的性质,可有公式

$$\cos\theta = \frac{1}{\sin\theta} = \frac{\cot\theta}{\cos\theta}$$

等.

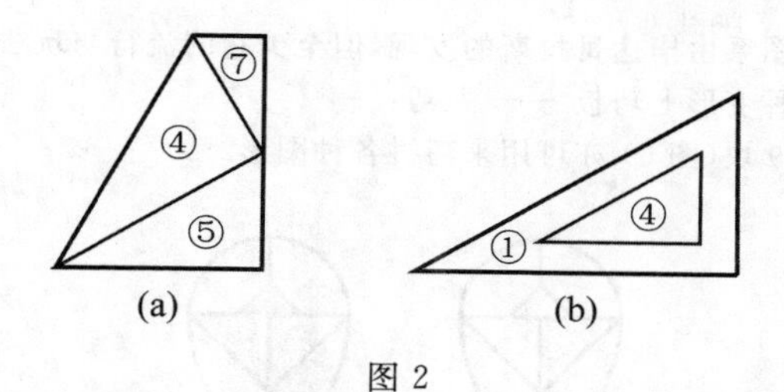


图 2

**注 1** “七巧板”又名“益智图”,是我国民间很早就十分流行的一种拼图游戏.它是将一块正方形纸板如图 3 的方式剪成七块,然后用它去拼成各种图形.

图 3

拼板游戏最早可追溯到 4 000 多年前的“规”与“矩”出现的年代.清嘉庆年间(公元 1813 年前后)的《七巧图合璧》是至今发现的关于七巧板的最早著述.

七巧板传到西方后,国外称之为“唐图”.最近有人对它的数学原理又进行探讨,得出许多结论.例如,“一副七巧板只能拼成 13 种不同的凸多边形”等.

图 4 给出的用七巧板拼出的一些人、动物和帆船等,《七巧八分图》一书中曾以六书、星象、文房、衣饰等十五类,给出用七巧板所拼出的各式图形,共六分册.

图 4

也有人称此七巧图系由毕达哥拉斯的发现,但至少它的流行与玩法源于我国.

**注 2** 下面是一种变形七巧板 —— 九巧:

一个蛋圆分割成 9 块(图 5)亦可用来巧拼各种图形.

图 5

清朝学者童叶庚又将七巧展拓成十五块(十五巧板)且称为“益智图板”.

# 反 例 (二)

赵访熊先生对于几何学研究有着独到见解,一次一位中学数学教师请教他一个问题:

两个三角形的六个要素(三条边和三个内角)中的五个,分别对应相等,两三角形是否一定全等.

这个貌似简单的问题,倘若你轻易地给出肯定的回答,那你就大错特错了.

赵先生想了想后说："不一定."

"能否举出一个反例？"那位老师问.

赵先生略加思考一番，便拿起笔给出了如图 6 所示的两个图形.

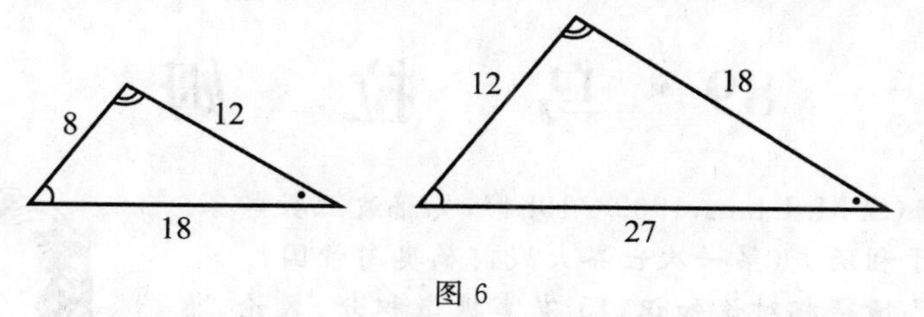


图 6

"首先，由 8∶12＝12∶18＝18∶27 知两三角形相似，故它们的三内角分别对应相等. 其次，两三角形确有两边分别对应相等，然而它们却不全等."

那位教师茅塞顿开连声道："然！巧！妙！"

## 拼　大

赵先生在发明三角函数七巧板前，对拼图问题很感兴趣，比如他曾提出了下面一个问题：

用四个同样的正八边形，通过最少的剪裁后，再将它们拼成一个大的正八边形(图 7).

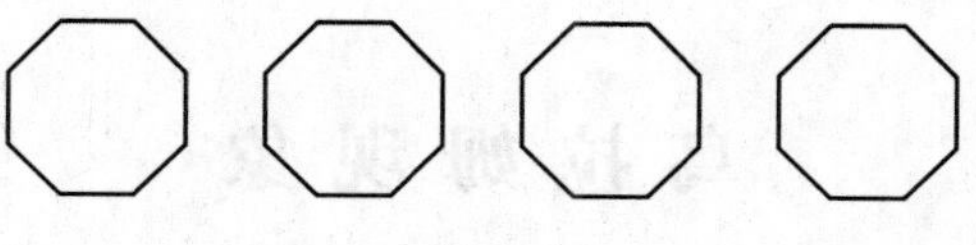

图 7

赵先生深思熟虑后给出一个巧妙的办法：将每个小正八边形都依图 8(a) 方式分成两块，然后可按图 8(b) 方式拼成一个大正八边形.

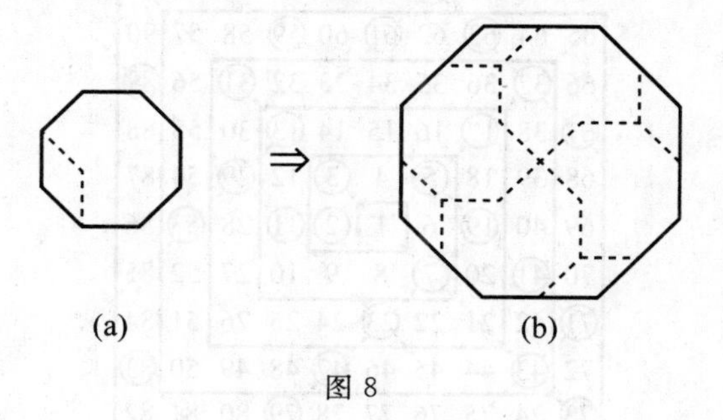


图 8

# 89 乌 拉 姆

乌拉姆(S. M. Ulam,1909—1984),美籍波兰数学家.1909 年生于利沃夫(第一次世界大战前属奥匈帝国).

11 岁已懂得相对论知识,15 岁掌握微积分、数论、集合论.在利沃夫高等理工学院数学系毕业时获博士学位,第二次世界大战期间迁居美国.在普林斯顿、哈佛、威斯康馨等大学任教.

他兴趣广泛,曾研究过控制论、电子计算机理论、数理生物学等.他是美国制造氢弹时在计算上的关键人物,他还是试验设计的重要方法——统计试验法的发明者.

1967 年,乌拉姆被聘为美国总统科学顾问委员会顾问,且当选美国科学院院士.

1984 年 5 月在美国病逝.

著有《数学与逻辑》《一个数学家的经历》等,另有论文 200 余篇,皆收入《集合、数和宇宙》《计算、计算机和人》《相似之间的相似》等文集中.

## 乌拉姆现象

一次,乌拉姆教授参加一个他不感兴趣的科学报告会,为消磨时间,他将数字 1,2,…,99,100 按图 1 方式写出来而成螺旋形状.

| 100 | 99 | 98 | 97 | 96 | 95 | 94 | 93 | 92 | 91 |
|---|---|---|---|---|---|---|---|---|---|
| 65 | 64 | 63 | 62 | 61 | 60 | 59 | 58 | 57 | 90 |
| 66 | 37 | 36 | 35 | 34 | 33 | 32 | 31 | 56 | 89 |
| 67 | 38 | 17 | 16 | 15 | 14 | 13 | 30 | 55 | 88 |
| 68 | 39 | 18 | 5 | 4 | 3 | 12 | 29 | 54 | 87 |
| 69 | 40 | 19 | 6 | 1 | 2 | 11 | 28 | 53 | 86 |
| 70 | 41 | 20 | 7 | 8 | 9 | 10 | 27 | 52 | 85 |
| 71 | 42 | 21 | 22 | 23 | 24 | 25 | 26 | 51 | 84 |
| 72 | 43 | 44 | 45 | 46 | 47 | 48 | 49 | 50 | 83 |
| 73 | 74 | 75 | 76 | 77 | 78 | 79 | 80 | 81 | 82 |

图 1

当他把其中的素数圈出来后惊奇地发现:图上所有素数均规则地分布在某些直线上.

散会后他利用电子计算机将 1 ~ 65 000 的数按上面要求打印出来时,也发现类似现象(图 2).这种现象被人们称为"乌拉姆现象".

数学家们从"乌拉姆现象"中还发现了素数不少有趣的现象.

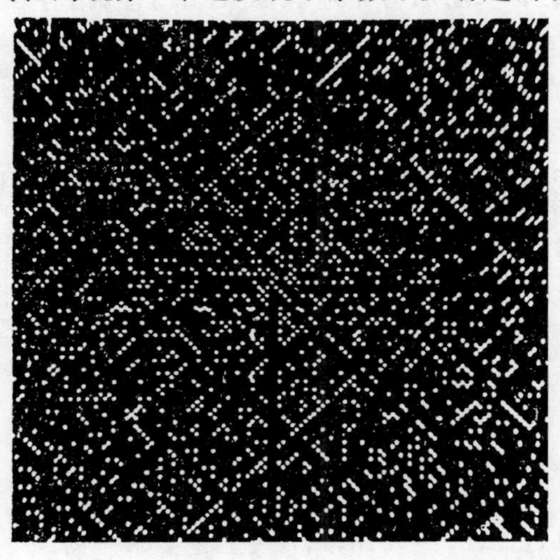

1 ~ 65 000 的素数(图中白点处)分布的乌拉姆现象

图 2

# 夹 数

乌拉姆一次外出旅行,由于天气炎热,车内乘客个个昏昏欲睡.乌拉姆拆开一只烟盒,又在其背面玩起他的数字游戏.

他在经过一番思考后写下下面一串数字

3 1 2 1 3 2

它们有什么特点?原来这些数中分别由两个 1,2,3 组成,而上面的排列有下述规律:

两个 1 之间夹有 1 个数,两个 2 之间夹有 2 个数,两个 3 之间夹有 3 个数.

他放下手中的笔闭目又思考一阵后写道

4 1 3 1 2 4 3 2

这四对数也恰好符合两个 1 之间夹 1 个数,两个 2 之间夹 2 个数,两个 3 之间夹 3 个数,两个 4 之间夹 4 个数.

但是接下去的情形令他失望,对于 1,1,2,2,3,3,4,4,5,5 来讲,他无论如何努力也没能找到符合前述规律的排列.当然他对于 1,1,2,2 这组数而言,也遇到了同样的麻烦.

他似乎意识到:这种麻烦并不偶然.

一下火车,他便一头扎进旅馆潜下心来研究后终于发现:

$n$ 对数 1,1,2,2,…,$n$,$n$,当 $n$ 为 $4k$ 或 $4k+3$ 型时,存在一种数字的排法使两个 1 之间夹 1 个数,两个 2 之间夹 2 个数……两个 $n$ 之间夹 $n$ 个数;而当 $n$ 为 $4k+1$ 或 $4k+2$ 型时,符合上述要求的排列不存在.

结论的证明并不十分复杂,这里用到了数的奇偶性.

**注** 对于 $4k+3$ 的情形,若是放在一个圆周上,且规定顺时针方向计算夹数,对于两个 3,两个 4,……,两个 9 可有如图 3 符合前面要求的排列.

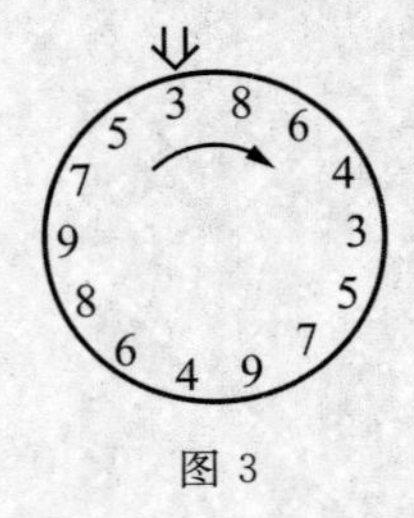


图 3

**问题** 请将 1,1,2,2,…,6,6,7,7 按上述要求排列.

# 90 角谷静夫

角谷静夫(Kakutani Shizuo,1911—2004),当代日本数学家,耶鲁大学教授.生于大阪府泉大津市.

1934 年毕业于日本东北大学,后进大阪大学深造,1941 年获博士学位.

1940 ～ 1948 年赴美国普林斯顿研究所工作,1949 年在美国耶鲁大学任教后回日本.

1982 年获日本学上院恩赐奖.

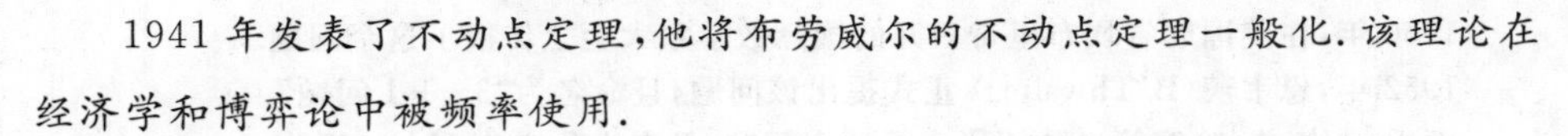

1941 年发表了不动点定理,他将布劳威尔的不动点定理一般化.该理论在经济学和博弈论中被频率使用.

他研究的领域很广,包括概率、泛函、方程、几何、拓扑与规划论等.

他有多部论著发表,代表作有《布劳威尔不动点理论的推广》《遍历论》《平稳高斯过程的谱分析》等.

## 角谷猜想

第二次世界大战前后,美国有一个叫叙古拉的地方流传着一种数学游戏,后来传到了欧洲,之后又被角谷带回日本,人称角谷游戏.游戏是这样的:

任给一个自然数,若它是偶数则将它除以 2;若它是奇数则将它乘 3 后加 1,……,如此下去,经有限次步骤后,它的结果必然是 1.

它又称“角谷猜想”,因为这个貌似简单的问题至今未能有人证明.尽管有人曾用电子计算机对 $1 \sim 7 \times 10^{11}$ 的所有整数进行核验无一例外.

有人还将上述游戏略加改造:

任给一自然数,若它是偶数则将它除以 2;若它是奇数则将它乘 3 后减 1,……,如此下去,经有限步骤后结果或是 1,或进入下面(图 1)两个循环圈之一.

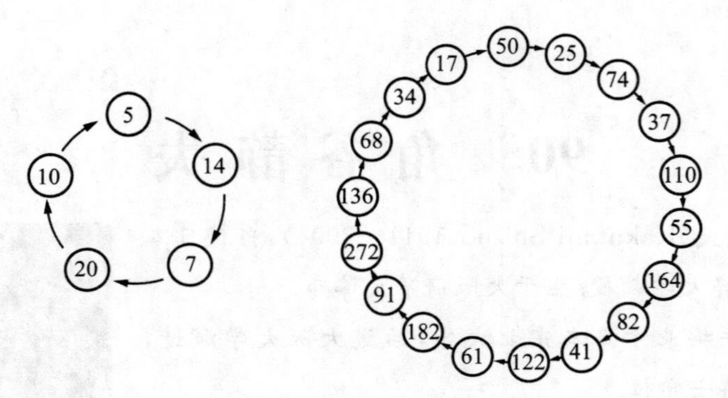


图 1

**注 1** 此问题又称 $3x+1$ 问题或卡拉兹(Callatz) 问题、赛拉丘萨(Syracuse) 问题、角谷问题、哈塞(Hasse) 问题、乌拉姆问题等.

据称 20 世纪 30 年代,德国汉堡大学的卡拉兹在 1932 年 7 月 1 日的笔记中写到与该游戏同构的图论命题.

1950 年,在美国麻省坎布里奇召开的国际数学家大会上传播了这个问题.

1952 年,恩韦茨(B. Thwaites) 正式提出该问题,且命名为"$3x+1$ 问题".

而后,卡拉兹、哈塞等也陆续研究了这个问题,且有人称之为 Hesse 算法.

1960 年,角谷向美国大学生传播了该问题,使之有"角谷猜想"的称谓.

乌拉姆在美国洛斯阿拉莫斯介绍、传播该游戏,人们称之为乌拉姆问题.

这个问题貌似简单,然而至今未能获证(日本数学家米田信夫对 7000 亿以内的数皆已核验无误),尽管已有数十篇论文发表. 也有数学家认为:在费马大定理获证后,$3x+1$ 问题将是最有冲击的一道数学难题,它也将会与"哥德巴赫猜想""黎曼猜想" 等齐名.

因算法无规律,一些貌似很简单的数如 27,它要经过 111 步才能得到 1,其峰值(运算中得到的最大的数) 是 9 232.

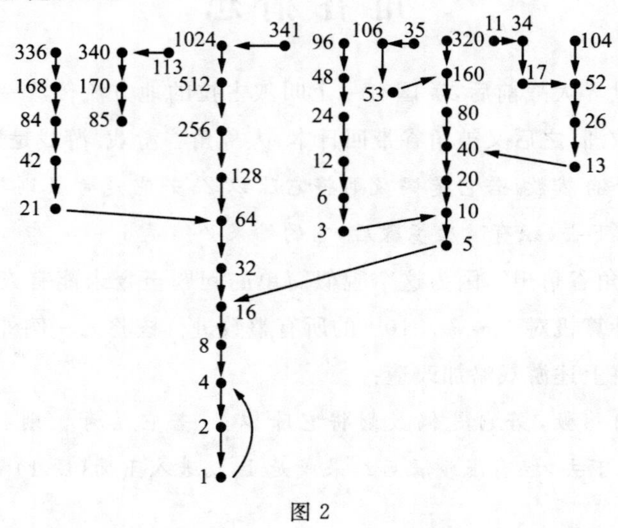


图 2

图 2 给出部分整数经上述运算后的走向.

**注 2** 人们广泛研究了整数环和有限域上的单变元 $x$ 的多项式环境下的类似问题时，问题已解决.

# 数字平方和后的漩涡

角谷除了上面的发现外(严格地讲他只是发现的传播者)，对于数字平方和运算也发现了一个有趣现象：

任给一个自然数，求其各位数字平方和，所得新数重复上面运算，经有限步后必为 1 或进入图 3 循环.

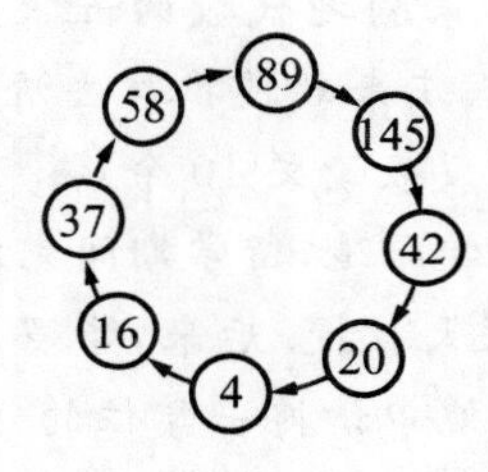


图 3

顺便讲一点，对于自然数求其数字立方和运算，经有限步后必为 1 或 407 或 153 或 370 或 371 或进入图 4 的循环之一.

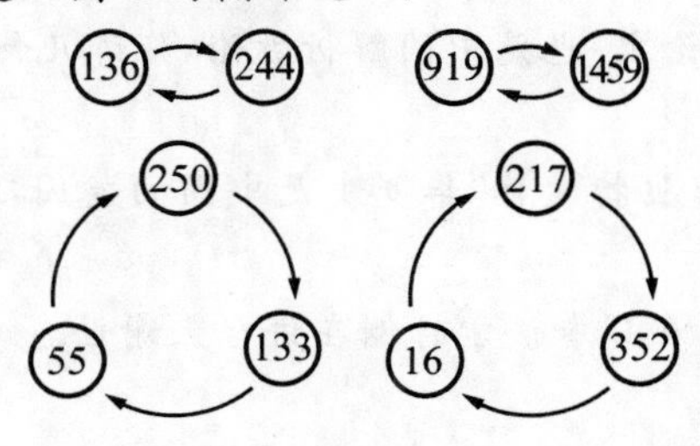


图 4

**注 3** 整数平方后的有些性质，看上去神奇，但当你细心分析后，会发现其中的奥妙所在. 比如数 $n = 12\ 890\ 625$ 与 $n^2$ 的 8 位尾数相同. 这只需注意到

$$n = 12\ 890\ 625 = 5^8 \cdot 33$$

$$n = 12\ 890\ 624 = 2^8 \cdot 5\ 083$$

$$n(n-1) = 10^8 \cdot (33 \times 5\ 083) = 10^8 \cdot q$$

$$n^2 = n + 10^8 \cdot q$$

故 $n^2$ 尾数(8 位) 与 $n$ 相同($n$ 也有 8 位).

# 91 华罗庚

华罗庚(1910—1985),我国当代著名的数学家,中科院院士,美国国家科学院外籍院士.江苏金坛(今属常州市)人.

初中毕业后因家境贫寒失学,由于刻苦自学,1930 年曾在数学杂志上发表论文《苏家驹之代数的五次方程式解法不能成立之理由》.后经熊庆来教授推荐去清华大学工作,他边工作边学习,4 年中发表论文 10 余篇.

1936 年,他去英国剑桥大学深造,留学期间完成11篇论文,1938 年回国后任西南联大教授.后来,华罗庚应邀去美国普林斯顿大学做研究员,且婉拒了校方希望他申请博士学位的劝勉.直到 1979 年,法国南锡大学授予他荣誉博士,华罗庚才有了比"初中毕业"更高的学衔.新中国成立后,一直在中科院数学所工作.

著有《堆垒素数论》《数论导引》《多个复变数典型域上的调和分析》等专著,发表 200 余篇学术论文.也是中国解析数论,矩阵几何,典型群,多复变函数等诸多领域的开拓者.

美国著名数学史家贝特曼称"华罗庚是中国的爱因斯坦."华罗庚堪称"中国现代数学之父".

1985 年 6 月 12 日在日本讲学时倒在讲台上谢世.

## 统筹安排

华罗庚在其科普名著《统筹方法平话》序中有这样一个问题:

某人想泡壶茶喝.当时的情况是:开水没有(烧开水 15 分钟),开水壶要洗(1 分钟),茶壶、茶杯要洗(各 1 分钟),还要找茶叶(2 分钟).怎样才能尽快地喝上茶?

显然有三种方案处理上述问题,但所花费总时间不等:

**办法甲** 洗好开水壶,灌上水烧,在等水开时,茶壶,洗茶杯、拿茶叶,等水开了泡茶喝.

**办法乙**　先做好一切准备工作:洗开水壶,洗茶壶、茶杯,拿茶叶,一切就绪后灌水烧水,坐等水开泡茶.

**办法丙**　洗开水壶,灌水烧水,坐待水开.水开后,再去洗茶壶、茶杯,找茶叶,泡茶.

这三种办法,只有办法甲最省时间.这个过程可用流程图1表示:

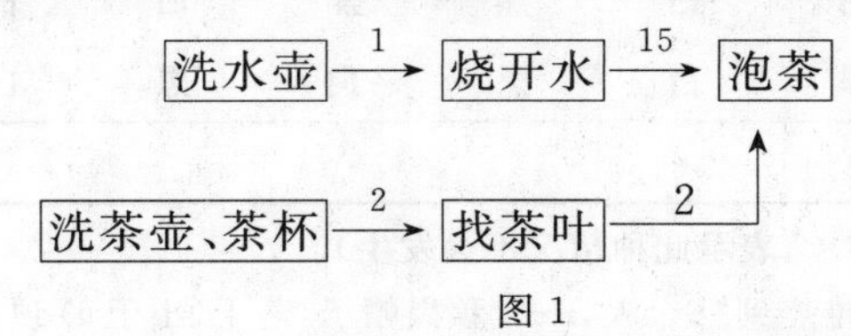


图1

**注**　这类问题是华罗庚教授针对五六十年代我国经济活动中普遍存在的管理和技术问题而提出的方法——优选法和统筹法——之一.

解决这类问题的方法如今已发展成为运筹学的一些分支,比如网络计划技术等.

# 帽子颜色(二)

华罗庚不仅是位数学家,也是一位教育家,他为青少年写过许多品位很高、深入浅出,又引人入胜的佳作,如《从杨辉三角谈起》《从祖冲之圆周率谈起》《从孙子的"神奇妙算"谈起》《数学归纳法》等等.下面的问题和解法摘自他的《数学归纳法》.

一位老师想辨别出甲、乙、丙三位学生中哪一个更聪明,他采用下面办法:准备五顶帽子,其中三顶是白色的,两顶是黑色的.老师让他们闭上眼睛,然后给每人头上戴一顶帽子,同时把两顶黑帽子藏起来.让他们睁开眼去判断自己头上戴的帽子颜色.

三个学生相互看了看,踌躇一会,便异口同声地说自己戴的是白色帽子.道理何在?

我们用{　}表示甲的想法,〔　〕表示乙的想法,(　)表示丙的想法.

甲想:{若我头上的帽子是黑色的,则乙会想:〔如果我头上戴的帽子是黑色的,那么丙会这样想:(甲乙两人都戴了黑帽子,黑帽子仅有两顶,则自己头上戴的帽子一定是白色的.)这样丙就会脱口而出地说他自己头上戴的是白帽子.但他为什么犹豫?可见自己〈乙〉头上戴的是白色帽子.〕如果这样,乙也会接下去说自己头上戴的是白色帽子.但他为何也要犹豫呢?可见自己〈甲〉戴的不是黑帽子.}

经过这样思考,于是三人都推测出自己所戴帽子的颜色.

**注1**　其实这个问题还可以通过表1来推断.

比如由丙不知情(暂未判断),乙不知情(暂未判断)可以推断甲帽子的颜色.

**表 1**

| | ① | ② | ③ | ④ | ⑤ | ⑥ | ⑦ |
|---|---|---|---|---|---|---|---|
| **甲** | 黑 | 黑 | 黑 | 白 | 白 | 白 | 白 |
| **乙** | 黑 | 白 | 白 | 黑 | 黑 | 白 | 白 |
| **丙** | 白 | 黑 | 白 | 黑 | 白 | 黑 | 白 |
| **结论** | × | × | × | | | | |

接下去可以继续分析("×"表示此种情况不会发生).

**注 2**　这个问题还可以推广到"$n$个人,$n-1$顶黑帽子,若干(小于$n$)顶白帽子"的情形.

**注 3**　这类推理性问题还有更难的推广(源自美国斯坦福大学的 J. McCarthy).

今有自然数 $m,n$,其中 $2\leqslant m\leqslant n\leqslant 99$. 又 $S$ 先生知该两数和 $s$,$P$ 先生知道该两数积 $p$,他们二人进行了如下的对话:

$S$:我知道你不知道这两个数是 $n$,但我也不知道.

$P$:现在我知道这两个数了.

$S$:现在我也知道这两个数了.

据上述题设及两人对话确定 $m,n$ 的大小.

答案是 $m=4,n=13$. 推断过程较为复杂.

# 蜂房问题

华罗庚在其科普名作《谈谈与蜂房结构有关的数学问题》一书中提出并解答了这样一个问题:

蜜蜂蜂房,筒为正六棱柱,顶是由三块同样的菱形搭成的(图 2),菱形的一个角为 $70°32'$,另一个角为 $109°28'$. 这是用同样材料建造最大容积的结构. 你能证明这一点吗?

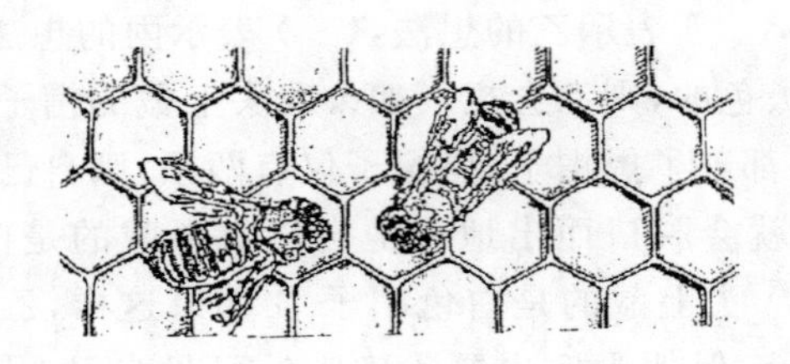

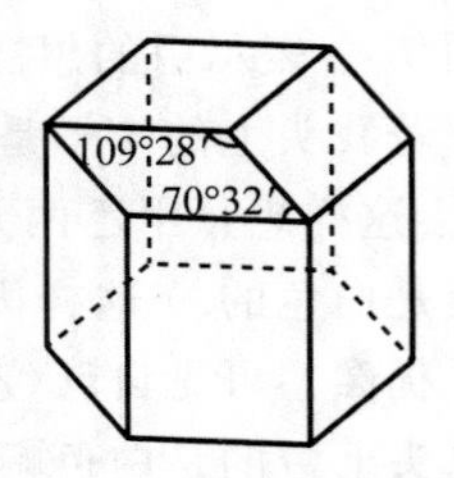


图 2

请见华罗庚著《谈谈与蜂房结构有关的数学问题》(北京出版社,1979 年).

**注**　该问题是法国学者马拉尔琪发现的.

法国物理学家列奥纽拉曾向瑞士数学家寇尼格(J. König)提出质疑，寇尼格算得的角度是 109°26′ 和 70°34′，与马拉尔琪的测量仅差 2′.

后来，曾发生了一次海难，经调查，是由于在船舶的设计中使用了错误的对数表所致；而寇尼格也是使用了同样的对数表，这才发现相差的 2′ 是由查错误的对数表所造成的. 换句话说：实测结果与理论上的数据丝毫不差.

难怪有人称赞蜜蜂是天才的建筑师.

蜂窝结构在现代工程(比如飞机发动机上)中应用广泛.

## 稻子叶面积公式

一次，华罗庚去农业科学院，专家们在计算水稻、小麦等作物叶子的面积(它对研究作物生长关系极大). 这本可以用专门仪器测量，也可用数学公式计算，但都很麻烦.

此前，印度数理统计学家伯塞提出了下面的计算稻叶面积的近似公式

$$S=\text{稻叶长}\times\text{宽}\div 1.2$$

它是由稻叶形状系大致由两个矩形和一个三角形组成(图 3)，从而

$$S\approx\frac{1}{2}\times\frac{1}{3}\times\text{长}\times\text{宽}+2\times\frac{1}{3}\times\text{长}\times\text{宽}=(\text{长}\times\text{宽})\div 1.2$$

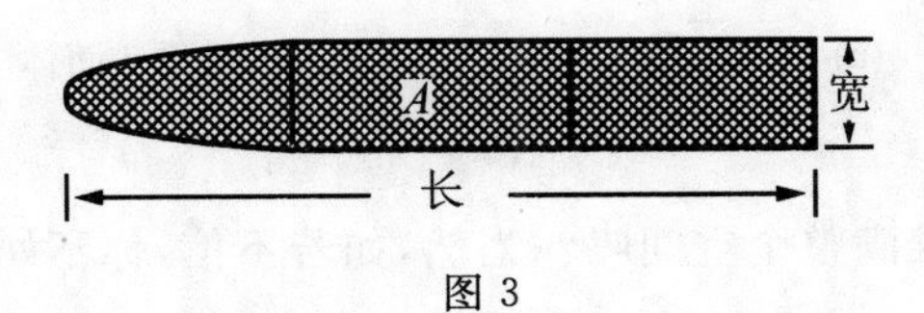


图 3

但是华罗庚仔细观察了我国的稻叶形状后发现：

稻叶在叶子长一半处便收尖了，这样对我国水稻叶子面积计算不能简单套用伯塞公式，而应修改为(它大致由一个三角形和一个矩形组成，如图 4).

$$S\approx\frac{1}{2}\times\frac{1}{2}\times\text{长}\times\text{宽}+\frac{1}{2}\times\text{长}\times\text{宽}=0.75\times\text{长}\times\text{宽}$$

图 4

这是 1980 年 8 月在美国旧金山召开的第四届国际数学教育会议上，华罗庚教授的题为“在中国普及数学方法的若干个人体会”报告中讲述的(他是会议的四个主讲人之一).

# 新颖的砖块

长方体状的砖是建筑上最常用的材料.对于砌墙来讲,只要交错摆放(图5),即可以经受风吹雨打,以及外力冲击.

但是在砌江、河、湖、海的大坝时,长方体的砖块往往不能胜任,因为大坝不仅要受上、下压力,还要承受左、右方向水的冲刷.

华罗庚教授经研究发现:截角八面体(即正八面体截去六个角后的几何体,如图6)形的砖最佳(其不仅能承受各个方向的力,且其表面积最小).

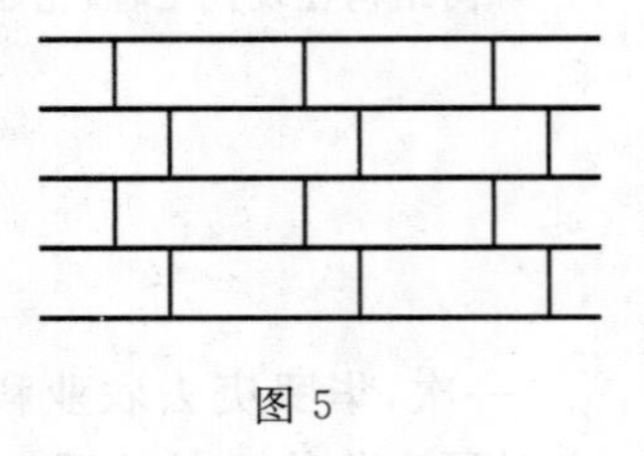
图5

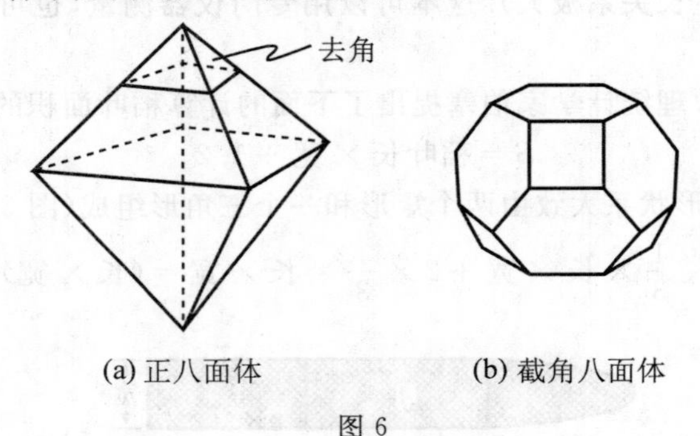

(a) 正八面体 (b) 截角八面体

图6

它能无缝隙地堆满整个空间吗?当然,如若不信,你不妨动手试试看.

# 神算揭秘

1974年,印度数学界出现了一则奇闻,黛维(Shakantala Devi)用28 s计算两个13位数之积,这两个数是随机抽取的,此举引起国际上的轰动.

据载,1981年4月7日欧洲核研究组织(CERN)的1912年出生于阿姆斯特丹的克莱茵(W. Klein)(美国报界称之为"数学魔术师"),要与计算机比赛开方运算,地点在日本东京筑波高能物理实验室.

一位教授先在黑板上写下了一个201位的大数(足足写了4 min):

916 748 679 200 391 580 986 609 275 853 810 624 831 066 801 443 086 224 071 265 164 279 346 570 408 670 965 932 792 057 674 803 067 900 227 830 163 549 248 523 803 357 453 169 351 119 053 965 775 493 400 756 816 883 056 208 210

161 291 328 455 648 057 801 588 067 711

此后教授宣布求其开 23 次的方根.

与此同时,赛场上克莱茵开始心算,计算机也开始运行.

18′17″,仅过了 18′17″,克莱茵便报出结果:546 372 891.

过了许久当计算机打印出同样的结果时,人们报以热烈而持久的掌声.

华罗庚见此报道后随即给《数学情报》杂志撰写一篇"天才与实践"的文章,文中不仅赞扬了前面那位女速算家,他还对克莱茵的计算原理进行剖析,华教授将该数先写成:

$$916\cdots711 \approx (9.167\ 486\ 792 \cdot 10^{16}) \cdot 10^{8\cdot 23}$$

然后将 $9.167\ 486\ 792 \cdot 10^{16}$ 用计算器开 23 次方,求得方根值约为 5.463 728 910,这样

$$\sqrt[23]{916\cdots711} \approx \sqrt[23]{9.167\ 486\ 792 \cdot 10^{16} \cdot 10^{8\times 23}} \approx 5.463\ 728\ 910 \cdot 10^{8} = 546\ 372\ 891$$

倘若女速算家遇上此对手亦会甘拜下风的.到底是一代数学大师.

# 92 陈　省　身

陈省身(1911—2004),美籍华裔数学家.

1911 年 10 月 28 日生于浙江嘉兴的一个职员家庭.9 岁时考入秀州中学附小五年级.

1922 年举家迁居天津.而后,陈省身进天津扶轮中学,当时他最喜欢的科目是数学.

1926 年考入南开大学数学系,1930 年毕业后考取清华研究院.1934 年研究院毕业后获公费留学,受教于德国汉堡大学的布拉史克,在那里研究几何,后经导师推荐去巴黎随几何学家嘉当工作一年.

1937 ～ 1943 年在西南联大任教,之后去美国普林斯顿研究院做研究员.

1946 年春天回国.1948 年再次赴美,而后在芝加哥大学任教,1960 年转伯克利加州大学,直到 1979 年退休.1984 年任南开大学数学所所长.

1961 年当选美国国家科学院院士,1975 年获美国国家科学奖,1983 年获沃尔夫奖,此外他还是英国皇家学会、法国科学院等的外籍院士.

陈省身数学研究领域广泛,对古典及近代几何研究均有重要贡献.发表论文 100 余篇,出版《复流形》《陈省身选集》等著作.

2004 年 12 月 3 日在天津病逝.

数学大师陈省身

# 13 球问题

大师陈省身不仅对现代几何有研究，他对古典几何中的许多问题均有兴趣. 中学时代，他就潜心攻读《三 S 几何学》，对书中的问题逐一演习，从而练就了严密的逻辑推理能力和较深的数学素养.

年逾八旬的陈先生，对于中国数学的发展极为关注，他不仅创建了南开数学所并亲任所长，同时还经常撰文，为中国数学发展献计献策.

他在 1997 年《科学》杂志上以"最近数学的若干发展和中国的数学"为题，撰文介绍当今数学发展的前沿与动向. 文中他谈及了"13 球问题".

该问题是 1694 年英国天文学家格雷高里与牛顿探讨天空中星球分布而引发的：

一个单位球能否与 13 个单位球相切?

牛顿认为至多为 12 个球. 这个问题可以换个说法：

单位球上能否有 13 点使其中任两点之间距离均不小于 1?

对于平面问题而言易证：平在上的单位圆至多有 6 个单位圆与之相切.

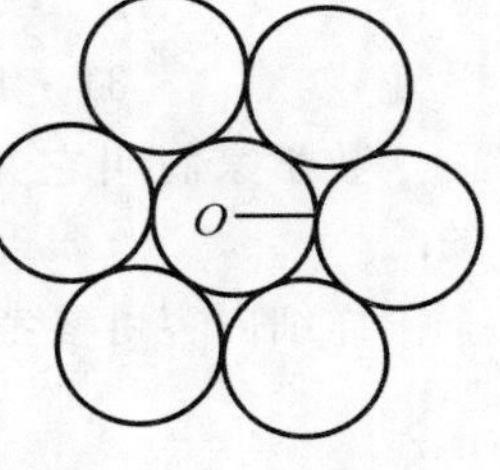

图 1

若单位球内接于正十二面体(它有 12 个顶点，20 个面，每个面皆为全等的正三角形)，可以算得其棱长为

$$2\sin[\cos^{-1}(2\sin\frac{\pi}{5})]=\frac{1}{5}\sqrt{50-2\sqrt{125}}=1.051\,4>1$$

这说明，单位球至少可与 12 个单位球相切.

但能否与 13 球相切的问题却始终未能有确切的答案.

1953 年，许特与范·德·瓦尔登证明了：单位球至多可与 12 个单位球相切.

1956 年，利奇又给出一个较简明的证法.

上述问题还有许多变形与推广(比如高维空间上的球相切个数问题).

# 单　群

1996 年 5 月 10 日应国家基金会邀请，陈省身在北京大学发表题为"中国的数学"的演讲. 他首先说：

"数学是一门演绎的学问：从一组公设经逻辑的推理获得结论. 因此结果是

十分坚强的.它会有用,这是可以想象的.但应用的广泛与深刻,则到了奇妙的地步,是非常理可以预料的了."

接下来他首先介绍了有限单群.

数学中有一个重要概念:群.若记 $G$ 为群,它是满足下列性质的代数系:

(1) 若 $x,y,z \in G$ 有 $(xy)z = x(yz)$;

(2) 有 $e \in G$ 使 $ex = xe = x$,$e$ 称为幺元;

(3) 对于 $x \in G$ 总有 $y \in G$ 使 $xy = yx = e$.

又 $H \subset G$ 称为子群,且对任何 $g \in G$,若 $g^{-1}Hg \subset H$,则称 $H$ 为正则的.这里 $g^{-1}$ 表示 $g$ 的逆元.

没有正则子群的群叫作单群.

汤普森(Feit-Thompson) 证明:单群元素的个数(即级)总是偶数.

有限单群的分类工作于 1981 年经几百位数学家 30 余年的努力而完成(证明分散在约 500 篇论文中).

现知的最大零星单群的级是

$$2^{46} \cdot 3^{20} \cdot 5^{9} \cdot 7^{6} \cdot 11^{2} \cdot 13^{2} \cdot 17 \cdot 19 \cdot 23 \cdot 29 \cdot$$
$$31 \cdot 41 \cdot 47 \cdot 59 \cdot 71 = 808\,017\cdots \approx 10^{54}$$

数学家们叫它为怪物,它是菲斯切(B. Fisch) 和格瑞斯(R. Griess) 发现的.

详细内容可参考有关"群论"的文献.

# 93 马丁·加德纳

马丁·加德纳(Martin Gardner,1914—2010),当代美国数学家和著名的数学科普作家,《科学美国人》杂志的编辑.1914 年 10 月 21 日出生.

1936 年,毕业于芝加哥大学哲学系.曾任《民友报》记者.

他以撰写趣味数学文章而闻名于世.有“数学园丁”、“数学传教士”的美称.

《科学美国人》杂志数学游戏专栏 20 余年的连载文章,使他成为“数学神庙的守护神”.

他多才多艺,除了数学,他在哲学、文艺等诸多领域均有建树.

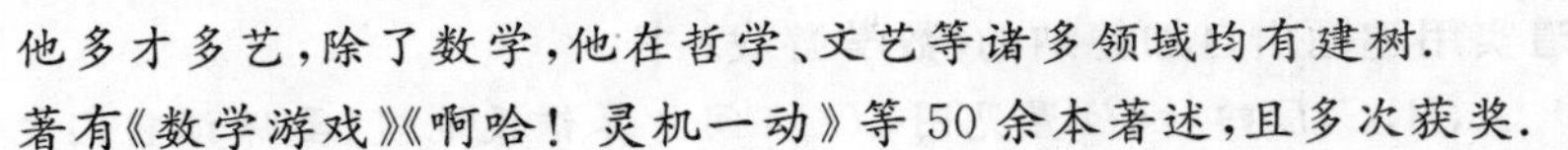

著有《数学游戏》《啊哈!灵机一动》等 50 余本著述,且多次获奖.

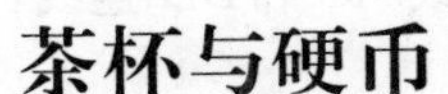

## 茶杯与硬币

这是一道如今称为“脑筋急转弯”的问题,它自身的喻义已经打了破人们传统的思维,而向着诡辩的方向发展.这也许正是“灵机一动”!

**题** 四枚硬币放在三个玻璃杯中,使每只玻璃杯中的硬币数都是奇数.

**解** 奇数个奇数和仍是奇数,因此,上面的问题似乎无解.但请你注意下面的解法 —— 将其中两只玻璃杯套起来(图 1),就找到答案了.

图 1

## 只动一只杯子

**题** 10 只玻璃杯排成一列,其中有 5 只装满饮料(图 2).

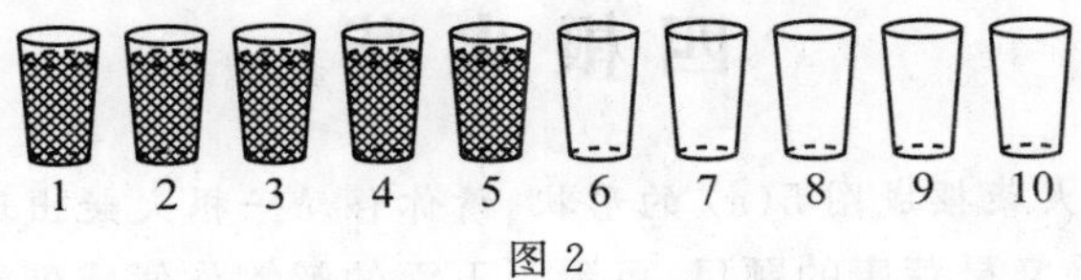


图 2

只动其中两只杯子，而使装饮料的杯子与空杯子相互隔开．你能办到吗？

乍看上去似乎又是不可能的问题，且慢下结论，请看下面的解法．

**解** 只需将第 2，4 号杯中饮料倒入第 7，9 号杯中即可（图 3）．

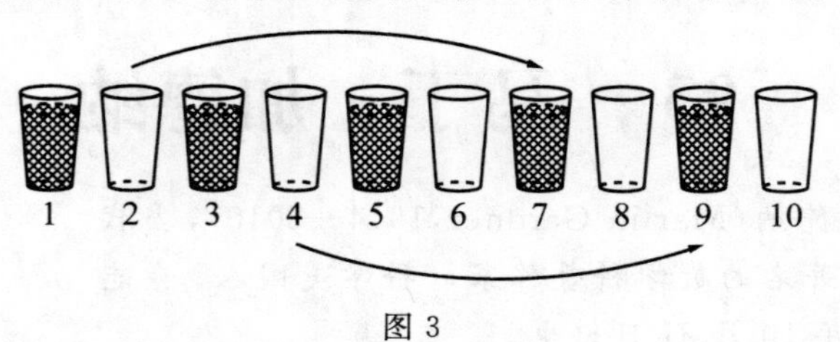


图 3

看后你也许会大呼“上当”！其实不然，请你仔细体会一下原题文字．

## 架设电线

这道实用趣题出自加德纳的《数学游戏》书：

**题** $A,B,C,D$ 四村（位置见图 4(a)）间打算铺设电缆（要保证它们之间互通），最节省的铺设方法是怎样的？

**解** 乍一想似乎是对角线 $AC$ 和 $BD$ 连线，实际上不然，图 4(b) 的架设方法最优（节省）．

请你自己验证一下．

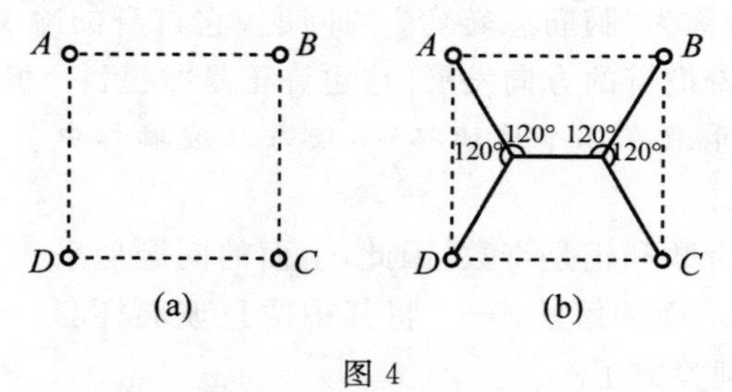


图 4

顺便一提：这个问题与所谓“斯坦纳比”问题有关，该问题我们已在前面介绍过．

## 四根火柴

**题** 四根火柴摆成图 5(a) 的形状，请你移动一根火柴出现一个正方形？

乍一看似乎又是荒唐的题目，可看了下面的解答你便感到无可挑剔．

**解** 注意原来火柴的摆放(图 5(a)),显然有空子可钻.将其中一根按图 5(b) 箭头方向移动一下,在四根火柴杆之间便形成了一个小正方形.

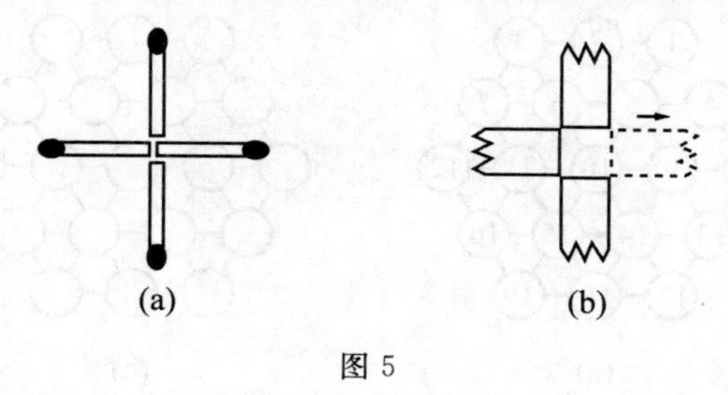


图 5

# 幻六角形

1962 年末,美国一个名叫亚当斯(Adams)的铁路职员寄给加德纳先生一个六角幻方:

将 1 ~ 19 填入图 6(a),使图中每条直线上的数字之和均相等.

加德纳觉得问题很奇巧,便将它寄给数学家图灵(Turrig).

经图灵研究发现:六角幻方只存在两层的(以小正六边开为一层),两层以上的不存在(1969 年,滑铁卢大学的一位二年级学生阿莱尔(Aleir)给出一个巧妙的证明),同时,六角幻方只此一种!

你能把它填出来吗?试试看.解答见图 6(b).

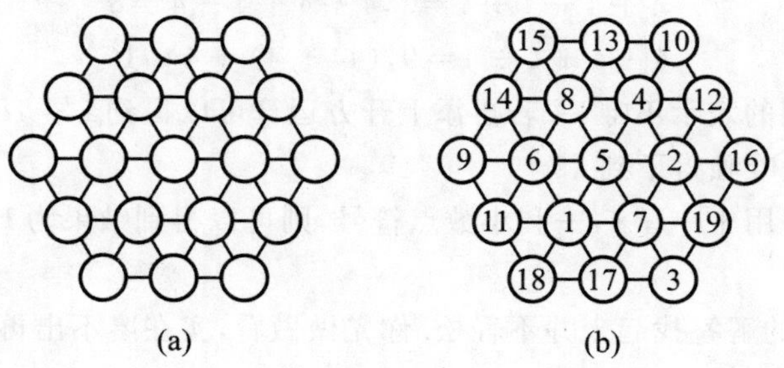


图 6

**注** 此幻方被亚当斯寻找了 47 年,那是 1957 年他因病住院时找到的,可出院后却忘记了,5 年后他又重新得到.

**问题 1** 将 1 ~ 19,这十九个数填入六角形诸圆圈处后,图中粗线所绘大、小两正六边形各顶点数和皆恰好为 60:$1+3+12+19+17+8=60$,且$5+6+11+15+14+9=60$,此外大正六边形诸边中点数和亦为 60(注意到$2+7+16+18+13+4=60$).

请你调换图中6个数字后,使图7(b)中所有小正六边形(共有7个)诸顶点处的数字和皆为60.

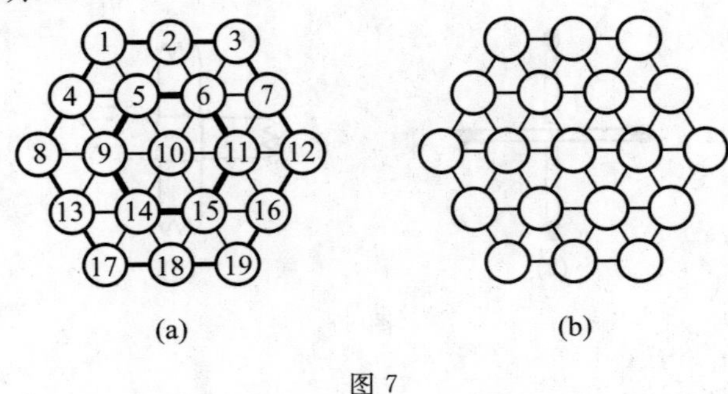


图7

# 四个4组成19

下面的问题出自加德纳的《啊哈! 灵机一动》一书.

**题**　用4个4和+,-,×,÷四种运算符号,可以组成结果为1~10的算式,比如

$$44\div 44=1, 4\div 4+4\div 4=2$$
$$(4+4+4)\div 4=3, 4\times(4-4)+4=4$$
$$(4\times 4+4)\div 4=5, 4+(4+4)\div 4=6$$
$$4+4-4\div 4=7, 4+4+4-4=8$$
$$4+4+4\div 4=9, (44-4)\div 4=10$$

当然它们的表示不唯一.若再添上开方运算可以得到1~18和20的结果,令人不解的是唯独得不到19.

如果允许用+,-,×,÷和小数点符号,则可以得到结果为19的算式.如何布列此式?

其实,它的解答找起来并不轻松.你先做做看,实在凑不出再看答案.

**答**　$(4+4-0.4)\div 0.4=19$.

**注1**　对于1~9的任何数字$k$,用上算式均可得到19

$$(k+k-0.k)\div 0.k=19\ (k=1,2,\cdots,9)$$

**注2**　如果允许用阶乘号$n!=1\times 2\times 3\times\cdots\times n$,则还可有

$$4!-4-4\div 4=19$$

我国著名的数学教育家许莼舫先生运用了循环节

$$0.\dot{4}=0.444\,444\cdots$$

得到算式

$$(4! \div \sqrt{4} + \sqrt{0.\dot{4}}) \div \sqrt{0.\dot{4}} =$$

$$(4 \times 3 \times 2 \times 1 \div 2 + \frac{2}{3}) \div \frac{2}{3} = 12\frac{2}{3} \div \frac{2}{3} = 19$$

**注 3** 用数字及运算符号组成整数的问题，曾引起不少学者的注意和兴趣，比如英国剑桥大学的露斯鲍尔(Rusboll)、计算机专家唐纳德·克努特(D. E. Knuth)等，都对此问题作过专门研究.

**注 4** 用 4 个 4 表示 71,73,85,89 和 99 的算式

$$\frac{4! + 4.4}{.4} = 71, \frac{\sqrt[.\dot{4}]{4} + .\dot{4}}{.4} = 73 \quad (\text{注意} \sqrt[.\dot{4}]{4} = 4^{\frac{5}{2}} = 32)$$

$$\frac{4!}{.\dot{4} \times \sqrt{.\dot{4}}} + 4 = 85, \frac{4! + \sqrt{4}}{.4} + 4! = 89$$

$$4 \times 4! + \sqrt{\frac{4}{.\dot{4}}} = 99$$

**注 5** 关于 4 个 4 的算式使用不同运算符号可以获得数情况如表 1:

**表 1**

| 允许使用运算符号 | 可表达数的范围 |
|---|---|
| $+, -, \times, \div, \frac{1}{1}$,小数点,括号 | $1 \sim 21$ |
| 增加 $\sqrt{\ }$ | $\leqslant 30$ |
| 增加阶乘! | $\leqslant 112$ |
| 增加指数,有限次开方 | $\leqslant 156$ |
| 增加指数,引进次阶乘* | $\leqslant 877$ |

* 所谓次阶乘系: $4!\left(1 - \frac{1}{1!} + \frac{1}{2!} - \frac{1}{3!} + \frac{1}{4!}\right) = 4^!$.

**问题 2** 请给出用两个 4 两个 6 表示 24 的算式.

# 相继素数幻方

加德纳对幻方有着深刻的研究，他见过也亲手制作了一些特殊幻方，然而一种相继素数幻方(全部由相继素数组成的幻方)却始终困惑着他，迫于无奈，他将此问题公开征解.

一位名叫尼尔森(Harry Nelson)的美国人，利用电子计算机终于找到了这种幻方——3 阶相继素数幻方(图 8)，他一共找到了 22 种，其中幻和最小的一个是(幻方中打头的是 1 480 028 141，最后一个(第 9 个)是 1 480 028 213)：

| ~ 201 | ~ 129 | ~ 183 |
|---|---|---|
| ~ 153 | ~ 171 | ~ 189 |
| ~ 159 | ~ 213 | ~ 141 |

“~”代表图中诸十位数的前七位数字 1 480 028

图 8

**注 6** 1979 年 11 月，日本人寺村周太朗经过长期探索，构造出一个 10 阶相继素数幻方，且其中还包含一个 4 阶相继素数子幻方(图 9).

| 169 | 23 | 137 | 431 | 373 | 329 | 521 | 179 | 401 | 251 |
|---|---|---|---|---|---|---|---|---|---|
| 443 | 227 | 173 | 419 | 491 | 263 | 523 | 113 | 181 | 29 |
| 277 | 31 | 191 | 409 | 349 | 571 | 499 | 109 | 157 | 269 |
| 281 | 241 | 211 | 367 | 509 | 433 | 383 | 199 | 131 | 107 |
| 127 | 163 | 257 | 457 | 397 | 461 | 389 | 239 | 223 | 149 |
| 151 | 193 | 233 | 503 | 467 | 479 | 271 | 229 | 139 | 197 |
| 283 | 563 | 347 | 47 | 67 | 83 | 79 | 337 | 463 | 593 |
| 421 | 541 | 317 | 103 | 71 | 43 | 59 | 311 | 547 | 449 |
| 359 | 293 | 557 | 73 | 101 | 61 | 41 | 577 | 313 | 487 |
| 353 | 587 | 439 | 53 | 37 | 89 | 97 | 569 | 307 | 331 |

图 9

大幻方素数从 23 开始至 593，幻和为 2 862，小幻方素数从 37 开始至 103，幻 $T$ 为 276.

# 房间号码

加德纳在夏威夷参加国际拓扑学大会时与不可思议的“矩阵博士”(加德纳笔下的一个主人公) 在檀香山一所豪华的五星级宾馆不期而遇.

“博士先生，见到您真是太高兴了. 您住在多少号房间？”

“我同样很高兴，加德纳先生. 我住的房间号码很有意思：它是三位数，且恰好是完全平方数.”博士说.

“啊！太巧了！我住的房间号码也如此！”

当他们俩把各自的房间号码写出来，且排成图 10 形状时，两位学者竟都惊呆了！太奇妙了！这个数阵中每行(自上到下) 两数组成的两位数也全是完全平方数！

请问:他们各自房间的号码是多少?

稍加推算我们知道他们的房间号码分别是 841 和 196. 请看图 11.

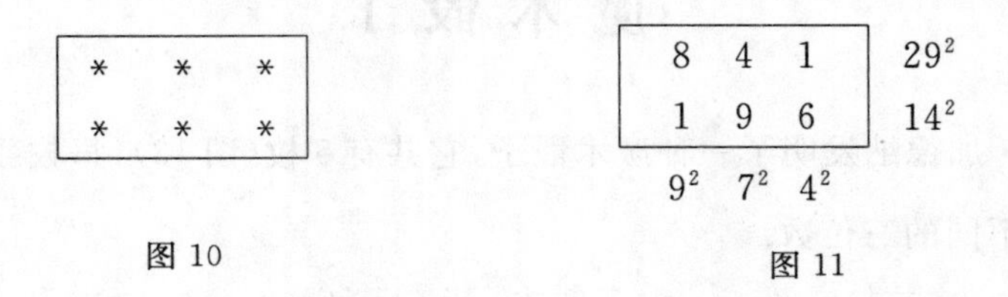


图 10　　　　图 11

顺便指出:本题仅有上面一组解.

# 骰子魔术

马丁·加德纳在他七十寿辰的生日宴会上,表演了精彩的骰子魔术:

拿一枚骰子放在桌面上. 如朝上的面上的点数为奇数,则将它向前翻转一面(转四分之一转);若它是偶数,则将它向右翻转一面.

加德纳背朝桌子,让宾客按上面规则翻动骰子,每翻一次大家齐声喊"转!",且骰子出现一点时,必须齐声喊"么!"

几次"么"声下来,加德纳丝毫无差地说出下一次翻转后骰子面朝上的点数.

"真神!"宾客们个个投出奇异的目光.

其实骰子上刻点是有规定的,当出现"么"之后,由于其他面的位置不同,下次翻转会有不同的点数,然而全部情形充其量仅有四种可能.

无论哪种情况经几次翻动后,规律便出现了,点数依次是(图 12):

1,2,3,6,5,4,1,2,3,6,5,4,1,…

奥妙原来在此!

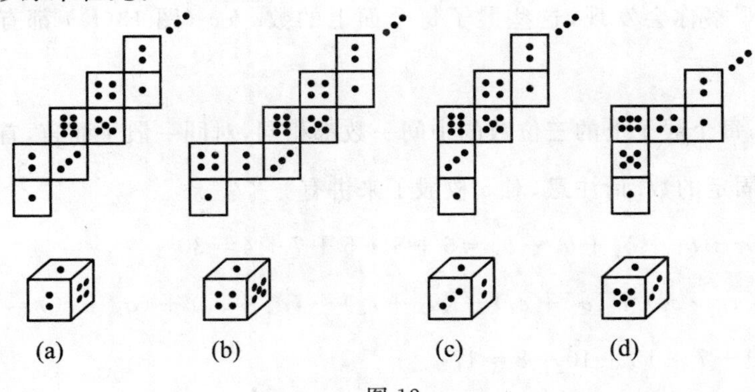


图 12

# 魔术骰子

马丁·加德纳发明了一种魔术骰子，它共有 5 枚(图 13)，每枚颜色不一，且上面刻着不同的三位数.

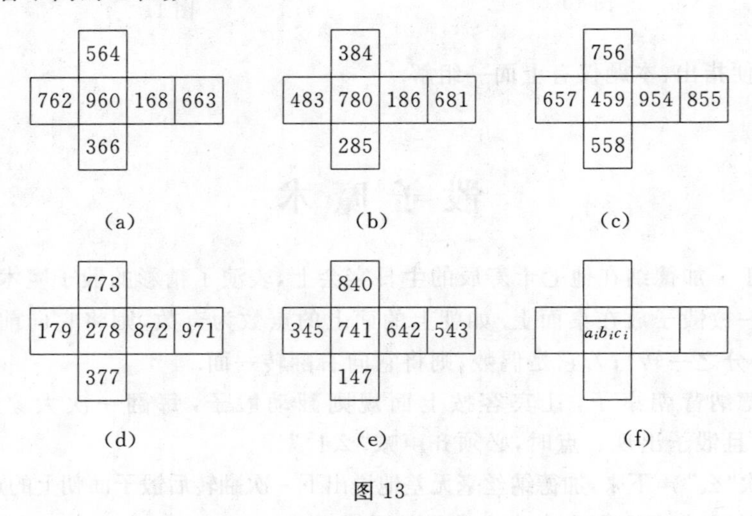


图 13

你随意掷这 5 枚骰子，加德纳只需看一下它们朝上的点数后，便可立即说出它们的和.

5 枚骰子掷后(由于它们上面的数字不一)所出现的不同数字组合有 $6^5=7\ 776$ 种，加德纳何以能记住这些数字？

仔细观察你会发现，这些骰子每个面上的数$\overline{a_ib_ic_i}$(图 13(f))都有一定规律：

首先，每个骰子上的三位数的中间一数都相同，对同一骰子而言，首末两数之和均为固定的数. 请注意，对 5 枚骰子来讲有

$$\begin{cases}b_1+b_2+b_3+b_4+b_5=6+8+5+7+4=30\\(a_1+c_1)+(a_2+c_2)+(a_3+c_3)+(a_4+c_4)+(a_5+c_5)=\\9+7+13+10+8=47\end{cases}$$

再注意下面算式

（令 $c=c_1+c_2+\cdots+c_5$，$a=a_1+a_2+\cdots+a_5$）

$$\begin{array}{rccc} & a_1 & b_1 & c_1 \\ & a_2 & b_2 & c_2 \\ & \vdots & \vdots & \vdots \\ + & a_5 & b_5 & c_5 \\ \hline & & & \boxed{c} \\ & \boxed{3\ \ 0} & & \\ \boxed{a} & & & \\ \hline \boxed{a+3} & \boxed{c} & & \end{array}$$

… 个位数字和

… 十位数字和

… 百位数字和

这里 $a=47-c$，因而 $a+3=50-c$. 由此只需算出 5 个骰子上末位数字和，便可轻易地算出这五个三位数和.

比如 5 个骰子上数分别为 960，780，459，741 和 278，由于

$$c=0+0+9+1+8=18, a+3=50-c=50-18=32$$

从而知这五个数之和为 3 218.

## 公平分配

加德纳问他的一位朋友：一块面包两人分，怎样做才能相对公平？

“均分！”那位朋友似乎不加思索地答道.

“如何才称得上‘均分’？”加德纳追问道.

那位朋友听后仔细一想，开始感到问题有些严重与复杂.

过了好一阵，加德纳说：“假设两位是 $A$，$B$，那就请 $A$ 先从面包上切下自己认为能接受的一半，若 $B$ 无异议（认为 $A$ 分割合理或认为那部分少于一半），则二人公平分配完毕；若不然，$B$ 认为 $A$ 切给自己的那块大于一半，则他可从中切下少许，若 $A$ 无异议则分配完毕.”

“若 $A$ 还有不同意见呢？”朋友问道.

加德纳接着说：“可以继续上面的步骤，直到另一方满意为止.”

“若三个人分一块面包，如何才能做到意念上的公平？”朋友又问.

“方法仿上，先解决一个人的分配，余下来的问题即化为两个人的情形了.”

请你想一下如何去先解决一个人的那份.

# 有趣的数阵

马丁·加德纳设计了一个 $6\times6$ 的数阵(数阵中所填数字为 $1\sim36$).

无论你怎样圈上 6 个既在不同行、又在不同列的数,则其和必总为 111(比如图 14(a) 中 $30+32+15+1+11+22=111$).

乍看上去似乎有些迷惑人,但仔细一分析你会恍然大悟,图 14(a) 实际是图 14(b) 经过行、列的调换而得,它又可改写成图 14(c) 形状.

| 28 | 26 | ㉚ | 27 | 29 | 25 |
|---|---|---|---|---|---|
| 34 | ㉜ | 36 | 33 | 35 | 31 |
| 16 | 14 | 18 | ⑮ | 17 | 13 |
| 4 | 2 | 6 | 3 | 5 | ① |
| 10 | 8 | 12 | 9 | ⑪ | 7 |
| ㉒ | 20 | 24 | 21 | 23 | 19 |

(a)

| 1 | 2 | 3 | 4 | 5 | 6 |
|---|---|---|---|---|---|
| 7 | 8 | 9 | 10 | 11 | 12 |
| 13 | 14 | 15 | 16 | 17 | 18 |
| 19 | 20 | 21 | 22 | 23 | 24 |
| 25 | 26 | 27 | 28 | 29 | 30 |
| 31 | 32 | 33 | 34 | 35 | 36 |

(b)

| 1 | 2 | 3 | 4 | 5 | 6 |
|---|---|---|---|---|---|
| 6+1 | 6+2 | 6+3 | 6+4 | 6+5 | 6+6 |
| 12+1 | 12+2 | 12+3 | 12+4 | 12+5 | 12+6 |
| 18+1 | 18+2 | 18+3 | 18+4 | 18+5 | 18+6 |
| 24+1 | 24+2 | 24+3 | 24+4 | 24+5 | 24+6 |
| 30+1 | 30+2 | 30+3 | 30+4 | 30+5 | 30+6 |

(c)

图 14

从图 14(c) 容易地看出:从既不同行又不同列中任取 6 个数和总是(即对角线上诸数和,这里将每个数分开写)

$$(0+6+12+18+24+30)+(1+2+3+4+5+6)=111$$

这便是从图 14(a) 任取不同行、列 6 个数之和为定数的奥妙所在.

# 玛波尔小姐的难题

玛波尔是一家电视智力栏目的主持人.一次她问加德纳先生下面一个问题:

$A,B,C$ 三个碗中有一个扣着一枚小球(图15).你先猜哪个碗中扣着球.

图15

比如你先猜了碗 $A$ 扣着球,由于 $B,C$ 两碗至少一个未扣着球,玛波尔小姐(当然她知道哪个碗扣着球)将其中一个未扣球的碗掀开.

此后你面临两种选择:① 坚持原来的方案不改;② 重新选择 $B,C$ 中未被掀开的那个碗.

请问:情况 ①,② 中哪种选择猜中的概率较大(或相同).

乍一想,两种情况猜中的概率似乎相同(都是$\frac{1}{3}$),其实不然,即后者 ② 猜中的概率要大些,不信你可以试试看.

马丁·加德纳甚至认为后者猜中的概率为$\frac{2}{3}$,前者为$\frac{1}{3}$,严格地讲这是不妥的.

**注**　该问题与所谓"条件概率"有关.因为后者猜时,已知某碗下无球,在此条件下再猜,猜中的概率比前者大.

这个问题有人利用概率知识认真计算后发现后者猜中的概率确实较大.

另外原问题提法为"车库猜车",后改为"猜扑克",但数学含义均相同.

**附注**　马丁·加德纳不愧为游戏大师,他不仅对西方游戏精通,对东方游戏亦然.比如我国的"捉放曹"又称"华容道"游戏,加德纳在走步上创下步法最少的纪录.下面是《科学美国人》杂志上的一段文字,这里摘抄如下(文字略有改动):

**华容道游戏与加德纳的纪录**

华容道游戏原于我国"幻方"游戏,初为"重排九宫"游戏,华容道游戏于元代传入西方,西方人加以改造变成移动十五块,此外在我国也被改造为移动十块.

华容道基本布局(横刀立马布局)的最少步法为85步;后来清水达雄找出更少的步法为83步.加德纳又进一步把它减少为81步.此后,至今还未曾见到打破这一纪录的报道(此纪录已被电子计算机验证).

20世纪80年代中期,在我国曾有《中国少年报》等五种刊物先后举办过三次华容道游戏的有奖比赛,共列出"横刀立马"等八种布局,即开始时各不同棋子位置(图16),征求最少步法的答案.《电视周刊》上就曾登载过有人声称打破了马丁·加德纳的 81 步纪录,但后来被确认是不同的布局.

华容道游戏的布局如图 16,棋盘有 20 个方格,上面有大小不等的 10 个棋子,共占去 18 个方格,只有两个空的方格作为活动的余地.所有棋子只能利用这两个空格在棋盘的平面上平移而不得跳越其他的棋子,当然也不得越出边框.

游戏的目标是要把最大的一个棋子(即 $A$,占 4 格)移到最下部的中央出口处.

为了用最少的步数达到目的,显然必须最合理地运筹所有的棋子,由于形状不同的棋子互相阻塞,使得本游戏具有相当大的难度.

国际上公认这类问题很难用数学方法来解决,其中的"横刀立方"就是马丁·加德纳等人所研究的基本布局.后来,又衍生出许许多多新的布局.图 16 给出其中几个例子.

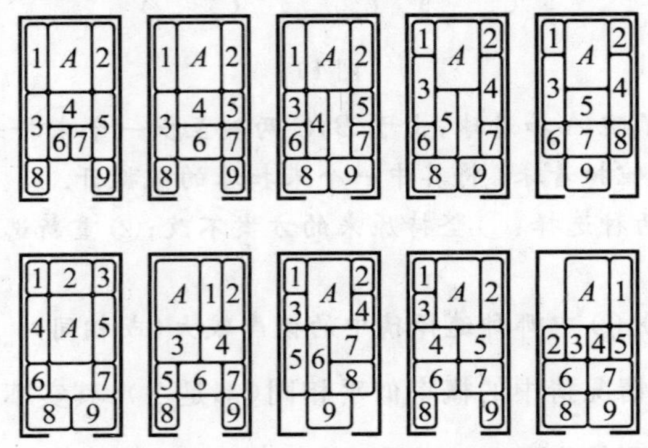

图 16　国内外一些华容道布局的例子

后经计算机验,马丁·加德纳的 81 步纪录为最少的步法.

# 94　曼德布罗特

曼德布罗特(B. B. Mandelbrot,1924—2010),当代美籍法国数学家,分形理论的创始人.

1924年生于波兰华沙,父亲为商人,母亲是名牙医.少年时代仅受过不太正规的教育.他曾在大学里教过书,也曾在公司里当过工程师.

1960年,曼德布罗特到哈佛大学讲学时,曾发现经济模式中高低收入分布图与棉花价格波动图几乎一模一样,这说明大量无序数据中存在一种有序规律.

20世纪60年代,曼德布罗特在研究海岸线长度问题时提出一个惊人的论点:任何一段海岸线长皆为无穷大.此后他又研究了大量类似问题,并于1973年在法兰西学院首次提出了划时代的数学新概念:分数维,从而创立了一门崭新的数学分支——分形.它被视为是20世纪70年代科学上的三大重要发现之一.1977年出版了《分形:形成、机率和维数》一书.

如今,分形理论已在物理、化学、生物、材料、气象,乃至经济领域均有重要应用.

## 海岸线长

20世纪60年代初期,曼德布罗特常被数学中的某些"怪"曲线弄得不知所措,终于他在一篇"大不列颠海岸线有多长?"的文章中提出了自己的困惑与见解.

其实,这个似乎不是问题的问题,回答起来并不令人轻松.试想:你除了能给出如何估算的方法性描述(或结论)外,真的无法给出确定的答数.

原因是:通常人们认为的海岸线长,只是在某个标度下的度量值,从图1可以看出:当标度为$\lambda_1,\lambda_2,\lambda_3$时,这时所得到的海岸线长是不同的($\alpha_1,\alpha_2,\alpha_3$为该标度下剩余的尺寸),同时我们还发现:标度越细小,海岸线长度值越大.

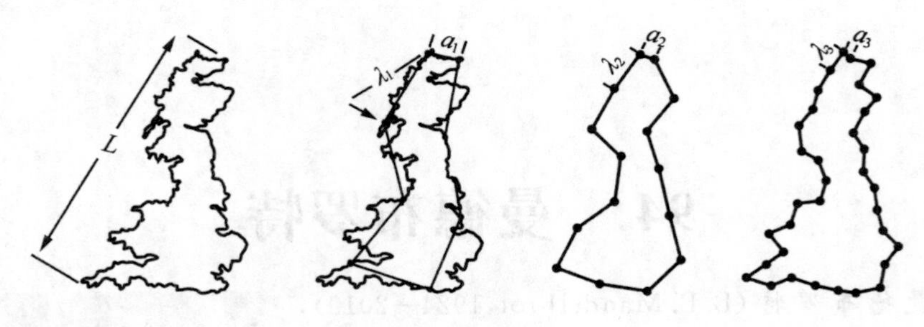


图 1

曼德布罗特由此得出：任何一段海岸线的长度都是无穷大！而通常人们谈论的海岸线长只是在某种标度下的度量值.

这个事实乍听起来确实令人难以接受，但它又是千真万确的.

## 雪花曲线

曼德布罗特为了解释“海岸线长”问题，想到了数学中的著名曲线——由科赫(H. von Koch)发明的、与雪花形状有关的曲线. 它是这样构造的：

将一条线段三等分(图 2(1))；去掉其中间的一份，换上以此份长为边的等边三角形的两条边(图(2))；然后在每段线段(这时有 4 段)上重复实施上述变换(见图 2(3))…… 这样不断变换下去，最后所得曲线称为科赫曲线.

(a)

(b)

(c)

(d)

(e)

图 2

当然，如果开始便在等边三角形的三条边上实施上述变换(图 3)，那么，这样下去所得到的曲线便是科赫雪花曲线.

它的周长无穷大，但它所围部分面积却是有限的.

图 3

**注** 经严格计算可知：雪花曲线周长(原线段长为 $a$)

$$3a \cdot \left(\frac{4}{3}\right)^n \to +\infty$$

其面积

$$\frac{\sqrt{3}}{4}a^2\left(1+\frac{1}{3}+\frac{1}{3}\cdot\frac{4}{9}+\cdots\right)\to\frac{2}{5}\sqrt{3}\,a^2$$

# 皮亚诺曲线

长期困惑曼德布罗特的另一个例子是:1890 年由皮亚诺(G. Peano) 发明的曲线 —— 可以把平面完全覆盖的曲线,它是当时皮亚诺研究其他数学问题时提出的,它的构造方法可以从图 3 中看出.

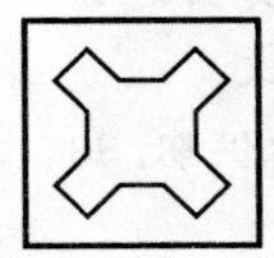  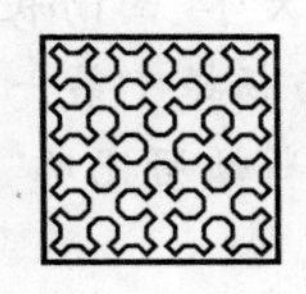 …

图 3

说得具体些:它是在一个正方形内每次将一个“ ”形加密所得,即一分为五(中间连通).

这样不断地加密下去,将构造出一条可以填满全部正方形的曲线,也就是说:此曲线在正方形内“无处不到”.

曼德布罗特还研究了其他一些这样的“怪曲线”,他分析了它们的共同属性后,从中抽象出一种全新的数学概念 —— 分形(分数维数),这里总结与抽象是得以取胜的关键.

换言之,无论是大不列颠地图,还是雪花曲线或皮亚诺曲线,它们的维数不是整数,而是分数(或小数),比如雪花曲线的维数是 1.261 9.

# 95 李 政 道

李政道(1926—),美籍华裔物理学家,美国国家科学院院士.祖籍江苏苏州,1926年11月24日生于上海.

他曾就读于浙江大学、西南联大等.20岁去美国芝加哥大学留学.两年后与杨振宁第一次合作发表论文.

他曾先后在普林斯顿研究所、哥伦比亚大学供职.30岁时被聘为教授.

1956年,与杨振宁(1922—)一起推翻物理学中“宇称守恒定律”.1957年,他们共同获得诺贝尔物理学奖.此外他还有获有伽利略奖、爱因斯坦科学奖等诸多奖项.

1986年,他创办了中国高等科学技术中心并担任主任.2006年起任北京大学高能物理研究中心(他倡导建立的)主任.

主要著作有《粒子物理和场论引论》《对称,不对称与粒子的世界》《宇称不守恒三十年》等.

## 五猴分桃(二)

20世纪80年代初,中国科技大学在全国早慧少年中招收少年班学员,这些来自四面八方的小“神童”们深受李政道博士的喜爱.一次座谈会上李博士即兴向小学员们提出下面一个问题:

今有桃若干,将它们分成五等份时,正好多一个,取出其中一份又一个,将余下部分再分成五等份时,又恰好多一个…… 如此下去,到第五次分时,仍是五等份且多一个.试问桃子至少有多少个?

这个问题其实是我国古代孙子问题的变形,它是属于不定方程问题,比如我们可以这样设变元、列方程组.

**解** 设桃子至少有$a$个,又$x_i$表示每次均分的一份桃数($i=1,2,\cdots,5$),依题意有

$$\begin{cases} a=5x_1+1 \\ 4x_1=5x_2+1 \\ 4x_2=5x_3+1 \\ 4x_3=5x_4+1 \\ 4x_4=5x_5+1 \end{cases}$$

逐步回代可得

$$a=\frac{5^5}{4^4}(x_5+1)-4$$

因为 $x_5+1$ 应能被 $4^4$ 整除($a$ 是整数),则它至少是 256,故 $x_5=255$.

从而 $a=5^5-4=3\ 121$.

由之可解出桃子数为 3 121 个.

**注**　这道算题是李政道博士为中国科技大学少年班学员出的一道题目.本题的另外一种解法见前文怀特海"五猴分桃(一)"问题.

# 生日问题

李政道博士平时极喜读科普图书,他自云受益匪浅,不仅如此,他还将自己喜欢的读物向他人推荐.盖莫夫(G. Gamow)的《从一到无穷大》便是他最喜欢的数学科普读物之一.对于书中涉及的问题他常常亲手验算、解答.书中的"生日问题"是一个令人困惑的概率问题,问题是:

24 个人中生日不同的可能有多大?

乍一想你会以为这种可能很大,其实不然,请看计算:

**解**　若第一个人可在任意365天出生;第二个人与他生日不同的可能性有 $\frac{364}{365}$(第一个人选择了某一天后,第二个人只能选择余下的364天)…… 类似地,第 24 个人与前面诸位生日不同的可能为 $\frac{365-24+1}{365}=\frac{342}{365}$.

这 24 个人生日不同的可能有

$$\frac{364}{365}\cdot\frac{363}{365}\cdot\frac{362}{365}\cdot\cdots\cdot\frac{342}{365}\approx 0.46$$

**注 1**　由此我们可有:24 个人中至少有两个人生日相同(仅指月、日相同)的机会约为 $1-0.46=0.54$. 类似的,我们可以计算出 $n$ 个人中至少有两人生日一样的可能性,这个问题可以先转换成:

$n$ 颗球落到 365 个盒子里,每个盒子至多有一颗球的概率应为

$$P_A=\frac{A_{365}^n}{365^n}=365\cdot 364\cdot\cdots\cdot\frac{365-n+1}{365^n}$$

这 $A_m^n$ 表示从 $m$ 个元素中取 $n$ 个的排列数.

而 $n$ 颗球落到 365 个盒里，至少有两颗球在一个盒子里的概率为

$$P_B = 1 - P_A = 1 - \frac{A_{365}^n}{365^n}$$

试想一下，若把生日视为“球”，把一年中 365 天视为 365 个“盒子”的话，那么生日问题不正是与上面问题类同么？这就是说：

$n$ 个人中，至少有两人生日一样的概率是

$$P_n = 1 - \frac{A_{365}^n}{365^n} = 1 - \frac{1}{365^n}[365 \cdot 364 \cdot \cdots \cdot (365 - n + 1)]$$

对于一些 $n$ 值（人数）有人计算得到表1：

**表 1**

| $n$ | 5 | 10 | 15 | 20 | 25 | 30 | 40 | 50 | 55 |
|---|---|---|---|---|---|---|---|---|---|
| $P_n$ | 0.03 | 0.12 | 0.25 | 0.41 | 0.57 | 0.71 | 0.89 | 0.97 | 0.99 |

表1上的数字告诉我们：40人中有两人生日一样的可能已有0.89，可能性已经很大了，50个人中，差不多可肯定有两个人生日一样.

这就是有名的“生日悖论”问题，它是概率论中一个著名的问题.

李政道博士喜欢的《从一到无穷大》中曾收入此问题.

**注 2** 2013年 M. Arnold 和 W. Glap 给出一个 $n$ 个人中至少有 $k$ 人生日相同的概率的近似公式.

用 $P_k(n)$ 表示 $n$ 个人中至少有 $k$ 个人生日相同的概率，我们已有

$$P_2(n) = 1 - \frac{365!}{(365-n)!\, 365^n} \tag{1}$$

及

$$P_3(n) = 1 - \sum_{i=0}^{\left[\frac{n}{2}\right]} \frac{365!\, n!}{i!\,(n-2i)!\,(365-n+i)!\, 2^i 365^n}$$

这里 $[x]$ 表示不超过 $x$ 的最大整数即 $x$ 的整数部分. M. Arnold 等人给出一个近似公式

$$P_2(n) \approx 1 - \exp\left(-\frac{0.489n^2}{365}\right)$$

和

$$P_3(n) \approx 1 - \exp\left(-\frac{0.138\,4n^3}{365^2}\right)$$

一般地可有

$$P_k(n) \approx 1 - \exp\left(-\frac{n^k}{365^{k-1}k!}\right)$$

特别地欲由公式知概率反求人数 $n$ 可由

$$n_2(p) \approx \left[-\frac{365 \cdot \ln(1-p)}{0.489}\right]^{\frac{1}{2}}$$

$$n_3(p) \approx \left[-\frac{365 \cdot \ln(1-p)}{0.138\,4}\right]^{\frac{1}{3}}$$

解出.

# 96 卡布列克

卡布列克(L. R. Kapreker,1905—1988),当代印度数学家.

以发现卡布列克数和卡布列克运算而闻名.

1949 年在 Scripta Mathematica 上发表"其他单人游戏",而后(1955 年)同刊上发表"数 6 174 的有趣性质".

1959 年自费出版《新的常数 6 174》一书,1963 年出版《全部五位整数中的新回归循环常数》.此外,还有不少论文发表.

## $(30+25)^2=3\,025$

卡布列克一次乘火车旅行,突然天降暴雨,跟着前方有铁轨被冲毁的信号传来,火车只得停在中途.

在这个前不着村、后不着店的荒郊野外,车上乘客们个个显得焦躁不安.

卡布列克将头伸向窗外,一块破损的里程标上写着 3 025,不过标牌拦腰断开了.卡布列克望着它呆呆出神(图 1).

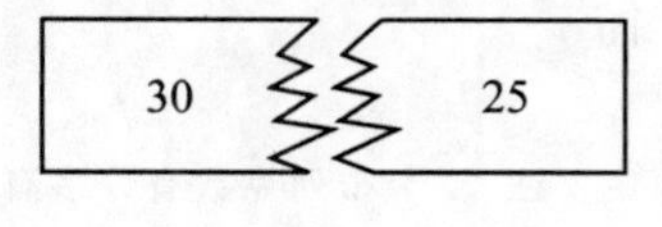


图 1

他心里琢磨着:$30+25=55$,$55^2=3\,025$.这真是一个怪数！卡布列克兴奋不已,除 3 025 以外,还有无别的这种数？他立即拿出笔和纸算了起来.他先从四位数中寻找:

设该数前两位是 $x$,后两位是 $y$,则四位数可记作 $100x+y$,依题意有

$$(x+y)^2=100x+y$$

即

$$x^2+2(y-50)x+y^2-y=0$$

若它视为 $x$ 的二次方程,则有

$$x=50-y\pm\sqrt{2\,500-99y}$$

又 $2\,500-99y\geqslant 0$,有 $y\leqslant 25$.

再因 $2\,500-99y$ 是完全平方数,可用 01,02,…,24,25 逐个试验,最后可求有上述性质(下称卡布列克数)的四个数

3 025,2 025,9 801,0001

但 0001 不是四位数，故四位数中卡布列克数有三个.

六位的卡布列克数仅有 494 209 和 998 001 两个.

对于奇数位的整数，偏前（或偏后）的断开、求和、平方后仍为原数者亦称卡布列克数. 比如 88 209，注意到

$$88+209=297$$

而

$$297^2=88\ 209$$

下面是一个七位、一个八位的卡布列克数 4 941 729 和 60 481 279.

由于 $7\ 777^2=\underline{\underline{60\ 48}}\underline{1\ 729}$，而

$$\begin{array}{r} 6\ 048 \\ +\ 17\ 29 \\ \hline 7\ 777 \end{array}$$

又 $2\ 223^2=\underline{4\ 94}\underline{\underline{1\ 729}}$，注意到

$$\begin{array}{r} 0\ 494 \\ +\ 1\ 729 \\ \hline 2\ 223 \end{array}$$

知它们是卡布列克数.

又如 493 817 284 也是一个九位的卡布列克数

$$4\ 938+17\ 284=22\ 222$$

而

$$22\ 222^2=493\ 817\ 284$$

**注** 卡布列克数有许多有趣的性质，而关于它的文章亦很多.

一位叫广濑昌一的日本人发现，一个 100 位的卡布列克数（它是由 25 个 81 组成的 50 位数的平方）：

6694214876033057851239669421487603305785123966942014876033057851239669421487603305785123966942148761

显然这要借助于电子计算机去运算.

## 神奇的 6 174

卡布列克在做心算加法练习，他把 6 174 先按数字大小重新排序成 7 641，然后减去它的倒序 1 467

$$7\ 641-1\ 467=6\ 174$$

卡布列克望着这个数感觉非常惊奇. 于是他又拿其他一些四位数（数字不全相同）比如 1 998，然后将它按数字大小重新排序成 9 981，再减下它的倒序

1 899(下面称上述诸步骤为一次卡布列克运算)

$$9\,981-1\,899=8\,082$$

再将计数重复上面的卡布列克运算

$$\begin{array}{r}9981\\-1899\\\hline 8082\end{array}\rightarrow\begin{array}{r}8820\\-0288\\\hline 8532\end{array}\rightarrow\begin{array}{r}8532\\-2358\\\hline 6174\end{array}$$

请注意结果也是 6 174. 卡布列克欣喜不已又找一些四位数算算试试，结果无一例外(只要四位数的四个数字不全相同).

经过几天的思索，卡布列克终于揭开了其中的奥秘，原来任何按数字大小顺序组成的四位数(数字不完全相同的) 减去它的倒序后，只能是下面 30 个数之一，而它们接下去的卡布列克运算结果分别是：

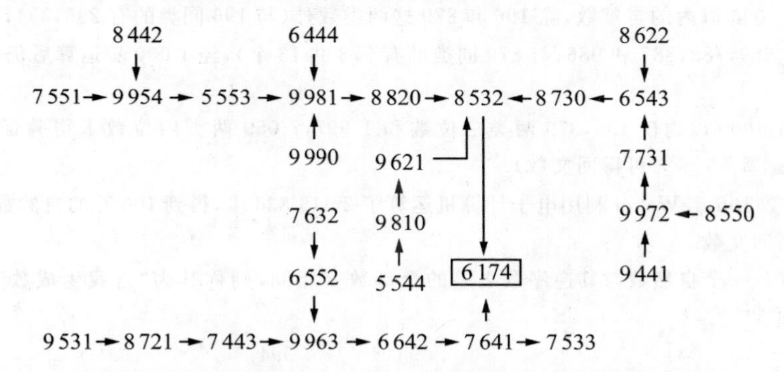


此即说：上述诸数经有限步卡布列克运算后结果俱为6174.

**注 1** 此后人们发现：三位数经有限步(最多 6 步) 卡布列克运算后结果为 495. 两位、五位数经有限步卡布列克运算后分别步入下面的循环之一：

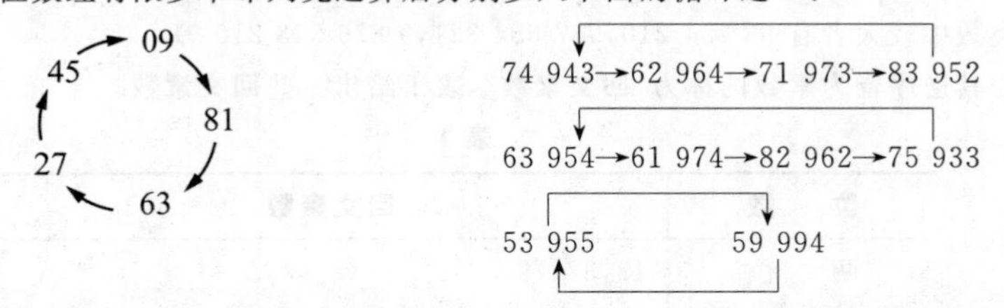


六位数经有限步卡布列克运算后或为 549 945，或为 631 764，或进入下面循环：

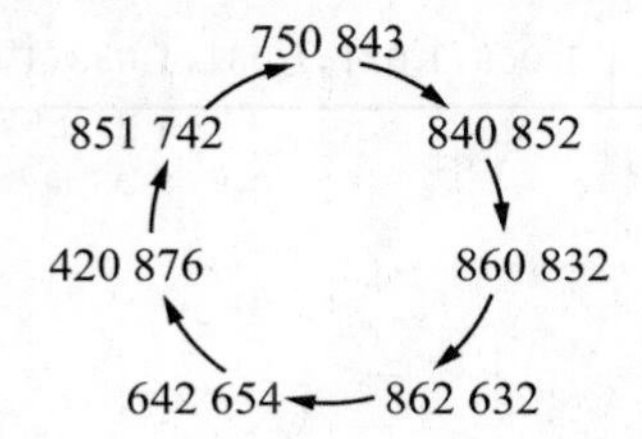

**注 2**　任给一个三位只要求尾数非 0 且三位数字不完全相同，比如 638，然后与它的倒序做减法（大于 638 时大数减小数）：836 − 638 = 198，之后再将所得差与其倒序求和，和必为 1 089

$$198 + 891 = 1\ 089$$

**注 3**　若将数与其逆序求和，不断反复，经有限步后会产生回文数（与其逆序相同的数），比如

$$789 \to \begin{array}{r} 789 \\ +\ 987 \\ \hline 1\ 776 \end{array} \to \begin{array}{r} 1\ 776 \\ +\ 6\ 771 \\ \hline 8\ 547 \end{array} \to \begin{array}{r} 8\ 547 \\ +\ 7\ 458 \\ \hline 16\ 005 \end{array} \to \begin{array}{r} 16\ 005 \\ +\ 50\ 061 \\ \hline 660\ 066 \end{array}$$

66 066 与其逆序相同，故它是一个回文数. 关于这类数有下面结论：

(1)100 以内的自然数与其逆序数之和循上述步骤进行运算后可产生“回文数”（但 89 这个数须经 24 步方可）；

(2)1 000 以内的自然数，除 196 和 879 这两类数外（与 196 同类的有 295，394，493，592，691，790，689，788，887 和 986；与 879 同类的有 978 共 13 个），经 1 000 步运算后仍未得回文数结果；

(3)10 000 以内仅 196，879 两类三位数和 1 997，7 059 两类四位数未得验证（但其中 1 091 须运算 55 步方可得回文数）.

(4) 数 196，J. Waker 利用电子计算机运算了 2 415 836 步，得到 100 万的自然数，但它仍不是一个回文数.

**注 4**　一个自然数与其逆序数之差的全部数字相同，则称其为“自我生成数”（或单一数）. 比如

$$954 \to \begin{array}{r} 954 \\ -\ 459 \\ \hline 495 \end{array} \to \begin{array}{r} 594 \\ -\ 495 \\ \hline 99 \end{array}$$

又 7 641，9 108，5 823，3 870，1 980 等皆可用上面运算产生自我生成数.

这类数中较大者有 98 754 210，987 654 321，9 876 543 210 等.

数与其逆序皆为素数的称为“回文素数”，表 1 给出一些回文素数.

**表 1**

| 位　数 | 回文素数 |
|---|---|
| 两　位 | 13，37，79 |
| 三　位 | 113，119，199，337，347，769 |
| 四　位 | 1 009，1 021，1 031，1 033，1 061，1 069 |

# 97 陈 景 润

陈景润(1933—1996),我国当代数学家.福建闽侯人.

1953年,毕业于厦门大学数学系.先在北京四中任教,后调回厦门大学任教.

1957年,经华罗庚教授推荐,调中科院数学所工作.

1966年他发表了"哥德巴赫猜想"的著名结果(1+2)的摘要,1973年发表了详细证明《大偶数表为一个素数及一个不超过二个素数的乘积之和》,被公认为是对哥德巴赫猜想研究的重大贡献.

曾为中科院数学物理学部委员、中科院学部委员国务院科技委员会数学组成员、《数学学报》主编.

1996年3月19日病逝.

陈景润共发表研究论文50余篇,出版《哥德巴赫猜想》等4部专著,此外还著有《初等数论》《1+1余外集》等.

## 存在互素数

在陈景润《初等数论》中有许多有趣的数学问题,有些貌似简单但解起来却不然,而有些貌似复杂但解起来却十分轻巧.请看:

**题** 在$1,2,\cdots,2n$这$2n$个自然数中,任取$n+1$个数,其中必有两个数互素.

**解** 两个相邻自然数是互素的.我们可将这$2n$个数按$(1,2),(3,4),\cdots,(2n-1,2n)$分成$n$组,要从$1\sim 2n$中间取$n+1$个数,至少有两个数同在某一组.而同在一组的两个数是相邻的自然数,显然它们互素.

## 自然数方幂和

我们知道:$1+2+3+\cdots+n=\dfrac{n(n+1)}{2}$的公式.而两千多年前的希腊科学家阿基米德和尼科梅切斯等人也给出如下公式

$$1^2+2^2+3^2+\cdots+n^2=\frac{1}{6}n(n+1)(2n+1)$$

$$1^3+2^3+3^3+\cdots+n^3=(1+2+3+\cdots+n)^2$$

但他们的证明很复杂.陈景润给出一种简便的方法,且可将它用于求自然数更高次幂和.请看他的解法:

容易证明下面的等式

$$(n+1)^{m+1}-1=\sum_{k=1}^{n}(k+1)^{m+1}-\sum_{k=1}^{n}k^{m+1}=\sum_{k=1}^{n}[(k+1)^{m+1}-k^{m+1}]=$$

$$C_{m+1}^{1}\sum_{k=1}^{n}k^m+C_{m+1}^{2}\sum_{k=1}^{n}k^{m-1}+\cdots+C_{m+1}^{m}\sum_{k=1}^{n}k+n$$

这里$\sum_{k=1}^{n}x_k$ 表示$x_1+x_2+\cdots+x_k$,且$C_m^k$ 表示组合数.

当$m=2$时,由上面公式可有

$$(n+1)^3-1=C_3^1\sum_{k=1}^{n}k^2+C_3^2\sum_{k=1}^{n}k+n=3\sum_{k=1}^{n}k^2+3\sum_{k=1}^{n}k+n$$

由$\sum_{k=1}^{n}k=\frac{1}{2}n(n+1)$ 代入上式有

$$\sum_{k=1}^{n}k^2=\frac{1}{6}n(n+1)(2n+1)$$

类似地可得$\sum_{k=1}^{n}k^3=(1+2+\cdots+n)^2$.

**注**　求自然数方幂和还有许多方法.

比如我们可以从图1利用锥体体积公式推导前面的公式.

设自下而上摆放$n^2,(n-1)^2,\cdots,2^2,1^2$个单位立方体(共$n$层),构成立方体垛.

垛的外接四棱锥$OADBC$中,$OA=OB=OC=n+1$,且其体积为$\frac{1}{3}(n+1)^3$.

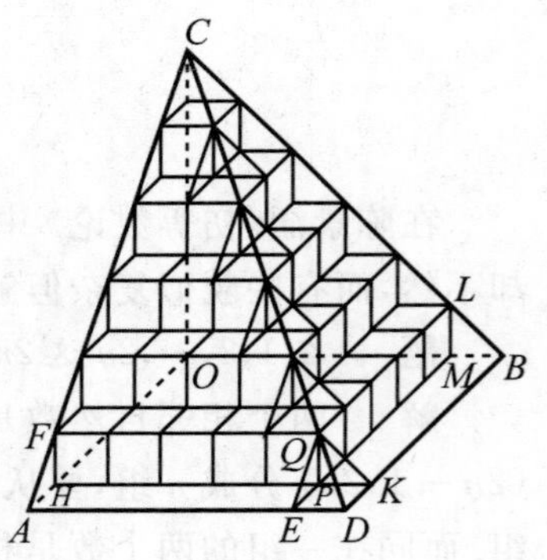

图1

又每层中的小棱锥如$Q\text{-}EDKP$的体积为$\frac{1}{3}$,全部小棱锥体积和为$\frac{1}{3}(n+1)$,每层棱柱体积如$AFH\text{-}EQP$的体积为$\frac{n}{2}$.这样

$$\frac{1}{3}(n+1)^3=1^2+2^2+\cdots+n^2+(1+2+\cdots+n)+\frac{1}{3}(n+1)$$

所以

$$1^2+2^2+\cdots+n^2=\frac{1}{6}n(n+1)(2n+1)$$

# 因子个数

陈景润对许多问题思考方法可谓蹊径独辟，比如他对于问题：

若 $\pi(n)$ 表示自然数 $n$ 的因子个数，则 $\pi(n)$ 是奇数 $\Leftrightarrow n$ 是完全平方数.

他是这样考虑的：若 $a,b$ 是 $n$ 的因子，即 $ab=n$，其中 $a\neq b$，那么 $a,b$ 中其一必小于 $\sqrt{n}$，另一必大于 $\sqrt{n}$，这时 $a,b$ 必然成对出现.

当且仅当 $n$ 是完全平方数时，$\sqrt{n}$ 才是整数，亦作为 $n$ 的因子.

# 火柴游戏

据传陈景润喜欢智力问题，特别是某些游戏，比如火柴游戏等. 下面的问题出自他手：

24 根火柴可以摆成两个正方形(图 2). 请问如何操作可使：

(1) 移动其中 4 根后，使其变成 3 个正方形；

(2) 移后再移动其中 8 根后，使其变成 9 个小正方形；

(3) 移后再去掉其中 8 根后，使其变成 5 个正方形.

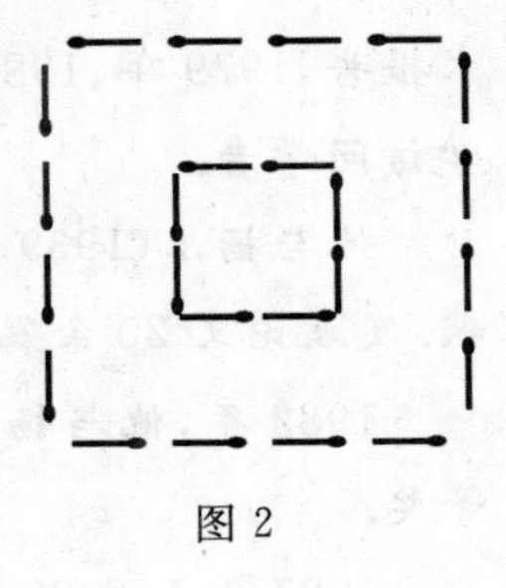

图 2

移法请见图 3.

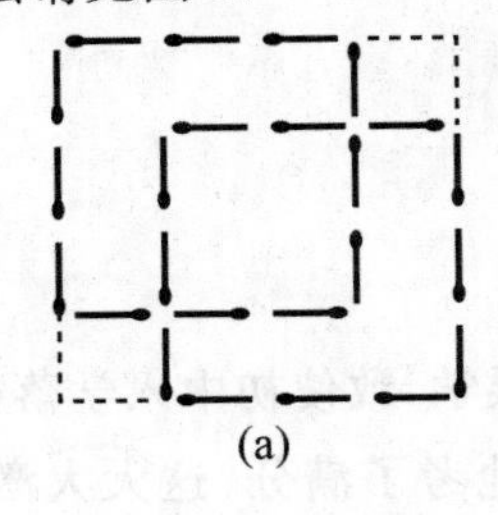

(a)

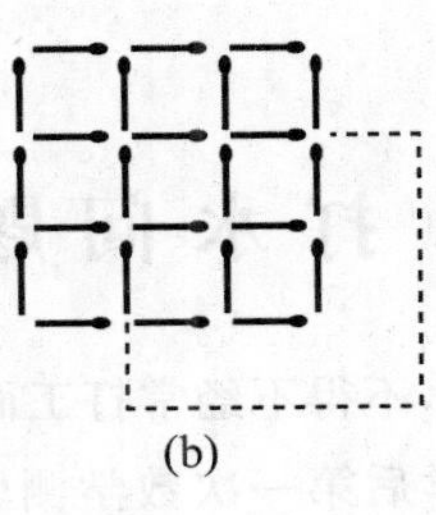

(b)

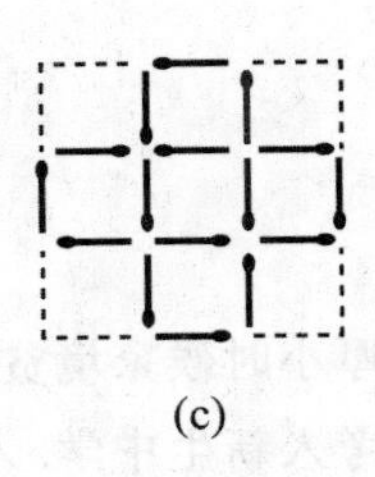

(c)

图 3

**问题**　6 根火柴可以摆成一个空间四面体，即可以摆出 4 个全等的正三角形(图 4). 请问：能否将它们摆成一个平面图形而也出现 4 个全等的正三角形？

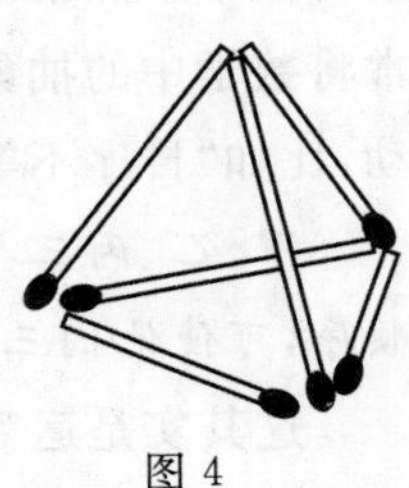

图 4

# 98 张 广 厚

张广厚(1937—1987),我国当代数学家.河北省唐山市人,祖籍山东.

1962年毕业于北京大学数学系,同年考入中国科学院数学所研究生,毕业后在该所工作.

1978年赴瑞士苏黎世参加国际函数论会议,且做学术报告,1979年、1980年两度赴美任康乃尔大学、普渡大学访问学者.

他与杨乐(1939— )共同在函数的"亏值"、"奇异方向"等研究中做出贡献.发表论文20余篇.

1982年,他与杨乐的"关于奇异方向分布问题"的论文获国家自然科学二等奖.

1987年1月26日积劳成疾病逝于北京,年仅50岁.

## 打水问题

张广厚小时候家境贫寒,不得不经常打工而误学,致使初中入学落榜,经补习后次年考入新生中学.入学后第一次数学测验他考了满分,这大大激发了他学习数学的热情.从那时起他开始自学《范氏大代数》《三S几何学》等.他还常常将数学中的抽象问题与现实生活中的具体问题对照,使得问题变得形象而生动,比如"排序不等式"问题,经他之手变成下面的趣题:

甲、乙、丙三人各拿1,2,3个水壶去打水,水龙头只有一个.如何安排打水顺序,可使他们三人花费总时间(包括等的时间)最少?

这其实是运筹学中的排队问题,它与排序不等式有关.我们可按"先易后难"或"先少后多"的原则安排,即按甲、乙、丙顺序最佳.这时所花费总时间(如表1,设打一壶水用$t$ min).

表1

| 打水顺序 | | 甲打水 | 乙打水 | 丙打水 |
|---|---|---|---|---|
| 甲 | 打　水 | $t$ | | |
| | 等　待 | | | |
| 乙 | 打　水 | $2t$ | | |
| | 等　待 | $t$ | | |
| 丙 | 打　水 | | | $3t$ |
| | 等　待 | $t$ | $2t$ | |

即总时间为 $10t$. 其他任何安排,使他们所费总时间都大于 $10t$.

**注**　这个结论可以推广为更一般的情形:

若 $a_1, a_2, \cdots, a_n$ 与 $b_1, b_2, \cdots, b_n$ 为两组非负数,将它们从小到大排列成

$$\overline{a_1} \leqslant \overline{a_2} \leqslant \cdots \leqslant \overline{a_n}, \quad \overline{b_1} \leqslant \overline{b_2} \leqslant \cdots \leqslant \overline{b_n}$$

则 $\overline{a_1}\overline{b_1} + \overline{a_2}\overline{b_2} + \cdots + \overline{a_n}\overline{b_n}$ 为所有上两组数一对一相乘后相加和中最小者(排序不等式).

# 奇合数之和

每个偶数皆可表为两个奇数之和,但这里的每个奇数不一定都是合数. 比如 $8=3+5=1+7$,这里 3,5 均非合数,1(既非素数也非合数)、7 均非合数. 请问:不能表示成两个奇合数之和的偶数中,有无最大的? 若有它是几?

答案:有,它是 38.

因为 9 是最小的奇合数,可以证明:$9t+20$ 不能表示成 $t$ 个奇合数之和.

今用数学归纳法考虑.

(1)$t=1,2,3$(即 29,38,47) 时,直接验证可有结论成立;

(2) 设 $t=k-1$ 时结论成立,而 $t=k$ 时不真,这样 $9k+20$ 是 $k$ 个奇合数之和. 其中必有奇合数 9,否则若 $k$ 个奇合数皆不为 9,则它们至少是 15.

这样有 $15k \leqslant 9k+20$, 则 $6k \leqslant 20$, 得 $k<4$ 与归纳假设矛盾.

从而,$9t+20$ 不能表示成 $t$ 个奇合数之和.

当 $t=2$ 时,$9t+20=38$.

**注**　若记 $F(k)$ 为不能表示成 $k$ 个奇合数和中最大的数,则

$$F(2)=38,\ F(3)=F(4)=68,\ F(5)=94,\ F(6)=122$$

$$F(7)=F(8)=128,\ F(9)=136,\ \cdots$$

# 汽车加油点

1962 年张广厚于北京大学毕业后分配到科学院数学所，他在从事高等数学研究之余，还十分关注北京（乃至全国）的数学竞赛. 特别是有着深刻数学背景的问题他更是喜欢. 比如下面的问题：

卡车只能带 $m$ L 汽油，用它可行驶 $a$ km. 现要行驶 $d=\frac{4}{3}a$ km 到某地，途中无加油处，但可先运汽油到路旁任何地点存储起来，准备后来之用. 假定只有此一辆卡车，问如何行驶才能到达目的地，且最省汽油？若到目的地的距离 $d=\frac{23}{15}a$ km，又应如何？

由于 $d=\frac{4}{3}a=a+\frac{a}{3}$，知卡车不中途加油无法到达目的地. 今设汽车从点 $O$ 到点 $A$，中途在点 $P$ 加油（图 1，储油点），那么从点 $O$ 到点 $P$ 要往返 3 次.

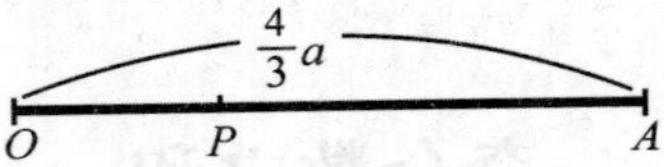

图 1

若 $OP=\frac{1}{3}a$ km，汽车可在 $P$ 处卸下 $\frac{m}{3}$ L 汽油后返回出发点 $O$，当汽车再次驶至点 $P$ 时，已用去 $\frac{m}{3}$ L 汽油，当将上次存放的 $\frac{m}{3}$ L 汽油加上时，恰好为 $m$ L，此时汽车可顺利驶至目的地 $A$.

注意到 $\frac{23}{15}a=\frac{4}{3}a+\frac{1}{5}a$，这样问题化为上面的情形，只需设法在 $P$ 处存贮 $2m$ L 汽油即可（图 2）.

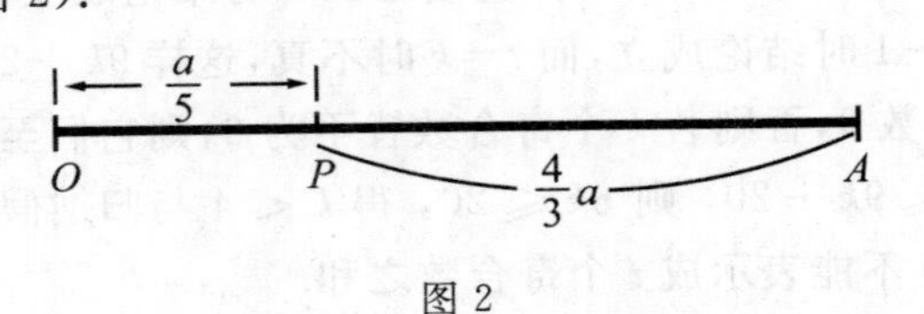


图 2

这时汽车需在点 $O$，$P$ 间往返 5 次，因为汽油取两次是不够的. 而这时汽车往返 5 次恰好行驶 $a$ km（消耗 $m$ L 汽油）. 从而行驶全程至少消耗 $3m$ L 汽油且在离点 $O$ 距离为 $\frac{a}{5}$ 处的点 $P$ 设加油点.

**注**　对于一般情形，若 $d_n$ 可表为

$$d_n = \left(1+\frac{1}{3}+\frac{1}{5}+\cdots+\frac{1}{2n+1}\right)a$$

用数学归纳法可以证明,汽车至少要消耗$(n+1)m$ L 汽油. 再注意到

$$d_n = \left[\left(1+\frac{1}{2}+\frac{1}{3}+\cdots+\frac{1}{2n+1}\right)-\frac{1}{2}\left(1+\frac{1}{2}+\cdots+\frac{1}{n}\right)\right]\sim$$
$$[\ln(2n+1)-\ln n]a=$$
$$\frac{1}{2}\ln n+\ln\left(1+\frac{1}{2n}\right)+\ln 2$$

所以 $d_n \sim \frac{a}{2}\ln n$.

可以证明:若 $d_n \leqslant d < d_{n+1}$,则

$$n \sim \frac{1}{4}e^{\frac{2d}{a}-\gamma}，其中\ e = 2.718\ 28\cdots, \gamma = 0.577\ 21\cdots$$

这里给出的 $OA = d$ km 时,最少耗油$(n+1)m$ 中的 $n$ 的渐近公式.

又我们前文已讲过当 $n$ 很大时 $\sum_{k=1}^{n}\frac{1}{k}\sim\ln n$,即和 $\sum_{k=1}^{n}\frac{1}{k}$ 可用 $\ln n$ 近似.

# 99 阿 佩 尔

阿佩尔(K. Appell),美国当代计算机专家,现为美国伊利诺斯大学教授.

1953年,获奎因斯大学学士学位,1959年获密执安大学哲学博士学位.1961年起,在伊利诺斯大学任教.

1971～1975年,他是利诺伊州厄巴拿市参议员.

1976年,阿佩尔与哈肯(W. Haken)等人利用电子计算机证明了“四色定理”而闻名于世.他们使用了改进的霍克(Heesch)的方法,在大型快速计算机上用了1 200个机上时间,验证了“四色猜想”,从此“四色猜想”变为“四色定理”.

与他人合作出版了《现代编译原理》等著述.

英文版《现代编译原理》

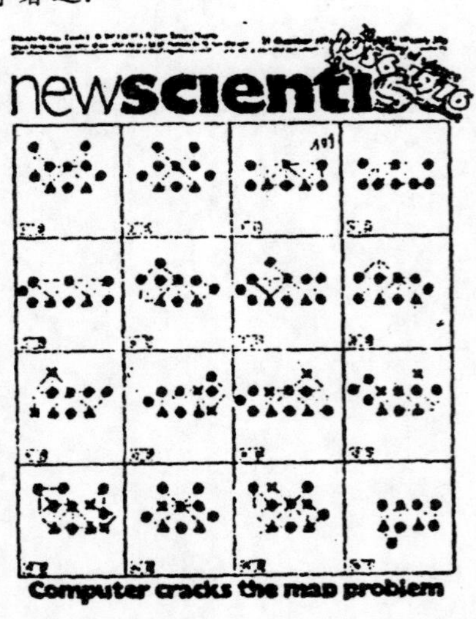


英国《新科学人》封面登出“四色定理”证明的特别图

## 四 色 地 图

**题** 你能否构造一张地图,使它至少要用四种颜色,才能使得所有区域彼此区分开?

**解**　图1便是其中最简单的一个例子,要使图中所有区域彼此区分开,至少要四种颜色.

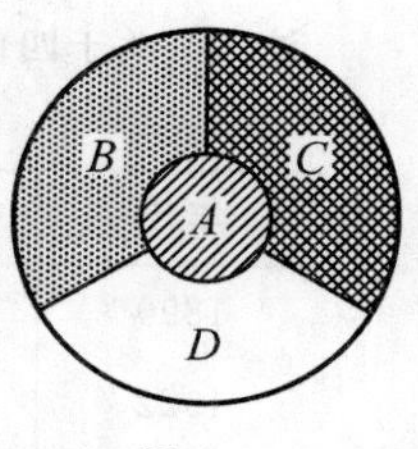

图1

**注1**　这个问题我们前面已经涉及,见"苏步青"一节.

**注2**　事实上,任何平面或球面上的地图,仅需四种颜色便可使得任何相邻的区域彼此区分开——这便是著名的"四色定理".

这个事实最初是英国的格思里(F. Guthrie)兄弟于1852年发现的.

1878年,英国当时最有名的数学家凯莱(A. Cayley,1821—1895)将这个问题提交伦敦数学学会.次年,一个叫肯普(A. B. Kempe,1849—1922)的律师声称给出了一个证明.

1890年,数学家希伍德(P. J. Heawood,1861—1955)指出肯普证明实际上是不能成立的.在此以后,他又进行了长达60年的研究,但仍未有结果.人们这才意识到,这个看上去极其简单的题目,实际上是一道与哥德巴赫猜想一样的超级数学难题.

1976年,阿佩尔(K. Appel),哈肯(W. Haken)和科恩(J. Konh)在大型电子计算上花了1200个小时,做了60亿个判断(他们将图形分成1482个基本构形,然后用计算机一一验算),最后证明了"四色定理".

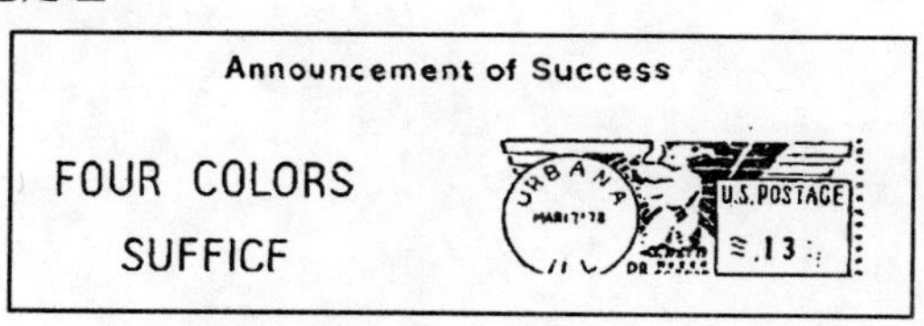


为纪念"四色问题"的解决而印发的信封、邮戳

1996年,罗伯逊(N. Robertson)等人对上述证明作了改进,对于基本构形的验证工作由1 482个减少至633个.

这是一张很难(虽然不是不可能!)只用四种颜色着色的复杂地图(不妨试一试!).这张特别的地图是作为1975年4月1日《科学美国人》杂志愚人节玩笑的一部分而发表的(图2).它也是著名的数学专栏作家马丁·加德纳一篇文章的附图,加德纳煞有介事地宣布:这张地图是历史悠久的四色猜想的一个反例!

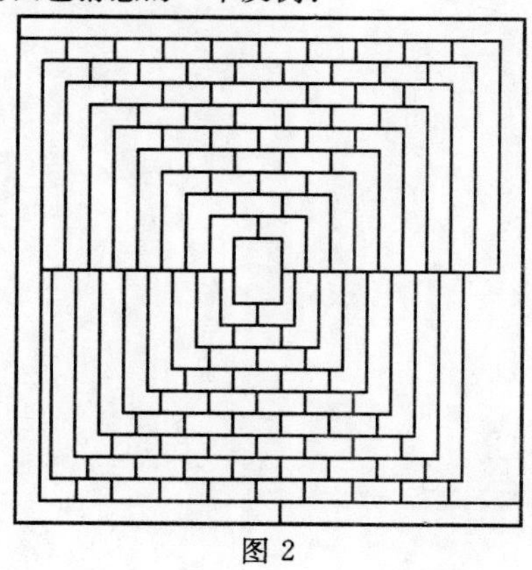

图2

**注 3**　关于四色定理一些人的工作及成就见表 1：

**表 1**

| 年代 | 完成者 | 结　论 |
|---|---|---|
| 1890 | 希伍德(J. Heawood) | 证明需 4 或 5 色 |
| 1922 | 富兰克林(F. Franklin) | 证明地图区域数 $<25$ |
| 1926 | 黎兹(Reynldy) | 证明地图区域数 $<27$ |
| 1940 | 维恩(Winn) | 证明地图区域数 $<35$ |
| 1970 | 澳瑞(Ore)，斯坦普勒(Stemple) | 证明地图区域数 $<99$ |

# 100 格雷汉姆

格雷汉姆(R. L. Graham),当代美国数学家,美国贝尔实验室研究员.

以研究平面上多边形铺砌而闻名,常在《科学美国人》杂志上撰稿(智力游戏方面的问题).

曾与D.克努特一起编辑纪念数学游戏大师马丁·加德纳65岁诞辰的献礼图书《数学加德纳》,他本人亦为此书撰写了稿件.

《数学加德纳》中译本

他的《组合调度理论》,为运筹学运输问题的某些调度问题提供了数学模型,这也为运筹学研究提供了方法.

## 铺 砖

高莫瑞研究过:2×1矩形砖铺 $p\times q$ 的矩形地面问题(不重复、无缝隙).

对于某些矩形地面来讲,铺法是存在的,比如5×6的矩形地面可有下面铺法,如图1、图2.

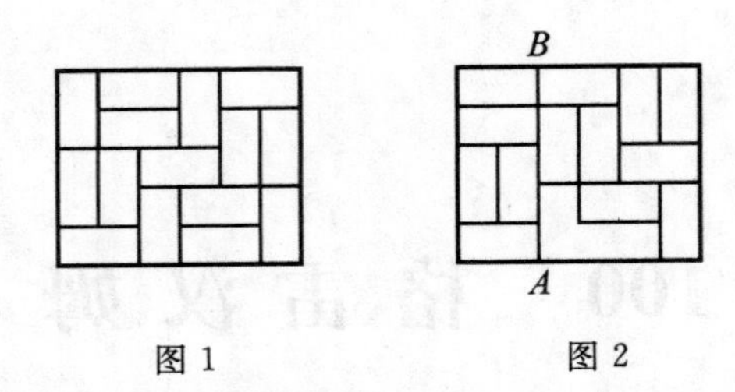


图 1　　　　　　　图 2

请注意图 2 中有一条通缝 $AB$，这在建筑上是不允许的. 对于无缝铺砌来讲，并非所有矩形地面皆存在这种铺法（比如 $4\times6$ 矩形地面）. 到底何种矩形地面存在无缝铺法？

格雷汉姆开始研究时发现：

1. 当 $p,q$ 皆为奇数，无缝铺法不存在；

2. $2\times q$ 或 $p\times2$ 时，无缝铺法不存在；

3. $3\times q$ 或 $p\times3$ 时，无缝铺法不存在（这只需从图 3 中即可看到）；

(1) 两块砖铺砌有图 3(a)，图 3(b) 两种情形，然而图 3(a) 已无法再铺下去；

(2) 图 3(b) 接下去的铺法分别为图 3(c) ～ (e).

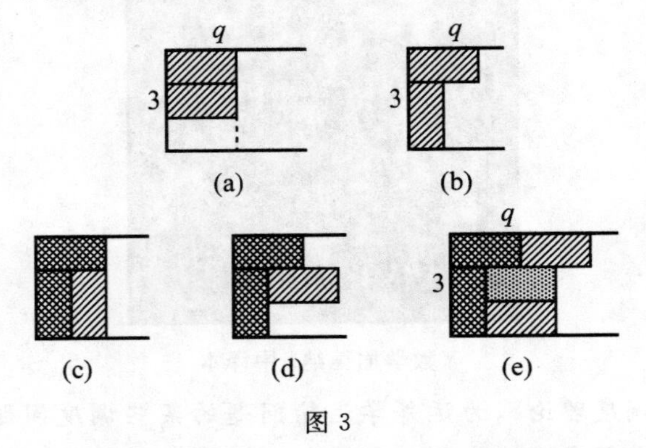


图 3

图 3(c) 已不符要求，对于图 3(d) 接下的铺法只能是图 3(e)，这又回到图 3(b) 的情形（注意横向缝亦不许存在），因而无缝铺法不存在.

4. 仿上可证明 $4\times q$ 或 $p\times4$ 的矩形地面也不存在无缝铺法.

这样：$p,q$ 必须不小于 5，又 $6\times6$ 的矩形经验算知也不存在无缝铺法. 格雷汉姆得到的结论是：

*$p\cdot q$ 的矩形用 $1\cdot2$ 的矩形无缝铺砌存在 $\Leftrightarrow$ ① $pq$ 为偶数；② $p\geqslant5,q\geqslant5$ 且 $p,q$ 不同时为 6.*

它的证明这里不谈了（它可以从小尺寸 $p\cdot q$ 的矩形铺砌入手，然后镶边得到 $(p+4)\cdot(q+4)$ 的矩形的铺砌）.

**注 1** 对于一般的用 $a \cdot b$ 的矩形去铺砌 $p \cdot q$ 的矩形问题($pq > ab$,且$(a,b) = 1$)的无缝铺砌存在 $\Longleftrightarrow$①$a,b$整除$p,q$中的一个;②$p,q$至少有两种方式表为$xa + yb$形式,这里$x$,$y$为自然数;③ 用 $1 \cdot 2$(或 $2 \cdot 1$) 矩形时,$p,q$不同时为 6.

**注 2** 能铺满平面的正多边形仅有三种:正 3,4,6 边形.

设$O$是平面上任一点,在该点处有$k$个正$n$边形拼成,由正$n$边形每个内角为

$$\frac{1}{n}(n-2) \cdot 180°$$

若这$k$个正$n$边形能铺满平面,则有

$$[\frac{1}{n}(n-2) \cdot 180°] \cdot k = 360°$$

即

$$(n-2)(k-2) = 4$$

此方程仅有三组解(如图 4).

$$\begin{cases} n = 3 \\ k = 6 \end{cases}, \quad \begin{cases} n = 4 \\ k = 4 \end{cases}, \quad \begin{cases} n = 6 \\ k = 3 \end{cases}$$

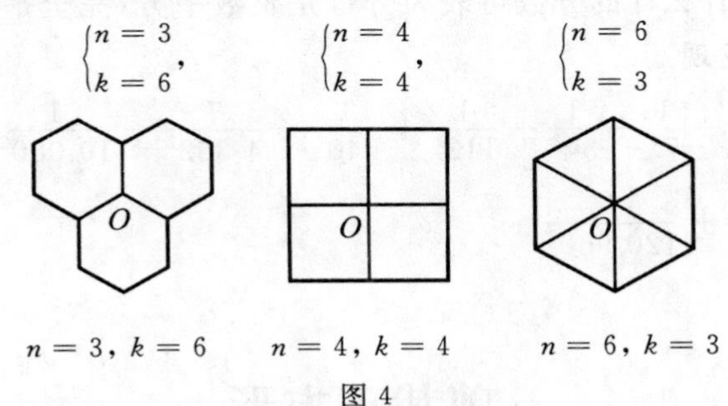


$n = 3,\ k = 6$ $\quad n = 4,\ k = 4$ $\quad n = 6,\ k = 3$

图 4

**问题** 请将一个任意四边形(图 5) 裁成 4 块后拼成一个平行四边形.

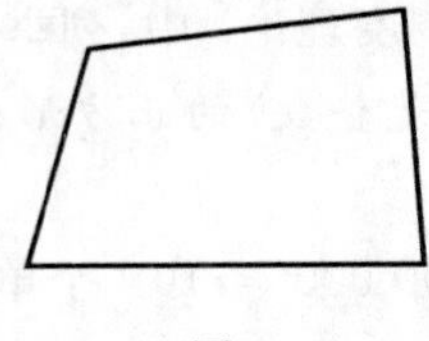

图 5

# 分数表为分母是完全平方的单位分数和

埃及人在进行分数运算时,总是把分数先写成单位分数形式再去运算,故单位分数又称"埃及分数".

后人对此问题颇感兴趣,且"借题发挥" 衍生出许多有趣的问题. 比如$\frac{3}{7}$表示成单位(埃及) 分数时(1) 考虑项数最少;(2) 最大分母最小. 结论是

$$\frac{3}{7}=\frac{1}{4}+\frac{1}{7}+\frac{1}{28}\quad（项数最少）$$

$$\frac{3}{7}=\frac{1}{6}+\frac{1}{7}+\frac{1}{14}+\frac{1}{21}\quad（最大分母最小）$$

分数表示为另外单位分数和时，有些表示可能不唯一，比如$\frac{1}{8}$可表示为

$$\frac{1}{16}+\frac{1}{24}+\frac{1}{48},\quad \frac{1}{21}+\frac{1}{24}+\frac{1}{28}$$

$$\frac{1}{20}+\frac{1}{24}+\frac{1}{30},\quad \frac{1}{14}+\frac{1}{35}+\frac{1}{40},\cdots$$

1955 年格雷汉姆在《数学月刊》杂志上发表如下结论：

任一分母为奇数的真分数，皆可表示为有限个奇分母的埃及分数之和.

之后他想：什么样的分数可表为分母是整数平方（完全平方数）的单位分数和？他首先发现

$$\frac{1}{3}=\frac{1}{2^2}+\frac{1}{4^2}+\frac{1}{7^2}+\frac{1}{54^2}+\frac{1}{112^2}+\frac{1}{640^2}+\frac{1}{4\ 302^2}+\frac{1}{10\ 080^2}+\frac{1}{24\ 192^2}+\frac{1}{40\ 320^2}+\frac{1}{120\ 960^2}$$

# 剪裁正方形

格雷汉姆在其所著《组合调度理论》中，列举了这样一个问题：

边长100 000.1（注意它不是整数）的正方形最多可剪裁多少个单位正方形（边长为1 的正方形）？

习惯的剪裁方法可裁出 $100\ 000^2=10^{10}$ 个单位正方形，然而剩下约 20 000 个平方单位，但已无法裁出单位正方形（宽度不够）. 恰当的剪裁可以多裁 10 000 个单位正方形，甚至更多. 比如可按图 6 所示方式剪裁.

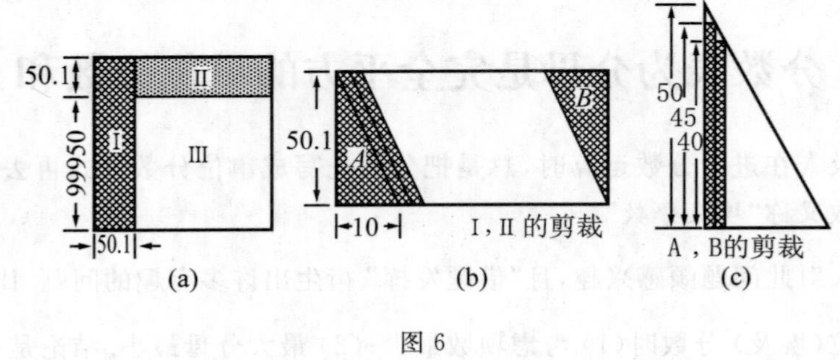


图 6

先将正方形按图(1) 尺寸裁成三块,其中的正方形按通常方法剪裁即可,其中的两块矩形按图(2) 方法剪裁;而图(2) 剪出的直角三角形再按图(3) 方式剪裁.

稍加计算可知:这样剪裁共可剪出 $10^{10}+1\ 899$ 个单位正方形.

**注** 该问题经匈牙利科学院的爱尔特希(P. Erdös,p) 和美国密执安大学的蒙哥马利(H. Montgomery) 与格雷汉姆同时证明:

当边长 $a$ 很大时,合理的剪裁使所剩面积不多于 $a^{\frac{3-\sqrt{3}}{2}}\approx a^{0.634}$ 个平方面积.

格雷汉姆猜测,上述数值可能的改进为 $a^{0.5}$,然而这一点未经证实.

# 变形的骨牌

格雷汉姆对于用骨牌覆盖平面问题甚感兴趣,他还将此问题做了改进(因而难度更大),比如他设计了藕断丝连的新骨牌:它由四个单位正方形用铁丝连成的(图 7).

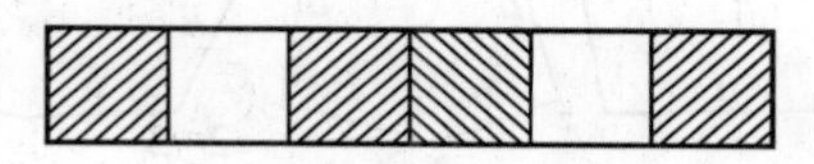

图 7

经他研究发现:用这种骨牌可以覆盖满 $7\times12$ 的长方形,且即无遗漏、又无重复.

图 8 是他给出的一种解答(方法不唯一),图中画出部分覆盖的情形,余下的部分(空白处) 读者不难找到它的覆盖方法.

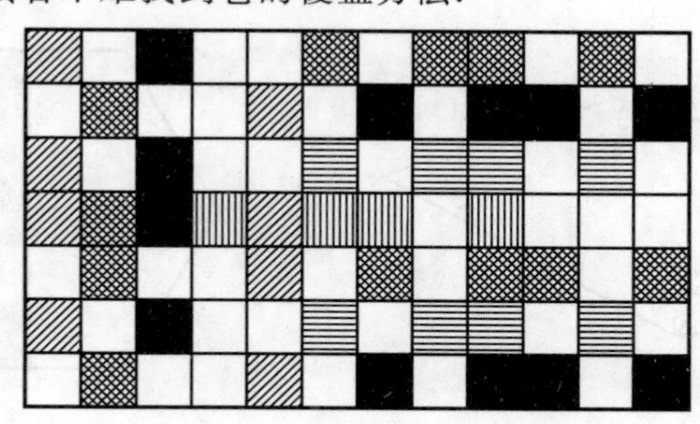

图 8

**注 1** 非正多边形能铺满平面的图形中,五边形仅找到 13 种,六边形仅找到 3 种(图 9 和图 10).

而后,Rolfstein 于 1985 年又给出一种这类图形,至此我已找到 14 种这类图形.

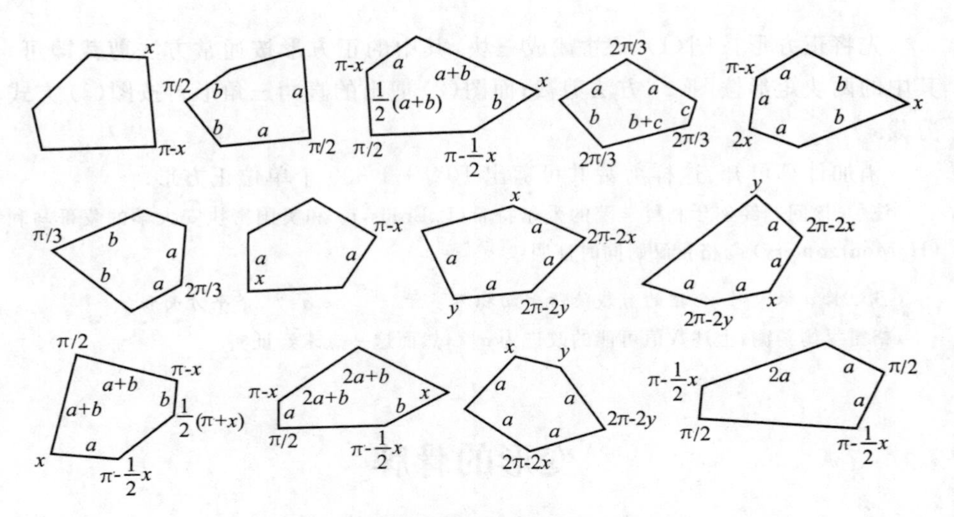


图 9　能铺满平面的非等边五边形

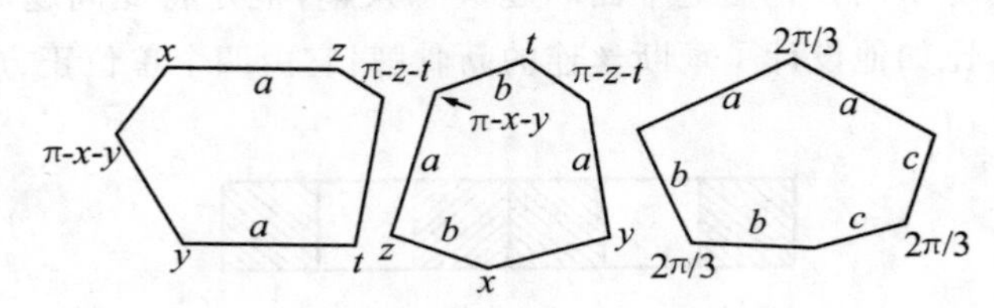


图 10　能铺满平面的非等边六边形

(1918 年,K. Reinhardt 率先给出一种,余由后人给出)

30 年后美国华盛顿大学数学系的卡西・曼(Casey Mann)等人又找到一种,见图 11.

新近国人发现正六边形(它可以铺满整个平面)一分为二产生的五边形也属于这类图形(图 12).

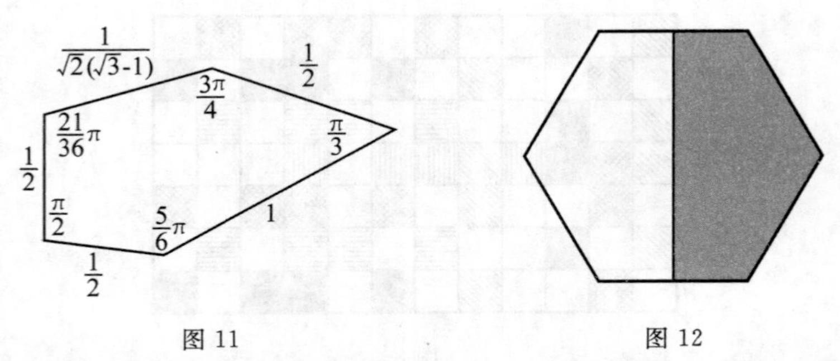


图 11　　图 12

此问题最早出现于 1918 年莱因哈托的一本书中,克希纳于 1968 年对此作了补充,马丁・加德纳于 1975 年在《科学美国人》杂志上又一次提出这个问题,1978 年沙特斯奈德编出一张完备的图表(表 1),给出全部这类五边形形状.

**表 1　能铺满平面的非等边五边形地给出者**

| 年份 | 给出者 | 给出种类 |
|---|---|---|
| 1918 | K. Reinhardt | 5 |
| 1968 | R. B. Kershner | 3 |
| 1975 | R. James | 1 |
| 至今 | M. Rice 等 | 总共 11 种 |

**注 2**　非直线规格图形也能铺满平面的部分图形(图 13,14).

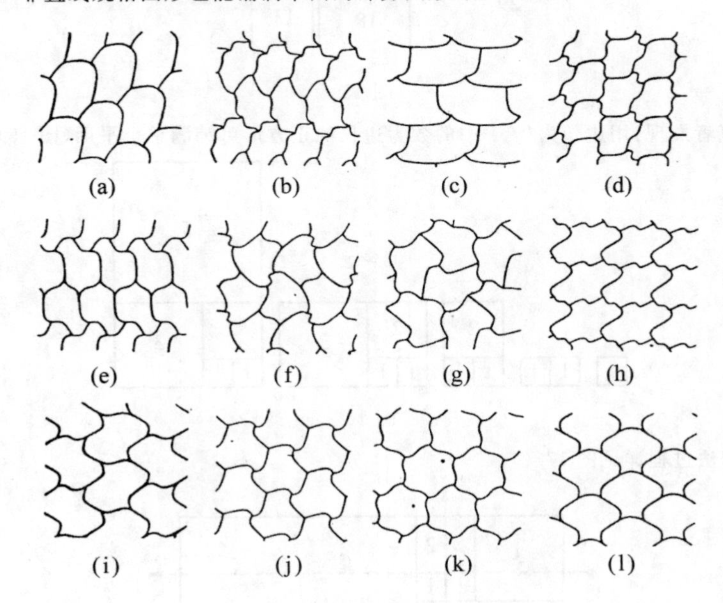


图 13

图 14　能铺满平面的骑马武士图([荷兰]爱许尔)

之前人们认为:用斐波那契数列$\{f_n\}$中的数 1,1,2,3,5,8,13,21,…,为边长的正方形至少可铺满平面的$\frac{3}{4}$(图 15).

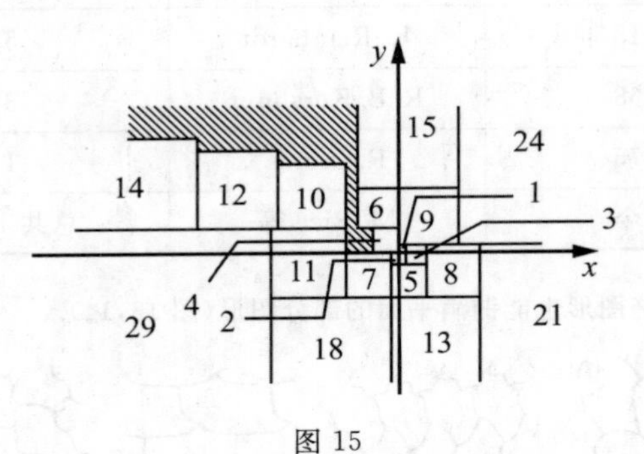


图 15

其实笔者发现:用边长为$\{f_n\}$中的数为边长的正方形可铺满整个平面(图 16).

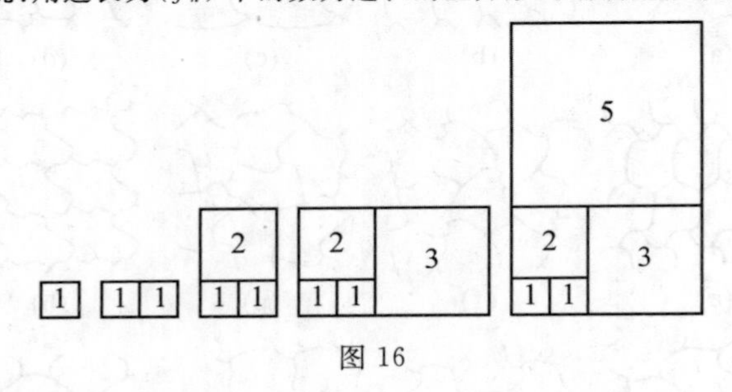


图 16

具体铺法过程详见图 17.

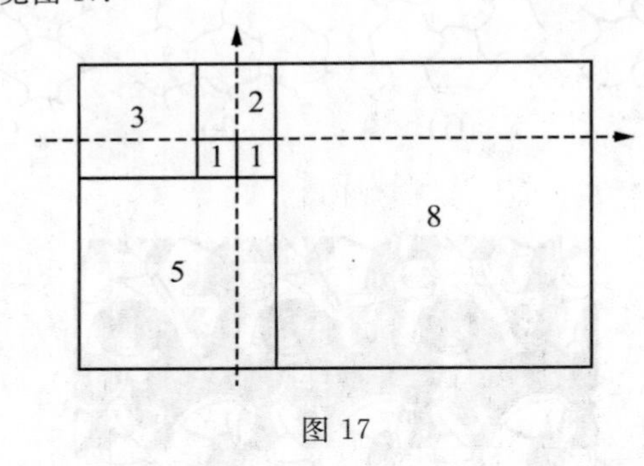


图 17

# 部分问题答案与提示

## 1

**问题 1**　答案见图 1.

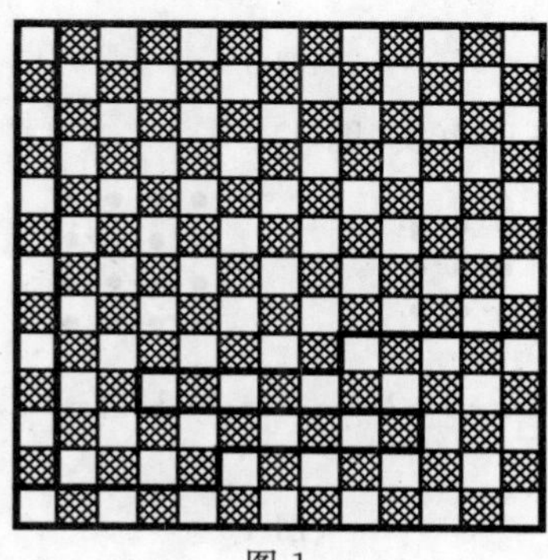

图 1

**问题 2**　(1) 答案见图 2.

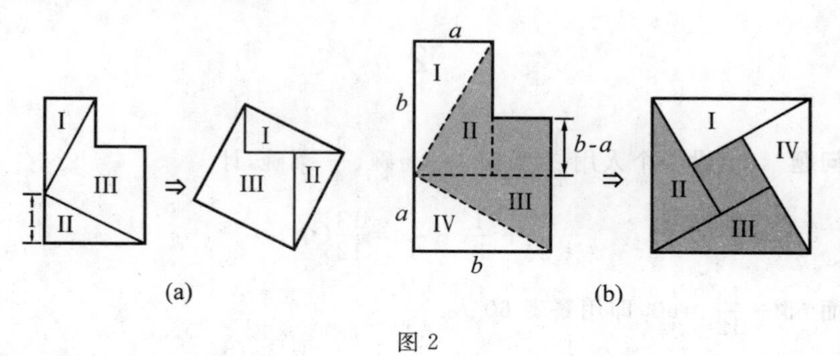


图 2

(2) 答案见图 3.

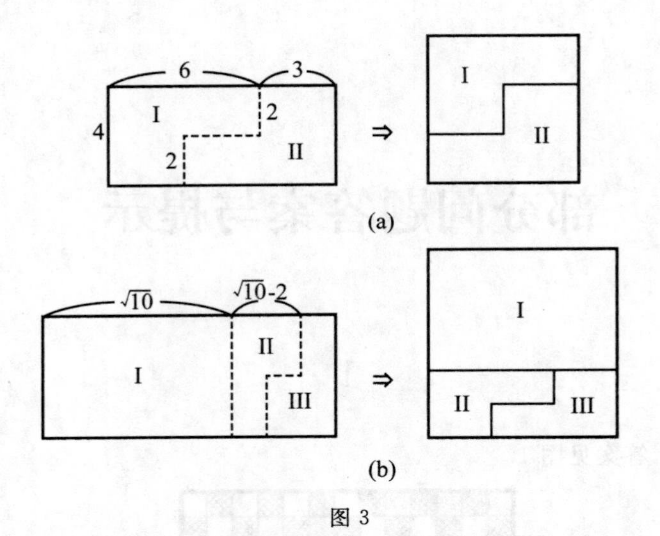


图 3

**问题 3**　只需注意下面事实(图 4)：

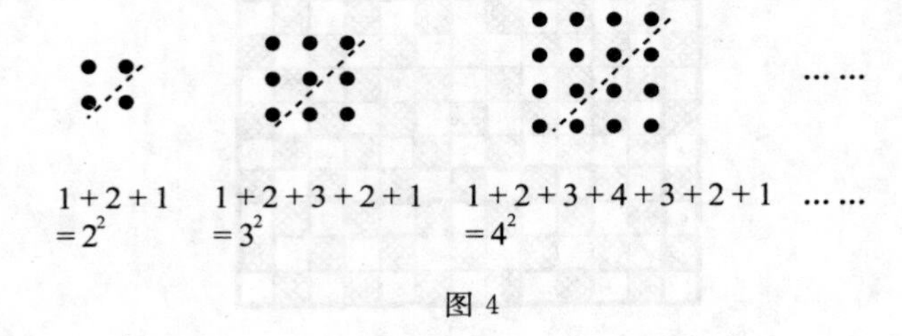


图 4

## 2

**问题**　由设一个人用$\frac{1}{2}$饭碗、$\frac{1}{3}$汤碗、$\frac{1}{4}$菜碗，计

$$\frac{1}{2}+\frac{1}{3}+\frac{1}{4}=\frac{13}{12}(\text{个})$$

而 $65\div\frac{13}{12}=60$，即用餐者 60 人.

## 3

**问题**　由图 5 中图形互补性可看出图形面积为以 $2R$ 为边的正方形面积：$4R^2$.

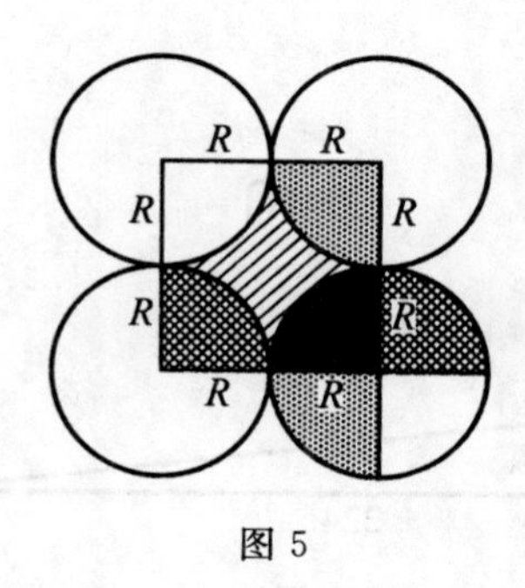


图 5

## 5

**问题** 如图 6,联结 $OC$ 后答案自明:$AB=OC=OD=5$.

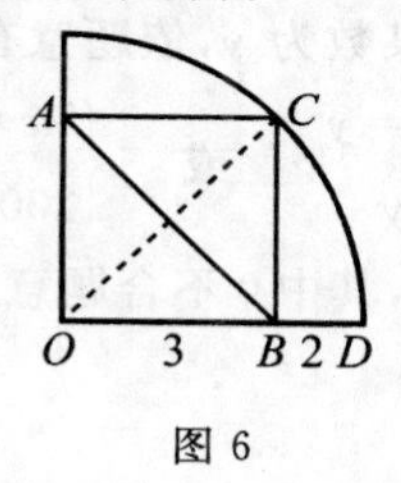


图 6

## 7

**问题** 竖切 6 刀最多可切 42 块,切法见图 7(1);而直上直下竖切最多可分成 22 块,切法见图 7(2).

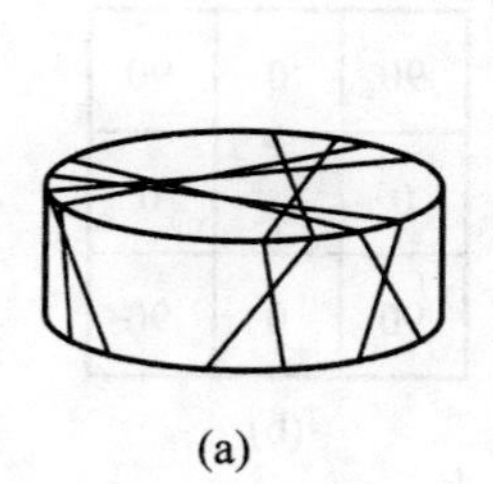

(a)

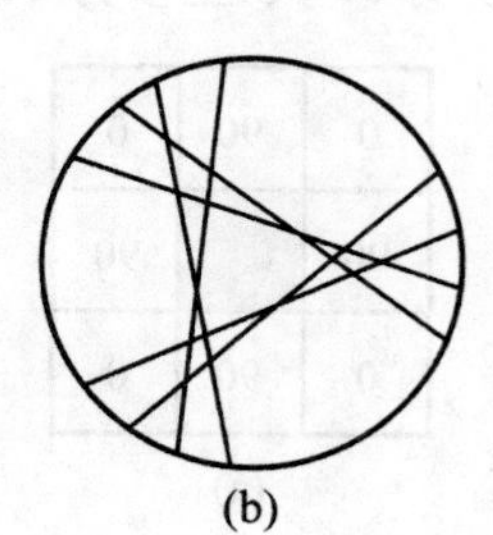

(b)

图 7

## 10

**问题**　答案见下图 8.

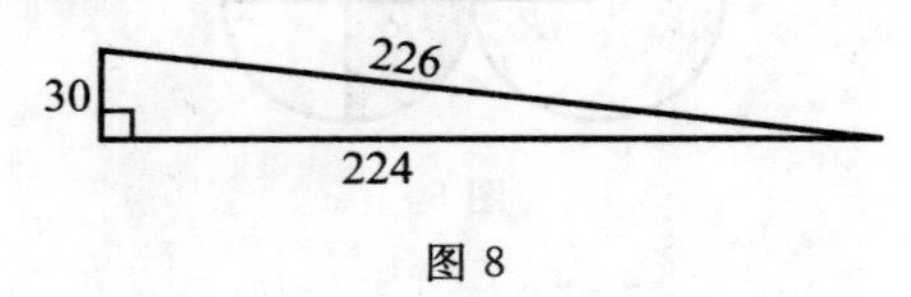


图 8

## 11

**问题**　设所乘的数为 $x$，某数为 $y$，依题意有

$$\begin{cases}200x=y^2\\5x=y\end{cases}\quad 或 \quad \begin{cases}5x=y^2\\200x=y\end{cases}$$

解前一方程组得 $x=0$ 或 8，其中 0 不合题意舍之；$y$ 则为 40. 后一方程组无解（整数解）. 则所求数为 8.

## 12

**问题 1**　注意到 $0+1+2+3+\cdots+8+9=45$，它是 9 的倍数，而能被 9 整除的自然数其各位数字和亦可被 9 整除，据此可推断擦去的数.

**问题 2**　至少为 90 人，至多为 180 人，具体阵列情况见图 9.

| 0 | 90 | 0 |
|---|---|---|
| 90 |  | 90 |
| 0 | 90 | 0 |

(a)

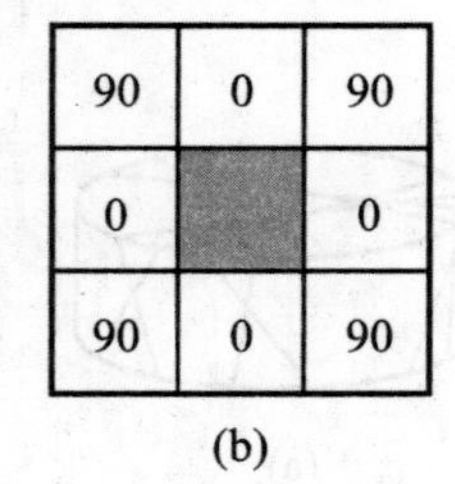


(b)

图 9

## 14

**问题**　大猫重 3 kg,小猫重 1 kg.

## 15

**问题**　答案(分法)见图 10.

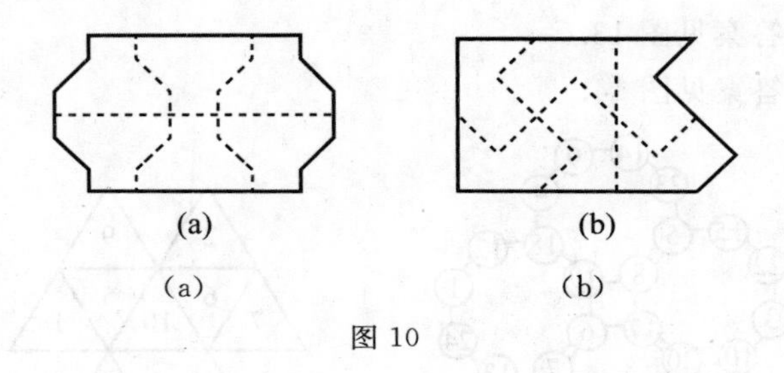


图 10

## 17

**问题 1**　若初生小兔为 3 对,则各月兔子数依次为

$$3,\ 3,\ 6,\ 9,\ 15,\ 24,\ 39,\ \cdots$$

故半年后(第 6 个月末第 7 个月初)兔子数为 39 对.

**问题 2**　实际上剪拼后的图形中间有重复(原正方形面积为$13^2=169$,而拼后矩形面积为 $21\times8=168$),这里 5,8,13,21 为斐波那契数列中的三项(图 11).

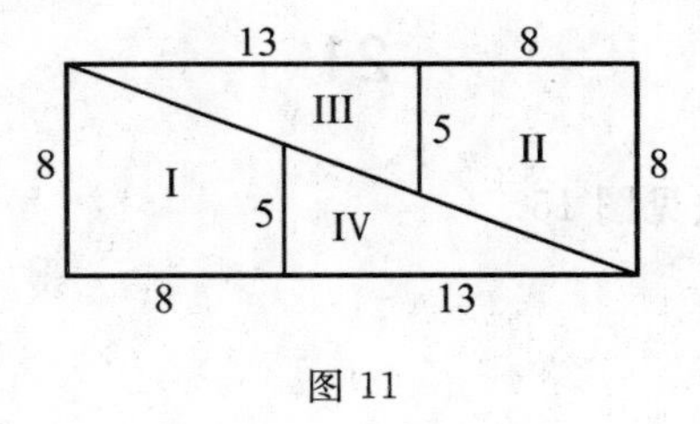


图 11

## 18

**问题 1** 答案见图 12.

| | | |
|---|---|---|
| $4\frac{1}{3}$ | $9\frac{1}{3}$ | $2\frac{1}{3}$ |
| $3\frac{1}{3}$ | $5\frac{1}{3}$ | $7\frac{1}{3}$ |
| $8\frac{1}{3}$ | $1\frac{1}{3}$ | $6\frac{1}{3}$ |

图 12

**问题 2** 答案见图 13.

**问题 3** 答案见图 14.

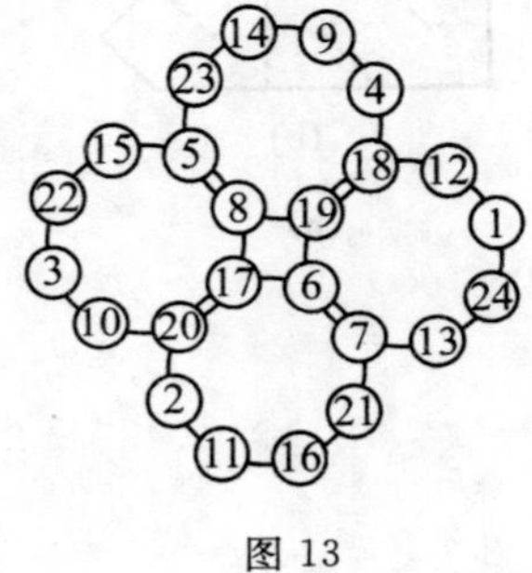


图 13

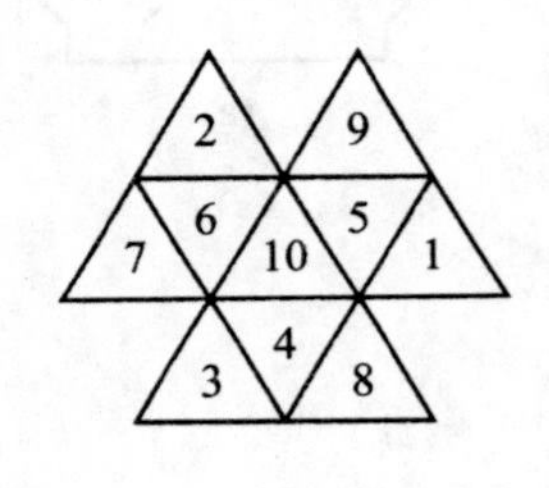


图 14

## 20

**问题** $x=14$.

## 21

**问题 1** 裁拼方法见图 15.

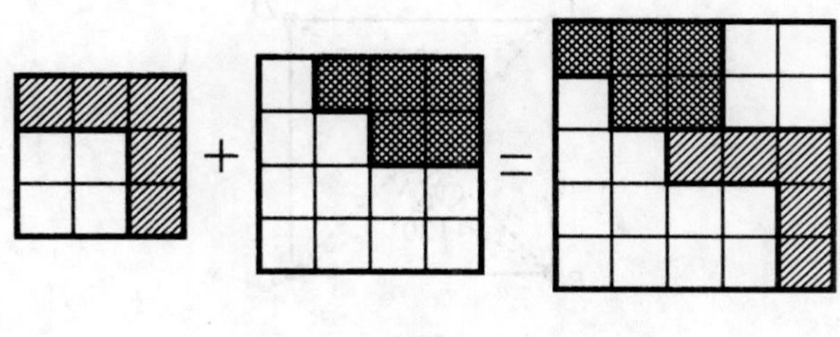

图 15

**问题 2**　答案见图 16.

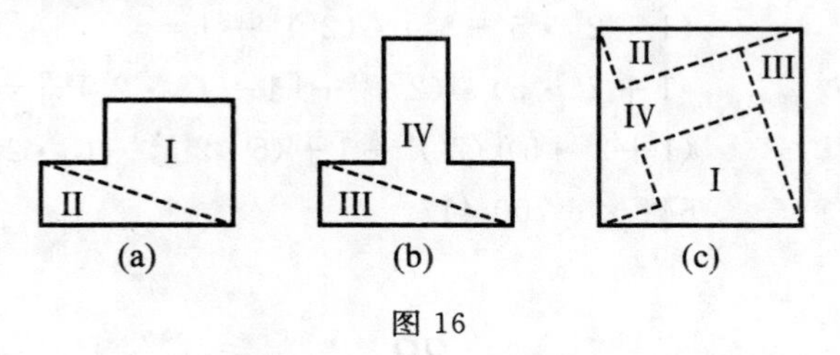


图 16

## 25

**问题**　10 个数字按题目要求的排放不存在. 对 1 ～ 14 的情形有如图 17 答案.

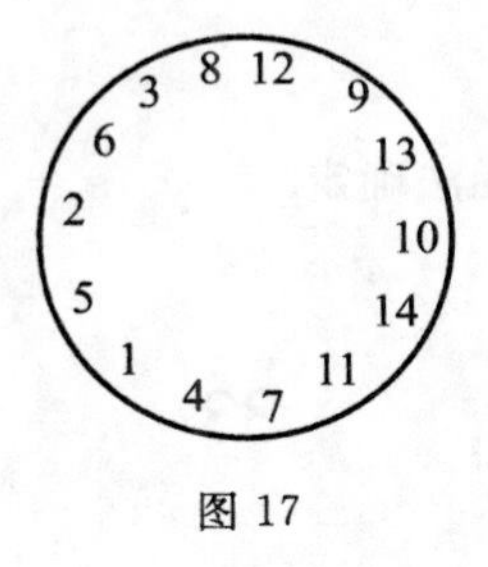


图 17

## 26

**问题 1**　图 18 虚线所示为连通四顶点的最短连线,图中添加两个新点 $M$, $N$.

若联结 $AC$ 和 $BD$(其交点为 $O$),显然问题化为在 $\triangle AOD$ 和 $\triangle BOC$ 内的连通三角形顶点的最短连线问题.

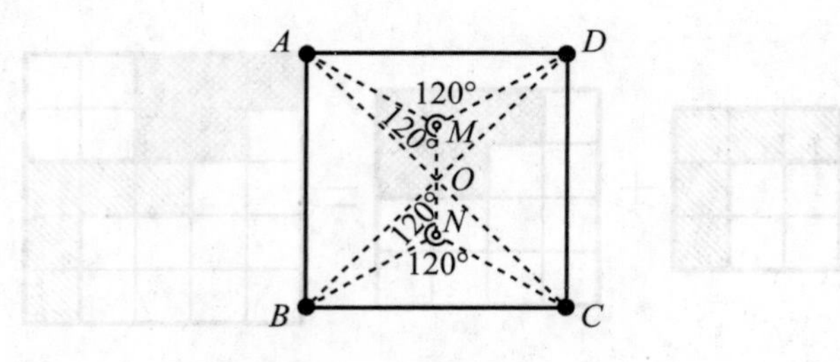


图 18

**问题 2** $2^{2^5}+1=2^{32}+1=2^4\cdot(2^7)^4+1=$

$(1+2^7\cdot 5-5^4)\cdot(2^7)^4+1=$

$(1+2^7\cdot 5)\cdot(2^7)^4+[1-(5\cdot 2^7)^4]=$

$(1+2^7\cdot 5)[(2^7)^4+1+(5\cdot 2^7)^2-(5\cdot 2^7)^3-5\cdot 2^7]=$

$641\times 6\ 700\ 417$

## 29

**问题** 该问题无法解.因为按照题目条件,若青草不长,第一片的 $3\frac{1}{3}$ 英亩可供 12 头牛吃 4 周,则每头牛每周吃 $3\frac{1}{3}\div(12\times 4)=\frac{5}{72}$ 英亩的青草;而第二片 10 英亩可供 21 头牛吃 9 周,则每头牛每周吃 $10\div(21\times 9)=\frac{10}{189}$ 英亩的青草.

但 $\frac{5}{72}\neq\frac{10}{189}$,故此比例无法确定.

## 33

**问题 1** 见图 19.

| | | | |
|---|---|---|---|
| *aD* | *bA* | *cB* | *dC* |
| *cC* | *dB* | *aA* | *bD* |
| *dA* | *cD* | *bC* | *aB* |
| *bB* | *aC* | *dD* | *cA* |

(a)

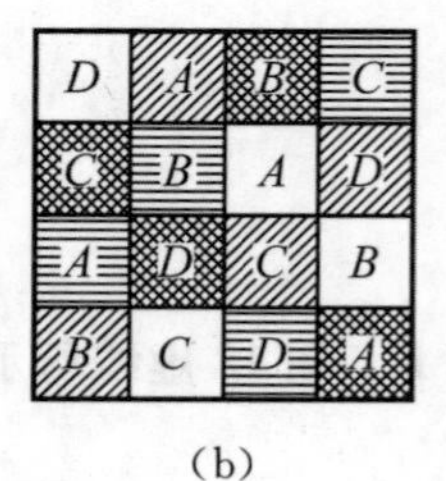


(b)

图 19

**问题 3**　只需在两岛间或两岛与岸之间再建造一座桥即可.

## 34

**问题 1**　答案见图 20(4 阶幻方).

| 1 | 15 | 14 | 4 |
|---|---|---|---|
| 12 | 6 | 7 | 9 |
| 8 | 10 | 11 | 5 |
| 13 | 3 | 2 | 16 |

图 20

## 37

**问题 1**　注意到 $1\,989 = 30^2 + 33^2$,则知问题答案是肯定的(详见正文结论).

**问题 2**　小直角三角形三边分别为$\frac{\sqrt{5}}{5}$,$\frac{2\sqrt{5}}{5}$和 1(图 21).

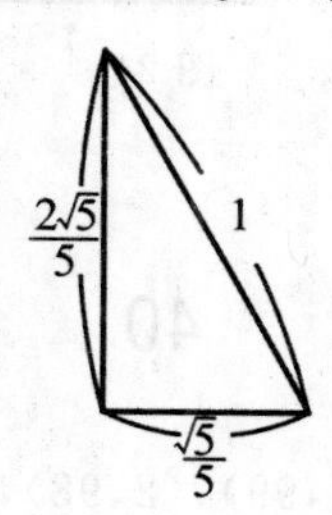


图 21

**问题 3**　最少可剖分成 2 个(见图 22(a),图中大三角形为等腰直角三角形). 又剖分成 4,8,16,… 个全等小三角形的方法见图 22(b),图中大三角形亦为等腰直角三角形.

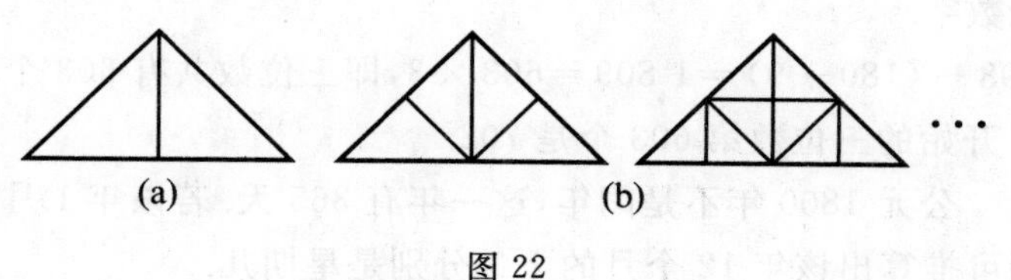


图 22

**问题 4**　至少有三种剖分方法，详见图 23.

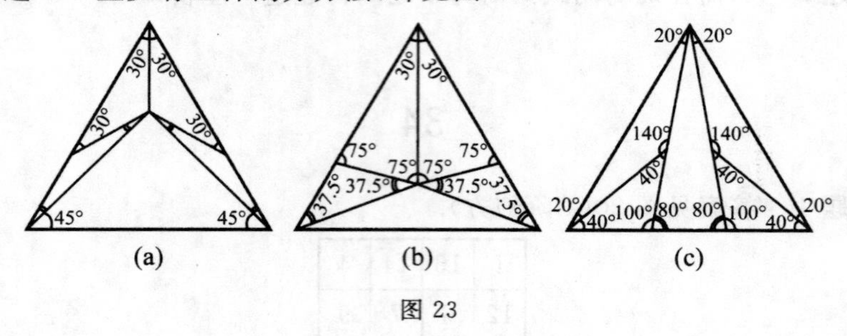


图 23

## 38

**问题**　具体分法见图 24.

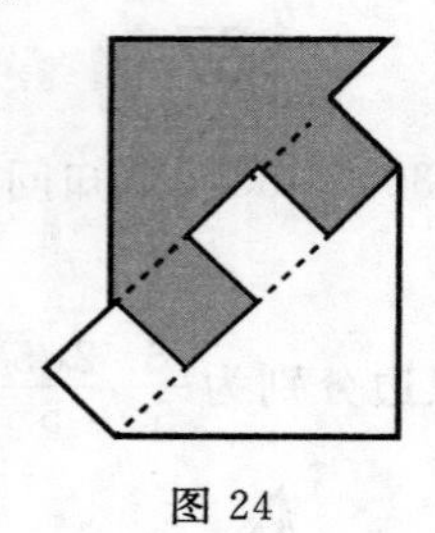

图 24

## 40

**问题 1**　把 1 ～ 100 先按(1,99),(2,98),(3,97),…,(48,52),(49,51) 分组后剩下 50 和 100 两个数. 而上面的 49 组数中除(10,90),(20,80),(30,70),(40,60) 外，每组两数数字和均为 19，这样 1 ～ 100 全部数字和为

$$19\times45+10\times4+5+1=901$$

又 1 ～ 9 每数有一个数字，共 9 个数字；10 ～ 99 每数有两个数字，共 $2\times90=180$ 个数字.

而 $1\,998-(180+9)=1\,809=603\times3$，即三位数共有 603 个.

从 100 开始的三位数第 603 个是 702.

**问题 2**　公元 1800 年不是闰年，这一年有 365 天. 若该年 1 月 1 日是星期 $x$(表 1)，则可推算出该年 12 个月的 1 日分别是星期几.

表 1

| 月　份 | 一 | 二 | 三 | 四 | 五 | 六 |
|---|---|---|---|---|---|---|
| 该月 1 日星期数 | $x$ | $x+3$ | $x+3$ | $x+6$ | $x+1$ | $x+4$ |
| 月　份 | 七 | 八 | 九 | 十 | 十一 | 十二 |
| 该月 1 日星期数 | $x+6$ | $x+2$ | $x+5$ | $x$ | $x+3$ | $x+5$ |

上面 $x \sim x+6$ 中不论 $x$ 是几，必有其一为 7 的倍数，则该数表示星期日．换言之，该年必有某月的 1 日是星期天．

**问题 3**　比如图 25(a)，(b) 均为其解．

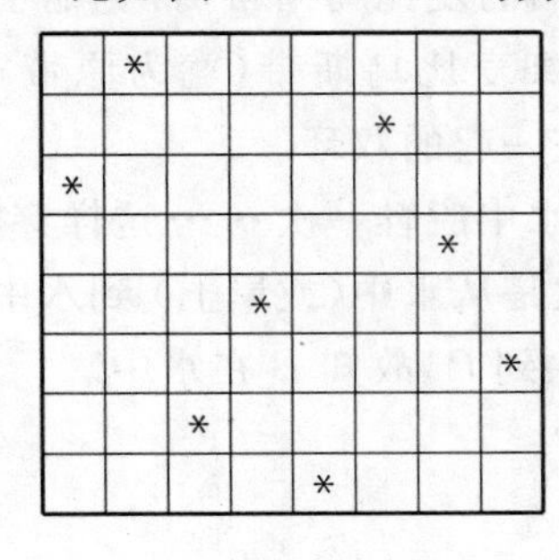

(a)

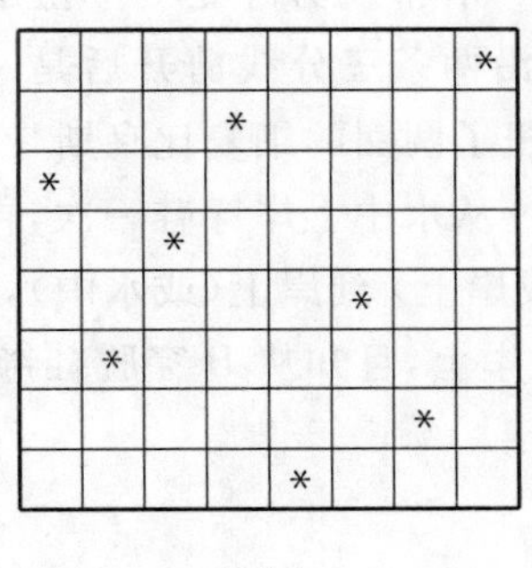

(b)

图 25

**问题 4**　至多还可放 10 枚棋子(图 26)．

图 26

**问题 5**　素数中仅有一个偶数即 2，而 4，6，8 均不能作为素数的个位数字．这样依题设(九个数字各用一次)能组成的素数个数最多是 6 个，它们分别是

2，3，5，47，61，89

全部由素数数字所组成的完全平方数较多，比如：25，7 225，27 225，55 225，235 225 等．

**问题 6**　先将该数列的一些项写出来：

2，5，8，11，14，17，20，23，26，29，32，35，38，41，44，47，50，53，56，59，62，65，68，71，74，77，80，83，86，89，…

它们平方的个位数字分别是：

4,5,4,1,6,9,0,9,6,1,4,5,4,1,6,9,0,9,6,1,4,5,4,1,6,9,0,9,6,1,…

这即是说：上述数列每项平方的个位数字以 10 为周期重复出现.

这样可知：第 1 996 项的平方的个位数字是 9.

## 42

**问题 1** 沿中线剪开是一个扭了两圈的麦比乌斯带（带宽缩了一半，带长增加一倍）；沿两条三分线剪开后是一个细麦比乌斯带（宽为原带宽的三分之一）与一个扭了两圈的细麦比乌斯带套在一起的双环.

**问题 2** 从水中上岸穿鞋一次，再到水中脱鞋一次……这样穿脱鞋奇次将是从水中（或岸上）到岸上（或水中），偶次是从水中（或岸上）到水中（或岸上）.

又 $P$ 在岸上，且知从 $B$ 穿脱鞋奇数次到 $P$，故知 $B$ 在水中.

## 43

**问题 1** 因三角形内角和为 180°，而 180 是偶数，又三数和为偶数者，其中必有一数为偶数（否则三奇数之和仍为奇数），而偶素数仅有一个即 2. 这样其余两角和应为 178°，而这样的三角形内角可为：

(2°,5°,173°)，(2°,11°,167°)，(2°,29°,149°)，(2°,41°,137°)，(2°,47°,131°)，(2°,71°,107°)，(2°,89°,89°).

其中(2°,89°,89°)为等腰三角形三内角.

**问题 2** 先将矩形纸片沿中线对折，如图 27(a)，产生折痕；再将矩形一角如图 27(b) 斜折（使其顶点在对折的折痕上），复原后可得到一个 30° 角，如图 27(c)（直角的$\frac{1}{3}$）.

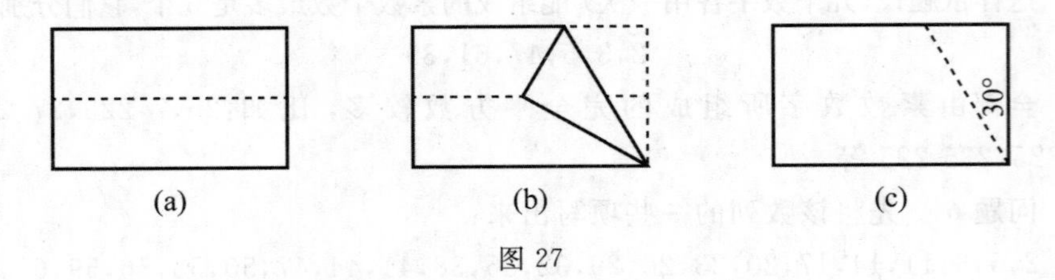

图 27

## 46

**问题 1** 如图 28,注意图中无阴影与阴影部分面积相等.

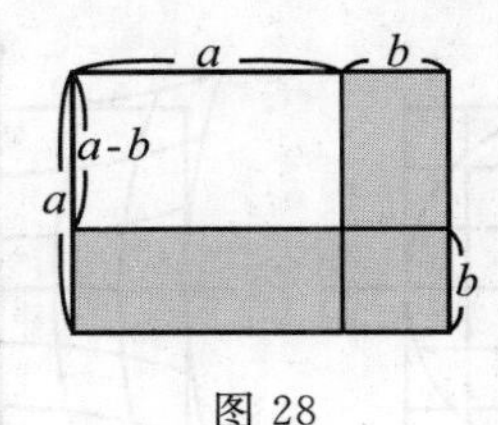


图 28

**问题 2** $(a+b)^2-(a-b)^2=4ab$.

**问题 3** 见图 29(图中的数字表示该图形的面积).

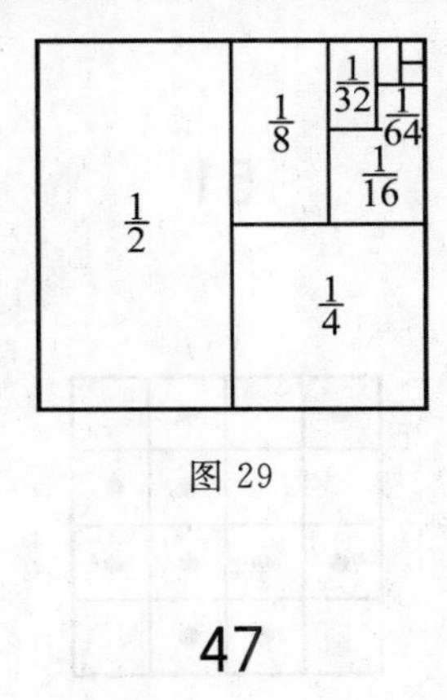


图 29

## 47

**问题 1** 存在. 见图 30.

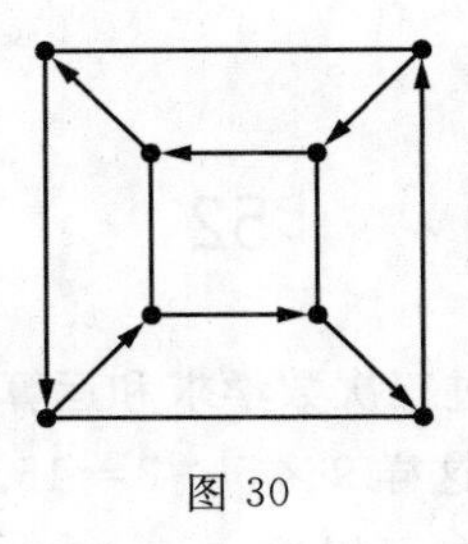

图 30

**问题 2** 成立,因为

$$[e\cdot(i\cdot j)]\cdot k=[e\cdot k]\cdot k=k\cdot k=-e$$

$$(e\cdot i)\cdot(j\cdot k)=i\cdot i=-e$$

$$e\cdot[i\cdot(j\cdot k)]=e\cdot[i\cdot i]=e\cdot[-e]=-e\cdot e=-e$$

# 49

**问题**　答案见图 31 变换.

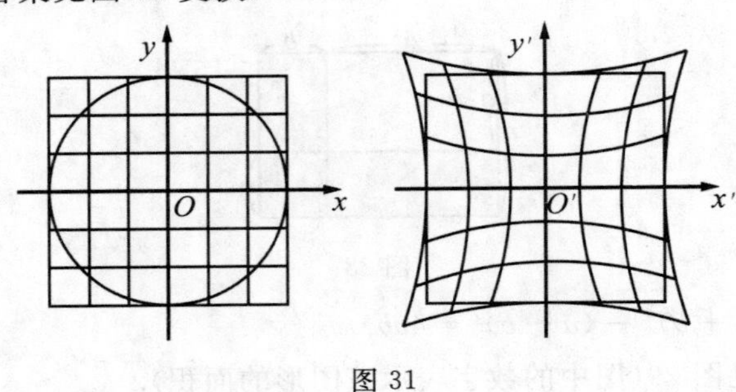


图 31

# 51

**问题**　答案见图 32.

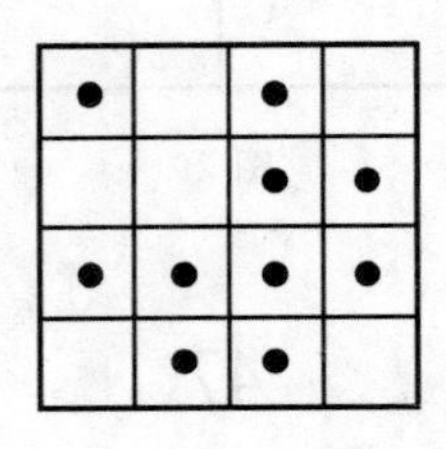

图 32

# 52

**问题 1**　四位数至多经过三次数学求和运算便可得到一个一位数. 而一位数与 9 的积其数字和必为 9,这样 $9\times5\div3=15$.

**问题 2**　这是可能的. 比如可以选 $x=1\ 000\ 000$, $y=1\ 000$, $z=1$. 这样你无论选怎样的 3 个三位数,它们与 $x$, $y$, $z$ 乘积之和都是一个由 $x$, $y$, $z$ 这 3 个三位数组成的九位数. 比如你给出的 3 个三位数分别为:123,456,789,则

$$123x+456y+789z=\underline{123}\ \underline{456}\ \underline{789}$$

## 53

**问题** 乍一想似乎答案很多,其实不然,答案仅有三种,如图 33.

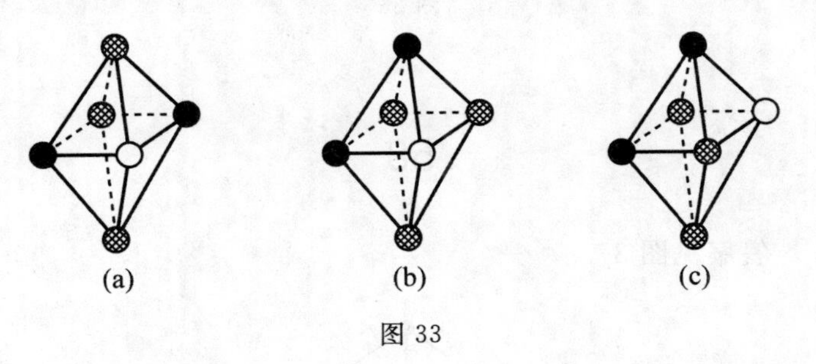


图 33

## 57

**问题 1** 裁拼方法见图 34.

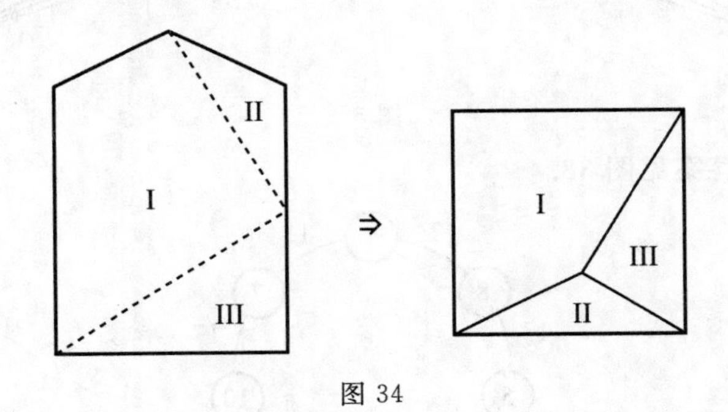


图 34

**问题 2** 裁拼方法见图 35.

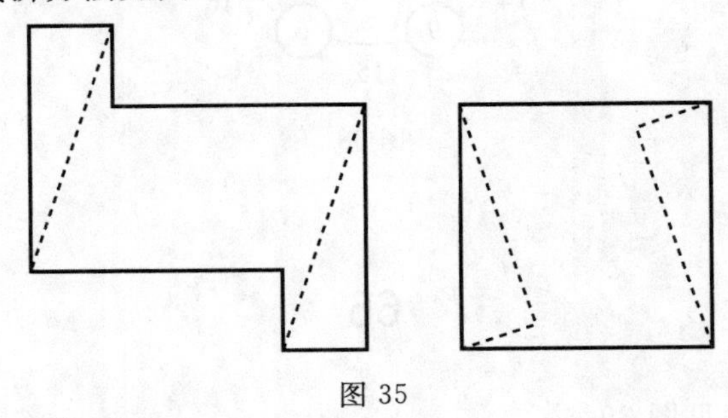

图 35

**问题 3** 裁拼方法见图 36.

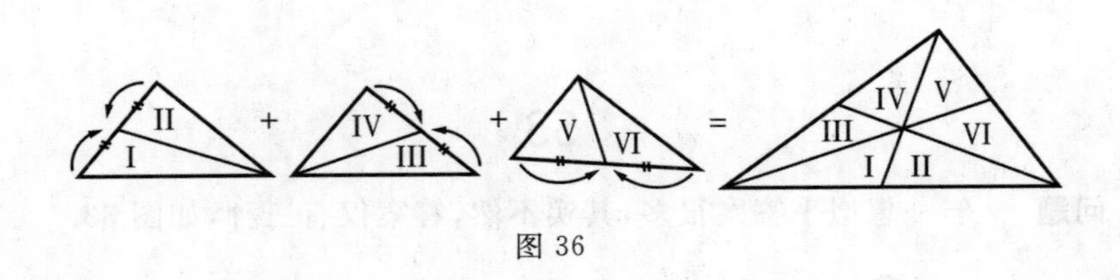

图 36

## 58

**问题 1**　答案见图 37.

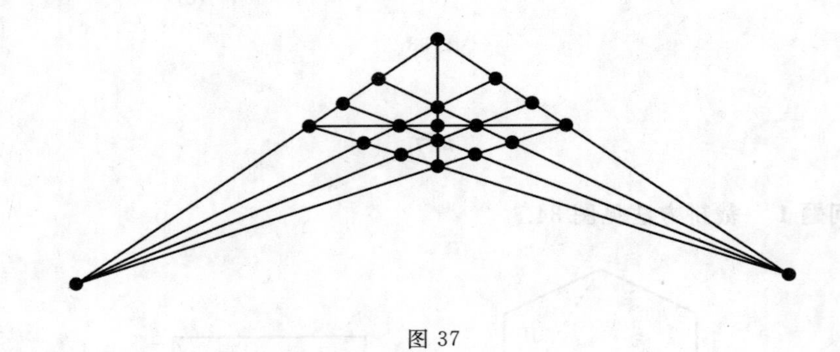
图 37

**问题 2**　答案见图 38.

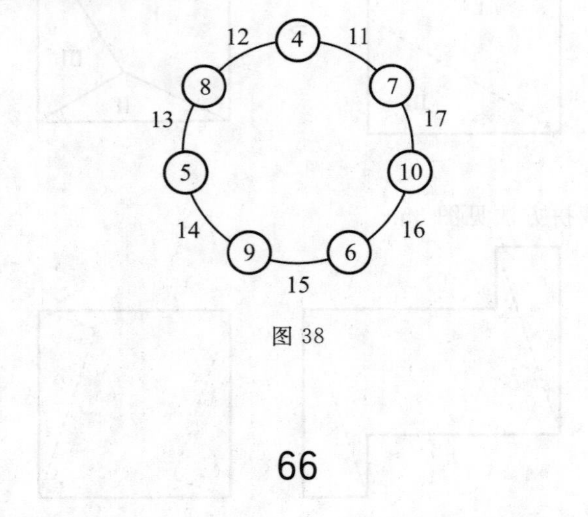

图 38

## 66

**问题**　答案见图 39.

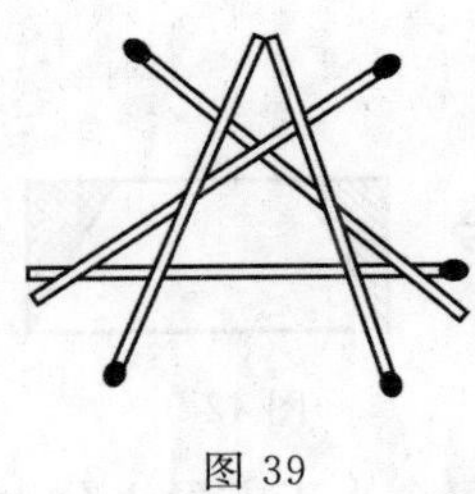

图 39

## 67

**问题** 变换过程见图 40.

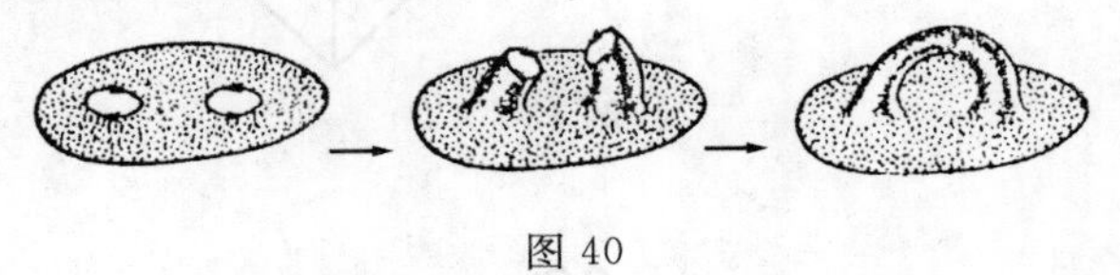

图 40

## 68

**问题 1** 最多可栽 20 列,栽法见图 41.

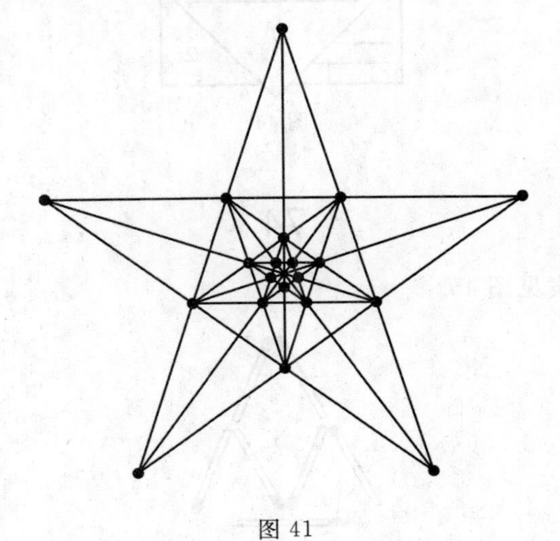

图 41

**问题** 2 裁拼过程见图 42.

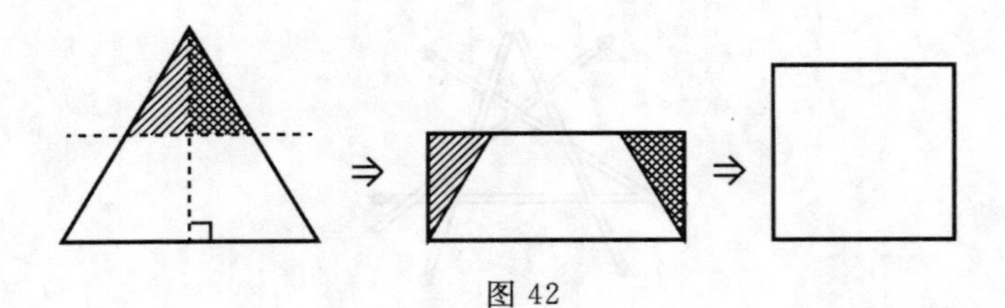

图 42

**问题** 3　只需裁成 4 块(每个小正方形一分为二),然后用它们可拼成一个大正方形,见图 43.

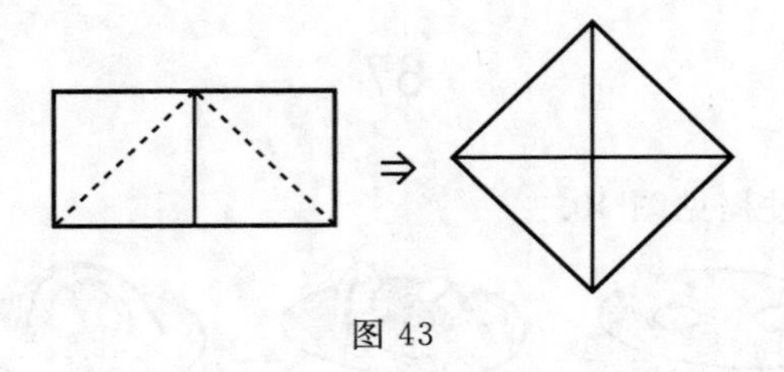

图 43

## 69

**问题**　答案如图 44(图中数字代表正方形摆放次序).

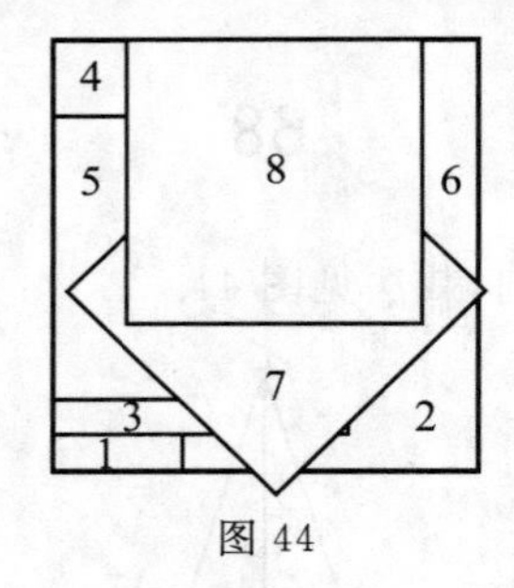


图 44

## 74

**问题 1**　答案见图 45.

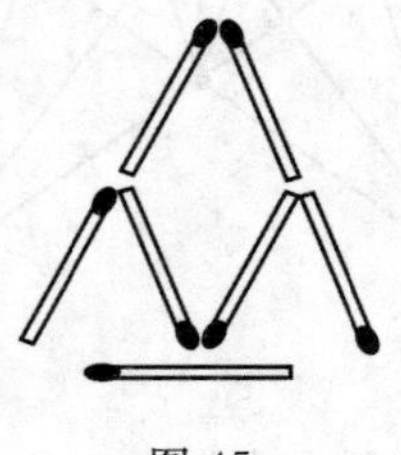

图 45

**问题 2** 本题答案不唯一. 其中(数组中的最小数)最小和最大的两组分别是

(192,384,576) 和(327,654,981)

**问题 3** 由设知 $p>3$ 的素数,故 $p=3m\pm1$.

但 $p=3m+1$ 时,$2p+1$ 是合数,不妥.

又 $p=3m-1$ 时,$4p+1=3(4m+1)$,故其为合数.

## 76

**问题 1** 裁、拼方法见图 46.

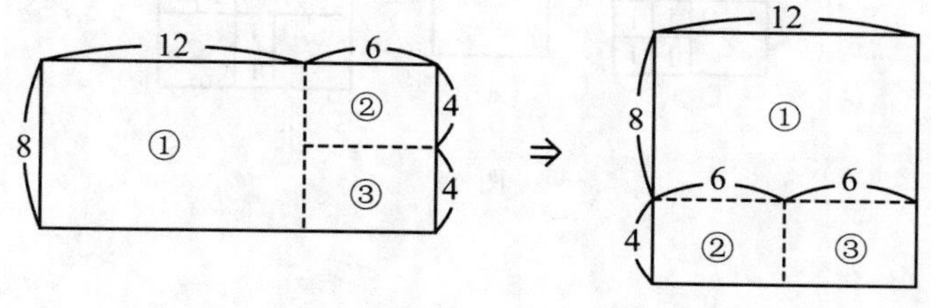


图 46

**问题 2** 裁、拼方法见图 47.

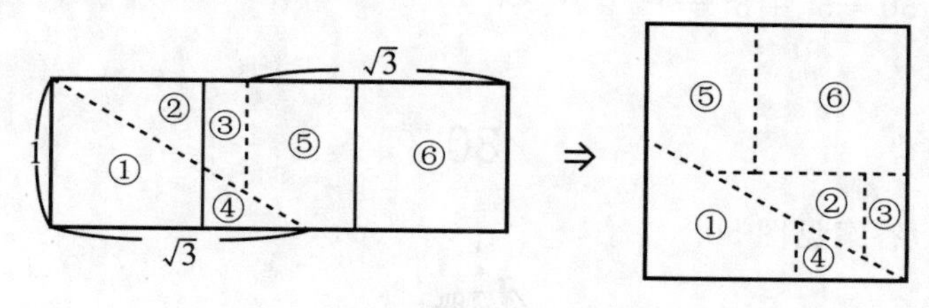


图 47

**问题 3** 裁法见图 48.

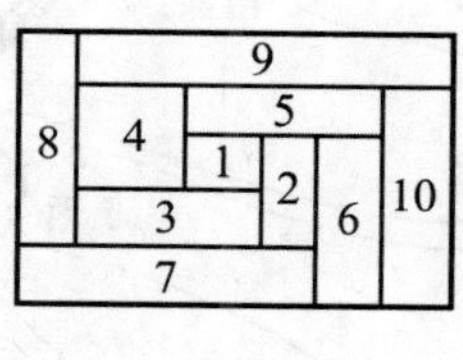


图 48

## 78

**问题**　边长为 3 的正方形要裁成 9 块，边长为 4 的正方形要裁成 7 块，用它们可分别完成边长为 5 的正方形的拼接(图 49).

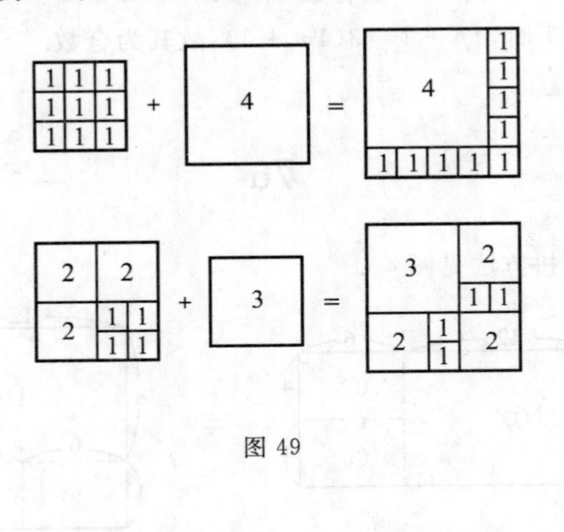


图 49

## 79

**问题**　$50 = 5^2 + 5^2 = 1^2 + 7^2$.

## 80

**问题**　答案见图 50.

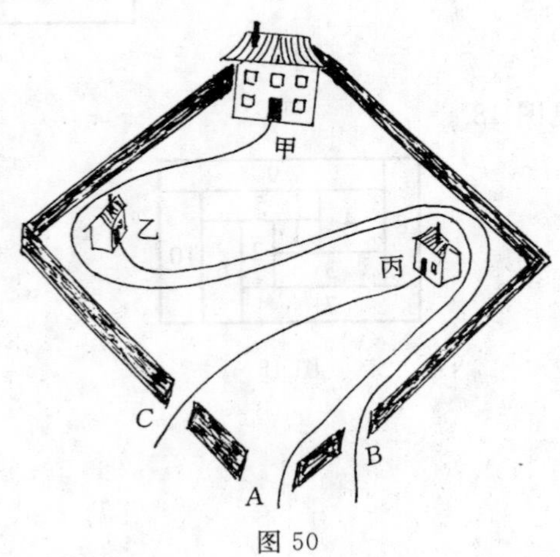


图 50

## 82

**问题 1**　老者年龄 69.注意到

$$69^2=4\,761,69^3=328\,509$$

**问题 2**　道理同正文例子.

## 85

**问题**　对乙来讲,甲选 $A$ 时,乙选 $B$ 最佳;甲选 $B$ 时,乙选 $B$ 亦佳.

对甲而言,乙选定 $B$ 后(以上分析知 $B$ 对乙来讲最佳),甲选 $A$ 比选 $B$ 收益大.

从而甲选 $A$,乙选 $B$ 为二人的平衡策略.

## 87

**问题**　办不到.先将 $4\times4$ 方格依图 51 涂色,涂后你会发现:无论如何实施题中要求的变换(相邻两格的数同加或同减一常数),变换后,黑格中全部数字和与白格中全部数字和之差始终不变.

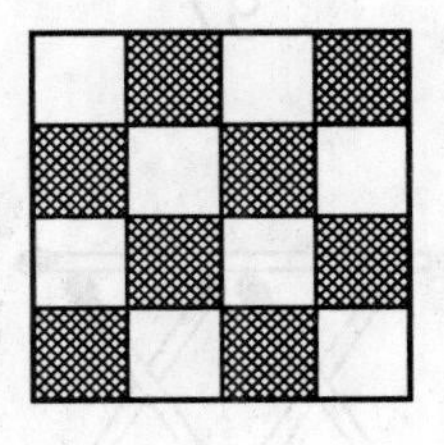

图 51

然而开始时,(全部黑格数字和－全部白格数字和)$=72-64=8$,这样全部数字变 0 不可能.

## 89

**问题**　1,7,1,2,6,4,2,5,3,7,4,6,3,5 或 7,3,6,2,5,3,2,4,7,6,5,1,4,1.

## 93

**问题 1**　答案见图 52.

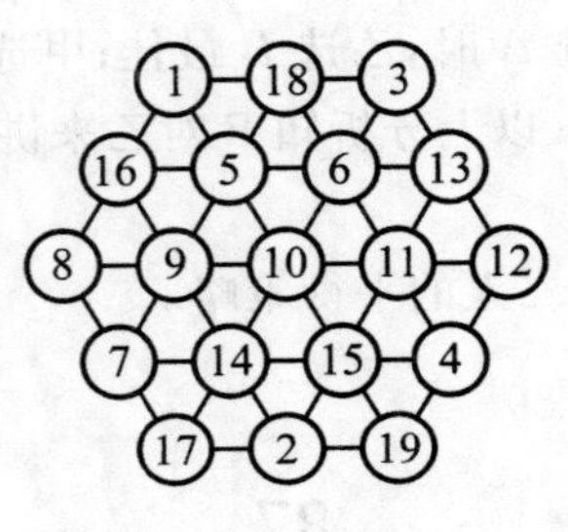


图 52

**问题 2**　$\sqrt{4\times6\times4\times6}=24$.

## 97

**问题**　答案见图 53.

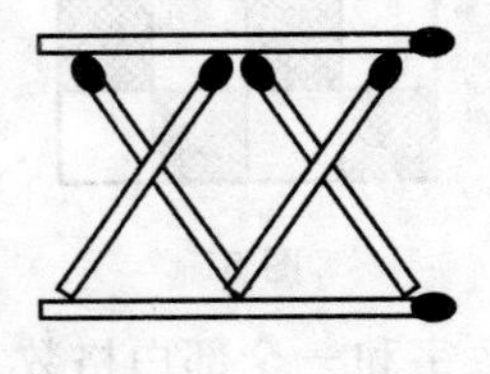

图 53

# 100

**问题**　裁拼方法见图 54.

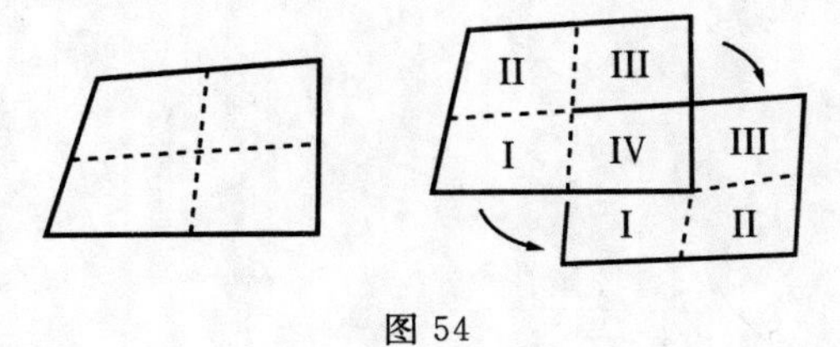


图 54

# 刘培杰数学工作室
# 已出版(即将出版)图书目录——初等数学

| 书　名 | 出版时间 | 定　价 | 编号 |
|---|---|---|---|
| 新编中学数学解题方法全书(高中版)上卷(第2版) | 2018－08 | 58.00 | 951 |
| 新编中学数学解题方法全书(高中版)中卷(第2版) | 2018－08 | 68.00 | 952 |
| 新编中学数学解题方法全书(高中版)下卷(一)(第2版) | 2018－08 | 58.00 | 953 |
| 新编中学数学解题方法全书(高中版)下卷(二)(第2版) | 2018－08 | 58.00 | 954 |
| 新编中学数学解题方法全书(高中版)下卷(三)(第2版) | 2018－08 | 68.00 | 955 |
| 新编中学数学解题方法全书(初中版)上卷 | 2008－01 | 28.00 | 29 |
| 新编中学数学解题方法全书(初中版)中卷 | 2010－07 | 38.00 | 75 |
| 新编中学数学解题方法全书(高考复习卷) | 2010－01 | 48.00 | 67 |
| 新编中学数学解题方法全书(高考真题卷) | 2010－01 | 38.00 | 62 |
| 新编中学数学解题方法全书(高考精华卷) | 2011－03 | 68.00 | 118 |
| 新编平面解析几何解题方法全书(专题讲座卷) | 2010－01 | 18.00 | 61 |
| 新编中学数学解题方法全书(自主招生卷) | 2013－08 | 88.00 | 261 |
| 数学奥林匹克与数学文化(第一辑) | 2006－05 | 48.00 | 4 |
| 数学奥林匹克与数学文化(第二辑)(竞赛卷) | 2008－01 | 48.00 | 19 |
| 数学奥林匹克与数学文化(第二辑)(文化卷) | 2008－07 | 58.00 | 36′ |
| 数学奥林匹克与数学文化(第三辑)(竞赛卷) | 2010－01 | 48.00 | 59 |
| 数学奥林匹克与数学文化(第四辑)(竞赛卷) | 2011－08 | 58.00 | 87 |
| 数学奥林匹克与数学文化(第五辑) | 2015－06 | 98.00 | 370 |
| 世界著名平面几何经典著作钩沉——几何作图专题卷(上) | 2009－06 | 48.00 | 49 |
| 世界著名平面几何经典著作钩沉——几何作图专题卷(下) | 2011－01 | 88.00 | 80 |
| 世界著名平面几何经典著作钩沉(民国平面几何老课本) | 2011－03 | 38.00 | 113 |
| 世界著名平面几何经典著作钩沉(建国初期平面三角老课本) | 2015－08 | 38.00 | 507 |
| 世界著名解析几何经典著作钩沉——平面解析几何卷 | 2014－01 | 38.00 | 264 |
| 世界著名数论经典著作钩沉(算术卷) | 2012－01 | 28.00 | 125 |
| 世界著名数学经典著作钩沉——立体几何卷 | 2011－02 | 28.00 | 88 |
| 世界著名三角学经典著作钩沉(平面三角卷Ⅰ) | 2010－06 | 28.00 | 69 |
| 世界著名三角学经典著作钩沉(平面三角卷Ⅱ) | 2011－01 | 38.00 | 78 |
| 世界著名初等数论经典著作钩沉(理论和实用算术卷) | 2011－07 | 38.00 | 126 |
| 发展你的空间想象力(第2版) | 2019－11 | 68.00 | 1117 |
| 空间想象力进阶 | 2019－05 | 68.00 | 1062 |
| 走向国际数学奥林匹克的平面几何试题诠释.第1卷 | 2019－07 | 88.00 | 1043 |
| 走向国际数学奥林匹克的平面几何试题诠释.第2卷 | 2019－09 | 78.00 | 1044 |
| 走向国际数学奥林匹克的平面几何试题诠释.第3卷 | 2019－03 | 78.00 | 1045 |
| 走向国际数学奥林匹克的平面几何试题诠释.第4卷 | 2019－09 | 98.00 | 1046 |
| 平面几何证明方法全书 | 2007－08 | 35.00 | 1 |
| 平面几何证明方法全书习题解答(第2版) | 2006－12 | 18.00 | 10 |
| 平面几何天天练上卷・基础篇(直线型) | 2013－01 | 58.00 | 208 |
| 平面几何天天练中卷・基础篇(涉及圆) | 2013－01 | 28.00 | 234 |
| 平面几何天天练下卷・提高篇 | 2013－01 | 58.00 | 237 |
| 平面几何专题研究 | 2013－07 | 98.00 | 258 |

# 刘培杰数学工作室

# 已出版(即将出版)图书目录——初等数学

| 书　　名 | 出版时间 | 定　价 | 编号 |
| --- | --- | --- | --- |
| 最新世界各国数学奥林匹克中的平面几何试题 | 2007－09 | 38.00 | 14 |
| 数学竞赛平面几何典型题及新颖解 | 2010－07 | 48.00 | 74 |
| 初等数学复习及研究(平面几何) | 2008－09 | 58.00 | 38 |
| 初等数学复习及研究(立体几何) | 2010－06 | 38.00 | 71 |
| 初等数学复习及研究(平面几何)习题解答 | 2009－01 | 48.00 | 42 |
| 几何学教程(平面几何卷) | 2011－03 | 68.00 | 90 |
| 几何学教程(立体几何卷) | 2011－07 | 68.00 | 130 |
| 几何变换与几何证题 | 2010－06 | 88.00 | 70 |
| 计算方法与几何证题 | 2011－06 | 28.00 | 129 |
| 立体几何技巧与方法 | 2014－04 | 88.00 | 293 |
| 几何瑰宝——平面几何 500 名题暨 1000 条定理(上、下) | 2010－07 | 138.00 | 76,77 |
| 三角形的解法与应用 | 2012－07 | 18.00 | 183 |
| 近代的三角形几何学 | 2012－07 | 48.00 | 184 |
| 一般折线几何学 | 2015－08 | 48.00 | 503 |
| 三角形的五心 | 2009－06 | 28.00 | 51 |
| 三角形的六心及其应用 | 2015－10 | 68.00 | 542 |
| 三角形趣谈 | 2012－08 | 28.00 | 212 |
| 解三角形 | 2014－01 | 28.00 | 265 |
| 三角学专门教程 | 2014－09 | 28.00 | 387 |
| 图天下几何新题试卷.初中(第 2 版) | 2017－11 | 58.00 | 855 |
| 圆锥曲线习题集(上册) | 2013－06 | 68.00 | 255 |
| 圆锥曲线习题集(中册) | 2015－01 | 78.00 | 434 |
| 圆锥曲线习题集(下册·第 1 卷) | 2016－10 | 78.00 | 683 |
| 圆锥曲线习题集(下册·第 2 卷) | 2018－01 | 98.00 | 853 |
| 圆锥曲线习题集(下册·第 3 卷) | 2019－10 | 128.00 | 1113 |
| 论九点圆 | 2015－05 | 88.00 | 645 |
| 近代欧氏几何学 | 2012－03 | 48.00 | 162 |
| 罗巴切夫斯基几何学及几何基础概要 | 2012－07 | 28.00 | 188 |
| 罗巴切夫斯基几何学初步 | 2015－06 | 28.00 | 474 |
| 用三角、解析几何、复数、向量计算解数学竞赛几何题 | 2015－03 | 48.00 | 455 |
| 美国中学几何教程 | 2015－04 | 88.00 | 458 |
| 三线坐标与三角形特征点 | 2015－04 | 98.00 | 460 |
| 平面解析几何方法与研究(第 1 卷) | 2015－05 | 18.00 | 471 |
| 平面解析几何方法与研究(第 2 卷) | 2015－06 | 18.00 | 472 |
| 平面解析几何方法与研究(第 3 卷) | 2015－07 | 18.00 | 473 |
| 解析几何研究 | 2015－01 | 38.00 | 425 |
| 解析几何学教程.上 | 2016－01 | 38.00 | 574 |
| 解析几何学教程.下 | 2016－01 | 38.00 | 575 |
| 几何学基础 | 2016－01 | 58.00 | 581 |
| 初等几何研究 | 2015－02 | 58.00 | 444 |
| 十九和二十世纪欧氏几何学中的片段 | 2017－01 | 58.00 | 696 |
| 平面几何中考.高考.奥数一本通 | 2017－07 | 28.00 | 820 |
| 几何学简史 | 2017－08 | 28.00 | 833 |
| 四面体 | 2018－01 | 48.00 | 880 |
| 平面几何证明方法思路 | 2018－12 | 68.00 | 913 |
| 平面几何图形特性新析.上篇 | 2019－01 | 68.00 | 911 |
| 平面几何图形特性新析.下篇 | 2018－06 | 88.00 | 912 |
| 平面几何范例多解探究.上篇 | 2018－04 | 48.00 | 910 |
| 平面几何范例多解探究.下篇 | 2018－12 | 68.00 | 914 |
| 从分析解题过程学解题:竞赛中的几何问题研究 | 2018－07 | 68.00 | 946 |
| 从分析解题过程学解题:竞赛中的向量几何与不等式研究(全 2 册) | 2019－06 | 138.00 | 1090 |
| 二维、三维欧氏几何的对偶原理 | 2018－12 | 38.00 | 990 |
| 星形大观及闭折线论 | 2019－03 | 68.00 | 1020 |
| 圆锥曲线之设点与设线 | 2019－05 | 60.00 | 1063 |

# 刘培杰数学工作室
# 已出版(即将出版)图书目录——初等数学

| 书　名 | 出版时间 | 定　价 | 编号 |
|---|---|---|---|
| 俄罗斯平面几何问题集 | 2009－08 | 88.00 | 55 |
| 俄罗斯立体几何问题集 | 2014－03 | 58.00 | 283 |
| 俄罗斯几何大师——沙雷金论数学及其他 | 2014－01 | 48.00 | 271 |
| 来自俄罗斯的5000道几何习题及解答 | 2011－03 | 58.00 | 89 |
| 俄罗斯初等数学问题集 | 2012－05 | 38.00 | 177 |
| 俄罗斯函数问题集 | 2011－03 | 38.00 | 103 |
| 俄罗斯组合分析问题集 | 2011－01 | 48.00 | 79 |
| 俄罗斯初等数学万题选——三角卷 | 2012－11 | 38.00 | 222 |
| 俄罗斯初等数学万题选——代数卷 | 2013－08 | 68.00 | 225 |
| 俄罗斯初等数学万题选——几何卷 | 2014－01 | 68.00 | 226 |
| 俄罗斯《量子》杂志数学征解问题100题选 | 2018－08 | 48.00 | 969 |
| 俄罗斯《量子》杂志数学征解问题又100题选 | 2018－08 | 48.00 | 970 |
| 463个俄罗斯几何老问题 | 2012－01 | 28.00 | 152 |
| 《量子》数学短文精粹 | 2018－09 | 38.00 | 972 |
| 用三角、解析几何等计算解来自俄罗斯的几何题 | 2019－11 | 88.00 | 1119 |
| 谈谈素数 | 2011－03 | 18.00 | 91 |
| 平方和 | 2011－03 | 18.00 | 92 |
| 整数论 | 2011－05 | 38.00 | 120 |
| 从整数谈起 | 2015－10 | 28.00 | 538 |
| 数与多项式 | 2016－01 | 38.00 | 558 |
| 谈谈不定方程 | 2011－05 | 28.00 | 119 |
| 解析不等式新论 | 2009－06 | 68.00 | 48 |
| 建立不等式的方法 | 2011－03 | 98.00 | 104 |
| 数学奥林匹克不等式研究 | 2009－08 | 68.00 | 56 |
| 不等式研究(第二辑) | 2012－02 | 68.00 | 153 |
| 不等式的秘密(第一卷)(第2版) | 2014－02 | 38.00 | 286 |
| 不等式的秘密(第二卷) | 2014－01 | 38.00 | 268 |
| 初等不等式的证明方法 | 2010－06 | 38.00 | 123 |
| 初等不等式的证明方法(第二版) | 2014－11 | 38.00 | 407 |
| 不等式・理论・方法(基础卷) | 2015－07 | 38.00 | 496 |
| 不等式・理论・方法(经典不等式卷) | 2015－07 | 38.00 | 497 |
| 不等式・理论・方法(特殊类型不等式卷) | 2015－07 | 48.00 | 498 |
| 不等式探究 | 2016－03 | 38.00 | 582 |
| 不等式探秘 | 2017－01 | 88.00 | 689 |
| 四面体不等式 | 2017－01 | 68.00 | 715 |
| 数学奥林匹克中常见重要不等式 | 2017－09 | 38.00 | 845 |
| 三正弦不等式 | 2018－09 | 98.00 | 974 |
| 函数方程与不等式:解法与稳定性结果 | 2019－04 | 68.00 | 1058 |
| 同余理论 | 2012－05 | 38.00 | 163 |
| [x]与{x} | 2015－04 | 48.00 | 476 |
| 极值与最值.上卷 | 2015－06 | 28.00 | 486 |
| 极值与最值.中卷 | 2015－06 | 38.00 | 487 |
| 极值与最值.下卷 | 2015－06 | 28.00 | 488 |
| 整数的性质 | 2012－11 | 38.00 | 192 |
| 完全平方数及其应用 | 2015－08 | 78.00 | 506 |
| 多项式理论 | 2015－10 | 88.00 | 541 |
| 奇数、偶数、奇偶分析法 | 2018－01 | 98.00 | 876 |
| 不定方程及其应用.上 | 2018－12 | 58.00 | 992 |
| 不定方程及其应用.中 | 2019－01 | 78.00 | 993 |
| 不定方程及其应用.下 | 2019－02 | 98.00 | 994 |

# 刘培杰数学工作室
# 已出版(即将出版)图书目录——初等数学

| 书名 | 出版时间 | 定价 | 编号 |
| --- | --- | --- | --- |
| 历届美国中学生数学竞赛试题及解答(第一卷)1950—1954 | 2014—07 | 18.00 | 277 |
| 历届美国中学生数学竞赛试题及解答(第二卷)1955—1959 | 2014—04 | 18.00 | 278 |
| 历届美国中学生数学竞赛试题及解答(第三卷)1960—1964 | 2014—06 | 18.00 | 279 |
| 历届美国中学生数学竞赛试题及解答(第四卷)1965—1969 | 2014—04 | 28.00 | 280 |
| 历届美国中学生数学竞赛试题及解答(第五卷)1970—1972 | 2014—06 | 18.00 | 281 |
| 历届美国中学生数学竞赛试题及解答(第六卷)1973—1980 | 2017—07 | 18.00 | 768 |
| 历届美国中学生数学竞赛试题及解答(第七卷)1981—1986 | 2015—01 | 18.00 | 424 |
| 历届美国中学生数学竞赛试题及解答(第八卷)1987—1990 | 2017—05 | 18.00 | 769 |
| 历届中国数学奥林匹克试题集(第2版) | 2017—03 | 38.00 | 757 |
| 历届加拿大数学奥林匹克试题集 | 2012—08 | 38.00 | 215 |
| 历届美国数学奥林匹克试题集:多解推广加强(第2版) | 2016—03 | 48.00 | 592 |
| 历届波兰数学竞赛试题集.第1卷,1949～1963 | 2015—03 | 18.00 | 453 |
| 历届波兰数学竞赛试题集.第2卷,1964～1976 | 2015—03 | 18.00 | 454 |
| 历届巴尔干数学奥林匹克试题集 | 2015—05 | 38.00 | 466 |
| 保加利亚数学奥林匹克 | 2014—10 | 38.00 | 393 |
| 圣彼得堡数学奥林匹克试题集 | 2015—01 | 38.00 | 429 |
| 匈牙利奥林匹克数学竞赛题解.第1卷 | 2016—05 | 28.00 | 593 |
| 匈牙利奥林匹克数学竞赛题解.第2卷 | 2016—05 | 28.00 | 594 |
| 历届美国数学邀请赛试题集(第2版) | 2017—10 | 78.00 | 851 |
| 全国高中数学竞赛试题及解答.第1卷 | 2014—07 | 38.00 | 331 |
| 普林斯顿大学数学竞赛 | 2016—06 | 38.00 | 669 |
| 亚太地区数学奥林匹克竞赛题 | 2015—07 | 18.00 | 492 |
| 日本历届(初级)广中杯数学竞赛试题及解答.第1卷(2000～2007) | 2016—05 | 28.00 | 641 |
| 日本历届(初级)广中杯数学竞赛试题及解答.第2卷(2008～2015) | 2016—05 | 38.00 | 642 |
| 360个数学竞赛问题 | 2016—08 | 58.00 | 677 |
| 奥数最佳实战题.上卷 | 2017—06 | 38.00 | 760 |
| 奥数最佳实战题.下卷 | 2017—05 | 58.00 | 761 |
| 哈尔滨市早期中学数学竞赛试题汇编 | 2016—07 | 28.00 | 672 |
| 全国高中数学联赛试题及解答:1981—2017(第2版) | 2018—05 | 98.00 | 920 |
| 20世纪50年代全国部分城市数学竞赛试题汇编 | 2017—07 | 28.00 | 797 |
| 国内外数学竞赛题及精解:2017～2018 | 2019—06 | 45.00 | 1092 |
| 许康华竞赛优学精选集.第一辑 | 2018—08 | 68.00 | 949 |
| 天问叶班数学问题征解100题.Ⅰ,2016—2018 | 2019—05 | 88.00 | 1075 |
| 美国初中数学竞赛:AMC8准备(共6卷) | 2019—07 | 138.00 | 1089 |
| 美国高中数学竞赛:AMC10准备(共6卷) | 2019—08 | 158.00 | 1105 |
| 高考数学临门一脚(含密押三套卷)(理科版) | 2017—01 | 45.00 | 743 |
| 高考数学临门一脚(含密押三套卷)(文科版) | 2017—01 | 45.00 | 744 |
| 新课标高考数学题型全归纳(文科版) | 2015—05 | 72.00 | 467 |
| 新课标高考数学题型全归纳(理科版) | 2015—05 | 82.00 | 468 |
| 洞穿高考数学解答题核心考点(理科版) | 2015—11 | 49.80 | 550 |
| 洞穿高考数学解答题核心考点(文科版) | 2015—11 | 46.80 | 551 |

# 刘培杰数学工作室
# 已出版(即将出版)图书目录——初等数学

| 书 名 | 出版时间 | 定 价 | 编号 |
|---|---|---|---|
| 高考数学题型全归纳:文科版.上 | 2016-05 | 53.00 | 663 |
| 高考数学题型全归纳:文科版.下 | 2016-05 | 53.00 | 664 |
| 高考数学题型全归纳:理科版.上 | 2016-05 | 58.00 | 665 |
| 高考数学题型全归纳:理科版.下 | 2016-05 | 58.00 | 666 |
| 王连笑教你怎样学数学:高考选择题解题策略与客观题实用训练 | 2014-01 | 48.00 | 262 |
| 王连笑教你怎样学数学:高考数学高层次讲座 | 2015-02 | 48.00 | 432 |
| 高考数学的理论与实践 | 2009-08 | 38.00 | 53 |
| 高考数学核心题型解题方法与技巧 | 2010-01 | 28.00 | 86 |
| 高考思维新平台 | 2014-03 | 38.00 | 259 |
| 30分钟拿下高考数学选择题、填空题(理科版) | 2016-10 | 39.80 | 720 |
| 30分钟拿下高考数学选择题、填空题(文科版) | 2016-10 | 39.80 | 721 |
| 高考数学压轴题解题诀窍(上)(第2版) | 2018-01 | 58.00 | 874 |
| 高考数学压轴题解题诀窍(下)(第2版) | 2018-01 | 48.00 | 875 |
| 北京市五区文科数学三年高考模拟题详解:2013～2015 | 2015-08 | 48.00 | 500 |
| 北京市五区理科数学三年高考模拟题详解:2013～2015 | 2015-09 | 68.00 | 505 |
| 向量法巧解数学高考题 | 2009-08 | 28.00 | 54 |
| 高考数学万能解题法(第2版) | 即将出版 | 38.00 | 691 |
| 高考物理万能解题法(第2版) | 即将出版 | 38.00 | 692 |
| 高考化学万能解题法(第2版) | 即将出版 | 28.00 | 693 |
| 高考生物万能解题法(第2版) | 即将出版 | 28.00 | 694 |
| 高考数学解题金典(第2版) | 2017-01 | 78.00 | 716 |
| 高考物理解题金典(第2版) | 2019-05 | 68.00 | 717 |
| 高考化学解题金典(第2版) | 2019-05 | 58.00 | 718 |
| 我一定要赚分:高中物理 | 2016-01 | 38.00 | 580 |
| 数学高考参考 | 2016-01 | 78.00 | 589 |
| 2011～2015年全国及各省市高考数学文科精品试题审题要津与解法研究 | 2015-10 | 68.00 | 539 |
| 2011～2015年全国及各省市高考数学理科精品试题审题要津与解法研究 | 2015-10 | 88.00 | 540 |
| 最新全国及各省市高考数学试卷解法研究及点拨评析 | 2009-02 | 38.00 | 41 |
| 2011年全国及各省市高考数学试题审题要津与解法研究 | 2011-10 | 48.00 | 139 |
| 2013年全国及各省市高考数学试题解析与点评 | 2014-01 | 48.00 | 282 |
| 全国及各省市高考数学试题审题要津与解法研究 | 2015-02 | 48.00 | 450 |
| 高中数学章节起始课的教学研究与案例设计 | 2019-05 | 28.00 | 1064 |
| 新课标高考数学——五年试题分章详解(2007～2011)(上、下) | 2011-10 | 78.00 | 140,141 |
| 全国中考数学压轴题审题要津与解法研究 | 2013-04 | 78.00 | 248 |
| 新编全国及各省市中考数学压轴题审题要津与解法研究 | 2014-05 | 58.00 | 342 |
| 全国及各省市5年中考数学压轴题审题要津与解法研究(2015版) | 2015-04 | 58.00 | 462 |
| 中考数学专题总复习 | 2007-04 | 28.00 | 6 |
| 中考数学较难题常考题型解题方法与技巧 | 2016-09 | 48.00 | 681 |
| 中考数学难题常考题型解题方法与技巧 | 2016-09 | 48.00 | 682 |
| 中考数学中档题常考题型解题方法与技巧 | 2017-08 | 68.00 | 835 |
| 中考数学选择填空压轴好题妙解365 | 2017-05 | 38.00 | 759 |
| 高考数学之九章演义 | 2019-08 | 68.00 | 1044 |
| 化学可以这样学:高中化学知识方法智慧感悟疑难辨析 | 2019-07 | 58.00 | 1103 |
| 如何成为学习高手 | 2019-09 | 58.00 | 1107 |

# 刘培杰数学工作室

# 已出版(即将出版)图书目录——初等数学

| 书 名 | 出版时间 | 定 价 | 编号 |
|---|---|---|---|
| 中考数学小压轴汇编初讲 | 2017—07 | 48.00 | 788 |
| 中考数学大压轴专题微言 | 2017—09 | 48.00 | 846 |
| 怎么解中考平面几何探索题 | 2019—06 | 48.00 | 1093 |
| 北京中考数学压轴题解题方法突破(第5版) | 2020—01 | 58.00 | 1120 |
| 助你高考成功的数学解题智慧:知识是智慧的基础 | 2016—01 | 58.00 | 596 |
| 助你高考成功的数学解题智慧:错误是智慧的试金石 | 2016—04 | 58.00 | 643 |
| 助你高考成功的数学解题智慧:方法是智慧的推手 | 2016—04 | 68.00 | 657 |
| 高考数学奇思妙解 | 2016—04 | 38.00 | 610 |
| 高考数学解题策略 | 2016—05 | 48.00 | 670 |
| 数学解题泄天机(第2版) | 2017—10 | 48.00 | 850 |
| 高考物理压轴题全解 | 2017—04 | 48.00 | 746 |
| 高中物理经典问题25讲 | 2017—05 | 28.00 | 764 |
| 高中物理教学讲义 | 2018—01 | 48.00 | 871 |
| 2016年高考文科数学真题研究 | 2017—04 | 58.00 | 754 |
| 2016年高考理科数学真题研究 | 2017—04 | 78.00 | 755 |
| 2017年高考理科数学真题研究 | 2018—01 | 58.00 | 867 |
| 2017年高考文科数学真题研究 | 2018—01 | 48.00 | 868 |
| 初中数学、高中数学脱节知识补缺教材 | 2017—06 | 48.00 | 766 |
| 高考数学小题抢分必练 | 2017—10 | 48.00 | 834 |
| 高考数学核心素养解读 | 2017—09 | 38.00 | 839 |
| 高考数学客观题解题方法和技巧 | 2017—10 | 38.00 | 847 |
| 十年高考数学精品试题审题要津与解法研究.上卷 | 2018—01 | 68.00 | 872 |
| 十年高考数学精品试题审题要津与解法研究.下卷 | 2018—01 | 58.00 | 873 |
| 中国历届高考数学试题及解答.1949—1979 | 2018—01 | 38.00 | 877 |
| 历届中国高考数学试题及解答.第二卷,1980—1989 | 2018—10 | 28.00 | 975 |
| 历届中国高考数学试题及解答.第三卷,1990—1999 | 2018—10 | 48.00 | 976 |
| 数学文化与高考研究 | 2018—03 | 48.00 | 882 |
| 跟我学解高中数学题 | 2018—07 | 58.00 | 926 |
| 中学数学研究的方法及案例 | 2018—05 | 58.00 | 869 |
| 高考数学抢分技能 | 2018—07 | 68.00 | 934 |
| 高一新生常用数学方法和重要数学思想提升教材 | 2018—06 | 38.00 | 921 |
| 2018年高考数学真题研究 | 2019—01 | 68.00 | 1000 |
| 高考数学全国卷16道选择、填空题常考题型解题诀窍:理科 | 2018—09 | 88.00 | 971 |
| 高中数学一题多解 | 2019—06 | 58.00 | 1087 |
| 新编640个世界著名数学智力趣题 | 2014—01 | 88.00 | 242 |
| 500个最新世界著名数学智力趣题 | 2008—06 | 48.00 | 3 |
| 400个最新世界著名数学最值问题 | 2008—09 | 48.00 | 36 |
| 500个世界著名数学征解问题 | 2009—06 | 48.00 | 52 |
| 400个中国最佳初等数学征解老问题 | 2010—01 | 48.00 | 60 |
| 500个俄罗斯数学经典老题 | 2011—01 | 28.00 | 81 |
| 1000个国外中学物理好题 | 2012—04 | 48.00 | 174 |
| 300个日本高考数学题 | 2012—05 | 38.00 | 142 |
| 700个早期日本高考数学试题 | 2017—02 | 88.00 | 752 |
| 500个前苏联早期高考数学试题及解答 | 2012—05 | 28.00 | 185 |
| 546个早期俄罗斯大学生数学竞赛题 | 2014—03 | 38.00 | 285 |
| 548个来自美苏的数学好问题 | 2014—11 | 28.00 | 396 |
| 20所苏联著名大学早期入学试题 | 2015—02 | 18.00 | 452 |
| 161道德国工科大学生必做的微分方程习题 | 2015—05 | 28.00 | 469 |
| 500个德国工科大学生必做的高数习题 | 2015—06 | 28.00 | 478 |
| 360个数学竞赛问题 | 2016—08 | 58.00 | 677 |
| 200个趣味数学故事 | 2018—02 | 48.00 | 857 |
| 470个数学奥林匹克中的最值问题 | 2018—10 | 88.00 | 985 |
| 德国讲义日本考题.微积分卷 | 2015—04 | 48.00 | 456 |
| 德国讲义日本考题.微分方程卷 | 2015—04 | 38.00 | 457 |
| 二十世纪中叶中、英、美、日、法、俄高考数学试题精选 | 2017—06 | 38.00 | 783 |

# 刘培杰数学工作室
# 已出版(即将出版)图书目录——初等数学

| 书　　名 | 出版时间 | 定　价 | 编号 |
|---|---|---|---|
| 中国初等数学研究　2009 卷(第 1 辑) | 2009－05 | 20.00 | 45 |
| 中国初等数学研究　2010 卷(第 2 辑) | 2010－05 | 30.00 | 68 |
| 中国初等数学研究　2011 卷(第 3 辑) | 2011－07 | 60.00 | 127 |
| 中国初等数学研究　2012 卷(第 4 辑) | 2012－07 | 48.00 | 190 |
| 中国初等数学研究　2014 卷(第 5 辑) | 2014－02 | 48.00 | 288 |
| 中国初等数学研究　2015 卷(第 6 辑) | 2015－06 | 68.00 | 493 |
| 中国初等数学研究　2016 卷(第 7 辑) | 2016－04 | 68.00 | 609 |
| 中国初等数学研究　2017 卷(第 8 辑) | 2017－01 | 98.00 | 712 |
| 初等数学研究在中国. 第 1 辑 | 2019－03 | 158.00 | 1024 |
| 初等数学研究在中国. 第 2 辑 | 2019－10 | 158.00 | 1116 |
| 几何变换(Ⅰ) | 2014－07 | 28.00 | 353 |
| 几何变换(Ⅱ) | 2015－06 | 28.00 | 354 |
| 几何变换(Ⅲ) | 2015－01 | 38.00 | 355 |
| 几何变换(Ⅳ) | 2015－12 | 38.00 | 356 |
| 初等数论难题集(第一卷) | 2009－05 | 68.00 | 44 |
| 初等数论难题集(第二卷)(上、下) | 2011－02 | 128.00 | 82,83 |
| 数论概貌 | 2011－03 | 18.00 | 93 |
| 代数数论(第二版) | 2013－08 | 58.00 | 94 |
| 代数多项式 | 2014－06 | 38.00 | 289 |
| 初等数论的知识与问题 | 2011－02 | 28.00 | 95 |
| 超越数论基础 | 2011－03 | 28.00 | 96 |
| 数论初等教程 | 2011－03 | 28.00 | 97 |
| 数论基础 | 2011－03 | 18.00 | 98 |
| 数论基础与维诺格拉多夫 | 2014－03 | 18.00 | 292 |
| 解析数论基础 | 2012－08 | 28.00 | 216 |
| 解析数论基础(第二版) | 2014－01 | 48.00 | 287 |
| 解析数论问题集(第二版)(原版引进) | 2014－05 | 88.00 | 343 |
| 解析数论问题集(第二版)(中译本) | 2016－04 | 88.00 | 607 |
| 解析数论基础(潘承洞,潘承彪著) | 2016－07 | 98.00 | 673 |
| 解析数论导引 | 2016－07 | 58.00 | 674 |
| 数论入门 | 2011－03 | 38.00 | 99 |
| 代数数论入门 | 2015－03 | 38.00 | 448 |
| 数论开篇 | 2012－07 | 28.00 | 194 |
| 解析数论引论 | 2011－03 | 48.00 | 100 |
| Barban Davenport Halberstam 均值和 | 2009－01 | 40.00 | 33 |
| 基础数论 | 2011－03 | 28.00 | 101 |
| 初等数论 100 例 | 2011－05 | 18.00 | 122 |
| 初等数论经典例题 | 2012－07 | 18.00 | 204 |
| 最新世界各国数学奥林匹克中的初等数论试题(上、下) | 2012－01 | 138.00 | 144,145 |
| 初等数论(Ⅰ) | 2012－01 | 18.00 | 156 |
| 初等数论(Ⅱ) | 2012－01 | 18.00 | 157 |
| 初等数论(Ⅲ) | 2012－01 | 28.00 | 158 |

# 刘培杰数学工作室

# 已出版(即将出版)图书目录——初等数学

| 书　名 | 出版时间 | 定　价 | 编号 |
|---|---|---|---|
| 平面几何与数论中未解决的新老问题 | 2013-01 | 68.00 | 229 |
| 代数数论简史 | 2014-11 | 28.00 | 408 |
| 代数数论 | 2015-09 | 88.00 | 532 |
| 代数、数论及分析习题集 | 2016-11 | 98.00 | 695 |
| 数论导引提要及习题解答 | 2016-01 | 48.00 | 559 |
| 素数定理的初等证明. 第 2 版 | 2016-09 | 48.00 | 686 |
| 数论中的模函数与狄利克雷级数(第二版) | 2017-11 | 78.00 | 837 |
| 数论:数学导引 | 2018-01 | 68.00 | 849 |
| 范氏大代数 | 2019-02 | 98.00 | 1016 |
| 解析数学讲义. 第一卷,导来式及微分、积分、级数 | 2019-04 | 88.00 | 1021 |
| 解析数学讲义. 第二卷,关于几何的应用 | 2019-04 | 68.00 | 1022 |
| 解析数学讲义. 第三卷,解析函数论 | 2019-04 | 78.00 | 1023 |
| 分析・组合・数论纵横谈 | 2019-04 | 58.00 | 1039 |
| Hall 代数:民国时期的中学数学课本:英文 | 2019-08 | 88.00 | 1106 |
| 数学精神巡礼 | 2019-01 | 58.00 | 731 |
| 数学眼光透视(第 2 版) | 2017-06 | 78.00 | 732 |
| 数学思想领悟(第 2 版) | 2018-01 | 68.00 | 733 |
| 数学方法溯源(第 2 版) | 2018-08 | 68.00 | 734 |
| 数学解题引论 | 2017-05 | 58.00 | 735 |
| 数学史话览胜(第 2 版) | 2017-01 | 48.00 | 736 |
| 数学应用展观(第 2 版) | 2017-08 | 68.00 | 737 |
| 数学建模尝试 | 2018-04 | 48.00 | 738 |
| 数学竞赛采风 | 2018-01 | 68.00 | 739 |
| 数学测评探营 | 2019-05 | 58.00 | 740 |
| 数学技能操握 | 2018-03 | 48.00 | 741 |
| 数学欣赏拾趣 | 2018-02 | 48.00 | 742 |
| 从毕达哥拉斯到怀尔斯 | 2007-10 | 48.00 | 9 |
| 从迪利克雷到维斯卡尔迪 | 2008-01 | 48.00 | 21 |
| 从哥德巴赫到陈景润 | 2008-05 | 98.00 | 35 |
| 从庞加莱到佩雷尔曼 | 2011-08 | 138.00 | 136 |
| 博弈论精粹 | 2008-03 | 58.00 | 30 |
| 博弈论精粹. 第二版(精装) | 2015-01 | 88.00 | 461 |
| 数学 我爱你 | 2008-01 | 28.00 | 20 |
| 精神的圣徒　别样的人生——60 位中国数学家成长的历程 | 2008-09 | 48.00 | 39 |
| 数学史概论 | 2009-06 | 78.00 | 50 |
| 数学史概论(精装) | 2013-03 | 158.00 | 272 |
| 数学史选讲 | 2016-01 | 48.00 | 544 |
| 斐波那契数列 | 2010-02 | 28.00 | 65 |
| 数学拼盘和斐波那契魔方 | 2010-07 | 38.00 | 72 |
| 斐波那契数列欣赏(第 2 版) | 2018-08 | 58.00 | 948 |
| Fibonacci 数列中的明珠 | 2018-06 | 58.00 | 928 |
| 数学的创造 | 2011-02 | 48.00 | 85 |
| 数学美与创造力 | 2016-01 | 48.00 | 595 |
| 数海拾贝 | 2016-01 | 48.00 | 590 |
| 数学中的美(第 2 版) | 2019-04 | 68.00 | 1057 |
| 数论中的美学 | 2014-12 | 38.00 | 351 |

# 刘培杰数学工作室

# 已出版(即将出版)图书目录——初等数学

| 书　名 | 出版时间 | 定　价 | 编号 |
|---|---|---|---|
| 数学王者　科学巨人——高斯 | 2015－01 | 28.00 | 428 |
| 振兴祖国数学的圆梦之旅:中国初等数学研究史话 | 2015－06 | 98.00 | 490 |
| 二十世纪中国数学史料研究 | 2015－10 | 48.00 | 536 |
| 数字谜、数阵图与棋盘覆盖 | 2016－01 | 58.00 | 298 |
| 时间的形状 | 2016－01 | 38.00 | 556 |
| 数学发现的艺术:数学探索中的合情推理 | 2016－07 | 58.00 | 671 |
| 活跃在数学中的参数 | 2016－07 | 48.00 | 675 |
| 数学解题——靠数学思想给力(上) | 2011－07 | 38.00 | 131 |
| 数学解题——靠数学思想给力(中) | 2011－07 | 48.00 | 132 |
| 数学解题——靠数学思想给力(下) | 2011－07 | 38.00 | 133 |
| 我怎样解题 | 2013－01 | 48.00 | 227 |
| 数学解题中的物理方法 | 2011－06 | 28.00 | 114 |
| 数学解题的特殊方法 | 2011－06 | 48.00 | 115 |
| 中学数学计算技巧 | 2012－01 | 48.00 | 116 |
| 中学数学证明方法 | 2012－01 | 58.00 | 117 |
| 数学趣题巧解 | 2012－03 | 28.00 | 128 |
| 高中数学教学通鉴 | 2015－05 | 58.00 | 479 |
| 和高中生漫谈:数学与哲学的故事 | 2014－08 | 28.00 | 369 |
| 算术问题集 | 2017－03 | 38.00 | 789 |
| 张教授讲数学 | 2018－07 | 38.00 | 933 |
| 自主招生考试中的参数方程问题 | 2015－01 | 28.00 | 435 |
| 自主招生考试中的极坐标问题 | 2015－04 | 28.00 | 463 |
| 近年全国重点大学自主招生数学试题全解及研究.华约卷 | 2015－02 | 38.00 | 441 |
| 近年全国重点大学自主招生数学试题全解及研究.北约卷 | 2016－05 | 38.00 | 619 |
| 自主招生数学解证宝典 | 2015－09 | 48.00 | 535 |
| 格点和面积 | 2012－07 | 18.00 | 191 |
| 射影几何趣谈 | 2012－04 | 28.00 | 175 |
| 斯潘纳尔引理——从一道加拿大数学奥林匹克试题谈起 | 2014－01 | 28.00 | 228 |
| 李普希兹条件——从几道近年高考数学试题谈起 | 2012－10 | 18.00 | 221 |
| 拉格朗日中值定理——从一道北京高考试题的解法谈起 | 2015－10 | 18.00 | 197 |
| 闵科夫斯基定理——从一道清华大学自主招生试题谈起 | 2014－01 | 28.00 | 198 |
| 哈尔测度——从一道冬令营试题的背景谈起 | 2012－08 | 28.00 | 202 |
| 切比雪夫逼近问题——从一道中国台北数学奥林匹克试题谈起 | 2013－04 | 38.00 | 238 |
| 伯恩斯坦多项式与贝齐尔曲面——从一道全国高中数学联赛试题谈起 | 2013－03 | 38.00 | 236 |
| 卡塔兰猜想——从一道普特南竞赛试题谈起 | 2013－06 | 18.00 | 256 |
| 麦卡锡函数和阿克曼函数——从一道前南斯拉夫数学奥林匹克试题谈起 | 2012－08 | 18.00 | 201 |
| 贝蒂定理与拉姆贝克莫斯尔定理——从一个拣石子游戏谈起 | 2012－08 | 18.00 | 217 |
| 皮亚诺曲线和豪斯道夫分球定理——从无限集谈起 | 2012－08 | 18.00 | 211 |
| 平面凸图形与凸多面体 | 2012－10 | 28.00 | 218 |
| 斯坦因豪斯问题——从一道二十五省市自治区中学数学竞赛试题谈起 | 2012－07 | 18.00 | 196 |

# 刘培杰数学工作室

# 已出版(即将出版)图书目录——初等数学

| 书　　名 | 出版时间 | 定　价 | 编号 |
|---|---|---|---|
| 纽结理论中的亚历山大多项式与琼斯多项式——从一道北京市高一数学竞赛试题谈起 | 2012－07 | 28.00 | 195 |
| 原则与策略——从波利亚"解题表"谈起 | 2013－04 | 38.00 | 244 |
| 转化与化归——从三大尺规作图不能问题谈起 | 2012－08 | 28.00 | 214 |
| 代数几何中的贝祖定理(第一版)——从一道 IMO 试题的解法谈起 | 2013－08 | 18.00 | 193 |
| 成功连贯理论与约当块理论——从一道比利时数学竞赛试题谈起 | 2012－04 | 18.00 | 180 |
| 素数判定与大数分解 | 2014－08 | 18.00 | 199 |
| 置换多项式及其应用 | 2012－10 | 18.00 | 220 |
| 椭圆函数与模函数——从一道美国加州大学洛杉矶分校(UCLA)博士资格考题谈起 | 2012－10 | 28.00 | 219 |
| 差分方程的拉格朗日方法——从一道 2011 年全国高考理科试题的解法谈起 | 2012－08 | 28.00 | 200 |
| 力学在几何中的一些应用 | 2013－01 | 38.00 | 240 |
| 高斯散度定理、斯托克斯定理和平面格林定理——从一道国际大学生数学竞赛试题谈起 | 即将出版 | | |
| 康托洛维奇不等式——从一道全国高中联赛试题谈起 | 2013－03 | 28.00 | 337 |
| 西格尔引理——从一道第 18 届 IMO 试题的解法谈起 | 即将出版 | | |
| 罗斯定理——从一道前苏联数学竞赛试题谈起 | 即将出版 | | |
| 拉克斯定理和阿廷定理——从一道 IMO 试题的解法谈起 | 2014－01 | 58.00 | 246 |
| 毕卡大定理——从一道美国大学数学竞赛试题谈起 | 2014－07 | 18.00 | 350 |
| 贝齐尔曲线——从一道全国高中联赛试题谈起 | 即将出版 | | |
| 拉格朗日乘子定理——从一道 2005 年全国高中联赛试题的高等数学解法谈起 | 2015－05 | 28.00 | 480 |
| 雅可比定理——从一道日本数学奥林匹克试题谈起 | 2013－04 | 48.00 | 249 |
| 李天岩－约克定理——从一道波兰数学竞赛试题谈起 | 2014－06 | 28.00 | 349 |
| 整系数多项式因式分解的一般方法——从克朗耐克算法谈起 | 即将出版 | | |
| 布劳维不动点定理——从一道前苏联数学奥林匹克试题谈起 | 2014－01 | 38.00 | 273 |
| 伯恩赛德定理——从一道英国数学奥林匹克试题谈起 | 即将出版 | | |
| 布查特－莫斯特定理——从一道上海市初中竞赛试题谈起 | 即将出版 | | |
| 数论中的同余数问题——从一道普特南竞赛试题谈起 | 即将出版 | | |
| 范·德蒙行列式——从一道美国数学奥林匹克试题谈起 | 即将出版 | | |
| 中国剩余定理:总数法构建中国历史年表 | 2015－01 | 28.00 | 430 |
| 牛顿程序与方程求根——从一道全国高考试题解法谈起 | 即将出版 | | |
| 库默尔定理——从一道 IMO 预选试题谈起 | 即将出版 | | |
| 卢丁定理——从一道冬令营试题的解法谈起 | 即将出版 | | |
| 沃斯滕霍姆定理——从一道 IMO 预选试题谈起 | 即将出版 | | |
| 卡尔松不等式——从一道莫斯科数学奥林匹克试题谈起 | 即将出版 | | |
| 信息论中的香农熵——从一道近年高考压轴题谈起 | 即将出版 | | |
| 约当不等式——从一道希望杯竞赛试题谈起 | 即将出版 | | |
| 拉比诺维奇定理 | 即将出版 | | |
| 刘维尔定理——从一道《美国数学月刊》征解问题的解法谈起 | 即将出版 | | |
| 卡塔兰恒等式与级数求和——从一道 IMO 试题的解法谈起 | 即将出版 | | |
| 勒让德猜想与素数分布——从一道爱尔兰竞赛试题谈起 | 即将出版 | | |
| 天平称重与信息论——从一道基辅市数学奥林匹克试题谈起 | 即将出版 | | |
| 哈密尔顿－凯莱定理:从一道高中数学联赛试题的解法谈起 | 2014－09 | 18.00 | 376 |
| 艾思特曼定理——从一道 CMO 试题的解法谈起 | 即将出版 | | |

# 刘培杰数学工作室
# 已出版(即将出版)图书目录——初等数学

| 书名 | 出版时间 | 定价 | 编号 |
|---|---|---|---|
| 阿贝尔恒等式与经典不等式及应用 | 2018－06 | 98.00 | 923 |
| 迪利克雷除数问题 | 2018－07 | 48.00 | 930 |
| 幻方、幻立方与拉丁方 | 2019－08 | 48.00 | 1092 |
| 帕斯卡三角形 | 2014－03 | 18.00 | 294 |
| 蒲丰投针问题——从2009年清华大学的一道自主招生试题谈起 | 2014－01 | 38.00 | 295 |
| 斯图姆定理——从一道"华约"自主招生试题的解法谈起 | 2014－01 | 18.00 | 296 |
| 许瓦兹引理——从一道加利福尼亚大学伯克利分校数学系博士生试题谈起 | 2014－08 | 18.00 | 297 |
| 拉姆塞定理——从王诗宬院士的一个问题谈起 | 2016－04 | 48.00 | 299 |
| 坐标法 | 2013－12 | 28.00 | 332 |
| 数论三角形 | 2014－04 | 38.00 | 341 |
| 毕克定理 | 2014－07 | 18.00 | 352 |
| 数林掠影 | 2014－09 | 48.00 | 389 |
| 我们周围的概率 | 2014－10 | 38.00 | 390 |
| 凸函数最值定理:从一道华约自主招生题的解法谈起 | 2014－10 | 28.00 | 391 |
| 易学与数学奥林匹克 | 2014－10 | 38.00 | 392 |
| 生物数学趣谈 | 2015－01 | 18.00 | 409 |
| 反演 | 2015－01 | 28.00 | 420 |
| 因式分解与圆锥曲线 | 2015－01 | 18.00 | 426 |
| 轨迹 | 2015－01 | 28.00 | 427 |
| 面积原理:从常庚哲命的一道CMO试题的积分解法谈起 | 2015－01 | 48.00 | 431 |
| 形形色色的不动点定理:从一道28届IMO试题谈起 | 2015－01 | 38.00 | 439 |
| 柯西函数方程:从一道上海交大自主招生的试题谈起 | 2015－02 | 28.00 | 440 |
| 三角恒等式 | 2015－02 | 28.00 | 442 |
| 无理性判定:从一道2014年"北约"自主招生试题谈起 | 2015－01 | 38.00 | 443 |
| 数学归纳法 | 2015－03 | 18.00 | 451 |
| 极端原理与解题 | 2015－04 | 28.00 | 464 |
| 法雷级数 | 2014－08 | 18.00 | 367 |
| 摆线族 | 2015－01 | 38.00 | 438 |
| 函数方程及其解法 | 2015－05 | 38.00 | 470 |
| 含参数的方程和不等式 | 2012－09 | 28.00 | 213 |
| 希尔伯特第十问题 | 2016－01 | 38.00 | 543 |
| 无穷小量的求和 | 2016－01 | 28.00 | 545 |
| 切比雪夫多项式:从一道清华大学金秋营试题谈起 | 2016－01 | 38.00 | 583 |
| 泽肯多夫定理 | 2016－03 | 38.00 | 599 |
| 代数等式证题法 | 2016－01 | 28.00 | 600 |
| 三角等式证题法 | 2016－01 | 28.00 | 601 |
| 吴大任教授藏书中的一个因式分解公式:从一道美国数学邀请赛试题的解法谈起 | 2016－06 | 28.00 | 656 |
| 易卦——类万物的数学模型 | 2017－08 | 68.00 | 838 |
| "不可思议"的数与数系可持续发展 | 2018－01 | 38.00 | 878 |
| 最短线 | 2018－01 | 38.00 | 879 |
| 幻方和魔方(第一卷) | 2012－05 | 68.00 | 173 |
| 尘封的经典——初等数学经典文献选读(第一卷) | 2012－07 | 48.00 | 205 |
| 尘封的经典——初等数学经典文献选读(第二卷) | 2012－07 | 38.00 | 206 |
| 初级方程式论 | 2011－03 | 28.00 | 106 |
| 初等数学研究(Ⅰ) | 2008－09 | 68.00 | 37 |
| 初等数学研究(Ⅱ)(上、下) | 2009－05 | 118.00 | 46,47 |

# 刘培杰数学工作室
# 已出版(即将出版)图书目录——初等数学

| 书名 | 出版时间 | 定价 | 编号 |
| --- | --- | --- | --- |
| 趣味初等方程妙题集锦 | 2014－09 | 48.00 | 388 |
| 趣味初等数论选美与欣赏 | 2015－02 | 48.00 | 445 |
| 耕读笔记(上卷):一位农民数学爱好者的初数探索 | 2015－04 | 28.00 | 459 |
| 耕读笔记(中卷):一位农民数学爱好者的初数探索 | 2015－05 | 28.00 | 483 |
| 耕读笔记(下卷):一位农民数学爱好者的初数探索 | 2015－05 | 28.00 | 484 |
| 几何不等式研究与欣赏.上卷 | 2016－01 | 88.00 | 547 |
| 几何不等式研究与欣赏.下卷 | 2016－01 | 48.00 | 552 |
| 初等数列研究与欣赏·上 | 2016－01 | 48.00 | 570 |
| 初等数列研究与欣赏·下 | 2016－01 | 48.00 | 571 |
| 趣味初等函数研究与欣赏.上 | 2016－09 | 48.00 | 684 |
| 趣味初等函数研究与欣赏.下 | 2018－09 | 48.00 | 685 |
| 火柴游戏 | 2016－05 | 38.00 | 612 |
| 智力解谜.第1卷 | 2017－07 | 38.00 | 613 |
| 智力解谜.第2卷 | 2017－07 | 38.00 | 614 |
| 故事智力 | 2016－07 | 48.00 | 615 |
| 名人们喜欢的智力问题 | 即将出版 |  | 616 |
| 数学大师的发现、创造与失误 | 2018－01 | 48.00 | 617 |
| 异曲同工 | 2018－09 | 48.00 | 618 |
| 数学的味道 | 2018－01 | 58.00 | 798 |
| 数学千字文 | 2018－10 | 68.00 | 977 |
| 数贝偶拾——高考数学题研究 | 2014－04 | 28.00 | 274 |
| 数贝偶拾——初等数学研究 | 2014－04 | 38.00 | 275 |
| 数贝偶拾——奥数题研究 | 2014－04 | 48.00 | 276 |
| 钱昌本教你快乐学数学(上) | 2011－12 | 48.00 | 155 |
| 钱昌本教你快乐学数学(下) | 2012－03 | 58.00 | 171 |
| 集合、函数与方程 | 2014－01 | 28.00 | 300 |
| 数列与不等式 | 2014－01 | 38.00 | 301 |
| 三角与平面向量 | 2014－01 | 28.00 | 302 |
| 平面解析几何 | 2014－01 | 38.00 | 303 |
| 立体几何与组合 | 2014－01 | 28.00 | 304 |
| 极限与导数、数学归纳法 | 2014－01 | 38.00 | 305 |
| 趣味数学 | 2014－03 | 28.00 | 306 |
| 教材教法 | 2014－04 | 68.00 | 307 |
| 自主招生 | 2014－05 | 58.00 | 308 |
| 高考压轴题(上) | 2015－01 | 48.00 | 309 |
| 高考压轴题(下) | 2014－10 | 68.00 | 310 |
| 从费马到怀尔斯——费马大定理的历史 | 2013－10 | 198.00 | Ⅰ |
| 从庞加莱到佩雷尔曼——庞加莱猜想的历史 | 2013－10 | 298.00 | Ⅱ |
| 从切比雪夫到爱尔特希(上)——素数定理的初等证明 | 2013－07 | 48.00 | Ⅲ |
| 从切比雪夫到爱尔特希(下)——素数定理100年 | 2012－12 | 98.00 | Ⅲ |
| 从高斯到盖尔方特——二次域的高斯猜想 | 2013－10 | 198.00 | Ⅳ |
| 从库默尔到朗兰兹——朗兰兹猜想的历史 | 2014－01 | 98.00 | Ⅴ |
| 从比勃巴赫到德布朗斯——比勃巴赫猜想的历史 | 2014－02 | 298.00 | Ⅵ |
| 从麦比乌斯到陈省身——麦比乌斯变换与麦比乌斯带 | 2014－02 | 298.00 | Ⅶ |
| 从布尔到豪斯道夫——布尔方程与格论漫谈 | 2013－10 | 198.00 | Ⅷ |
| 从开普勒到阿诺德——三体问题的历史 | 2014－05 | 298.00 | Ⅸ |
| 从华林到华罗庚——华林问题的历史 | 2013－10 | 298.00 | Ⅹ |

# 刘培杰数学工作室

# 已出版(即将出版)图书目录——初等数学

| 书　　名 | 出版时间 | 定　价 | 编号 |
|---|---|---|---|
| 美国高中数学竞赛五十讲.第1卷(英文) | 2014-08 | 28.00 | 357 |
| 美国高中数学竞赛五十讲.第2卷(英文) | 2014-08 | 28.00 | 358 |
| 美国高中数学竞赛五十讲.第3卷(英文) | 2014-09 | 28.00 | 359 |
| 美国高中数学竞赛五十讲.第4卷(英文) | 2014-09 | 28.00 | 360 |
| 美国高中数学竞赛五十讲.第5卷(英文) | 2014-10 | 28.00 | 361 |
| 美国高中数学竞赛五十讲.第6卷(英文) | 2014-11 | 28.00 | 362 |
| 美国高中数学竞赛五十讲.第7卷(英文) | 2014-12 | 28.00 | 363 |
| 美国高中数学竞赛五十讲.第8卷(英文) | 2015-01 | 28.00 | 364 |
| 美国高中数学竞赛五十讲.第9卷(英文) | 2015-01 | 28.00 | 365 |
| 美国高中数学竞赛五十讲.第10卷(英文) | 2015-02 | 38.00 | 366 |
| 三角函数(第2版) | 2017-04 | 38.00 | 626 |
| 不等式 | 2014-01 | 38.00 | 312 |
| 数列 | 2014-01 | 38.00 | 313 |
| 方程(第2版) | 2017-04 | 38.00 | 624 |
| 排列和组合 | 2014-01 | 28.00 | 315 |
| 极限与导数(第2版) | 2016-04 | 38.00 | 635 |
| 向量(第2版) | 2018-08 | 58.00 | 627 |
| 复数及其应用 | 2014-08 | 28.00 | 318 |
| 函数 | 2014-01 | 38.00 | 319 |
| 集合 | 即将出版 |  | 320 |
| 直线与平面 | 2014-01 | 28.00 | 321 |
| 立体几何(第2版) | 2016-04 | 38.00 | 629 |
| 解三角形 | 即将出版 |  | 323 |
| 直线与圆(第2版) | 2016-11 | 38.00 | 631 |
| 圆锥曲线(第2版) | 2016-09 | 48.00 | 632 |
| 解题通法(一) | 2014-07 | 38.00 | 326 |
| 解题通法(二) | 2014-07 | 38.00 | 327 |
| 解题通法(三) | 2014-05 | 38.00 | 328 |
| 概率与统计 | 2014-01 | 28.00 | 329 |
| 信息迁移与算法 | 即将出版 |  | 330 |
| IMO 50年.第1卷(1959-1963) | 2014-11 | 28.00 | 377 |
| IMO 50年.第2卷(1964-1968) | 2014-11 | 28.00 | 378 |
| IMO 50年.第3卷(1969-1973) | 2014-09 | 28.00 | 379 |
| IMO 50年.第4卷(1974-1978) | 2016-04 | 38.00 | 380 |
| IMO 50年.第5卷(1979-1984) | 2015-04 | 38.00 | 381 |
| IMO 50年.第6卷(1985-1989) | 2015-04 | 58.00 | 382 |
| IMO 50年.第7卷(1990-1994) | 2016-01 | 48.00 | 383 |
| IMO 50年.第8卷(1995-1999) | 2016-06 | 38.00 | 384 |
| IMO 50年.第9卷(2000-2004) | 2015-04 | 58.00 | 385 |
| IMO 50年.第10卷(2005-2009) | 2016-01 | 48.00 | 386 |
| IMO 50年.第11卷(2010-2015) | 2017-03 | 48.00 | 646 |

# 刘培杰数学工作室

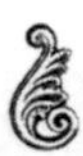

# 已出版(即将出版)图书目录——初等数学

| 书　　名 | 出版时间 | 定　价 | 编号 |
| --- | --- | --- | --- |
| 数学反思(2006—2007) | 即将出版 | | 915 |
| 数学反思(2008—2009) | 2019—01 | 68.00 | 917 |
| 数学反思(2010—2011) | 2018—05 | 58.00 | 916 |
| 数学反思(2012—2013) | 2019—01 | 58.00 | 918 |
| 数学反思(2014—2015) | 2019—03 | 78.00 | 919 |
| 历届美国大学生数学竞赛试题集.第一卷(1938—1949) | 2015—01 | 28.00 | 397 |
| 历届美国大学生数学竞赛试题集.第二卷(1950—1959) | 2015—01 | 28.00 | 398 |
| 历届美国大学生数学竞赛试题集.第三卷(1960—1969) | 2015—01 | 28.00 | 399 |
| 历届美国大学生数学竞赛试题集.第四卷(1970—1979) | 2015—01 | 18.00 | 400 |
| 历届美国大学生数学竞赛试题集.第五卷(1980—1989) | 2015—01 | 28.00 | 401 |
| 历届美国大学生数学竞赛试题集.第六卷(1990—1999) | 2015—01 | 28.00 | 402 |
| 历届美国大学生数学竞赛试题集.第七卷(2000—2009) | 2015—08 | 18.00 | 403 |
| 历届美国大学生数学竞赛试题集.第八卷(2010—2012) | 2015—01 | 18.00 | 404 |
| 新课标高考数学创新题解题诀窍:总论 | 2014—09 | 28.00 | 372 |
| 新课标高考数学创新题解题诀窍:必修 1～5 分册 | 2014—08 | 38.00 | 373 |
| 新课标高考数学创新题解题诀窍:选修 2—1,2—2,1—1,1—2分册 | 2014—09 | 38.00 | 374 |
| 新课标高考数学创新题解题诀窍:选修 2—3,4—4,4—5分册 | 2014—09 | 18.00 | 375 |
| 全国重点大学自主招生英文数学试题全攻略:词汇卷 | 2015—07 | 48.00 | 410 |
| 全国重点大学自主招生英文数学试题全攻略:概念卷 | 2015—01 | 28.00 | 411 |
| 全国重点大学自主招生英文数学试题全攻略:文章选读卷(上) | 2016—09 | 38.00 | 412 |
| 全国重点大学自主招生英文数学试题全攻略:文章选读卷(下) | 2017—01 | 58.00 | 413 |
| 全国重点大学自主招生英文数学试题全攻略:试题卷 | 2015—07 | 38.00 | 414 |
| 全国重点大学自主招生英文数学试题全攻略:名著欣赏卷 | 2017—03 | 48.00 | 415 |
| 劳埃德数学趣题大全.题目卷.1:英文 | 2016—01 | 18.00 | 516 |
| 劳埃德数学趣题大全.题目卷.2:英文 | 2016—01 | 18.00 | 517 |
| 劳埃德数学趣题大全.题目卷.3:英文 | 2016—01 | 18.00 | 518 |
| 劳埃德数学趣题大全.题目卷.4:英文 | 2016—01 | 18.00 | 519 |
| 劳埃德数学趣题大全.题目卷.5:英文 | 2016—01 | 18.00 | 520 |
| 劳埃德数学趣题大全.答案卷:英文 | 2016—01 | 18.00 | 521 |
| 李成章教练奥数笔记.第 1 卷 | 2016—01 | 48.00 | 522 |
| 李成章教练奥数笔记.第 2 卷 | 2016—01 | 48.00 | 523 |
| 李成章教练奥数笔记.第 3 卷 | 2016—01 | 38.00 | 524 |
| 李成章教练奥数笔记.第 4 卷 | 2016—01 | 38.00 | 525 |
| 李成章教练奥数笔记.第 5 卷 | 2016—01 | 38.00 | 526 |
| 李成章教练奥数笔记.第 6 卷 | 2016—01 | 38.00 | 527 |
| 李成章教练奥数笔记.第 7 卷 | 2016—01 | 38.00 | 528 |
| 李成章教练奥数笔记.第 8 卷 | 2016—01 | 48.00 | 529 |
| 李成章教练奥数笔记.第 9 卷 | 2016—01 | 28.00 | 530 |

# 刘培杰数学工作室
# 已出版(即将出版)图书目录——初等数学

| 书　　名 | 出版时间 | 定　价 | 编号 |
| --- | --- | --- | --- |
| 第19～23届"希望杯"全国数学邀请赛试题审题要津详细评注(初一版) | 2014－03 | 28.00 | 333 |
| 第19～23届"希望杯"全国数学邀请赛试题审题要津详细评注(初二、初三版) | 2014－03 | 38.00 | 334 |
| 第19～23届"希望杯"全国数学邀请赛试题审题要津详细评注(高一版) | 2014－03 | 28.00 | 335 |
| 第19～23届"希望杯"全国数学邀请赛试题审题要津详细评注(高二版) | 2014－03 | 38.00 | 336 |
| 第19～25届"希望杯"全国数学邀请赛试题审题要津详细评注(初一版) | 2015－01 | 38.00 | 416 |
| 第19～25届"希望杯"全国数学邀请赛试题审题要津详细评注(初二、初三版) | 2015－01 | 58.00 | 417 |
| 第19～25届"希望杯"全国数学邀请赛试题审题要津详细评注(高一版) | 2015－01 | 48.00 | 418 |
| 第19～25届"希望杯"全国数学邀请赛试题审题要津详细评注(高二版) | 2015－01 | 48.00 | 419 |
| 物理奥林匹克竞赛大题典——力学卷 | 2014－11 | 48.00 | 405 |
| 物理奥林匹克竞赛大题典——热学卷 | 2014－04 | 28.00 | 339 |
| 物理奥林匹克竞赛大题典——电磁学卷 | 2015－07 | 48.00 | 406 |
| 物理奥林匹克竞赛大题典——光学与近代物理卷 | 2014－06 | 28.00 | 345 |
| 历届中国东南地区数学奥林匹克试题集(2004～2012) | 2014－06 | 18.00 | 346 |
| 历届中国西部地区数学奥林匹克试题集(2001～2012) | 2014－07 | 18.00 | 347 |
| 历届中国女子数学奥林匹克试题集(2002～2012) | 2014－08 | 18.00 | 348 |
| 数学奥林匹克在中国 | 2014－06 | 98.00 | 344 |
| 数学奥林匹克问题集 | 2014－01 | 38.00 | 267 |
| 数学奥林匹克不等式散论 | 2010－06 | 38.00 | 124 |
| 数学奥林匹克不等式欣赏 | 2011－09 | 38.00 | 138 |
| 数学奥林匹克超级题库(初中卷上) | 2010－01 | 58.00 | 66 |
| 数学奥林匹克不等式证明方法和技巧(上、下) | 2011－08 | 158.00 | 134,135 |
| 他们学什么:原民主德国中学数学课本 | 2016－09 | 38.00 | 658 |
| 他们学什么:英国中学数学课本 | 2016－09 | 38.00 | 659 |
| 他们学什么:法国中学数学课本.1 | 2016－09 | 38.00 | 660 |
| 他们学什么:法国中学数学课本.2 | 2016－09 | 28.00 | 661 |
| 他们学什么:法国中学数学课本.3 | 2016－09 | 38.00 | 662 |
| 他们学什么:苏联中学数学课本 | 2016－09 | 28.00 | 679 |
| 高中数学题典——集合与简易逻辑·函数 | 2016－07 | 48.00 | 647 |
| 高中数学题典——导数 | 2016－07 | 48.00 | 648 |
| 高中数学题典——三角函数·平面向量 | 2016－07 | 48.00 | 649 |
| 高中数学题典——数列 | 2016－07 | 58.00 | 650 |
| 高中数学题典——不等式·推理与证明 | 2016－07 | 38.00 | 651 |
| 高中数学题典——立体几何 | 2016－07 | 48.00 | 652 |
| 高中数学题典——平面解析几何 | 2016－07 | 78.00 | 653 |
| 高中数学题典——计数原理·统计·概率·复数 | 2016－07 | 48.00 | 654 |
| 高中数学题典——算法·平面几何·初等数论·组合数学·其他 | 2016－07 | 68.00 | 655 |

# 刘培杰数学工作室

# 已出版(即将出版)图书目录——初等数学

| 书　　名 | 出版时间 | 定　价 | 编号 |
| --- | --- | --- | --- |
| 台湾地区奥林匹克数学竞赛试题.小学一年级 | 2017－03 | 38.00 | 722 |
| 台湾地区奥林匹克数学竞赛试题.小学二年级 | 2017－03 | 38.00 | 723 |
| 台湾地区奥林匹克数学竞赛试题.小学三年级 | 2017－03 | 38.00 | 724 |
| 台湾地区奥林匹克数学竞赛试题.小学四年级 | 2017－03 | 38.00 | 725 |
| 台湾地区奥林匹克数学竞赛试题.小学五年级 | 2017－03 | 38.00 | 726 |
| 台湾地区奥林匹克数学竞赛试题.小学六年级 | 2017－03 | 38.00 | 727 |
| 台湾地区奥林匹克数学竞赛试题.初中一年级 | 2017－03 | 38.00 | 728 |
| 台湾地区奥林匹克数学竞赛试题.初中二年级 | 2017－03 | 38.00 | 729 |
| 台湾地区奥林匹克数学竞赛试题.初中三年级 | 2017－03 | 28.00 | 730 |
| 不等式证题法 | 2017－04 | 28.00 | 747 |
| 平面几何培优教程 | 2019－08 | 88.00 | 748 |
| 奥数鼎级培优教程.高一分册 | 2018－09 | 88.00 | 749 |
| 奥数鼎级培优教程.高二分册.上 | 2018－04 | 68.00 | 750 |
| 奥数鼎级培优教程.高二分册.下 | 2018－04 | 68.00 | 751 |
| 高中数学竞赛冲刺宝典 | 2019－04 | 68.00 | 883 |
| 初中尖子生数学超级题典.实数 | 2017－07 | 58.00 | 792 |
| 初中尖子生数学超级题典.式、方程与不等式 | 2017－08 | 58.00 | 793 |
| 初中尖子生数学超级题典.圆、面积 | 2017－08 | 38.00 | 794 |
| 初中尖子生数学超级题典.函数、逻辑推理 | 2017－08 | 48.00 | 795 |
| 初中尖子生数学超级题典.角、线段、三角形与多边形 | 2017－07 | 58.00 | 796 |
| 数学王子——高斯 | 2018－01 | 48.00 | 858 |
| 坎坷奇星——阿贝尔 | 2018－01 | 48.00 | 859 |
| 闪烁奇星——伽罗瓦 | 2018－01 | 58.00 | 860 |
| 无穷统帅——康托尔 | 2018－01 | 48.00 | 861 |
| 科学公主——柯瓦列夫斯卡娅 | 2018－01 | 48.00 | 862 |
| 抽象代数之母——埃米·诺特 | 2018－01 | 48.00 | 863 |
| 电脑先驱——图灵 | 2018－01 | 58.00 | 864 |
| 昔日神童——维纳 | 2018－01 | 48.00 | 865 |
| 数坛怪侠——爱尔特希 | 2018－01 | 68.00 | 866 |
| 传奇数学家徐利治 | 2019－09 | 88.00 | 1110 |
| 当代世界中的数学.数学思想与数学基础 | 2019－01 | 38.00 | 892 |
| 当代世界中的数学.数学问题 | 2019－01 | 38.00 | 893 |
| 当代世界中的数学.应用数学与数学应用 | 2019－01 | 38.00 | 894 |
| 当代世界中的数学.数学王国的新疆域(一) | 2019－01 | 38.00 | 895 |
| 当代世界中的数学.数学王国的新疆域(二) | 2019－01 | 38.00 | 896 |
| 当代世界中的数学.数林撷英(一) | 2019－01 | 38.00 | 897 |
| 当代世界中的数学.数林撷英(二) | 2019－01 | 48.00 | 898 |
| 当代世界中的数学.数学之路 | 2019－01 | 38.00 | 899 |

# 刘培杰数学工作室

# 已出版(即将出版)图书目录——初等数学

| 书　名 | 出版时间 | 定　价 | 编号 |
|---|---|---|---|
| 105 个代数问题:来自 AwesomeMath 夏季课程 | 2019－02 | 58.00 | 956 |
| 106 个几何问题:来自 AwesomeMath 夏季课程 | 即将出版 | | 957 |
| 107 个几何问题:来自 AwesomeMath 全年课程 | 即将出版 | | 958 |
| 108 个代数问题:来自 AwesomeMath 全年课程 | 2019－01 | 68.00 | 959 |
| 109 个不等式:来自 AwesomeMath 夏季课程 | 2019－04 | 58.00 | 960 |
| 国际数学奥林匹克中的 110 个几何问题 | 即将出版 | | 961 |
| 111 个代数和数论问题 | 2019－05 | 58.00 | 962 |
| 112 个组合问题:来自 AwesomeMath 夏季课程 | 2019－05 | 58.00 | 963 |
| 113 个几何不等式:来自 AwesomeMath 夏季课程 | 即将出版 | | 964 |
| 114 个指数和对数问题:来自 AwesomeMath 夏季课程 | 2019－09 | 48.00 | 965 |
| 115 个三角问题:来自 AwesomeMath 夏季课程 | 2019－09 | 58.00 | 966 |
| 116 个代数不等式:来自 AwesomeMath 全年课程 | 2019－04 | 58.00 | 967 |
| 紫色彗星国际数学竞赛试题 | 2019－02 | 58.00 | 999 |
| 澳大利亚中学数学竞赛试题及解答(初级卷)1978～1984 | 2019－02 | 28.00 | 1002 |
| 澳大利亚中学数学竞赛试题及解答(初级卷)1985～1991 | 2019－02 | 28.00 | 1003 |
| 澳大利亚中学数学竞赛试题及解答(初级卷)1992～1998 | 2019－02 | 28.00 | 1004 |
| 澳大利亚中学数学竞赛试题及解答(初级卷)1999～2005 | 2019－02 | 28.00 | 1005 |
| 澳大利亚中学数学竞赛试题及解答(中级卷)1978～1984 | 2019－03 | 28.00 | 1006 |
| 澳大利亚中学数学竞赛试题及解答(中级卷)1985～1991 | 2019－03 | 28.00 | 1007 |
| 澳大利亚中学数学竞赛试题及解答(中级卷)1992～1998 | 2019－03 | 28.00 | 1008 |
| 澳大利亚中学数学竞赛试题及解答(中级卷)1999～2005 | 2019－03 | 28.00 | 1009 |
| 澳大利亚中学数学竞赛试题及解答(高级卷)1978～1984 | 2019－05 | 28.00 | 1010 |
| 澳大利亚中学数学竞赛试题及解答(高级卷)1985～1991 | 2019－05 | 28.00 | 1011 |
| 澳大利亚中学数学竞赛试题及解答(高级卷)1992～1998 | 2019－05 | 28.00 | 1012 |
| 澳大利亚中学数学竞赛试题及解答(高级卷)1999～2005 | 2019－05 | 28.00 | 1013 |
| 天才中小学生智力测验题.第一卷 | 2019－03 | 38.00 | 1026 |
| 天才中小学生智力测验题.第二卷 | 2019－03 | 38.00 | 1027 |
| 天才中小学生智力测验题.第三卷 | 2019－03 | 38.00 | 1028 |
| 天才中小学生智力测验题.第四卷 | 2019－03 | 38.00 | 1029 |
| 天才中小学生智力测验题.第五卷 | 2019－03 | 38.00 | 1030 |
| 天才中小学生智力测验题.第六卷 | 2019－03 | 38.00 | 1031 |
| 天才中小学生智力测验题.第七卷 | 2019－03 | 38.00 | 1032 |
| 天才中小学生智力测验题.第八卷 | 2019－03 | 38.00 | 1033 |
| 天才中小学生智力测验题.第九卷 | 2019－03 | 38.00 | 1034 |
| 天才中小学生智力测验题.第十卷 | 2019－03 | 38.00 | 1035 |
| 天才中小学生智力测验题.第十一卷 | 2019－03 | 38.00 | 1036 |
| 天才中小学生智力测验题.第十二卷 | 2019－03 | 38.00 | 1037 |
| 天才中小学生智力测验题.第十三卷 | 2019－03 | 38.00 | 1038 |

# 刘培杰数学工作室
# 已出版(即将出版)图书目录——初等数学

| 书名 | 出版时间 | 定价 | 编号 |
|---|---|---|---|
| 重点大学自主招生数学备考全书:函数 | 即将出版 | | 1047 |
| 重点大学自主招生数学备考全书:导数 | 即将出版 | | 1048 |
| 重点大学自主招生数学备考全书:数列与不等式 | 2019—10 | 78.00 | 1049 |
| 重点大学自主招生数学备考全书:三角函数与平面向量 | 即将出版 | | 1050 |
| 重点大学自主招生数学备考全书:平面解析几何 | 即将出版 | | 1051 |
| 重点大学自主招生数学备考全书:立体几何与平面几何 | 2019—08 | 48.00 | 1052 |
| 重点大学自主招生数学备考全书:排列组合·概率统计·复数 | 2019—09 | 48.00 | 1053 |
| 重点大学自主招生数学备考全书:初等数论与组合数学 | 2019—08 | 48.00 | 1054 |
| 重点大学自主招生数学备考全书:重点大学自主招生真题.上 | 2019—04 | 68.00 | 1055 |
| 重点大学自主招生数学备考全书:重点大学自主招生真题.下 | 2019—04 | 58.00 | 1056 |
| 高中数学竞赛培训教程:平面几何问题的求解方法与策略.上 | 2018—05 | 68.00 | 906 |
| 高中数学竞赛培训教程:平面几何问题的求解方法与策略.下 | 2018—06 | 78.00 | 907 |
| 高中数学竞赛培训教程:整除与同余以及不定方程 | 2018—01 | 88.00 | 908 |
| 高中数学竞赛培训教程:组合计数与组合极值 | 2018—04 | 48.00 | 909 |
| 高中数学竞赛培训教程:初等代数 | 2019—04 | 78.00 | 1042 |
| 高中数学讲座:数学竞赛基础教程(第一册) | 2019—06 | 48.00 | 1094 |
| 高中数学讲座:数学竞赛基础教程(第二册) | 即将出版 | | 1095 |
| 高中数学讲座:数学竞赛基础教程(第三册) | 即将出版 | | 1096 |
| 高中数学讲座:数学竞赛基础教程(第四册) | 即将出版 | | 1097 |

**联系地址**:哈尔滨市南岗区复华四道街10号　哈尔滨工业大学出版社刘培杰数学工作室
**网　　址**:http://lpj.hit.edu.cn/
**邮　　编**:150006
**联系电话**:0451－86281378　　13904613167
E-mail:lpj1378@163.com